卓越计划·工程力学丛书

材料力学

黄　莉　张　梅　郑立霞　黎明发　主编

科学出版社

北　京

内 容 简 介

本书按照教育部“卓越工程师教育培养计划”的要求编写。书中正文部分采用立体图示，更生动、直观地反映分析研究对象，突出从“工程结构或机械与构件”到“力学模型”，由理论分析成果到解决“工程实际问题”的基本思路。文字叙述通俗易懂，便于自学。

全书共分14章及两个附录，内容包括绪论、轴向拉伸与压缩、扭转、弯曲内力、弯曲应力、弯曲变形、应力应变分析基础、强度理论、组合变形、压杆稳定、能量法、超静定结构、动载荷、疲劳强度，以及附录Ⅰ截面图形的几何性质和附录Ⅱ型钢表。章末附有习题，书末给出了习题答案。

本书可作为高等院校机械、土木、材料、环境工程、交通工程、车辆工程、航空航天、轮机工程、船舶与海洋工程、道路桥梁与渡河工程、工程力学等专业的教材。可供中、长学时的材料力学课程选用，也可供相关工程技术人员参考。

图书在版编目(CIP)数据

材料力学/黄莉等主编. —北京：科学出版社，2017.5

(卓越计划·工程力学丛书)

ISBN 978-7-03-052544-4

Ⅰ.①材… Ⅱ.①黄… Ⅲ.①材料力学—高等学校—教材 Ⅳ.①TB301

中国版本图书馆CIP数据核字(2017)第079587号

责任编辑：孙寓明 杨光华/责任校对：董艳辉

责任印制：徐晓晨/封面设计：苏 波

科学出版社出版

北京东黄城根北街16号

邮政编码：100717

http://www.sciencep.com

北京凌奇印刷有限责任公司印刷

科学出版社发行 各地新华书店经销

*

开本：787×1092 1/16

2017年5月第 一 版 印张：22 1/4

2020年3月第二次印刷 字数：528 000

定价：45.00元

(如有印装质量问题，我社负责调换)

前　言

为适应“卓越计划”面向工程的培养要求，本书根据教育部高等学校力学基础课程教学指导分委员会最新制订的“材料力学课程教学基本要求”，结合编者多年的教学经验加以精选编写而成。材料力学是工科院校的技术基础课或专业基础课，是培养学生工程应用能力和科学研究素养的重要课程，要求学生对基本概念和原理理解准确和透彻，掌握基本的分析方法和计算方法，为专业知识的学习夯实基础，同时又是基础理论过渡到实践应用的一个重要环节，学好材料力学对学生的分析问题、解决问题的能力提高至关重要。因此，本书着力突出材料力学的基本内容，注重与相关学科的贯通、渗透与融合，同时与工程问题紧密相联，引导学生对所学知识加以扩展、延伸和综合，力求在传授知识的过程中培养学生的工程意识、科学素质与创造能力。

本书包括绪论、轴向拉伸与压缩、扭转、弯曲内力、弯曲应力、弯曲变形、应力应变分析基础、强度理论、组合变形、压杆稳定、能量法、超静定结构、动载荷、疲劳强度共14章，以及截面图形的几何性质、型钢表等附录。每章后附有习题，书末给出了参考答案。本书将压杆稳定安排到组合变形之后，多学时材料力学课程选讲后续各章内容，在保证基本知识体系完整的前提下，便于满足不同学时的教学需求。

本书经编审小组讨论，分别由张梅副教授（第1章、第2章、第4章、第5章、第6章），郑立霞副教授（第3章、第7章、第8章、第9章），黄莉副教授（第10章、第11章、第12章、第13章、第14章、附录）执笔。全书由黎明发教授和黄莉副教授统稿，华中科技大学倪樵教授审阅。本书立体图由力学硕士研究生宋进林和汤朋完成绘制，特此致谢。由于编者水平有限，书中难免疏漏和欠妥之处，恳请广大读者批评指正。

编者

2017年2月

目　　录

第1章 绪 论

1.1 材料力学的任务

在工程实际中，各种机械与结构得到广泛应用，组成机械与结构的零部件统称为构件(member)。当构件受到外力作用，其尺寸与形状会发生改变，构件尺寸与形状的变化称为变形(deformation)。材料力学(mechanics of materials)是一门紧密结合工程实际的学科，它以构件为主要研究对象，研究工程构件在载荷作用下的变形及破坏规律。结构或机器正常工作时，构件在力(即载荷)的作用下，必须有足够的承载能力(load-bearing capacity)，才能安全正常地工作。构件的承载能力主要表现在以下三个方面：

(1) 构件应有足够的强度(strength)，即要求构件在一定的外力作用下不发生破坏。例如，图 1-1 所示的锅炉气包，必须保证在额定的压力下不发生爆破，否则将造成严重的后果。所谓强度是指构件在外力作用下抵抗破坏的能力。

(2) 构件应有足够的刚度(stiffness)，即要求构件在一定的外力作用下所产生的变形不超过正常工作允许的限度。例如，图 1-2 所示的车床主轴和图 1-3 所示的变速箱齿轮轴，即使它们有足够的强度，若在外力作用下产生的变形过大，将影响工件的加工精度及齿轮的正常啮合，并引起轴承不均匀磨损。精密机床往往对刚度的要求很高，否则被加工的工件由于达不到精度要求而报废。所谓刚度是指构件在外力作用下抵抗变形的能力。在规定的载荷下，要求构件的变形必须在允许的范围之内。

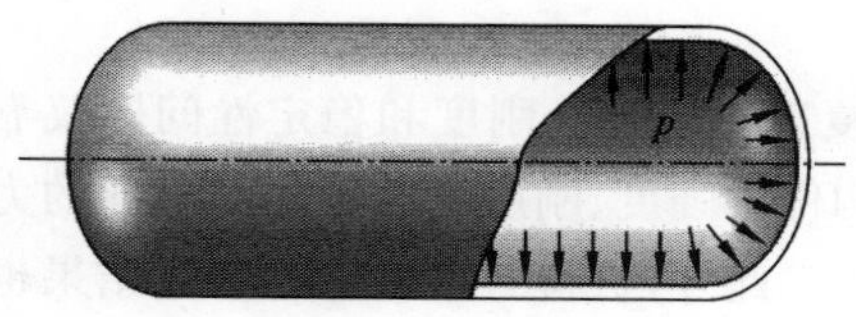

图 1-1

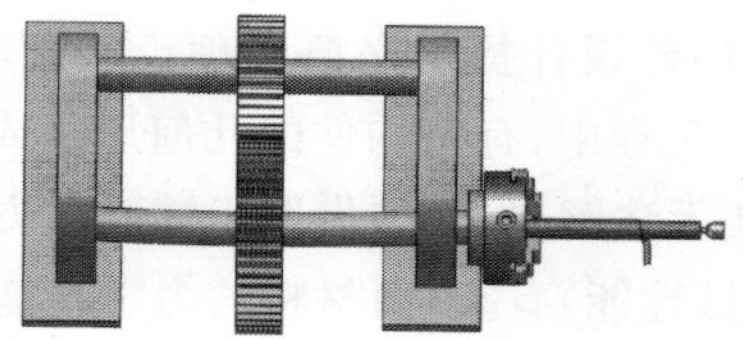

图 1-2

(3) 构件应有足够的稳定性(stability)，即要求构件在一定的外力作用下，保持原有的平衡形式。如图 1-4 所示的内燃机气门挺杆，当它受到的压力超过某一限度时，挺杆将从直线形式突然变弯，而且往往是显著的弯曲变形，从而丧失工作能力。在一定的外力作用下，构件突然发生不能保持其原有平衡形式，这种稳定性丧失的现象称为失稳(lost stability)。构件失稳往往会造成灾难性事故。例如，桥梁结构的受压杆件失稳，将可能导致桥梁结构的整体或局部塌毁。工程上要求构件在规定的载荷下，绝不发生失稳现象，即要求构件具有足够的稳定性。所谓稳定性是指构件保持其原有平衡形式的能力。

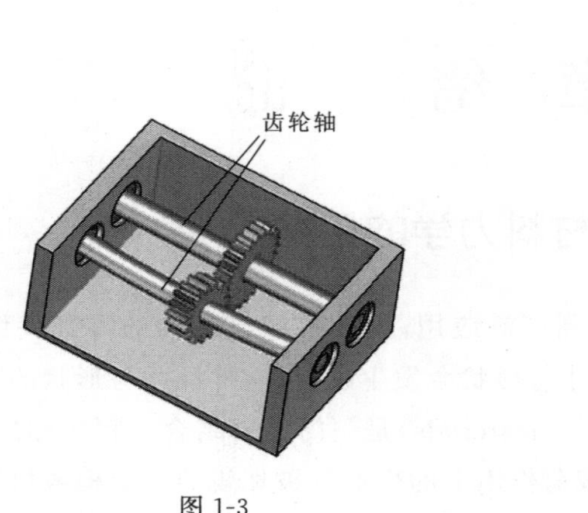

图 1-3

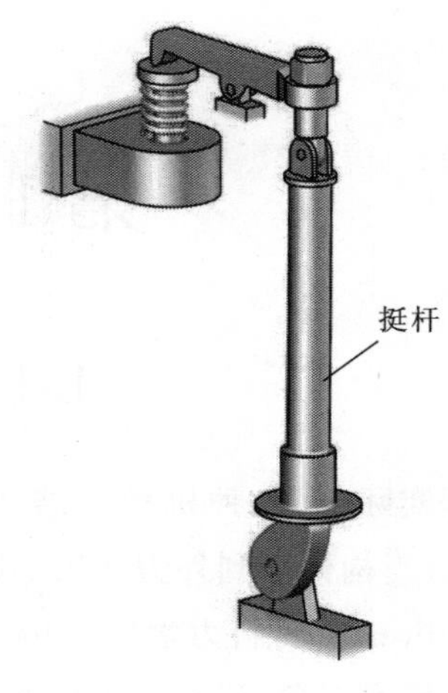

图 1-4

综上所述，对于受到一定外力作用的构件，一般应有足够的强度、刚度和稳定性，以保证构件正常或安全工作。对具体构件，据其工作情况，对上述三方面要求则有所侧重。例如，锅炉气包主要是强度要求，车床主轴主要是刚度要求，而内燃机气门挺杆则是以稳定性要求为主。然而，对于某些特殊构件，往往有相反的要求。例如，机器上的安全销，必须保证它在一定载荷下断裂，以避免机器主体因超载而损坏。又如，汽车的叠板弹簧，则要求有较大的变形来减轻冲击作用。

为保证构件有足够的强度、刚度和稳定性而将其截面尺寸设计得过大或选用优质材料，这样会增加原材料的消耗并增加构件的自重，使成本过高，有悖经济节约原则；若片面强调经济性，将构件的尺寸设计得过小或选用较廉价材料，则有可能无法满足强度、刚度和稳定性方面的要求，有悖安全原则。安全与经济是一对矛盾，材料力学的基本任务就是在满足强度、刚度和稳定性的条件下，以最大限度的经济为准则，为构件选择合适的材料，确定合理的形状与尺寸，为构件设计提供必要的理论基础和计算方法。

在工程中，有些构件的几何形状或受力情况比较复杂，其强度、刚度和稳定性问题仅靠现有理论还无法解决，必须借助于试验的方法加以分析。构件的强度、刚度和稳定性与材料的力学性能(机械性能)有关，而材料的力学性能是由试验测定的。此外，材料力学导出的理论结果也需要试验验证；有些单靠现有的理论解决不了的问题，也必须借助试验手段来研究解决。所以，试验分析也是研究构件强度、刚度和稳定性的重要手段之一，与理论分析具有同等重要的地位。

1.2 可变形固体的基本假设

材料力学是以材料的宏观性质为基础，在不考虑材料微观与亚微观组织特点的条件下，研究构件强度、刚度及稳定性计算的一门学科。虽然制造各种构件的材料各不相同，但它们有一共同属性，即在外力作用下会发生变形，因此必须将固体材料看成是可变形固体(deformable solid)。对于可变形固体制成的构件，在进行强度、刚度或稳定性计算时，根据研究问题的主要方面，常常略去一些次要的因素，将它们抽象为理想化的材料，然后进行理论分析。所以在材料力学中，对可变形固体作如下基本假设。

(1) **连续性假设**。假设在固体所占有的空间内毫无空隙地充满了物质，即认为是密实的、连续分布的。固体由许多晶粒组成，事实上在固体内部一定存在着不同程度的空隙(包括缺陷、杂质等)，但这种空隙的大小是以纳米计量的，与构件尺寸相比极其微小，可以忽略不计。这样就可以认为固体在整个体积内是连续的。

应该指出，连续性假设(continuity assumption)不仅适用于固体变形前，而且也适用于变形后，即固体内变形前相邻近的质点变形后仍保持邻近，既不产生新的空隙或孔洞，也不会出现重叠现象，其变形必须满足几何相容条件。

(2) **均匀性假设**。材料在外力作用下所表现的性能，称为材料的力学性能或机械性能。在材料力学中，假设材料的力学性能与其在固体中的位置无关，认为在固体内到处都有相同的力学性能。

对于实际材料，其基本组成部分的力学性能往往存在不同程度的差异。例如，金属是由无数微小的晶粒所组成，各晶粒的力学性能不完全相同，晶粒交界处的晶界物质与晶粒本身的力学性能也不完全相同，但因构件或它的任意一部分中都包含为数极多的晶粒，而且这些晶粒无规则地排列，固体每一部分的力学性能都是众多晶粒力学性能的统计平均值，所以可以认为各部分的力学性能是均匀的。根据均匀性假设(homogenization assumption)，从固体中内部任何部位所切取的微小单元体，都具有与构件完全相同的性能。同样，通过试样所测得的力学性能，也可用于固体内的任何部位。

有了连续、均匀性假设后，固体中的一些力学量(如各点的位移)，即可用坐标的连续函数表示，从而有利于建立相应的数学模型，可采用无限小的数学分析方法求解问题，并可从固体中的任何地方取出微小部分来研究。

(3) **各向同性假设**。认为材料沿各个方向的力学性能都是相同的，具有这种属性的材料称为各向同性(isotropic)材料。就金属而言，每个晶粒在不同方向上的力学性能并不相同，即具有方向性。但晶粒的尺寸远小于构件的尺寸，而且各个晶粒呈随机取向，从统计学的观点来看，它们在各方向上的性能基本接近相同，认为是各向同性的材料。对于木材和纤维增强叠层复合材料等，其整体的力学性能具有明显的方向性，称为各向异性材料。

综上所述，在材料力学中，一般将实际材料看作是连续、均匀与各向同性的可变形固体。实践表明，在此基础上所建立的理论与分析计算结果符合工程要求。

实验表明，当外力不超过某一限值时，绝大多数材料制成的物体在外力消除后(称为卸载)能恢复原有的形状和尺寸，物体的这种性质称为弹性，随外力解除而消除掉的变形，称为弹性变形(elastic deformation)。当外力过大时，外力消除后，物体只能部分复原，残留下一部分变形，这部分不能恢复的变形称为塑性变形或残余变形(plastic deformation)，材料能把变形保存下来的性质称为塑性。对于每一种材料，通常当载荷不超过一定的限度时，其变形是完全弹性的。多数构件在正常工作条件下，均要求其材料只发生弹性变形，若发生塑性变形，则认为材料的强度失效。所以，在材料力学中所研究的大部分问题，多局限于弹性变形范围内。

材料力学中所研究的构件在承受载荷作用时，其变形与构件的原始尺寸相比通常甚小，可以略去不计，称为小变形(small deformation)。认为无论是构件的变形或由变形引起的位移，其大小都远小于构件的原始几何尺寸，这就是小变形前提，材料力学所研究的问题通常就局限于这种小变形的情况。所以，在研究构件的平衡和运动以及内部受力和变形等问题时，均可按

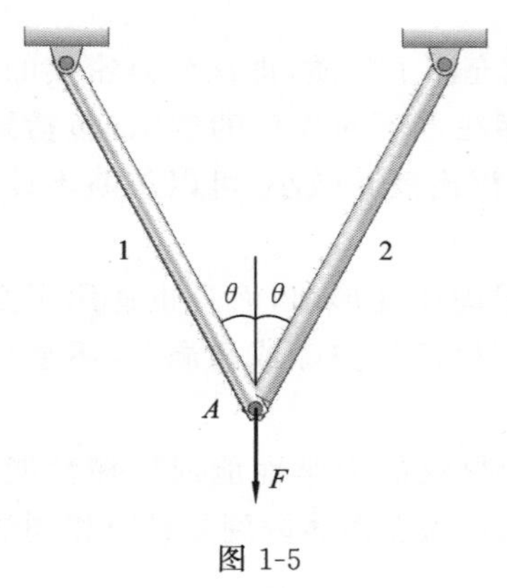

图 1-5

构件的原始尺寸和形状进行计算，这种方法称为原始尺寸原理。如图 1-5 所示，杆 1、2 在变形前与铅垂线的夹角为 θ。为求解此结构在力 F 的作用下点 A 的铅垂位移，关键是要求解出杆 1、2 的伸长量，而伸长量取决于杆 1、2 受到的拉力。本应按变形后的尺寸计算杆 1、2 的拉力，但变形后杆 1、2 与铅垂线的夹角也不再是 θ，而是未知的。如果假设是小变形，则可按变形前的原始尺寸计算杆 1、2 的拉力，以保证问题在几何上是线性的。这种变形微小及按原始尺寸和形状进行计算的概念，在材料力学中将经常用到，它使计算得到很大的简化。

概括起来讲，在材料力学中是把实际材料看作均匀、连续、各向同性的可变形固体，且大多数场合下局限在弹性变形范围内和小变形条件下进行研究。

1.3 外力及其分类

对于所研究的构件来说，其他构件与物体作用于其上的力均为外力(external force)，包括载荷和约束力。外力按其作用方式可分为体积力和表面力。作用在构件各质点上的外力称为体积力(body force)，例如构件的重力和惯性力均为体积力。作用在构件表面上的外力，称为表面力，例如作用在高压容器内壁的气体或液体压力。

按照表面力在构件表面的分布情况，又可分为分布力和集中力。连续分布在构件表面某一范围的力，称为分布力(distributed load)。如果分布力的作用面积远小于构件的表面面积，或沿杆件轴线的分布范围远小于杆件长度，则可将分布力简化为作用于一点处的力，称为集中力(concentrated load)。

按照载荷随时间变化的情况，可分为静载荷(static load)和动载荷(dynamic load)。前者是指载荷缓慢地由零增加到一定值，以后保持不变或变动很小，其特征是在加载过程中，构件的加速度很小可以忽略不计。例如，物体在静止状态所受的重力，建筑物中的支柱、房梁在正常情况下所承受的载荷，均属静载荷；后者是指大小或方向随时间而变化的载荷，例如，锻造时汽锤锤杆受到的冲击力为动载荷。如图 1-6 所示的连杆，其所受压力 F 随时间变化，也属于动载荷。材料在动载荷与在静载荷下的力学性能颇不相同，分析方法也有差异，在所分析的问题中，应当重视载荷的性质。静载荷问题相比动载荷问题较为简单，掌握静载荷的理论和分析方法，又是解决动载荷问题的基础，所以首先重点研究静载荷问题，本书将在第 13 章专门研究动载荷问题。

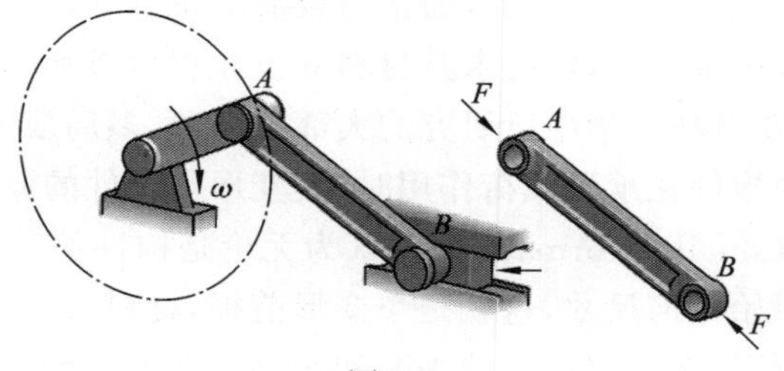

图 1-6

1.4 内力与截面法

1.4.1 内力的概念

在外力作用下，构件发生变形，同时构件内部相连各部分之间产生相互作用力，称为内力(internal force)。由物理学可知，即使不受外力作用，构件内部各质点之间也存在着相互作用力，它用来维持物体各部分之间的联系并保持其原有的形状，但这不属于材料力学研究的范畴。材料力学中所要研究的内力是指构件受到外力作用时，其内部各部分之间因相对位置发生变化，从而引起的相互作用力的改变，其改变量称为内力。可见，内力是构件各部分之间相互作用力因外力而引起的附加值，即"附加内力"。这样的内力，随外力的增长而增大，达到某一限度时将引起构件破坏。构件的强度、刚度及稳定性，与内力的大小及其在构件内的分布情况密切相关。因此，内力分析是解决构件强度、刚度与稳定性问题的基础。

1.4.2 截面法

由刚体静力学可知，为了分析两物体之间的相互作用力，必须将该二物体分离。同样，要分析构件在外力作用下 m-m 截面上的内力，可假想通过该截面把构件分为 I，II 两部分，设法把内力转化为外力的形式，就可用理论力学的方法来分析。例如，要分析如图 1-7(a)所示杆件横截面 m-m 上的内力，先假想地沿该截面将杆件切开，将构件分为 I，II 两部分，任取其中一部分为研究对象(如 I 部分)，弃去另一部分(如 II 部分)。要使 I 部分保持原平衡，除了有 F_1，F_2 作用外，m-m 截面上还有 II 部分作用于 I 部分的力，如图 1-7(b)所示。根据作用与反作用定律，I 部分也有大小相等、方向相反的力作用于 II 部分。I，II 两部分之间的相互作用力，就是构件 m-m 截面上的内力。根据连续性假设，内力在截面 m-m 上各点处都存在，故为分布力系。

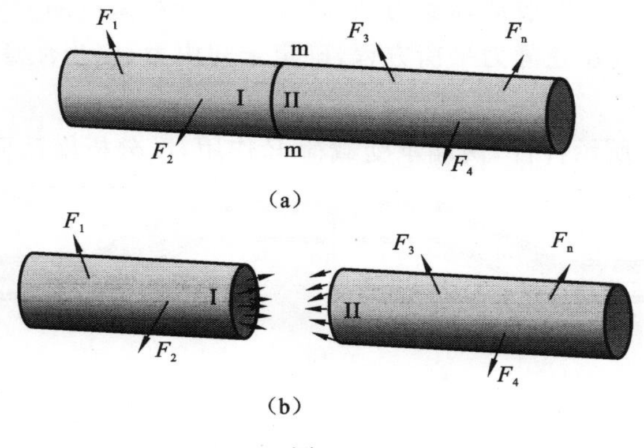

图 1-7

应用力系简化理论，将上述分布内力向横截面的任一点，例如形心 C 简化得主矢 F_R 与主矩 M(图 1-8(a))。为便于分析内力，沿截面轴线方向建立坐标轴 x，在所切横截面内建立坐标轴 y 与 z，并将主矢与主矩沿上述三轴分解，得内力分量 F_N，F_{Sy} 与 F_{Sz}，以及内力偶矩分量 M_x，M_y 与 M_z，如图 1-8(b) 所示。

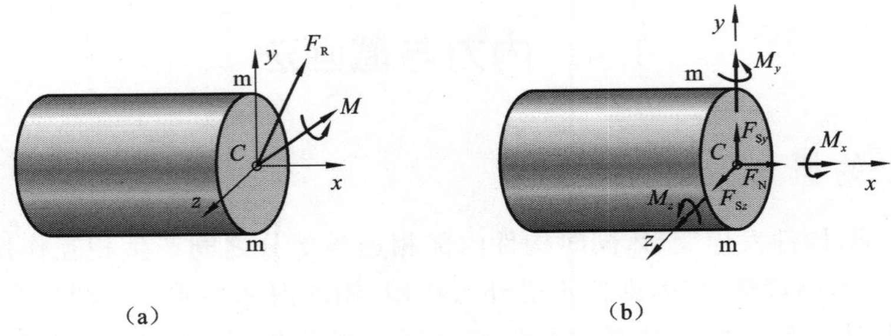

图 1-8

作用线垂直所切横截面并通过其形心的内力分量 F_N，称为轴力；作用线位于所切横截面的内力分量 F_{Sy} 与 F_{Sz}，称为剪力；矢量沿轴线的内力偶矩分量 M_x，称为扭矩；矢量位于所切横截面的内力偶矩分量 M_y 与 M_z 称为弯矩。上述内力及内力偶矩分量与作用在切开杆段上的外力保持平衡，因此，由平衡方程

$$\sum F_x = 0, \quad \sum F_y = 0, \quad \sum F_z = 0$$

$$\sum M_x = 0, \quad \sum M_y = 0, \quad \sum M_z = 0$$

即可建立内力与外力间的关系。为叙述简单，以后将内力分量与内力偶矩分量统称为内力分量。很多情况下，杆件横截面上仅存在一种、两种或三种内力分量。以上关于内力分量的定义与坐标轴的选取，将在以后的章节中进一步论述。

将杆件假想地切开以显示内力，并由平衡方程建立内力与外力间的关系或由外力确定内力的方法，称为截面法(method of section)。截面上的内力是由外力引起的，与脱离体上的外力组成平衡力系，满足平衡方程，这就是截面法计算内力的依据。截面法是分析杆件内力的基本方法，可将其归纳为以下三个步骤：

(1) 截开。在欲求内力的截面处，假想地把构件截为两部分，保留其中任一部分作为研究对象；

(2) 代替。画出保留部分的脱离体受力图，将弃去部分对保留部分的作用以内力代替；

(3) 平衡。对保留部分建立静力平衡方程，确定未知内力。应当注意，截开面上的内力对保留部分而言已属外力了。

例 1.1 图 1-9(a) 所示杆件，两端承受载荷 F 作用，试分析横截面 m-m 上的内力。

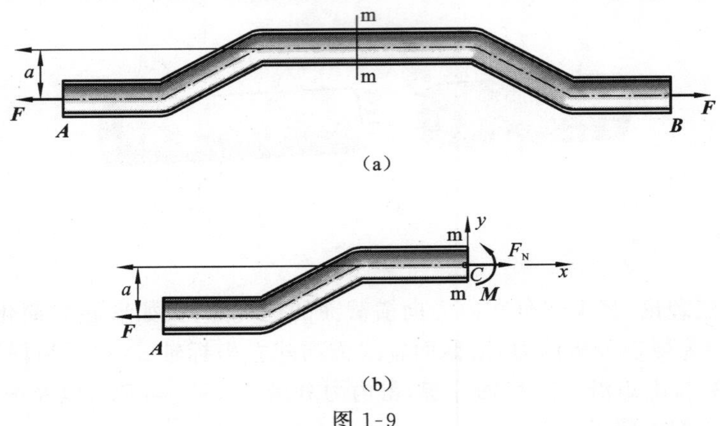

图 1-9

解 利用截面法，沿截面m-m假想地将杆切开，并选切开后的左段为研究对象(图1-9b)。

首先可以看出，在截面m-m上，存在一个通过截面形心C的轴向内力，即轴力F_N；其次，由于轴力F_N与外力F平行但不共线，从而构成一个位于x-y平面的力偶，因此，在截面m-m上，还将存在一个矢量位于所切横截面上的内力偶矩，即弯矩，并用M表示。

于是，由平衡方程

$$\sum F_x = 0, \quad F_N - F = 0$$

$$\sum M_C = 0, \quad M - Fa = 0$$

解得

$$F_N = F, \quad M = Fa$$

如果选择切开后的右段为研究对象，所得计算结果相同。

1.5 应　　力

如上所述，内力是构件内部相连部分之间的相互作用力，并沿截面连续分布。为了描述内力的分布在截面上一点处的强弱程度，引入内力分布集度即应力(stress)的概念。

为求得受力构件横截面上任一点C处的内力分布集度，围绕C点取一微面积ΔA，如图1-10(a)所示。假设其微面积上的合力为ΔP，则ΔP与ΔA的比值称为ΔA上的平均应力，用$\bar{p}$表示

$$\bar{p} = \frac{\Delta P}{\Delta A} \tag{1-1}$$

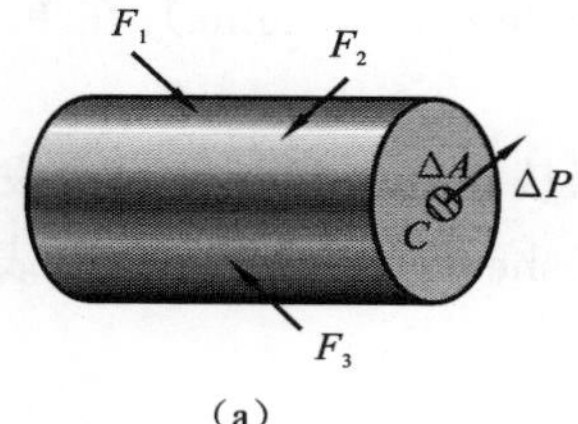

(a)

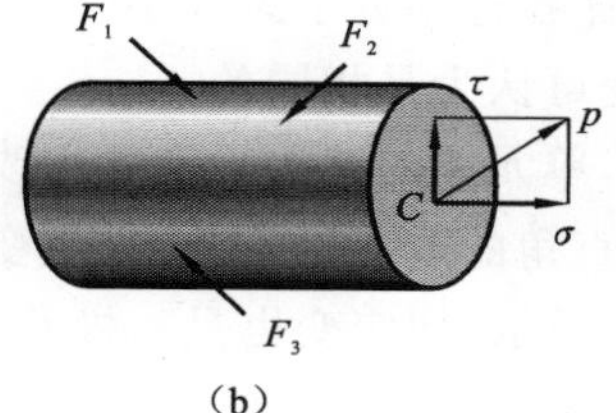

(b)

图1-10

一般情况下，内力并不是均匀分布的，平均应力$\bar{p}$的大小和方向将随所取微面积ΔA的大小而异，所以它并不能真实地表明内力在C点的强弱程度。为了更精确地描述内力的分布情况，应使ΔA趋近于零，由此所得平均应力的极限值，即为C点处的内力集度，称为C点处的应力或总应力，并用p表示。

$$p = \lim_{\Delta A \to 0} \frac{\Delta P}{\Delta A} = \frac{\mathrm{d}P}{\mathrm{d}A} \tag{1-2}$$

应力p是一个矢量，它的方向是ΔP的极限方向。一般情况下，既不与截面垂直，也不与截面相切。为了分析方便，通常将应力p沿着截面的法向与切向分解为两个分量。沿截面法向的应力分量，称为正应力(normal stress)，并用σ表示；沿截面切向的应力分量，称为切应力(shearing stress)，并用τ表示。显然有

$$p^2 = \sigma^2 + \tau^2 \tag{1-3}$$

在国际单位制中，力与面积的基本单位分别为N与m^2，应力的单位为Pa(帕)，称为“帕斯

卡”(Pascal)，$1\ \text{Pa}=1\ \text{N/m}^2$。工程中应力的常用单位为 MPa(兆帕) 和 GPa(吉帕)，其值为

$$1\ \text{MPa}=10^6\ \text{Pa}\quad 1\ \text{GPa}=10^9\ \text{Pa} \tag{1-4}$$

1.6 应　变

构件受外力作用时会发生变形，变形和内力有密切的关系，而且可以直接或间接地观测。一般情况下，受力构件各部分的变形是不同的，为了全面了解受力构件的变形情况，通常需要研究构件中任一点处的变形。为此，可在该点附近取一微小六面体进行研究，图 1-11(a) 表示了任一点 C 及相应的六面体。设六面体棱边 ab 原长为 Δx，变形后 ab 的长度变为 $\Delta x+\Delta u$，Δu 称为 ab 的绝对变形(图 1-11(b))。ab 的变形程度与原长 Δx 的长短有关，所以常用 Δu 与 Δx 的比值表示 ab 上单位长度的伸长或缩短，称为平均正应变或平均线应变，用 $\bar{\varepsilon}$ 表示

$$\bar{\varepsilon}=\frac{\Delta u}{\Delta x} \tag{1-5}$$

一般情况下，棱边 ab 各点处的变形程度并不相同，平均正应变的大小将随 ab 的长度而改变。为了精确地描述 C 点处沿棱边 ab 方向的变形情况，应使 Δx 趋近于零，由此所得平均正应变的极限值，称为 C 点处沿 x 方向的正应变(normal strain) 或线应变(linear strain)，并用 ε_x 表示，即

$$\varepsilon_x=\lim_{\Delta x\to 0}\frac{\Delta u}{\Delta x}=\frac{\mathrm{d}u}{\mathrm{d}x} \tag{1-6}$$

在小变形的物体中，ε_x 是一极其微小的量。采用类似方法，还可确定 C 点处沿其他任意方位的正应变。

当微小六面体各边趋近于无限小时，称为单元体(element volume)。在单元体的同一棱边上，各点的线应变可认为是相同的。

构件受力后，单元体的棱边长度发生改变时，相邻棱边之夹角一般也会发生改变。单元体相邻两棱边所夹直角的改变量，称为切应变或角应变(shearing strain)，用 γ 表示，用弧度来度量，如图 1-11(c) 所示。切应变也是一极其微小的量。

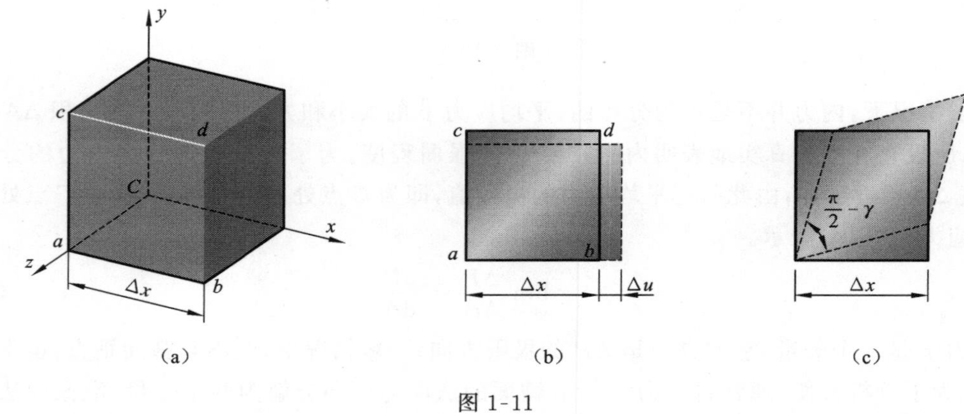

图 1-11

应变是描述固体变形的一种几何度量。正应变 ε 和切应变 γ 是度量构件内一点处变形程度的两个基本量。正应变在几何上表示伸长、缩短，而切应变表示物体形状的改变，它们均为无量纲的量。

关于正应力和正应变的正负号，一般约定：拉应变为正；压应变为负。产生拉应变的应力(拉应力)为正；产生压应变的应力(压应力)为负。关于切应力和切应变的正负号将在以后介绍。

1.7　杆件变形的基本形式

一个方向的尺寸远大于其他两个方向的尺寸的构件，称为杆件(bar)。杆件是材料力学的主要研究对象，也是工程中最常见、最基本的构件，许多构件从几何上都可以抽象为杆，而且大多数抽象为直杆。例如机械中的连杆和齿轮轴，建筑物中的立柱和横梁，都是典型的杆件。

杆件长的方向称为纵向，与纵向垂直的方向都是横向。杆件的主要几何因素有两个，即横截面和轴线。横截面为垂直于长度方向的截面，各横截面形心的连线称为杆件的轴线，横截面与轴线是相互垂直的。根据轴线为直线或曲线可将杆件分成直杆或曲杆，分别如图 1-12(a)、(b)所示。若杆件各横截面大小和形状均不变的杆件，则称为等截面杆，否则称为变截面杆。在工程实际中，最常见的杆件是等截面直杆，简称为等直杆(prismatic bar)。等直杆的分析计算原理，一般也可近似地用于曲率较小的曲杆与截面无显著变化的变截面杆。

材料力学主要研究杆件以及由若干杆件组成的简单杆系，同时也研究一些形状与受力均比较简单的板与壳，例如，中面为圆柱面的承受径向压力的薄壁圆筒与薄壁圆管。至于一般较复杂的杆系与板壳问题，则属于结构力学与弹性力学等的研究范畴。工程实际中的构件大部分都属于杆件，而且杆件问题的分析原理与方法也是分析其他形式构件的基础。

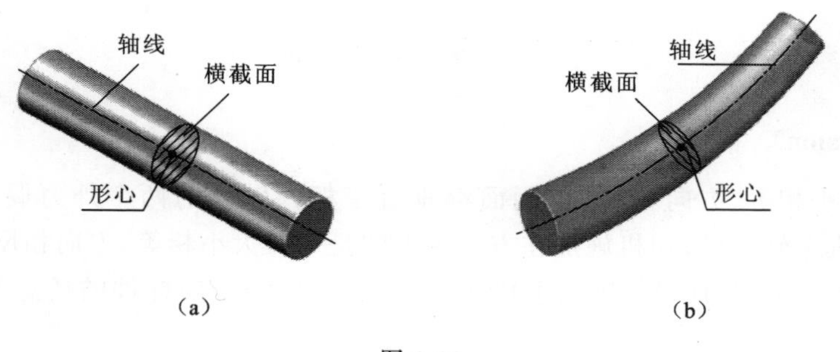

图 1-12

杆件变形与所受外力有关，作用于杆上的外力有各种情况，杆件相应的变形也有各种形式。通过对杆件的变形进行分析归纳可知，杆件的变形不外乎以下四种基本变形中的一种，或某几种基本变形的组合。

1. 轴向拉伸与压缩(tension or compression)

变形是由大小相等、方向相反、作用线与轴线重合的一对力所引起的。如图 1-13(a) 所示的简易吊车的拉杆 AB 和图 1-4 所示的气门挺杆，其变形表现为杆件伸长或缩短。

2. 剪切(shearing)

变形是由作用于构件两侧，且大小相等、方向相反、作用线垂直于轴线并相距很近的一对力所引起的。如图 1-13(b) 所示的连接件，螺栓受到剪切，其变形表现为二力间的各横截面沿外力作用方向产生相对错动。

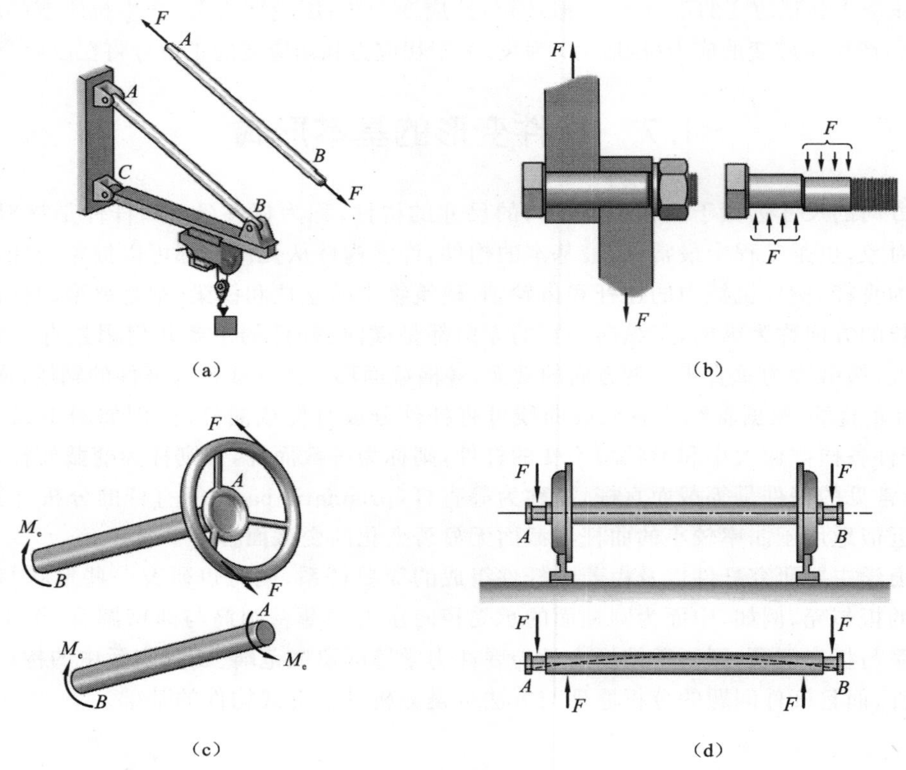

图 1-13

3. 扭转(torsion)

变形是由大小相等、方向相反、作用面都垂直于杆件轴线的两个外力偶所引起的。如图 1-13(c) 所示的汽车转向轴，司机施加在方向盘上的是一对大小相等，方向相反，平行但不共线的一对力 F，形成一力偶，使 AB 轴发生扭转变形，其变形表现为杆件的任意两个横截面绕轴线作相对转动。

4. 弯曲(bending)

变形是由垂直于杆件轴线的横向力，或作用于包含杆轴的纵向平面内的一对大小相等、方向相反的外力偶所引起的。如图 1-13(d) 中所示的火车轮轴的变形即为弯曲变形，其变形表现为梁的轴线由直线变为曲线。

各种基本变形特征不仅为判定变形形式提供依据，也为推导横截面上的应力计算公式提供依据。

还有一些杆件会同时发生几种基本变形，由两种或两种以上基本变形组合的变形，称为组合变形。例如，车床主轴就是弯曲、扭转和压缩等变形的组合。本书先分别讨论杆件的每一种基本变形的强度及刚度计算，然后再讨论组合变形问题。

第 2 章　轴向拉伸与压缩

2.1　轴向拉伸与压缩的概念

工程实际中经常会遇到承受拉伸或者压缩的杆件。如图 2-1 所示的连接螺钉，当拧紧螺帽时，被拧紧的工件对螺钉有反作用力，其合力将通过螺钉横截面的形心，并且沿螺钉轴线的方向使螺钉受拉。如图 2-2 所示的内燃机连杆，在燃气爆发冲程中受压。此外，如拉床的拉刀杆受拉；驱动装置中的活塞杆受压；而桁架中的杆件不是受拉便是受压。这类杆件的受力特点是：构件是直杆，外力或其合力的作用线与杆的轴线相重合。其变形特点是：杆件产生沿杆轴线的伸长或缩短。作用线沿杆件轴线的载荷，称为轴向载荷。以轴向拉压为主要变形的杆件，称为拉压杆或轴向承载杆。

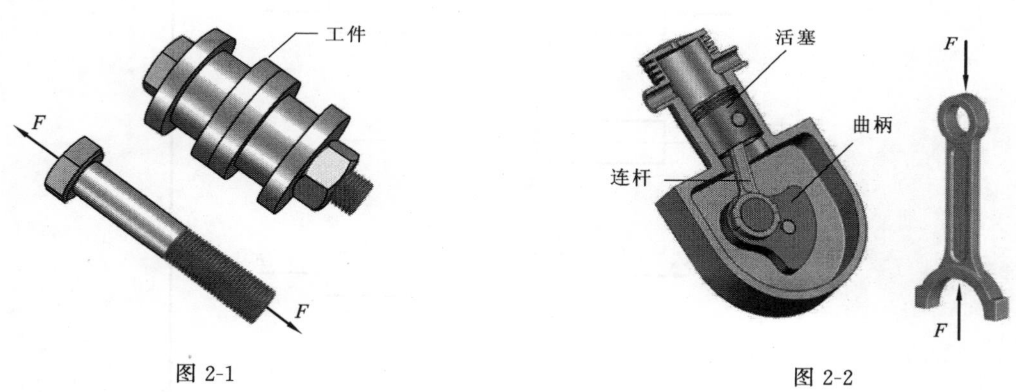

图 2-1　　图 2-2

本章只研究直杆的轴向拉伸与压缩，将这类杆件的形状和受力情况进行简化，均可简化成如图 2-3 所示的受力简图，图中虚线表示杆变形后的形状。受压构件如活塞杆、撑杆还有被压弯的可能，这属于稳定性问题，将在第 10 章中讨论。本章讨论的压缩是指受压杆未被压弯的情况，不涉及稳定性问题。

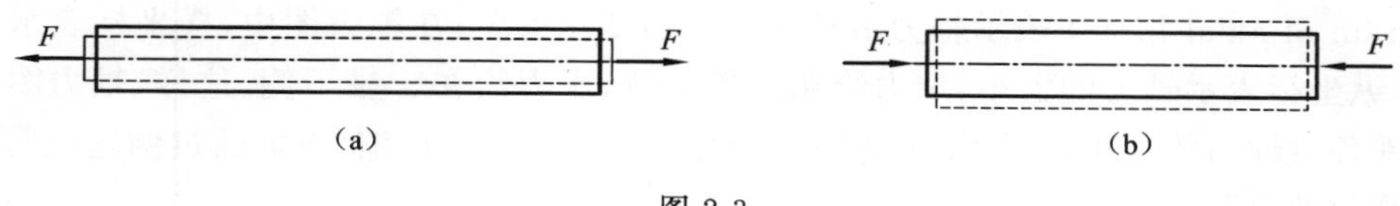

图 2-3

2.2　轴向拉伸或压缩时的内力

为了分析拉压杆的强度与刚度，首先需要研究拉压杆的内力。

取一直杆,在它两端施加一对大小相等、方向相反、作用线与直杆轴线相重合的外力,使其产生轴向拉伸变形,如图 2-4(a) 所示。为了显示拉杆横截面上的内力,采用截面法沿横截面 m-m 假想地把拉杆分成两部分(图 2-4(b))。杆件横截面上的内力是一个分布力系,其合力为 F_N,如图 2-4(c)、(d) 所示。由左段的静力平衡条件得

$$\sum F_x = 0,\quad F_N - F = 0$$

容易求得

$$F_N = F$$

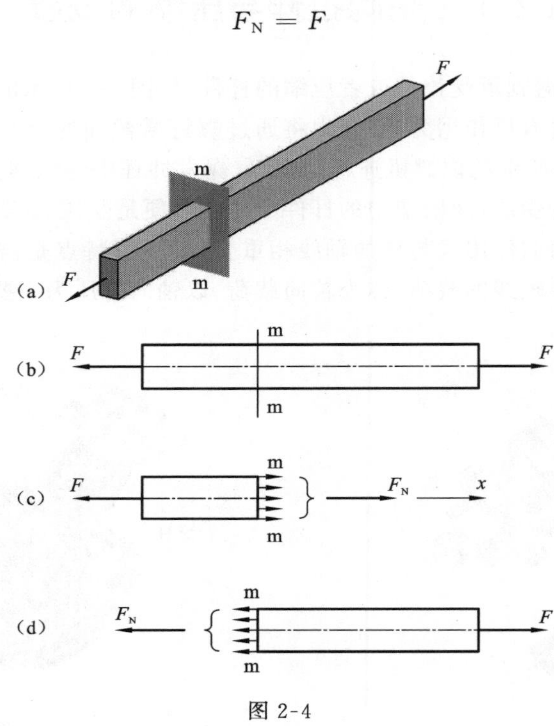

图 2-4

因为外力 F 的作用线与杆轴线相重合,所以内力合力 F_N 的作用线也必然与杆轴线重合,故称 F_N 为轴力(axial force)。为了使左右两段同一截面上的轴力,不仅大小相等而且正负符号也相同,联系杆件的变形,对轴力的符号作如下规定:使杆产生拉伸变形的轴力为正,称为拉力。产生压缩变形的轴力为负,称为压力。

当杆件受到多个轴向载荷作用时,在杆的不同横截面上轴力将各不相同,这时可以用轴力图(diagram of axial force) 表示轴力沿杆件轴线的变化情况。在轴力图中,横坐标表示横截面的位置,纵坐标表示轴力的大小。拉力绘在 x 轴上侧,压力绘在 x 轴下侧。这样,轴力图既可以显示杆件各段轴力的大小,还可显示各段内的变形是拉伸还是压缩。下面通过例题说明求解轴力以及绘制轴力图的方法。

例 2.1 求图 2-5(a) 所示杆 1-1,2-2,3-3 截面上的轴力,并作出轴力图。

解 采用截面法,沿截面 1-1 将杆分成两段,取左段考虑,并画出受力图如图 2-5(b) 所示。F_{N1} 表示 1-1 截面上的轴力,由左段的平衡方程 $\sum F_x = 0$,得

$$F_{N1} - 10 = 0,\quad F_{N1} = 10\ \text{kN}$$

沿截面 2-2 将杆分成两段,取左段考虑,并画出受力图如图 2-5(c) 所示。F_{N2} 表示 2-2 截面

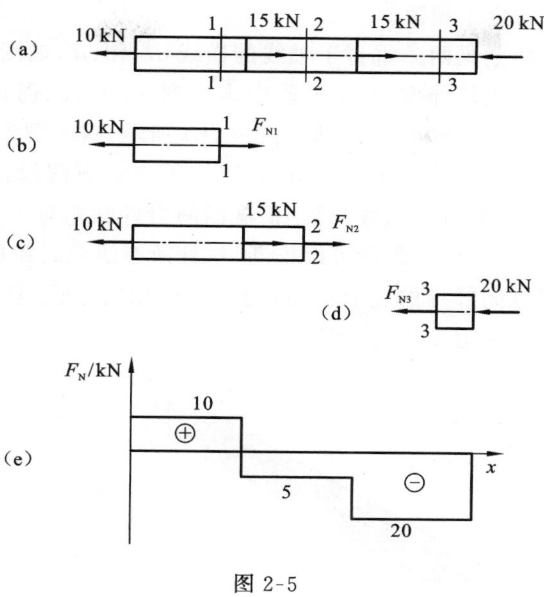

图 2-5

上的轴力，由左段的平衡方程 $\sum F_x = 0$，得

$$F_{N2} + 15 - 10 = 0, \quad F_{N2} = -5\ \text{kN}$$

沿截面 3-3 将杆分成两段，取右段考虑，并画出受力图如图 2-5(d) 所示。F_{N3} 表示 3-3 截面上的轴力，由右段的平衡方程 $\sum F_x = 0$，得

$$-F_{N3} - 20 = 0, \quad F_{N3} = -20\ \text{kN}$$

以横坐标表示横截面的位置，纵坐标表示相应横截面上的轴力，画出轴力图如图 2-5(e) 所示。

在图 2-5(b)、(c)、(d) 中，不管外力如何，轴力都画成正方向，即指向截面的外法线方向。如果求出的轴力为正，说明是拉力；如果求出的轴力为负，说明是压力(即所谓的设正法)。这样，从计算结果轴力的正负号就可直接判断是拉力还是压力，给分析和计算带来方便。另外，轴力图中可以不画阴影线，但如果要画，则要求阴影线与轴线垂直。

2.3　轴向拉伸或压缩时的应力

2.3.1　横截面上的应力

上节求出了拉压杆横截面上的轴力，仅根据轴力并不能判断它是否有足够的强度。例如，两根材料相同而横截面面积不同的直杆，两端受到同样大小的轴向拉力作用，则两杆横截面上的轴力也相同。当轴向拉力逐渐增大时，横截面面积小的直杆，必定先被拉断。这说明杆件强度不仅与轴力大小有关，而且与横截面面积有关。为了解决拉压杆的强度问题，除需计算横截面上的内力(即轴力)外，还需要进一步研究内力在横截面上的分布规律和分布的集度，即研究横截面上的应力。

在拉压杆横截面上，与轴力 F_N 对应的是正应力 σ。要确定该应力的大小，必须了解 σ 在横截面上的分布规律。由于内力与变形之间存在一定的关系，因此可通过试验的方法观察其变形规律，从而确定正应力 σ 的分布规律。

取一等直杆，在其侧面上画两条垂直于轴线的横线 ab 和 cd，如图 2-6(a) 所示。然后在杆两端施加轴向拉力，使杆产生拉伸变形。从试验中观察到 ab 和 cd 仍为直线，且仍然垂直于杆件的轴线，只是分别平移到了 $a'b'$ 和 $c'd'$，如图 2-6(b) 所示。这一现象是杆件变形在杆件表面的反映。由此推测，杆内部的变形情况也是如此。因此可作如下假设：变形前原为平面的横截面，变形后仍保持为平面，且垂直于轴线，只是横截面间沿杆轴相对平移，这个假设称为拉压平面假设(plane assumption)。由平面假设可以推断，拉杆所有纵向纤维的伸长相等。根据材料均匀连续性假设，如果每根纵向纤维的变形相同，则受力也相同，所以横截面上的内力是均匀分布的，即横截面上各点处正应力 σ 相等，如图 2-6(c) 所示。

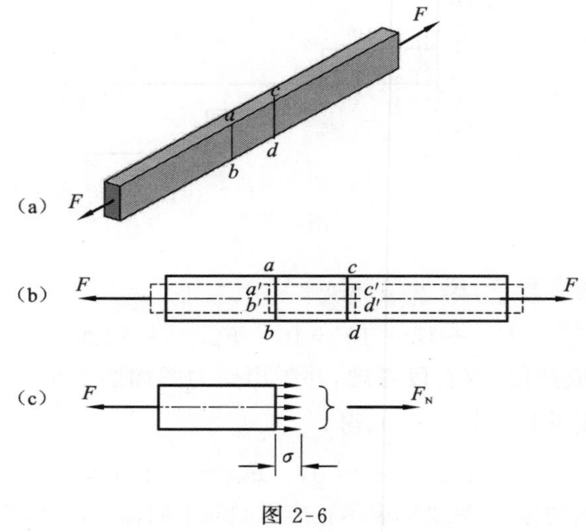

图 2-6

若杆的横截面面积为 A，则微面积 $\mathrm{d}A$ 上的法向内力元素 $\sigma\mathrm{d}A$ 组成一垂直于横截面的平行力系，由静力关系，其合力应该等于该横截面上的轴力 F_{N}，即

$$F_{\mathrm{N}} = \int_A \sigma \mathrm{d}A$$

由于横截面上各点处的正应力 σ 相等，则有 $F_{\mathrm{N}} = \sigma\int_A \mathrm{d}A$，由此得

$$\sigma = \frac{F_{\mathrm{N}}}{A} \tag{2-1}$$

式(2-1) 为拉杆横截面上正应力的计算公式。式中，σ 为横截面上的正应力，F_{N} 为横截面上的轴力，A 为横截面面积。式(2-1) 也同样适用于轴向压缩的情况。当 F_{N} 为拉力时，σ 为拉应力，规定为正；当 F_{N} 为压力时，σ 为压应力，规定为负。试验已证实，只要外力合力作用线与杆件的轴线重合，不论是等截面直杆还是变截面杆，式(2-1) 都适用。

应该指出，在载荷作用点附近的截面上，正应力均匀分布的结论有时是不成立的。在实际构件中，载荷以不同的加载方式施加于构件，而不同的加载方式对截面上的应力分布是有影响的。但是，实验研究表明，杆端加载方式的不同，只对杆端附近截面上的应力分布有影响，其影响长度不超过杆的横向尺寸。这一论断，称为圣维南原理(Saint-Venant principle)。根据这一原理，在拉压杆中，离外力作用点稍远的横截面上，应力分布均可视为均匀的。

例 2.2　一变截面圆钢杆 $ABCD$，如图 2-7(a) 所示。已知 $F_1 = 20\ \text{kN}$，$F_2 = 35\ \text{kN}$，$F_3 = 35\ \text{kN}$，$d_1 = 12\ \text{mm}$，$d_2 = 16\ \text{mm}$，$d_3 = 24\ \text{mm}$，试求：

1）各截面上的轴力，并作轴力图；

2）杆的最大正应力 σ_{max}。

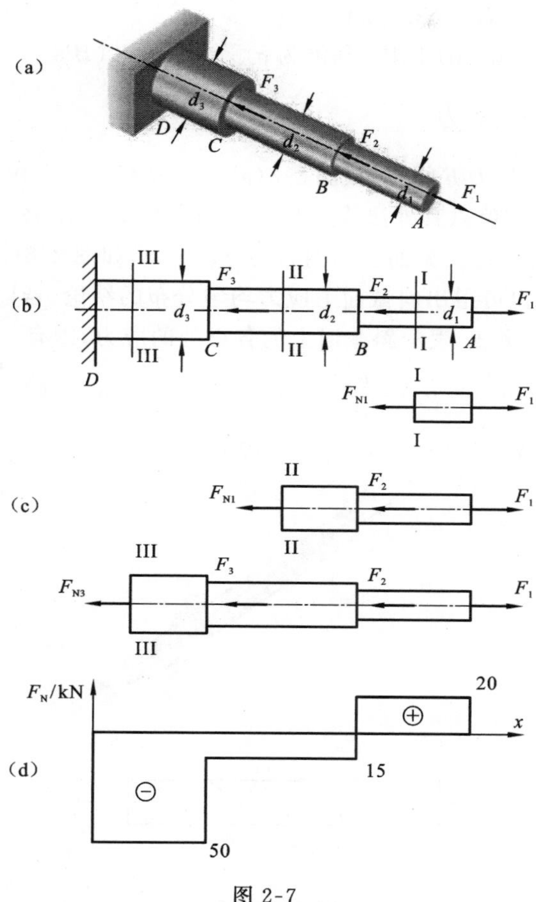

图 2-7

解　1）求轴力及轴力图。假想地用截面分别在 I-I，II-II，III-III 截面处将杆截开，如图 2-7(b) 所示，保留右边部分，各截面上的轴力分别以 F_{N1}，F_{N2}，F_{N3} 表示，并均假定为拉力，各部分的受力简图分别如图 2-7(c) 所示。由各部分的静力平衡方程可得

$$F_{N1} = F_1 = 20\ \text{kN}$$

$$F_{N2} = F_1 - F_2 = -15\ \text{kN}$$

$$F_{N3} = F_1 - F_2 - F_3 = -50\ \text{kN}$$

其中负号表示轴力与假定方向相反，即轴力为压力。根据 AB，BC，CD 段内轴力的大小和符号，画出轴力图，如图 2-7(d) 所示。

2）求最大正应力。由于圆截面钢杆为一阶梯形，故 AB，BC 及 CD 三段内不仅轴力不同，而且横截面面积亦不同，需要分段求出各横截面上的正应力。利用式(2-1) 可分别求得各段的正应力为

$$\sigma_{\mathrm{I}} = \frac{F_{N1}}{A_1} = \frac{4F_{N1}}{\pi d_1^2} = \frac{4 \times 20 \times 10^3}{\pi \times 12^2 \times 10^{-6}} = 176.8 \times 10^6 \text{ Pa} = 176.8 \text{ MPa}$$

$$\sigma_{\mathrm{II}} = \frac{F_{N2}}{A_2} = \frac{4F_{N2}}{\pi d_2^2} = \frac{-4 \times 15 \times 10^3}{\pi \times 16^2 \times 10^{-6}} = -74.6 \text{ MPa}$$

$$\sigma_{\mathrm{III}} = \frac{F_{N3}}{A_3} = \frac{4F_{N3}}{\pi d_3^2} = \frac{-4 \times 50 \times 10^3}{\pi \times 24^2 \times 10^{-6}} = -110.5 \text{ MPa}$$

可见，最大正应力发生在 AB 段内，其值为 $\sigma_{\max} = 176.8$ MPa。

2.3.2 斜截面上的应力

设一等直杆受到轴向拉力 F 的作用(图 2-8(a))，其横截面的面积为 A，现分析任意斜截面 m-m 上的应力。该截面的方位以其外法线 n 与 x 轴的夹角 α 表示(图 2-8(b))。采用截面法，将杆假想地沿 m-m 截开，可求得斜截面上的内力为 $F_{N\alpha} = F$，如图 2-8(c) 所示。仿照证明横截面上应力均匀分布的方法，也可得出斜截面上应力均匀分布的结论。若以 A_α 表示 m-m 斜截面的面积，则有 $A_\alpha = A/\cos\alpha$。用 p_α 表示斜截面上的各点处的应力，则有

$$p_\alpha = \frac{F_{N\alpha}}{A_\alpha} = \frac{F}{A}\cos\alpha = \sigma_0 \cos\alpha$$

式中：$\sigma_0 = F/A$，代表横截面(即 $\alpha = 0$) 上的正应力。

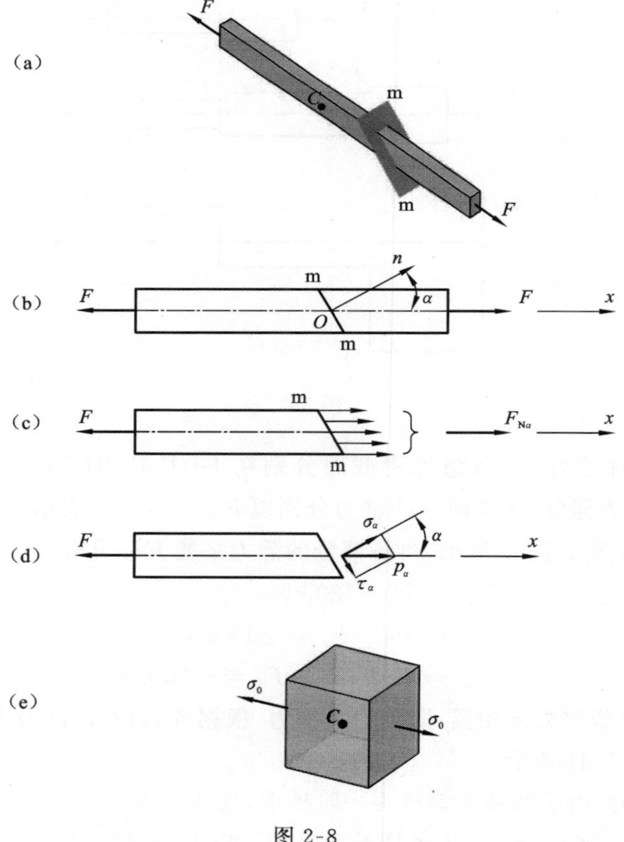

图 2-8

将应力 p_α 分解成垂直于斜截面的正应力 σ_α 和相切于斜截面的切应力 τ_α，如图 2-8(d) 所示。其中

$$\sigma_\alpha = p_\alpha \cos\alpha = \sigma_0 \cos^2\alpha \tag{2-2}$$

$$\tau_\alpha = p_\alpha \sin\alpha = \frac{\sigma_0}{2}\sin 2\alpha \tag{2-3}$$

应力的符号规定：正应力符号规定如前所述；切应力对截面内侧任意点的矩为顺时针转向时规定为正，反之为负；角度 α 以 x 轴逆时针转到斜截面外法线 n 时规定为正，反之为负。按上述符号规定，图 2-8(d) 中 σ_α、τ_α 和 α 皆为正。

式(2-2) 和式(2-3) 表达了通过拉杆内任一点处不同斜截面上的正应力 σ_α 和切应力 τ_α 随 α 角而改变的规律。可见，在拉杆的任一斜截面上，不仅存在正应力，而且存在切应力，且 σ_α 和 τ_α 都是 α 的函数，其数值随 α 角作周期性变化。

由式(2-2) 可知，当 $\alpha=0$ 时，斜截面 m-m 即为垂直于杆轴线的横截面，σ_α 达到最大值，其值为

$$\sigma_{\max} = \sigma_0$$

由式(2-3) 可知，当 $\alpha = 45°$ 时，τ_α 达到最大值，其值为

$$\tau_{\max} = \frac{\sigma_0}{2}$$

可见，拉杆的最大正应力发生在横截面上，最大切应力发生在与轴线成45°角的斜截面上。此外，当 $\alpha = 90°$ 时，$\sigma_\alpha = \tau_\alpha = 0$，这表示在平行于杆件轴线的纵向截面上无任何应力。

以上全部分析结果对于压杆也同样适用。

若在拉杆的任一点 C 处(图 2-8(a)) 用横截面、水平纵截面和铅垂纵截面截取一各边长均为无穷小量的单元体(图 2-8(e))，则在该单元体上仅在左右两横截面上作用有正应力 σ_0。通过一点的所有不同方位截面上的应力的全部情况，称为该点处的应力状态。由式(2-2)、式(2-3) 可知，在所研究的拉杆中，一点处的应力状态由其横截面上的正应力 σ_0 即可完全确定，这样的应力状态称为单轴应力状态(state of uniaxial stress)。关于应力状态的问题将在第七章中详细讨论。

2.4　材料拉伸时的力学性能

构件的强度、刚度与稳定性，不仅与构件的形状、尺寸以及所受外力有关，而且与材料的力学性能(mechanical properties) 有关。材料的力学性能也称为机械性能，是指材料在外力作用下表现出的变形、破坏等方面的特征，是通过各种试验测定的。材料的力学性能和加载方式、温度等因素有关。本节主要介绍材料在静载(缓慢加载)、常温(室温) 下的力学性能。

常温静载拉伸实验是测定材料力学性能的基本试验。对试样的具体要求和测试条件可参阅国家标准，例如，《金属材料　拉伸试验 —— 第 I 部分：室温试验方法》(GB/T 228.1—2010)。为了便于对不同材料的试验结果进行比较，应按国家标准规定将材料做成标准试件。对于金属材料，通常采用圆柱形试件，其形状如图 2-9 所示。

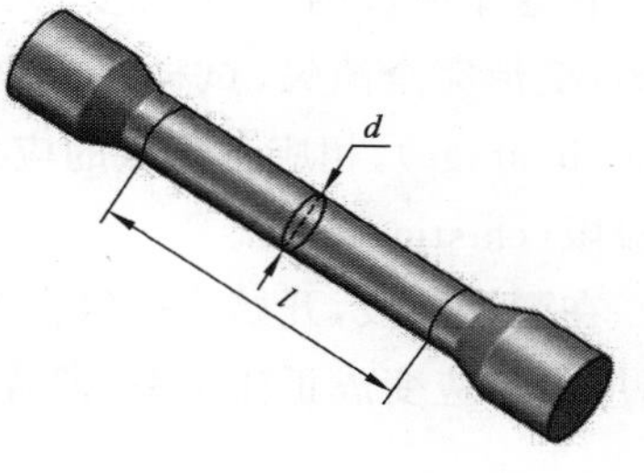

图 2-9

试验前，先在试样的中间等直部分划上两条横线，横线之间的一段为试样的工作段，其长度 l 称为标距(gauge length)。标距 l 与直径 d 有两种常用的标准比例，即 $l = 5d$ 或 $l = 10d$。前者称为短试件，后者称为长试件。

低碳钢和铸铁是两种不同类型的材料，而且在工程实际中被广泛使用，它们的力学性能比较典型。因此，以这两种材料为代表，来说明材料在常温、静载条件下拉伸时的力学性能。

2.4.1 低碳钢拉伸时的力学性能

将低碳钢试件两端装入试验机的夹头内，然后缓慢加载，使其产生拉伸变形。加在试件上的拉力 F 可通过试验机的测力装置读出。试件标距段的伸长变形 Δl 可用引伸仪测得。利用试验机的自动绘图装置，可以画出试件在试验过程中标距段的伸长变形 Δl 和拉力 F 之间的关系曲线。该曲线的横坐标为 Δl，纵坐标为 F，称为试件的拉伸图(tensile diagram)或 F-Δl 曲线。图 2-10 即为低碳钢的拉伸图。

显然，F-Δl 曲线不仅与试样的材料有关，而且与试样的横截面尺寸及标距的大小有关。为了消除试件尺寸的影响，将拉伸图的纵坐标 F 除以试件横截面的原面积 A 化为应力 σ，将其横坐标 Δl 除以标距的原始长度 l 化为应变 ε，从而得到横截面应力 σ 与轴向应变 ε 的关系图，该图称为材料的应力-应变图或 σ-ε 曲线(stress-strain curve)。图 2-11 即为低碳钢的 σ-ε 曲线。

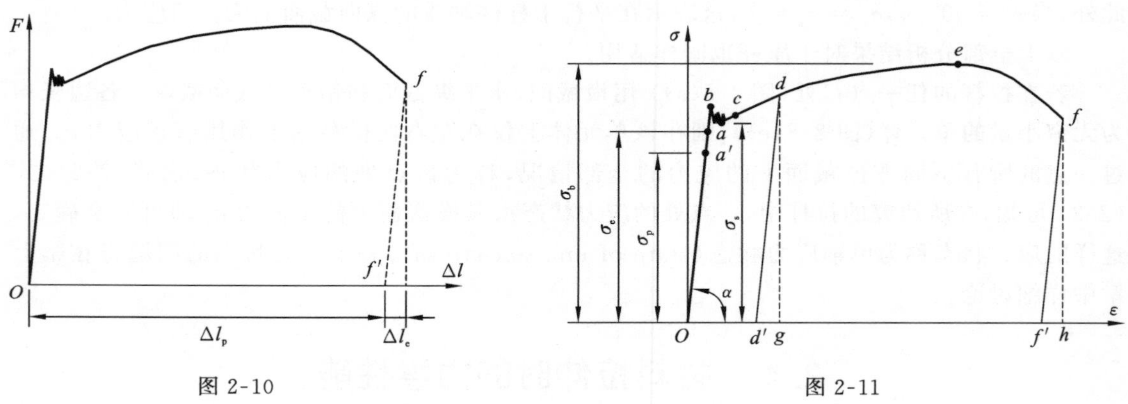

图 2-10　　　　图 2-11

由低碳钢的 σ-ε 曲线可见，整个拉伸过程可分为四个阶段：

1. 弹性阶段 Oa

在这个阶段内，材料的变形完全是弹性的。即当应力 σ 小于 a 点所对应的应力时，如果卸去外力，变形完全消失，试样将恢复其原长，其变形为弹性变形。因此，这一阶段称为弹性阶段(elastic stage)。相应于 a 点的应力用 σ_e 表示，它是材料只产生弹性变形的最大应力，故称为弹性极限(elastic limit)。

在弹性阶段，开始为一斜直线 Oa'，然后是曲线 aa'。这表示当应力小于 a' 点相应的应力时，应力与应变成正比关系，即遵循胡克定律(Hooke's law)：

$$\sigma = E\varepsilon \tag{2-4}$$

式中：E 称为材料的弹性模量(modulus of elasticity)，亦称杨氏模量(T. Young's modulus)，

其量纲与 σ 相同，常用单位为 GPa。由式(2-4) 可知

$$E = \frac{\sigma}{\varepsilon}$$

即斜线 Oa' 的斜率在数值上等于材料的弹性模量 E。低碳钢 Q235 的弹性模量 $E \approx 200$ GPa。与 a' 点相应的应力用 σ_p 表示，它是应力与应变成正比的最大应力，故称为比例极限(proportional limit)。显然，只有当应力低于比例极限时，应力才与应变成正比，胡克定律才是正确的，这时称材料是线弹性的。在 σ-ε 曲线上，a 与 a' 极为接近，因此工程中对弹性极限和比例极限并不严格区分。低碳钢 Q235 的比例极限 $\sigma_p \approx 200$ MPa。

2. 屈服阶段 *ac*

当应力超过弹性极限增加到某一数值(图中 b 点的相应值) 时，σ-ε 曲线会突然下降，而后应力几乎不再增加，仅有微小的波动，而应变却有明显的增大，在 σ-ε 曲线上出现一条近似水平的小锯齿形线段，这种应力几乎保持不变而应变显著增长的现象，称为屈服或流动(yield)，ac 阶段称为屈服阶段(yield stage)。在屈服阶段内的最高应力和最低应力分别称为上屈服极限和下屈服极限。由于上屈服极限受试验的某些因素影响较大，一般不如下屈服极限稳定，故规定下屈服极限为材料的屈服强度(yield strength) 或屈服极限(yield limit)，用 σ_s 表示。低碳钢 Q235 的屈服极限为 $\sigma_s \approx 240$ MPa。

若试件表面经过磨光，当应力达到屈服极限时，可在试件表面看到与轴线约为成 45° 的一系列条纹，如图 2-12 所示。这是由于材料内部晶格间相对滑移而形成的，故称为滑移线(slip lines)。由前面的分析知道，轴向拉压时在与轴线成 45° 的斜截面上有最大的切应力。可见，滑移现象是由于最大切应力 τ_{max} 达到某一极限值，材料沿试样的最大切应力面发生滑移而引起的。

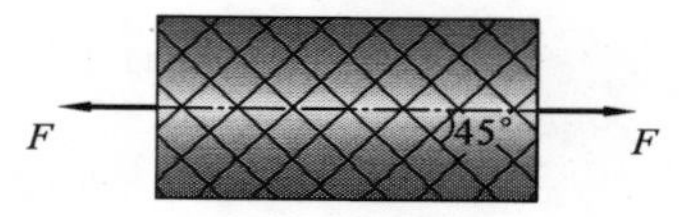

图 2-12

到达屈服极限后材料将出现显著的塑性变形，对结构中的某些零件，塑性变形将影响其正常工作，所以 σ_s 是衡量材料强度的重要指标。

3. 强化阶段 *ce*

在屈服阶段，材料不能抵抗变形的增长。过了 c 点后，材料又恢复了抵抗变形的能力，要使它继续变形必须增加拉力，这种现象称为材料强化。从 c 点到曲线的最高点 e(即 ce 阶段) 为强化阶段(strengthing stage)。e 点所对应的应力是材料所能承受的最大应力，故称强度极限(strength limit) 或抗拉强度(tensile strength)，用 σ_b 表示。它是衡量材料强度的另一重要指标。低碳钢 Q235 的强度极限 $\sigma_b = 380 \sim 470$ MPa。在这一阶段中，试件横向尺寸有明显的缩小。

如果在这一阶段中的任意一点 d 处，逐渐卸掉拉力，发现应力和应变之间在卸载过程中按直线规律变化，沿着斜直线 dd' 到达 d' 点，且 dd' 近似平行于 Oa。这说明，在卸载过程中，应力与应变按直线规律变化，这就是卸载定律(unloading rule)。此时材料产生大的塑性变形，横坐标中的 Od' 表示残留的塑性应变 ε_p，$d'g$ 则表示消失了的弹性应变 ε_e，塑性应变与弹性应变之和等于 d 点的总应变，即 $\varepsilon_p + \varepsilon_e = \varepsilon$。卸载到达 d' 后，如果在短期内重新加载，应力–应变关系大体上沿卸载时的斜直线 $d'd$ 变化，到 d 点后又沿曲线 def 变化，直至断裂。从图 2-11 中看出，在重新加载过程中，直到 d 点以前，材料的变形是弹性的，过 d 点后才开始有塑性变形。比较图中的 $Oa'abcd$

ef 和 $d'def$ 两条曲线可知，重新加载时其比例极限即 σ_p 得到提高，但塑性变形却有所降低。这说明，在常温下将材料预拉到强化阶段，然后卸载，再重新加载时，材料的比例极限提高而塑性降低，这种现象称为冷作硬化(cold hardening)。在工程中常利用冷作硬化来提高材料在弹性范围内的承载力，如用冷拉的办法可以提高钢筋的强度。但有时则要消除其不利的一面，如冷轧钢板或冷拔钢丝时，由于加工硬化，降低了材料的塑性，使继续轧制和拉拔困难，为了恢复塑性，则要进行退火处理。

4. 局部变形阶段 *ef*

在 e 点以前，试件标距段内变形是均匀的。当到达 e 点后，试件变形开始集中于某一小段内，横截面面积出现局部迅速收缩，形成颈缩现象(necking)，如图 2-13(a) 所示。由于局部的截面收缩，使试件继续变形所需的拉力逐渐减小，因此，用原横截面面积 A 去除拉力 F 所得出的应力随之下降，直到 f 点试件断裂，ef 阶段称为局部变形阶段(stage of local deformation)。低碳钢试样的断口形貌呈杯锥形，断口的一侧向内凹陷，呈杯状；另一侧凸出，呈锥状，如图 2-13(b) 所示。

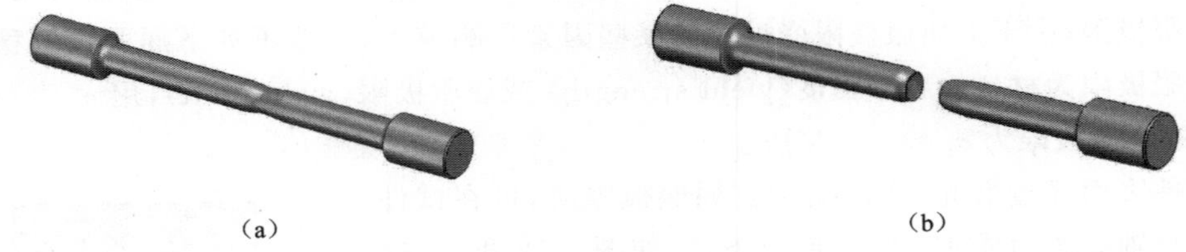

(a)　　　　(b)

图 2-13

从上述的实验现象可知，当应力达到 σ_s 时，材料会产生显著的塑性变形，而构件的塑性变形将影响机械或结构物的正常工作；当应力达到 σ_b 时，材料会由于颈缩而导致断裂。屈服和断裂，均属于破坏现象。因此，σ_s 和 σ_b 是衡量材料强度的两个重要指标。

应当注意，由 F-Δl 曲线演变成的σ-ε 曲线，自屈服阶段起，是名义的σ-ε 曲线，因为在屈服阶段，试样发生了剧烈的变形，l 比原长增加很多，A 比原面积缩小，因此σ-ε 曲线的σ 值比真实值低，ε 值比真实值大。σ_b 是名义值，在颈缩阶段 σ 值的下降也不是真实的，它是由于面积 A 过小引起力 F 下降，并非 σ 值下降。

材料能经受较大塑性变形而不破坏的能力称为材料的塑性或延性。材料的塑性性能好坏是工程中评定材料质量优劣的重要方面，衡量材料塑性的指标有伸长率 δ 和断面收缩率 ψ。

伸长率 δ(percentage elongation) 定义为

$$\delta = \frac{l_1 - l}{l} \times 100\% \tag{2-5}$$

式中：l_1 为试件断裂后的标距长度，l 为原标距长度。

断面收缩率 ψ(percentage reduction of area) 定义为

$$\psi = \frac{A - A_1}{A} \times 100\% \tag{2-6}$$

式中：A_1 为试件断裂处的最小横截面面积，A 为试件原横截面面积。

工程中常根据材料塑性性能的好坏，将材料分为塑性材料(ductile materials) 和脆性材料(brittle materials) 两类。伸长率是衡量材料塑性的指标，伸长率越大，说明材料的塑形越好。工

程上一般将 $\delta > 5\%$ 的材料归为塑性材料，$\delta < 5\%$ 的材料归为脆性材料。塑性好的材料，在轧制或冷压成型时不易断裂，并能承受较大的冲击载荷。低碳钢 Q235 的伸长率 $\delta \approx 20 \sim 30\%$，断面收缩率 $\psi \approx 60\%$，是塑性性能很好的材料。

2.4.2　铸铁拉伸时的力学性能

铸铁拉伸时的应力-应变曲线如图 2-14(a) 所示。由图可知，其力学性能有如下几个特点：

(1) 整个拉伸过程没有明显的直线阶段，其应力-应变关系为一微弯的曲线。

(2) 没有明显的塑性变形，直至拉断，变形很小，是典型的脆性材料。

(3) 铸铁没有屈服阶段，也无颈缩现象，因此强度极限 σ_b 是衡量强度的唯一指标，而且数值比较低，大约为 120 ～ 150 MPa。

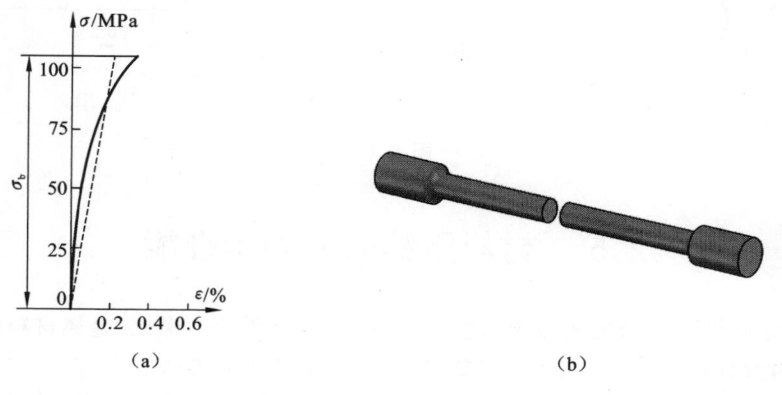

图 2-14

由于应力-应变曲线没有明显的直线部分，严格说来，胡克定律不再适用。但在工程中，在较低的拉应力下可以近似地认为变形服从胡克定律。通常用一条割线来代替曲线，如图 2-14(a) 中的虚线所示，并用它确定弹性模量 E。这样确定的弹性模量称为割线弹性模量(secant elastic modulus)。铸铁拉断时的应变仅为 0.4% ～ 0.5%，断口垂直于试样轴线，即断裂发生在最大拉应力作用面，断口晶粒明显，其形貌如图 2-14(b) 所示。铸铁等脆性材料的抗拉强度很低，所以不宜用来制作抗拉构件。

2.4.3　其他材料拉伸时的力学性能

图 2-15(a) 中给出了几种材料的应力-应变曲线。它们有一共同特点是拉断前均有较大的塑性变形，即均为塑性材料。然而这几种材料的应力-应变规律却大不相同。除 16Mn 钢和低碳钢一样有明显的弹性阶段、屈服阶段、强化阶段和局部变形阶段外，其他材料并没有明显的屈服阶段。对于没有明显屈服阶段的塑性材料，工程中通常以卸载后产生 0.2% 的塑性应变($\varepsilon_p = 0.002$) 所对应的应力值作为屈服应力，称为名义屈服应力或条件屈服应力(conditional yield stress)，用 $\sigma_{0.2}$ 来表示，如图 2-15(b) 所示。

由图 2-15(a) 可以看出，16Mn 钢的屈服极限 σ_s 和强度极限 σ_b 均比 Q235 钢有显著提高，而这种低合金钢的生产工艺和成本与普通钢相近，因而目前在国内得到广泛使用。

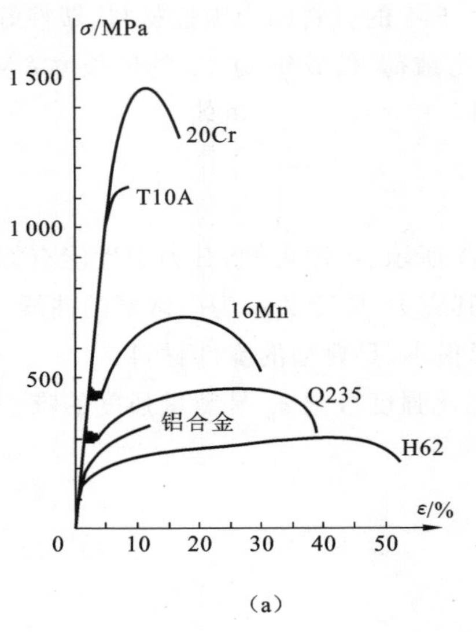

(a)

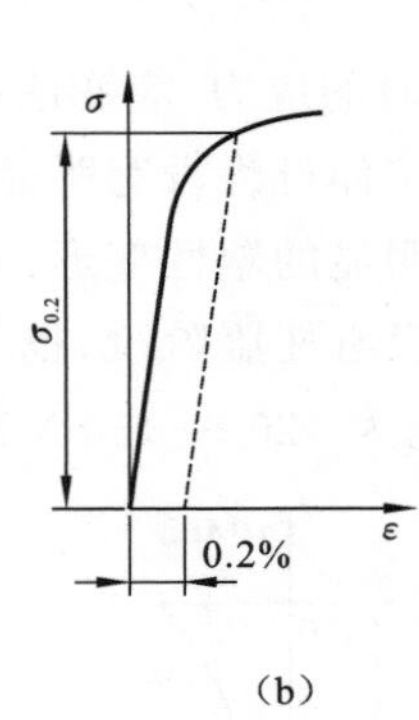

(b)

图 2-15

2.5 材料压缩时的力学性能

材料的压缩试件一般做的短而粗，这是为了避免产生压弯的缘故。金属材料的压缩试件为圆柱形，柱高约为直径的 1.5 ～ 3 倍，混凝土、石料等试件为立方块。

低碳钢压缩时的应力-应变曲线如图 2-16 中实线所示。图中的虚线表示拉伸时的应力-应变曲线。可以看出，在屈服阶段以前两条曲线基本重合，这表明：低碳钢压缩时的弹性模量 E，屈服极限 σ_s 等都与拉伸时基本相同。在屈服阶段以后，随着压力不断增大，$F_3 > F_2 > F_1$，低碳钢试样将愈压愈“扁平”，如图 2-17 所示。横截面积不断增大而试件并不断裂，测不出压缩时的强度极限，故对低碳钢一般不做压缩实验，主要力学性能可由拉伸实验确定，其他金属材料也有上述类似的现象。因此，在工程中一般认为塑性金属材料在拉伸、压缩时的性能相同，因而不一定需要做压缩实验。但有的塑性金属材料，如铬钼硅合金钢，压缩时的屈服极限与拉伸时的有所不同，所以对这些材料还应做压缩试验，以测定压缩时的屈服极限。

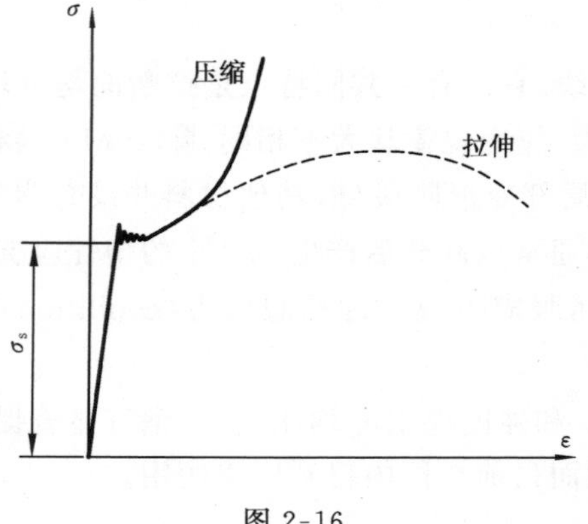

图 2-16

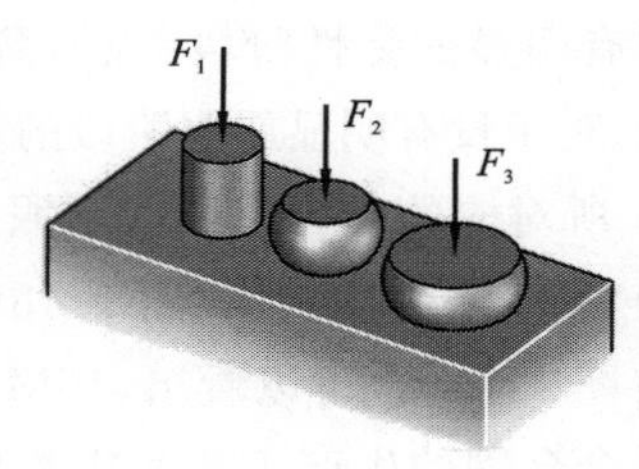

图 2-17

与塑性材料相反，脆性材料拉伸时的力学性能与压缩时有较大区别。例如铸铁，其压缩和拉伸时的应力-应变曲线分别如图 2-18 中的实线和虚线所示。由图可见，铸铁压缩时的强度极限比拉伸时高得多，约为拉伸时强度极限的 2 ～ 5 倍。铸铁压缩时有较大的塑性变形，且沿与轴线大致成 45° ～ 55° 的斜面断裂，如图 2-19 所示，由于该截面上存在较大的切应力，而且断口光亮，说明是切应力达到极限值而破坏。其他脆性材料，如混凝土和石料，其抗压强度也远高于抗拉强度。因此，对于脆性材料，应注意它的抗压性能远比抗拉性能好的特点，合理地加以利用。

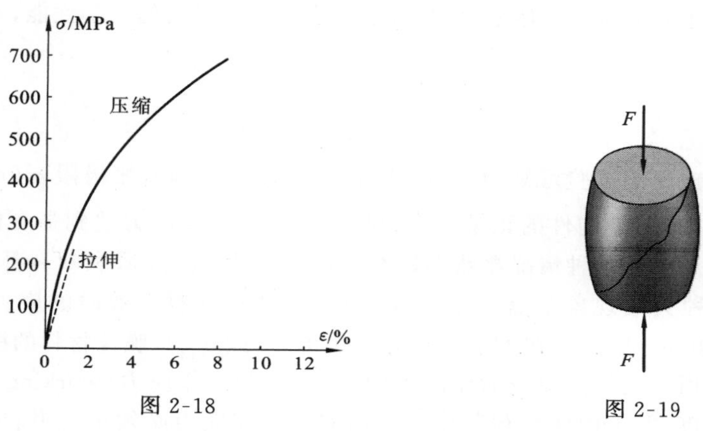

图 2-18　　图 2-19

现将工程中几种常用金属材料的主要力学性能列于表 2-1 中。

表 2-1　常用金属材料的力学性能

材料名称	牌号	σ_s/MPa	σ_b/MPa	δ_5(不小于)/%
普通碳素钢 (GB700—79)	Q235 Q275	216 ～ 235 255 ～ 275	373 ～ 461 490 ～ 630	26 20
优质碳素结构钢 (GB699—65)	40 45	333 353	569 598	19 16
低合金结构钢 (GB1591—79)	12Mn 16Mn	235 ～ 294 275 ～ 343	392 ～ 441 471 ～ 510	19 ～ 21 19 ～ 21
合金结构钢 (GB3077—82)	40Cr 50 Mn_2	785 785	981 932	9 9
球墨铸铁 (GB1348—78)	QT40—17 QT60—2	245($\sigma_{0.2}$) 412($\sigma_{0.2}$)	392 588	17 2
灰铸铁 (GB5675—85)	HT150 HT300	—— ——	150 300	—— ——

注：表中 δ_5 指 $l = 5d$ 的标准试件的伸长率。

综上所述，塑性材料与脆性材料的力学性能有以下区别：

(1) 塑性材料在断裂前有很大的塑性变形，而脆性材料直至断裂，变形却很小，这是两者基本的区别。因此，在工程实际中，对需经锻压、冷加工的构件或承受冲击载荷的构件，宜采用塑性材料。

(2) 脆性材料抗压强度远高于其抗拉强度。因此,可用作承压构件,例如建筑物的基础、机器的底座等。塑性材料抵抗拉压的强度基本相同,其价格比脆性材料要贵,因而适用于受拉构件。

2.6 轴向拉伸或压缩时的强度计算

前面已经讨论了轴向拉伸或压缩时,杆件的应力计算和材料的力学性能,本节将进一步讨论杆的强度问题。

2.6.1 许用应力

由材料的拉伸或压缩试验可知:对于塑性材料,当应力达到屈服极限 σ_s(或 $\sigma_{0.2}$)时,会发生显著的塑性变形,将影响构件的正常工作;对于脆性材料,当应力达到强度极限 σ_b 时,会发生断裂。在工程实际中,这两种情况显然都是不能允许的。因此,屈服和断裂都是破坏现象,统称为失效。上述各种失效现象都是由于强度不足造成的。材料失效时的应力称为极限应力(ultimate stress),用 σ_u 表示。塑性材料的极限应力为 σ_s(或 $\sigma_{0.2}$),脆性材料的极限应力为 σ_b。

根据分析计算所得的构件在载荷作用下的应力,称为工作应力(working stress)。为了保证构件有足够的强度,要求构件在载荷作用下的实际工作应力必须小于材料的极限应力。为此,在强度计算中,把极限应力除以一个大于 1 的系数,其结果称为许用应力(allowable stress),用$[\sigma]$表示,对于塑性材料:

$$[\sigma] = \frac{\sigma_s}{n} \tag{2-7}$$

对于脆性材料:

$$[\sigma] = \frac{\sigma_b}{n} \tag{2-8}$$

式中:n 称为安全因数(safety factor)。

确定安全因数时,应考虑以下几个主要因素:材质的均匀性、载荷估计的准确性、简化过程及计算方法的近似性、构件的重要性及工作条件等。可见,安全因数的选取涉及多方面的问题。除了上述原因外,为了确保安全,构件还应具有适当的强度储备,特别是对于因失效将带来严重后果的构件,更应给予较大的强度储备。

目前,在机械设计和建筑结构设计中,倾向于根据构件材料和具体工作条件,并结合过去制造同类构件的实践经验和现时技术水平,规定不同的安全因数。对于各种不同构件的安全因数和许用应力,有关设计部门在规范或设计手册中有具体规定。一般构件,在常温、静载下,对塑性材料取 $n = 1.5 \sim 2.5$,对脆性材料取 $n = 2 \sim 3.5$。

2.6.2 强度条件

为了保证构件安全正常地工作,把许用应力作为构件实际工作应力的最高限度,即要求构件的最大工作应力不超过材料的许用应力。于是,得到强度条件(strength condition):

$$\sigma_{max} \leqslant [\sigma] \tag{2-9}$$

对于轴向拉伸和压缩的等直杆，其强度条件则为

$$\sigma_{max} = \frac{F_{N\max}}{A} \leqslant [\sigma] \tag{2-10}$$

式中：σ_{max} 为杆件横截面上的最大工作应力，$F_{N\max}$ 为杆件的最大轴力，A 为横截面面积；$[\sigma]$ 为材料的许用应力。

根据强度条件，可以解决三种类型的强度计算问题：

(1) 强度校核。若已知构件的尺寸、载荷大小以及材料的许用应力，即可用式(2-10) 验算是否满足强度要求。

(2) 设计截面。若已知构件承受的载荷和材料的许用应力，则根据公式(2-10) 可确定构件所需要的横截面面积，即

$$A \geqslant \frac{F_{N\max}}{[\sigma]}$$

(3) 确定许可载荷。若已知构件的尺寸和材料的许用应力，则根据公式(2-10) 可确定构件所能承受的最大轴力，即

$$F_{N\max} \leqslant [\sigma]A$$

根据构件的最大轴力，由静力平衡条件可进一步确定构件或工程结构的许可载荷。

需要指出的是，如果工作应力 σ_{max} 超过了许用应力$[\sigma]$，但只要超过量(即 σ_{max} 与$[\sigma]$ 之差)不大，例如不超过许用应力的 5%，在工程计算中通常是允许的。

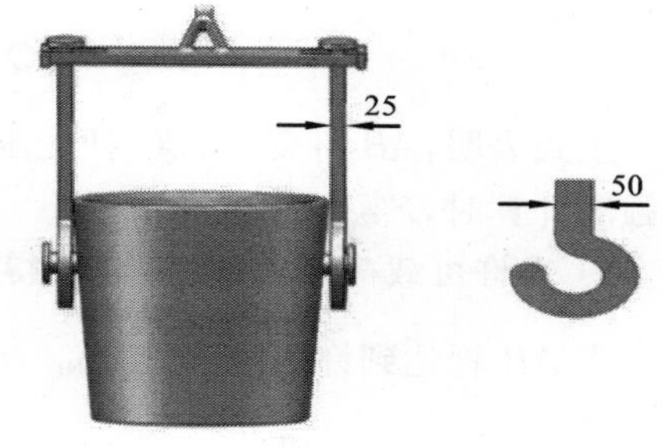

图 2-20

例 2.3　铸工车间吊运铁水包的吊杆的横截面为矩形，尺寸 $b = 50$ mm，$h = 25$ mm，如图 2-20 所示，吊杆的许用应力$[\sigma] = 80$ MPa。铁水包自重为 8 kN，最多能容 30 kN 重的铁水，试校核吊杆的强度。

解　1) 计算吊杆的轴力。总载荷由两根吊杆所承担，故每根吊杆的最大轴力应为

$$F_{N\max} = \frac{Q}{2} = \frac{1}{2}(30 + 8) = 19 \text{ kN}$$

2) 校核强度。吊杆横截面上的最大工作应力为

$$\sigma_{max} = \frac{F_{N\max}}{A} = \frac{19 \times 10^3}{25 \times 50 \times 10^{-6}} = 15.2 \text{ MPa} < [\sigma]$$

故吊杆满足强度条件。

由计算结果可以看出，虽然吊杆满足强度条件，但强度有较大的余量。为此，应重新设计吊杆的横截面尺寸。

例 2.4　在例 2.3 中，其他条件不变，试根据强度条件，重新设计吊杆的截面尺寸 b。

解　1) 计算吊杆轴力。利用例 2.3 的结果，有 $F_{N\max} = 19$ kN。

2) 选择截面尺寸。由式(2-10) 可得，吊杆横截面面积为

$$A \geqslant \frac{F_{N\max}}{[\sigma]} = \frac{19 \times 10^3}{80 \times 10^6} = 237.5 \times 10^{-6} \text{ m}^2 = 237.5 \text{ mm}^2$$

故有 $b \geqslant \frac{A}{h} = \frac{237.5}{25} = 9.5$ mm。最后可选择吊杆的横截面为 $25 \times 10 \text{ mm}^2$ 的矩形截面。

例 2.5 图 2-21(a) 为简易吊车的示意图，AB 和 BC 均为圆形钢杆。$d_1 = 36$ mm，$d_2 = 25$ mm，钢的许用应力$[\sigma] = 100$ MPa。试确定吊车的最大许可起重量 $Q_{\max}$。

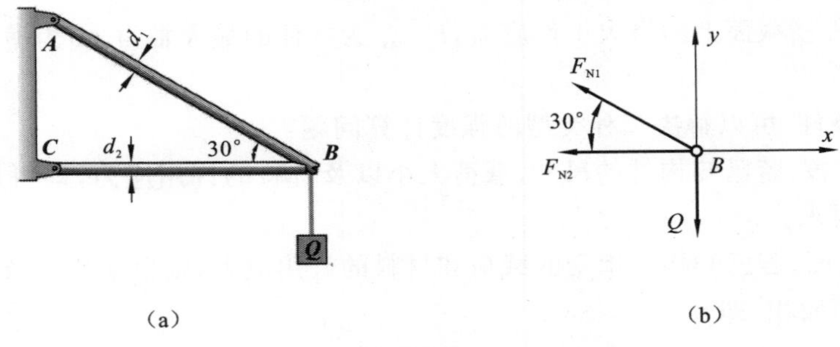

图 2-21

解 1) 计算杆 AB，BC 的轴力。设 AB 杆的轴力为 F_{N1}，BC 杆的轴力为 F_{N2}，节点 B 的受力分析如图 2-21(b) 所示，有

$$\sum F_x = 0 \quad -F_{N2} - F_{N1}\cos 30° = 0$$

$$\sum F_y = 0 \quad F_{N1}\cos 60° - Q = 0$$

解得

$$F_{N1} = 2Q \qquad F_{N2} = -\frac{\sqrt{3}}{2}F_{N1} = -\sqrt{3}Q$$

上式表明，AB 杆受拉，BC 杆受压。由于钢杆是塑性材料，其拉、压时的力学性能相同，故在强度计算时，F_{N2} 可取绝对值。

2) 求许可载荷。由式(2-10) 可得 $F_N \leqslant A[\sigma]$。

当 AB 杆达到许用应力时，$F_{N1} = 2Q_1 \leqslant A_1[\sigma] = \dfrac{\pi d_1^2}{4}[\sigma]$。则

$$Q_{1\max} = \frac{1}{2}F_{N1} = \frac{\pi d_1^2[\sigma]}{8} = \frac{\pi \times 36^2 \times 10^{-6} \times 100 \times 10^6}{8} = 50.9 \text{ kN}$$

当 BC 杆达到许用应力时，$F_{N2} = \sqrt{3}Q_2 \leqslant A_2[\sigma] = \dfrac{\pi d_2^2}{4}[\sigma]$。则

$$Q_{2\max} = \frac{F_{N2}}{\sqrt{3}} = \frac{\pi d_2^2[\sigma]}{4\sqrt{3}} = \frac{\pi \times 25^2 \times 10^{-6} \times 100 \times 10^6}{4\sqrt{3}} = 28.3 \text{ kN}$$

因此，该吊车的最大许可载荷为 $Q_{\max} = 28.3$ kN。

2.7 轴向拉伸或压缩时的变形

杆件在轴向拉伸或压缩时，其轴线方向的尺寸和横向尺寸将发生改变。前者称为纵向变形，后者称为横向变形。

设一等直杆的原长为 l，横截面面积为 A，如图 2-22 所示。在轴向拉力 F 的作用下，杆件的长度由 l 变为 l_1，其纵向伸长量为

$$\Delta l = l_1 - l \tag{1}$$

Δl 称为绝对伸长量。将 Δl 除以 l 得杆件纵向线应变为

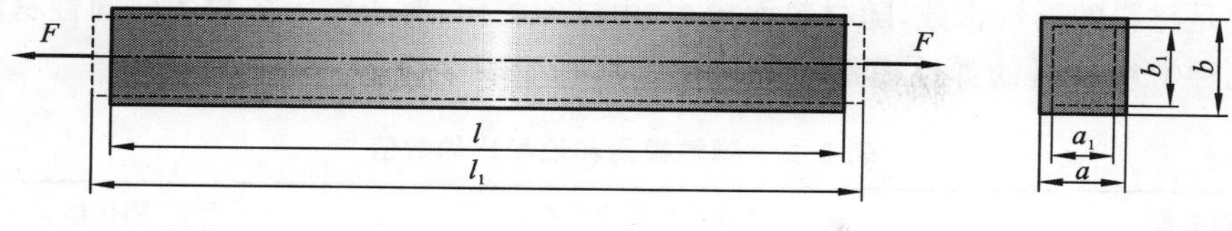

图 2-22

$$\varepsilon = \frac{\Delta l}{l} \tag{2}$$

由胡克定律公式(2-4)可知，当应力不超过材料的比例极限时，应力与应变成正比，即

$$\sigma = E\varepsilon \tag{3}$$

式中：E 为弹性模量。

由于轴向拉伸时横截面上的应力 $\sigma = F_N/A$，将它和式(2)代入式(3)，可得胡克定律的另一种表达式：

$$\Delta l = \frac{F_N l}{EA} = \frac{Fl}{EA} \tag{2-11}$$

式(2-11)也适用于轴向压缩的情况。只需将轴向拉力改为轴向压力，把伸长 Δl 改为缩短（负值）即可。

由式(2-11)可看出，若杆件的长度及受力相同，则 EA 值愈大，变形 Δl 愈小，因此，EA 值反映了杆件抵抗拉伸（或压缩）变形的能力，称为杆件的抗拉（压）刚度或拉伸刚度(tension rigidity)。

由式(2-11)可知，轴向变形 Δl 与轴力 F_N 具有相同的正负符号，即伸长为正，缩短为负。

式(2-11)适用于等截面常轴力的拉压杆，而对于轴力、横截面面积或弹性模量沿杆轴逐段变化的拉压杆，其轴向变形则为

$$\Delta l = \sum_{i=1}^{n} \frac{F_{Ni} l_i}{E_i A_i} \tag{2-12}$$

式中：F_{Ni}，l_i，E_i 与 A_i 分别代表杆段 i 的轴力、长度、弹性模量与横截面面积；n 为杆件的总段数。

设拉杆变形前的横向尺寸分别为 a 和 b，变形后的尺寸分别为 a_1 和 b_1（图 2-22）。则杆件横向绝对变形分别为

$$\Delta a = a_1 - a \quad \Delta b = b_1 - b$$

由试验可知，二横向线应变相等，即

$$\varepsilon' = \frac{\Delta a}{a} = \frac{\Delta b}{b} \tag{4}$$

而且，当应力不超过材料的比例极限时，横向线应变 ε' 与纵向线应变 ε 之比的绝对值是一常数。该常数用 ν 表示，称为材料的横向变形因数(factor of transverse deformation)或泊松比(S. D. Poisson ratio)，它是一个无量纲的量，可表示为

$$\nu = \left| \frac{\varepsilon'}{\varepsilon} \right| \tag{2-13}$$

以上公式同样适用于轴向压缩的情况。因为横向线应变与纵向线应变的符号总是相反的，它们之间的关系也可表示为

$$\varepsilon' = -\nu\varepsilon \tag{2-14}$$

泊松比是材料的弹性常数，随材料而异，并由试验测定。对于绝大多数各向同性材料，有 $0 < \nu < 0.5$。几种常用材料的弹性模量与泊松比之值列于表 2-2 中。

表 2-2　弹性模量和泊松比的数值

材料名称	弹性模量 E/GPa	泊松比 ν
碳钢	196 ～ 216	0.24 ～ 0.28
合金钢	186 ～ 206	0.25 ～ 0.30
灰铸铁	78.5 ～ 157	0.23 ～ 0.27
铜及其合金	72.6 ～ 128	0.31 ～ 0.42
铝合金	70	0.33

例 2.6　如图 2-23(a) 所示的柱形杆，其长度为 l，横截面面积为 A，材料的比重为 γ，弹性模量为 E。试求杆的总伸长。

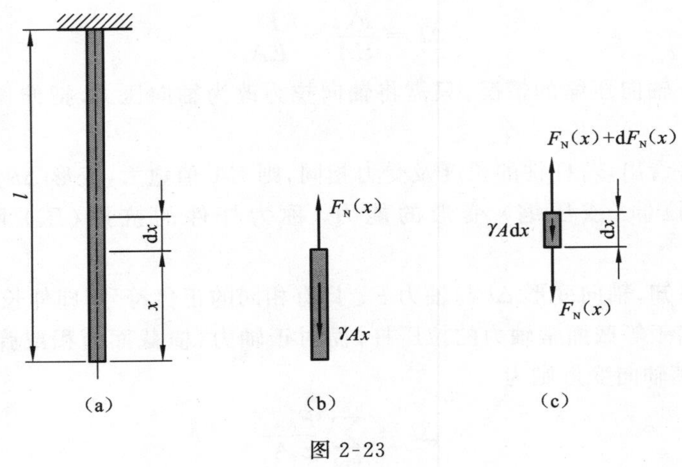

图 2-23

解　1) 计算杆的内力。在距下端面为 x 处，截取下面部分为研究对象(图 2-23(b))，得杆内任意横截面上的轴力为

$$F_N(x) = \gamma A x$$

2) 计算杆的变形。因为杆的轴力并非一常量，故可在 x 处截取微段 dx 来研究，其上受力情况如图 2-23(c) 所示。略去高阶微量后，微段 dx 的伸长为

$$\Delta dx = \frac{F_N(x)\,dx}{EA} = \frac{\gamma A x\,dx}{EA} = \frac{\gamma x}{E}dx$$

则杆的总伸长为

$$\Delta l = \int_0^l \frac{\gamma x\,dx}{E} = \frac{\gamma}{E}\int_0^l x\,dx = \frac{\gamma l^2}{2E}$$

例 2.7　图 2-24(a) 所示一简易托架。BC 杆为圆截面钢杆，其直径 $d = 18.5\ \text{mm}$，BD 杆为 8 号槽钢。若两杆的$[\sigma] = 160\ \text{MPa}$，$E = 200\ \text{GPa}$，设 $F = 60\ \text{kN}$。试校核该托架的强度，并求 B 点的位移。

解　1) 计算杆的内力。绕节点 B 截开 BC 和 BD 两杆。设 BC 杆的轴力为 F_{N1}，BD 杆的轴

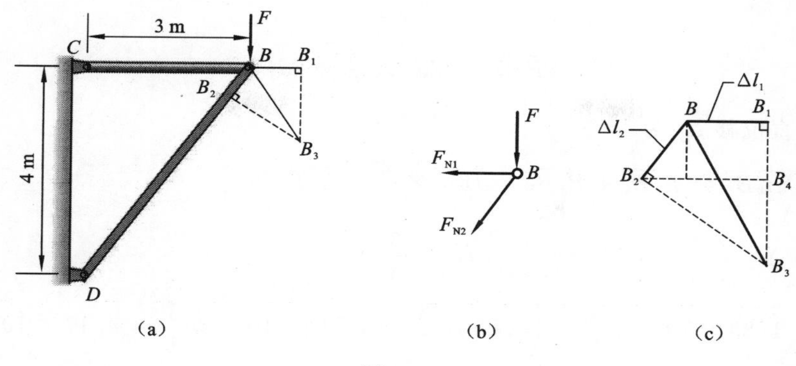

图 2-24

力为 F_{N2}，如图 2-24(b) 所示。根据平衡条件可得轴力为

$$F_{N1} = F \times \frac{3}{4} = 60 \times \frac{3}{4} = 45\ \text{kN}(\text{拉力})$$

$$F_{N2} = -F \times \frac{5}{4} = -60 \times \frac{5}{4} = -75\ \text{kN}(\text{压力})$$

2）校核两杆的强度。对于 BC 杆，其横截面面积 $A_1 = \pi d_1^2/4$，故杆的工作应力为

$$\sigma_{BC} = \frac{F_{N1}}{A_1} = \frac{45 \times 4 \times 10^3}{\pi \times 18.5^2 \times 10^{-6}} = 167.4\ \text{MPa} > [\sigma]$$

虽然 BC 杆的工作应力大于许用应力，然而

$$\frac{\sigma_{BC} - [\sigma]}{[\sigma]} = \frac{167.4 - 160}{160} = 4.6\% < 5\%$$

在工程中是允许的，故认为强度符合要求。

对于 BD 杆，由附录 II 型钢表查得其横截面面积为

$$A_2 = 10.24\ \text{cm}^2 = 1\,024 \times 10^{-6}\ \text{m}^2$$

则杆的工作应力为

$$\sigma_{BD} = \frac{F_{N2}}{A_2} = \frac{75 \times 10^3}{1\,024 \times 10^{-6}} = 73.2\ \text{MPa} < [\sigma]$$

计算结果表明，该托架的强度是足够的。

3）计算 B 点的位移。由胡克定律公式(2-11)，可求出 BC 杆的伸长为

$$\Delta l_1 = \overline{BB_1} = \frac{F_{N1} l_1}{EA_1} = \frac{45 \times 10^3 \times 3 \times 4}{200 \times 10^9 \times \pi \times 18.5^2 \times 10^{-6}} = 2.51 \times 10^{-3}\ \text{m}$$

BD 杆的缩短为

$$\Delta l_2 = \overline{BB_2} = \frac{F_{N2} l_2}{EA_2} = \frac{75 \times 10^3 \times 5}{200 \times 10^9 \times 1\,024 \times 10^{-6}} = 1.83 \times 10^{-3}\ \text{m}$$

假想把托架从节点 B 拆开，那么 BC 杆伸长变形后成为 B_1C，BD 杆压缩变形后成 B_2D。分别以 C 点和 D 点为圆心，以 CB_1 和 DB_2 为半径作弧相交于 B_3 处，该点即为托架变形后 B 点的位置。由于是小变形，B_1B_3 和 B_2B_3 是两段极微小的短弧，因而可分别用 BC 和 BD 的垂线来代替，两垂线的交点为 B_3，BB_3 即为 B 点的位移。这种作图法称为“切线代圆弧”法。

现用解析法计算位移 $\overline{BB_3}$。为了清楚起见，可将多边形 $BB_1B_3B_2$ 放大，如图 2-24(c) 所示。

由图可知

$$\overline{B_2B_4} = \Delta l_2 \times \frac{3}{5} + \Delta l_1$$

B 点的垂直位移 Δ_y 为

$$\Delta_y = \overline{B_1B_3} = \overline{B_1B_4} + \overline{B_4B_3} = \overline{BB_2} \times \frac{4}{5} + \overline{B_2B_4} \times \frac{3}{4}$$

$$= \Delta l_2 \times \frac{4}{5} + \left(\Delta l_2 \times \frac{3}{5} + \Delta l_1\right) \times \frac{3}{4}$$

$$= 1.83 \times 10^{-3} \times \frac{4}{5} + \left(1.83 \times \frac{3}{5} + 2.51\right) \times 10^{-3} \times \frac{3}{4} = 4.17 \times 10^{-3}\ \text{m}$$

B 点的水平位移 Δ_x 为

$$\Delta_x = \overline{BB_1} = \Delta l_1 = 2.51 \times 10^{-3}\ \text{m}$$

B 点的总位移 u 为

$$\Delta = \overline{BB_3} = \sqrt{\Delta_x^2 + \Delta_y^2} = \sqrt{(\overline{BB_1})^2 + (\overline{B_1B_3})^2} = \sqrt{2.51^2 + 4.17^2} = 4.87 \times 10^3\ \text{m}$$

从上述计算可见，由静力平衡条件，计算杆件的轴力；由力与变形间物理关系，计算杆件的变形；最后由变形的几何相容条件，求得节点的位移。位移是指点（或截面）位置的移动，变形与位移既有联系又有区别，变形是标量，而位移则是矢量。

2.8 轴向拉伸或压缩时的应变能

弹性体在受力变形过程中，外力在相应的位移上所作的功将转变为能量储存于弹性体内。在弹性极限内，当外力逐渐卸去时，变形随之消失，弹性体内储存的能量将释放出来对外作功。弹性体的这种性质在工程中得到广泛应用。例如，钟表机构中的发条，当它被外力拧紧以后，在放松的过程中可以带动钟表运转，即发条作了功。弹性体因外力作用而发生变形时所储存的能量，称为变形能或应变能（strain energy）。

根据能量守恒原理可知，在静荷作用下（动能无显著变化），如不计变形过程中能量的损失（热能的微小变化等），储存在弹性体内的应变能 U 在数值上等于外力所作的功 W，即

$$U = W \tag{2-15}$$

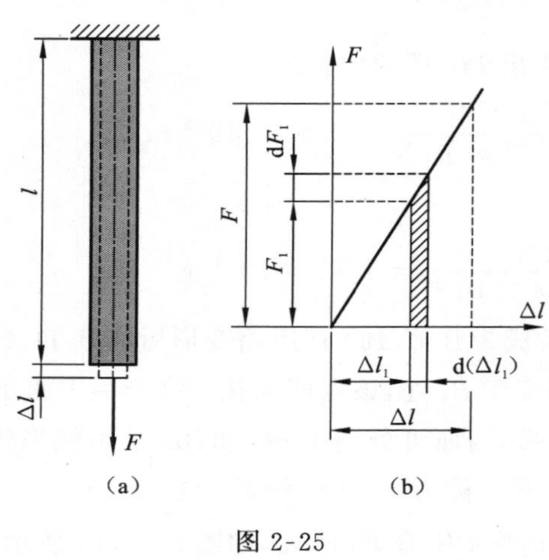

图 2-25

设一拉杆如图 2-25(a) 所示，拉力 F 缓慢地由零增加到 F，杆件变形逐渐由零增至 Δl。根据胡克定律，在应力小于比例极限的范围内，拉力 F 与伸长 Δl 呈线性关系，如图 2-25(b) 所示。在逐渐加力的过程中，当拉力为 F_1 时，杆件的伸长为 Δl_1。若拉力 F_1 增加 $\mathrm{d}F_1$，杆件相应的变形增量为 $\mathrm{d}(\Delta l_1)$，于是作用于杆件上的外力 F_1 对位移 $\mathrm{d}(\Delta l_1)$ 作了功，其值为

$$\mathrm{d}W = F_1 \mathrm{d}(\Delta l_1) \tag{1}$$

则拉力 F 所作的总功 W 为

$$W = \int_0^{\Delta l} F_1 \mathrm{d}(\Delta l_1) \tag{2}$$

式 (2) 积分结果为 F-Δl 曲线下面的面积。在应力低于比例极限的范围内，F 与 Δl 的关系是一斜直线，斜直线下面的面积为三角形。并由式(2-15) 可知，杆内的应变能为

$$U = W = \frac{1}{2}F\Delta l \tag{2-16a}$$

由于拉杆的轴力 $F_N = F$，将胡克定律 $\Delta l = \frac{F_N l}{EA}$ 代入，则上式又可写为

$$U = \frac{F_N \Delta l}{2} = \frac{F_N^2 l}{2EA} \tag{2-16b}$$

式(2-16b) 同样适合于轴向压缩。应变能的国际单位制单位为焦耳(J)。

由于拉、压杆的整个体积内各点处的应力均相同，则单位体积内应变能相同。因此，可将杆的应变能除以杆的体积 Al，得到单位体积的应变能

$$u = \frac{U}{Al} = \frac{F_N \Delta l}{2Al} = \frac{1}{2}\sigma\varepsilon \tag{2-17}$$

或

$$u = \frac{\sigma^2}{2E} \tag{2-18}$$

u 称为应变能密度或称为比能(strain energy density)，其单位为焦耳/米^3($\mathrm{J/m^3}$)。

利用应变能的概念可以计算构件或结构的变形和位移，例如上节例 2.7 中求 B 点的垂直位移 Δ_y，根据式(2-16b) 求得结构的应变能为

$$U = \frac{F_{N1}^2 l_1}{2EA_1} + \frac{F_{N2}^2 l_2}{2EA_2} = \frac{(45\times 10^3)^2 \times 3 \times 4}{2\times 200\times 10^9 \times 18.5^2\pi \times 10^{-6}} + \frac{(75\times 10^3)^2\times 5}{2\times 200\times 10^9\times 1\,024\times 10^{-6}}$$
$$= 0.125\times 10^3$$

因节点 B 的垂直位移 Δ_y 与载荷 F 的作用方向相同，由弹性体的功能原理，载荷 F 所作的功在数值上应等于该结构的应变能，即

$$\frac{1}{2}F\Delta_y = \frac{F_{N1}^2 l_1}{2EA_1} + \frac{F_{N2}^2 l_2}{2EA_2} = 0.125\times 10^3$$

解得

$$\Delta_y = 4.17\times 10^{-3}\ \mathrm{m}$$

两种方法求解的结果相同。所得位移结果 Δ_y 为正值，表示位移 Δ_y 的方向与力 F 的指向相同，即铅垂向下。

利用与应变能概念相关的一些定理和原理，可以解决结构的位移计算或与结构变形有关的问题。这种解决问题的方法称为能量法(energy method)，本书将在第 11 章作详细的讨论。

2.9　拉、压超静定问题

2.9.1　超静定问题的概念

在前述问题中，约束力和杆件的内力都可以用静力平衡方程式求得。这种能用静力平衡方程式求解的问题，称为静定问题。反之，仅用静力平衡方程不能求解的问题，称为超静

定或静不定问题(statically indeterminate problem)。如图 2-26(a) 所示的悬臂吊车，其受力如图 2-26(b) 所示，根据 AB 杆的平衡条件可列出 3 个独立的平衡方程，即 $\sum F_x = 0$，$\sum F_y = 0$，$\sum M_A = 0$，然而未知力却有 4 个，即 F_{Ax}，F_{Ay}，F_{N1} 和 F_{N2}。显然，仅用静力平衡方程式不能求出全部的未知量，故该问题为超静定问题。未知力数比独立平衡方程数多出的数目，称为超静定次数。上述问题即为一次超静定问题。

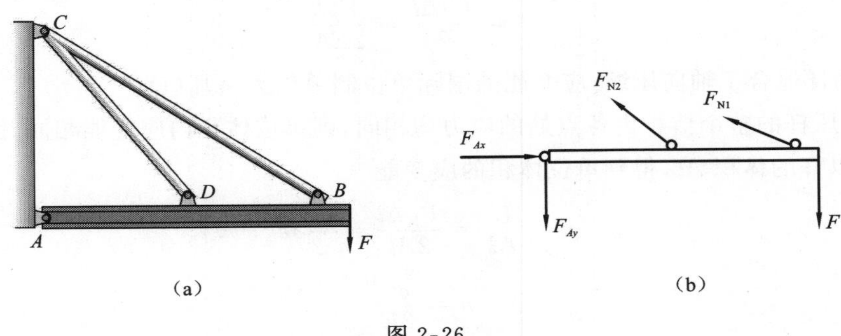

图 2-26

2.9.2 超静定问题的解法

为了确定静不定问题的未知力，除应利用平衡方程外，还必须研究变形，并借助变形与内力间的关系，以建立足够数量的补充方程。现以图 2-27(a) 所示超静定结构为例，介绍分析方法。

图 2-27(a) 所示的结构，假设 1,2,3 杆的弹性模量为 E，横截面面积为 A，杆长为 l。横梁 AB 视为刚体，在横梁上作用的载荷为 F。若不计横梁的自重，试确定 1,2,3 杆的轴力。

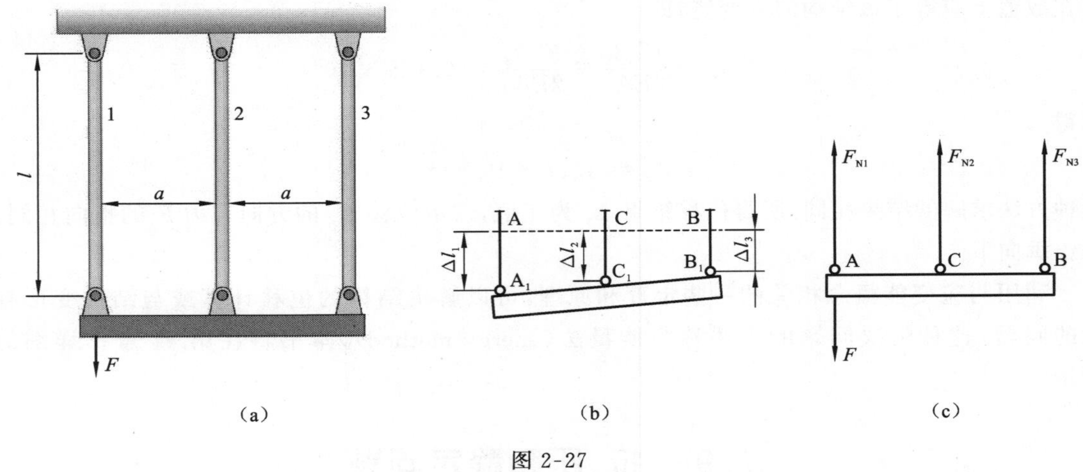

图 2-27

设在载荷 F 作用下，钢梁移动到 A_1B_1 位置(图 2-27(b))，则各杆皆受拉伸。设各杆的轴力分别为 F_{N1}，F_{N2} 和 F_{N3} 且均为拉力(图 2-27(c))。由于该力系为平面平行力系，只可能有两个独立平衡方程，而未知力却有 3 个，故为一次超静定问题。先列出静力平衡方程

$$\sum F_y = 0 \quad F_{N1} + F_{N2} + F_{N3} = F \tag{1}$$

$$\sum M_A = 0 \quad F_{N3} \cdot 2a + F_{N2} \cdot a = 0 \tag{2}$$

要求出 3 个轴力，必须还要列出一个补充方程。在 F 力作用下，3 根杆的伸长不是任意的，它们的几何变形之间需要保持相互协调。由于横梁 AB 视为刚体，故该结构变形后 A_1，B_1，C_1 三点仍在一直线上（如变形图 2-27(b) 所示）。这种保证结构连续性所应满足的变形几何关系，称为变形协调条件或变形协调方程。设 Δl_1，Δl_2，Δl_3 分别为 1，2，3 杆的变形，则根据变形几何关系可以列出变形协调条件

$$\Delta l_1 + \Delta l_3 = 2\Delta l_2 \tag{3}$$

杆件的变形和内力之间存在着一定的关系，称之为物理关系。当应力不超过比例极限时，由胡克定律可知

$$\Delta l_1 = \frac{F_{N1} l}{EA}, \quad \Delta l_2 = \frac{F_{N2} l}{EA}, \quad \Delta l_3 = \frac{F_{N3} l}{EA} \tag{4}$$

将物理关系代入变形协调条件，即可建立内力之间应保持的相互关系，这个关系就是解超静定问题所需的补充方程。将式(4) 代入式(3)，得

$$\frac{F_{N1} l}{EA} + \frac{F_{N3} l}{EA} = 2\,\frac{F_{N2} l}{EA}$$

整理，得

$$F_{N1} + F_{N3} = 2F_{N2} \tag{5}$$

式(5) 就是要建立的补充方程。

将式(1)、式(2)、式(3) 三式联立求解，得

$$F_{N1} = \frac{5}{6}F, \quad F_{N2} = \frac{F}{3}, \quad F_{N3} = -\frac{F}{6}$$

由上例可以看出：所设各杆的轴力是拉力还是压力，要以变形图中所反映的变形是伸长或是缩短为依据，两者必须一致。经计算可知，1、2 杆的轴力为正，说明与假设一致，变形为伸长；而 F_{N3} 为负，说明与假设相反，实际的变形为缩短。

综上所述，求解超静定问题必须考虑以下 3 个方面：满足平衡方程；满足变形协调条件；符合力与变形间的物理关系（如在线弹性范围之内，即符合胡克定律）。总而言之，即应综合考虑静力学关系、几何关系与物理关系 3 个方面。材料力学的许多基本理论，也正是从这 3 方面进行综合分析后建立的。利用这些关系列出静力平衡方程和补充方程，即可求解。若对拉压超静定问题作强度计算，应先解出各杆的轴力，然后进行强度计算，其方法与静定问题的解法相同。

2.9.3　温度应力

当温度或季节变化时，杆件相应就会伸长或缩短。设杆件原长为 l，材料的线膨胀系数为 α，则当温度改变 ΔT 时，杆长的改变量为

$$\Delta l_T = \alpha \Delta T l \tag{2-19}$$

式中：α 为材料的线膨胀系数。

对于静定结构，由于可以自由变形，温度变化时不会使杆内产生应力。但在超静定结构中，温度变形受到部分或全部限制，杆内将产生应力。因温度变化在构件内部引起的应力，称为温

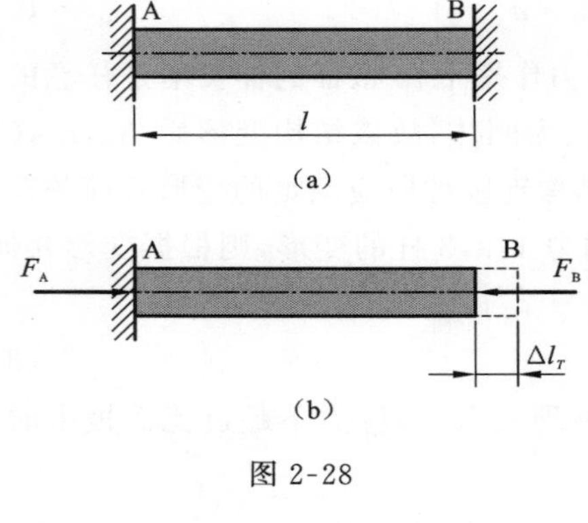

图 2-28

度应力（temperature stress）或热应力（thermal stress）。计算温度应力的方法与超静定问题的解法相似，不同之处在于杆的变形包括两部分：一是由温度变化引起的变形，另一部分是外力引起的变形。

图 2-28(a) 所示的杆件，两端与刚性支承面连接。当温度变化时，因固定端限制了杆件的自由伸长或缩短，因而支承面两端就产生了约束力，两约束力用 F_A 和 F_B 表示（图 2-28(b)）。

由静力平衡方程 $\sum F_x = 0$，得

$$F_A = F_B \tag{1}$$

由于支座的未知约束力有两个，而独立的平衡方程只有一个，为一次超静定问题。求解该问题必须补充一个变形协调条件。假想拆去右端支座，这时杆件可以自由地变形，当温度升高 ΔT 时，杆件由于升温而产生的变形（伸长）为

$$\Delta l_T = \alpha \Delta T l \tag{2}$$

同时，由于 F_B 作用而产生的变形（缩短）为

$$\Delta l = \frac{F_B l}{EA} \tag{3}$$

式中：E 为材料的弹性模量，A 为杆横截面面积。事实上，由于杆件 B 端是固定的，其长度不允许变化，因此必须有

$$\Delta l_T = \Delta l \tag{4}$$

即为该问题的变形协调条件。将式(2)、(3) 代入式(4)，即得补充方程

$$\alpha \Delta T l = \frac{F_B l}{EA} \tag{5}$$

则有

$$F_B = EA\alpha \Delta T$$

由于轴力 $F_N = F_B$，故杆中的温度应力为

$$\sigma_T = \frac{F_N}{A} = E\alpha \Delta T$$

当温度变化比较大时，杆内产生的温度应力的数值是十分可观的。例如，一两端固定的钢杆，线膨胀系数为 $\alpha = 12.5 \times 10^{-6}/℃$，当温度变化 40 ℃ 时，杆内的温度应力为

$$\sigma_T = E\alpha \Delta T = 200 \times 10^9 \times 12.5 \times 10^{-6} \times 40 = 100 \text{ MPa}$$

在工程实际中，为了避免过大的温度应力，往往采取某些措施以有效地降低温度应力。例如，在管道中加伸缩节（图 2-29）；在钢轨各段之间留伸缩缝，这样可以削弱对膨胀的约束，从而降低了温度应力。

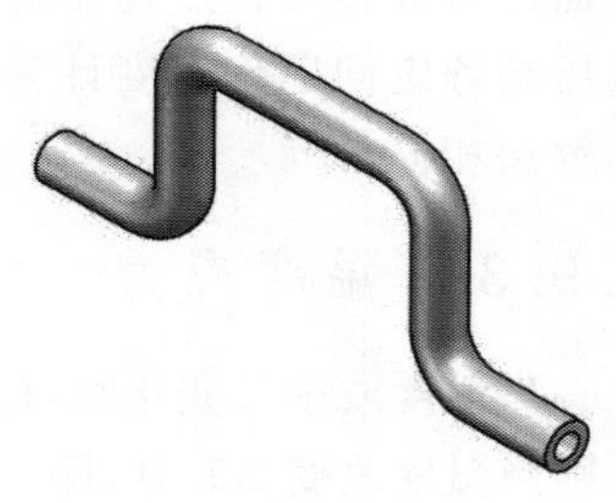

图 2-29

例 2.8 刚性无重横梁 AB 在 O 点处铰支，用两根抗拉刚度相同的弹性杆悬吊，如图 2-30(a) 所示，当两根吊杆温度升高 ΔT 时，求两杆内所产生的轴力。

解 1) 列静力平衡方程。取图 2-30(b) 所示的横梁为研究对象，设杆 1 的轴力为 F_{N1}，杆 2

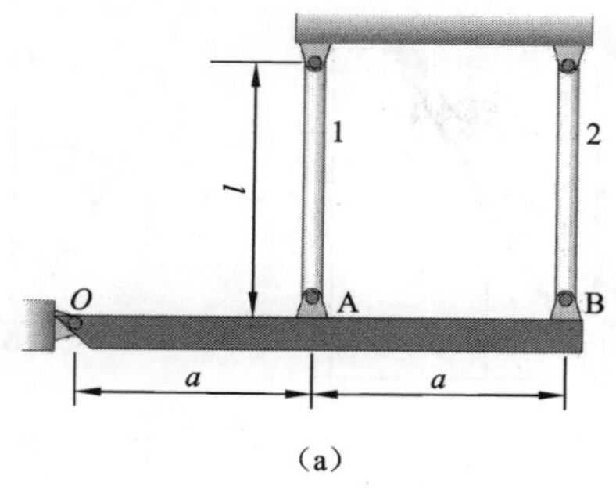

(a)

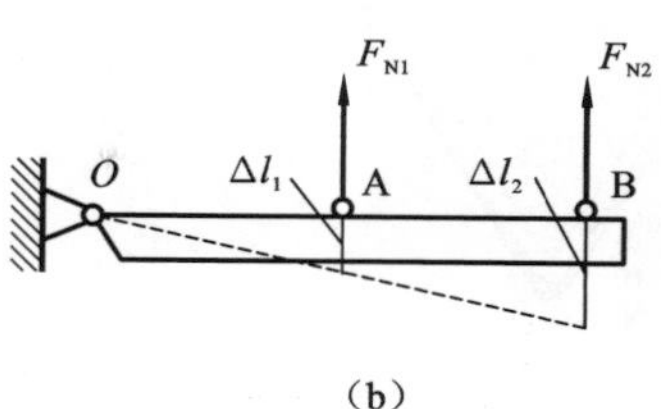

(b)

图 2-30

的轴力为 F_{N2}。由静力平衡方程可得

$$\sum M_0 = 0, \quad F_{N1}a + 2F_{N2}a = 0 \tag{1}$$

2) 列变形几何方程。假想拆除两杆与横梁间的联系，允许其自由膨胀。这时，两杆由于温度变化而产生的变形均为 $\Delta l_T = \alpha \Delta T l$。把已经伸长的杆与横梁相连接时，两杆内就分别引起了轴力 F_{N1} 和 F_{N2} 并使两杆再次变形。由于两杆变形使横梁绕 O 点转动，最终位置如图 2-30(b) 中虚线所示，图中的 Δl_1 和 Δl_2 分别为杆 1、2 所产生的总变形(包括温度和轴力所引起的变形)。则变形协调条件为

$$\Delta l_2 = 2\Delta l_1 \tag{2}$$

3) 列出物理方程。

$$\Delta l_1 = \alpha \Delta T l + \frac{F_{N1} l}{EA}, \quad \Delta l_2 = \alpha \Delta T l + \frac{F_{N2} l}{EA} \tag{3}$$

将式(3) 代入式(2) 得

$$\alpha \Delta T l + \frac{F_{N2} l}{EA} = 2\left(\alpha \Delta T l + \frac{F_{N1} l}{EA}\right) \tag{4}$$

式(4) 即为补充方程。联立求解式(1) 和式(4)，得

$$F_{N1} = -\frac{2}{5} EA\alpha \Delta T, \quad F_{N2} = \frac{1}{5} EA\alpha \Delta T$$

F_{N1} 为负值，说明杆 1 受压，轴力与所设的方向相反。

2.9.4　装配应力

构件制造上的微小误差是难免的。在静定结构中，这种误差只会影响结构几何形状的微小改变，不会使构件产生应力。如图 2-31 所示结构，若杆 AB 比预定的尺寸做短了一点，则与杆 AC 连接后，只会引起 A 点位置的微小偏移，如图中虚线所示。但在超静定结构中，杆件几何尺寸的微小差异，还会使杆件内产生应力。在图 2-32(a) 所示的杆系结构中，设杆 3 比预定尺寸做短了 δ (δ 与杆件长度相比是一极小量)，若使三杆联接，则需将杆 3 拉长，杆 1、2 压短，强行安装于 A′ 点处。此时，杆 3 中产生拉应力，杆 1、2 中产生压应力。这种由于安装而引起的应力称为装配应力。计算装配应力(assemble stress) 的方法与解超静定问题的方法相似，仅在几何关系中考虑尺寸的差异。

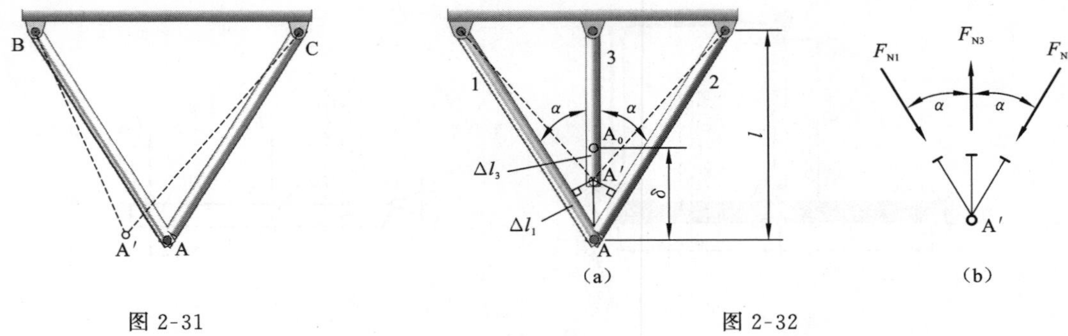

(a) (b)

图 2-31　　图 2-32

例 2.9 在图 2-32(a)所示的杆系结构中，设杆 3 的设计长度为 l，加工误差为 δ，其实际长度为($l-\delta$)。已知杆 3 的抗拉刚度为 E_3A_3，杆 1 和杆 2 的抗拉刚度为 E_1A_1。求三杆中的轴力 F_{N1}，F_{N2} 和 F_{N3}。

解 三杆装配后，杆 1、杆 2 受压，杆 3 受拉。取节点 A′ 为研究对象，受力图如图 2-32(b)所示。由于该节点仅有两个独立的静力平衡方程，而未知力数目为 3，故为一次超静定问题。

根据节点 A′ 的平衡条件

$$\sum F_x = 0 \quad F_{N2}\sin\alpha - F_{N1}\sin\alpha = 0 \tag{1}$$

$$\sum F_y = 0 \quad F_{N3} - F_{N1}\cos\alpha - F_{N2}\cos\alpha = 0 \tag{2}$$

由此可得

$$F_{N1} = F_{N2}, \quad F_{N3} = 2F_{N1}\cos\alpha \tag{3}$$

由图 2-32(a) 可知，其变形的几何关系为

$$\Delta l_3 + \frac{\Delta l_1}{\cos\alpha} = \delta \tag{4}$$

由物理关系，得

$$\Delta l_1 = \frac{F_{N1}l_1}{E_1A_1} = \frac{F_{N1}l}{E_1A_1\cos\alpha} \tag{5}$$

$$\Delta l_3 = \frac{F_{N3}l}{E_3A_3} \tag{6}$$

将式(5)、式(6) 代入式(4) 可得补充方程

$$\frac{F_{N3}l}{E_3A_3} + \frac{F_{N1}l}{E_1A_1\cos^2\alpha} = \delta \tag{7}$$

联立求解式(3) 和式(7)，得

$$F_{N1} = F_{N2} = \frac{F_{N3}}{2\cos\alpha}, \quad F_{N3} = \frac{E_3A_3}{\left(1+\dfrac{E_3A_3}{2E_1A_1\cos^3\alpha}\right)} \cdot \frac{\delta}{l}$$

由于计算结果为正，说明轴力的方向与所设方向相同。由本例的结果看到，在超静定问题中，各杆的轴力与各杆间的刚度比有关，刚度越大的杆，承受的轴力也越大。超静定问题的内力分配与构件刚度密切相关，是超静定问题的重要特点，也是区别于静定问题的一个主要特征。

用各杆横截面面积分别去除各杆中的轴力，即可求得各杆的装配应力。

装配应力是结构未承受载荷前已具有的应力，故称为初应力。在工程实际中，如果装配应力与构件工作应力相叠加后会使构件内应力更高，则应避免它的存在。但有时也可利用它以达到某些预期要求，例如机械工业中的紧配合就是对装配应力的一种应用。

2.10　应力集中的概念

承受轴向拉伸、压缩的构件，只有在离加力区域稍远且横截面尺寸又无急剧变化的区域内，横截面上的应力才是均匀分布的。然而，工程中某些零件常有切口、切槽、螺纹等，使杆件上的横截面尺寸发生突然改变，从而横截面上的应力不再均匀分布，这已为理论和试验所证实。

如图 2-33(a) 所示的带圆孔的板条，使其承受轴向拉伸。由试验结果可知：在圆孔附近的局部区域内，应力急剧增大，而在离开这一区域稍远处，应力迅速减小而趋于均匀(图 2-33(b))。这种由于截面尺寸突然改变而引起的应力局部增大的现象称为应力集中(stress concentration)。在 I-I 截面上，孔边最大应力 σ_{max} 与同一截面上的平均应力 $\bar{\sigma}$ 之比，用 K_σ 表示

$$K_\sigma = \frac{\sigma_{max}}{\bar{\sigma}} \tag{2-20}$$

K_σ 称为理论应力集中系数(theoretical stress concentration factor)，它反映了应力集中的程度，是一个大于 1 的系数。

值得注意的是，应力集中并不是单纯由截面面积的减小所引起的，杆件外形的骤然变化是造成应力集中的主要原因。试验结果表明：杆件外形的骤变越是剧烈(即相邻截面的刚度差越大)，应力集中系数就越大，应力集中的程度就越严重。同时，应力集中是一种局部的应力骤增现象，如图 2-33(a) 中具有小圆孔的均匀受拉平板，在孔边处的最大应力约为平均应力的 3 倍，而距孔稍远处，应力即趋于均匀。而且，应力集中处不仅最大应力急剧增长，其应力状态也与无应力集中时不同。因此，零件上应尽量避免带尖角的孔或槽，在阶梯杆截面的突变处要用圆弧过渡。

在静荷作用下，各种材料对应力集中的敏感程度是不相同的。像低碳钢那样的塑性材料具有屈服阶段，当孔边附近的最大应力 σ_{max} 达到屈服极限 σ_s 时，该处材料首先屈服，应力暂时不再增大。如外力继续增加，增加的应力就由截面上尚未屈服的材料所承担，使截面上其他点的应力相继增大到屈服极限，以致屈服区域不断扩大，该截面上的应力逐渐趋于平均，如图 2-34 所示。因此，用塑性材料制作的零件，在静荷作用下可以不考虑应力集中的影响。而对于组织均匀的脆性材料，因材料不存在屈服，当孔边最大应力的值达到材料的强度极限时，该处首先断裂。因此用脆性材料制作的零件，应力集中将大大降低构件的强度，其危害是严重的。因此，即使在静载荷作用下一般也应考虑应力集中对材料承载能力的影响。然而，对于组织不均匀的脆性材料，如铸铁，其内部组织的不均匀性和缺陷，往往是产生应力集中的主要因素，而截面形状改变引起的应力集中就可能成为次要的了，它对构件承载能力不一定会造成明显的影响。

当构件受周期性变化的载荷或冲击载荷作用时，无论是塑性材料还是脆性材料，应力集中对强度的影响也是严重的，因此，都必须考虑应力集中的影响。

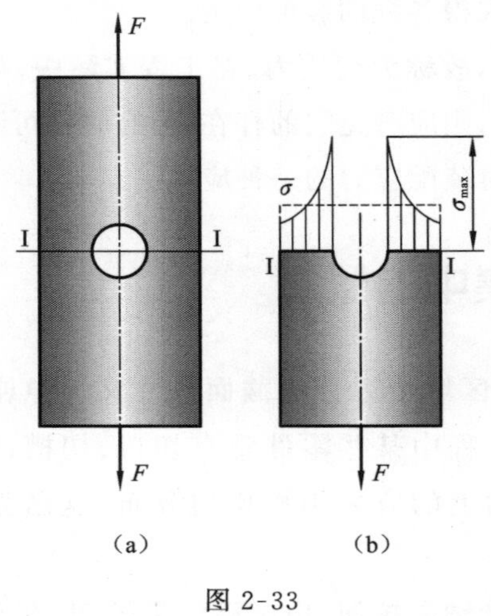

图 2-33

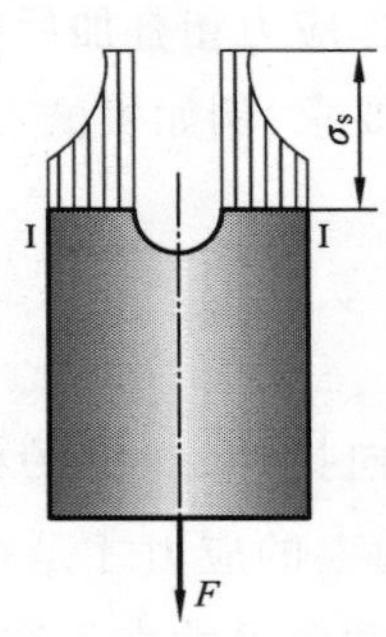

图 2-34

习　题

2-1　求题图 2-1 所示各杆 I-I，II-II 和 III-III 横截面上的轴力，并作轴力图。

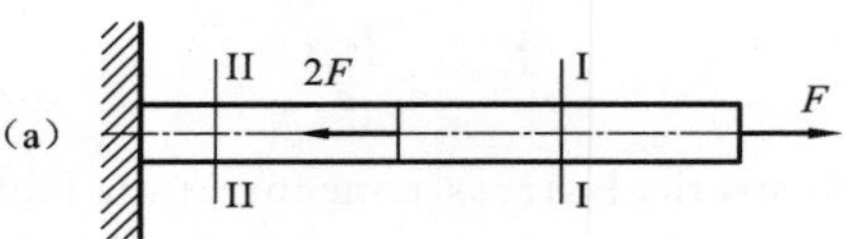

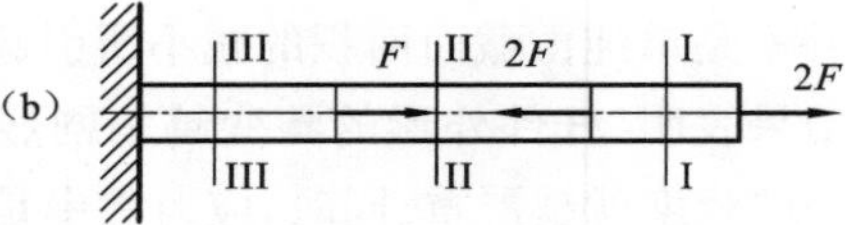

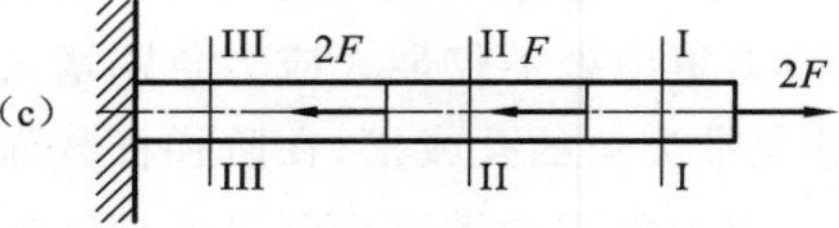

题图 2-1

2-2　求题图 2-2 所示等直杆横截面 I-I，II-II 和 III-III 上的轴力，并作轴力图，如果横截面面积 $A = 400\ \mathrm{mm}^2$，求各横截面上的应力。

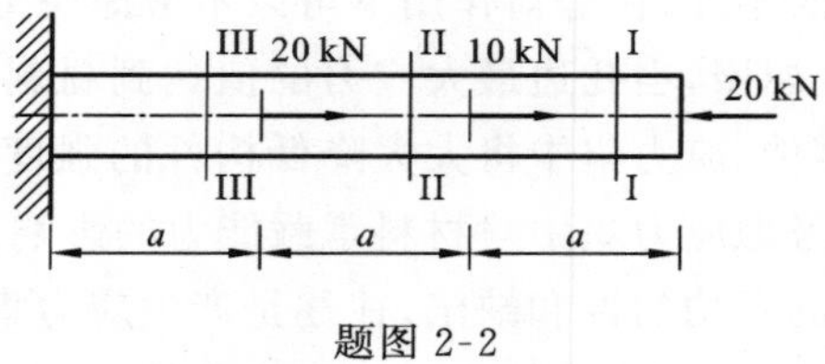

题图 2-2

2-3　求题图 2-3 所示阶梯状直杆横截面 I-I、II-II 和 III-III 上的轴力，并作轴力图。如果横截面面积 $A_1 = 200\ \mathrm{mm}^2$，$A_2 = 300\ \mathrm{mm}^2$，$A_3 = 400\ \mathrm{mm}^2$，求各横截面上的应力。

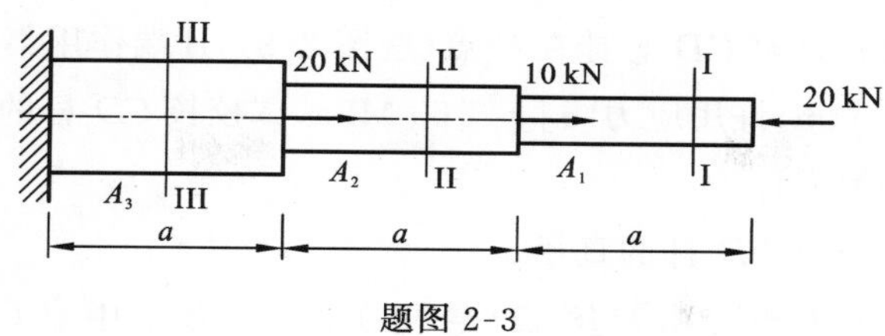

题图 2-3

2-4　一吊环螺钉(题图 2-4)，其外径 $D = 48$ mm，内径 $d = 42.6$ mm，吊重 $F = 50$ kN。求螺钉横截面上的应力。

2-5　作用于零件(题图 2-5) 上的拉力 $F = 38$ kN，试问零件内最大拉应力发生在哪个截面上？并求其值。

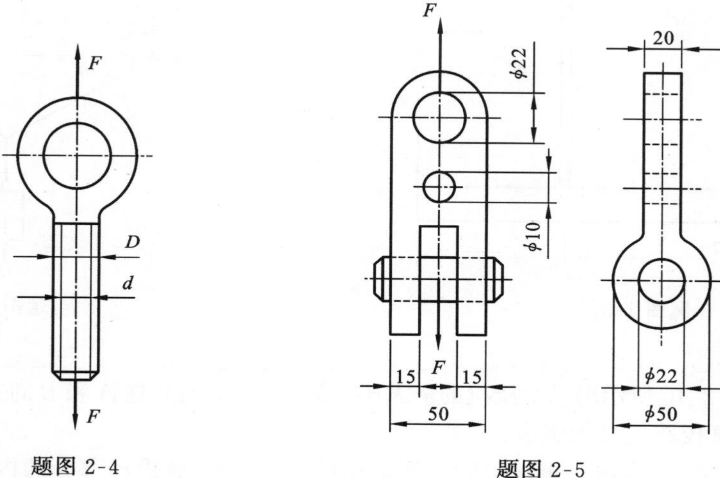

题图 2-4　　　　题图 2-5

2-6　题图 2-6 所示拉杆承受拉力 $F = 10$ kN，杆的横截面面积 $A = 100\ \text{mm}^2$，如果以 α 表示斜截面与横截面间的夹角，试求当 $\alpha = 0°, 30°, 45°, 60°, 90°$ 时，各斜截面上的正应力和切应力。

2-7　简易起重设备的计算简图如题图 2-7 所示，已知斜杆 AB 由两根 $63 \times 40 \times 4$ 的不等边角钢组成。若钢的许用应力 $[\sigma] = 170$ MPa，问该起重设备在起吊重量 $Q = 15$ kN 的重物时斜杆 AB 是否满足强度条件？

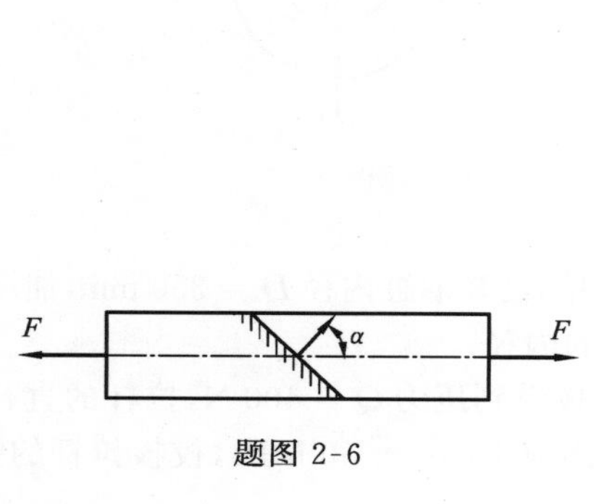

题图 2-6

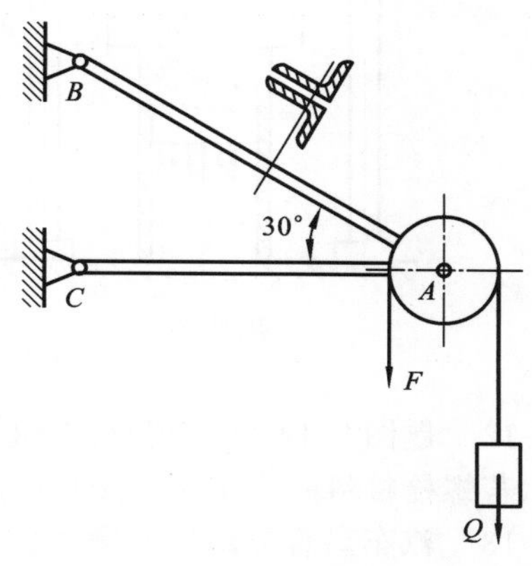

题图 2-7

2-8　刚性梁 ACB 由圆杆 CD 悬挂在 C 点(题图 2-8),B 端作用集中载荷 $F = 25$ kN,已知 CD 杆的直径 $d = 20$ mm,许用应力$[\sigma] = 160$ MPa,试校核 CD 杆的强度,并求:

(1) 结构的许可载荷$[F]$;

(2) 若 $F = 50$ kN,设计 CD 杆的直径 d。

2-9　题图 2-9 所示重物 Q 由铝丝 CD 悬挂在钢丝 AB 之中点 C,已知铝丝直径 $d_1 = 2$ mm,许用应力$[\sigma]_{铝} = 100$ MPa;钢丝直径 $d_2 = 1$ mm,许用应力$[\sigma]_{钢} = 240$ MPa,且 $\alpha = 30°$。试求许用载荷$[Q]$。如果不更换铝丝和钢丝,如何提高许用载荷?相应的许用载荷$[Q']$是多少?

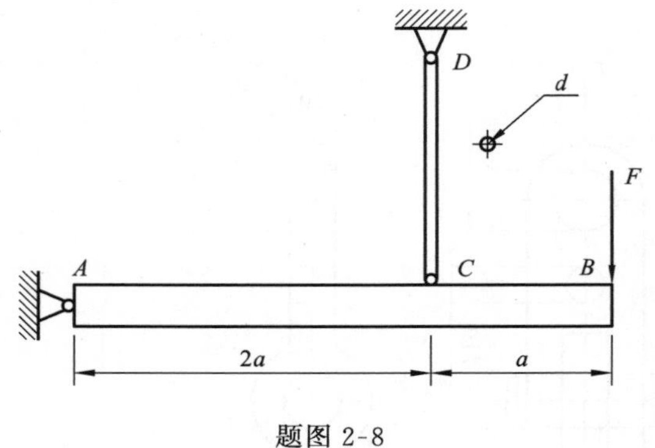

题图 2-8

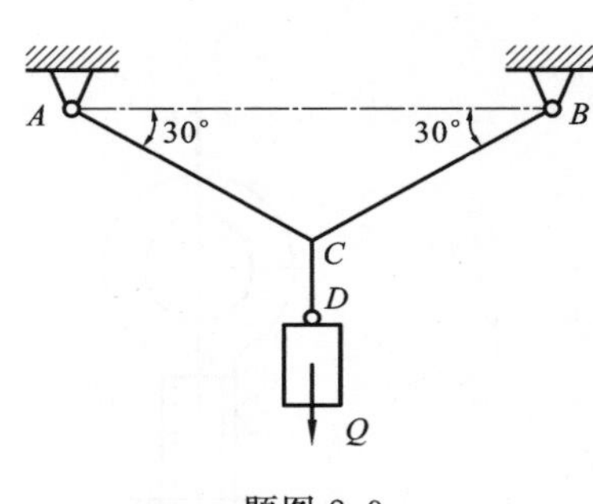

题图 2-9

2-10　题图 2-10 所示图示水压机的最大压力为 600 kN,两立柱 A 和 B 的直径 $d = 80$ mm,$[\sigma] = 80$ MPa。试校核立柱的强度。

2-11　题图 2-11 所示起重吊钩的上端借螺母固定。若吊钩螺栓部分的内径 $d = 55$ mm,材料的许用应力$[\sigma] = 80$ MPa,起吊重量 $Q = 170$ kN,试校核螺栓强度。

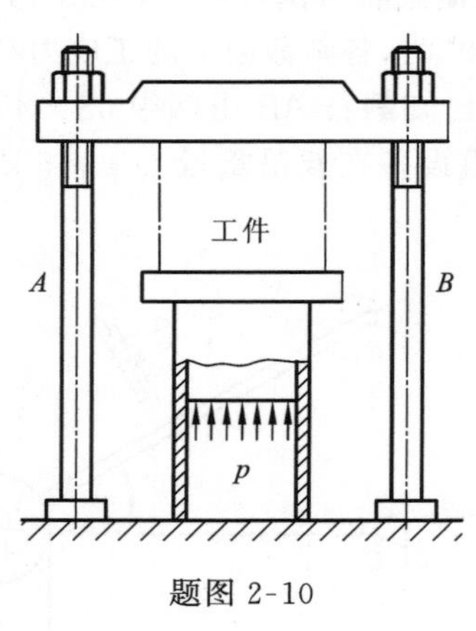

题图 2-10

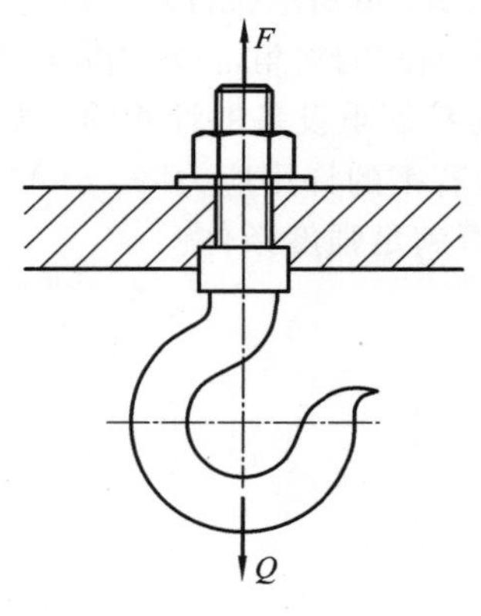

题图 2-11

2-12　题图 2-12 所示油缸体与缸盖用 6 个螺栓连接,已知油缸内径 $D = 350$ mm,油压 $p = 1$ MPa,若螺栓材料的许用应力$[\sigma] = 40$ MPa,求螺栓的内径。

2-13　汽车离合器踏板如题图 2-13 所示,已知踏板受到压力 $Q = 400$ N,拉杆的直径 $d = 9$ mm,摆杆臂长 $l_1 = 330$ mm,$l_2 = 56$ mm,拉杆的许用应力$[\sigma] = 50$ MPa,校核拉杆的强度。

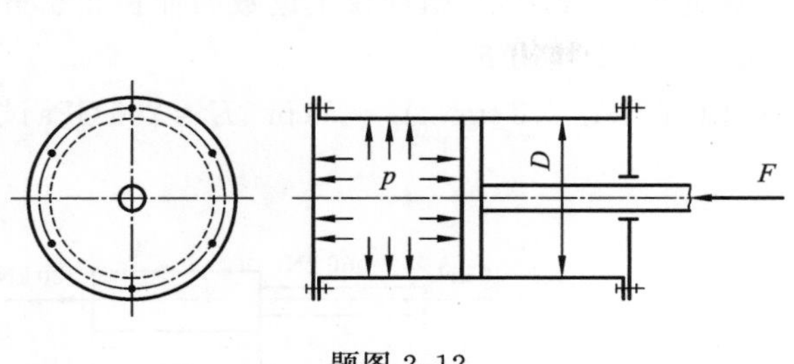

题图 2-12

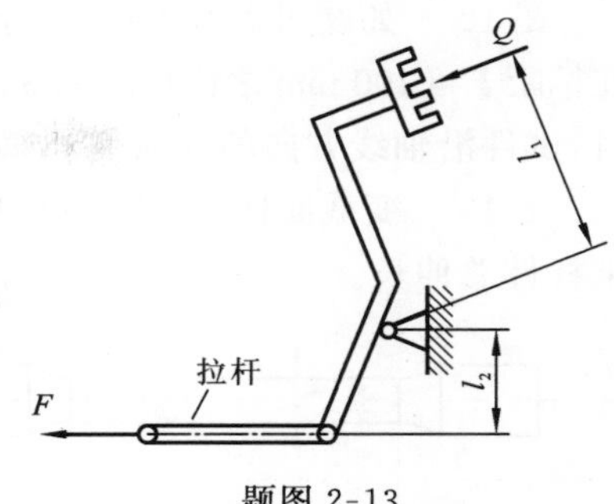

题图 2-13

2-14　冷镦机的曲柄滑块机构如题图 2-14 所示。镦压工件时，连杆接近水平位置，承受的镦力 $F = 1\,100$ kN。连杆是矩形截面，高度 h 与宽度 b 之比 $h/b = 1.4$，材料为 45 号钢，许用应力 $[\sigma] = 58$ MPa，试确定截面尺寸 h 及 b。

2-15　题图 2-15 所示卧式拉床的油缸内径 $D = 186$ mm，活塞杆的直径 $d = 65$ mm，材料为 20Cr 并经过热处理，其许用应力 $[\sigma]_{杆} = 130$ MPa。缸体由 6 个 M20 螺栓与缸盖相连，M20 螺栓的内径 $d_1 = 17.3$ mm，材料为 35 号钢，经热处理后 $[\sigma]_{螺} = 110$ MPa，试按活塞杆和螺栓的强度确定最大油压 p。

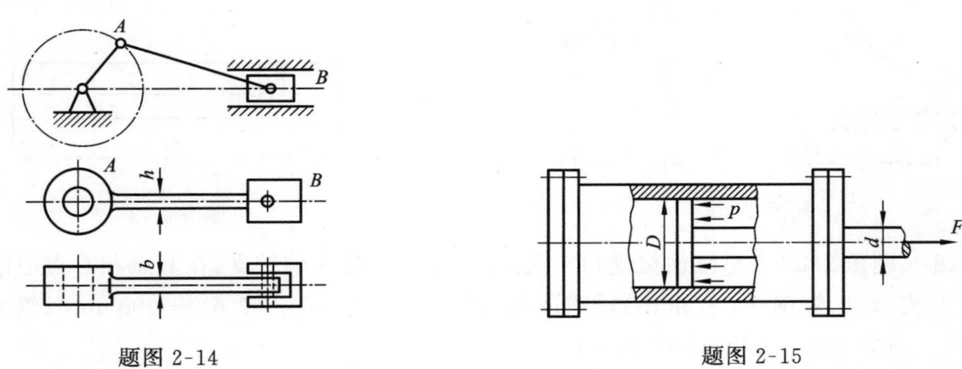

题图 2-14　　　题图 2-15

2-16　求题图 2-16 所示杆的变形。已知杆的横截面面积 $A = 5\ \text{cm}^2$，$E = 200$ GPa。

2-17　如题图 2-17 所示实心圆钢杆 AB 和 AC 在 A 点处铰接，在 A 点处作用铅垂向下的力 $F = 35$ kN。已知 AB 和 AC 杆的直径分别为 $d_1 = 12$ mm 和 $d_2 = 15$ mm，钢的弹性模量 $E = 210$ GPa。试求 A 点在铅垂方向的位移。

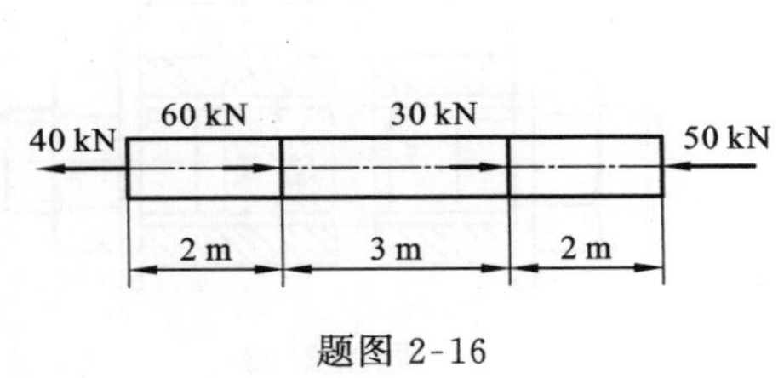

题图 2-16

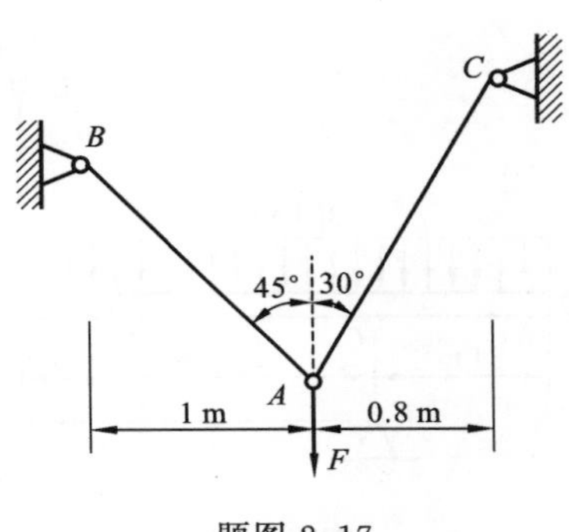

题图 2-17

2-18　如题图 2-18 所示一钢试件，$E = 200\ \text{GPa}$，比例极限 $\sigma_P = 200\ \text{MPa}$，直径 $d = 10\ \text{mm}$，在标距 $l = 100\ \text{mm}$ 之内用放大 500 倍的引伸仪测量变形。试求：当引伸仪上读数为伸长 2.5 cm 时，试件沿轴线方向的线应变 ε，横截面上的应力 σ 及所受拉力 F。

2-19　变截面杆如题图 2-19 所示。已知横截面面积 $A_1 = 8\ \text{cm}^2$，$A_2 = 4\ \text{cm}^2$，$E = 200\ \text{GPa}$ 试求杆件总伸长。

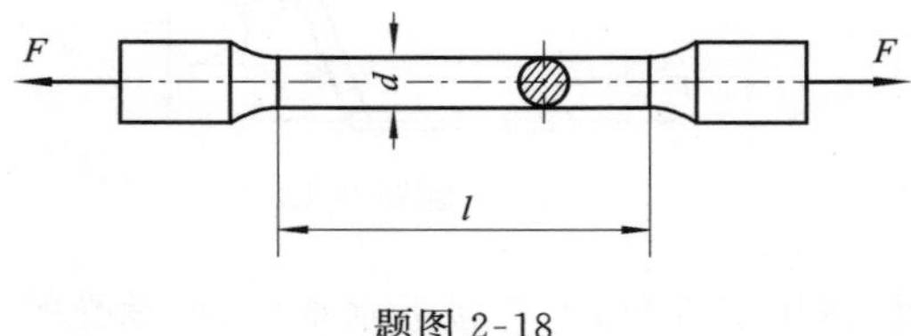

题图 2-18

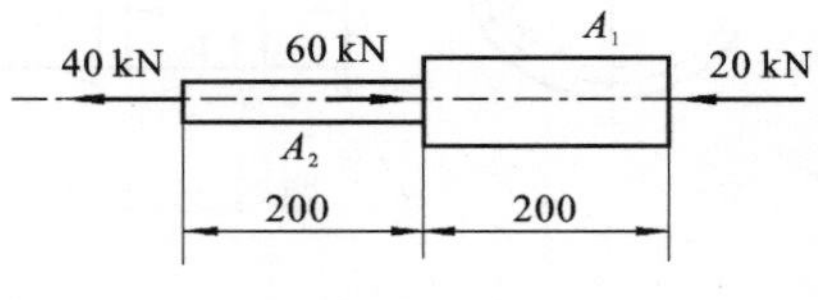

题图 2-19

2-20　起重机如题图 2-20 所示，绳索 AB 的横截面面积为 500 mm²，许用应力 $[\sigma] = 40\ \text{MPa}$。试根据绳索的强度条件求起重机许用起重量 $[F]$。

2-21　作题图 2-21 所示等直杆的轴力图。

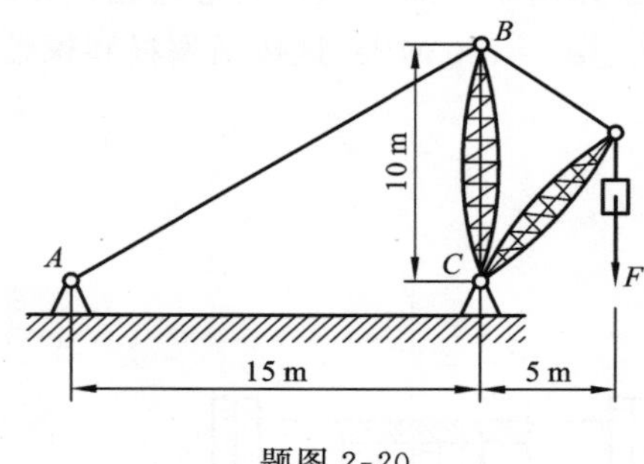

题图 2-20

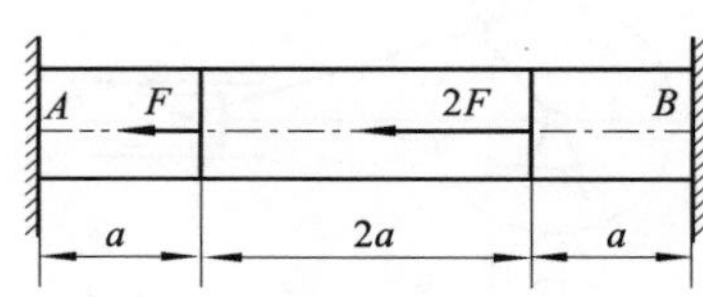

题图 2-21

2-22　题图 2-22 所示刚性梁受均布载荷的作用，梁在 A 端铰支，在 B 点和 C 点由两钢杆 BD 和 CE 支承。已知钢杆 CE 和 BD 的横截面面积 $A_1 = 400\ \text{mm}^2$ 和 $A_2 = 200\ \text{mm}^2$，钢的许用应力 $[\sigma] = 160\ \text{MPa}$，试校核钢杆的强度。

2-23　题图 2-23 所示一个套有铜管的钢螺栓，螺距为 3 mm，试求下述两种情况下螺栓及管子横截面上的应力（$E_{铜} = 100\ \text{GPa}$，$E_{钢} = 210\ \text{GPa}$；$\alpha_{铜} = 165 \times 10^{-7}\ 1/℃$，$\alpha_{钢} = 125 \times 10^{-7}\ 1/℃$）

(1) 螺母拧紧 1/4 转；

(2) 螺母拧紧 1/4 转后温度又上升 50 ℃。

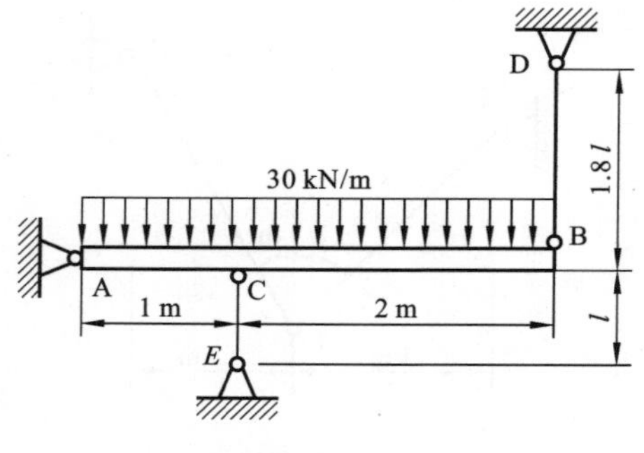

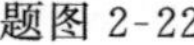
题图 2-22

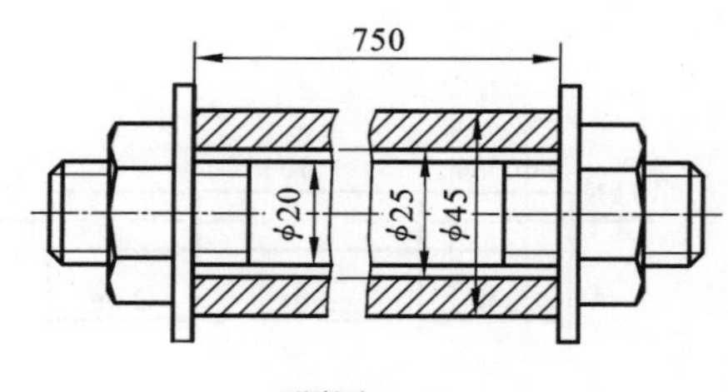

题图 2-23

2-24　如题图 2-24 所示结构的 3 根杆件用同一种材料制成。已知 3 根杆的横截面面积分别为 $A_1 = 200\ \text{mm}^2$，$A_2 = 300\ \text{mm}^2$ 和 $A_3 = 400\ \text{mm}^2$，载荷 $F = 40\ \text{kN}$。试求各杆横截面上的应力。

2-25　刚性梁由 3 根钢杆支承，如题图 2-25 所示。材料的弹性模量 $E = 210\ \text{GPa}$，钢杆的横截面面积均为 $200\ \text{mm}^2$。试求下述情况下各杆横截面上的应力：

(1) 中间一根杆的长度做短了 $\delta = 5 \times 10^{-4} l$，$F = 0$ 而强行安装；

(2) $\delta = 0$，$F = 30\ \text{kN}$；

(3) $\delta = 5 \times 10^{-4} l$，$F = 30\ \text{kN}$。

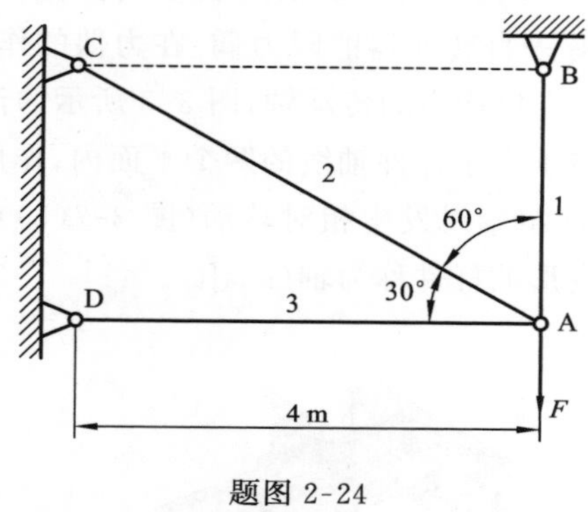

题图 2-24

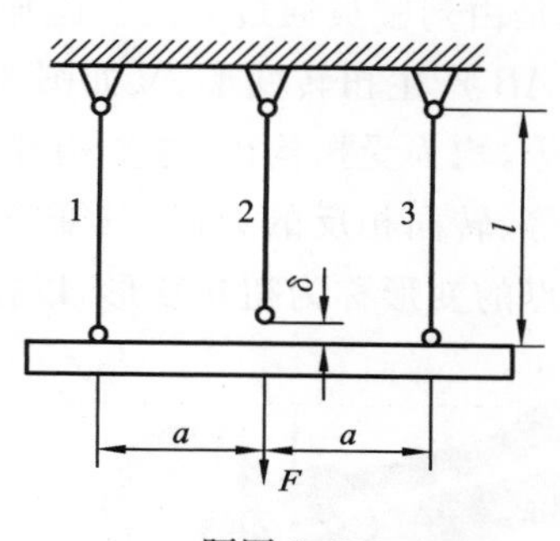

题图 2-25

2-26　钢杆如题图 2-26 所示。已知截面 $A_1 = 100\ \text{mm}^2$，$A_2 = 200\ \text{mm}^2$，$E = 210\ \text{GPa}$，$\alpha = 125 \times 10^{-7}\ 1/℃$。试求当温度升高 30 ℃ 时杆内的最大应力。

2-27　如题图 2-27 所示的结构中，横梁可视为刚体。若杆 1 和杆 2 的横截面面积均为 AB 杆横截面面积的一半，它们的材料均相同。在 F 力作用的同时，杆 1 和杆 2 温度又升高 ΔT，AB 杆温度不变，此时横梁与 AB 杆相接触，试求杆 1 和杆 2 的内力。

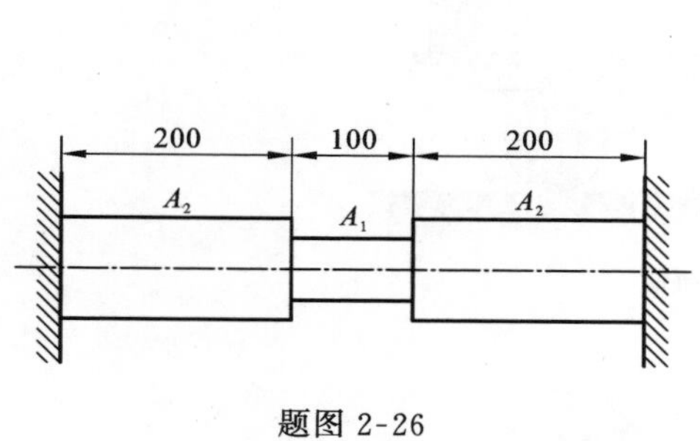

题图 2-26

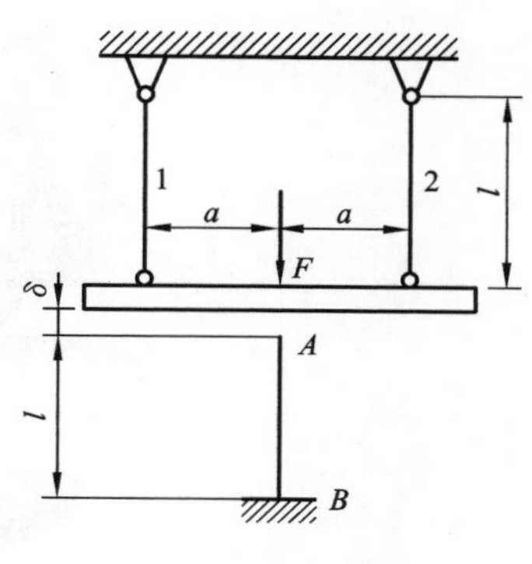

题图 2-27

第3章　扭　　转

3.1　扭转的概念及实例

在工程实际中，常常遇到许多构件的主要变形为扭转。如图 3-1 所示的汽车转向轴 AB，它的 A 端是由驾驶员通过方向盘施加的外力偶，B 端有来自转向器的阻力偶。在力偶的作用下，转向轴 AB 产生扭转变形。又如图 3-2 所示的行车行走机构中的传动轴，图 3-3 所示的汽车主传动轴等，均为受扭构件。这类构件的受力特点是：在垂直于杆件轴线的两个平面内，作用一对大小相等、转向相反的力偶。其变形特点是：各横截面绕轴线发生相对转动（图 3-7(b)）。具有这种特点的变形称为扭转变形，以扭转变形为主要变形的杆件称为轴(shaft)。

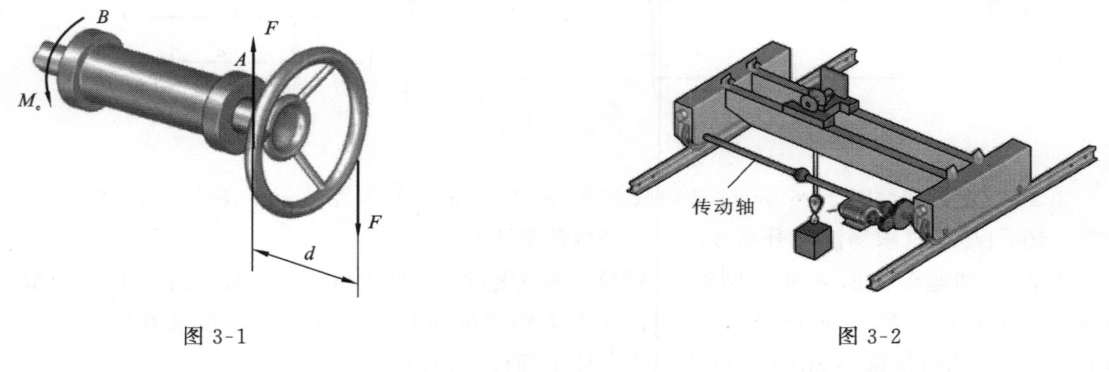

图 3-1　　　　图 3-2

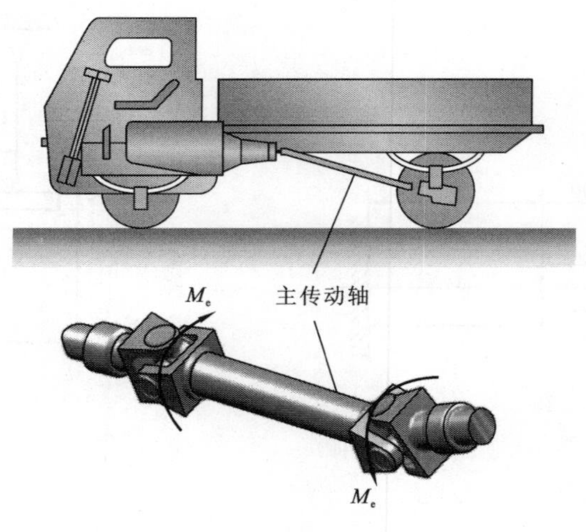

图 3-3

有些受扭构件，如内燃机曲轴的轴颈、电机主轴、机床传动轴等，它们除了承受扭转变形外，还伴有其他形式的变形，属于组合变形。有关组合变形问题将在第 9 章进行专门研究。工程中用得最多的是圆形截面轴(圆轴)，故本章主要讨论圆轴的扭转问题。对其他非圆截面杆件的扭转问题，由于问题比较复杂，只介绍某些特点和结果。

3.2　外力偶矩的计算

作用于轴上的外力偶矩，一般不是直接给出的，需要进行计算。下面讨论外力偶矩的计算问题。

一传动轴如图 3-4 所示，其中 A 为主动轮，由它输入的功率通过轴传递给从动轮 B,C，再由从动轮 B,C 输出给其他构件。若已知轴的转速为 n(转/分，记为 r/min)，某轮传输的功率为 P_K(千瓦，记为 kW)。求作用于该轮上的外力偶矩 M_e。

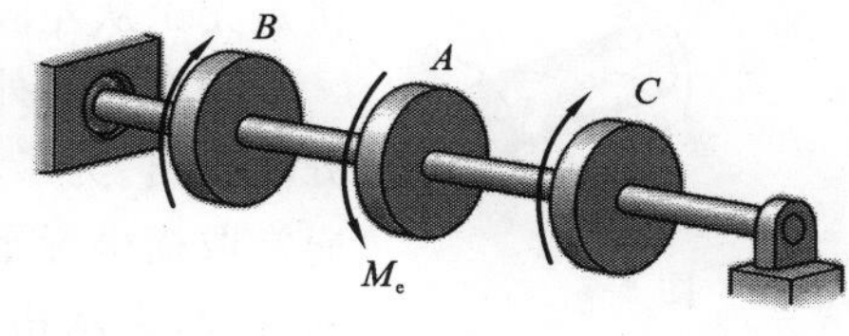

图 3-4

由于力偶在单位时间内所作的功(即功率 P)，等于力偶矩 M 与角速度 ω 的乘积，即

$$P = M \cdot \omega$$

而 $\omega = \frac{2\pi n}{60}$，$1\ \text{kW} = 1\,000\ \text{N} \cdot \text{m/s}$，因此有

$$P_K \times 1\,000 = M_e \times \frac{2\pi n}{60}$$

由此得

$$M_e = 9\,549\ \frac{P_K}{n}\ \text{N} \cdot \text{m} \tag{3-1a}$$

上式中，M_e 为作用于轴上的外力偶矩，单位为 N·m；P_K 为轴传递的功率，单位为 kW；n 为轴的转速，单位为 r/min。

用同样的方法，可以得到，当功率 P 以马力(记为 PS，1 PS = 735.5 N·m/s) 为单位时，外力偶矩 M_e 的计算公式为

$$M_e = 7\,024\ \frac{P}{n}\ \text{N} \cdot \text{m} \tag{3-2a}$$

在国际单位制中，转速 n_1 为转每秒，因此式(3-1a)、(3-2a) 改变为

$$M_e = 159.2\ \frac{P_K}{n_1}\ \text{N} \cdot \text{m} \tag{3-1b}$$

$$M_e = 117\ \frac{P}{n_1}\ \text{N} \cdot \text{m} \tag{3-2b}$$

3.3　扭矩及扭矩图

受扭构件横截面上内力的计算，仍用截面法。现以图 3-5a 所示的轴为例加以说明。首先假想地沿 a-a 截面将轴切开，保留左段为研究对象(图 3-5(b))。由于整个轴是平衡的，所以左段也应处于平衡状态，则 a-a 截面上的内力系构成一个内力偶 T，由左段的平衡条件 $\sum M_x = 0$，得

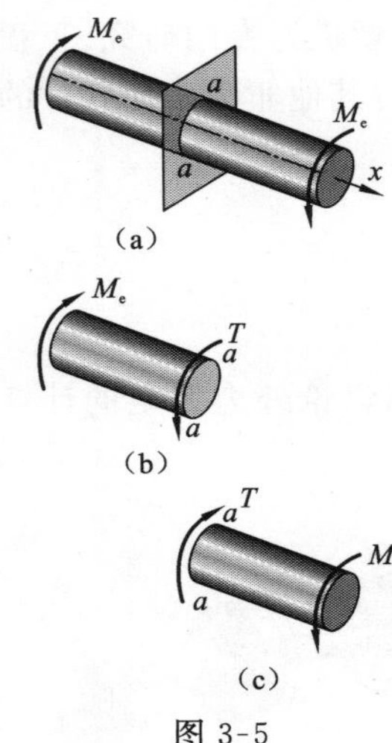

图 3-5

$$T = M_e$$

可见，扭转时横截面上的内力是一位于横截面内的力偶，此力偶矩称为扭矩(torsional moment)，常用 T 表示。

如取右段为研究对象，如图 3-5(c) 所示，仍可得到 $T = M_e$ 的结果，但转向与取左段求出的扭矩相反。为了使左、右两段求得的同一截面上的扭矩不但大小相等而且符号也相同，将扭矩的正负规定如下：按右手螺旋法则将扭矩用矢量表示，当矢量方向与截面的外法线方向一致时，扭矩 T 为正；反之为负。据这一规则，前述 a-a 截面上的扭矩无论从左段还是从右段来看，均为正值。

若有几个外力偶同时作用于轴上时，轴各横截面上的扭矩必须分段求出。为了清楚地表示扭矩随横截面位置的改变而变化的情况，通常取横坐标平行于轴的轴线，表示横截面的位置，纵坐标垂直于轴的轴线，表示扭矩的大小，从而得到扭矩随截面位置变化的图线，称为扭矩图(torque diagram)。下面举例说明扭矩的计算和扭矩图的绘制方法。

例 3.1 一传动轴如图 3-6(a) 所示，已知轴的转速 $n = 300$ r/min，主动轮输入的功率 $P_{KA} = 36.7$ kW，从动轮 B, C, D 输出的功率分别为 $P_{KB} = 14.7$ kW，$P_{KC} = P_{KD} = 11$ kW。试绘制轴的扭矩图。

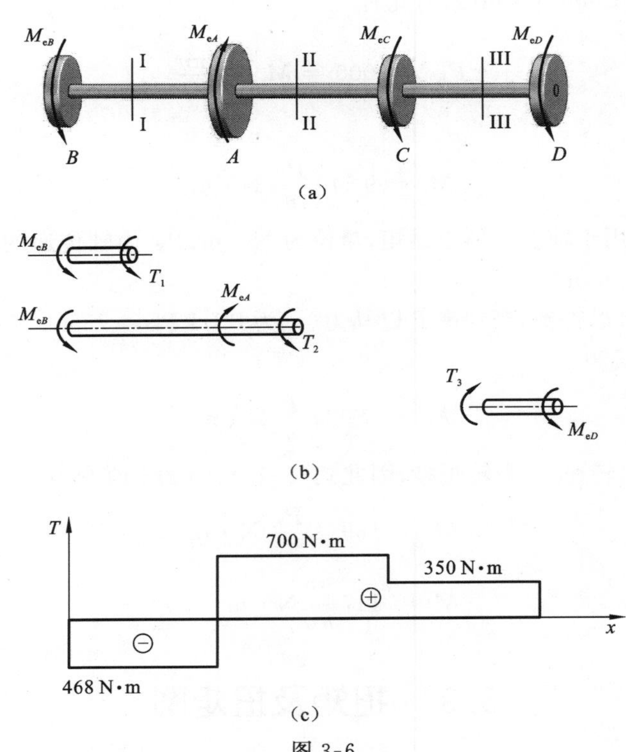

图 3-6

解 1) 计算外力偶矩。由式(3-1a) 算出作用于各轮上的外力偶矩

$$M_{eA} = 9\,549\,\frac{P_{KA}}{n} = 9\,549 \times \frac{36.7}{300} = 1\,168\ \text{N} \cdot \text{m}$$

$$M_{eB} = 9\,549\,\frac{P_{KB}}{n} = 9\,549 \times \frac{14.7}{300} = 468\ \text{N} \cdot \text{m}$$

$$M_{eC} = M_{eD} = 9\,549\,\frac{P_{KC}}{n} = 9\,549 \times \frac{11}{300} = 350\ \text{N} \cdot \text{m}$$

2) 计算扭矩。从受力情况看出，该轴在 BA，AC，CD 三段内扭矩是不相等的，需分段求得各扭矩值。

在 BA 段内，以 T_1 代表截面 I-I 上的扭矩，并将 T_1 的方向假设成正的方向，如图 3-6(b) 所示，根据平衡条件有

$$T_1 = -M_{eB} = -468\ \text{N} \cdot \text{m}$$

等号右边的负号说明，扭矩 T_1 的方向与原假设的方向相反。同理可以求得 AC 段内的扭矩为

$$T_2 = M_{eA} - M_{eB} = 1\,168 - 468 = 700\ \text{N} \cdot \text{m}$$

CD 段内的扭矩为

$$T_3 = M_{eD} = 350\ \text{N} \cdot \text{m}$$

3) 画扭矩图。以横坐标表示横截面的位置，用纵坐标表示扭矩的大小，根据各段扭矩的数值和正负号，即可画出传动轴的扭矩图，如图 3-6(c) 所示。从图中看出，最大扭矩发生在 AC 段内，其值为 $T_{max} = 700\ \text{N} \cdot \text{m}$。

3.4　薄壁圆筒的扭转、切应力互等定理和剪切胡克定律

1. 薄壁圆筒的扭转

取一等厚薄壁圆筒 $\left(t \leqslant \frac{1}{20}D,\ t\text{ 为壁厚},\ D\text{ 为平均直径}\right)$，在其表面画出圆周线和纵向线，构成矩形网格，如图 3-7(a) 所示。在圆筒两端的横截面内施加一对大小相等、转向相反的力偶 M_e。使圆筒产生扭转变形，图 3-7(b) 所示。这时可以观察到下列现象：

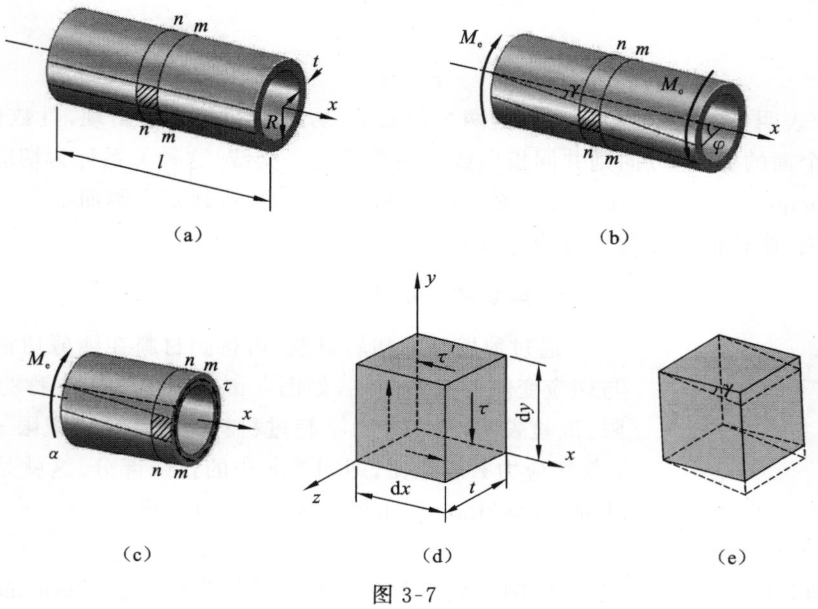

图 3-7

(1) 圆周线的形状、大小及圆周线之间的距离没有改变，只是相邻的两圆周线发生相对转动。

(2) 纵向线倾斜了同一微小角度 γ，矩形变成了平行四边形。

根据实验观察到的现象，经过推理可对受扭薄壁圆筒的应力作如下分析。由现象(1) 可知，薄壁圆筒横截面上没有正应力，只有切应力。在横截面上，由于筒壁的厚度很小，可认为切应力沿壁厚不变，即切应力沿壁厚均匀分布。又据现象(2) 可知，由于倾斜角度 γ 处处相等，故切应力沿环向亦保持不变，且切应变发生在垂直于半径的平面内，因此，切应力的方向垂直于圆筒的半径，如图 3-7(c) 所示。若圆筒的厚度用 t 表示，平均半径为 R，则横截面上内力系对 x 轴的力矩为

$$2\pi Rt \cdot \tau \cdot R = 2\pi R^2 t\tau = T$$

由此得

$$\tau = \frac{T}{2\pi R^2 t} \tag{3-3}$$

由图 3-7(b) 可以看出，当圆筒发生扭转变形时，若 φ 为薄壁圆筒两端面的相对转角，l 为圆筒的长度，则切应变 γ 为

$$\gamma = \frac{R\varphi}{l} \tag{3-4}$$

2. 切应力互等定理

从薄壁圆筒壁上取出一单元体，它的3个方向的尺寸分别为 $\mathrm{d}x$，$\mathrm{d}y$ 和 t，如图 3-7(d) 所示。单元体的左右两侧面是薄壁圆筒横截面的一部分，所以这两侧面上只有切应力 τ，其值均按式(3-3) 计算，二者的方向却相反。这两侧面上的切应力组成一个力偶，其力偶矩为 $(\tau t\mathrm{d}y)\mathrm{d}x$。由于单元体是平衡的，所以单元体上下两平面上，必然还有切应力 τ' 存在，并由它们组成另一个力偶矩为 $(\tau' t\mathrm{d}x)\mathrm{d}y$ 的力偶，与 τ 构成的力偶相平衡。由平衡方程 $\sum M_z = 0$，得

$$(\tau' t\mathrm{d}x)\mathrm{d}y - (\tau t\mathrm{d}y)\mathrm{d}x = 0$$

即

$$\tau = \tau' \tag{3-5}$$

式(3-5) 表明，在单元体互相垂直的两个截面上，切应力必然成对出现，且数值相等，两者都垂直于两个面的交线，方向则共同指向或共同背离这一交线。这种关系称为切应力互等定理(pairing principle of shear stresses)。图 3-7(d) 所示的单元体，其 4 个侧面上只有切应力而无正应力的作用，这种情况称为纯剪切(pure shear)。

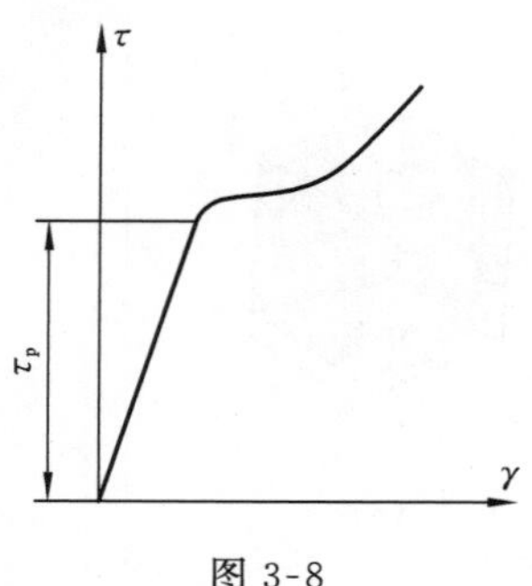

图 3-8

3. 剪切胡克定律

通过薄壁圆筒扭转试验，可得到材料在纯剪切情况下切应力与切应变间的关系曲线，如图 3-8 所示。图中 τ_p 称为剪切比例极限。试验表明，当切应力不超过材料的剪切比例极限 τ_p 时，切应变 γ 与切应力 τ 成正比，即图 3-8 中的直线部分。这就是材料的剪切胡克定律(Hooke's law in shear)。可写成

$$\tau = G\gamma \tag{3-6}$$

式中：比例常数 G 称为材料的剪切弹性模量(shear modulus)。其量

纲与弹性模量 E 相同，常用单位为 GPa。材料的 G 值可通过试验测定，如钢材的 G 值约为 80 GPa。

在第 2 章中，曾介绍过 E,ν 两个弹性常数，这里又引进了一个新的弹性常数 G。可以证明(见第 7 章例 7.5)，对于各向同性材料，三个弹性常数 E,G,ν 之间存在下列关系

$$G=\frac{E}{2(1+\nu)} \tag{3-7}$$

可见，3 个弹性常数中，只要知道其中的两个，就可算出第 3 个。

3.5　圆轴扭转时的应力与变形

3.5.1　横截面上的应力

对于薄壁圆筒的扭转，因为壁厚 t 很小，可认为横截面上的切应力沿壁厚是均匀分布的。对于实心圆轴扭转，这一结论不再成立。为了研究圆轴扭转时横截面上的应力，必须从变形的几何关系，物理关系和静力学关系三个方面进行讨论。

1. 变形几何关系

为了观察圆轴扭转时的变形情况，在圆轴表面上画出纵向线和圆周线，形成许多小方格，如图 3-9(a) 所示。扭转后可观察到与薄壁圆筒相同的变形现象，如图 3-9(b) 所示。根据圆周线的大小、形状及间距不变，只是绕轴线相对地转动了一角度的现象，可假设圆轴扭转变形前原为平面的横截面，变形后仍保持为平面，其形状和大小不变，半径仍保持为直线。就是说，横截面像刚性平面一样绕轴线转动了一个角度。这个假设称为圆轴扭转的平面假设。以平面假设为基础导出的应力和变形公式已为试验所证实

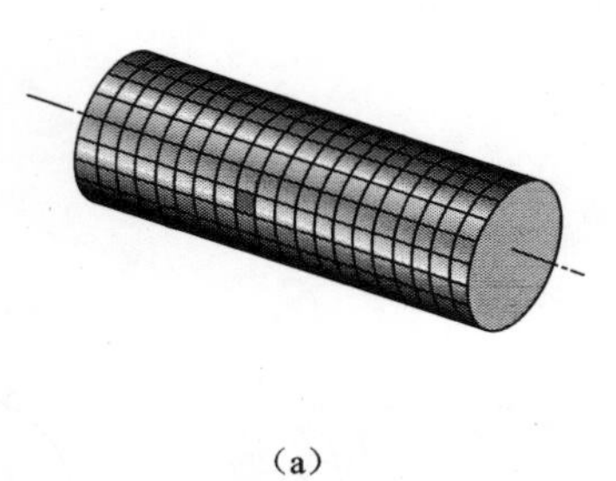

(a)　　(b)

图 3-9

用相邻的两个横截面 m-m 和 n-n，从图 3-9(b) 中取出一微段 dx 来研究(图 3-10)。根据平面假设，变形后截面 n-n 将相对截面 m-m 刚性转动 $d\varphi$ 角，半径 OA 转到 OA' 的位置。如将圆轴看成由无数薄壁圆筒组成，则在此微段中，所有薄壁圆筒皆扭转一个相同的角度 $d\varphi$。若从微段中取出半径为 ρ、厚度为 $d\rho$ 的薄壁圆筒，其切应变 γ_ρ 为一微小角，有

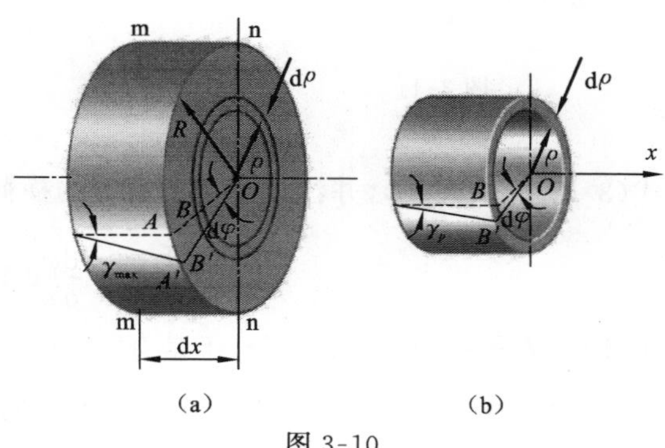

(a)　　(b)

图 3-10

$$\gamma_\rho \approx \tan\gamma_\rho = \frac{BB'}{\mathrm{d}x} \tag{1}$$

将 $BB' = \rho \mathrm{d}\varphi$ 代入式(1) 中,得

$$\gamma_\rho = \rho \frac{\mathrm{d}\varphi}{\mathrm{d}x} \tag{2}$$

式中:$\frac{\mathrm{d}\varphi}{\mathrm{d}x}$ 为扭转角沿着 x 的变化率,对某一指定截面$\frac{\mathrm{d}\varphi}{\mathrm{d}x}$ 为一常数。由式(2) 可见,横截面上任一点的切应变 γ_ρ 与该点到圆心的距离 ρ 成正比。切应变的最大值 $\gamma_{\max}$ 发生在 $\rho = R$ 的最外层。

2. 物理关系

根据剪切胡克定律可知,横截面上任意一点处的切应力 τ_ρ 应与该点处的切应变 γ_ρ 成正比,即

$$\tau_\rho = G\gamma_\rho = G\rho \frac{\mathrm{d}\varphi}{\mathrm{d}x} \tag{3-8}$$

式(3-8) 说明,横截面上任意一点处切应力 τ_ρ 的大小与该点到圆心的距离 ρ 成正比,这就是圆轴扭转时横截面上切应力的变化规律。由上节讨论可知,切应变与半径垂直,因而切应力也应与半径垂直,如图 3-11 所示。

3. 静力学关系

虽然已经知道了横截面上切应力的分布规律,但没有解决其数值计算问题,因为$\frac{\mathrm{d}\varphi}{\mathrm{d}x}$ 尚未确定。因此还需要利用静力学关系来建立切应力 τ_ρ 与扭矩 T 间的关系。

在横截面内,距圆心为 ρ 处取一微面积 $\mathrm{d}A$,该微面积上的内力为 $\tau_\rho \mathrm{d}A$,如图 3-12 所示。横截面上的扭矩是由无数微面积上的内力对圆心之矩构成的,故有

$$T = \int_A \tau_\rho \cdot \rho \mathrm{d}A \tag{3}$$

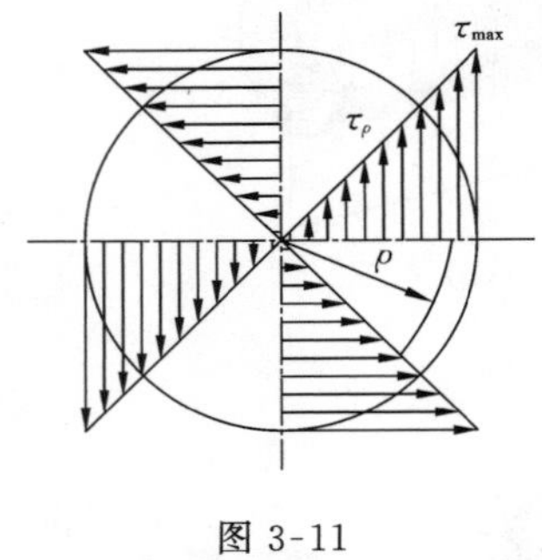

图 3-11

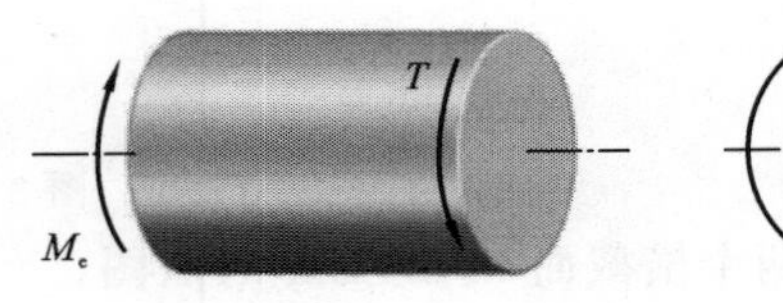

图 3-12

将式(3-8) 代入式(3),并注意到对于给定的横截面$\frac{\mathrm{d}\varphi}{\mathrm{d}x}$ 为一常数,于是

$$T = \int_A G\rho^2 \frac{\mathrm{d}\varphi}{\mathrm{d}x}\mathrm{d}A = G\frac{\mathrm{d}\varphi}{\mathrm{d}x}\int_A \rho^2 \mathrm{d}A \tag{4}$$

用式(I-6) 表示式(4) 中的积分,于是有

$$T = G\frac{\mathrm{d}\varphi}{\mathrm{d}x} I_\mathrm{p} \tag{3-9}$$

由式(3-8)、式(3-9)消去 $\frac{d\varphi}{dx}$ 得

$$\tau_\rho = \frac{T\rho}{I_p} \tag{3-10}$$

式(3-10)即为圆轴扭转时，横截面上切应力的计算公式。式中：T 为横截面上的扭矩，ρ 为横截面上任意一点到圆心的距离，I_p 为横截面的极惯性矩。

切应力公式的推导是建立在平面假设基础之上的。试验结果表明：只有等截面圆轴，平面假设才是正确的，因此，式(3-10)只适用于等直圆杆。对于截面沿杆轴变化缓慢的圆杆，也可近似地应用。另外，圆轴上的最大切应力必须小于材料的剪切比例极限，因为推导该公式时应用了剪切胡克定律。

3.5.2 扭转变形

圆轴扭转变形是由横截面间的相对扭转角 φ 来度量的。由式(3-9)可知，扭转角沿轴线方向的变化率为

$$\frac{d\varphi}{dx} = \frac{T}{GI_p}$$

则相距为 dx 的两横截面的相对扭转角 $d\varphi$ 为

$$d\varphi = \frac{T}{GI_p}dx$$

沿轴线 x 积分，即可求得距离为 l 的两个横截面之间的相对扭转角

$$\varphi = \int_l \frac{T}{GI_p}dx$$

对于同一材料的等截面圆轴，当轴上扭矩为常数时，相对扭转角 φ 为

$$\varphi = \frac{Tl}{GI_p} \tag{3-11}$$

式(3-11)即为等直圆轴扭转变形的计算公式。式中：T 为截面上的扭矩，l 为两截面间的距离，G 为材料的剪切弹性模量，I_p 为横截面的极惯性矩。

由式(3-11)可看出，φ 与 T，l 成正比，与 GI_p 的乘积成反比。GI_p 反映了圆轴抵抗扭转变形的能力，故称之为抗扭刚度(torsional rigidity)。扭转角的单位为弧度(rad)。

若在长度 l 内，T,G,I_p 有变化，则需分段计算出各段的扭转角，然后按代数值相加，得两端截面的相对扭转角为

$$\varphi = \sum_{i=1}^{n} \frac{T_i l_i}{G_i I_{pi}} \tag{3-12}$$

由式(3-11)表示的扭转角与轴的长度 l 有关，为消除长度的影响，用 φ 对 x 的变化率 $\frac{d\varphi}{dx}$ 来表示扭转变形程度，并记为 θ，则

$$\theta = \frac{d\varphi}{dx} = \frac{T}{GI_p} \tag{3-13}$$

φ 的变化率 θ 是相距为单位长度的两截面的相对转角，称为单位长度的相对扭转角，单位为弧度/米，记为 rad/m。

例 3.2 一传动轴如图 3-13(a)所示。作用在主动轮 A 上的外力偶矩 $M_{eA} = 1\,700\ \text{N}\cdot\text{m}$，

作用在从动轮 B,C 上的外力偶矩分别为 $M_{eB}=1\,400\ \text{N}\cdot\text{m}$,$M_{eC}=300\ \text{N}\cdot\text{m}$,$BA$ 段和 AC 段的长度 $l=1.5\ \text{m}$,传动轴的直径 $d=50\ \text{mm}$,材料的剪切弹性模量 $G=80\ \text{GPa}$,试计算轴的最大切应力及 C 截面相对于 B 截面的扭转角。

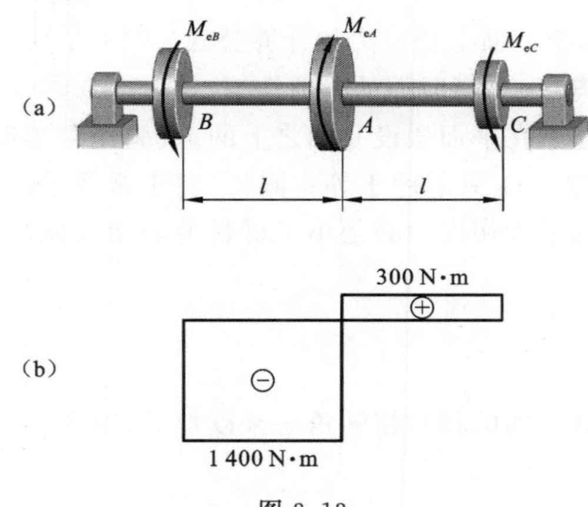

图 3-13

解 1) 计算扭矩。由截面法计算 BA、AC 两段的内力分别为

$$T_1=-1400\ \text{N}\cdot\text{m}\,,\quad T_2=300\ \text{N}\cdot\text{m}$$

扭矩图如图 3-13(b) 所示。由图可知,

$$|T|_{\max}=1\,400\ \text{N}\cdot\text{m}$$

2) 计算轴的最大切应力。因为最大扭矩发生在 BA 段内,故由式(3-10) 可知圆轴的最大切应力发生在 BA 段的表层,即 $\rho=\dfrac{d}{2}$ 处,其值为

$$\tau_{\max}=\frac{T_{\max}\cdot\dfrac{d}{2}}{I_p}=\frac{T_{\max}\cdot\dfrac{d}{2}}{\pi d^4/32}=\frac{16T_{\max}}{\pi d^3}=\frac{16\times 1\,400}{\pi\times 50^3\times 10^{-9}}=57\ \text{MPa}$$

3) 计算扭转角。由于 BA,AC 两段内的扭矩不同,因而需分段计算扭转角。由式(3-11) 可得

$$\varphi_{BA}=\frac{T_1 l}{GI_p}=\frac{-1\,400\times 1.5}{80\times 10^9\times\dfrac{\pi}{32}\times 50^4\times 10^{-12}}=-0.042\,8\ \text{rad}$$

$$\varphi_{AC}=\frac{T_2 l}{GI_p}=\frac{300\times 1.5}{80\times 10^9\times\dfrac{\pi}{32}\times 50^4\times 10^{-12}}=0.009\,2\ \text{rad}$$

那么,截面 C 相对于截面 B 的扭转角 φ_{BC} 就应为 φ_{BA} 和 φ_{AC} 的代数和,即

$$\varphi_{BC}=\varphi_{BA}+\varphi_{AC}=-0.042\,8+0.009\,2=-0.033\,6\ \text{rad}$$

3.6 圆轴扭转时的强度、刚度条件

1. 圆轴扭转时的破坏现象

为了研究圆轴扭转破坏的原因,首先讨论纯剪切(图 3-7(d)) 时任意斜截面上的应力。已

知任意斜截面BC的外法线n与x轴间的夹角为α(图3-14(a)、(b)),求该截面上的应力σ_α,τ_α。假想地沿BC截面将单元体分成两部分,并研究左侧部分ABC的平衡。设斜截面面积为$\mathrm{d}A$,则AB和AC两截面的面积分别为$\mathrm{d}A\cos\alpha$和$\mathrm{d}A\sin\alpha$。由其平衡条件可列出下列方程

$$\sum F_n = 0,\quad \sigma_\alpha \mathrm{d}A + (\tau \mathrm{d}A\cos\alpha)\sin\alpha + (\tau \mathrm{d}A\sin\alpha)\cos\alpha = 0$$

$$\sum F_t = 0,\quad \tau_\alpha \mathrm{d}A - (\tau \mathrm{d}A\cos\alpha)\cos\alpha + (\tau \mathrm{d}A\sin\alpha)\sin\alpha = 0$$

由此可得

$$\left.\begin{aligned} \sigma_\alpha &= -\tau\sin 2\alpha \\ \tau_\alpha &= \tau\cos 2\alpha \end{aligned}\right\} \tag{3-14}$$

式中:σ_α,τ_α以及α的符号,与式(2-2)中的规定相同。

由式(3-14)可知,斜截面的应力σ_α,τ_α随角度α而变化。当$\alpha = -45°$或$135°$时,

$$\sigma_{-45°} = \sigma_{135°} = \sigma_{\max} = \tau,\quad \tau_{-45°} = \tau_{135°} = 0$$

当$\alpha = 45°$或$-135°$时,

$$\tau_{45°} = \tau_{-135°} = -\tau,\quad \tau_{45°} = \tau_{-135°} = 0$$

当$a = 0°, 90°, 180°$或$270°$时,

$$\sigma = 0,\quad |\tau| = \tau_{\max} = \tau$$

以上所述各面上的应力情况如图3-14(c)所示。可见圆轴扭转时,其横截面上有最大的切应力,在与圆轴母线成45°的斜截面上有最大的正应力。

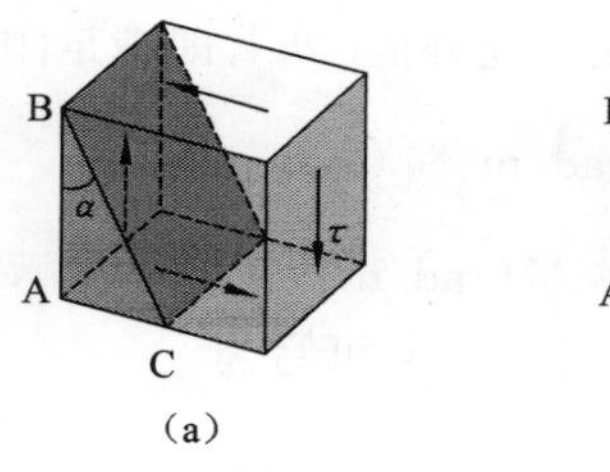

(a)

(b)

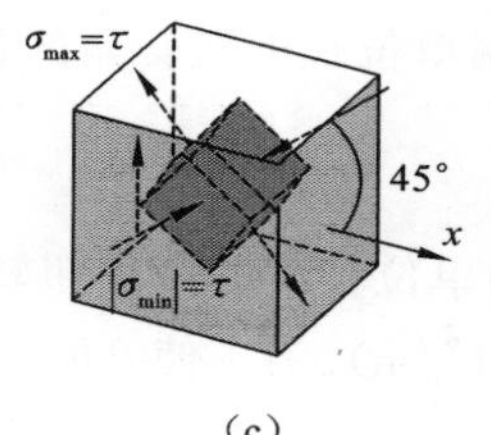

(c)

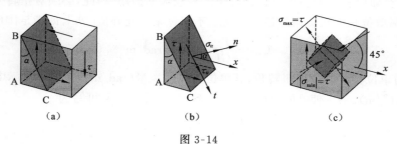

图3-14

由圆轴的扭转破坏试验看到,用塑性材料制成的试件,随着载荷的增加先发生屈服,然后产生较大的塑性变形,最后沿横截面发生破坏(图3-15(a))。这是因为横截面上有最大切应力,而材料的抗剪能力又低于其抗拉能力,因此被剪断。脆性材料制作的试件,在变形很小的情况下沿着与轴线约成45°角的螺旋面发生破坏(图3-15(b))。这是因为45°的斜面上有最大的拉应力存在,而脆性材料抗拉能力低于其抗剪能力,因此被拉断。

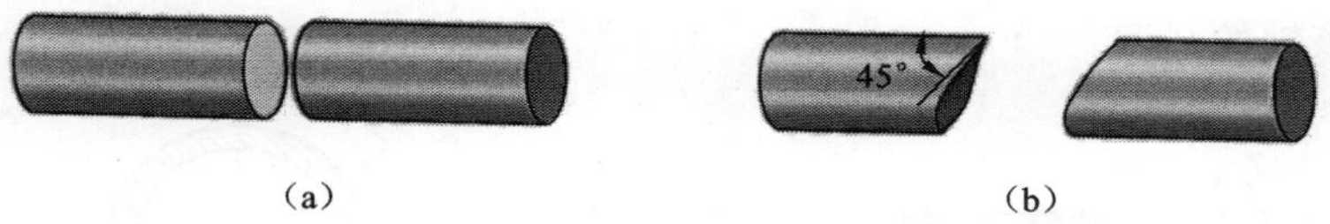

(a) (b)

图3-15

2. 强度条件

截面上的最大切应力发生在圆周上,即$\rho = R$(半径)处,方向与周边相切。故有

$$\tau_{\max} = \frac{TR}{I_p} = \frac{T}{I_p/R} = \frac{T}{W_t} \tag{3-15}$$

式中：W_t 为抗扭截面模量(section modulus in torsion)，它的量纲是长度的三次方，常用单位为 m^3 或 mm^3。实心圆截面的抗扭截面模量为

$$W_t = \frac{\pi d^4/32}{d/2} = \frac{\pi d^3}{16} \tag{3-16a}$$

空心圆截面(图 I-8(b))的抗扭截面模量为

$$W_t = \frac{\frac{\pi D^4}{32}(1-\alpha^4)}{\frac{D}{2}} = \frac{\pi D^4}{16}(1-\alpha^4) \tag{3-16b}$$

和轴向拉伸与压缩的强度计算一样，圆轴扭转时的强度要求仍然是：最大工作应力 $\tau_{\max}$ 不得超过材料的许用切应力$[\tau]$。对于等直杆，最大切应力发生在扭矩最大的截面上，则强度条件为

$$\tau_{\max} = \frac{T_{\max}}{W_t} \leqslant [\tau] \tag{3-17}$$

根据式(3-17)可对圆轴扭转进行强度校核，截面设计，或者确定许可载荷。

3. 刚度条件

杆件扭转时，有时即使满足了强度条件也不一定就能保证正常工作。例如机器中的轴，如果变形过大就会影响机器的精度或在运转中产生较大的振动。因此，必须对扭转变形加以适当限制，通常限制单位长度扭转角的最大值 $\theta_{\max}$ 不超过某一允许值$[\theta]$，即满足刚度条件

$$\theta_{\max} = \frac{T_{\max}}{GI_p} \leqslant [\theta] \text{ rad/m} \tag{3-18}$$

式中：$[\theta]$ 称为单位长度的许用扭转角，其单位为弧度 / 米(rad/m)。在工程实际中，$[\theta]$ 常用的单位是度 / 米(°/m)。为了使 θ 的单位与$[\theta]$一致，故刚度条件又可写为

$$\theta_{\max} = \frac{T_{\max}}{GI_p} \times \frac{180^\circ}{\pi} \leqslant [\theta] \,^\circ/\text{m} \tag{3-19}$$

$[\theta]$ 的数值，可根据载荷的性质及轴的工作条件等因素来确定，在有关手册中可查到。例如，精密仪器的轴：$[\theta] = (0.25 \sim 0.50)\,^\circ/\text{m}$；一般传动轴：$[\theta] = (0.5 \sim 1.0)\,^\circ/\text{m}$。

根据刚度条件式(3-19)同样可以对轴进行三类问题的计算，即校核刚度、设计截面或确定许可载荷。

例 3.3 汽车的主传动轴 AB 如图 3-16 所示，它传递的最大扭矩 $T = 2.0$ kN·m。传动轴用外径 $D = 90$ mm，壁厚 $t = 2.5$ mm 的钢管做成，材料为 20 号钢，其许用切应力$[\tau] = 70$ MPa。试校核轴的强度。

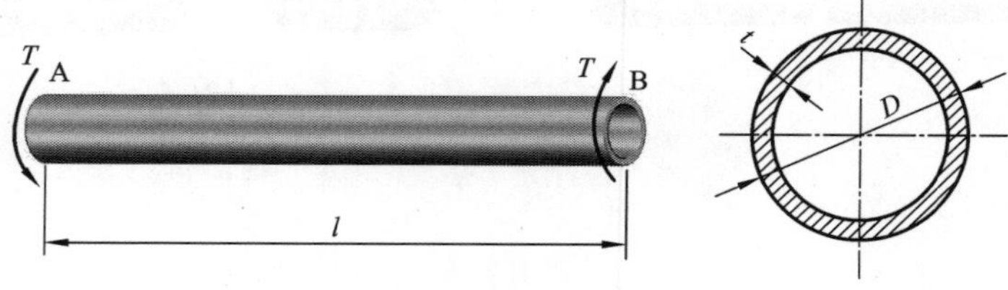

图 3-16

解 1）计算抗扭截面模量。

$$\alpha = \frac{d}{D} = \frac{90 - 2 \times 2.5}{90} = 0.944$$

由式(3-16b)得

$$W_t = \frac{\pi D^3}{16}(1 - \alpha^4) = \frac{\pi \times 90^3}{16}(1 - 0.944^4) = 29\,400\ \text{mm}^3$$

2）强度计算。由式(3-17)算出该轴的最大工作应力为

$$\tau_{\max} = \frac{T}{W_t} = \frac{2\,000}{29\,400 \times 10^{-9}} = 68\ \text{MPa} < [\tau]$$

计算结果表明，轴满足强度条件。

由于该轴$\frac{t}{R} = \frac{2.5}{43.75} \approx \frac{1}{18}$已属于薄壁圆筒的范围，因此也可用式(3-3)来计算扭转切应力，即

$$\tau_{\max} = \frac{T}{2\pi R^2 t} = \frac{2 \times 10^{12}}{2\pi \times 43.75^2 \times 2.5} = 66.52\ \text{MPa}$$

由此可见，薄壁筒受扭转时切应力的计算公式是相当精确的。

例 3.4 把例 3.3 中的汽车主传动轴改为实心轴，要求与原来空心轴的强度相同。试计算其直径，并比较实心轴与空心轴的重量。

解 1）计算实心轴的直径。

因为题意要求实心轴与例 3.3 中的空心轴强度相同，故有

$$\tau_{\max} = \frac{2\,000}{\frac{\pi}{16}d^3} = 68 \times 10^6$$

则

$$d = \sqrt[3]{\frac{2\,000 \times 16}{\pi \times 68 \times 10^6}} = 0.053\,1\ \text{m} = 53.1\ \text{mm}$$

2）计算实心轴与空心轴的重量比。

实心轴横截面积为

$$A_1 = \frac{\pi d^2}{4} = \frac{\pi \times 0.053\,1^2}{4} = 22.2 \times 10^{-4}\ \text{m}^2$$

例 3.3 中空心轴的横截面积为

$$A_2 = \frac{\pi}{4}(D^2 - d^2) = \frac{\pi}{4}(90^2 - 85^2) = 6.87 \times 10^{-4}\,\text{m}^2$$

若两轴材料相同且轴长相等时，两轴的重量之比等于它们的横截面面积之比，即

$$\frac{A_2}{A_1} = \frac{6.87}{22.2} = 0.31$$

可见在载荷相同的条件下，空心轴的重量只是实心轴的 31%。因此空心轴比实心轴节约材料，就是说在某些条件下，采用空心圆轴比实心圆轴合理。

为什么采用空心轴要比实心轴合理，不难从圆轴横截面上应力分布来说明。由于切应力在横截面上是线性分布的，圆心处为零，当圆周上有最大应力值时，中心部分的应力仍较小，材料并没有充分发挥作用。如果将这部分材料放置在离圆心比较远的地方，可明显地增大截面的极惯性矩I_p，这样，自然就提高了轴的承载能力。用空心轴代替实心轴不仅节约材料，还可减轻轴

的重量。当然,并不是说所有的轴都要做成空心,对一些直径较小的轴,如加工成空心轴,则因加工工序增加或加工困难,反而会增加成本,造成浪费。

例 3.5 例 3.1 中传动轴,若材料为 45 号钢,$G = 80\ \text{GPa}$,$[\tau] = 40\ \text{MPa}$,$[\theta] = 0.2\ °/\text{m}$。试设计轴的直径。

解 1) 根据强度条件设计直径。由例 3.1 计算可知,$T_{\max} = 700\ \text{N}\cdot\text{m}$。由强度条件

$$\tau_{\max} = \frac{T_{\max}}{W_{\text{t}}} = \frac{16T_{\max}}{\pi d^3} \leqslant [\tau]$$

得
$$d \geqslant \sqrt[3]{\frac{16T_{\max}}{\pi[\tau]}} = \sqrt[3]{\frac{16\times 700}{\pi\times 40\times 10^6}} = 0.044\,7\ \text{m} = 44.7\ \text{mm}$$

2) 根据刚度条件设计直径。由刚度条件

$$\theta_{\max} = \frac{T_{\max}}{GI_{\text{P}}}\times\frac{180}{\pi} = \frac{32T_{\max}}{G\pi d^4}\times\frac{180}{\pi} \leqslant [\theta]$$

则
$$d \geqslant \sqrt[4]{\frac{32T_{\max}\times 180}{G\pi^2[\theta]}} = \sqrt[4]{\frac{32\times 700\times 180}{80\times 10^9\times\pi^2\times 0.2}} = 0.071\ \text{m} = 71\ \text{mm}$$

根据以上结果,为了既满足强度条件又满足刚度条件,应选择该轴的直径 $d = 71\ \text{mm}$。由此可见该轴的设计是由刚度条件控制的。这种情况,在机床中是相当普遍的。

3.7 圆轴扭转时的应变能

3.7.1 剪切应变能

如图 3-17(a) 所示,等直圆轴仅在两端受外力偶矩 M_e 作用。由圆轴扭转试验可知,当切应力不超过材料的剪切比例极限时,轴两端截面的相对扭转角 φ 与外力偶矩 M_e 在加载过程中成正比关系,如图 3-17(b) 所示。外力偶矩 M_e 在扭转角 φ 上所作的功 W,应为斜直线下面的面积,即

$$W = \frac{1}{2}M_e\varphi$$

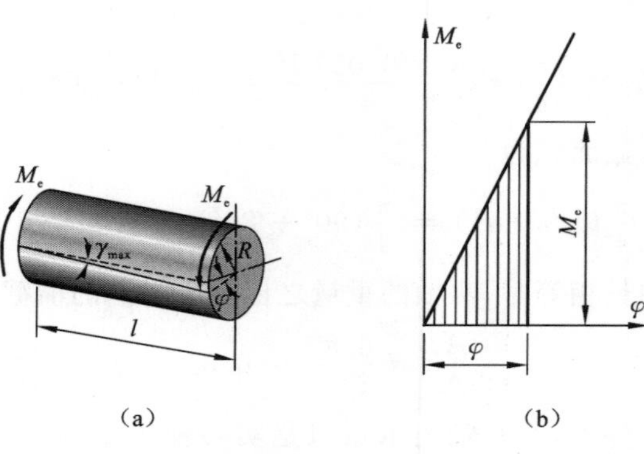

图 3-17

根据能量守恒,W 全部转变为剪切应变能 U,储存在圆轴内。因此有

$$U = W = \frac{1}{2}M_e\varphi \tag{1}$$

由截面法可求得圆轴横截面上的扭矩 $T = M_e$,故可将上式(1) 改写为

$$U = \frac{1}{2}T\varphi \tag{2}$$

将式(3-11) 代入上式(2),可得剪切应变能为

$$U = \frac{T^2 l}{2GI_p} \tag{3-20}$$

同轴向拉伸或压缩应变能的分析方法,单位体积内的剪切应变能 u 为

$$u = \frac{1}{2}\tau \cdot \gamma \tag{3-21a}$$

或

$$u = \frac{\tau^2}{2G} \tag{3-21b}$$

3.7.2 密圈螺旋弹簧的应力和变形

螺旋弹簧在各种类型的机器和控制机构中有重要的作用,因而被广泛地采用。例如发动机的气门弹簧用来控制机械运动,车辆的轮轴上装有吸收振动和缓冲的弹簧,弹簧秤中的弹簧可用以测量力的大小等。弹簧的种类很多,本节只讨论圆柱形密圈螺旋弹簧,如图 3-18(a) 所示。所谓密圈是指螺旋角 α 较小(一般小于 5°)。圆柱形密圈螺旋弹簧簧杆的主要变形是扭转。

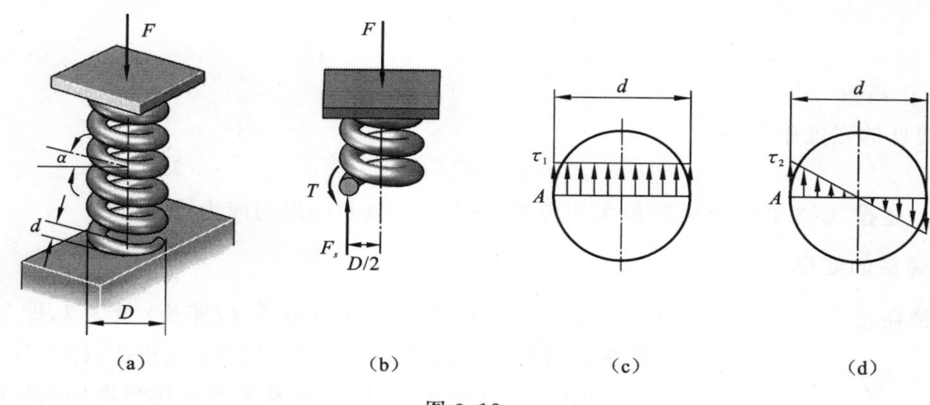

图 3-18

1. 弹簧杆横截面上的应力

图 3-18(a) 所示的弹簧,设沿其轴线受压力 F 的作用,簧圈的平均直径为 D,簧杆的直径为 d。为了分析弹簧杆的内力,假想地将弹簧杆沿任一横截面切开成两部分,并取上面部分作为研究对象(图 3-18(b))。在螺旋角较小的情况下,可以近似地认为弹簧杆横截面与弹簧的轴线在同一平面内。即压力 F 与弹簧杆横截面在同一平面内。为保持上面部分的平衡,要求横截面上有一个与横截面相切的内力系。这个内力系简化为一个通过截面形心的力 F_s 和一个力偶矩 T。由平衡条件得

$$F_s = F, \quad T = \frac{FD}{2} \tag{1}$$

剪力 F_s 在横截面上引起的切应力记为 τ_1,假定其在横截面上是均匀分布的(图 3-19(c)),可按下式计算

$$\tau_1 = \frac{F_s}{A} = \frac{4F}{\pi d^2} \tag{2}$$

扭矩 T 在横截面上引起的切应力记为 τ_2。当 $d \ll D$ 时，弹簧杆的曲率可忽略不计，可近似地认为与圆直杆的扭转切应力相同(图 3-18(d))。其最大切应力为

$$\tau_{2\max} = \frac{T}{W_t} = \frac{8FD}{\pi d^3} \tag{3}$$

在弹簧杆横截面上任一点处的总应力为剪切和扭转两种切应力的矢量和。在横截面靠近轴线的内侧点 A 处，τ_1 和 $\tau_{2\max}$ 的方向相同，总应力达到最大值，其值为

$$\tau_{\max} = \tau_1 + \tau_{2\max} = \frac{4F}{\pi d^2} + \frac{8FD}{\pi d^3} = \frac{8FD}{\pi d^3}\left(\frac{d}{2D} + 1\right) \tag{4}$$

式中括号内的第一项代表剪切的影响，当 $D/d \geqslant 10$ 时，$d/2D$ 与 1 相比可以忽略，即可忽略剪切的影响，则上式可简化为

$$\tau_{\max} = \frac{T}{W_t} = \frac{8FD}{\pi d^3} \tag{3-22}$$

在以上分析中，如果考虑弹簧曲率和 τ_1 并非均匀分布等因素后，式(3-22) 的修正公式如下

$$\tau_{\max} = \left(\frac{4C-1}{4C-4} + \frac{0.615}{C}\right)\frac{8FD}{\pi d^3} = k\,\frac{8FD}{\pi d^3} \tag{3-23}$$

式中：

$$C = \frac{D}{d}, \quad k = \frac{4C-1}{4C-4} + \frac{0.615}{C} \tag{5}$$

k 称为修正系数。

弹簧杆的强度条件是

$$\tau_{\max} \leqslant [\tau] \tag{3-24}$$

式中：$\tau_{\max}$ 是按式(3-23) 求出的最大切应力，$[\tau]$ 是材料的许用切应力。

2. 弹簧的变形

弹簧在轴向压力(或拉力)F 作用下，产生轴线方向的总缩短(或伸长) 量为 λ，即为弹簧的变形。在弹性范围内，试验表明，压力 F 与变形 λ 成正比，即 F 与 λ 的关系是一斜直线，如图 3-19 所示。当压力 F 从零开始缓慢增加到终值 F 时，压力 F 所作的功等于上述斜直线下的阴影面积，即

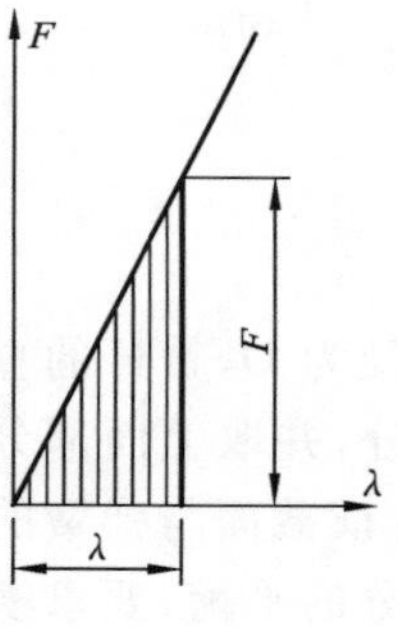

图 3-19

$$W = \frac{1}{2}F\lambda \tag{6}$$

另一方面，可以计算在压力的作用下，储存在弹簧内的应变能。设弹簧的圈数为 n，则簧杆的总长度 $l = n\pi D$。忽略簧杆曲率的影响时，可将簧杆视为等直圆轴，于是由式(3-13) 可得弹簧内所储存的应变能为

$$U = \frac{T^2 l}{2GI_p} = \frac{(FD/2)^2 n\pi D}{2G\pi d^4/32} = \frac{4nF^2D^3}{Gd^4} \tag{7}$$

在变形的过程中，如不计算能量损失，由压力 F 所作的功 W 等于储存在弹簧内的应变能，即 $W = U$ 故有

$$\frac{1}{2}F\lambda = \frac{4nF^2D^3}{Gd^4} \tag{8}$$

由此得弹簧变形公式为

$$\lambda = \frac{8FD^3n}{Gd^4} \tag{3-25}$$

或
$$\lambda = \frac{F}{Gd^4/(8D^3n)} = \frac{F}{K} \tag{3-26}$$

式中 $K = Gd^4/(8D^3n)$，它表示使弹簧产生单位长度轴向变形所需要的力，其值越大，λ 就越小，故称为弹簧刚度。

在工程实际中，一般要求缓冲弹簧具有足够的承载能力和较大的变形。由式(3-22)、式(3-25)可见，使簧杆直径 d 尽可能小一些就可获得较大的变形，但相应的 τ_{max} 数值就增高。这就要求弹簧材料有较高的$[\tau]$，一般采用弹簧钢或合金钢。

例 3.6 某柴油机的气门弹簧，簧圈的平均直径 $D = 120$ mm，弹簧杆的直径 $d = 15$ mm，弹簧的圈数 $n = 5$，弹簧工作时总压缩变形 $\lambda = 55$ mm。材料的$[\tau] = 350$ MPa，$G = 80$ GPa，试校核弹簧的强度。

解 1) 求弹簧所受的压力 F。由式(3-25)可计算出弹簧所受的压力 F 为

$$F = \frac{\lambda Gd^4}{8D^3n} = \frac{55 \times 10^{-3} \times 80 \times 10^9 \times (15 \times 10^{-3})^4}{8 \times (120 \times 10^{-3})^3 \times 5} = 3\ 223\ \text{N}$$

2) 计算修正系数 k。由于

$$C = \frac{D}{d} = \frac{120}{15} = 8$$

故
$$k = \frac{4C-1}{4C-4} + \frac{0.615}{C} = \frac{4 \times 8 - 1}{4 \times 8 - 4} + \frac{0.615}{8} = 1.18$$

3) 校核弹簧的强度。由式(3-23)可得

$$\tau_{max} = k\frac{8FD}{\pi d^3} = 1.18 \times \frac{8 \times 3\ 223 \times 120 \times 10^{-3}}{\pi \times (15 \times 10^{-3})^3} = 344.5\ \text{MPa} < [\tau]$$

弹簧满足强度要求。

3.8 非圆截面杆扭转的概念

圆截面杆扭转时的切应力及扭转角等计算公式，是建立在平面假设基础之上的。试验表明，对于非圆截面杆的扭转，横截面不再保持为一平面，因而，以上公式均不能适用于非圆截面杆。工程实际中，有些受扭构件的截面并非圆形。例如农业机械中有些传动轴采用方轴，车床光杆有时也采用矩形截面。对于这类受扭构件的应力和变形的计算问题，弹性力学有详细地研究。在这里仅介绍有关概念及弹性力学的结果，现以矩形截面杆为例来说明。

取一矩形截面杆，在其表面画上垂直于杆轴线的横向周界线和平行于杆轴线的纵向线，如图 3-20(a) 所示。扭转变形后可以看见，横向周界线变成了空间曲线，如图 3-20(b) 所示。这说明变形后杆的横截面不再保持为平面，而变成曲面，这种现象称为翘曲(warping)。

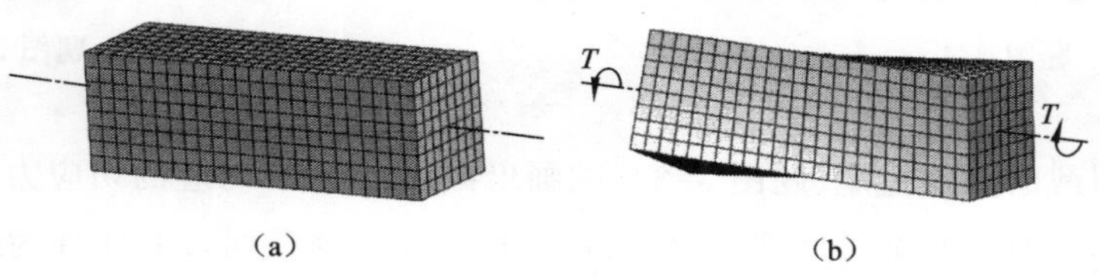

(a) (b)

图 3-20

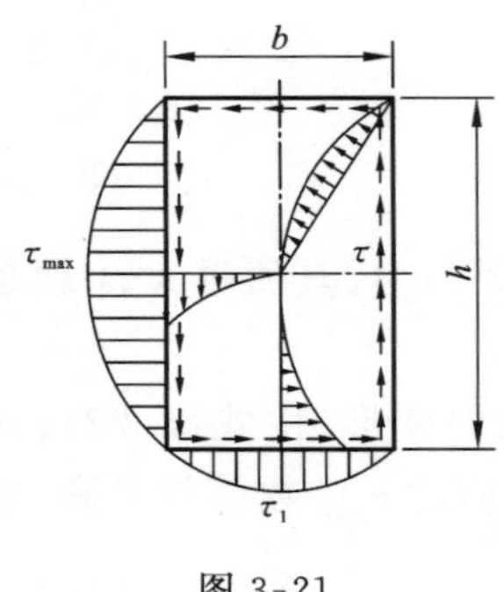

图 3-21

弹性力学的研究结果表明，矩形截面杆扭转时横截面上切应力的分布如图 3-21 所示。边缘各点上的切应力形成与边界相切的环流。整个横截面上的最大切应力发生在矩形长边的中点，其计算公式为

$$\tau_{\max} = \frac{T}{\alpha h b^2} \tag{3-27}$$

式中：α 是一个与比值 h/b 有关的系数，其值列入表 3-1 中。短边中点的切应力是短边上的最大切应力，用 τ_1 表示，其计算公式为

$$\tau_1 = \eta \tau_{\max} \tag{3-28}$$

杆件两端相对扭转角 φ 的计算公式为

$$\varphi = \frac{Tl}{G\beta b^3 h} = \frac{Tl}{GI_t} \tag{3-29}$$

式中：$I_t = \beta b^3 h$ 称为相当极惯性矩，GI_t 称为抗扭刚度。β，γ 都是与比值 h/b 有关的系数，已列入表 3-1 中。

表 3-1　矩形截面杆扭转的系数 α，β，η

h/b	1.0	1.2	1.5	2.0	2.5	3.0	4.0	6.0	8.0	10.0	∞
β	0.208	0.219	0.231	0.246	0.258	0.267	0.282	0.299	0.307	0.313	0.333
β	0.141	0.166	0.196	0.229	0.249	0.263	0.281	0.299	0.307	0.313	0.333
η	1.000	0.930	0.858	0.796	0.767	0.753	0.745	0.743	0.743	0.743	0.743

习　题

3-1　传动轴如题图 3-1 所示，齿轮 B 输入的功率 $P_{KB} = 10.5$ kW，齿轮 A、C 输出的功率分别为 $P_{KA} = 4$ kW、$P_{KC} = 6.5$ kW。轴的转速 $n = 680$ r/min，试画出轴的扭矩图。

3-2　钢制圆轴上作用有 4 个外力偶(题图 3-2)，其矩为 $M_{e1} = 0.2$ kN·m，$M_{e2} = 0.2$ kN·m，$M_{e3} = 0.6$ kN·m，$M_{e4} = 1$ kN·m。

(1) 试画轴的扭矩图。

(2) 若 M_{e4} 和 M_{e3} 的作用位置互换，扭矩图有何变化？

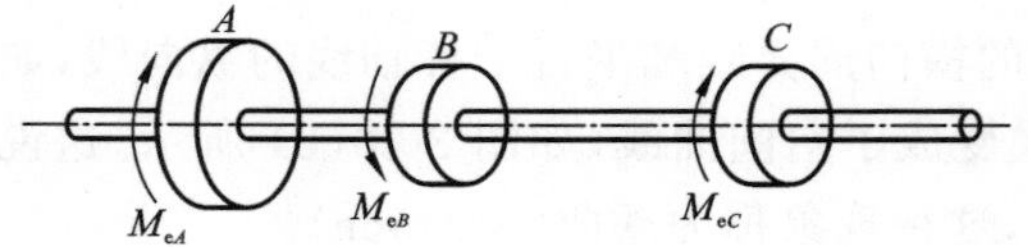

题图 3-1

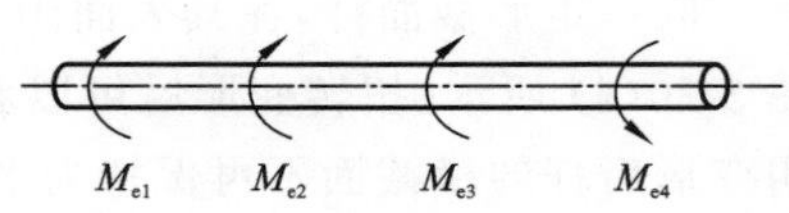

题图 3-2

3-3　T 为圆截面上的扭矩(题图 3-3)，试画出截面上与 T 对应的切应力分布。

3-4　题图 3-4 所示圆轴受力偶矩 M_e 的作用，A-A 为横截面，I-I，II-II 为通过轴线的两个纵向截面。试沿半径 O-I，O-II 画出在纵向截面和横向截面上切应力分布图。

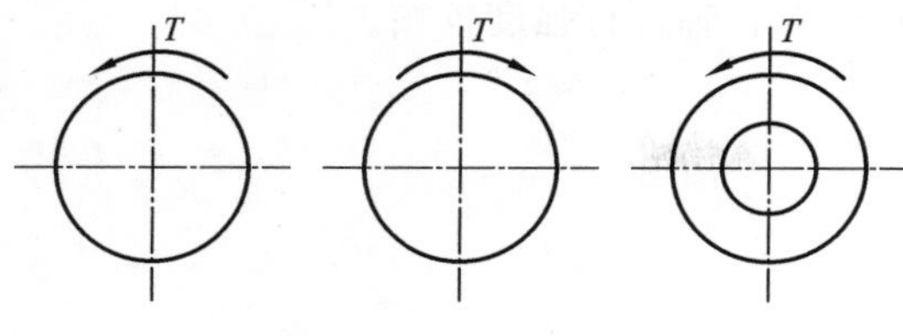

题图 3-3

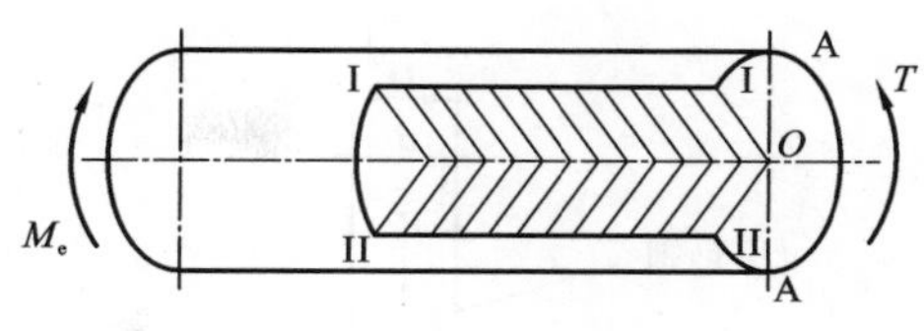

题图 3-4

3-5 如题图 3-5 所示，一传动轴的转速，$n = 200$ r/min，轴上装有5个轮子，主动轮2输入的功率为 60 kW，从动轮 1,3,4,5 依次分别输出 18 kW，12 kW，22 kW 和 8 kW。试作该轴的扭矩图。

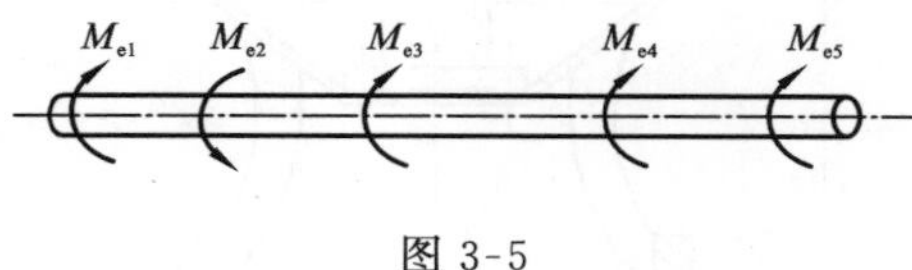

图 3-5

3-6 一轴 AB 传递的功率 $P = 7.5$ kW，转速 $n = 360$ r/min。轴的 AC 段为实心圆截面，CB 段为空心圆截面，如题图 3-6 所示，已知 $D = 30$ mm，$d = 20$ mm。试计算 AC 段横截面边缘处的切应力，以及 CB 段横截面上的内、外边缘处的切应力。

3-7 直径 $d = 5$ cm 的圆轴，受到扭矩 $T = 2.15$ kN·m 的作用。试求在距离轴心 1 cm 处的切应力，并求轴截面上的最大切应力。

3-8 如题图 3-7 所示，实心轴的直径 $d = 100$ mm，$l = 1$ m，其两端所受外力偶矩 $M_e = 14$ kN·m，材料的剪切弹性模量 $G = 80$ GPa。求：

(1) 最大切应力及两端截面间的相对扭转角；

(2) 图示截面 A、B、C 三点处切应力的大小和方向。

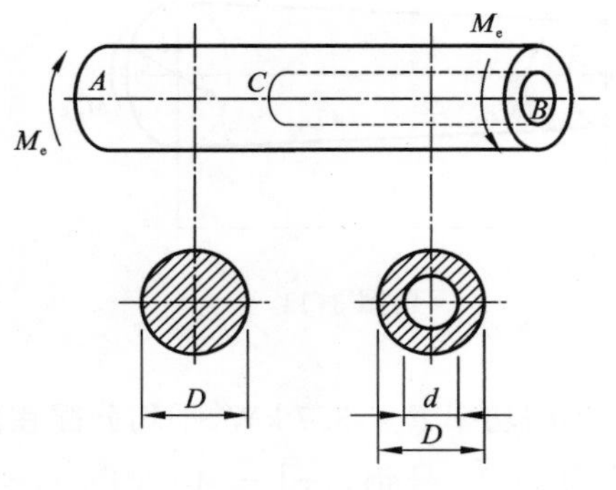

题图 3-6

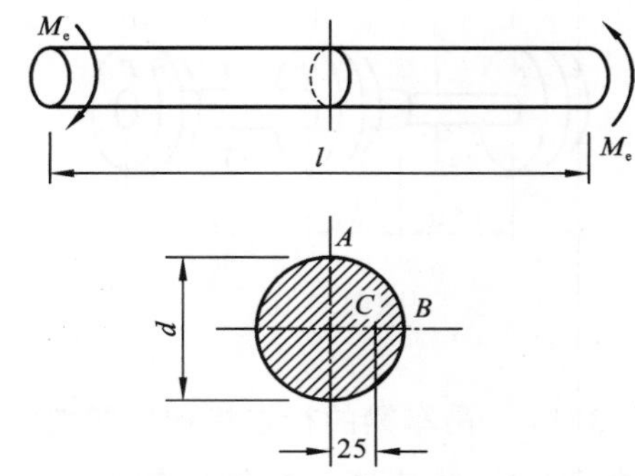

题图 3-7

3-9 发电量为 15 000 kW 的水轮机主轴如题图 3-8 所示。$D = 55$ cm，$d = 30$ cm，正常转速 $n = 250$ r/min。材料的许用切应力$[\tau] = 50$ MPa。试校该水轮机主轴的强度。

3-10 直径 $d = 25$ mm 钢圆杆，受轴向拉力 60 kN 作用时，在标距为 200 mm 的长度内伸长了 0.113 mm，当它受到一对矩为 0.2 kN·m 的外力偶矩作用而扭转时，在标距为 200 mm 的长度内扭转了 0.732°。试求钢材的弹性常数 E,G 和 ν 值。

3-11 题图 3-9 所示 AB 轴的转速 $n = 120$ r/min，从 B 轮输入功率 $P = 60$ 马力，此功率的一半通过锥形齿轮传给垂直轴 C，另一半由水平轴 H 输出，已知 $D_1 = 60$ cm，$D_2 = 24$ cm，

$d_1 = 10\ \text{cm}, d_2 = 8\ \text{cm}, d_3 = 6\ \text{cm}, [\tau] = 20\ \text{MPa}$。试对各轴进行强度校核。

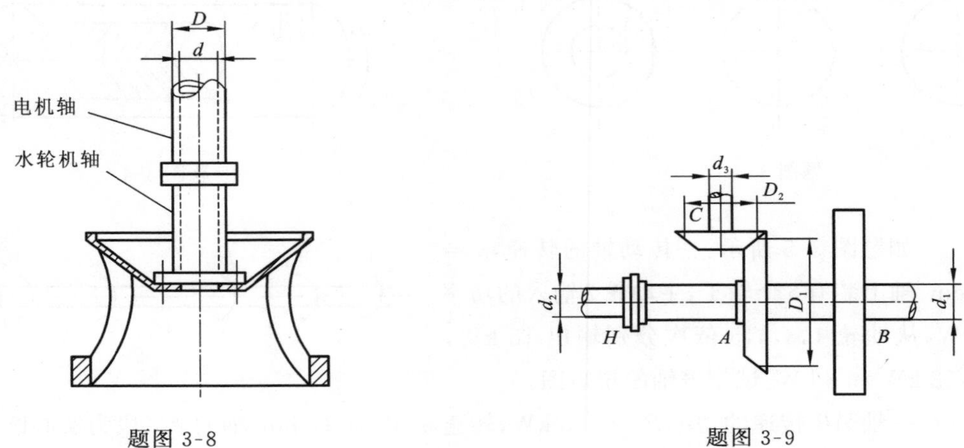

题图 3-8　　题图 3-9

3-12　阶梯形圆轴直径分别为 $d_1 = 4\ \text{cm}, d_2 = 7\ \text{cm}$，轴上装有 3 个皮带轮，如题图 3-10 所示，已知由轮 III 输入的功率 $P_3 = 30\ \text{kW}$，轮 I 输出的功率 $P_1 = 13\ \text{kW}$，轴作匀速转动，转速 $n = 200\ \text{r/min}$，材料的许用切应力 $[\tau] = 60\ \text{MPa}, G = 80\ \text{GPa}$，单位长度许用扭转角 $[\theta] = 2\ ^\circ/\text{m}$。试校核轴的强度和刚度。

3-13　全长为 l，两端直径分别为 d_1, d_2 的圆锥形杆，在其两端各受一矩为 M_e 的集中力偶作用，如题图 3-11 所示。试求杆的总扭转角。

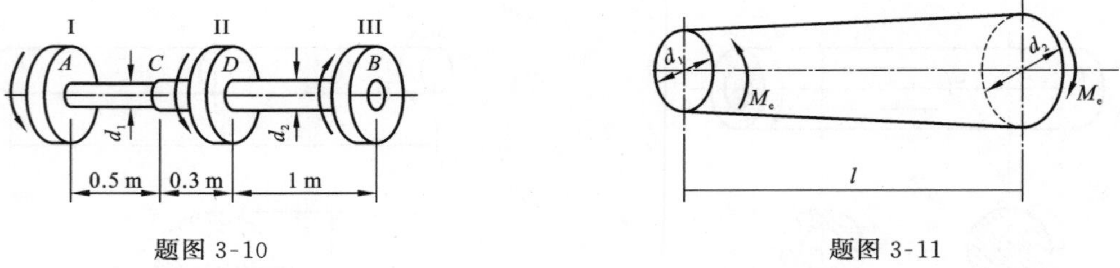

题图 3-10　　题图 3-11

3-14　吊车梁的行走机构如题图 3-12 所示。已知电机的功率 $P = 3.7\ \text{kW}$，平均分配在两轮轴 CD 上，经减速后轮轴的转速 $n = 32.6\ \text{r/min}$。轴为 Q235 号钢，$[\tau] = 40\ \text{MPa}, G = 80\ \text{GPa}, [\theta] = 1\ ^\circ/\text{m}$。试选择传动轴 CD 的直径。

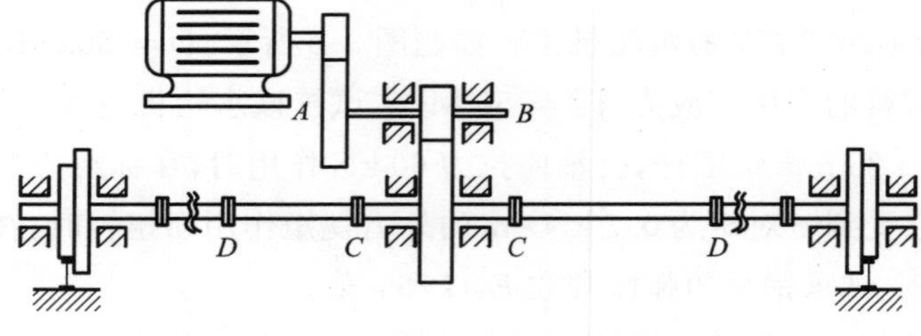

题图 3-12

3-15 题图3-13所示绞车同时由两个人操作，如果每人加在手柄上的力都是$F=200\ \text{N}$，已知轴许用切应力$[\tau]=40\ \text{MPa}$，试按强度条件初步估算AB轴的直径，并确定最大起重量W。

3-16 机床变速箱第II轴如题图3-14所示，轴所传递的功率为$P_K=5.5\ \text{kW}$，转速$n=200\ \text{r/min}$，材料为Q235号钢，$[\tau]=40\ \text{MPa}$，试按强度条件初步设计轴的直径。

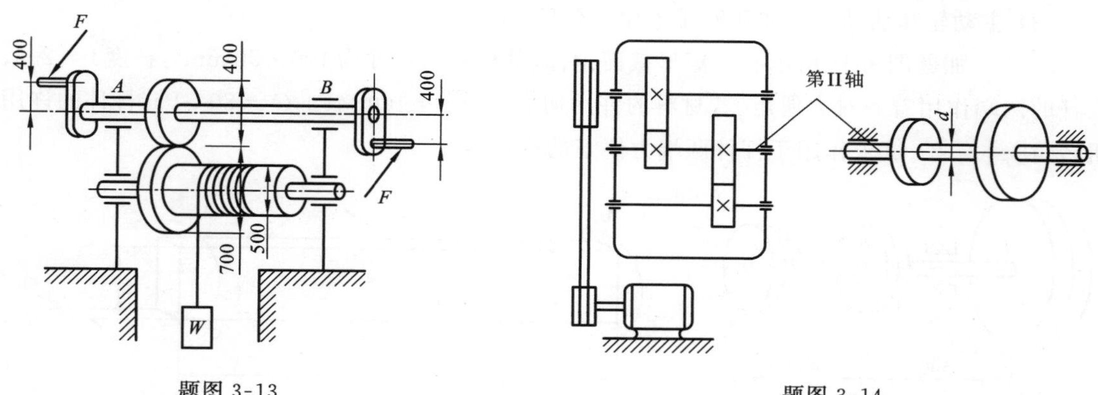

题图 3-13 题图 3-14

3-17 如题图3-15所示，实心轴和空心轴通过牙嵌式离合器连接在一起。已知轴的转速$n=100\ \text{r/min}$，传递的功率$P_K=7.5\ \text{kW}$，材料的许用切应力$[\tau]=40\ \text{MPa}$。试选择实心轴直径d_1和内外径比值为1/2的空心轴外径D_2。

3-18 如题图3-16所示，圆截面杆AB左端固定，承受一集度为q_T的均布力偶矩作用。试导出计算截面B的扭转角公式。

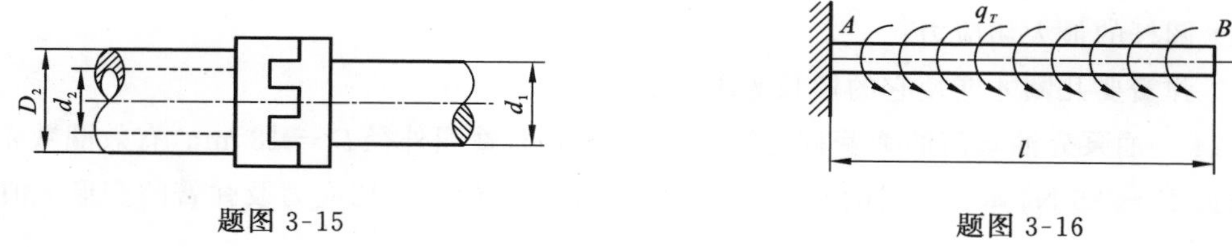

题图 3-15 题图 3-16

3-19 桥式起重机如题图3-17所示，若传动轴传递的力矩为$M_e=1.08\ \text{kN}\cdot\text{m}$，材料的许用切应力$[\tau]=40\ \text{MPa}$，$G=80\ \text{GPa}$，同时规定$[\theta]=0.5\ ^\circ/\text{m}$。试设计轴的直径。

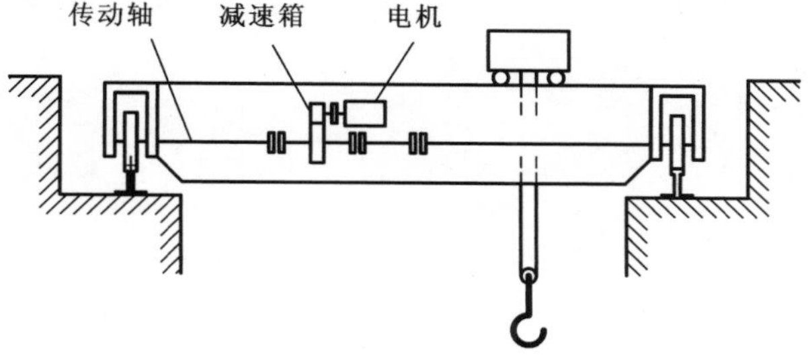

题图 3-17

3-20 如题图 3-18 所示，传动轴的转速为 $n = 500$ r/min，主动轮 A 输入功率 $P_A = 500$ PS，从动轮 B，C 分别输出功率 $P_B = 200$ PS，$P_C = 300$ PS。已知$[\tau] = 70$ MPa，$[\theta] = 1$ °/m，$G =$ 80 GPa。

(1) 确定 AB 直径 d_1 和 BC 直径 d_2；

(2) 若 AB 和 BC 选用同一直径，试确定直径 d；

(3) 主动轮和从动轮应如何安排才比较合理。

3-21 如题图 3-19 所示有一矩形截面钢杆，其横截面尺寸为 100×50 mm²，长度 $l = 2$ m，在杆的两端作用着一对力偶矩。若材料的许用切应力$[\tau] = 100$ MPa，$G = 80$ GPa，杆件的许用扭转角$[\varphi] = 2°$。试求作用于杆件两端力偶矩的许可值。

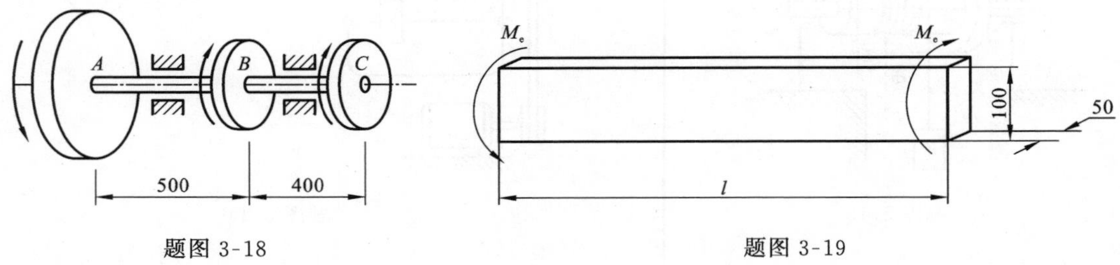

题图 3-18　　题图 3-19

3-22 圆柱形密圈螺旋弹簧的平均直径 $D = 300$ mm，簧杆直径 $d = 30$ mm，有效圈数 $n = 10$，受力前弹簧的自由长度为 400 mm，材料的$[\tau] = 140$ MPa，$G = 82$ GPa。试确定弹簧所能承受的压力(注意弹簧可能的压缩量)。

3-23 圆柱形密圈螺旋弹簧，簧杆直径 $d = 18$ mm，弹簧平均直径 $D = 125$ mm，弹簧材料 $G = 80$ GPa。如弹簧所受拉力 $F = 500$ N，试求：

(1) 圆杆的最大切应力；

(2) 弹簧要几圈才能使它的伸长等于 6 mm。

3-24 油泵分油阀门的弹簧杆直径 $d = 2.25$ mm，簧圈外径 $D = 18$ mm，有效圈数 $n = 8$，轴向压力 $F = 89$ N，弹簧材料的 $G = 82$ GPa。试求弹簧的最大切应力及弹簧的变形 λ 值。

第4章 弯曲内力

4.1 平面弯曲的概念

在工程实际中，存在大量的受弯构件。例如，火车轮轴（图 4-1(a)）和桥式吊车的大梁（图 4-1(b)）均为受弯构件的实例。当杆件上作用有垂直于轴线的外力（通常称为横向力），或作用有位于轴线所在平面内的力偶时，杆的轴线将由直线变为曲线。以轴线变弯为主要特征的变形形式称为弯曲（bending）。以弯曲变形为主要变形的杆件称为梁（beam）。弯曲变形也是杆件的基本变形之一。

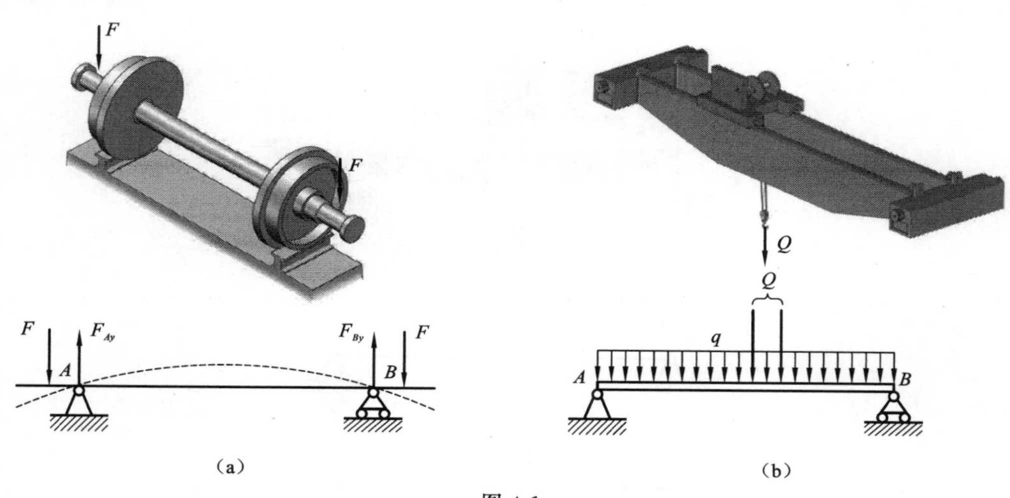

图 4-1

绝大多数受弯杆件的横截面都具有纵向对称轴，如图 4-2(a) 中的点划线。因而，杆件具有纵向对称面（图 4-2(b) 中的阴影面），杆的轴线包含在对称面内。当所有外力（或者外力的合力）作用于纵向对称面内时，杆件的轴线在对称面内弯曲成一条平面曲线，这种变形称为平面弯曲（plane bending）。图 4-1 所示的火车轮轴、吊车大梁都是平面弯曲的实例。

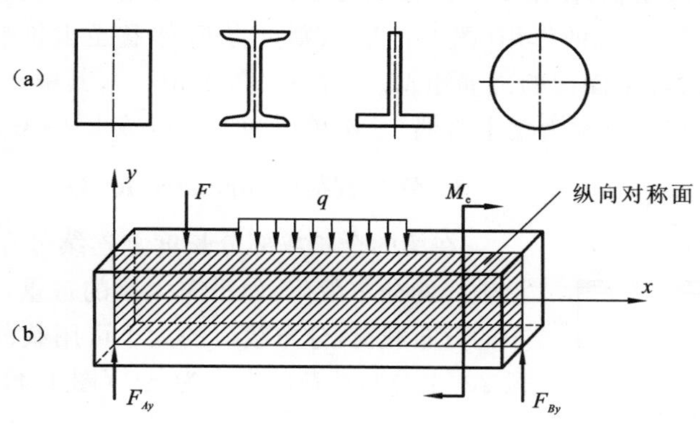

图 4-2

4.2　梁的计算简图

各种机械和结构中受弯杆件的载荷和约束是比较复杂的。进行强度、刚度计算时，必须抓住其本质因素，对构件简化，得出计算简图。下面分别讨论梁上载荷和支座的简化。

4.2.1　载荷的简化

梁上的载荷通常可以简化为以下 3 种形式：

1. 集中力(concentrated force/load)

如上面提到的火车轮轴上的 F(图 4-1(a)) 和吊车大梁的 Q(图 4-1(b)) 等，它们的分布范围远小于轴线或大梁的长度，因此可以简化为集中力。集中力的常用单位为牛顿(N) 或千牛顿(kN)。

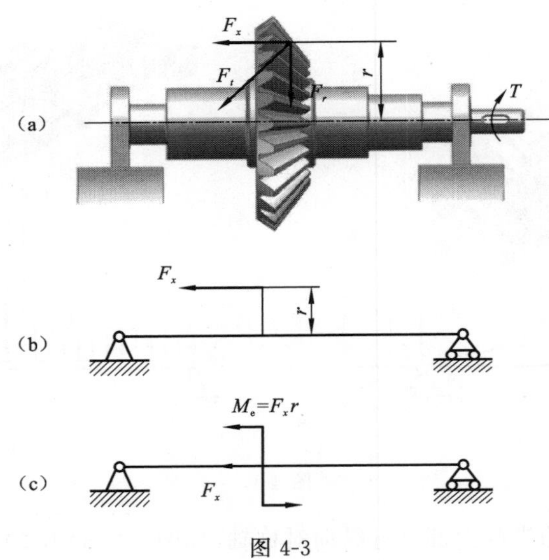

图 4-3

2. 集中力偶(concentrated moment)

如图 4-3 所示的齿轮轴，作用于斜齿轮上的啮合力可以分解为切向力 F_t、径向力 F_r 和轴向力 F_x。如果只研究 F_x 对轴的作用(图 4-3(b))，则可将 F_x 平移至齿轮中心，简化为一个轴向力 F_x 和一个在圆轴对称平面内的力偶矩 $M_e = F_x r$ (图 4-3(c))，其中 r 为斜齿轮上啮合点到圆轴轴线间的垂直距离，M_e 称为集中力偶，常用单位为 N·m 或 kN·m。

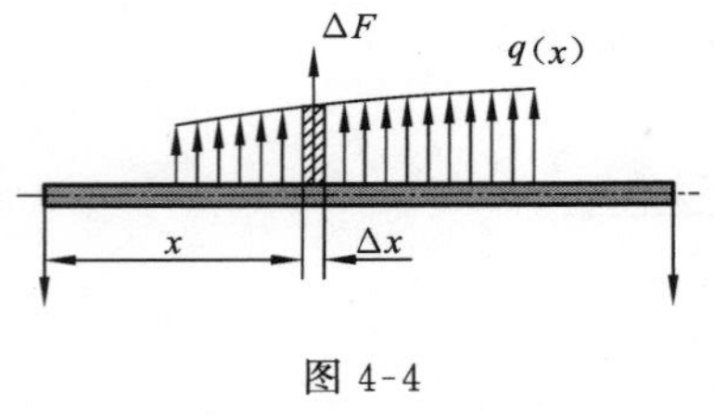

图 4-4

3. 分布载荷(distributed load)

在梁的全长或部分长度上连续分布的横向力，可简化为沿轴线的分布载荷。如吊车大梁的自重(图 4-1(b)) 为均匀分布的分布载荷，分布载荷的大小可用载荷集度 q 来表示。设梁段 Δx 上分布载荷的合力为 ΔF (图 4-4)，则载荷集度

$$q = \lim_{\Delta x \to 0} \frac{\Delta F}{\Delta x} \tag{4-1}$$

q 的常用单位为 N/m 或 kN/m。

4.2.2 支座的简化

根据工程结构中的约束情况，梁的支座可简化为以下 3 种基本形式：

1. 固定铰支座（fixed support of pin joint）

图 4-5(a) 所示的汽车叠板弹簧，其右端只能产生绕销轴 B 的转动，而不能产生沿任何方向的线位移，这种约束可以简化为固定铰支座，相应的支座约束力可用两个分力表示，例如沿梁轴的约束力 F_{Bx} 和垂直于梁轴的约束力 F_{By}，如图 4-5(b) 所示。

2. 可动铰支座（roller support of pin joint）

叠板弹簧的左端除了可以绕销轴 A 转动外，还可产生水平方向的微小位移。因此，可以简化为可动铰支座，它只产生铅垂方向的约束力 F_{Ay}，如图 4-5(b) 所示。

3. 固定端（clamped support or fixed end）

图 4-6(a) 所示的工件左端被卡盘夹紧，在切削力作用下，左端截面既不能发生转动，也不能产生任何方向的线位移，这样的约束可以简化为固定端，它的约束力除 F_{Ax}，F_{Ay} 外，还有阻止转动的约束力偶 M_A，如图 4-6(b) 所示。

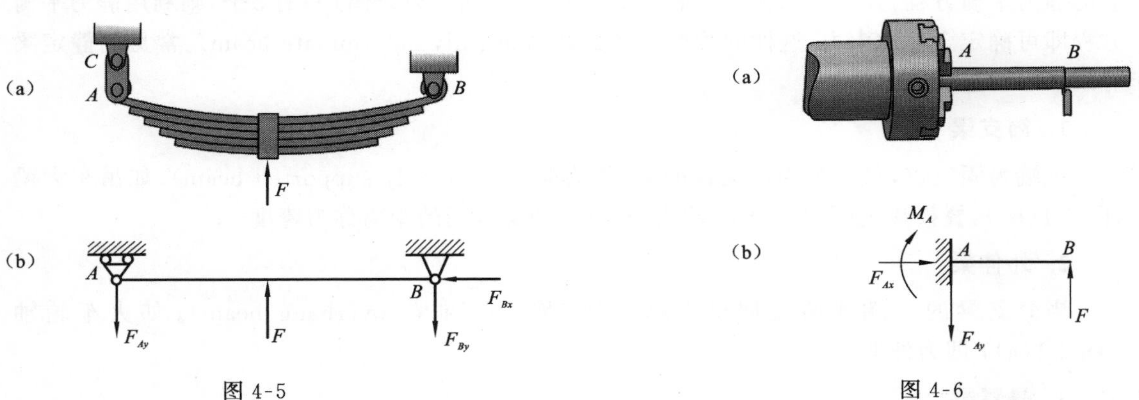

图 4-5　　　　图 4-6

这里必须指出，理想的“自由转动”和“绝对固定”实际上是不存在的。如叠板弹簧与销轴之间就存在着摩擦力，只是由于它产生的阻止端面转动的力偶很小，把它忽略了。

在工程实际中还有一些支座的简化并非如此典型。例如，图 4-7(a) 所示的齿轮轴，其两端支承于轴承上，当轴在传动力作用下发生变形时，左右端面将发生微小偏转。由于轴承本身存在着间隙，不能阻止这种微小偏转，因而，可以简化为铰支座。左端的向心推力轴承能约束轴的径向和轴向位移，可简化为固定铰支座，而右端的滚柱轴承只能约束径向位移，则简

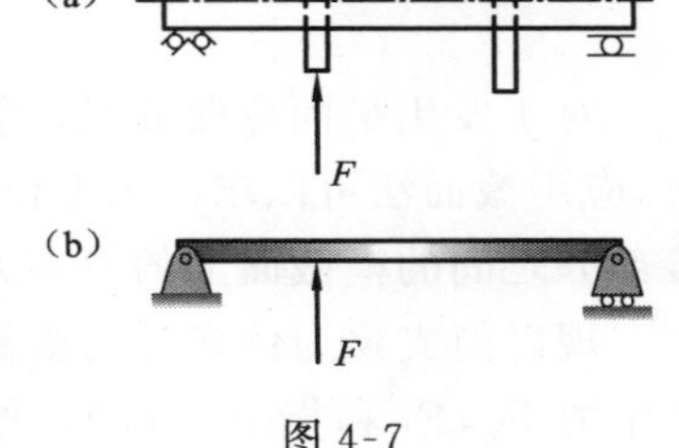

图 4-7

化为可动铰支座（图 4-7(b)）。还有一些梁，支座的简化是从整体的约束情况来分析的。如图 4-1(a) 所示的火车轮轴，它的两端均支承在铁轨上。若车轮凸缘与铁轨内侧接触时，铁轨能限制轮轴沿轴线及其垂直方向的位移，而不能阻止车轴截面的转动。因此铁轨对轮轴的约束可简化为固定铰，而另一端则简化为可动铰，这样的计算简图能与实际工况等效。

3 种支座形式的简图及其在平面内的约束力如图 4-8 所示。

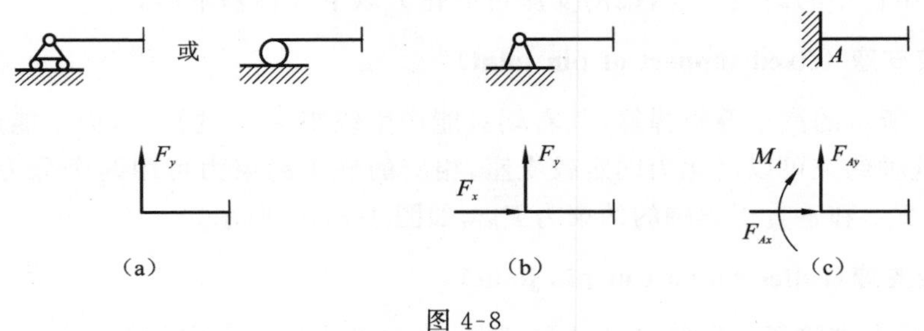

图 4-8

4.2.3　静定梁的基本形式

经过对载荷及支座的简化，并以梁的轴线表示梁，可以得出梁的计算简图。图 4-1(a)、(b) 中分别画出了火车轮轴和吊车大梁的计算简图。

梁作平面弯曲时，所有作用于纵向对称面内的外力为一平面平衡力系，因而可建立 3 个独立的静力平衡方程。如果作用在梁上的支座约束力（包括约束力偶）只有 3 个，则利用静力平衡方程即可确定全部约束力，这样的梁称为静定梁(statically determinate beam)。常见的静定梁有以下 3 种形式：

1. 简支梁

一端为固定铰，另一端为可动铰的梁，称为简支梁(simply supported beam)。如吊车大梁（图 4-1(b)），叠板弹簧（图 4-5(b)）均为简支梁。两支座间的距离称为跨度。

2. 外伸梁

当简支梁的一端或两端伸出支座之外，称为外伸梁(overhang beam)。如火车轮轴（图 4-1(a)）即为外伸梁。

3. 悬臂梁

一端固定、另一端自由的梁称为悬臂梁(cantilever beam)。被车削的工件（图 4-6(b)）为悬臂梁。

4.3　剪力和弯矩

对于发生平面弯曲的梁，当作用在梁上的所有外力（包括载荷和支座的约束力）均已知时，应用截面法可以求出梁上任一横截面上所承受的力和力偶的大小以及方向，这种梁内相连接部分之间的横截面上的力和力偶称为弯曲内力，分别用符号 F_s 和 M 表示。

现以简支梁为例来说明横截面上内力的计算方法和步骤。图 4-9(a) 所示的简支梁，承受集中力 F_1，F_2 和集中力偶 M_e 作用，求 m-m 截面上的内力。首先根据整梁的静力平衡方程，确定支座的约束力 F_{Ay} 和 F_{By}。然后按截面法，采用假想的平面在 m-m 截面处将梁截开分为两

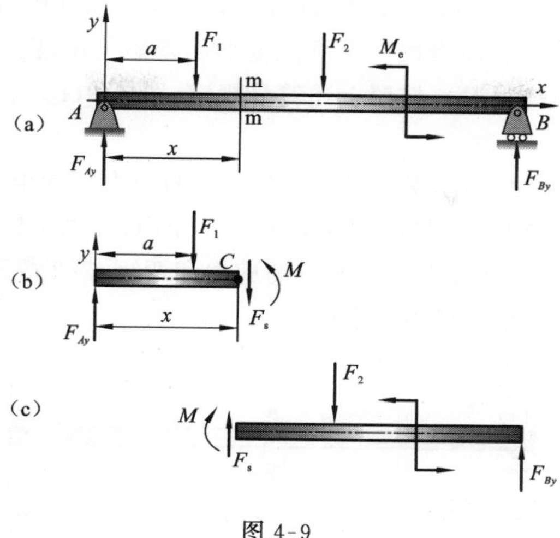

图 4-9

段。在截开的横截面上，必须加上两段间相互作用的内力 F_s 和 M。它们是大小相等、方向(或转向) 相反的两对内力(图 4-9(b)、(c))。由于受弯杆件上的外力均垂直于轴线，因此，m-m 截面上的轴向力为零。

由于原 AB 梁处于平衡状态，所以截开后的左右两段仍应保持平衡。现以左段梁为研究对象。在该段梁上，作用有内力 F_s、M 和外力 F_1 和 F_{Ay}(图 4-9(b))。将这些内力和外力在 y 轴上投影，其代数和应为零，即 $\sum F_y = 0$，由此得

$$F_{Ay} - F_1 - F_s = 0$$

$$F_s = F_{Ay} - F_1 \tag{1}$$

若将左段梁上的所有外力和内力对 m-m 截面的形心取矩，其代数和应为零，即 $\sum M_C = 0$，由此得

$$M + F_1(x - a) - F_{Ay} \cdot x = 0$$

$$M = F_{Ay} \cdot x - F_1(x - a) \tag{2}$$

由(1)、(2) 两式可求得截面 m-m 上的内力 F_s 和 M。内力 F_s 与横截面相切，是梁横截面上切向分布内力的合力，称为 m-m 面上的剪力(shearing force)；内力 M 位于梁的对称面内，是梁横截面上的法向分布内力合成的一个拉力及一个压力组成的一个力偶矩，称为 m-m 面上的弯矩(bending moment)。

若取右段梁为研究对象(图 4-9(c))，利用平衡方程所求得截面 m-m 上的剪力 F_s 和弯矩 M，根据作用与反作用力原理，在数值上与左段梁求得的结果相同，但方向相反。

为了使截面左右两段梁上所求得的剪力和弯矩不但数值相等，而且符号也相同，必须联系变形现象来规定它们的符号。为此，在截面 m-m 两侧取出 dx 微段，在剪力和弯矩作用下的变形如图 4-10 所示。剪力的符号规定：使 dx

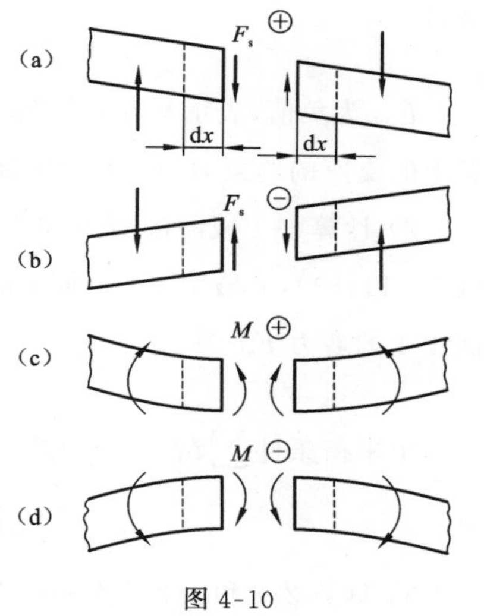

图 4-10

微段产生左端向上而右端向下剪切变形的剪力，规定为正(图 4-10(a))，反之为负(图 4-10(b))。弯矩的符号规定：使 dx 微段产生下凸变形的弯矩为正(图 4-10(c))，使 dx 微段产生上凸变形的弯矩为负(图 4-10(d))。按照上述符号规定，图 4-9(b)、(c) 中的剪力 F_s 和弯矩 M 均为正值。

下面举例说明如何用截面法计算梁在指定截面上的剪力和弯矩。

例 4.1 图 4-11 所示外伸梁，自由端受集中力 F 作用，在固定铰支座 A 截面处，受集中力偶 $M_e = Fl$ 作用。试计算 1-1，2-2，3-3 横截面的剪力和弯矩。2-2 截面无限接近于 A 端面，3-3 截面无限接近于 D 端面，如图 4-11(a) 所示。

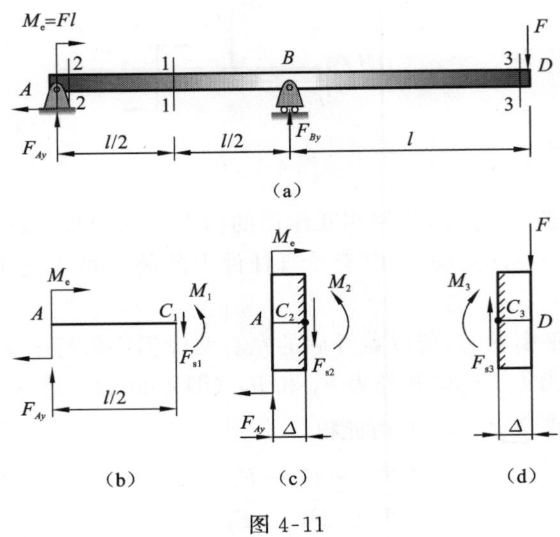

图 4-11

解 1) 计算支座的约束力，由平衡方程：

$$\sum M_A = 0,\quad F_{By}\cdot l - F\cdot 2l - M_e = 0$$

$$\sum M_B = 0,\quad F_{Ay}\cdot l + M_e + F\cdot l = 0$$

求得

$$F_{Ay} = -2F,\quad F_{By} = 3F$$

F_{Ay} 为负值，表示其方向与图示方向相反，而 F_{By} 为正值，其方向与图示方向相同。经验算，梁上的支座的约束力与外载荷能满足 $\sum F_y = 0$ 的平衡条件，故计算结果是正确的。

2) 计算 1-1 截面的剪力和弯矩。在截面 1-1 处将梁假想地截开，选择左段为研究对象(图 4-11(b))，并假定 1-1 截面上的剪力 F_{s1} 和弯矩 M_1 均为正。由平衡条件 $\sum F_y = 0$，求得截面 1-1 的剪力 F_{s1} 为

$$F_{s1} = F_{Ay} = -2F$$

由平衡条件 $\sum M_{C_1} = 0$ (C_1 为 1-1 截面的形心)，求得截面 1-1 的弯矩 M_1 为

$$M_1 = M_e + F_{Ay}\times\frac{l}{2} = 0$$

3) 计算 2-2 和 3-3 截面的剪力和弯矩。在截面 2-2 处将梁假想地截开，选择左段为研究对

象(图 4-11(c)),由平衡条件$\sum F_y=0$,求得截面 2-2 的剪力 F_{s2} 为

$$F_{s2}=F_{Ay}=-2F$$

由平衡方程$\sum M_{C_2}=0$ (C_2 为截面 2-2 的形心),当$\Delta\to 0$时,求得截面 2-2 的弯矩 M_2 为

$$M_2=M_e+F_{Ay}\times\Delta=Fl$$

同理,假想地截开截面 3-3 后,选择右段作研究对象(图 4-11(d))。由平衡条$\sum F_y=0$和$\sum M_{C_3}=0$(C_3 为截面 3-3 的形心),当$\Delta\to 0$时,求得 3-3 截面上的剪力 F_{s3} 和弯矩 M_3 为

$$F_{s3}=F,\quad M_3=-F\times\Delta=0$$

上例是利用截面左段梁或右段梁的静力平衡方程来求解剪力和弯矩的。因为梁段要保持平衡,截面上的剪力 F_s 和弯矩 M 必须与左段梁(图 4-11(b)、(c))或右段梁(图 4-11(d))上所有外力和外力偶保持平衡。由此,可以得到下列两个规律:

(1) 横截面上的剪力,在数值上等于该截面左侧(或右侧)梁上所有外力在轴线垂直方向投影的代数和;

(2) 横截面上的弯矩,在数值上等于该截面左侧(或右侧)梁上所有外力对截面形心取矩的代数和。

采用上述规律确定截面内力时,外力方向与内力符号存在如下关系:

(1) 确定剪力时,截面左侧梁段上向上的外力,或右侧梁段上向下的外力(即"左上右下"的外力),引起正的剪力,反之,引起负的剪力;

(2) 确定弯矩时,截面左侧梁段上外力对截面形心取矩为顺时针转向的,或右侧梁段上外力对截面形心取矩为逆时针转向的力矩(即"左顺右逆"的力矩),引起正的弯矩,反之,引起负的弯矩。

下面举例说明。

例 4.2 图 4-12 所示简支梁 AB,承受线性分布载荷,最大载荷集度 q_0,试求 C 截面的剪力和弯矩。

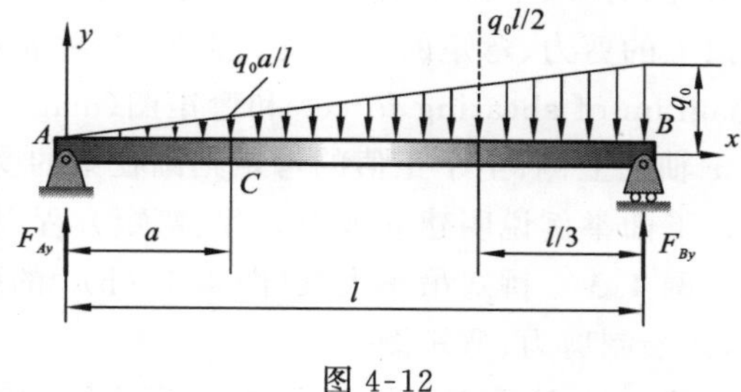

图 4-12

解 1) 计算支座的约束力。在计算支座的约束力 F_{Ay} 和 F_{By} 时,梁上载荷可用其合力来代替。合力的大小为 $q_0l/2$,方向向下,作用线离支点 B 的距离为 $l/3$,如图 4-12 中的虚线表示,根据平衡方程:

$$\sum M_A=0,\quad F_{By}\cdot l-\frac{q_0l}{2}\times\frac{2l}{3}=0$$

$$\sum M_B=0,\quad F_{Ay}\cdot l-\frac{q_0l}{2}\times\frac{l}{3}=0$$

求得

$$F_{Ay}=\frac{q_0l}{6},\quad F_{By}=\frac{q_0l}{3}\tag{1}$$

它们的方向如图所示,经验算满足$\sum F_y=0$的平衡条件,故所求支座的约束力是正确的。

2) 计算 C 截面的剪力和弯矩。C 截面上的内力可以直接利用左侧梁段 AC 上的外力来确

定。由于在 C 点处梁上的载荷集度为$\frac{q_0 a}{l}$，故在 AC 梁段上分布载荷的合力为

$$\frac{1}{2}\cdot\frac{q_0 a}{l}\cdot a=\frac{q_0 a^2}{2l} \tag{2}$$

其作用线到 C 截面的距离为 $a/3$，方向向下，它使 C 截面引起负的剪力和负的弯矩。而左侧梁段上向上的支座的约束力 F_{Ay}，使 C 截面引起正的剪力和正的弯矩。因此，利用式(1)、式(2)，得到 C 截面上的剪力 F_{sC} 与弯矩 M_C 分别为

$$F_{sC}=F_{Ay}-\frac{q_0 a^2}{2l}=\frac{q_0}{6l}(l^2-3a^2)$$

$$M_C=F_{Ay}\cdot a-\frac{q_0 a^2}{2l}\cdot\frac{a}{3}=\frac{q_0 a}{6l}(l^2-a^2)$$

如果根据 C 截面右侧梁段上的所有外力来计算，也会获得相同的结果。

4.4 剪力、弯矩方程和剪力、弯矩图

由上节的分析可知，梁在外力作用下，各个截面上的剪力和弯矩一般是不相等的。若以横坐标 x 表示横截面沿梁轴线的位置，则剪力 F_s 和弯矩 M 可以表示为坐标 x 的函数，即

$$F_s=F_s(x),\quad M=M(x)$$

它们分别称为梁的剪力方程(equation of shearing force)和弯矩方程(equation of bending moment)。方程中的 x 轴一般以梁的左端为坐标原点。有时为了方便，也可将坐标原点取在梁的右端。

与绘制轴力图或扭矩图一样，可用图线表明梁的各截面上剪力和弯矩沿梁轴线的变化情况。作图时，取平行于梁轴线的直线为横坐标 x 轴，x 值表示各截面的位置；以纵坐标表示相应截面上的剪力、弯矩的大小及其正负，这种表示梁在各截面上剪力和弯矩的图形，称为剪力图(diagram of shearing force)和弯矩图(diagram of bending moment)。绘图时将正值的剪力画在 x 轴的上侧；至于正值的弯矩则画在梁的受拉侧，也就是画在 x 轴下侧。

下面举例说明建立剪力方程、弯矩方程以及绘制剪力图、弯矩图的方法。

例 4.3 桥式吊车大梁(图 4-13(b))的跨度为 l，试建立自重作用下大梁的剪力、弯矩方程，并绘制剪力、弯矩图。

解 1) 计算支座的约束力。吊车大梁的计算简图如图 4-13(a)所示。由于简支梁上的载荷对于跨度中央截面是对称的，所以 A，B 两端的支座的约束力应相等，即

$$F_{Ay}=F_{By}=ql/2 \tag{1}$$

方向如图 4-13(a) 所示。

2) 建立剪力、弯矩方程。以梁左端 A 为 x 轴的坐标原点，取坐标为 x 的任意横截面的左侧梁段为研究对象。设截面上的剪力 $F_s(x)$ 和弯矩 $M(x)$ 皆为正，如图 4-13(b) 所示。由平衡方程：

$$\sum F_y=0,\quad F_{Ay}-qx-F_s(x)=0$$

$$\sum M_C=0,\quad M(x)-F_{Ay}\cdot x+q\cdot\frac{x^2}{2}=0$$

将式(1) 代入上面两式，解得

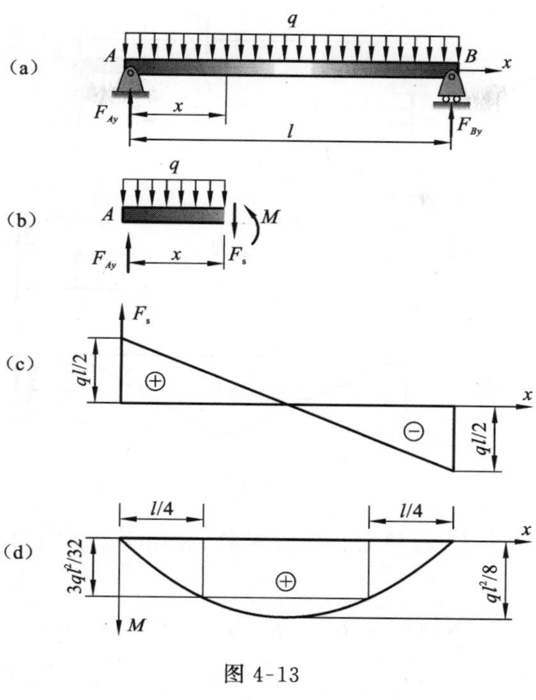

图 4-13

$$F_s(x) = \frac{ql}{2} - qx \quad (0 < x < l) \tag{2}$$

$$M(x) = \frac{ql}{2}x - \frac{q}{2}x^2 \quad (0 \leqslant x \leqslant l) \tag{3}$$

式(2)、式(3) 分别为梁的剪力方程和弯矩方程。

3) 绘制剪力图、弯矩图。由式(2) 可知，剪力图为一直线。只需算出任意两个截面的剪力值，如 A、B 两截面的剪力，即可作出剪力图，如图 4-13(c) 所示。

由式(3) 可知，弯矩图为一抛物线，需要算出多个截面的弯矩值，才能作出曲线。例如，计算下列 5 个截面的弯矩值：当 $x = 0, l$ 时，$M = 0$；当 $x = \frac{l}{4}, \frac{3l}{4}$ 时，$M = \frac{3ql^2}{32}$；当 $x = \frac{l}{2}$ 时，$M = \frac{ql^2}{8}$。由此作出的弯矩图，如图 4-13(d) 所示。

由剪力图和弯矩图可知，在靠近 A，B 支座的横截面上剪力的绝对值最大，其值为

$$|F_s|_{max} = \frac{ql}{2}$$

在梁的中央截面上，剪力 $F_s = 0$，弯矩为最大，其值为

$$M_{max} = \frac{ql^2}{8}$$

在本例中，以某一梁段为研究对象，由平衡条件推出剪力方程和弯矩方程。这是建立剪力方程和弯矩方程的基本方法。在熟练掌握这一方法之后，可采用上节中介绍的两个规律，根据截面某一侧梁上的外力直接列出梁的剪力、弯矩方程。

例 4.4　简支梁 AB 承受集中力 F 作用，如图 4-14(a) 所示。试列出剪力方程和弯矩方程，并绘制剪力图和弯矩图。

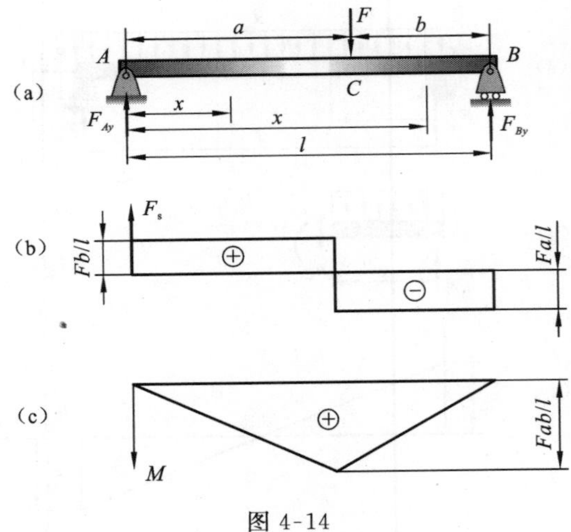

图 4-14

解 1）计算支座的约束力。以整梁为研究对象，利用平衡条件计算支座的约束力。由平衡方程

$$\sum M_A = 0,\quad F_{By} \cdot l - F \cdot a = 0$$

$$\sum M_B = 0,\quad F_{Ay} \cdot l - F \cdot b = 0$$

求得

$$F_{Ay} = \frac{Fb}{l},\quad F_{By} = \frac{Fa}{l}$$

方向如图 4-14(a) 所示。

2）建立剪力、弯矩方程。由于梁在C截面上作用集中力F，在建立剪力方程和弯矩方程时，必须分为AC，CB两段来考虑。

在AC段内，距A点x处取一横截面，其左侧梁段上向上的支座的约束力F_{Ay}引起正值剪力和正值弯矩，则AC段上的剪力方程和弯矩方程分别为

$$F_{s1}(x) = F_{Ay} = \frac{Fb}{l}\quad (0 < x < a) \tag{1}$$

$$M_1(x) = F_{Ay} \cdot x = \frac{Fb}{l}x\quad (0 \leqslant x \leqslant a) \tag{2}$$

在CB段内，距A端x处取一横截面，其左侧梁段上除F_{Ay}之外，还有向下的集中力F。F将引起负值剪力和负值弯矩，因此，任一截面上的剪力方程和弯矩方程分别为

$$F_{s2}(x) = F_{Ay} - F = \frac{Fb}{l} - F = -\frac{Fa}{l}\quad (a < x < l) \tag{3}$$

$$M_2(x) = F_{Ay} \cdot x - F(x-a) = \frac{Fa}{l}(l-x)\quad (a \leqslant x \leqslant l) \tag{4}$$

实际上，在列CB段的内力方程时，选用右侧梁段更为简便。

3）绘制剪力、弯矩图。由式(1)、式(3)可知，AC、CB两段上剪力分别为常数，故剪力图为两条平行于x轴的直线，如图 4-14(b) 所示，由式(2)、式(4)可知，弯矩方程均为线性函数，故弯矩图为两条斜直线，如图 4-14(c) 所示。由内力图可知，当$a > b$的情况下，绝对值最大的剪

力在 CB 段上，其值为 $|F_s|_{max}=\frac{Fa}{l}$。最大弯矩在集中力作用点处，其值为 $M_{max}=\frac{Fab}{l}$。在该截面处，剪力图上有突变，其突变量等于集中力的数值。

例 4.5　图 4-15 所示悬臂梁，承受集度为 q 的均匀载荷与矩为 $M_e=qa^2$ 的集中力偶作用。试建立梁的剪力与弯矩方程，并画剪力与弯矩图。

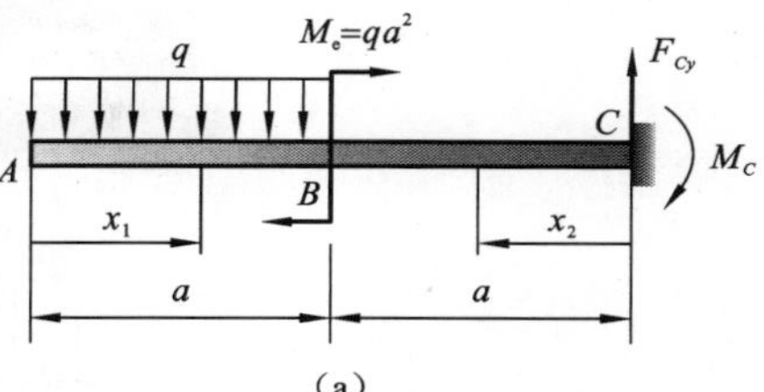

(a)

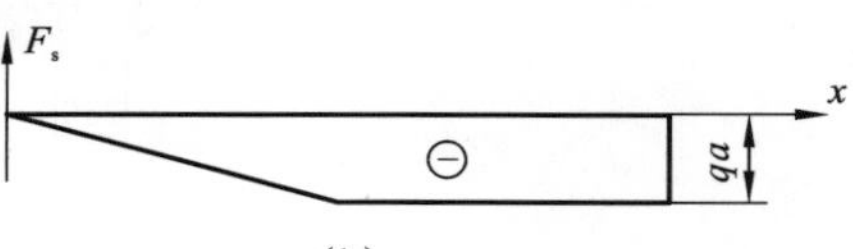

(b)

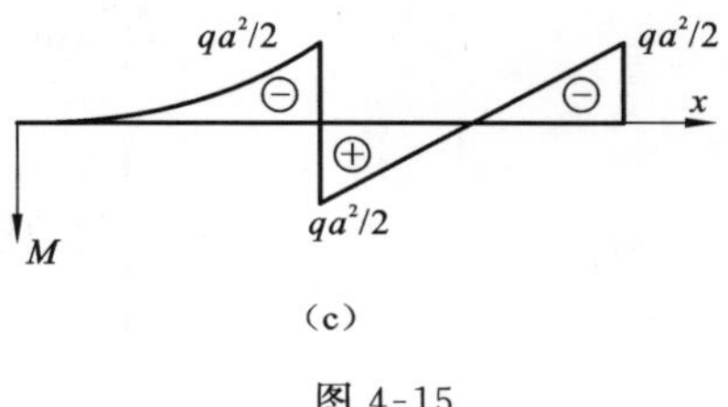

(c)

图 4-15

解　1) 计算支座的约束力。设固定端 C 处的支座的约束力与约束力偶分别为 F_{Cy} 与 M_C，则由平衡方程 $\sum F_y=0$ 与 $\sum M_C=0$ 得

$$F_{Cy}=qa,\quad M_C=\frac{qa^2}{2}$$

方向如图 4-15(a) 所示。

2) 建立剪力、弯矩方程。以截面 B 为分界面，将梁划分为 AB 与 BC 两段，并选坐标 x_1 与 x_2 如图所示。可以看出：AB 段的剪力与弯矩方程分别为

$$F_{s1}=-qx_1\quad(0\leqslant x_1\leqslant a)\tag{1}$$

$$M_1=-\frac{qx_1^2}{2}\quad(0\leqslant x_1<a)\tag{2}$$

而 BC 段的剪力与弯矩方程分别为

$$F_{s2}=-qa\quad(0<x_2\leqslant a)\tag{3}$$

$$M_2=qax_2-\frac{qa^2}{2}\quad(0<x_2<a)\tag{4}$$

3) 绘制剪力、弯矩图。根据式(1) 与式(3) 画剪力图如图 4-15(b) 所示；根据式(2) 与式(4) 画弯矩图如图 4-15(c) 所示。

由剪力与弯矩图可以看出，在集中力偶作用处，其左右两侧横截面的剪力相同，而弯矩则发生突变，突变量等于该力偶之矩。

例 4.6　图 4-16(a) 为薄板轧机的示意图。下轧辊的尺寸如图 4-16(b) 所示，轧制力约为 10^4 kN。根据设计要求，轧辊工作时的弯曲变形是很小的，故假设轧制力在轧辊的工作段上是均匀分布的。试作下轧辊的剪力图与弯矩图。

解　1) 载荷的简化和支座的约束力计算。下轧辊的计算简图如图 4-16(c) 所示。由于轧制力均匀分布在 0.8 m 的长度内，故载荷集度 q 为

$$q=\frac{10^4}{0.8}=12.5\times10^3\ \text{kN/m}$$

由于轧辊上载荷对称，所以两端的支座的约束力相等，其值为

$$F_{Ay}=F_{By}=\frac{10^4}{2}=5\times10^3\ \text{kN}$$

方向向上。

2) 建立剪力、弯矩方程。根据轧辊上的载荷情况，必须分为 AC，CD，DB 三段分别列出剪力方程和弯矩方程。设坐标轴 x 以支座A 为原点(图 4-16(c))。三段内的剪力方程、弯矩方程为

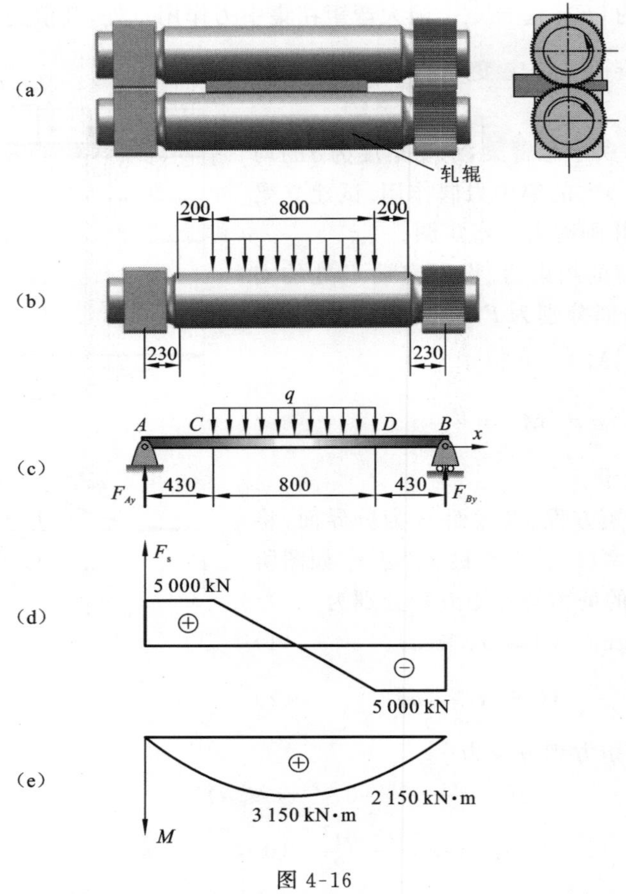

图 4-16

AC 段：

$$F_s(x) = F_{Ay} = 5 \times 10^3$$

$$M(x) = F_{Ay} \cdot x = 5 \times 10^3 x$$

CD 段：

$$F_s(x) = F_{Ay} - q(x - 0.43) = 5 \times 10^3 - 12.5 \times 10^3 (x - 0.43)$$

$$M(x) = F_{Ay} \cdot x - \frac{q}{2}(x - 0.43)^2 = 5 \times 10^3 x - 6.25 \times 10^3 (x - 0.43)^2$$

DB 段：

$$F_s(x) = -F_{By} = -5 \times 10^3$$

$$M(x) = F_{By} \cdot (1.66 - x) = 5 \times 10^3 (1.66 - x)$$

3）绘制剪力、弯矩图。由上述各段的方程作出的剪力图和弯矩图如图 4-16(d)、(e) 所示。由图可见，最大剪力 $|F_s|_{max} = 5 \times 10^3$ kN，发生在 *AC*，*DB* 两段内；最大弯矩 $M_{max} = 3\ 150$ kN · m，发生在跨度中央截面上。

由以上例题可见，在集中力作用处，剪力图有突变，其突变量等于集中力的数值；在集中力偶作用处，弯矩图有突变，其突变量等于集中力偶矩的数值。为了分析弯曲内力图上突变的原因，假设在集中力作用点两侧，截取 Δx 段梁（图 4-17(a)）。由平衡条件不难看出，在集中力作用点两侧的剪力 F_{s1} 和 F_{s2} 的差值必然为集中力 F 的数值。实际上，剪力图的这种突然变化，是由于作用在小范围内的分布外力被简化为集中力的结果。如果将集中力 F 视为在 Δx 梁段上均匀分布的分布力的合力（图 4-17(b)），则该处的剪力图如图 4-17(c) 所示。又如在例题 4.6 中，如果轧制力集中在跨度中间的 Δx 梁段上，剪力图（图 4-16(d)）中的斜线就会变陡。当 $\Delta x \to 0$ 时，剪力图上的斜线趋于垂直，剪力图表现为突变。在集中力偶作用处，弯矩图的突变也可作同样的解释。

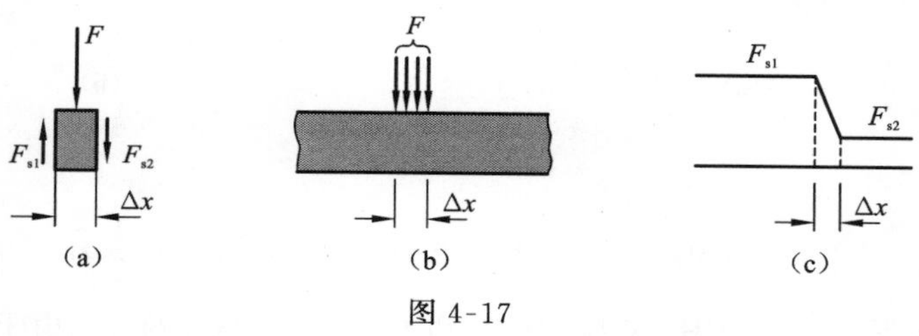

图 4-17

在工程中，常常遇到几根杆件组成的框架结构。例如，图 4-18(a) 所示的钻床机架由 AB、BC 两根直杆刚性连接而成，图 4-18(b) 所示的 C 形夹具可视为 AB，BC，CD 三杆组成。在结点 B 或 C 处，两杆的截面不能发生相对转动。或者说，在结点处两杆间的夹角在受力时保持不变，这样的结点称为刚结点，具有刚结点的框架称为刚架（rigid frame）。

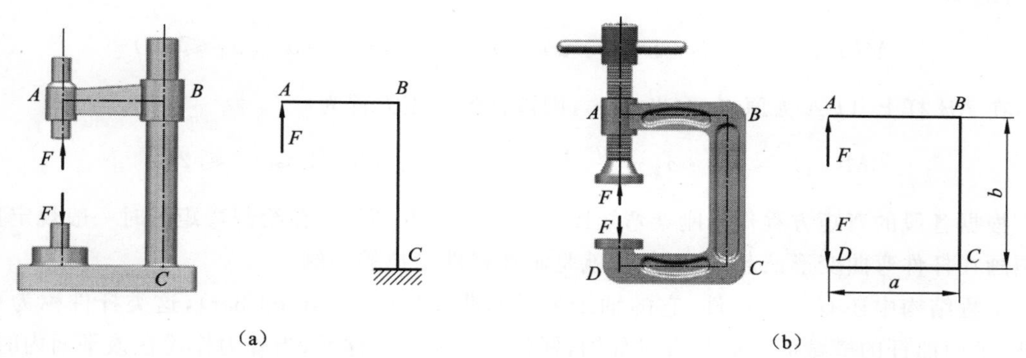

图 4-18

如果刚架的支座约束力和内力均能由静力平衡条件确定，这样的刚架称为静定刚架。轴线位于同一平面且各横截面的纵向对称轴均位于该平面的刚架，称为平面刚架（plane frame）。现在研究平面刚架在其轴线平面内受力时的内力。直杆内力图的绘制方法，基本上适用于刚架。下面举例说明静定刚架弯矩图的作法，至于轴力图和剪力图，需要时可按类似的方法绘制。

例 4.7　平面刚架 ABC，承受图 4-19(a) 所示载荷作用，已知 $F = qa$，试作刚架的弯矩图。

解　1) 计算支座的约束力。利用刚架的平衡条件确定支座约束力。设固定铰 A 的约束力 F_{Ax}、F_{Ay}，可动铰 C 的约束力为 F_{Cy}，则

$$\sum F_x = 0,\quad F_{Ax} = 2qa$$

$$\sum M_A = 0,\quad 2qa \cdot a + qa \cdot a - F_{Cy} \cdot 2a = 0,\quad F_{Cy} = \frac{3}{2}qa$$

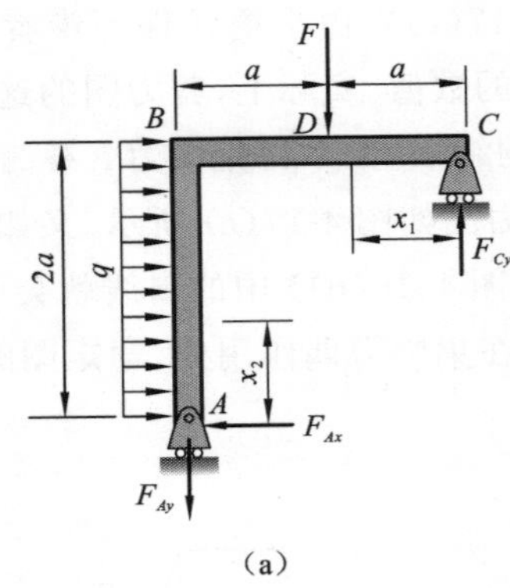

(a)

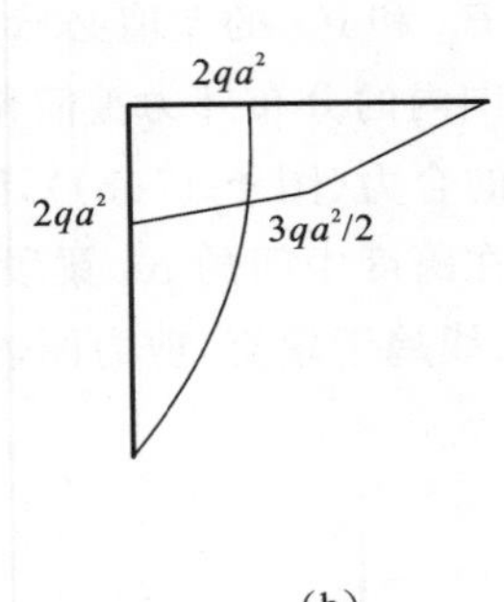

(b)

图 4-19

$$\sum F_y = 0, \quad F_{Cy} - F_{Ay} - qa = 0, \quad F_{Ay} = \frac{1}{2}qa$$

2）建立弯矩方程并作弯矩图。在 BC 杆上，以 C 为原点，取坐标 x_1。由于集中力 F 的作用，BC 杆上的弯矩方程应分段列出。

CD 段：

$$M(x_1) = F_{Cy} \cdot x_1 = \frac{3}{2}qax_1 \quad (0 \leqslant x_1 \leqslant a)$$

DB 段：

$$M(x_1) = F_{Cy}x_1 - F(x_1 - a) = qa^2 + \frac{1}{2}qax_1 \quad (a \leqslant x_1 \leqslant 2a)$$

在 AB 杆上，以 A 为原点，取坐标 x_2。则该杆的弯矩方程为

$$M(x_2) = F_{Ax} \cdot x_2 - \frac{q}{2}x_2^2 = 2qax_2 - \frac{q}{2}x_2^2 \quad (0 \leqslant x_2 \leqslant 2a)$$

根据各段的弯矩方程作出刚架弯矩图，如图 4-19(b) 所示。在绘制弯矩图时一般规定把弯矩图画在杆件弯曲变形凸起的一侧，也就是画在杆件受拉的一侧。

工程结构中还有一类杆件，它的轴线为平面曲线(plane curved bar)，这类杆件称为平面曲杆。平面曲杆的横截面一般具有对称轴，杆件具有纵向对称面。当外力作用在该平面内时，曲杆将发生平面弯曲。工程中常见的曲杆，如吊钩、活塞环、链环等，都属此类曲杆。下面举例说明平面曲杆的内力计算。

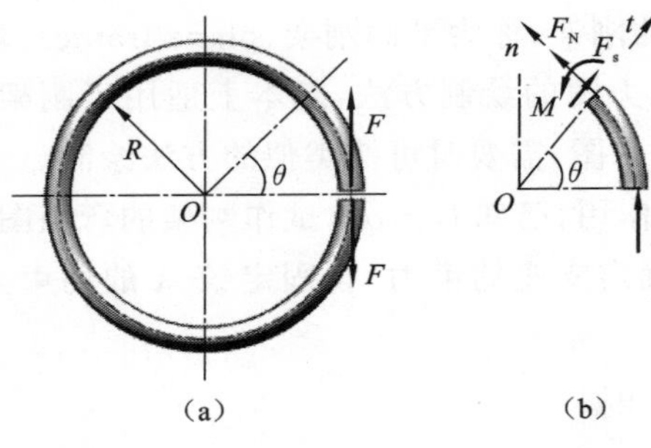

(a) (b)

图 4-20

例 4.8 开口圆环如图 4-20(a) 所示，圆环的中心半径为 R。设在开口处沿圆环切线方向作用一对大小相等、方向相反的平衡力 F。试建立圆环的弯矩、剪力和轴力方程。

解 1）选择坐标系。为了求解方便，对于环状曲杆，一般选用极坐标表示其截面位置。现取圆环中心 O 为极点，极坐标 θ 为参变量。

2）建立内力方程。与直杆一样，采用截面法，截取一段曲杆(图 4-20(b)）为研究对象。在 θ 截面上，

有弯矩 M、剪力 F_s 和轴力 F_N，方向如图所示。根据平衡方程：

$$\sum F_n = 0, \quad F_N + F\cos\theta = 0$$

$$\sum F_t = 0, \quad F_s + F\sin\theta = 0$$

$$\sum M_C = 0, \quad M + F(R - R\cos\theta) = 0$$

求得轴力、剪力、弯矩方程分别为

$$F_N = -F\cos\theta$$

$$F_s = -F\sin\theta$$

$$M = -F(R - R\cos\theta) = -2FR\sin^2\frac{\theta}{2}$$

3）曲杆内力的符号规定。对于曲杆的内力，通常采用这样的符号规定：使轴线曲率增加的弯矩为正；引起拉伸变形的轴力为正；将剪力 F_s 对研究的曲杆上任一点取矩，若力矩的转向为顺时针的，则 F_s 为正，反之为负。按照上述规定，图 4-20(b) 中 M，F_s，F_N 的方向均为正向。如果求得的内力为负值，则表示与图中的方向相反。根据内力方程，也可作出内力图，这里不作详细讨论。

4.5　载荷集度、剪力和弯矩间的微分关系及其应用

在例 4.3 中，若将 $M(x)$ 的表达式对 x 求导，则得到剪力 $F_s(x)$，再将 $F_s(x)$ 的表达式对 x 求导，则得到载荷集度 q。由该例得到的载荷集度和剪力、弯矩之间的关系，并不是偶然的，而是普遍存在的规律。本节专门推导载荷集度 q 和剪力 F_s、弯矩 M 之间的微分关系。掌握了这些关系，对于检查所绘制的剪力图和弯矩图是否正确很有帮助，甚至可以利用微分关系直接绘制剪力图和弯矩图。

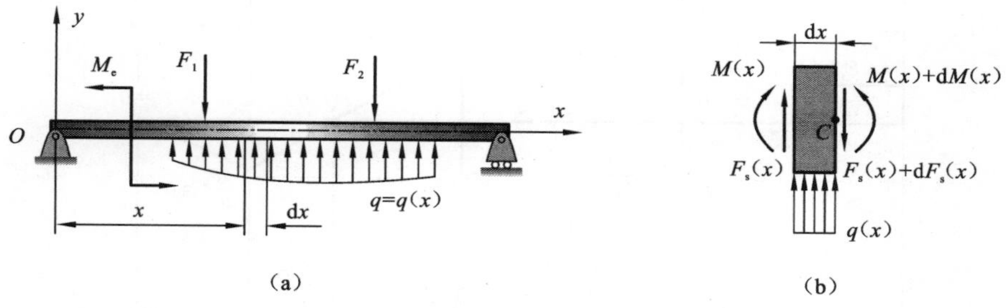

图 4-21

设有任意载荷作用下的直梁，如图 4-21(a) 所示，以梁的左端为原点，选取 x 坐标轴。梁上的分布载荷 $q(x)$ 是 x 的连续函数，并规定向上为正。若用距梁的左端为 x 和 $x+\mathrm{d}x$ 处的两横截面从梁中截取 $\mathrm{d}x$ 微段，进行受力分析，如图 4-21(b) 所示。$\mathrm{d}x$ 微段上承受分布载荷 $q(x)$ 作用。设在坐标为 x 的横截面上的弯矩和剪力分别为 $M(x)$ 和 $F_s(x)$，在坐标为 $x+\mathrm{d}x$ 的横截面上的弯矩和剪力则分别为 $M(x)+\mathrm{d}M(x)$ 和 $F_s(x)+\mathrm{d}F_s(x)$，方向如图。该微段的平衡方程为

$$\sum F_y = 0, \quad F_s(x) - [F_s(x) + dF_s(x)] + q(x)dx = 0 \tag{1}$$

$$\sum M_C = 0, \quad M(x) - [M(x) + dM(x)] + F_s(x)dx + q(x)dx \cdot \frac{dx}{2} = 0 \tag{2}$$

由(1) 式求得

$$\frac{dF_s(x)}{dx} = q(x) \tag{4-2}$$

由(2) 式，略去高阶微量 $q(x)dx \cdot \frac{dx}{2}$ 后，得

$$\frac{dM(x)}{dx} = F_s(x) \tag{4-3}$$

若将上式对 x 再求导一次，并利用式(4-2)，得到

$$\frac{d^2M(x)}{dx^2} = q(x) \tag{4-4}$$

式(4-2)、式(4-3)、式(4-4) 即为载荷集度、剪力和弯矩间的微分关系。

上述关系式表明：剪力图某点处的切线斜率，等于相应截面处的载荷集度；弯矩图某点处的切线斜率，等于相应截面处的剪力；而弯矩图某点处的二阶导数，则等于相应截面处的载荷集度。

根据 q, F_s, M 间的微分关系，以及前面的一些例题，可以得到载荷集度、剪力图和弯矩图三者间的某些规律。现结合图 4-22 所示的实例(图中未注明具体数值)，在图 4-21(a) 所规定的坐标系中，梁的内力图的变化规律归纳如下：

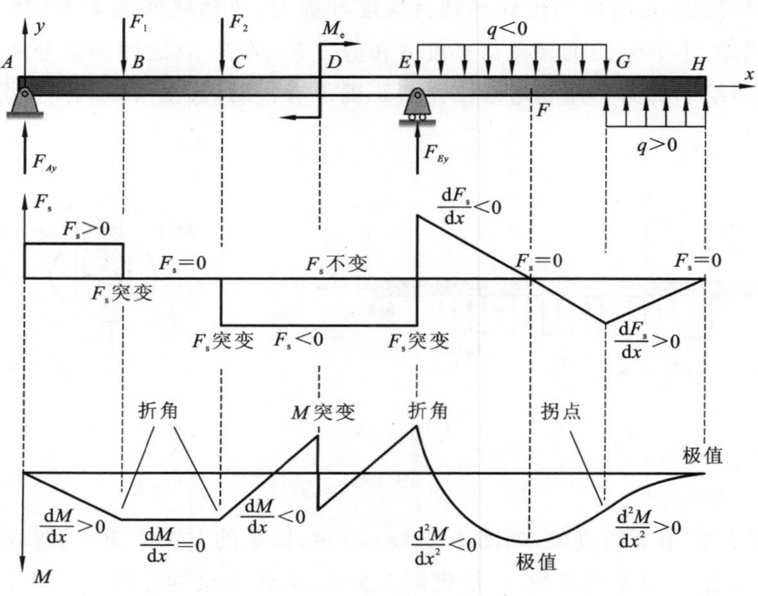

图 4-22

(1) 当梁上无载荷作用，即 $q = 0$ 时，剪力为常数，剪力图为平行于轴线的直线，由式(4-3)：

$$\frac{dM(x)}{dx} = F_s(x) = 常数$$

则弯矩图为一直线。如果 $F_s > 0$，则弯矩图的斜率为正，如图 4-22 中的 AB 段。如果 $F_s < 0$，则弯矩图的斜率为负，如图 4-22 中的 CD 和 DE 两段。在这两段中，剪力 F_s 相等，所以弯矩图中的两条斜直线平行。当 $q = 0$ 时，剪力 F_s 也有可能为零，则弯矩图的斜率为零，弯矩图为一水平线，如图 4-22 中的 BC 段。

(2) 当梁上的载荷 q 为常数时，则剪力图的斜率为常数，剪力为 x 的一次函数，剪力图为一斜直线。弯矩方程 $M(x)$ 为 x 的二次函数，弯矩图为抛物线，如图 4-22 中的 EG，GH 两段。

如果某段梁上的均布载荷 q 向上，即 $q > 0$，则 $\dfrac{\mathrm{d}^2 M}{\mathrm{d}x^2} > 0$，弯矩图为一条上凸抛物线，如图 4-22 中的 GH 梁段；反之，如果梁上作用向下的均布载荷，即 $q < 0$，则 $\dfrac{\mathrm{d}^2 M}{\mathrm{d}x^2} < 0$，弯矩图为一条下凸的曲线，如图 4-22 中的 EG 梁段。在剪力 F_s 为零的截面上，当 $\dfrac{\mathrm{d}M}{\mathrm{d}x} = 0$，即弯矩图的斜率为 0，此处的弯矩为极值，如图 4-22 中的 F 截面的弯矩为极大值，H 截面的弯矩为极小值。

(3) 在集中力作用处，剪力图有突变，突变的数值等于该处集中力的大小。此时弯矩图的斜率也发生突变，因而弯矩图上出现一个转折点，如图 4-22 中的 B，C，E 截面。

(4) 在集中力偶作用处，剪力图无变化，弯矩图有突变，突变的数值等于该处集中力偶的数值。在集中力偶作用处的两侧，由于剪力相等，所以弯矩图在该点的斜率总是相等的，如图 4-22 中的 D 截面。

(5) 弯矩的最大绝对值，不但可能发生在 $F_s = 0$ 的极值点上，也有可能发生在集中力作用处，或者集中力偶作用处。因此，在确定 $|M|_{\max}$ 时应考虑到上述几种可能性。

例 4.9　图 4-23(a) 所示的外伸梁，承受均布载荷 $q = 10\ \mathrm{kN/m}$，集中力偶 $M_e = 1.6\ \mathrm{kN \cdot m}$ 和集中力 $F = 4\ \mathrm{kN}$ 作用，试用微分关系作剪力图和弯矩图。

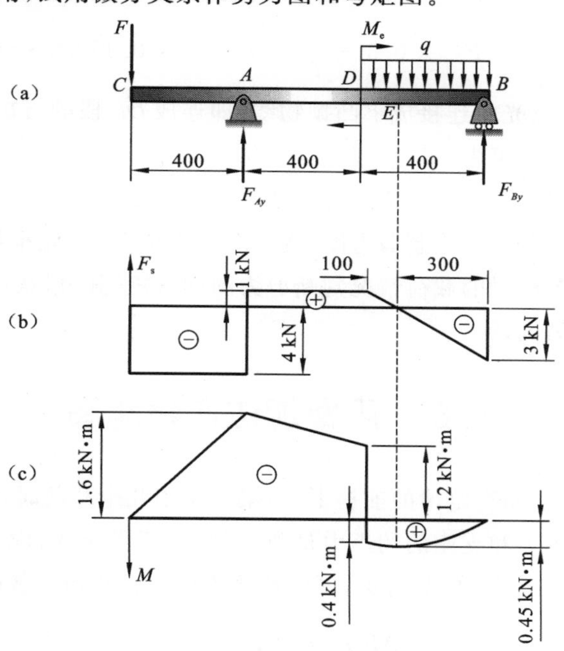

图 4-23

解　1）计算支座的约束力。利用静力平衡条件，求得梁的支座的约束力为

$$F_{Ay} = 5\ \text{kN}, \quad F_{By} = 3\ \text{kN}$$

2）绘制剪力图。应用微分关系绘制剪力图时，从梁的左端开始，$F_{sC} = -4\ \text{kN}$，在 CA 段上，$q = 0$，剪力图为水平线，故 $F_{sA} = -4\ \text{kN}$。在支座 A 上，有向上的支座的约束力 F_{Ay}，使剪力图产生突变，其值为 5 kN，故 A 截面右侧剪力为

$$F_{sA右} = F_{sA左} + F_{Ay} = 1\ \text{kN}$$

在 AD 段上 $q = 0$，剪力图为水平线。由于集中力偶两侧的剪力相等，故 $F_{sD右} = F_{sD左}$。在 DB 段上，q 为负常数，剪力图应为负斜率的直线。由于 $F_{sB} = -F_{By} = -3\ \text{kN}$，因而由 F_{sD} 与 F_{sB} 即可确定 BD 段的剪力图，如图 4-23(b) 所示。由图可知，绝对值最大的剪力为

$$|F_s|_{\max} = 4\ \text{kN}$$

3）绘制弯矩图。仍然从梁的左端开始，在 CA 段上，F_s 为负常数，则弯矩图为负斜率直线，由

$$M_{C左} = 0, \quad M_A = -0.4F = -1.6\ \text{kN} \cdot \text{m}$$

即得 CA 段上的弯矩图。

在 AD 段上，F_s 为正常数，则弯矩图为正斜率的直线，由于

$$M_D = 0.4F_{Ay} - 0.8F = -1.2\ \text{kN} \cdot \text{m}$$

由 M_A 和 $M_{D左}$ 的数值，即得 AD 段的弯矩图。

在 DB 段上，梁有向下的均布载荷，弯矩图为下凸的抛物线，由于

$$M_{D右} = M_{D左} + M_e = -1.2 + 1.6 = 0.4\ \text{kN} \cdot \text{m}, \quad M_B = 0$$

此外，在 $F_s = 0$ 的 E 截面上，弯矩有极值，其数值为

$$M_E = F_{By} \times 0.3 - \frac{q}{2} \times (0.3)^2 = 0.45\ \text{kN} \cdot \text{m}$$

由 $M_{D左}$，M_E，M_B 三点光滑连接成下凸抛物线，即连成 DB 段的弯矩图，如图 4-23(c) 所示。由图可知，绝对值最大的弯矩为

$$|M|_{\max} = 1.6\ \text{kN} \cdot \text{m}$$

由本例可见，利用微分关系绘制剪力图、弯矩图的方法是：首先根据梁上的载荷与支座情况将梁分为若干段，由各段梁的载荷情况判断剪力图和弯矩图的形状；然后求出某些控制截面的内力值，最后作出内力图。

4.6　用叠加法作弯矩图

在小变形和材料服从胡克定律的前提下，当梁上作用几个载荷时，它们产生的变形很微小时，每个载荷所引起的内力和支座的约束力是独立的、互不影响的，内力和约束力与每个载荷均呈线性关系。图 4-24(a) 所示的悬臂梁，同时承受集中力 F 和均布载荷 q 作用，其弯矩方程为

$$M(x) = Fx - \frac{q}{2}x^2$$

上式的第一项为 F 单独作用时引起的弯矩，第二项为 q 单独作用时引起的弯矩。该式表

明，当梁上同时作用几个载荷时，梁的弯矩为每个载荷单独作用时所引起弯矩的代数和，这是一个普遍存在的原理，称为叠加原理(superposition principle)。应用叠加原理计算梁的内力和约束力，这种方法称为叠加法(superposition method)。绘制梁的弯矩图时，如果对简单载荷作用下的弯矩图较熟悉，那么，按叠加法作出多个载荷作用下的弯矩图是比较方便的。例如图4-24(a)所示的悬臂梁，其载荷可以看作集中力F(图4-24(b))和均布载荷q(图4-24(c))两种载荷的叠加。各载荷单独作用下的弯矩图如图4-24(e)、(f)所示。由于两图的弯矩符号相反，在叠加时，把它们放在横坐标的同一侧，如图4-24(d)所示。凡是两图重叠的部分，正值与负值相互抵消，剩余部分注明正负号，即得所求的弯矩图。如果将基线改为水平线，即得图4-24(g)所示的总弯矩图。

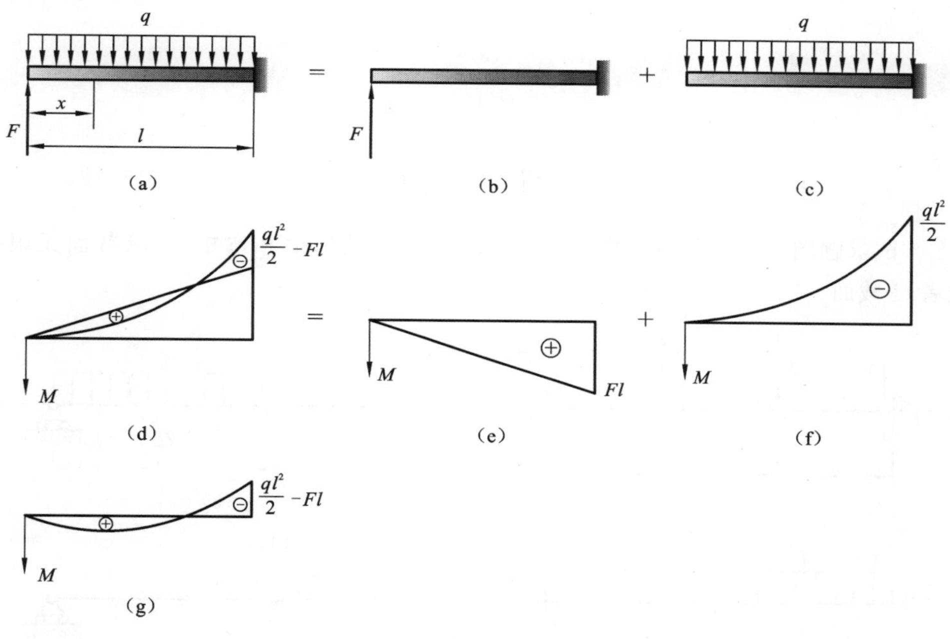

图4-24

上述叠加法同样适用于剪力图。

例4.10　简支梁AB承受集中力F和集中力偶$M_e = Fa$作用，如图4-25(a)所示。试按叠加法作梁的弯矩图。

解　首先把简支梁看作集中力和集中力偶单独作用的两梁叠加，如图4-25(a)、(b)、(c)所示。分别作出F和M_e单独作用下的弯矩图，如图4-25(e)、(f)所示。因为弯矩图都是直线组成，叠加时只需求出A,C,D,B四个控制截面的弯矩值，即可作出弯矩图。由图4-25(e)、(f)两图的弯矩值求得

$$M_A = M_B = 0,\quad M_C = \frac{2}{3}Fa - \frac{1}{3}Fa = \frac{1}{3}Fa$$

$$M_{D左} = \frac{1}{3}Fa - \frac{2}{3}Fa = -\frac{1}{3}Fa,\quad M_{D右} = \frac{1}{3}Fa + \frac{1}{3}Fa = \frac{2}{3}Fa$$

因此，AB梁在F,M_e同时作用下的弯矩如图4-25(d)所示。

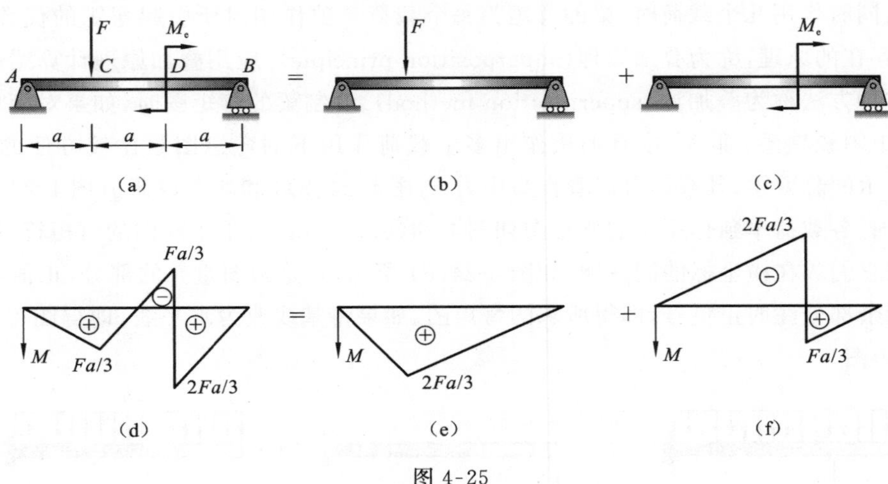

图 4-25

习　题

4-1　试求题图 4-1 所示各梁中 1-1,2-2,3-3 截面的剪力和弯矩。所求截面无限接近于 A、B 或者 C 截面。

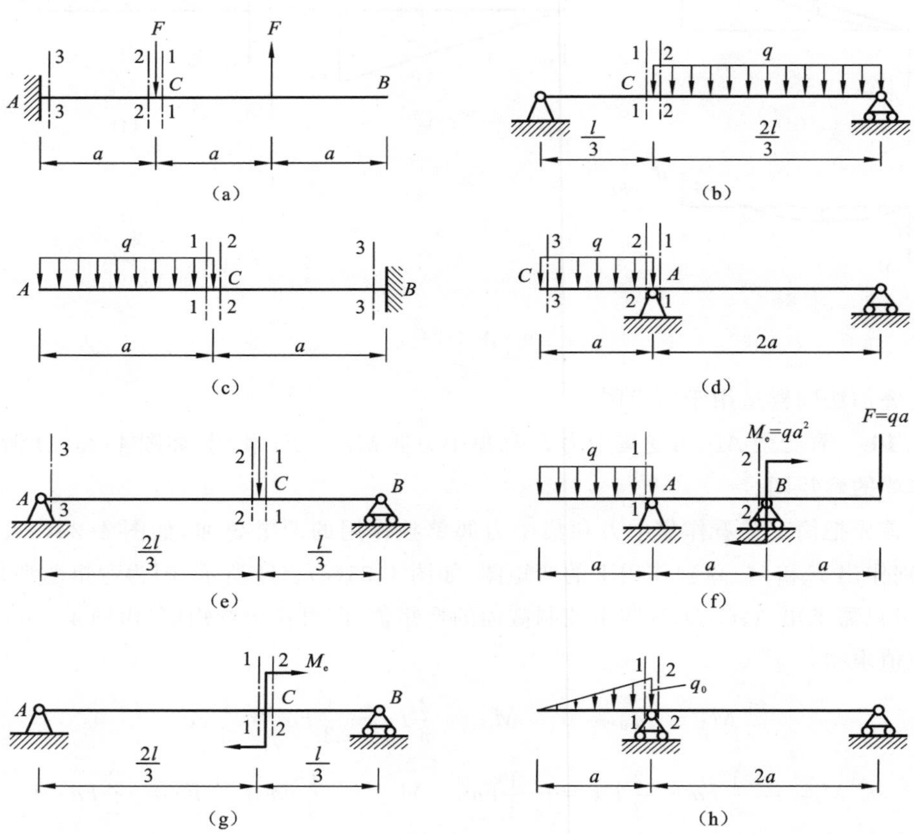

题图 4-1

4-2　试列出题图 4-2 所示各梁的剪力方程和弯矩方程。绘制剪力图和弯矩图，并求 $|F_s|_{max}$ 和 $|M|_{max}$。

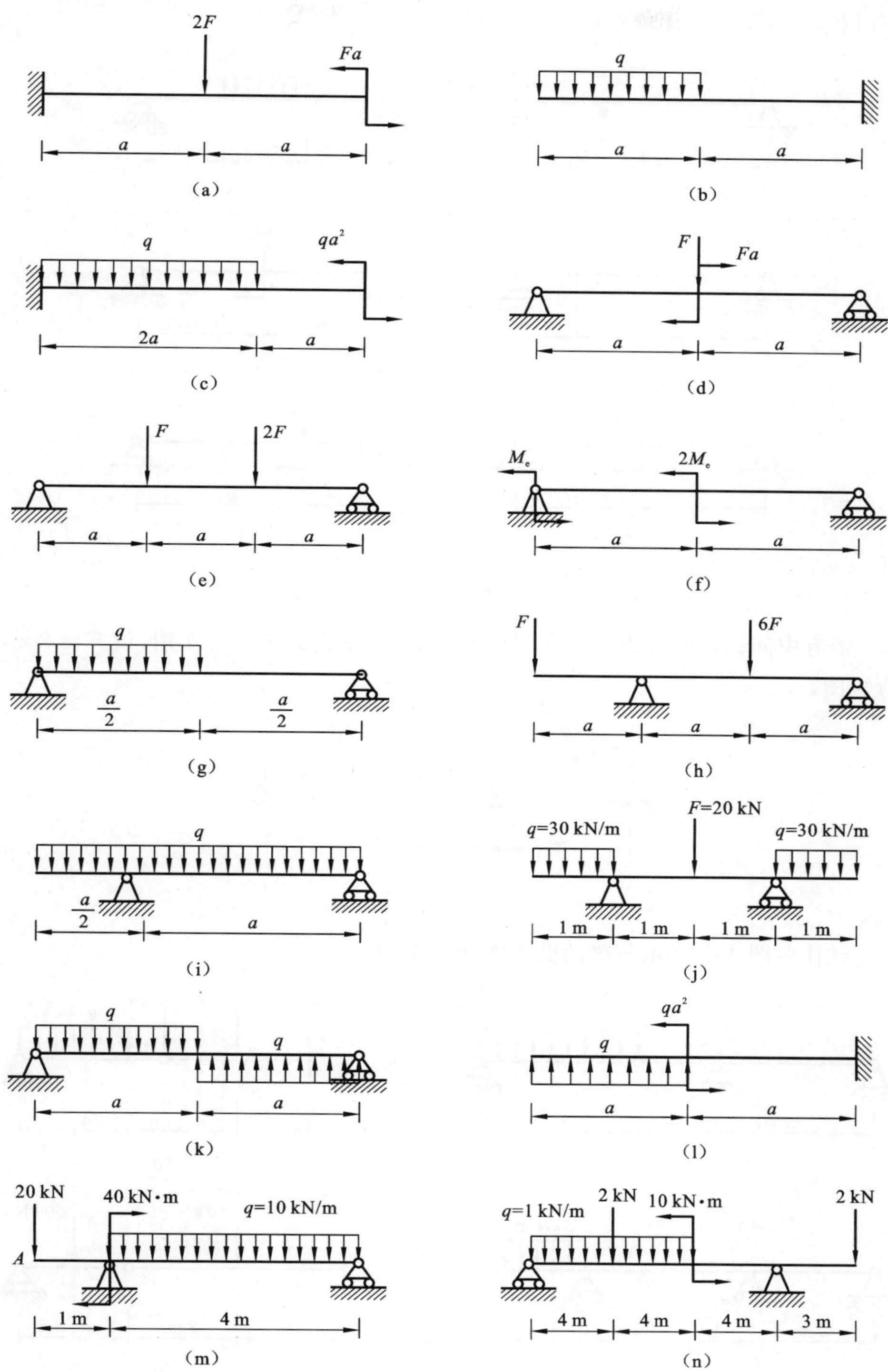

题图 4-2

4-3　在题图 4-3 所示各梁中，若图(a)中的合力 qb 用分布载荷 q 代替；图(b)中的一对相反的集中力用一力偶 Fb 代替；图(c)中的集中力偶向梁的左端平移。试分析剪力图和弯矩图有无变化，对 $|F_s|_{max}$ 和 $|M|_{max}$ 值将产生什么影响？

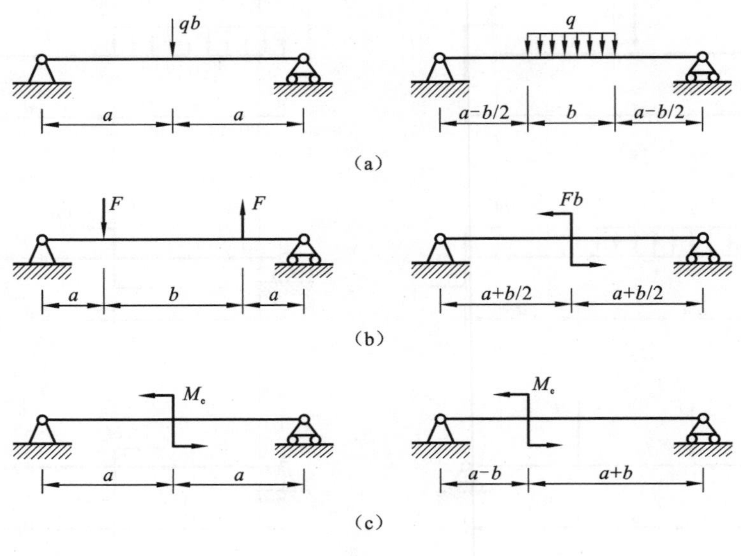

题图 4-3

4-4　带有中间铰 C 的三支点梁 ABD(题图 4-4)，承受载荷 F，q 作用，设 $F = 2qa$，试作剪力图和弯矩图。

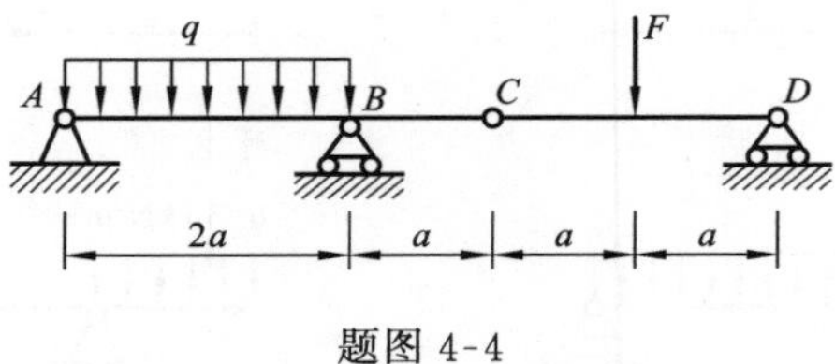

题图 4-4

4-5　试作题图 4-5 所示各梁的剪力图和弯矩图。

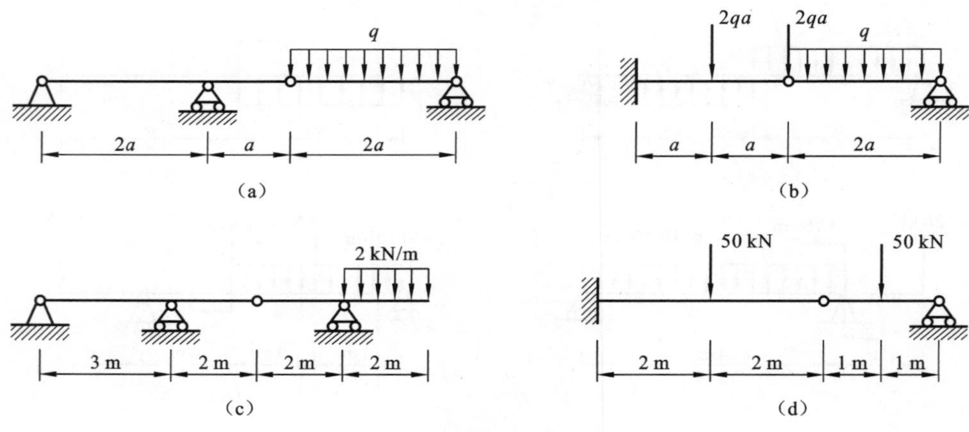

题图 4-5

4-6　题图4-6所示室外立式塔设备所受的风力载荷可以简化为两段均布力。下段风力为p_1(kN/m²)，上段风力为p_2(kN/m²)，塔的直径为d。若p_1，p_2，h_1，h_1，d均为已知，试作剪力图和弯矩图，并确定$|F_s|_{max}$和$|M|_{max}$的数值。

4-7　活塞销如题图4-7所示，若假定销钉各段(AB，CD，EH)上均受均布载荷作用，且F，a，b为已知。试作销钉的剪力图和弯矩图，并确定$|F_s|_{max}$，$|M|_{max}$的数值。

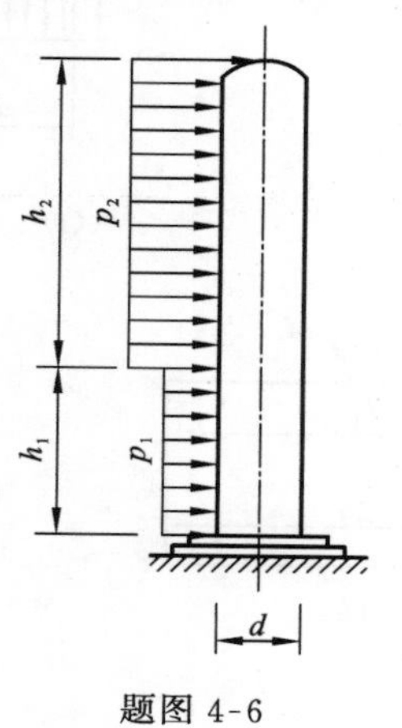

题图4-6

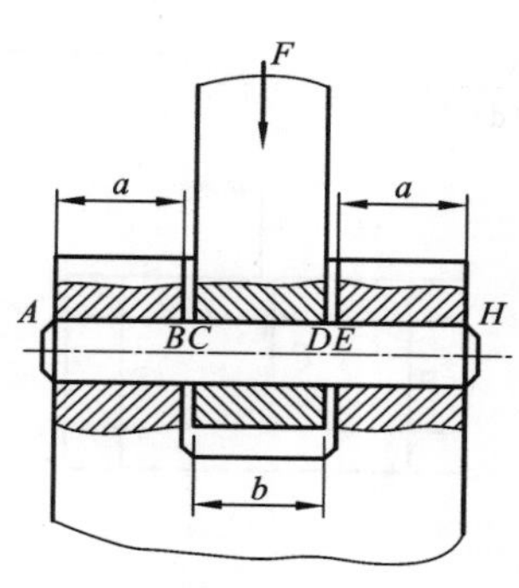

题图4-7

4-8　如题图4-8所示，锅炉气包的总重量为200 kN，均匀分布在全长上，载荷集度为q，支撑在C，D两处。今欲使：①$M_C = M_D = -M_E$；②$M_E = 0$。试问在两种情况下，l/a的数值。

4-9　如题图4-9所示，小车可在梁上移动，每个轮子对梁作用一个集中力F。试问：

(1) 吊车在什么位置时，梁上的弯矩最大？最大弯矩为多少？

(2) 吊车在什么位置时，梁上的剪力最大？最大剪力为多少？

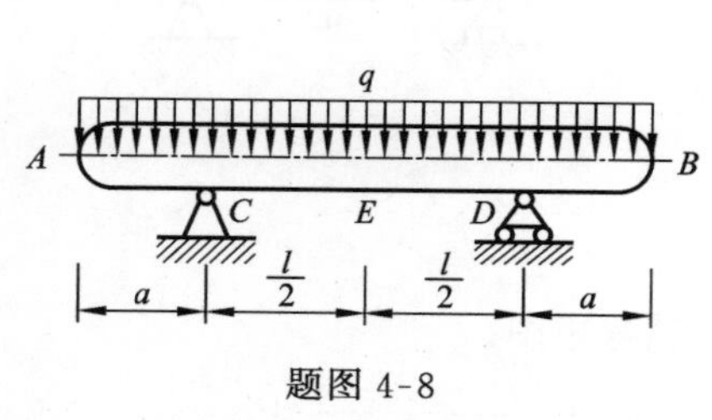

题图4-8

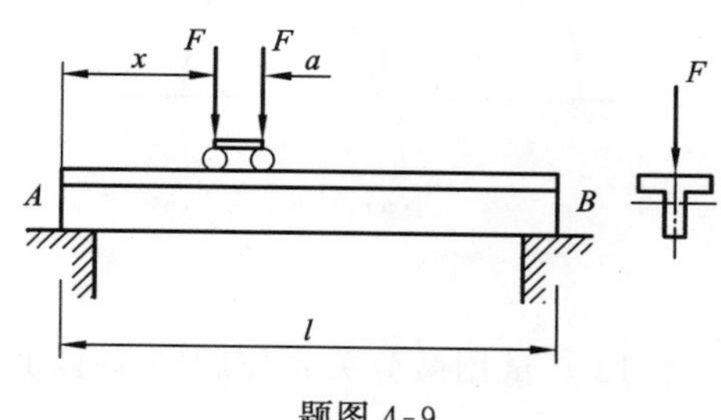

题图4-9

4-10　试作题图4-10所示刚架的弯矩图。

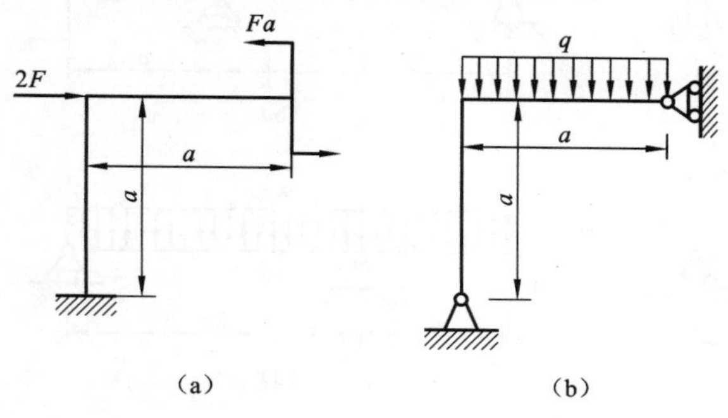

(a)　(b)

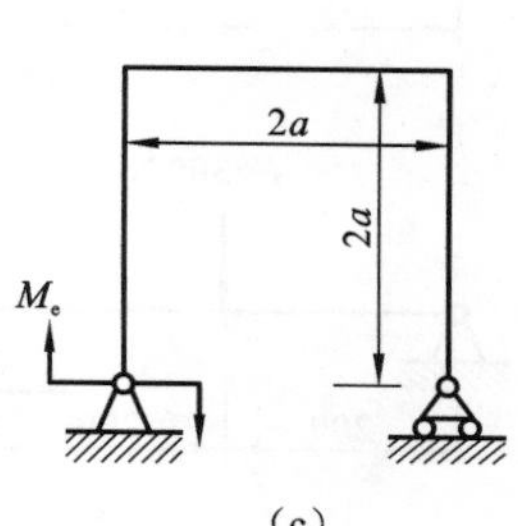

(c)

题图4-10

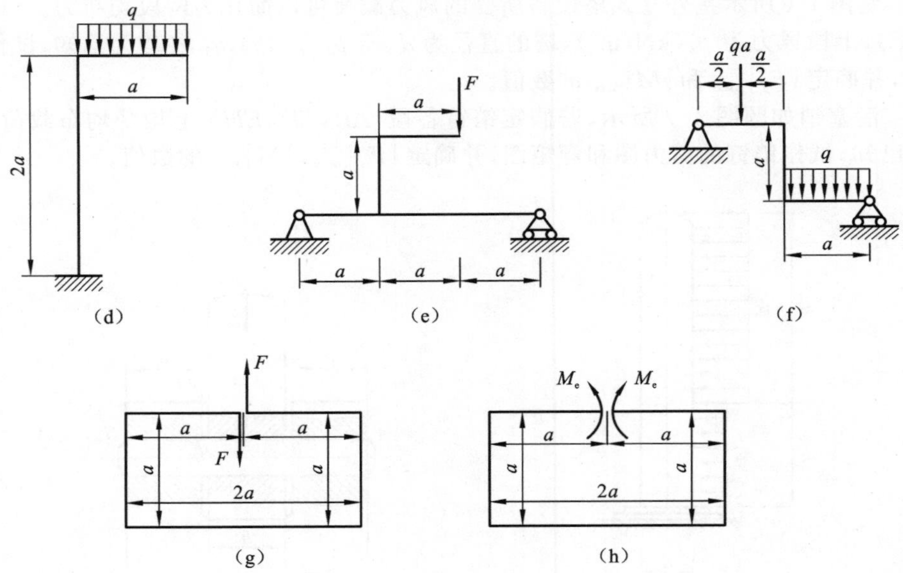

题图 4-10(续)

4-11 试写出题图 4-11 所示各曲杆的轴力、剪力和弯矩方程，并求 $|M|_{max}$ 的数值。设曲杆的轴线均为圆形。

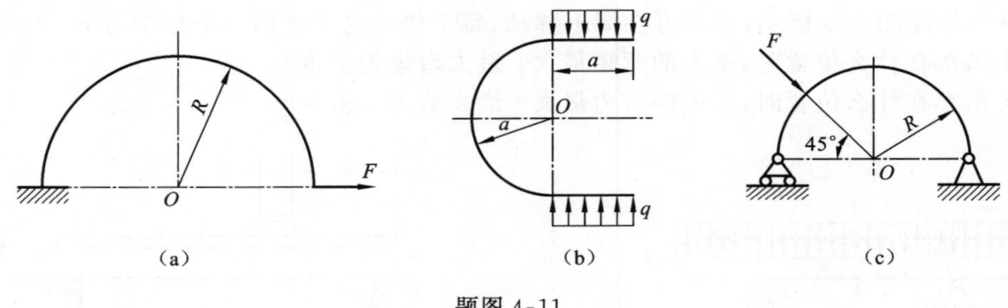

题图 4-11

4-12 试用微分关系作题图 4-12 所示各梁的剪力图和弯矩图。

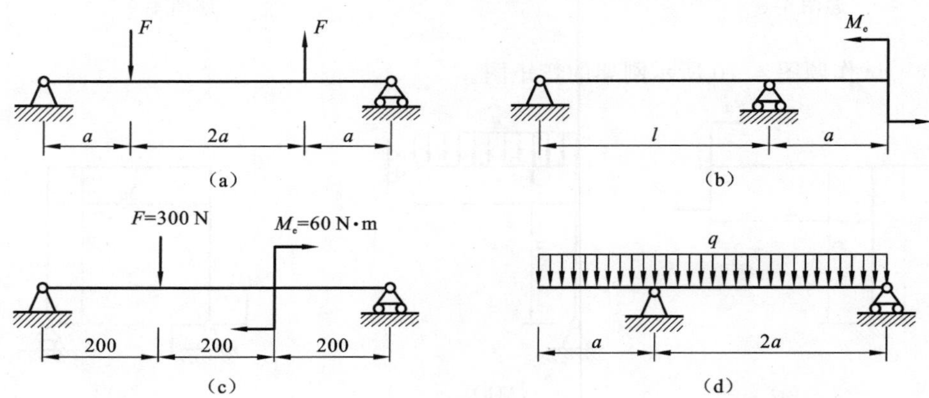

题图 4-12

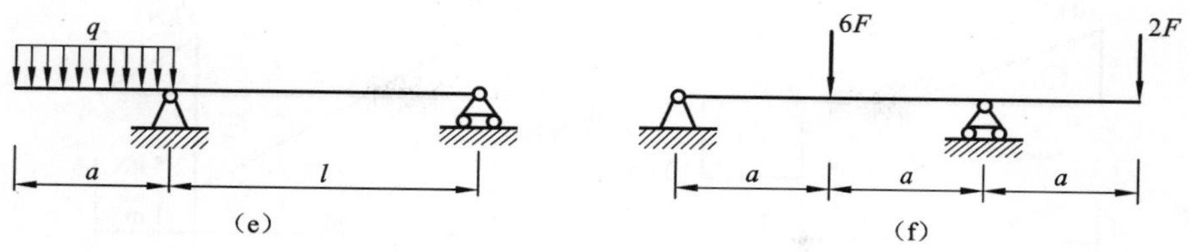

题图 4-12(续)

4-13　根据 M,F_s 和 q 间的微分关系,指出题图 4-13 所示剪力图和弯矩图中的错误。

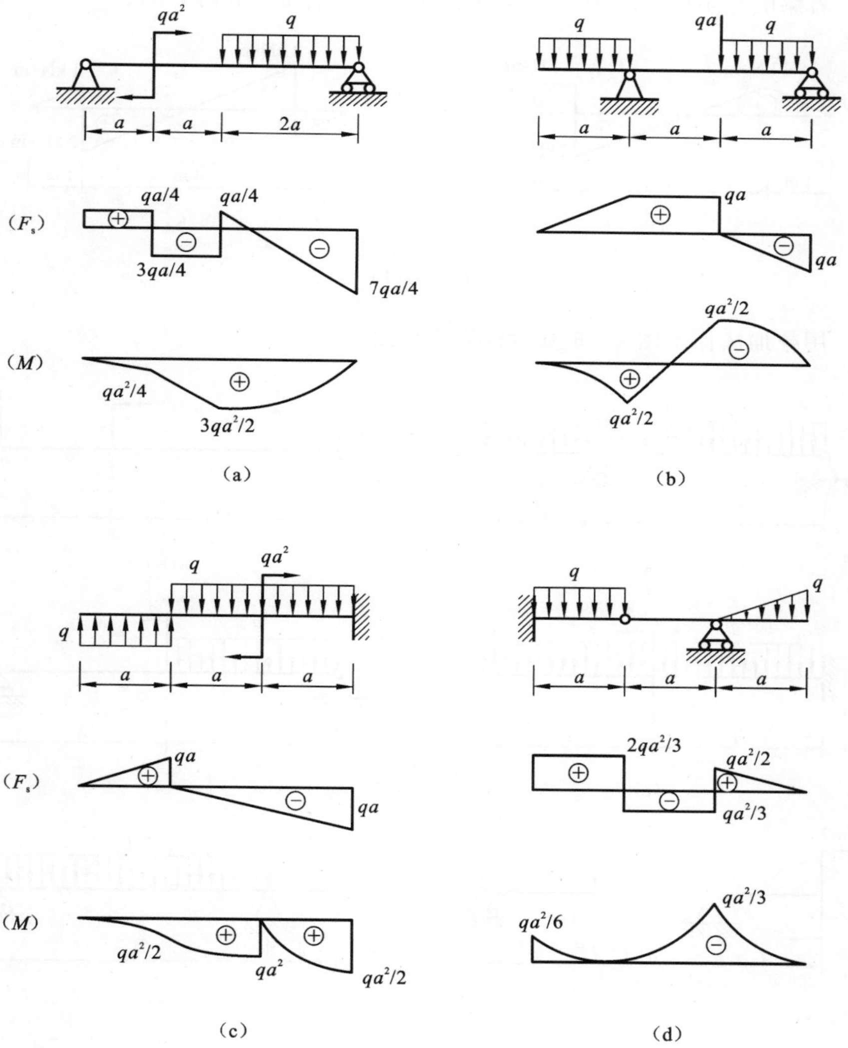

题图 4-13

4-14　若梁的剪力图如题图 4-14 所示,试作弯矩图及载荷图。已知梁上无集中力偶作用。

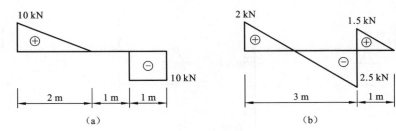

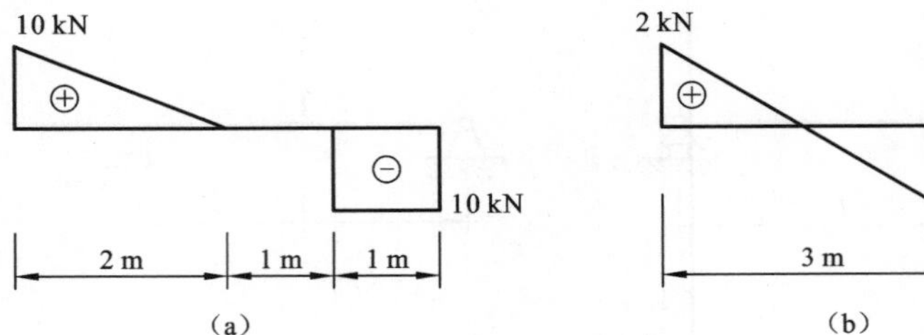

题图 4-14

4-15　若梁的弯矩图如题图 4-15 所示，试作梁的载荷图和剪力图。

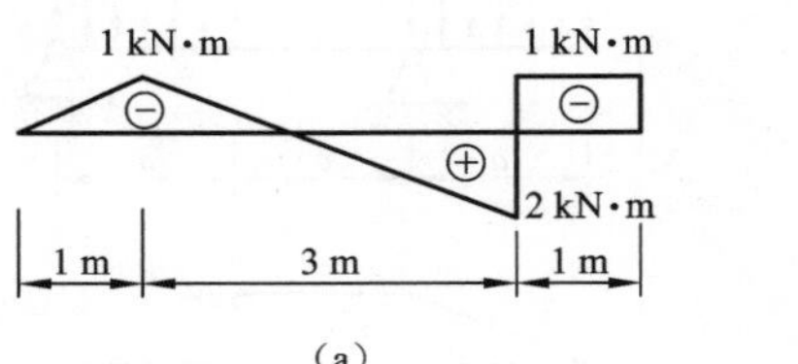

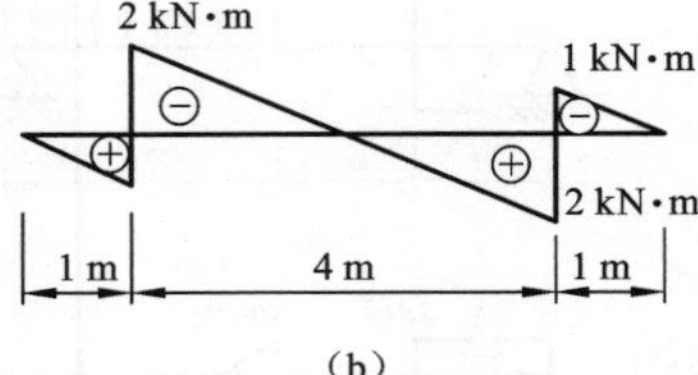

题图 4-15

4-16　用叠加法作题图 4-16 所示各梁弯矩图。

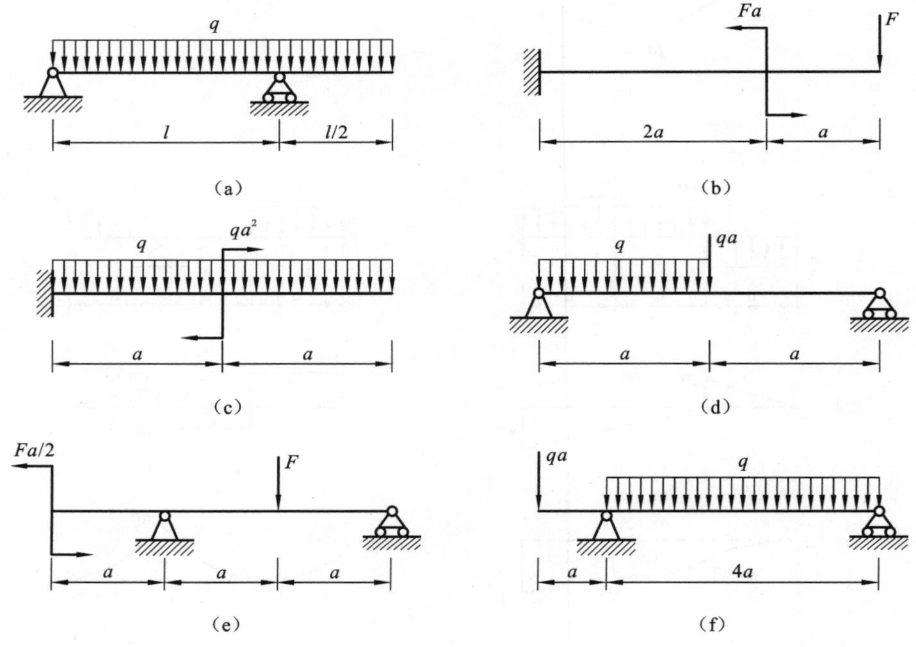

题图 4-16

第5章　弯曲应力

5.1 概　　述

杆件的弯曲问题，与拉压、扭转问题一样，只知道其内力还不能解决强度问题，必须进一步研究杆件在弯曲时横截面上的应力及其分布规律。

杆件弯曲时的内力有剪力和弯矩。分析表明，剪力 F_s 是横截面上切向分布内力的合力；弯矩 M 是横截面上法向分布内力的合力矩。因此，在杆件横截面上，有剪力 F_s 存在时，就必然有切应力 τ 存在；有弯矩 M 存在时，就必然有正应力 σ 存在。本章主要研究直杆在平面弯曲时，横截面上的正应力和切应力的计算方法，从而建立强度条件，进行强度计算。

在一般情况下，杆件横截面上的剪力和弯矩是同时存在的，因而切应力和正应力也是同时存在的，这种弯曲称为横力弯曲(bending by transverse force)，亦称剪切弯曲。如果杆件的横截面上只有弯矩而无剪力，这种弯曲称为纯弯曲(pure bending)。例如，图 4-1(a) 所示的火车轮轴，其计算简图、剪力图和弯矩图分别如图 5-1(a)、(b)、(c) 所示。由图可知，在轴的 CD 段上，剪力为零，弯矩为常数，发生纯弯曲；而 AC、DB 两段上的剪力和弯矩同时存在，发生横力弯曲。

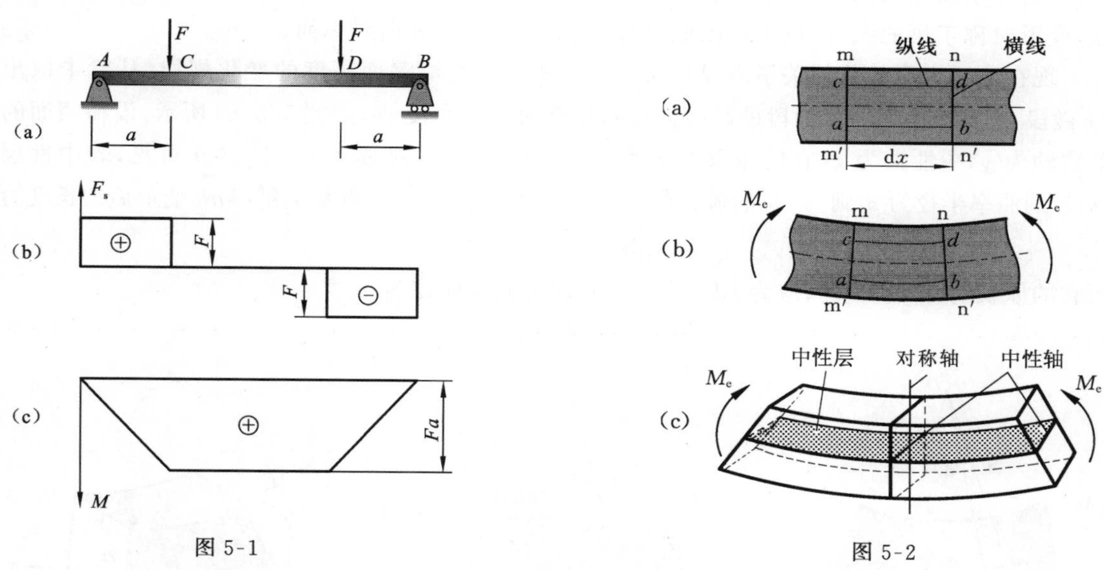

图 5-1　　　　图 5-2

5.2　梁在平面弯曲时横截面上的正应力

研究弯曲正应力时，首先建立纯弯曲时正应力计算公式，然后将其结果推广应用于横力弯曲。推导方法与分析圆轴扭转时的切应力相同，需从变形几何关系、物理关系和静力学关系三个方面来考虑。

1. 变形几何关系

为了找出梁弯曲时的变形规律，首先通过实验，观察其变形现象。设有一承受纯弯曲的梁，加载前，在梁的侧面画上两条垂直于轴线的横向线段 mm′ 和 nn′，以及平行于轴线的纵向线段 ab 和 cd（图 5-2(a)）。施加一对外力偶 M_e 作用后，杆件发生弯曲变形，如图 5-2(b) 所示。由图可知，两纵向线段弯曲成弧线 $\overset{\frown}{ab}$ 和 $\overset{\frown}{cd}$，两横向线段 mm 和 nn′ 仍然保持直线，只是相对地转了一个角度，且仍与弧线 $\overset{\frown}{ab}$，$\overset{\frown}{cd}$ 保持垂直。根据上述情况，对梁内变形与受力作出如下假设：

(1) 梁的横截面在弯曲变形后仍然保持平面，且与变形后的轴线垂直，只是绕截面的某一轴线转过了一个角度。这就是梁弯曲变形的平面假设(plane assumption)，根据这一假设导出的应力和变形计算公式已被实验结果所验证。因此，平面假设是正确的。此外，进一步的理论分析证明，梁在平面纯弯曲时，其横截面确实保持平面。

(2) 假设梁由无数层纵向“纤维”所组成，梁内各纵向纤维之间互不挤压，仅承受单向拉应力或压应力，称为单向受力假设。

根据平面假设，梁弯曲时两相邻截面作相对转动。则横截面的转动将使靠凸边的纤维伸长，靠凹边的纤维缩短，如图 5-2(b) 所示。由于梁的变形是连续的，纤维层从伸长到缩短，中间必定存在既不伸长亦不缩短的一层纤维，称为中性层(neutral surface)。中性层与梁横截面的交线称为该截面的中性轴(neutral axis)，如图 5-2(c) 所示。梁弯曲时，横截面就是绕中性轴转动的。对于平面弯曲问题，梁上的载荷都作用在纵向对称面内，梁的轴线弯曲成对称面内的曲线，变形对称于梁的纵向对称面，因此，中性轴垂直于梁的纵向对称面。

现在通过变形的几何关系来寻找纵向纤维的线应变沿截面高度的变化规律。从梁中取出 dx 微段，当梁变形后，dx 微段的两端面相对地转过一个角度 $d\theta$，如图 5-3(a) 所示。设横截面的对称轴为 y，中性轴为 z(它的位置尚未确定)，如图 5-3(b) 所示。由图 5-3(a) 可见，若中性层 O_1O_2 的曲率半径为 ρ，则 O_1O_2 的弧长为 $dx=\rho d\theta$。距中性层 y 处的纵向纤维 $\overset{\frown}{ab}$ 变形后的长度为

$$\overset{\frown}{ab}=(\rho+y)d\theta$$

而它的原长与 O_1O_2 相同，应为 $\rho d\theta$。故该纵向纤维的线应变为

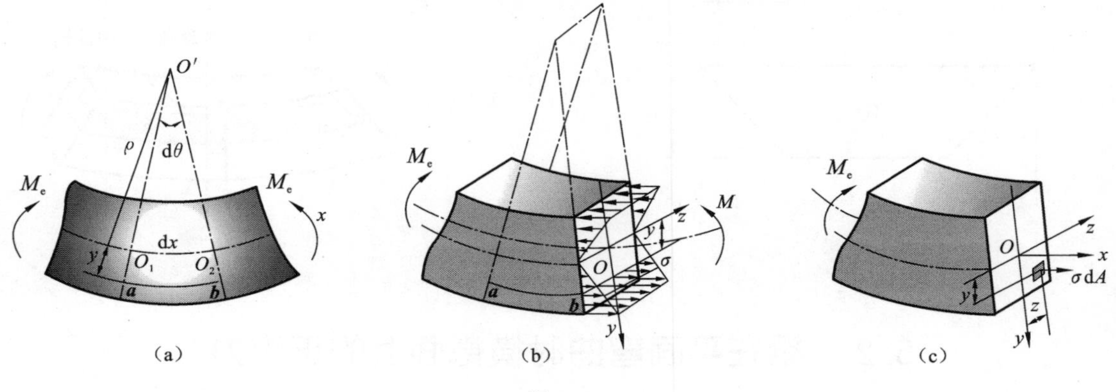

图 5-3

$$\varepsilon = \frac{(\rho + y)\mathrm{d}\theta - \rho\mathrm{d}\theta}{\rho\mathrm{d}\theta} = \frac{y}{\rho} \tag{1}$$

实际上，由于距中性层等远处各纤维的变形相同，所以上述应变 ε 即代表纵坐标为 y 的任一纤维的线应变。式(1) 表明了纵向纤维的线应变 ε 沿 y 轴的变化规律。由于中性层曲率半径 ρ 为常数，故线应变 ε 与它到中性层的距离 y 成正比。

2. 物理关系

根据纵向纤维线应变的变化规律，利用应力与应变间的物理关系，即可找出横截面上正应力的分布规律。

根据单向受力假设，各纤维处于单向受力状态，只承受拉伸或压缩。当应力小于比例极限时，正应力与线应变应满足胡克定律，即 $\sigma = E\varepsilon$。将式(1) 代入，得

$$\sigma = E \cdot \frac{y}{\rho} \tag{2}$$

式(2) 即为横截面上正应力的分布规律，如图 5-3(b) 所示，表示右端横截面上作用有弯矩 M 时的应力分布。此式表明，横截面上任意一点的正应力与该点到中性轴的距离 y 成正比，或者说，正应力沿截面高度呈线性变化。在距中性轴为 y 的同一横线上，各点处的正应力均相等，而中性轴上各点处的正应力均为零。

3. 静力关系

上述只是找到了正应力 σ 的变化规律，由于中性层的曲率半径和中性轴的位置尚未确定，因此，还不能从式(2) 得出正应力 σ 的大小，必须依靠静力学关系来解决。

图 5-3(c) 所示纯弯曲梁的某一横截面，在坐标为(y,z)的任一点处，取出微面积 $\mathrm{d}A$，作用在 $\mathrm{d}A$ 上的法向微内力为 $\sigma\mathrm{d}A$，则整个横截面上各点处的法向微内力组成一个空间平行力系，该力系可以简化成 3 个内力分量，即平行于 x 轴的轴力 F_{N}，对 y 轴的力偶矩 M_y 和对 z 轴的力偶矩 M_z。如果横截面的面积为 A，则 F_{N}, M_y, M_z 分别为

$$F_{\mathrm{N}} = \int_A \sigma\mathrm{d}A, \quad M_y = \int_A z\sigma\mathrm{d}A, \quad M_z = \int_A y\sigma\mathrm{d}A$$

然而，对于纯弯曲的梁，横截面上的轴力 F_{N} 和对 y 轴的矩 M_y 皆为零，只有对 z 轴的矩 M_z 存在。因而，横截面上的应力应满足下列 3 个静力合成关系为

$$F_{\mathrm{N}} = \int_A \sigma\mathrm{d}A = 0 \tag{3}$$

$$M_y = \int_A z\sigma\mathrm{d}A = 0 \tag{4}$$

$$M_z = \int_A y\sigma\mathrm{d}A = M \tag{5}$$

式(5) 表明，横截面上法向微内力 $\sigma\mathrm{d}A$ 对 z 轴的力偶矩 M_z 就是横截面上的弯矩 M。或者说，弯矩 M 就是横截面上法向分布微内力的合力矩。

将式(2) 代入式(3)，得

$$\int_A \sigma\mathrm{d}A = \frac{E}{\rho}\int_A y\mathrm{d}A = 0 \tag{6}$$

式中：积分$\int_A y\mathrm{d}A$为截面对z轴的静矩S_z，$\dfrac{E}{\rho}$为不等于零的常数。因此，要求式(6)成立，则截面的静矩S_z必须为零。根据静矩的性质，只有当z轴过形心时，静矩才可能为零。由此可见，横截面上的中性轴z必须通过截面形心。这样，中性轴的具体位置就被确定了。

将式(2)代入式(4)中，得

$$\int_A z\sigma\mathrm{d}A = \frac{E}{\rho}\int_A yz\mathrm{d}A = 0 \tag{7}$$

式中：积分$\int_A yz\mathrm{d}A$为横截面对y，z轴的惯性积I_{yz}。由附录I-2可知，由于y为横截面的对称轴，则I_{yz}必为零，故式(7)是自然满足的。

将式(2)代入式(5)，得

$$\int_A y\sigma\mathrm{d}A = \frac{E}{\rho}\int_A y^2\mathrm{d}A = M_z = M \tag{8}$$

式中：积分$\int_A y^2\mathrm{d}A$为横截面对z轴(即中性轴)的惯性矩I_z。由式(8)可得

$$\frac{1}{\rho} = \frac{M}{EI_z} \tag{5-1}$$

式(5-1)为计算梁弯曲变形的基本公式，式中：$1/\rho$为梁弯曲后轴线的曲率，它与弯矩M成正比，与乘积EI_z成反比，乘积EI_z愈大，曲率$1/\rho$愈小，梁愈不易变形，EI_z称为梁的抗弯刚度(flexural rigidity)。惯性矩I_z综合地反映了横截面的形状与尺寸对弯曲变形的影响。

将式(5-1)代入式(2)，得

$$\sigma = \frac{My}{I_z} \tag{5-2}$$

式中：σ为横截面上任意一点处的正应力，M为截面上的弯矩，y为该点的坐标，I_z为横截面对z轴的惯性矩。式(5-2)即为梁纯弯曲时横截面上正应力的一般公式。例如，在弯矩为正值的情况下，y为正值的点，即中性轴以下的各点，σ为正值，即受到拉应力；反之，中性轴以上的各点受到压缩。但在实际计算中，一般采用M，y的绝对值计算正应力σ的数值，而应力σ的符号，可由弯曲变形直接判断：以梁的中性层为界，凸边一侧产生拉应力，凹边一侧产生压应力。

必须注意：在式(5-1)和式(5-2)的推导过程中，先后应用了下列几点假设：① 平面假设；② 纵向纤维单向受力假设；③ 材料服从胡克定律；④ 材料在拉伸与压缩时的弹性模量相等。如果不满足上述几点，就不能应用式(5-1)、式(5-2)。

试验表明，只要横截面上的最大弯曲正应力不超过材料的比例极限，式(5-1)与式(5-2)的计算结果与试验结果一致。这说明，基于平面假设与单向受力假设的弯曲正应力理论是正确的。

由式(5-2)可见，截面上的最大正应力发生在距中性轴最远的点上。若以y_{max}表示最远点到中性轴的距离，则横截面上的最大正应力为$\sigma_{max} = \dfrac{My_{max}}{I_z}$。令

$$W_z = \frac{I_z}{y_{max}} \tag{5-3}$$

则

$$\sigma_{max} = \frac{M}{W_z} \tag{5-4}$$

式中：W_z 称为抗弯截面模量或弯曲截面系数(section modulus in bending)。它只与截面的几何形状有关，其量纲为长度的3次方，常用单位为 cm^3 或 mm^3。对于宽度为 b，高度为 h 的矩形截面，其抗弯截面模量 W_z 为

$$W_z = \frac{I_z}{y_{max}} = \frac{bh^3/12}{h/2} = \frac{bh^2}{6}$$

直径为 d 的圆截面的抗弯截面模量 W_z 为

$$W_z = \frac{I_z}{y_{max}} = \frac{\pi d^4/64}{d/2} = \frac{\pi d^3}{32}$$

各种型钢的 W_z 的值可从附录II的型钢表中查得。计算组合截面的 W_z，应首先确定 I_z 和 y_{max} 的数值，然后按式(5-3)得出结果。

如果梁的横截面不对称于 z 轴(中性轴)，如图5-4所示的T字型截面梁，弯曲时的最大拉应力 σ_{max}^{+} 和最大压应力 σ_{max}^{-} 的绝对值分别为

$$\sigma_{max}^{+} = \frac{My_1}{I_z}, \quad \sigma_{max}^{-} = \frac{My_2}{I_z}$$

式中：y_1，y_2 分别表示横截面上下两侧最远点到中性轴的距离。若 $y_1 < y_2$，则最大拉应力小于最大压应力的值。

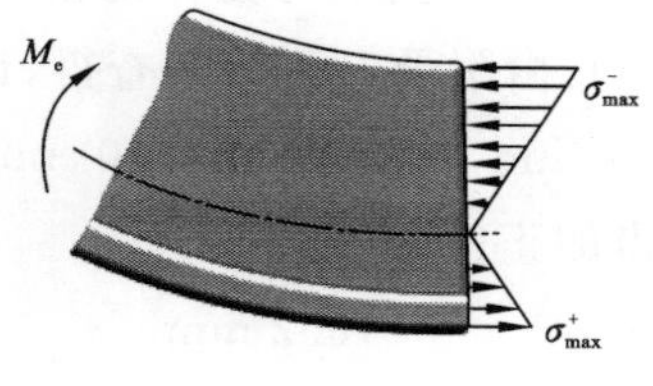

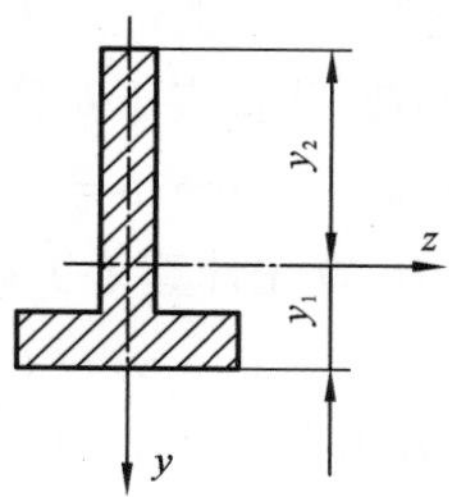

图5-4

上述公式是根据纯弯曲的情况推导的。但在工程实际中的多数情况是横力弯曲。此时，梁的横截面上不但存在弯矩引起的正应力，而且还有剪力引起的切应力。由于切应力的作用，梁的横截面将不再保持为平面。因此，上述结果在某些情况下会产生误差。但进一步的分析表明，对于跨度 l 与横截面高度 h 之比大于5的梁，受横力弯曲时，若按式(5-2)计算正应力，其结果的误差是微小的。在工程中常用的梁，其 l/h 一般远大于5。因此，式(5-2)用于横力弯曲时正应力的计算，足以满足工程问题的精度要求。

例5.1　在10号槽钢制成的悬臂梁上，作用有集中力 $F = 1.2\,kN$，集中力偶 $M_e = 2.2\,kN \cdot m$，如图5-5(a)、(b)所示，试求：

1) 1-1截面上 A，B 两点的正应力；

2) 2-2截面上 C 点的正应力。

解　1) 绘制弯矩图。为了确定梁上1-1截面和2-2截面的弯矩，首先作出悬臂梁的弯矩

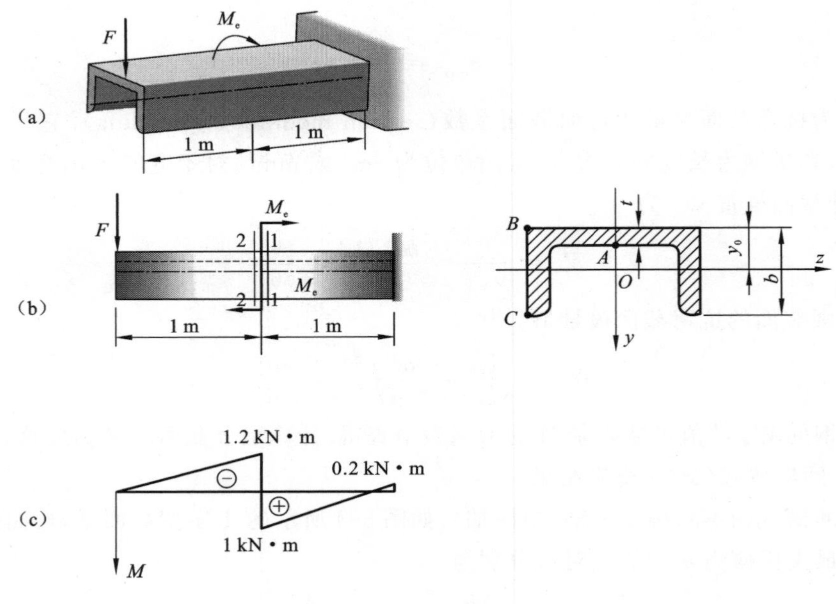

图 5-5

图，如图 5-5(c) 所示。由图可知，1-1 截面上有最大正弯矩 $M_1 = 1\ \text{kN} \cdot \text{m}$，2-2 截面上有最大负弯矩 $M_2 = 1.2\ \text{kN} \cdot \text{m}$。

2) 确定中性轴位置和惯性矩 I_z。槽钢具有一个纵向对称面，外力作用在该对称面内。中性轴 z 一定通过形心 O，并垂直于对称轴 y (图 5-5(b))。由附录 II 型钢表查得，10 号槽钢的 t，b，y_0 和 I_z 分别为：$t = 5.3\ \text{mm}$，$b = 48\ \text{mm}$，$y_0 = 15.2\ \text{mm}$，$I_z = 25.6 \times 10^4\ \text{mm}^4$。

3) 计算正应力。首先计算 1-1 截面上 A、B 两点的正应力。由于

$$y_A = y_0 - t = 9.9\ \text{mm}, \quad y_B = y_0 = 15.2\ \text{mm}$$

则 1-1 截面上 A，B 两点的正应力分别为

$$\sigma_A = \frac{M_1 y_A}{I_z} = \frac{1 \times 10^3 \times 9.9 \times 10^{-3}}{25.6 \times 10^4 \times 10^{-12}} = 38.7\ \text{MPa}$$

$$\sigma_B = \frac{M_1 y_B}{I_z} = \frac{1 \times 10^3 \times 15.2 \times 10^{-3}}{25.6 \times 10^4 \times 10^{-12}} = 59.4\ \text{MPa}$$

由于 1-1 截面上的弯矩为正值，A、B 两点均在中性轴的上侧，所以 σ_A，σ_B 均为压应力。然后计算 2-2 截面上 C 点的应力。由于 $y_C = b - y_0 = 32.8\ \text{mm}$，则 2-2 截面上 C 点的正应力为

$$\sigma_C = \frac{M_2 y_C}{I_z} = \frac{1.2 \times 10^3 \times 32.8 \times 10^{-3}}{25.6 \times 10^4 \times 10^{-12}} = 153.8\ \text{MPa}$$

因为 2-2 截面上的弯矩为负值，C 点又在中性轴的下侧，故 σ_C 也为压应力。

5.3 梁的正应力强度条件

在横力弯曲时，梁上的弯矩不再是常数，而随截面位置的变化而改变。在一般情况下，梁的最大正应力发生在弯矩最大的截面上，且距中性轴最远之处，其值为

$$\sigma_{\max} = \frac{M_{\max} y_{\max}}{I_z} \tag{5-5}$$

或

$$\sigma_{\max} = \frac{M_{\max}}{W_z} \tag{5-6}$$

但式(5-2)表明，正应力不仅与弯矩有关，而且还与截面形状有关，因而在某些情况下，$\sigma_{\max}$ 并不一定发生在弯矩最大的截面上(见例5.2和例5.4)。

如果材料的弯曲许用正应力为$[\sigma]$，则梁的正应力强度条件为

$$\sigma_{\max} = \frac{M_{\max}}{W_z} \leqslant [\sigma] \tag{5-7}$$

对于拉、压许用应力相同的材料(如钢材)，只要求绝对值最大的正应力小于许用应力即可；对于拉、压许用应力不等的材料(如铸铁)，必须要求最大拉应力小于弯曲许用拉应力，最大压应力小于弯曲许用压应力。

材料的弯曲许用应力一般可近似地选用简单拉伸(压缩)的许用应力。实际上，两者是有区别的。弯曲许用应力略高于简单拉压许用应力，因为弯曲正应力在横截面上是线性分布的，当最大应力达到屈服极限时，靠近中性轴处的应力还远小于极限值，仍有一定的承载能力。各种材料的弯曲许用应力，可从有关手册中查得。

例5.2 图5-6(a)所示圆轴，在A、B两处的轴承可简化为铰支座，轴的外伸部分是空心圆轴。试求轴内的最大正应力。

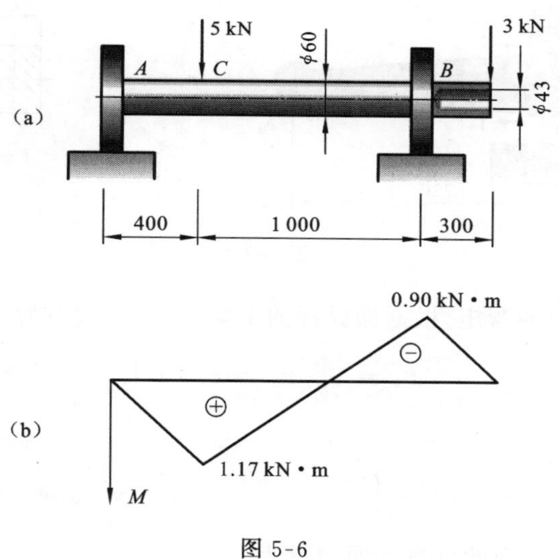

图5-6

解 1) 由弯矩图判断危险截面。利用平衡方程求得A，B支座处的约束力分别为

$$F_{Ay} = 2.93\ \text{kN}, \quad F_{By} = 5.07\ \text{kN}$$

方向向上。轴的弯矩图如图5-6(b)所示。由图可知，在实心圆轴AB段上，C截面的弯矩最大，在外伸段的空心圆轴上，B截面的弯矩最大。这两个截面上都有可能出现最大正应力，必须分别加以计算。

2) 计算抗弯截面模量。实心圆轴的抗弯截面模量W_z为

$$W_z = \frac{\pi D^3}{32} = \frac{\pi \times 6^3}{32} = 21.2\ \text{cm}^3$$

空心圆轴的 W'_z 为

$$W'_z = \frac{\pi D^3}{32}\left[1 - \left(\frac{d}{D}\right)^4\right] = \frac{\pi \times 6^3}{32}\left[1 - \left(\frac{43}{60}\right)^4\right] = 15.6\ \text{cm}^3$$

3) 计算最大正应力。在 C 截面上，最大正应力为

$$(\sigma_{\max})_C = \frac{M_C}{W_z} = \frac{1.17 \times 10^3}{21.2 \times 10^{-6}} = 55.2\ \text{MPa}$$

在 B 截面上，最大正应力为

$$(\sigma_{\max})_B = \frac{M_B}{W'_z} = \frac{900}{15.6 \times 10^{-6}} = 57.7\ \text{MPa}$$

因此，轴的最大正应力发生在 B 截面处，其值为 57.7 MPa。由本例可见，对于变截面杆，最大弯曲正应力不一定发生在弯矩最大的截面上。

例 5.3 空气泵操纵杆上的受力如图 5-7 所示，已知左端集中力 $F_1 = 17$ kN，矩形截面的高度与宽度之比 $h/b = 3$，材料的许用应力$[\sigma] = 50$ MPa。试设计 I-I 截面尺寸。

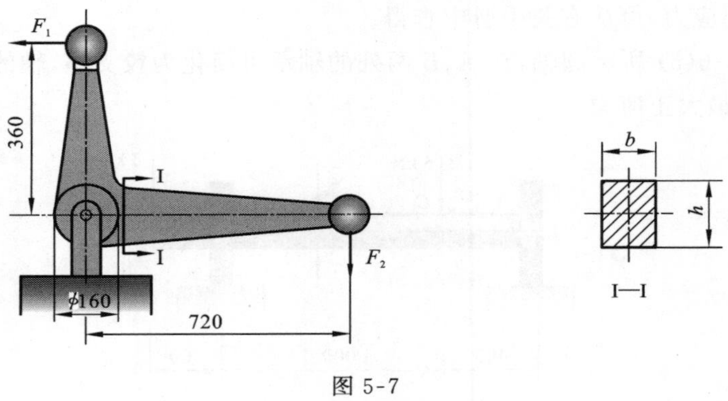

图 5-7

解 1) 计算 I-I 截面的弯矩。根据操纵杆的平衡，求得右端力为

$$F_2 = \frac{360}{720}F_1 = 8.5\ \text{kN}$$

则 I-I 截面的弯矩为

$$M = 8.5 \times 10^3 \times \left(720 - \frac{160}{2}\right) \times 10^{-3} = 5.44\ \text{kN} \cdot \text{m}$$

2) 设计 I-I 截面。I-I 截面的抗弯截面模量为

$$W_z = \frac{bh^2}{6} = \frac{h^3}{18}$$

根据强度条件(5-7) 式，有

$$\sigma_{\max} = \frac{M}{W_z} = \frac{5.44 \times 10^3}{h^3/18} \leqslant [\sigma] = 50 \times 10^6$$

则有 $h \geqslant 125$ mm，$b = h/3 \geqslant 41.7$ mm。最后可选择 I-I 横截面尺寸为 $125 \times 42\ \text{mm}^2$。

例 5.4 T 字形截面铸铁梁及其截面尺寸如图 5-8(a) 所示。铸铁的许用拉应力$[\sigma]^+ = 30$ MPa，许用压应力为$[\sigma]^- = 60$ MPa。已知中性轴位置 $y_1 = 52$ mm，截面对 z 轴的惯性矩 $I_z = 764\ \text{cm}^4$。试

校核梁的强度。

解　1) 计算支座的约束力并绘制弯矩图。由梁的静力平衡方程求得支座的约束力为

$$F_{Ay} = 2.5\ \text{kN}, \quad F_{By} = 10.5\ \text{kN}$$

方向向上。梁的弯矩图如图 5-8(b) 所示。

2) 强度校核。由于梁的横截面不对称于中性轴，铸铁的许用拉、压应力又不同，而且最大正弯矩与最大负弯矩的数值相差不大，因此，危险截面可能在 B 截面，也可能在 C 截面，必须分别加以校核。

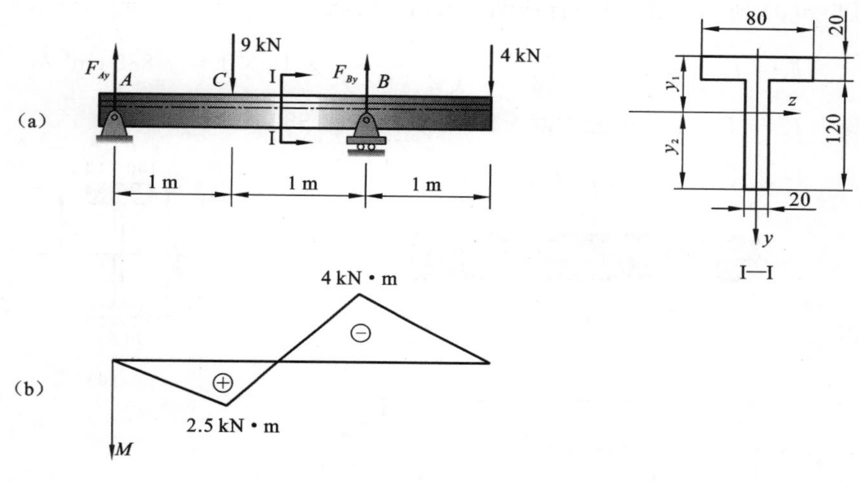

图 5-8

在 B 截面上，最大拉应力发生在上边缘各点处。利用式(5-2)，得

$$(\sigma_{\max})_B^+ = \frac{M_B y_1}{I_z} = \frac{4 \times 10^3 \times 52 \times 10^{-3}}{764 \times 10^{-8}} = 27.2\ \text{MPa}$$

最大压应力发生在截面的下边缘各点处，其值为

$$(\sigma_{\max})_B^- = \frac{M_B y_2}{I_z} = \frac{4 \times 10^3 \times (120 + 20 - 52) \times 10^{-3}}{764 \times 10^{-8}} = 46.1\ \text{MPa}$$

在 C 截面上，弯矩的绝对值虽然不是最大，但它是正弯矩，最大拉应力发生在截面的下边缘各点上，这些点到中性轴的距离较大，因此，有可能出现最大拉应力，必须加以校核。由式(5-2) 得

$$(\sigma_{\max})_C^+ = \frac{M_C y_2}{I_z} = \frac{2.5 \times 10^3 \times (120 + 20 - 52) \times 10^{-3}}{764 \times 10^{-8}} = 28.8\ \text{MPa}$$

上述结果表明，最大拉应力发生在 C 截面下端，最大压应力发生在 B 截面下端。由于梁上的最大应力

$$(\sigma_{\max})^+ = (\sigma_{\max})_C^+ = 28.8\ \text{MPa} < [\sigma]^+$$

$$(\sigma_{\max})^- = (\sigma_{\max})_B^- = 46.1\ \text{MPa} < [\sigma]^-$$

故该梁满足强度条件。

例 5.5　桥式吊车大梁由 40b 号工字钢制成，其跨度 $l = 8$ m。为了吊起 $F = 90$ kN 的重物(含电葫芦自重)，在梁的中段增加两块横截面为 $140 \times 10\ \text{mm}^2$ 的盖板，并与工字钢焊为一体，

如图 5-9(a)、(d) 所示。已知梁的许用应力$[\sigma]=140\ \text{MPa}$。

1) 试校核梁的强度；

2) 试求盖板长度。

解 1) 计算截面惯性矩。为了进行危险截面的强度校核，必须首先计算截面的惯性矩。工字钢两翼缘加盖板后，中性轴 z 的位置保持不变。设工字钢 z 对轴的惯性矩为 I'_z，每块盖板对 z 轴的惯性矩为 I''_z，则整个截面对 z 轴的惯性矩为 $I_z=I'_z+2I''_z$。由型钢表查得

$$I'_z=22\,780\ \text{cm}^4$$

根据图 5-9(d) 所示尺寸，由平行移轴公式(I-11) 得

$$I''_z=I_{z1}+a^2A=\frac{14\times1^3}{12}+\left(\frac{40}{2}+\frac{1}{2}\right)^2\times14\times1=5\,885\ \text{cm}^4$$

$$I_z=I'_z+2I''_z=22\,780+2\times5\,885=34\,550\ \text{cm}^4$$

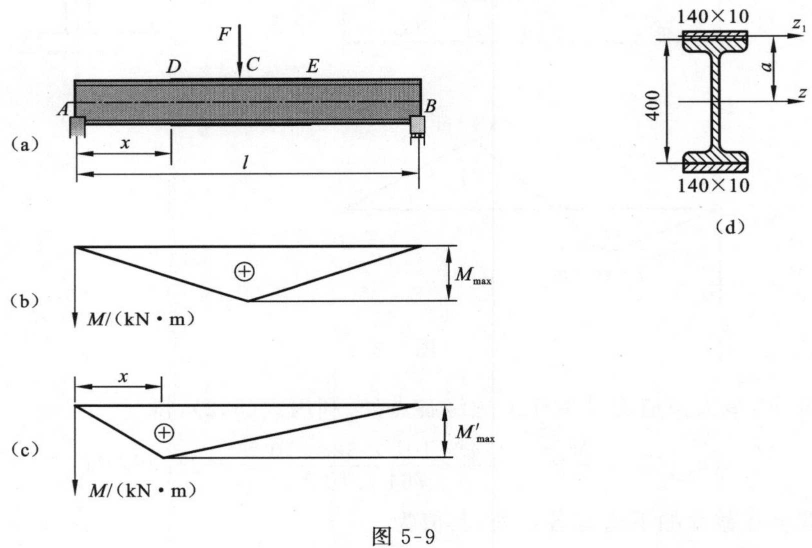

图 5-9

2) 强度校核。当载荷 F 移动至梁中点 C 时，其弯矩图如图 5-9(b) 所示，梁上的最大弯矩达最大值，其大小为

$$M_{\max}=\frac{Fl}{4}=\frac{90\times8}{4}=180\ \text{kN}\cdot\text{m}$$

截面上下边缘到中性轴的距离为

$$y_{\max}=\frac{40}{2}+1=21\ \text{cm}$$

由式(5-3) 得

$$\sigma_{\max}=\frac{M_{\max}y_{\max}}{I_z}=\frac{180\times10^3\times21\times10^{-2}}{34\,550\times10^{-8}}=109.4\ \text{MPa}$$

计算结果表明，最大应力小于许用应力，危险截面的强度是足够的。

3) 计算盖板长度。盖板并不要求布满全梁，但需要有一定的长度，才能保证各截面均有足够的强度。

由型钢表查得，40b 号工字钢的抗弯截面模量 $W_z = 1\,140\ \text{cm}^3$。在无盖板处，工字钢能承受的许用弯矩 $[M]$ 为

$$[M] = [\sigma] \cdot W_z = 140 \times 10^6 \times 1\,140 \times 10^{-6} = 159.6\ \text{kN} \cdot \text{m}$$

设梁左端 A 至盖板端点 D 的距离为 x（图 5-9(a)），当吊车移动至 D 截面时，其弯矩图如图 5-9(c) 所示。此时，该截面的弯矩达最大值，即

$$M'_{\max} = \frac{Fx(l-x)}{l}$$

令 $M'_{\max} = [M]$，即 $\frac{Fx(l-x)}{l} = [M]$，代入数据，解得

$$x_1 = 2.65\ \text{m}, \quad x_2 = 5.35\ \text{m}$$

所得结果表示当吊车行至 D，E 两点时，均能满足 $M'_{\max} = [M]$ 的条件，当 $x < 2.65$ m 或 $x > 5.35$ m 时，$M'_{\max} < [M]$，故该梁是安全的。这样，盖板长度 l' 为

$$l' = l - 2x_1 = 8 - 2 \times 2.65 = 2.7\ \text{m}$$

5.4　弯曲切应力

横力弯曲时，梁的横截面上同时存在弯矩和剪力，因而截面上既有正应力又有切应力。通常情况下，弯曲正应力是控制梁的强度的主要因素。但在某些情况下，例如跨度较短而截面较高的梁，或者在支座附近承受较大集中力作用的梁，其横截面上的切应力可能达到相当大的数值。此时，必须对弯曲切应力进行强度校核。下面先以矩形截面梁为例，说明推导弯曲切应力公式的基本方法，然后再介绍几种常见截面梁的切应力计算方法。

5.4.1　矩形截面梁的弯曲切应力

研究横截面上切应力的方法：首先对切应力的方向，以及沿截面宽度的分布规律作出假设；然后根据静力平衡条件推导切应力的计算公式；最后找出切应力沿截面高度的变化规律及其最大值。

1. 关于横截面上弯曲切应力的假设

设矩形截面梁的横截面上，存在剪力 F_s（图 5-10），对于剪力 F_s 引起的切应力作出下列两点假设：

(1) 横截面上任意一点的切应力方向均与剪力 F_s 的方向平行；

(2) 切应力沿矩形截面的宽度是均匀分布的，即切应力大小与坐标 y 有关，同一 y 值的各点切应力均相等。图 5-10 中 dd_1 横线上的切应力分布符合上述两点假设。

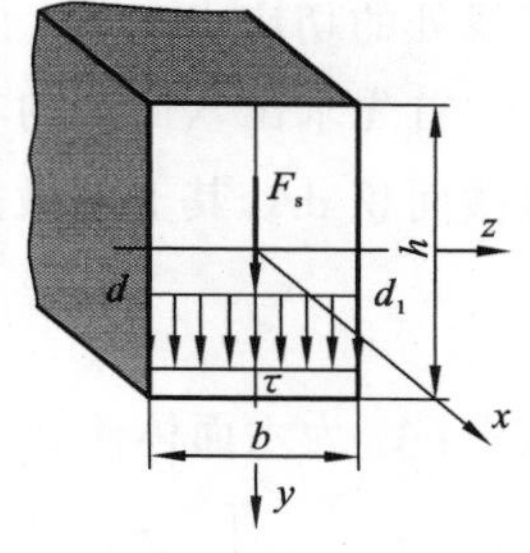

图 5-10

下面以 dd_1 横线上的切应力为例，来分析上述假设的合理性。从切应力的方向来看，由于梁的外表面无切向载荷作用，根据切应力互等定理，可以判断横截面周边处的切应力方向必须与周边相切，即图 5-10 中周边上 d、d_1 两点的切应力方向必须与周边平行。又由于对称性，可以判断 dd_1 横线中点的切应力方向必须与 F_s 的方向一致。因而

可以设想，dd_1 横线上各点的切应力均平行于剪力 F_s。对于截面高度 h 大于宽度 b 的梁来说，由上述假设所得的结果与精确解相比，是足够准确的，因而上述假设是合理的。

2. 弯曲切应力公式的推导

在图 5-11(a) 所示的矩形截面梁上，以 m-m 和 n-n 截面截取 $\mathrm{d}x$ 微段。微段两侧的弯矩分别为 M 和 $M+\mathrm{d}M$，剪力均为 F_s，如图 5-11(b) 所示。在微段的两截面上，由弯矩 M 和 $M+\mathrm{d}M$ 所引起的弯曲正应力分别为 σ' 和 σ''，在距中性轴为 y 的横线 dd_1 上，各点切应力均相等，且平行于 F_s，以 τ 表示，如图 5-11(c) 所示。

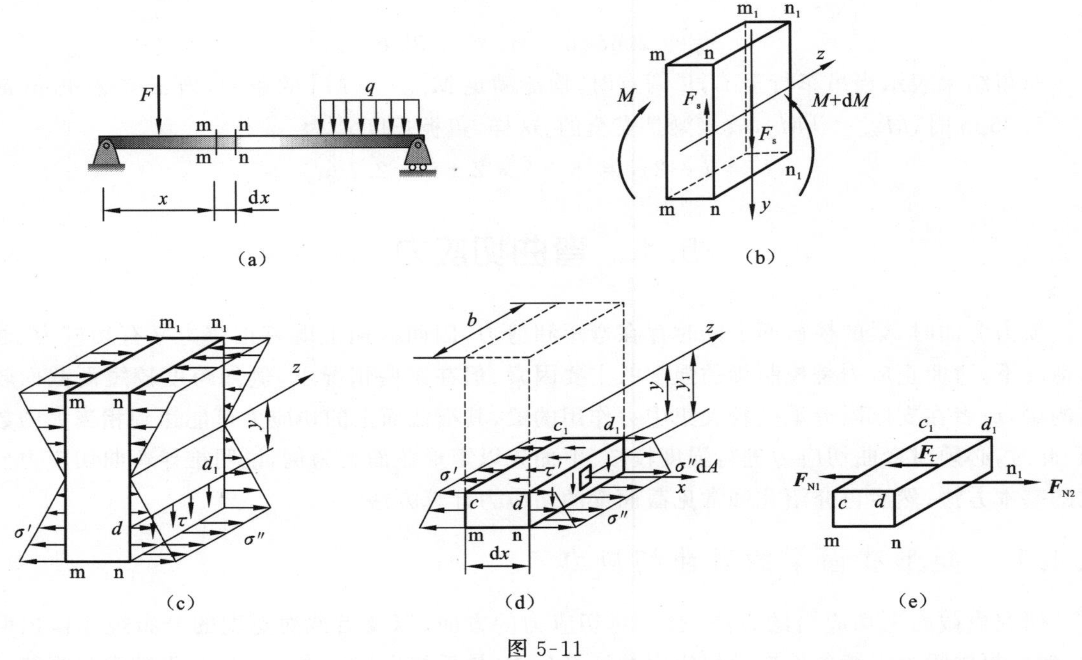

图 5-11

如果以平行于中性层的平面 cc_1d_1d，从 $\mathrm{d}x$ 微段上截取一六面体(图 5-11(d) 中的实线部分)来研究，根据切应力互等定理，cc_1d_1d 截面上应有切应力 τ' 存在，其数值与 dd_1 横线上的切应力 τ 相等，方向如图 5-11(d) 所示，这样作用在六面体上的弯曲正应力 σ'，σ'' 以及顶面上的切应力 τ' 都是沿 x 方向的应力，利用 $\sum F_x = 0$ 的平衡条件即可求得 τ'，从而确定横截面上 dd_1 横线处的切应力 τ。

首先求出六面体的右侧面 dd_1n_1n 上弯曲正应力的合力。在图 5-11(d) 中，距中性轴 y_1 处取微面积 $\mathrm{d}A$，其上的微内力为 $\sigma''\mathrm{d}A$，由它组成的内力系的合力 F_{N2}(图 5-11(e)) 为

$$F_{N2} = \int_{A_1} \sigma'' \mathrm{d}A \tag{1}$$

式中：A_1 为六面体侧面 dd_1n_1n 的面积。将式(5-2) 代入式(1)，得

$$F_{N2} = \int_{A_1} \sigma'' \mathrm{d}A = \int_{A_1} \frac{(M+\mathrm{d}M) \cdot y_1}{I_z} \mathrm{d}A = \frac{(M+\mathrm{d}M)}{I_z} \int_{A_1} y_1 \mathrm{d}A = \frac{(M+\mathrm{d}M)}{I_z} S_z^* \tag{2}$$

式中

$$S_z^* = \int_{A_1} y_1 \mathrm{d}A \tag{3}$$

为六面体侧面面积 A_1 对中性轴 z 的静矩。也就是说，S_z^* 为距中性轴为 y 的 dd_1 横线以下的面积对中性轴 z 的静矩。

同理，六面体左侧面上内力系的合力 F_{N1} 为

$$F_{N1} = \frac{M}{I_z} S_z^* \tag{4}$$

另外，六面体顶面 cc_1d_1d 上切向力系的合力 F_τ 为

$$F_\tau = \tau' b \mathrm{d}x \tag{5}$$

上述三合力 F_{N1}，F_{N2} 和 F_τ 应满足平衡条件，即

$$F_{N2} - F_{N1} - F_\tau = 0 \tag{6}$$

将式(2)、(4)、(5) 代入式(6)，得

$$\frac{M + \mathrm{d}M}{I_z} S_z^* - \frac{M}{I_z} S_z^* - \tau' b \mathrm{d}x = 0$$

简化，得

$$\tau' = \frac{\mathrm{d}M}{\mathrm{d}x} \cdot \frac{S_z^*}{I_z b}$$

将式(4-3) 代入上式，得

$$\tau' = \frac{F_s S_z^*}{I_z b}$$

根据切应力互等定理，六面体侧面的切应力 τ 应等于六面体顶面上的切应力 τ'，即

$$\tau = \frac{F_s S_z^*}{I_z b} \tag{5-8}$$

式(5-8) 即为矩形截面梁横截面上弯曲切应力 τ 的计算公式，式中：F_s 为横截面上的剪力，I_z 为横截面对中性轴 z 的惯性矩，b 为所求切应力处横截面的宽度，S_z^* 为横截面上距中性轴为 y 的横线至下边缘的面积(即图 5-12(a) 中的阴影面积) 对中性轴 z 的静矩。

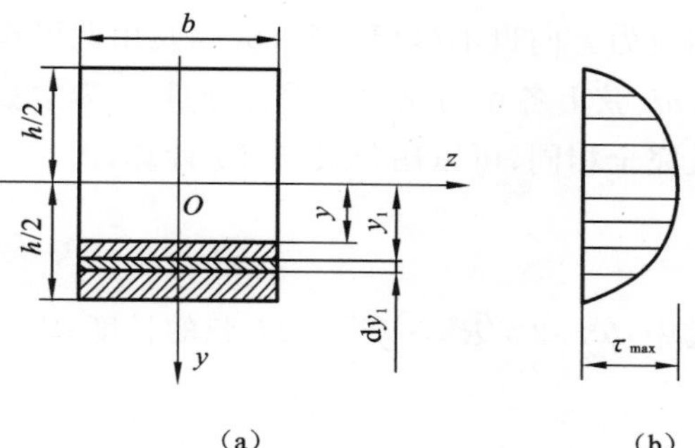

图 5-12

3. 切应力沿截面高度的变化规律

对于矩形截面，式(3) 中的 $\mathrm{d}A$ 可取为 $b\mathrm{d}y_1$，如图 5-12(a)，则

$$S_z^* = \int_{A_1} y_1 \mathrm{d}A = \int_y^{h/2} y_1 b \, \mathrm{d}y_1 = \frac{b}{2}\left(\frac{h^2}{4} - y^2\right)$$

将上式代入式(5-8)，即得矩形截面梁弯曲切应力计算公式：

$$\tau = \frac{F_s}{2I_z}\left(\frac{h^2}{4} - y^2\right) \tag{5-9}$$

由式(5-9) 可知，矩形截面梁的弯曲切应力沿截面高度是按抛物线规律变化的，如图 5-12(b) 所示。当 $y = \pm h/2$ 时，即横截面的上、下边缘各点处，切应力 $\tau = 0$。当 $y = 0$ 时，即

中性轴上各点处，切应力达最大值为

$$\tau_{\max} = \frac{3}{2}\frac{F_s}{bh} = \frac{3}{2}\frac{F_s}{A} \tag{5-10}$$

式中：$A = bh$，为矩形截面面积。

综上所述，矩形截面梁横截面上的弯曲切应力沿截面高度按抛物线规律变化。最大切应力发生在 $y = 0$ 的中性轴上，其数值为平均切应力 F_s/A 的 1.5 倍，方向同剪力 F_s。

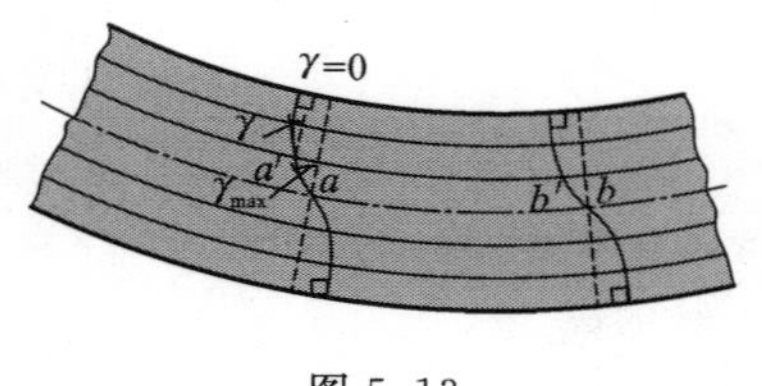

图 5-13

根据剪切胡克定律可得到切应变 $\gamma = \tau/G$，由于弯曲切应力沿截面高度的抛物线分布规律，故切应变 γ 也有与之相同的分布规律。在中性层上 γ 最大；离中性层愈远，γ 愈小；在梁的上下边缘，$\gamma = 0$，如图 5-13 所示。由于切应变 γ 沿截面高度的这种变化，势必使横截面发生翘曲，而不再保持平面。但是，如果相邻两截面的剪力相等，则它们的翘曲程度相同，相邻截面间纵向纤维的长度不因截面翘曲而变化。或者说，截面翘曲不会影响纵向纤维的弯曲变形。因此，根据平面假设得到的弯曲正应力计算公式(5-2)仍然成立。如果是分布载荷作用下的梁，相邻截面上的剪力不同，两截面的翘曲程度也不会相同，纵向纤维的变形会受到影响，而且还存在着纵向纤维间的相互挤压。但精确的分析表明，只要梁的长度 l 与高度 h 之比大于 5，弯曲正应力计算公式(5-2) 仍然是相当精确的。

5.4.2 圆形截面梁的弯曲切应力

对于圆形截面梁，由切应力互等定理可知，横截面边缘各点处的切应力与周边相切。如在任一平行于中性轴的弦线 ab 的两端点上，切应力的方向必须与周边相切，并汇交于 D 点。由于对称，弦线 ab 中点 c 的切应力也通过 D 点。因此，即使在平行于中性轴的同一横线上，各点处的切应力方向也不尽相同(图 5-14)。由此可作如下假设：①ab 弦上各点的切应力都汇交于 D 点；②ab 弦上各点切应力的垂直分量 τ_y 为常量。这样，τ_y 的分布规律与矩形截面切应力的两点假设完全相同，可以用公式(5-8) 计算，即

$$\tau_y = \frac{F_s S_z^*}{I_z b} \tag{8}$$

式中：$b = 2\sqrt{R^2 - y^2}$，为 ab 弦的长度；S_z^* 为 ab 弦以上的面积对中性轴 z 的静矩，其表达式为

$$S_z^* = \frac{2}{3}(R^2 - y^2)^{3/2} \tag{9}$$

将 b 和 S_z^* 的表达式代入(8) 式，得

$$\tau_y = \frac{F_s(R^2 - y^2)}{3I_z} \tag{5-11}$$

在 $y = 0$ 的中性轴上，τ_y 达最大值。将 $y = 0$ 及圆截面的惯性 $I_z = \pi R^4/4$，代入式(5-11)，求得圆形截面上切应力的最大值为

$$\tau_{\max} = \frac{4F_s}{3\pi R^2} = \frac{4F_s}{3A} \tag{5-12}$$

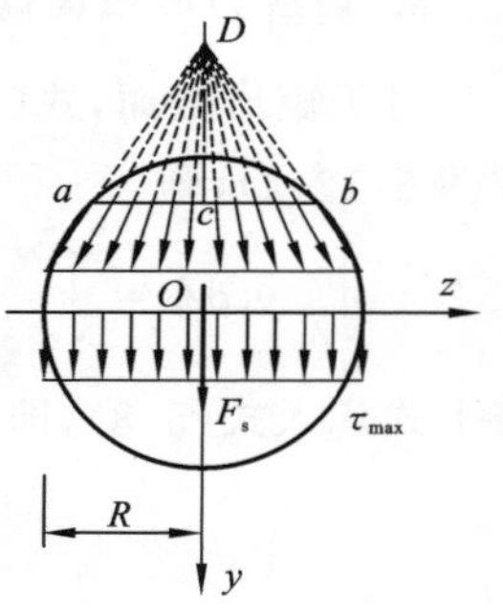

图 5-14

综上所述，圆形截面梁上的最大切应力发生在中性轴的各点处，并可近似认为其上各点处的切应力均平行于剪力，且沿中性轴均匀

分布。最大切应力的数值为平均切应力的 4/3 倍。

5.4.3 薄壁截面梁的弯曲切应力

工程中常见的薄壁截面梁有工字形、圆环形和槽形截面，它们的壁厚远小于截面的其他尺寸，如图 5-15 所示。图中的点划线是截面各处壁厚中点的连线，称为薄壁截面的中线。

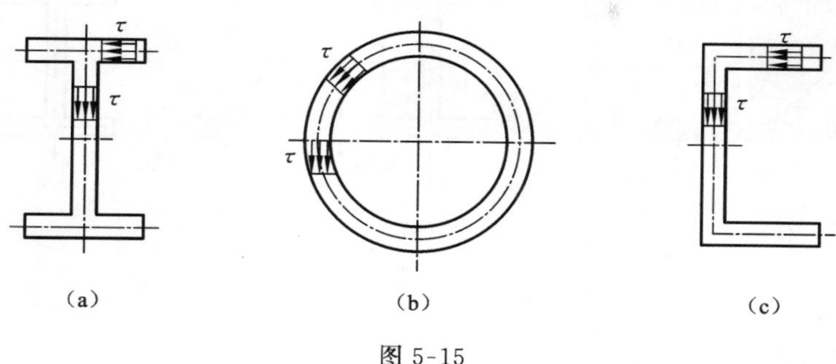

图 5-15

薄壁截面梁的弯曲切应力采用如下假设：①切应力与截面的周边相切；②切应力沿壁厚为常量。这样，薄壁截面梁横截面上的切应力可以按照矩形截面梁相同的方法求得。下面以工字形截面梁为例，分析薄壁截面梁上的弯曲切应力。

1. 工字形截面

工字形截面梁由垂直的腹板（web）和上、下翼缘（flange）组成。首先研究腹板部分的切应力。在横力弯曲的梁中取出 $\mathrm{d}x$ 微段，如图 5-16(a) 所示。为了求出腹板上的切应力，以距中性轴 y 处的 a-a 截面，将 $\mathrm{d}x$ 微段截开，如图 5-16(b) 所示。采用与矩形截面梁相同的方法，根据 a-a 截面以下截取部分的平衡，求得腹板上的切应力 τ 为

$$\tau=\frac{F_{s}S_{z}^{*}}{I_{z}d} \tag{5-13}$$

式中：F_s 为横截面的剪力，S_z^* 为 a-a 横线下侧的阴影部分面积（图 5-16(a)）对中性轴 z 的静矩；I_z 为整个工字形截面对 z 轴的惯性矩；d 为腹板厚度。切应力 τ 的方向与剪力 F_s 的方向相同。

图 5-16(a) 中阴影部分面积对 z 轴的静矩为

$$\begin{aligned}S_{z}^{*}&=B\left(\frac{H}{2}-\frac{h}{2}\right)\left[\frac{h}{2}+\frac{1}{2}\left(\frac{H}{2}-\frac{h}{2}\right)\right]+d\left(\frac{h}{2}-y\right)\left[y+\frac{1}{2}\left(\frac{h}{2}-y\right)\right]\\&=\frac{B}{8}(H^{2}-h^{2})+\frac{d}{2}\left(\frac{h^{2}}{4}-y^{2}\right)\end{aligned} \tag{10}$$

将式(10) 代入式(5-13)，则腹板上的弯曲切应力为

$$\tau=\frac{F_{s}}{I_{z}d}\left[\frac{B}{8}(H^{2}-h^{2})+\frac{d}{2}\left(\frac{h^{2}}{4}-y^{2}\right)\right] \tag{5-14}$$

式(5-14) 表明，腹板上的弯曲切应力沿高度是抛物线分布的（图 5-16(d)）。在公式(5-14) 中，令 $y=0$，求得最大切应力为

$$\tau_{\max}=\frac{F_{s}B}{8I_{z}d}\left[H^{2}-h^{2}\left(1-\frac{d}{B}\right)\right] \tag{11}$$

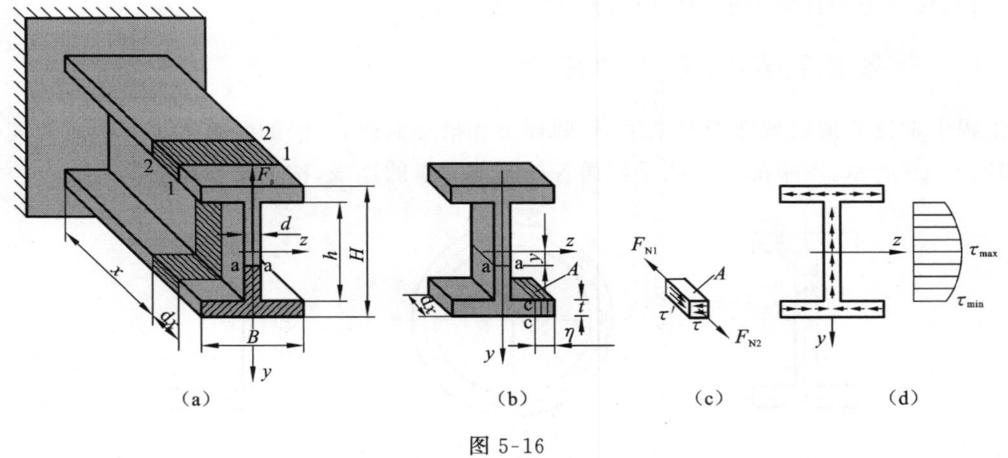

图 5-16

令 $y=\pm\dfrac{h}{2}$，求得最小切应力

$$\tau_{\min}=\frac{F_s B}{8I_z d}(H^2-h^2) \tag{12}$$

由(11)、(12) 两式可见，由于 d/B 远小于 1，所以，$\tau_{\max}\approx\tau_{\min}$，即工字形截面梁腹板上的切应力可以认为是均匀分布的。计算结果表明，腹板承担了截面上 95% ～ 97% 的剪力。可见，工字形截面梁上的剪力 F_s 基本上由腹板来承担，而且腹板上的切应力接近于均匀分布。因此，可近似地求得腹板上的切应力为

$$\tau=\frac{F_s}{hd} \tag{5-15}$$

下面分析翼缘上的切应力。自下翼缘右端 η 处，以 c-c 截面截取分离体，如图 5-16(c) 所示。根据分离体的平衡条件，同样可以求得下翼缘的切应力为

$$\tau=\frac{F_s S_z^*}{I_z t} \tag{13}$$

式中：F_s 为截面上的剪力；t 为翼缘的厚度，即 $t=\dfrac{1}{2}(H-h)$；S_z^* 为图 5-16(c) 分离体的端面积$(t\cdot\eta)$ 对 z 轴的静矩，其值为

$$S_z^*=t\eta\left(\frac{H}{2}-\frac{t}{2}\right)$$

将上式代入式(13)，则下翼缘右段的切应力为

$$\tau=\frac{F_s}{I_z}\eta\left(\frac{H}{2}-\frac{t}{2}\right) \tag{5-16}$$

式(5-16) 表明，翼缘上的切应力与 η 成正比，方向向左。按照同样的方法，可以求得下翼缘左段和上翼缘上的弯曲切应力，它们的分布规律与下翼缘的右段对称，方向如图 5-16(d) 所示。由图可知，当剪力 F_s 向上时，横截面上的切应力从下翼缘的最外侧"流"向对称轴，接着向上通过腹板，最后"流" 向上翼缘的外侧。或者说，整个截面上的弯曲切应力是顺着一个转向流动的，称为"切应力流(shearing stress flow)"。于是，在确定横截面上的切应力方向时，首先根据剪

力方向确定腹板上切应力的方向，然后根据“切应力流”确定翼缘上的切应力方向。

在翼缘上，除了有平行于周边的切应力之外，还应有平行于剪力 F_s 的切应力。但数值很小，而且分布比较复杂，一般不予考虑。

根据上面的分析，可以这样认为：工字形截面梁的腹板与翼缘是有分工的，腹板承担了截面上的大部分剪力，而翼缘承担了截面上的大部分弯矩。

2. 薄壁圆环形截面

因为薄壁圆环的壁厚远小于平均半径 R_0，故可以认为切应力 τ 沿壁厚均匀分布，方向与圆周相切，如图 5-17 所示。最大切应力仍发生在中性轴上，其值为

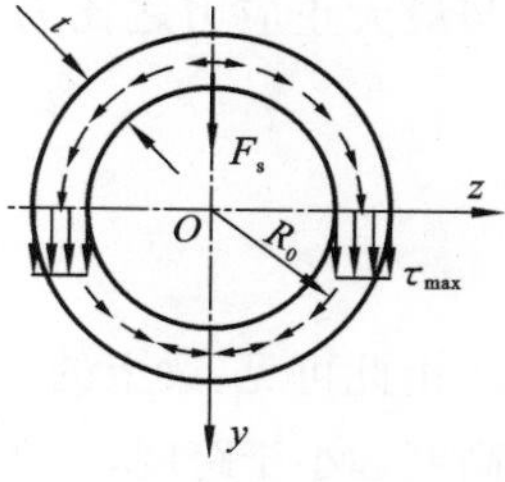

图 5-17

$$\tau_{max}=\frac{F_s S_{z\max}^*}{I_z b} \tag{14}$$

式中：$S_{z\max}^*$ 为中性轴一侧的半圆环截面对中性轴的静矩，可由两个半圆面积的静矩之差求得，即

$$S_{z\max}^*=\frac{2}{3}\left(R_0+\frac{t}{2}\right)^3-\frac{2}{3}\left(R_0-\frac{t}{2}\right)^3\approx 2R_0^2 t$$

I_z 为圆环形截面对中性轴的惯性矩，其值为

$$I_z=\frac{\pi}{4}\left(R_0+\frac{t}{2}\right)^4-\frac{\pi}{4}\left(R_0-\frac{t}{2}\right)^4\approx \pi R_0^3 t$$

在中性轴上，环形截面的宽度 $b=2t$。将 $S_{z\max}^*$，I_z 和 b 代入式(14)，得

$$\tau_{max}=2\cdot\frac{F_S}{2\pi R_0 t}=2\,\frac{F_S}{A} \tag{5-17}$$

式中：$A=2\pi R_0 t$ 为圆环的面积。可见，薄壁圆环中性轴上的最大切应力为平均切应力的两倍。

5.5 梁的切应力强度条件

上节的结果表明，对于等截面杆，无论其截面形状如何，弯曲切应力的最大值总是发生在横截面的中性轴上，其一般表达式为

$$\tau_{max}=\frac{F_{s\max}S_{z\max}^*}{I_z b_0} \tag{5-18}$$

式中：$S_{z\max}^*$ 为中性轴一侧的截面面积对中性轴的静矩；b_0 为横截面在中性轴上的宽度。由于中性轴上各点处的弯曲正应力为零，因此，这些点属于纯剪应力状态。于是，弯曲切应力的强度条件为：梁内最大切应力 τ_{max} 不超过材料的许用切应力[τ]，即

$$\tau_{max}=\frac{F_{s\max}S_{z\max}^*}{I_z b_0}\leqslant[\tau] \tag{5-19}$$

实际上，在一般情况下，梁的强度是由弯曲正应力控制的。也就是说，弯曲切应力的强度条件一般是能够满足的。例如，承受均布载荷 q 作用的矩形截面简支梁，其截面的高为 h，宽为 b。由图 4-13 可知，梁的最大弯矩和最大剪力分别为

$$M_{max}=\frac{ql^2}{8},\quad F_{s\max}=\frac{ql}{2}$$

则梁的最大正应力

$$\sigma_{\max} = \frac{M_{\max}}{W_z} = \frac{ql^2/8}{bh^2/6} = \frac{3ql^2}{4bh^2}$$

最大切应力

$$\tau_{\max} = \frac{3F_{s\max}}{2bh} = \frac{3ql}{4bh}$$

它与最大正应力之比为

$$\frac{\tau_{\max}}{\sigma_{\max}} = \frac{\dfrac{3ql}{4bh}}{\dfrac{3ql^2}{4bh^2}} = \frac{h}{l}$$

由此可见，梁上的 $\tau_{\max}$ 和 $\sigma_{\max}$ 之比与截面高度 h 和跨度 l 之比是同一量级。在一般情况下，梁的高度远小于跨度，则弯曲切应力远小于弯曲正应力，所以说，弯曲正应力是控制梁强度的主要因素，一般不必进行切应力校核。但是，对于下列几种情况的梁，必须进行切应力的强度校核：

(1) 梁的跨度较短，或者有较大载荷作用在支座附近时，梁的最大弯矩可能不大，而剪力却较大；

(2) 由钢板和型钢所组成的组合截面梁，如果腹板厚度 b_0 与截面高度 h 相比很小时，最大切应力可能很大；

(3) 由几部分经铆接或胶合而成的组合梁，一般需对铆钉或胶合面进行切应力强度校核。

例 5.6 图 5-18(a) 所示的工字钢截面简支梁，$l = 2$ m，$a = 0.2$ m，梁的载荷 $q = 10$ kN/m，$F = 200$ kN。许用正应力$[\sigma] = 160$ MPa，许用切应力$[\tau] = 100$ MPa，试选择工字钢型号。

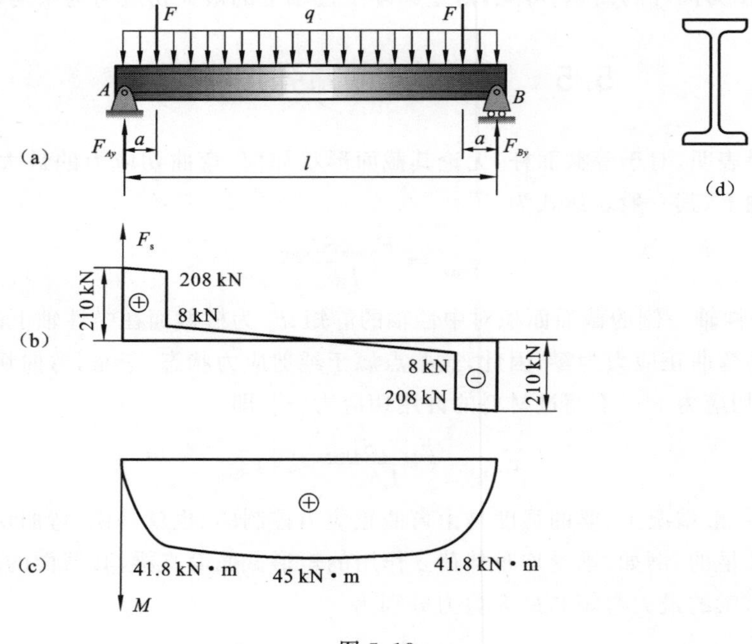

图 5-18

解　1）确定最大内力。计算支座的约束力后作出剪力图和弯矩图，如图 5-18(b)、(c) 所示。由图可知，$F_{s\max} = 210\ \text{kN}$，$M_{\max} = 45\ \text{kN} \cdot \text{m}$。

2）根据正应力强度条件选择工字钢。由式(5-7)，得

$$W_z \geqslant \frac{M_{\max}}{[\sigma]} = \frac{45 \times 10^3}{160 \times 10^6} = 281 \times 10^{-6}\ \text{m}^3 = 281\ \text{cm}^3$$

查型钢表，用 22a 号工字钢，其 $W_z = 309\ \text{cm}^3$。

3）校核切应力。由型钢表查得 22a 号工字钢的 $I_z / S^*_{z\max} = 18.9\ \text{cm}$，腹板厚度 $d = 7.5\ \text{mm}$。由式(5-18) 计算梁的最大切应力为

$$\tau_{\max} = \frac{F_{s\max} S^*_{z\max}}{I_z d} = \frac{210 \times 10^3}{18.9 \times 10^{-2} \times 7.5 \times 10^{-3}} = 148\ \text{MPa}$$

由于 $\tau_{\max} > [\tau]$，不能满足切应力强度条件，必须重新选择工字钢。

若选用 25b 号工字钢，查得 $I_z / S^*_{z\max} = 21.27\ \text{cm}$，$d = 10\ \text{mm}$，则最大切应力为

$$\tau_{\max} = \frac{F_{s\max} S^*_{z\max}}{I_z d} = \frac{210 \times 10^3}{21.27 \times 10^{-2} \times 10 \times 10^{-3}} = 98.7\ \text{MPa}$$

由于 $\tau_{\max} < [\tau]$，故满足强度条件。

因此，要同时满足正应力强度条件和切应力强度条件，必须选用 25b 号工字钢。由本例可知，对于某些梁，校核切应力是必要的。

5.6　非对称截面梁的平面弯曲·弯曲中心

在 5.2 节中提到，梁发生平面弯曲的条件是：梁的横截面具有对称轴，全梁具有纵向对称面，所有外载荷作用在此对称面内。对于这样的梁，由横截面上正应力的静力合成条件 $M_y = 0$，导出的截面惯性积 $I_{yz} = 0$，是自然满足的（见 5.2 节的式(7)）。其实，满足条件 $I_{yz} = 0$ 的，并不仅限于对称截面。对于非对称截面，只要 y，z 轴为截面的形心主轴，那么同样可以满足条件 $I_{yz} = 0$。截面的形心主轴与梁的轴线所组成的平面，称为形心主惯性平面。因此，对于非对称截面梁，只要载荷作用在形心主惯性平面内，梁仍然发生平面弯曲（图 5-19）。弯曲正应力公式(5-2) 仍然可以应用。

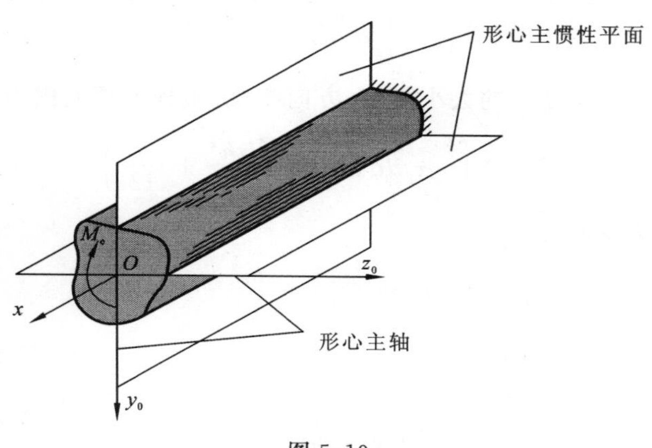

图 5-19

应该指出，当非对称截面梁发生横力弯曲时，横截面上切向内力系的合力并不一定通过形心。现以槽钢为例加以说明。

图 5-20(a) 所示的槽形截面属于薄壁截面，因此，同样可以应用公式(5-8) 来确定弯曲切应力。在上翼缘上，距右端为 ξ 的部分截面面积对 z 轴的静矩 S_z^* 为

$$S_z^* = \frac{th\xi}{2}$$

则 ξ 处的切应力 τ_1 为

$$\tau_1 = \frac{F_s S_z^*}{I_z t} = \frac{F_s h\xi}{2I_z} \tag{1}$$

同理，可以求出下翼缘的切应力。

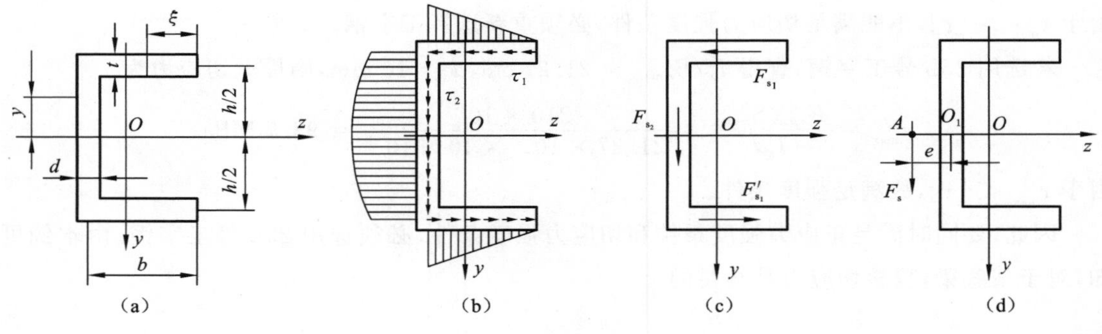

图 5-20

在腹板上，与中性轴相距 y 的外侧部分面积(图 5-20(a)) 对 z 轴的静矩为

$$S_z^* = \frac{bth}{2} + \frac{d}{2}\left(\frac{h^2}{4} - y^2\right)$$

则 y 处的切应力 τ_2 为

$$\tau_2 = \frac{F_s S_z^*}{I_z d} = \frac{F_s}{I_z d}\left[\frac{bth}{2} + \frac{d}{2}\left(\frac{h^2}{4} - y^2\right)\right] \tag{2}$$

腹板与上、下翼缘的切应力方向及其分布规律，如图 5-20 (b) 所示。

若上翼缘上切向内力系的合力为 F_{s_1}，则

$$F_{s_1} = \int_0^b t\tau_1 d\xi = \frac{F_s b^2 ht}{4I_z} \tag{3}$$

下翼缘上的合力为 F'_{s_1}，它与 F_{s_1} 的大小相等，方向相反。腹板上切向内力系的合力 F_{s_2} 为

$$F_{s_2} = \int_{-\frac{h}{2}}^{\frac{h}{2}} \tau_2 d\,\mathrm{d}y = \frac{F_s}{I_z}\left(\frac{bth^2}{2} + \frac{dh^3}{12}\right) \tag{4}$$

而槽形截面对 z 轴的惯性矩约为

$$I_z \approx \frac{bth^2}{2} + \frac{dh^3}{12}$$

将上式代入(4) 式，得到

$$F_{s_2} \approx F_s \tag{5}$$

由此可见，横截面上的剪力 F_s 基本上由腹板承担。

上、下翼缘与腹板上的合力 F_{s_1}，F'_{s_1} 和 F_{s_2} 如图 5-20(c) 所示，由大小相等、方向相反的 F_{s_1} 和 F'_{s_1} 组成一力偶矩，与 F_{s_2} 合成后，最终得到一合力 F_s，其数值等于 F_{s_2}，方向平行于 F_{s_2}，作用线到腹板中线的距离为 e，如图 5-20(d) 所示。由力矩定理得

$$F_{s_1} h = F_s e$$

将(c) 式代入上式，得到

$$e = \frac{F_{s_1} h}{F_s} = \frac{b^2 h^2 t}{4I_z} \tag{5-20}$$

由式(5-20) 可见，截面上切向内力系的合力 F_s(即截面上的剪力) 不通过截面形心，而作用在距腹板中线为 e 的纵向平面内。

在图 5-20(d) 中，剪力 F_s 的作用线与截面对称轴 z 的交点 A，称为弯曲中心或称剪切中心 (shearing center)。槽钢弯曲中心的位置，由式(5-20) 确定。公式表明，弯曲中心的位置与材料性质和载荷大小无关，是反映截面几何性质的一个参数。

当外力通过弯曲中心，且平行于形心主惯性平面时，外力与横截面上的剪力在同一纵向平面内，杆件发生平面弯曲，如图 5-21(a) 所示。反之，如果外力不通过弯曲中心，则将外力向弯曲中心简化，得到一个过弯曲中心的外力和一个扭矩，使杆件产生弯曲变形的同时，还伴随着扭转变形，如图 5-21 (b) 所示。

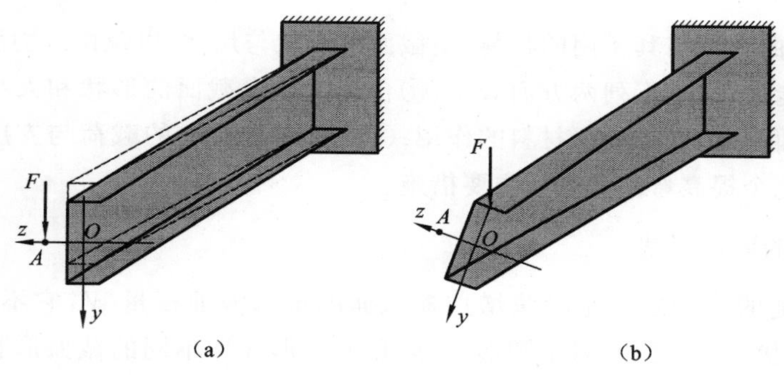

图 5-21

开口薄壁杆件的抗扭刚度很小，如果外力不通过弯曲中心，将会引起较大的扭转变形和切应力。为了避免这种情况，必须使外力的作用线通过弯曲中心。几种常见的非对称开口薄壁截面的弯曲中心 A 的位置，如图 5-22 所示。

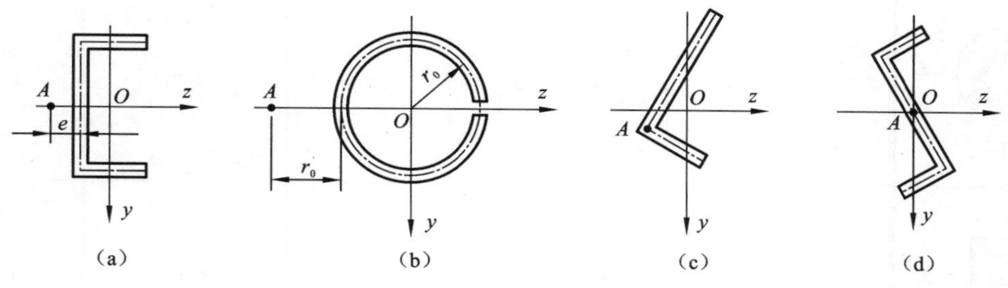

图 5-22

对于不对称的实体截面和闭口薄壁截面，弯曲中心同样不一定与截面形心重合。当外力

通过截面形心，而不通过弯曲中心时，也会引起扭转变形。只是因为实体杆件和闭口薄壁杆件的抗扭刚度较大，可以忽略扭转的影响。为了便于比较，现将各类截面的梁发生平面弯曲的条件，归纳于表 5-1 中。

表 5-1　平面弯曲的条件

截面形式	载荷条件	附注
对称截面	载荷作用在纵向对称面内	
非对称实心截面或闭口薄壁截面	载荷作用在形心主惯性平面内	忽略扭转变形的影响
非对称开口薄壁截面	载荷通过弯曲中心，且平行于形心主惯性平面	消除了扭转变形

5.7　提高弯曲强度的措施

本节主要研究如何使梁在保证强度的前提下，尽可能地节省材料或减轻自重。前面曾经指出，梁的强度主要是由弯曲正应力控制，由梁的正应力强度条件：

$$\sigma_{\max} = \frac{M_{\max}}{W} \leqslant [\sigma]$$

可以看出，梁的弯曲强度与其所用的材料、横截面的形状与尺寸，以及由外力引起的弯矩有关。要提高梁的承载能力，应从下列两方面着手：①合理设计横截面的形状和大小，尽可能地增加横截面的抗弯截面模量，充分发挥材料的作用；②合理布置梁上的载荷与支座，设法降低最大弯矩。下面介绍几个提高弯曲强度的主要措施。

1. 选择合理的截面形状

提高弯曲强度的途径之一是设法增加横截面的抗弯截面模量 W，它不仅与截面尺寸有关，而且与截面形状有关。例如，对于圆形、矩形和工字形 3 种不同的截面形状，如果它们的面积相等，材料相同(设许用应力均为 160 MPa)，则它们的抗弯截面模量 W、许用弯矩$[M]$ 以及比值 W/A 是有较大差异的。为了便于比较，现将上述参数列于表 5-2 中。

表 5-2　截面合理性的比较

截面形状	截面面积 /cm²	截面尺寸 /cm	W/cm³	$[M]$/kN·m	(W/A)/cm)
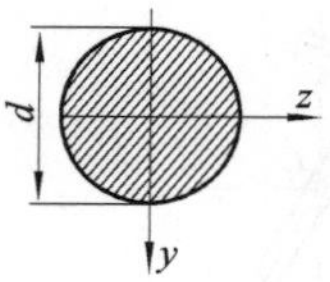 d z y	35.5	$d = 6.72$	29.8	4.77	0.84
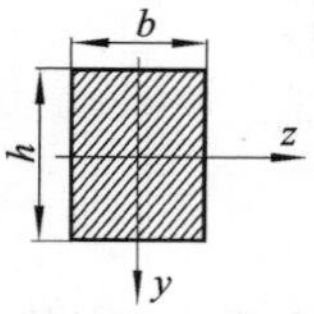 b h z y	35.5	$b = 4.21$ $h = 8.43$	49.9	7.98	1.41

续表

截面形状	截面面积 /cm^2	截面尺寸 /cm	W/cm^3	$[M]$/kN·m	(W/A)/(cm)
	35.5	20a 号工字钢	237	37.92	6.68

由表可见，截面形状对梁的承载能力影响很大。在横截面面积相同的情况下，许用弯矩越大，截面形状就越合理。一般可用 W 与 A 的比值来衡量截面形状的合理程度，其比值越大，截面形状越合理。由表中的数值可知，工字形比矩形合理，而矩形又比圆形合理。从正应力沿横截面的分布规律看，这是容易理解的。因为梁弯曲时，离中性轴越远的地方，正应力越大，处于该处的材料就越能发挥其承载能力。工字钢截面的绝大部分材料远离中性轴，可以充分发挥抗弯能力，而圆形截面则相反，较多的材料靠近中性轴，不能充分发挥作用。因此，将实心圆截面改为空心圆截面，将横向放置的矩形截面改为竖向放置(图 5-23(a))，将矩形截面的中间部分的面积移至上下边缘，形成工字形截面(图 5-23(b)) 等，均可使截面更为合理。在工程结构中，经常采用工字形截面、槽形截面或箱形截面的受弯杆件，就是这个道理。

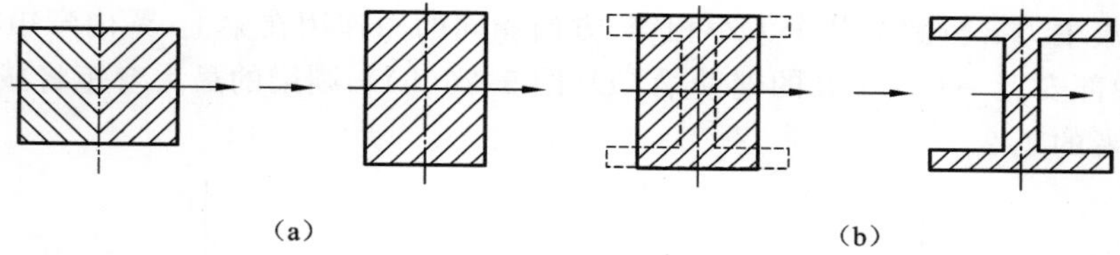

(a)　　(b)

图 5-23

其实，截面的合理形状还与材料的性能有关。上面讨论的圆形、矩形和工字形等对称截面，对于抗拉强度和抗压强度相同的材料是合理的。因为中性轴是截面的对称轴，横截面上最大拉应力和最大压应力可以同时达到许用应力。但对于抗拉强度和抗压强度不同的材料，如铸铁等，宜采用中性轴两侧不对称的截面形状。如图 5-24 (a)、(b)、(c) 所示的 3 种截面形状，中性轴两侧的 y_1 与 y_2 不等，它们的正应力分布规律如图 5-24(d) 所示。为使横截面上的最大拉应力与最大压应力同时达到拉伸和压缩许用应力$[\sigma]^+$ 和$[\sigma]^-$，则 y_1 与 y_2 应满足以下关系：

$$\frac{\sigma_{\max}^-}{\sigma_{\max}^+}=\frac{M_{\max}y_2/I_z}{M_{\max}y_1/I_z}=\frac{y_2}{y_1}=\frac{[\sigma]^-}{[\sigma]^+}$$

这样的截面形状，可以充分发挥材料的作用，因而比较合理。

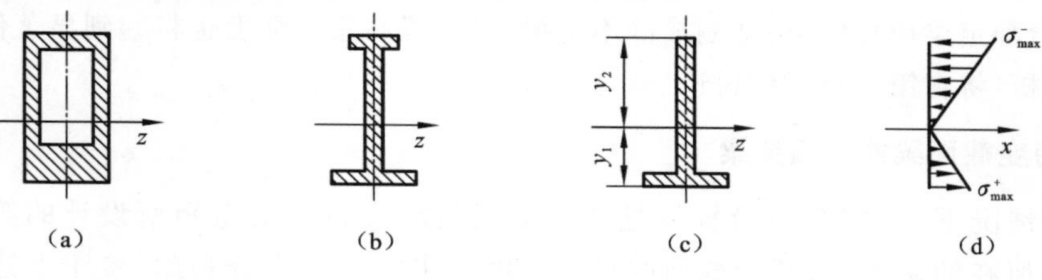

(a)　　(b)　　(c)　　(d)

图 5-24

2. 改善梁的受力情况

提高梁强度的另一重要措施是合理安排梁的约束和加载方式，从而达到提高梁的承载能力的目的。例如，图 5-25(a) 所示的简支梁，受均布载荷作用，梁的最大弯矩为 $M_{max}=ql^2/8$。然而，如果将梁两端的铰支座各向内移动 0.2l(图 5-25(b))，则最大弯矩变为 $M'_{max}=ql^2/40$，仅为前者的 1/5。

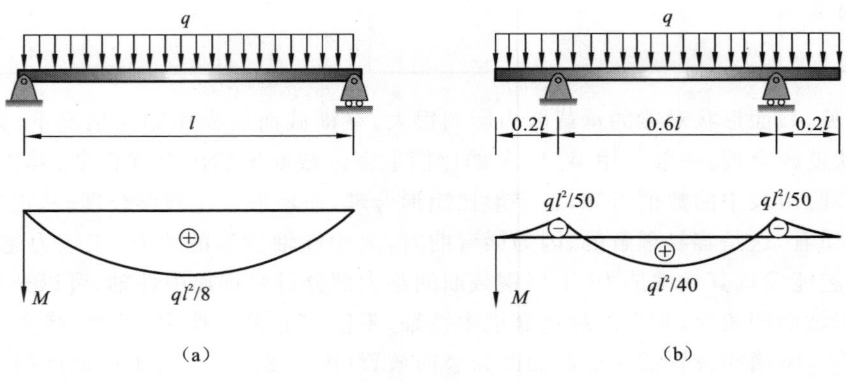

图 5-25

又如，图 5-26(a) 所示的简支梁 AB，在跨度中点受集中力 F 作用，梁的最大弯矩为 $M_{max}=Fl/4$。如果将集中力 F 分解为几个大小相等、方向相同的力作用在梁上，梁内弯矩将显著减小。例如在梁的中部安置一长为 $l/2$ 的辅助梁 CD(图 5-26(b))，则梁的最大弯矩将减小为 $M'_{max}=Fl/8$，仅为前者的 1/2。

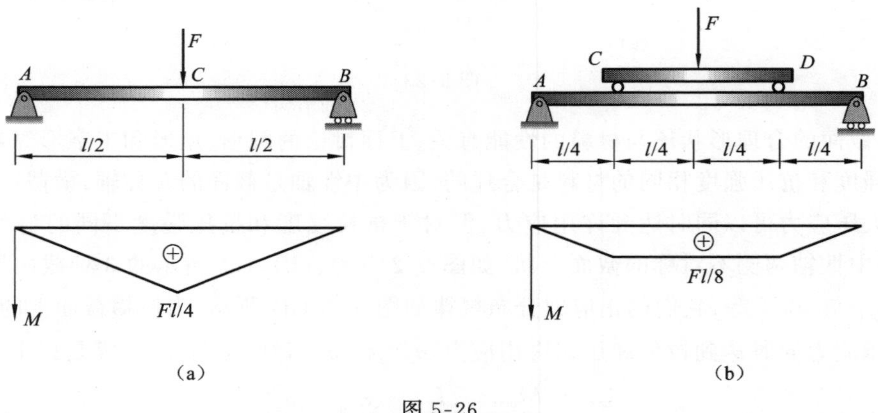

图 5-26

上述实例说明，在条件允许的情况下，合理安排约束和加载方式，将显著减小梁内的最大弯矩。

此外，给静定梁增加约束，即制成静不定梁，对于提高梁的强度也将起到显著作用。关于静不定梁的分析，将在第六章详细讨论。

3. 采用变截面梁或等强度梁

在一般情况下，梁的弯矩沿轴线是变化的。因此，在按最大弯矩所设计的等截面梁中，除最大弯矩所在的截面外，其余截面的材料强度均未能得到充分利用。鉴于上述情况，为了减轻构件的自重和节省材料，在工程实际中，经常根据弯矩的变化情况，将梁设计成变截面的。在弯矩较大处，采用较大的截面，在弯矩较小处，采用较小的截面。这种截面沿轴线变化的梁，称为变截面梁。例如，图5-27中的阶梯轴、鱼腹梁和摇臂钻床的摇臂等，都是工程中常见的变截面梁。

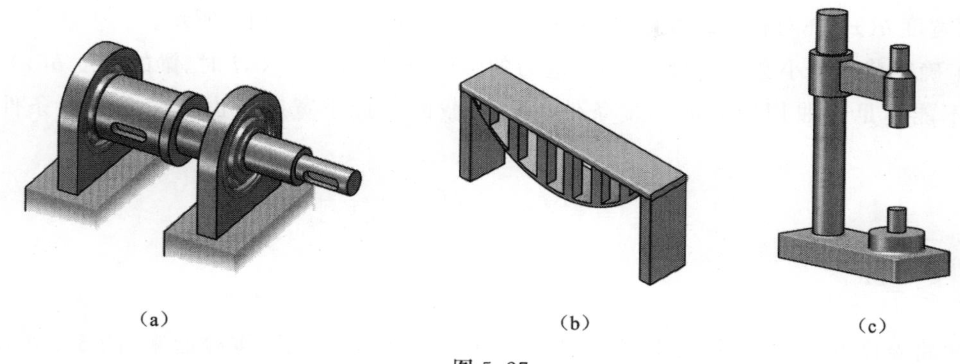

图5-27

从弯曲强度考虑，理想的变截面梁应该使所有截面上的最大弯曲正应力均相同，且等于许用应力，即

$$\sigma_{\max} = \frac{M(x)}{W(x)} = [\sigma] \tag{5-21}$$

这种梁称为等强度梁(beam of constant strength)。

例 5.8　如图5-28(a)所示的简支梁，跨度中点作用集中力 F，梁的截面为矩形，其高度 h 保持不变。试按等强度梁确定截面宽度 $b(x)$ 的变化规律。已知材料的许用正应力和许用切应力分别为$[\sigma]$和$[\tau]$。

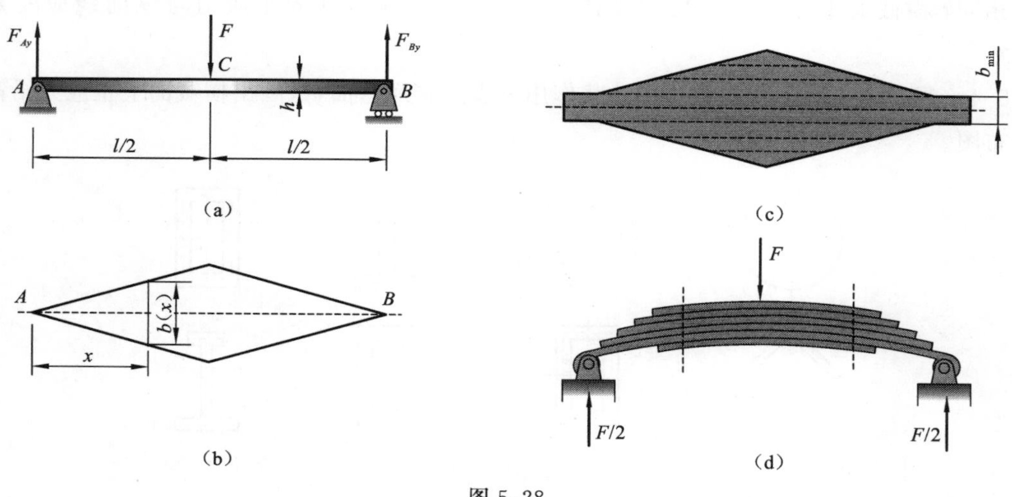

图5-28

解　(1) 确定梁的宽度 $b(x)$。简支梁的弯矩方程为

$$M(x) = \frac{F}{2}x \tag{1}$$

矩形截面梁的抗弯截面模量为

$$W(x)=\frac{b(x)h^2}{6} \tag{2}$$

将式(1)、式(2)代入式(5-21)，求得 $b(x)=\frac{3Fx}{[\sigma]h^2}\left(0\leqslant x\leqslant\frac{l}{2}\right)$。由于梁的弯矩对称于跨度中点，因而宽度 $b(x)$ 亦对称于跨度中点。$b(x)$ 的变化规律如图 5-28(b) 所示。

(2) 确定截面最小宽度。根据弯曲正应力的强度条件，当 $x=0,l$ 时，梁的宽度 $b(x)=0$，这显然不能满足弯曲切应力的强度条件。因此，截面的最小宽度应由切应力强度条件来确定，即

$$\tau_{\max}=\frac{3F_{\mathrm{s\,max}}}{2A}=\frac{3F/2}{2hb_{\min}}\leqslant[\tau]$$

解得 $b_{\min}\geqslant\frac{3F}{4h[\tau]}$。

如果将宽度 $b(x)$ 等分为若干窄条(图 5-28(c))，使其微弯后，重叠起来(图 5-28(d))，就成为汽车或其他车辆的叠板弹簧。

习　题

5-1　厚度 $h=1.5\,\mathrm{mm}$ 的钢带，卷成直径 $D=3\,\mathrm{m}$ 的圆环，若钢带的弹性模量 $E=210\,\mathrm{GPa}$，试求钢带横截面上的最大正应力。

5-2　直径为 d 的钢丝，弹性模量为 E，现将它弯曲成直径为 D 的圆弧。试求钢丝中的最大应力与 d/D 的关系。并分析钢丝绳为何要用许多高强度的细钢丝组成。

5-3　截面形状及尺寸完全相同的一根钢梁和一根木梁，如果所受的外力也相同，则内力是否相同？横截面上正应力的变化规律是否相同？对应点处的正应力与纵向线应变是否相同？

5-4　题图 5-1 所示截面各梁在外载作用下发生平面弯曲，试画出横截面上正应力沿高度的分布图。

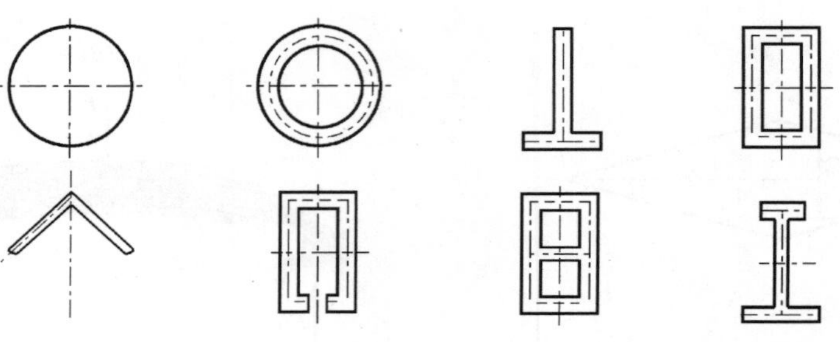

题图 5-1

5-5　一矩形截面梁如题图 5-2 所示，已知 $F=1.5\,\mathrm{kN}$。试求

(1) I-I 截面上 A,B,C,D 各点处的正应力；

(2) 梁上的最大正应力，并指明其位置。

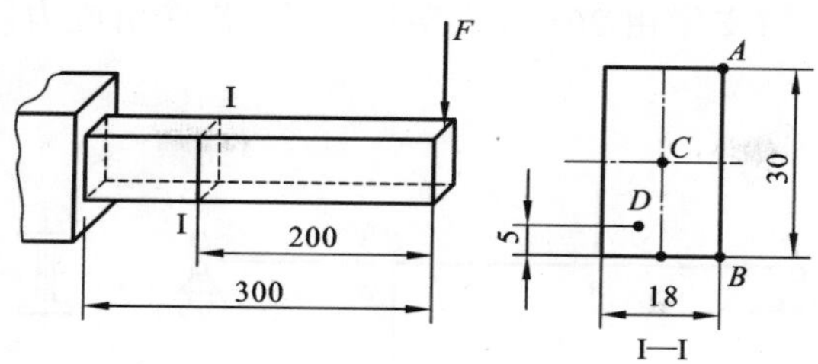

题图 5-2

5-6　题图 5-3 所示矩形截面简支梁，受均布载荷作用。已知载荷集度 $q = 20\ \text{kN/m}$，跨长 $l = 3\ \text{m}$，截面高度 $h = 24\ \text{cm}$，宽度 $b = 8\ \text{cm}$。试分别计算截面竖搁和横搁时梁的最大正应力，并进行比较。

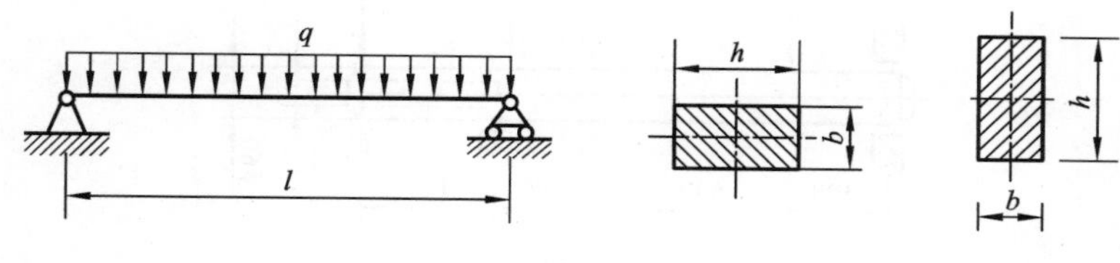

题图 5-3

5-7　题图 5-4 所示均布载荷简支梁，若分别采用截面面积相等的实心和空心截面，且 $D_1 = 40\ \text{mm}$，$\dfrac{d_2}{D_2} = \dfrac{3}{5}$。试分别计算它们的最大正应力，并问空心截面比实心截面的最大应力减小了多少？

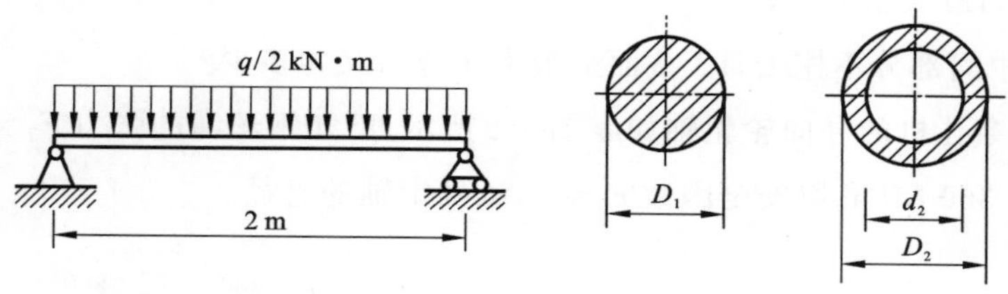

题图 5-4

5-8　T 字形截面悬臂梁，由铸铁制成，截面尺寸如题图 5-5 所示，$I_z = 10\,180\ \text{cm}^4$，$h_1 = 9.64\ \text{cm}$ 已知 $F = 40\ \text{kN}$，许用拉应力 $[\sigma]^+ = 40\ \text{MPa}$，许用压应力 $[\sigma]^- = 80\ \text{MPa}$，试校核梁的强度。

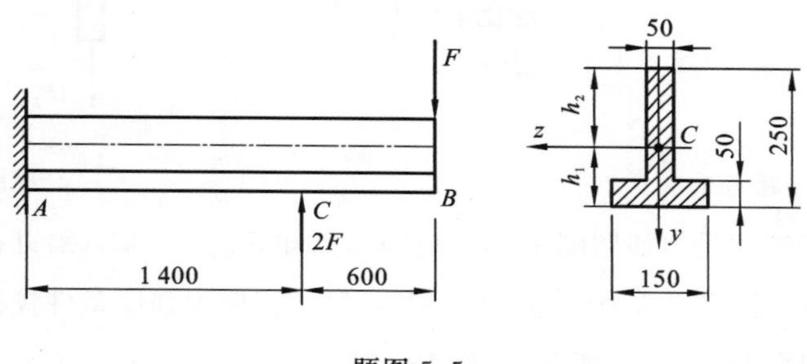

题图 5-5

5-9　题图 5-6 所示简支梁由 20a 号工字钢制成，若许用应力$[\sigma]=160\ \text{MPa}$，试求许可载荷 F。

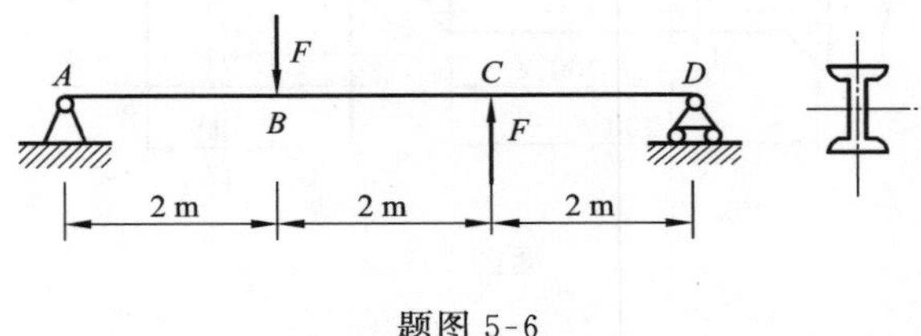

题图 5-6

5-10　某一圆轴的外伸部分为空心圆截面，尺寸如题图 5-7 所示，试求轴内的最大正应力。

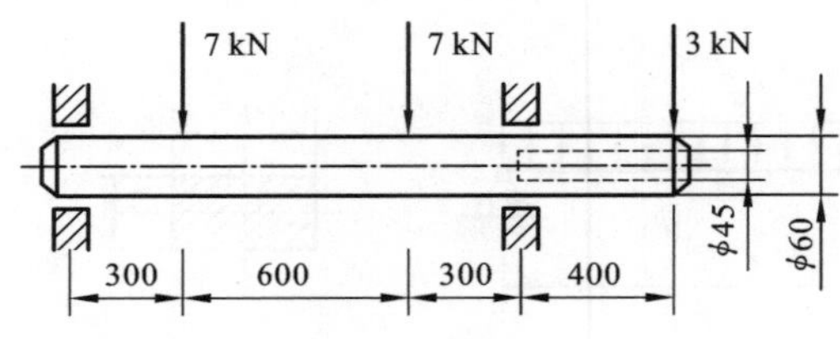

题图 5-7

5-11　对于横截面为 $b\times 2b$ 的矩形截面梁，试求当相同的外力分别作用在截面长边及短边的纵向对称面内时，梁的许用弯矩之比。

5-12　管道托架及其 I-I 截面如题图 5-8 所示，载荷 $F=10\ \text{kN}$，试求：

(1) I-I 截面的最大正应力；

(2) 若托架中间部分不挖去，I-I 截面上最大正应力又为多少？

5-13　冲击穿孔机的导向轮轮轴如题图 5-9 所示。已知钢丝绳的张力 $F_T=40\ \text{kN}$，轴材料的屈服极限 $\sigma_s=360\ \text{MPa}$。取安全因数 $n=4$，试确定轴的直径。

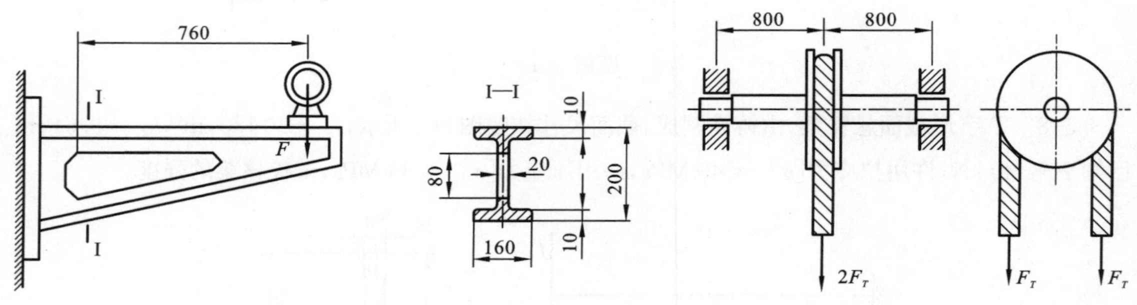

题图 5-8　　　　题图 5-9

5-14　空心活塞销的受力如题图 5-10(a) 所示，已知 $F_{max}=7\ \text{kN}$，销钉各段的载荷可简化为均布载荷(图 5-10(b))，若许用应力$[\sigma]=240\ \text{MPa}$，试按正应力强度条件校核销钉的强度。

5-15　拆卸工具如题图 5-11 所示。已知 $l=250\ \text{mm}$，$a=30\ \text{mm}$，$h=60\ \text{mm}$，$c=16\ \text{mm}$，

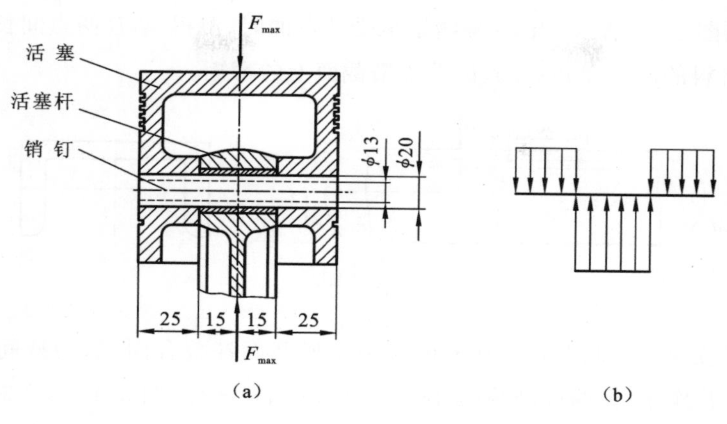

题图 5-10

$d = 58$ mm，$[\sigma] = 160$ MPa。试按横梁中央截面的强度确定许可压力 F。

5-16　某一铸铁梁的横截面如题图 5-12 所示，已知许用压应力是许用拉应力的 4 倍，即 $[\sigma]^{-} = 4[\sigma]^{+}$。试按强度观点考虑，$b$ 为何值最合适。

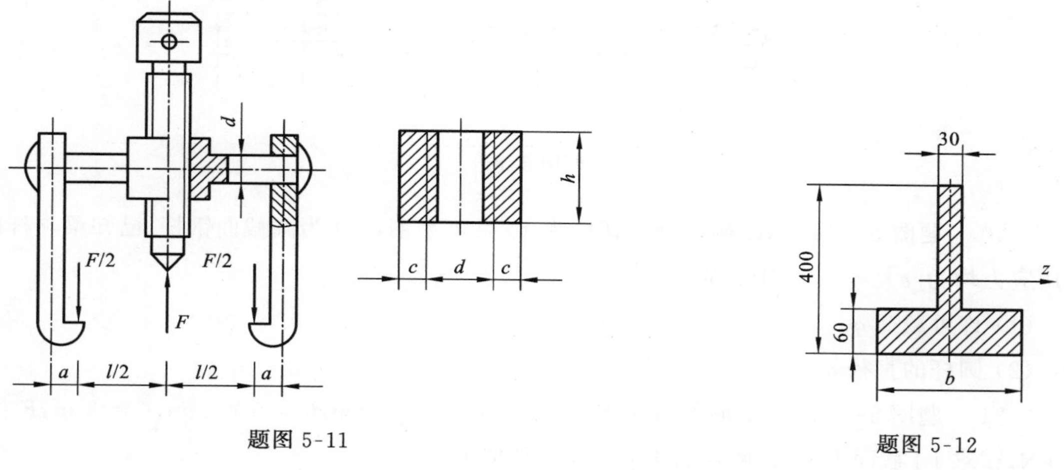

题图 5-11　　　　题图 5-12

5-17　吊车大梁如题图 5-13 所示。已知许用应力$[\sigma] = 120$ MPa，若不考虑梁的自重，求吊车的许可载荷 F。

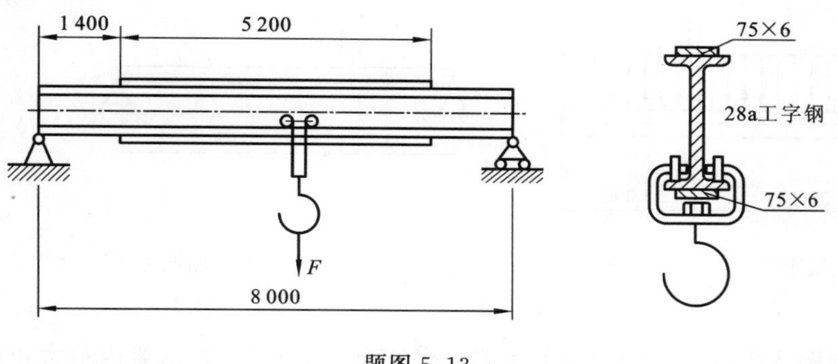

题图 5-13

5-18　如题图 5-14 所示，当 20 号槽钢承受纯弯曲时，测得 A，B 两点间长度的改变 $\Delta l = 27 \times 10^{-3}$ mm。材料的 $E = 200$ GPa，试求梁横截面上的弯矩。

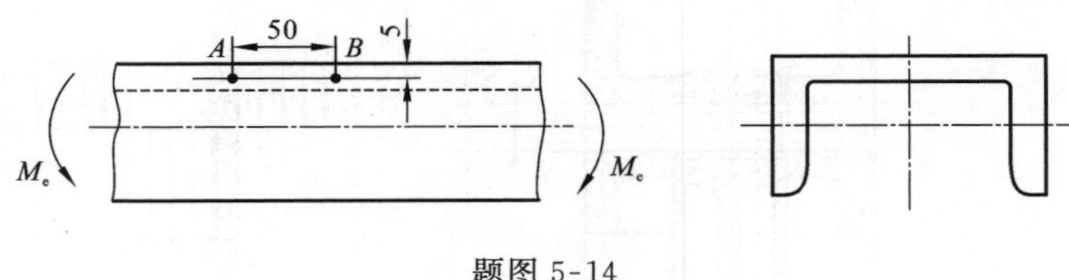

题图 5-14

5-19　一简支梁由材料及尺寸相同的两根矩形截面杆叠合而成，两杆间光滑接触。跨度中央受集中载荷 F 作用。当两杆竖叠（题图 5-15(a)）与横叠（题图 5-15(b)）时，试求梁内最大弯曲正应力之比。

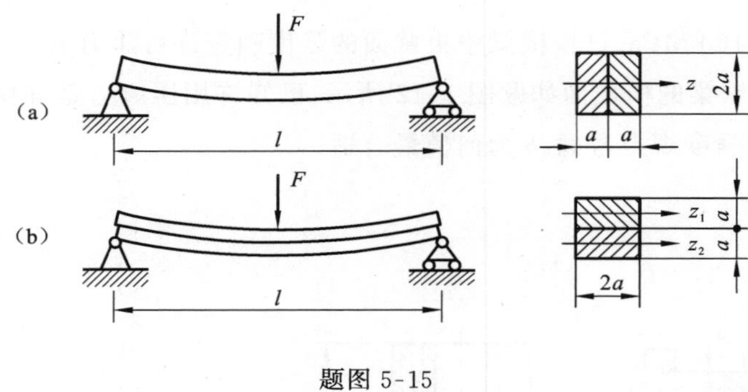

题图 5-15

5-20　题图 5-16 所示结构中，梁 ABC 为 10 号工字钢，BD 为圆截面钢杆。已知梁与杆的许用应力均为$[\sigma] = 160$ MPa，试求：

(1) 许可载荷 q；

(2) 圆杆的直径 d。

5-21　题图 5-17 所示矩形截面简支梁，已知 $h = 200$ mm，$b = 100$ mm，$l = 3$ m，$F = 60$ kN。试求 I-I 截面上 A，B 两点的正应力 σ 和切应力 τ。

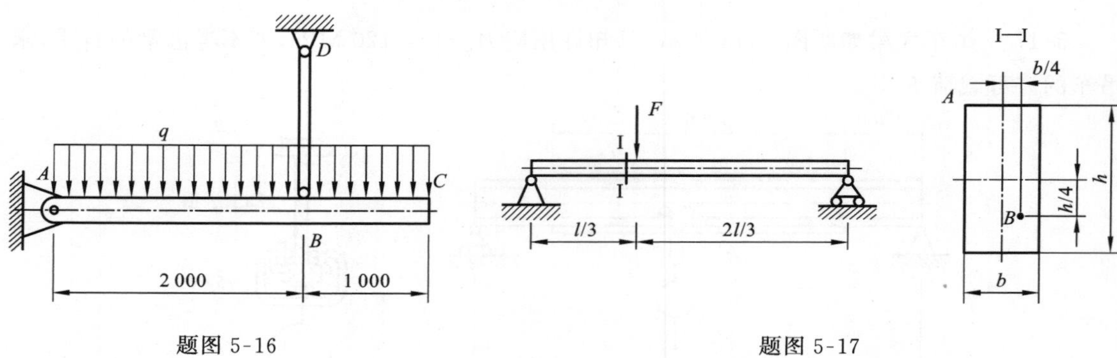

题图 5-16　　　　题图 5-17

5-22　题图 5-18 所示，圆截面简支梁承受均布载荷作用，试求梁内最大正应力和最大切应力,并指出其位置。

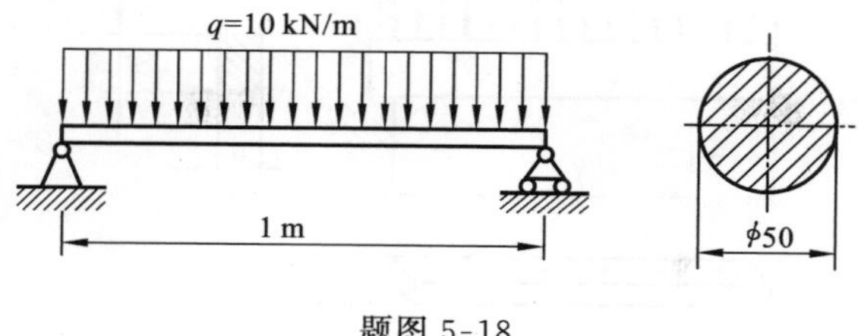

题图 5-18

5-23　截面为 25a 号工字钢的外伸梁,受力如题图 5-19 所示。试求梁的最大正应力和最大切应力。

5-24　试求习题 5-8 中悬臂梁内的最大切应力。

5-25　工字钢外伸梁如题图 5-20 所示。已知 $F = 50$ kN,$a = 0.15$ m,$b = 0.6$ m,材料的许用正应力$[\sigma] = 160$ MPa,许用切应力$[\tau] = 100$ MPa,试选择工字钢型号。

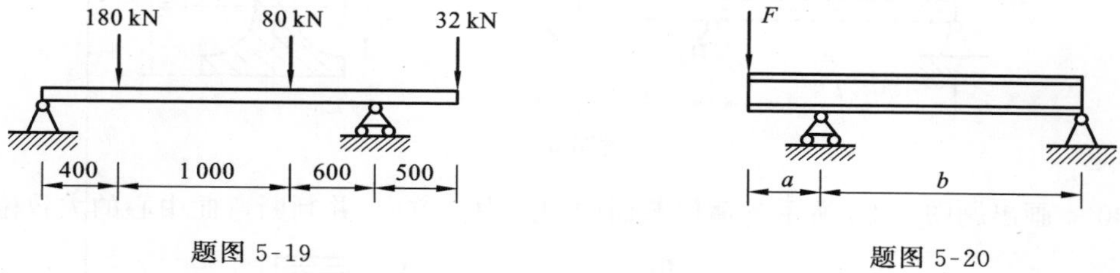

题图 5-19　　题图 5-20

5-26　题图 5-21 所示起重机的大梁由两根工字钢组成,起重机自重 $Q = 50$ kN,起重量 $F = 10$ kN,许用应力$[\sigma] = 160$ MPa,$[\tau] = 100$ MPa。若暂不考虑梁的自重,试按正应力强度条件选择工字钢型号,然后再校核切应力。

5-27　由 3 根木条胶合而成的悬臂梁,其截面尺寸如题图 5-22 所示。已知 $l = 1$ m,胶合面上的许用切应力为 0.34 MPa,木材的许用弯曲正应力$[\sigma] = 10$ MPa,许用切应力$[\tau] = 1$ MPa。试求许可载荷 F。

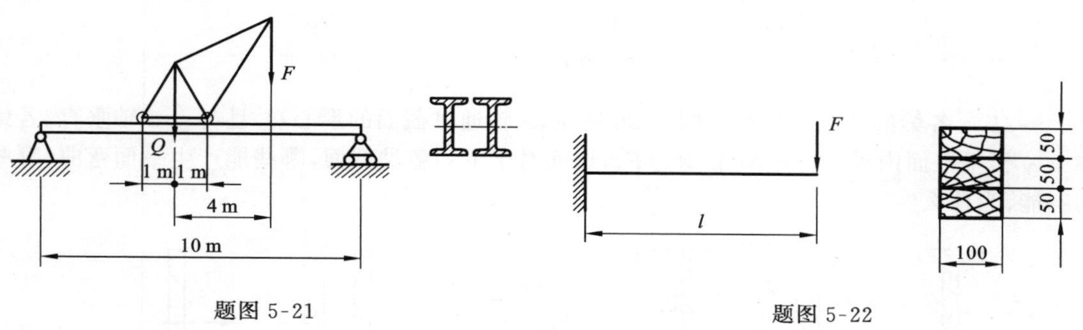

题图 5-21　　题图 5-22

5-28　矩形截面悬臂梁,承受均布载荷 q 作用。如沿梁的中性层截出梁的下半部,如题图 5-23 所示。试问在水平截面上的切应力沿梁长度方向的分布规律如何?该截面上总的剪力有多大?它与什么力平衡?

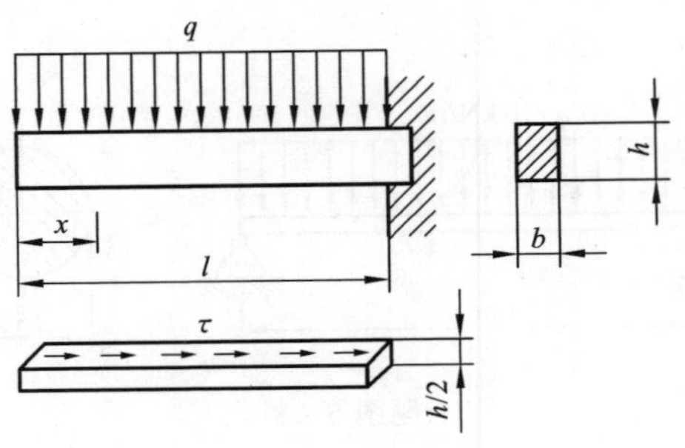

题图 5-23

5-29　外伸梁的受力及其截面尺寸如题图 5-24 所示。试求梁内最大切应力。已知 $l=1\ \text{m}$，$a=0.5\ \text{m}$，$q=200\ \text{kN/m}$，$F=40\ \text{kN}$，$M_e=4\ \text{kN}\cdot\text{m}$。

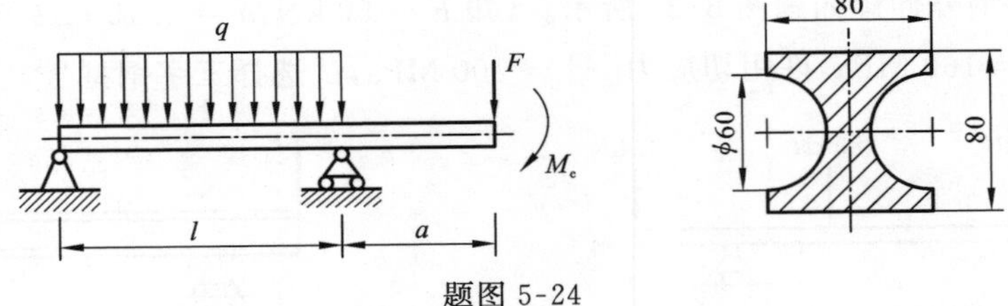

题图 5-24

5-30　画出题图 5-25 所示各薄壁截面的切应力流方向，并判断弯曲中心的大致位置。

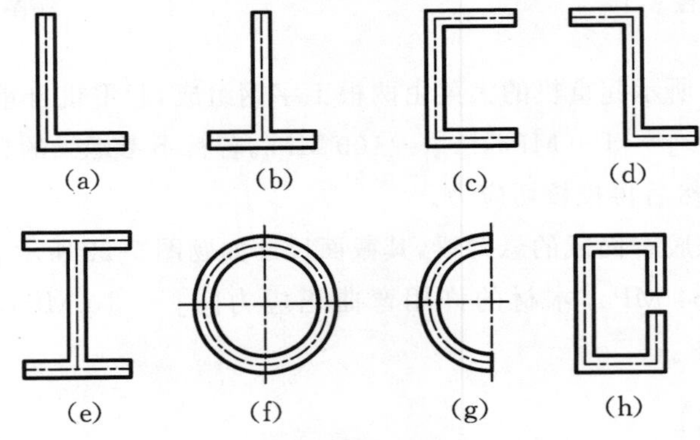

题图 5-25

5-31　各梁的截面图形如题图 5-26 所示，x 轴通过截面的形心 C，且与 y，z 轴垂直。若梁在 x-y 铅垂平面内承受弯矩 M 和剪力 F_s，试问对于下列各种截面，哪些能产生平面弯曲，哪些则不能，为什么？

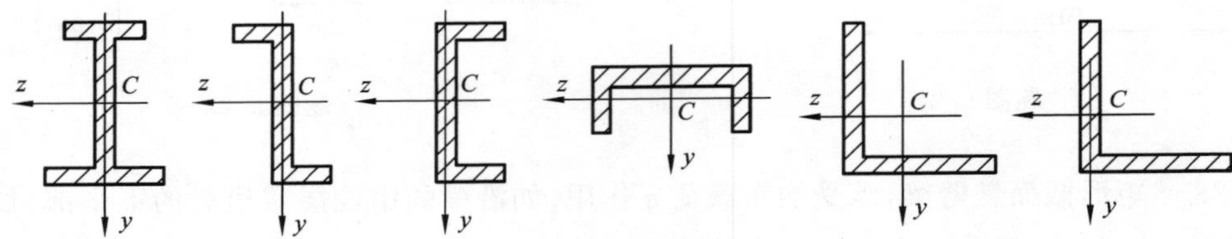

题图 5-26

5-32 用起重机吊装钢管，如题图 5-27 所示。已知钢管长度 $l = 60$ m，外径 $D = 325$ mm，内径 $d = 309$ mm，单位长度重量 $q = 625$ N/m，材料的屈服极限 $\sigma_s = 240$ MPa，规定的安全因数 $n = 2$，试求吊索的合理位置，并校核吊装时钢管的强度。

5-33 一简支梁 AB，若载荷直接作用于中点，梁的最大正应力将超过许可值的 30%，为避免超载现象，现配置一副梁 CD，如题图 5-28 所示，试求副梁的长度 a。

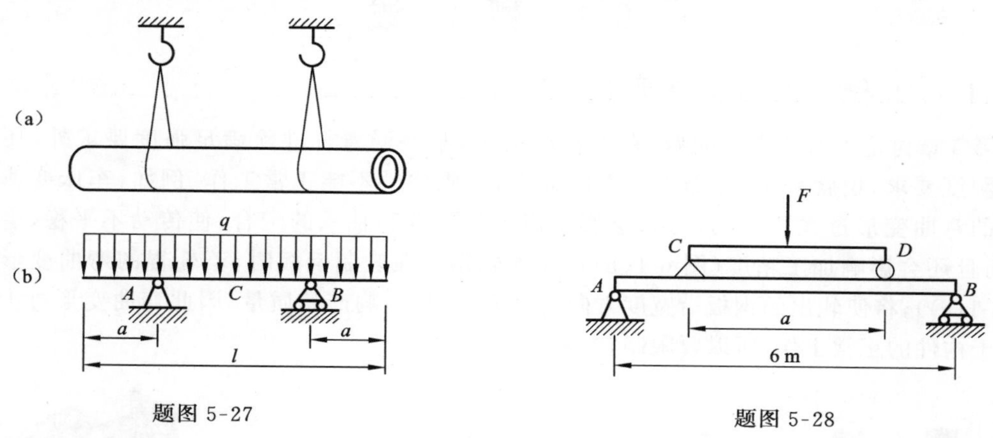

题图 5-27

题图 5-28

5-34 试证明：在均布载荷作用下，宽度 b 为常量的等强度悬臂梁(题图 5-29)具有楔形形式。

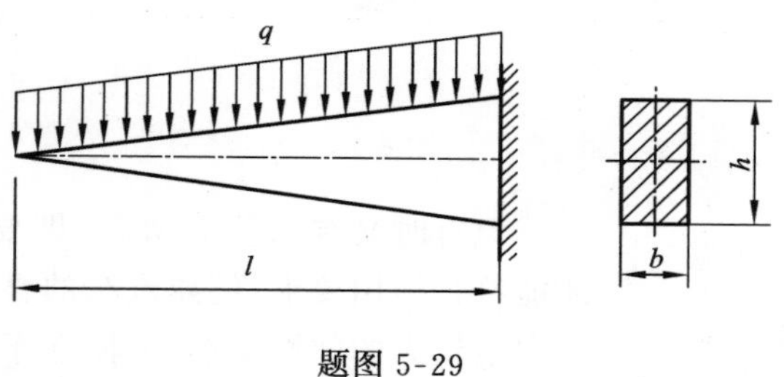

题图 5-29

第6章　弯曲变形

6.1　概　述

6.1.1　工程中的弯曲变形问题

第5章讨论了弯曲强度问题，在工程结构中，某些受弯杆件除满足强度要求外，还必须满足刚度要求，也就是说，弯曲变形不能太大，否则构件不能正常工作。例如，车床变速箱传动轴的弯曲变形过大(图6-1(a))，会影响齿轮的啮合和轴承的配合，使传动不平稳，磨损加快，而且还会影响加工精度(图6-1(b))。又如轧钢机在轧制钢板时，若轧辊的弯曲变形过大(图6-1(c))，将使轧出的钢板沿宽度方向的厚度不匀，影响产品质量。因此弯曲变形过大往往不利于构件的正常工作，所以要限制它。

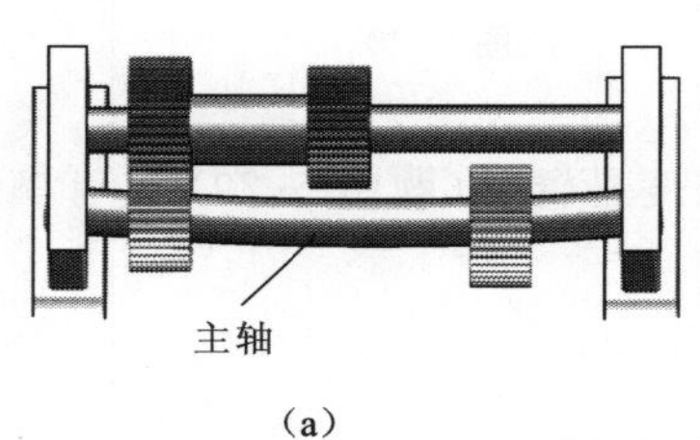

(a)

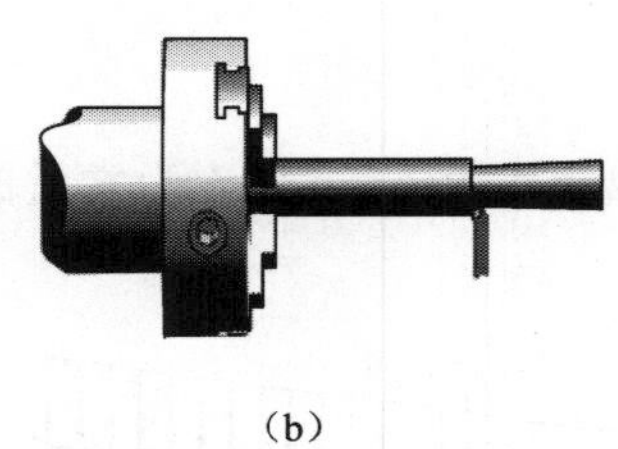
(b)

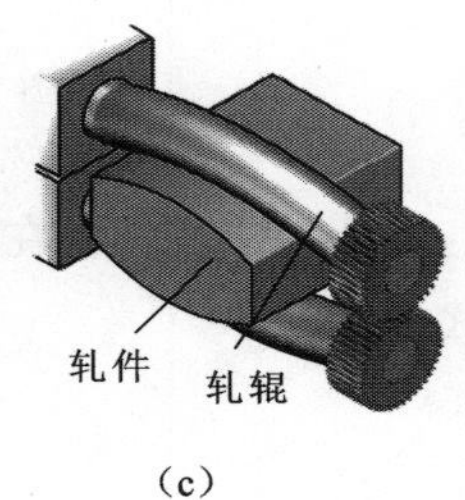

(c)

图6-1

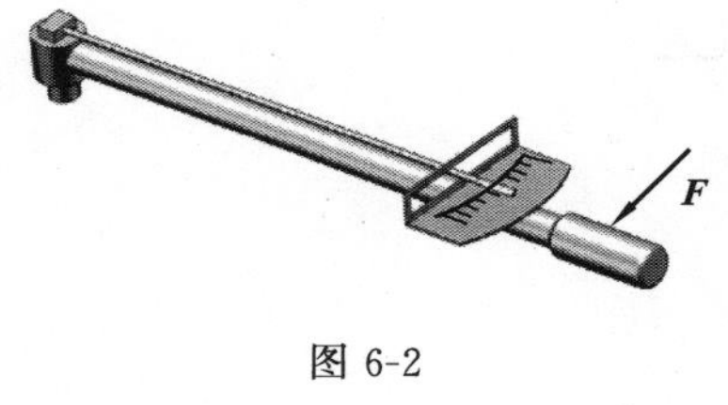

图6-2

但有时又有相反的情况，即要求构件有适当的变形，才能符合使用要求。例如汽车的叠板弹簧(图5-28(d))，要求产生较大的弹性变形，才能在车辆行驶时发挥缓冲减振作用。又如弹簧扳手(图6-2)，要求有明显的弯曲变形，才能使测得的力矩更为准确。

此外，弯曲变形的计算还经常应用于超静定系统的求解。因此，必须研究梁的弯曲变形。本章研究平面弯曲时梁的变形计算。

6.1.2　弯曲变形——挠度和转角

假设悬臂梁AB，在外载作用下，发生弯曲变形，将原为直线的轴线AB弯曲成连续光滑的曲线AB'，如图6-3所示。在平面弯曲的情况下，曲线AB'是一条位于载荷平面内的连续而光滑的平面曲线，该曲线称为梁的挠曲线(deflection curve)。

为了描述梁的变形，通常取直角坐标系。以梁的左端A为原点，令x轴与梁变形前的轴线重合，方向向右；w轴与梁左端截面的形心主轴重合，方向向上。这样，挠曲线可以用方程

$$w = f(x) \tag{6-1}$$

表示，式(6-1) 称为梁的挠曲线方程(equation of deffection curve)。

由图 6-3 可见，梁弯曲后，任一横截面的形心 C 移至 C'，由于梁的变形是很小的，变形后的挠曲线是一条非常平坦的曲线。截面形心的轴向位移远小于其横向位移，所以形心 C 的水平位移可以忽略，从而认为线位移 CC' 垂直于变形前的轴线，这种截面形心在弯曲时的线位移，称为该截面的挠度(deflection)，用 w 表示。另外，梁在变形时，横截面还将绕中性轴转过一角度，这个角度称为截面的转角(slope rotation angle)，用 θ 表示(图 6-3)。因此，梁的弯曲变形可用挠度和转角两个基本量来度量。挠度 w 和转角 θ 随截面位置 x 而变化，均为 x 的函数。

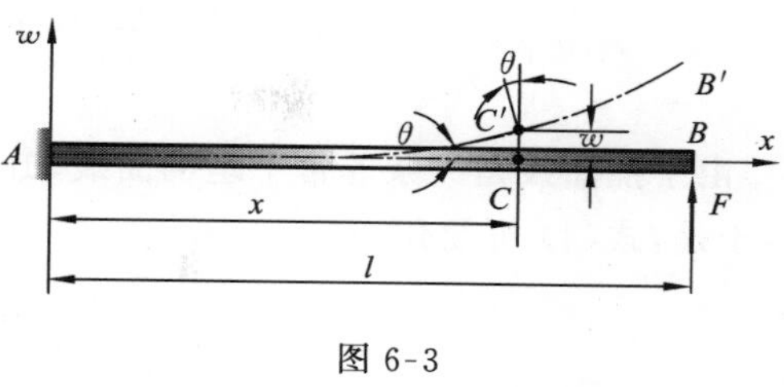

图 6-3

根据梁的平面假设，变形后的横截面仍垂直于梁的轴线。因此，任一截面的转角，也可用挠曲线在该截面形心处的切线与 x 轴的夹角 θ 来表示。由挠曲线方程(6-1) 求得挠曲线上任意一点的斜率为

$$\tan\theta = \frac{\mathrm{d}w}{\mathrm{d}x} = w' \tag{1}$$

在工程实际中，由于梁的转角 θ 一般是很小的，故 $\tan\theta \approx \theta$，则式(1) 改写为

$$\theta = \frac{\mathrm{d}w}{\mathrm{d}x} = w' \tag{6-2}$$

式(6-2) 表明，梁任一横截面的转角 θ 等于挠曲线在该截面处的斜率。可见，梁弯曲变形的挠度与转角相互关联，这样，只需求出挠曲线方程，就可以确定梁上任一横截面的挠度和转角。

挠度和转角的符号与所选坐标系有关。在图 6-3 所示的坐标系中，规定向上的挠度为正，反之为负。截面逆时针转向的转角为正，反之为负。根据这样的规定，在图 6-3 所示的悬臂梁上，C 截面的挠度和转角均为正值。

6.2　挠曲线近似微分方程

在研究梁的纯弯曲正应力时，曾得到用中性层曲率表示的弯曲变形公式(5-1)，将式中的 I_z 简写为 I 后，式(5-1) 可以写为

$$\frac{1}{\rho} = \frac{M}{EI} \tag{2}$$

式(2) 表示弯矩引起的弯曲变形。在横力弯曲时，剪力也会影响弯曲变形，但在一般情况下，梁的跨度总是远大于横截面高度的。此时，剪力对弯曲变形的影响很小，可以忽略不计。这样，式(2) 仍可用作计算横力弯曲时变形的基本关系式。当然，这时的曲率 $1/\rho$ 和弯矩 M 均为 x 的函数，即

$$\frac{1}{\rho(x)} = \frac{M(x)}{EI} \tag{3}$$

另外，平面曲线 $w = f(x)$ 上任一点处的曲率 $\dfrac{1}{\rho(x)}$ 可以写成

$$\frac{1}{\rho(x)}=\pm\frac{\dfrac{\mathrm{d}^2 w}{\mathrm{d}x^2}}{\left[1+\left(\dfrac{\mathrm{d}w}{\mathrm{d}x}\right)^2\right]^{3/2}} \tag{4}$$

由于挠曲线是一条非常平坦的曲线，$\mathrm{d}w/\mathrm{d}x$ 的数值是很小的，$(\mathrm{d}w/\mathrm{d}x)^2$ 与 1 相比可以忽略，于是，式(4) 可简化为

$$\frac{1}{\rho(x)}=\pm\frac{\mathrm{d}^2 w}{\mathrm{d}x^2}=\pm w'' \tag{5}$$

将上述关系用于分析梁的变形，把式(5) 代入式(3)，得

$$w''=\pm\frac{M(x)}{EI} \tag{6}$$

式中等号右边的符号，取决于弯矩的符号规定和 x-w 坐标系的选取。如图 6-4 所示，在图(a)中，当梁段受到正弯矩作用时，挠曲线向下凸出。该曲线在图示 x-w 坐标系中的二阶导数为正；在图(b) 中，负弯矩作用下梁段挠曲线的二阶导数为负。可见，如果弯矩的正负符号仍按以前规定，并选用坐标轴 w 向上的坐标系，则弯矩与 $\mathrm{d}^2w/\mathrm{d}x^2$ 恒为同号。因此，式(6) 的右边应取正号，于是，式(6) 应为

$$w''=\frac{M(x)}{EI} \tag{6-3}$$

式(6-3) 即为挠曲线近似微分方程(approximately differential equation of the deflection curve)，称它为近似微分方程的原因是：①忽略了剪力对弯曲变形的影响；②在式(4)的分母 $[1+(\mathrm{d}w/\mathrm{d}x)^2]^{3/2}$ 中，略去了$(\mathrm{d}w/\mathrm{d}x)^2$ 项。由方程(6-3)求得的结果，对工程应用来说，是足够精确的。

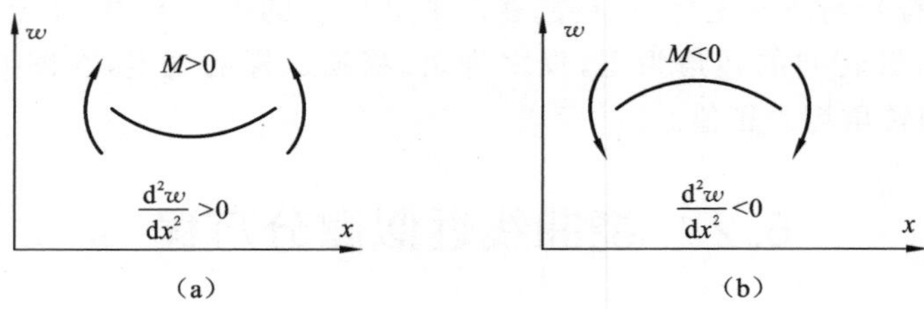

图 6-4

6.3 用积分法求挠度和转角

对挠曲线近似微分方程进行积分，可以求得梁的转角方程和挠度方程，从而求得梁在各个截面的挠度和转角。公式(6-3) 可改写为

$$EIw''=M(x) \tag{6-4}$$

对于等截面梁，抗弯刚度 EI 为常数。将式(6-4) 的等号两侧乘以 $\mathrm{d}x$，积分一次得转角方程为

$$EIw'=\int M(x)\mathrm{d}x+C \tag{6-5}$$

同样，将式(6-5) 的等号两侧乘以 $\mathrm{d}x$，再积分一次，得到挠曲线方程为

$$EIw=\int\left[\int M(x)\mathrm{d}x\right]\mathrm{d}x+Cx+D \tag{6-6}$$

式中:C,D 为积分常数,其值可以利用梁在某些截面处挠度或转角的已知条件来确定。

例如,在简支梁上(图 6-5(a)),A,B 两支座处的挠度 w_A 和 w_B 应为零。在悬臂梁上(图 6-5(b)),固定端处的挠度 w_A 和转角 θ_A 应为零,这些条件统称为边界条件(boundary condition)。另外,因为挠曲线是连续光滑的,所以,在挠曲线的任意一点上,挠度和转角分别只有一个确定的数值,这就是连续条件(continuity condition)。根据边界条件和连续条件就可以确定积分常数。

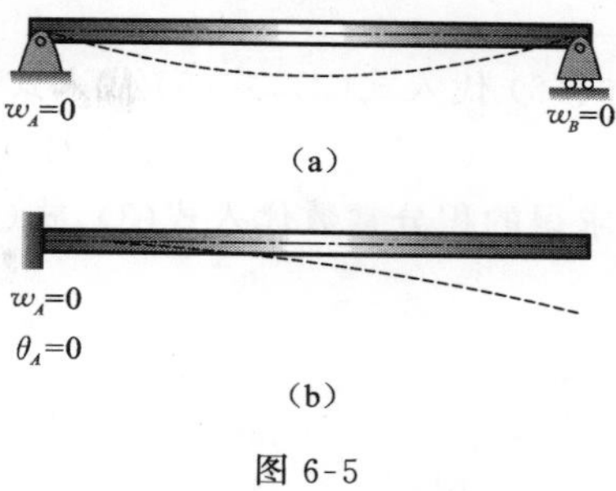

图 6-5

积分常数确定后,将其代入式(6-6) 与式(6-5),即得梁的挠曲线方程

$$w = f(x)$$

与转角方程

$$\theta = \frac{\mathrm{d}w}{\mathrm{d}x} = f'(x)$$

并由此可求出任一横截面的挠度与转角。

当弯矩方程需要分段建立,或抗弯刚度沿梁轴变化,以致其表达式需要分段建立时,挠曲线近似微分方程也需分段建立,而在各段的积分中,将分别包含两个积分常数。为了确定这些常数,除应利用位移边界条件外,还应利用分段处挠曲线的连续光滑条件,因为在相邻梁段的交接处,相连两截面应具有相同的挠度与转角。

对于分段数为 n 的静定梁,求解时将包含 $2n$ 个积分常数,但由于存在 $n-1$ 个分界面,因而将提供 $2(n-1)$ 个连续条件,再加上两个位移边界条件,共 $2n$ 个约束条件,恰好可用来确定 $2n$ 个积分常数。

由此可见,梁的弯曲变形不仅与弯矩及梁的抗弯刚度有关,而且与梁的边界条件及连续条件有关。

例 6.1 长度为 l 的悬臂梁 AB,在其自由端承受集中力 F 作用,如图 6-6 所示。设梁的抗弯刚度 EI 为常数。试求梁的转角方程和挠度方程,并确定绝对值最大的转角 $|\theta|_{\max}$ 和挠度 $|w|_{\max}$。

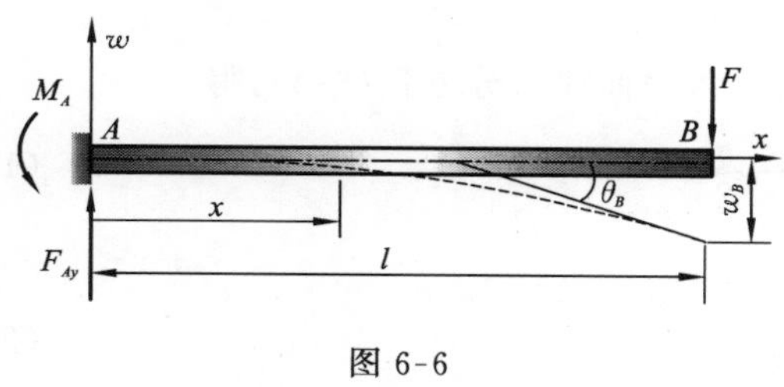

图 6-6

解 1) 写出弯矩方程。以固定端为原点,取直角坐标系 x-w,如图 6-6 所示。研究 x 截面右侧梁段的平衡,可直接写出弯矩方程为

$$M(x) = -F(l-x) \tag{1}$$

2) 列出挠曲线近似微分方程并进行积分。将式(1) 代入挠曲线近似微分方程(6-4),得

$$EIw'' = -F(l-x) \tag{2}$$

经两次积分后,依次得

$$EIw' = \frac{F}{2}x^2 - Flx + C \tag{3}$$

$$EIw = \frac{F}{6}x^3 - \frac{F}{2}x^2 + Cx + D \tag{4}$$

3) 由边界条件确定积分常数。在固定端 A 处,挠度和转角均为零,即当 $x=0$ 时,

$$w = 0 \tag{5}$$

$$\theta = w' = 0 \tag{6}$$

把式(6) 代入式(3),式(5) 代入式(4),分别得

$$C = EIw'_A = 0 \quad D = EIw_A = 0$$

把求得的积分常数代入式(3)、式(4),得到梁的转角方程和挠度方程分别为

$$\theta = w' = -\frac{Fx}{2EI}(2l - x) \tag{7}$$

$$w = -\frac{Fx^2}{6EI}(3l - x) \tag{8}$$

(4) 确定 $|\theta|_{\max}$ 和 $|w|_{\max}$。由图 6-6 看出,转角和挠度的最大值均发生在梁的自由端处,以 $x = l$ 代入式(7)、式(8),得到

$$\theta_B = -\frac{Fl^2}{2EI}, \quad 即 \quad |\theta|_{\max} = \frac{Fl^2}{2EI} \tag{9}$$

$$w_B = -\frac{Fl^3}{3EI}, \quad 即 \quad |w|_{\max} = \frac{Fl^3}{3EI} \tag{10}$$

式(9) 中的 θ_B 为负值,表示 B 截面的转角是顺时针转向;式(10) 中的 w_B 为负值,表示 B 截面的挠度是向下的。

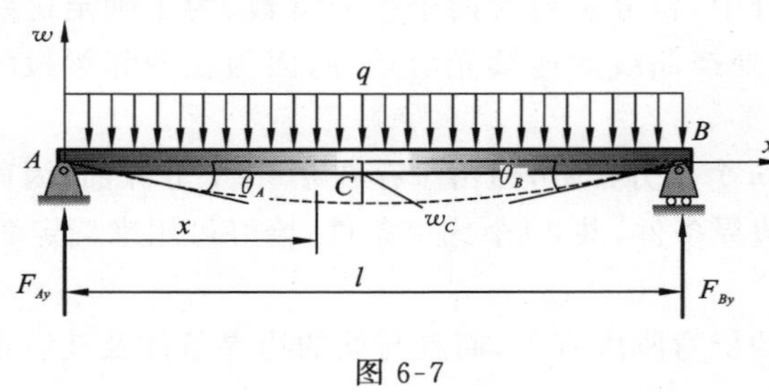

图 6-7

例 6.2 图 6-7 所示简支梁,承受均布载荷 q 作用。试求此梁的挠度方程和转角方程,并确定绝对值最大的挠度 $|w|_{\max}$ 和转角 $|\theta|_{\max}$。

解 1) 建立弯矩方程。取图 6-7 所示 x-w 坐标系,首先计算支座的约束力。由于简支梁上的载荷是对称的,故两支座的约束力相等,即 $F_{Ay} = F_{By} = ql/2$。梁的弯矩方程为

$$M(x) = \frac{ql}{2}x - \frac{q}{2}x^2$$

2) 列挠曲线微分方程并进行积分。将弯矩方程代入挠曲线微分方程(6-4),得

$$EIw'' = \frac{ql}{2}x - \frac{q}{2}x^2 \tag{1}$$

经两次积分后,分别得

$$EIw' = \frac{ql}{4}x^2 - \frac{q}{6}x^3 + C \tag{2}$$

$$EIw = \frac{ql}{12}x^3 - \frac{q}{24}x^4 + Cx + D \tag{3}$$

3) 确定积分常数。简支梁的边界条件为

当 $x = 0$ 时,

$$w = 0 \tag{4}$$

当 $x = l$ 时,

$$w = 0 \tag{5}$$

将式(4)、式(5) 代入式(3),得

$$D=0,\quad \frac{ql^4}{12}-\frac{ql^4}{24}+Cl=0$$

从而解得 $C=-\frac{ql^3}{24}$。将积分常数 C，D 代入式(2)、式(3)，得转角方程和挠度方程分别为

$$\theta=w'=-\frac{q}{24EI}(l^3-6lx^2+4x^3) \tag{6}$$

$$w=-\frac{qx}{24EI}(l^3-2lx^2+x^3) \tag{7}$$

在本例中，由于载荷和结构的对称性，所以弯曲变形也应该是对称的。在对称点 $x=l/2$ 处，横截面的转角应为零。因此，边界条件(5) 也可以用下列条件代替，即当 $x=l/2$ 时，有 $\theta=w'=0$。将其代入式(2)，可以得到同样的结果。由于利用了对称性，边界条件(5) 式是自然满足的。

4) 确定 $|w|_{max}$ 和 $|\theta|_{max}$。由图 6-7 可见，绝对值最大的挠度发生在梁的中点。因为该处的转角等于零，挠度有极值，即

$$w_C=-\frac{5ql^4}{385EI}$$

式中负号表示梁中点的挠度向下。由此可知，绝对值最大的挠度为 $|w|_{max}=\frac{5ql^4}{384EI}$。在 A、B 两端，截面转角的数值相等，符号相反，且绝对值最大，于是，在式(6) 中，分别令 $x=0$ 和 $x=l$，得

$$\theta_{max}=-\theta_A=\theta_B=\frac{ql^3}{24EI}$$

例 6.3　图6-8所示简支梁，在 D 点受集中力 F 作用。试求梁的转角方程和挠度方程，并确定绝对值最大的转角 $|\theta|_{max}$ 和挠度 $|w|_{max}$。

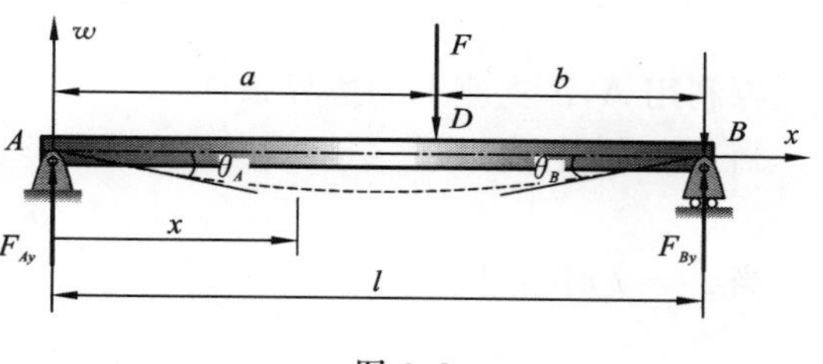

图 6-8

解　1) 建立挠曲线微分方程并积分。首先由梁的静力平衡条件求得支座的约束力

$$F_{Ay}=\frac{Fb}{l},\quad F_{By}=\frac{Fa}{l}$$

其方向如图所示。

与例 6.1 和例 6.2 不同，本例的弯矩方程必须分为两段列出。在 AD，DB 两段上的弯矩方程分别为

AD 段：
$$M_1(x)=\frac{Fb}{l}x\quad (0\leqslant x\leqslant a) \tag{1}$$

DB 段：
$$M_2(x)=\frac{Fb}{l}x-F(x-a)\quad (a\leqslant x\leqslant l) \tag{2}$$

其挠曲线微分方程及其积分，亦应分为两段。

在 AD 段上($0\leqslant x\leqslant a$)：

$$EIw_1''=M_1(x)=\frac{Fb}{l}x$$

$$EIw_1'=\frac{Fb}{2l}x^2+C_1 \tag{3}$$

$$EIw_1 = \frac{Fb}{6l}x^3 + C_1x + D_1 \tag{4}$$

在 DB 段上（$a \leqslant x \leqslant l$）：

$$EIw''_2 = M_2(x) = \frac{Fb}{l}x - F(x-a)$$

$$EIw'_2 = \frac{Fb}{2l}x^2 - \frac{F}{2}(x-a)^2 + C_2 \tag{5}$$

$$EIw_2 = \frac{Fb}{6l}x^3 - \frac{F}{6}(x-a)^3 + C_2x + D_2 \tag{6}$$

式中：C_1, D_1, C_2, D_2 为 4 个积分常数，必须由 4 个位移条件来确定。除了简支梁的两个边界条件外，在集中力作用的 D 截面上，应该满足连续条件，即在梁的 D 截面上，只允许有唯一的挠度和唯一的转角，否则不能保证挠曲线的连续和光滑。因此，D 截面上的连续条件为：

当 $x = a$ 时，

$$w'_1 = w'_2 \tag{7}$$

$$w_1 = w_2 \tag{8}$$

在式(3)、式(5)、式(4)、式(6) 中，令 $x = a$，并应用连续条件式(7)、式(8)，得到

$$\begin{aligned} \frac{Fb}{2l}a^2 + C_1 &= \frac{Fb}{2l}a^2 - \frac{F}{2}(a-a)^3 + C_2 \\ \frac{Fb}{6l}a^2 + C_1a + D_1 &= \frac{Fb}{6l}a^3 - \frac{F}{6}(a-a)^3 + C_2a + D_2 \end{aligned} \tag{9}$$

解得

$$C_1 = C_2, \quad D_1 = D_2 \tag{10}$$

再利用 A, B 支座上的边界条件，即

当 $x = 0$ 时，

$$w_1 = 0 \tag{11}$$

当 $x = l$ 时，

$$w_2 = 0 \tag{12}$$

将式(11) 代入式(4)，求得 $D_1 = D_2 = 0$；将式(12) 代入式(6)，求得 $C_1 = C_2 = -\frac{Fb}{6l}(l^2 - b^2)$

将 4 个积分常数代入式(3) ～ 式(6)，得转角方程和挠度方程为

在 AD 段（$0 \leqslant x \leqslant a$），

$$EIw'_1 = -\frac{Fb}{6l}(l^2 - b^2 - 3x^2) \tag{13}$$

$$EIw_1 = -\frac{Fbx}{6l}(l^2 - b^2 - x^2) \tag{14}$$

在 DB 段（$a \leqslant x \leqslant l$），

$$EIw'_2 = -\frac{Fb}{6l}\left[(l^2 - b^2 - 3x^2) + \frac{3l}{b}(x-a)^2\right] \tag{15}$$

$$EIw_2 = -\frac{Fb}{6l}\left[(l^2 - b^2 - x^2) + \frac{l}{b}(x-a)^3\right] \tag{16}$$

解题时还应注意：在 DB 段内，对含有 $(x-a)$ 的项，积分时就将 $(x-a)$ 作为自变量，这样可使确定积分常数的运算得到简化。将求解 4 个常数的联立方程组简化为求解两个常数的方程组。

2）计算最大转角和最大挠度。对于简支梁，最大转角一般发生在两支座处。在式(13) 中，

令 $x=0$，求得 A 截面的转角为

$$\theta_A=-\frac{Fb(l^2-b^2)}{6EIl}=-\frac{Fab(l+b)}{6EIl}$$

在式(15)中，令 $x=l$，求得 B 截面的转角为

$$\theta_B=\frac{Fab(l+a)}{6EIl}$$

显见，当 $a>b$ 时，$\theta_B>\theta_A$，故

$$\theta_{\max}=\theta_B=\frac{Fab(l+a)}{6EIl}$$

根据极值条件，最大挠度发生在 $w'=0$ 的截面上。因此，首先找出转角为零的截面位置，然后再求该截面的最大挠度。假设最大挠度在 AD 段内，当 $x=x_0$ 时，转角为零，则由式(13)得到

$$-\frac{Fb}{6l}(l^2-b^2-3x_0^2)=0$$

$$x_0=\sqrt{\frac{l^2-b^2}{3}}=\sqrt{\frac{a^2+2ab}{3}} \tag{17}$$

由式(17)可知，当 $a>b$ 时，$x_0<a$，说明转角为零的截面在 AD 段内，将 x_0 代入式(14)，求得最大挠度为

$$|w|_{\max}=\frac{Fb}{9\sqrt{3}EIl}(l^2-b^2)^{3/2}\ (向下) \tag{18}$$

当简支梁的集中力作用在跨度中点时，$a=b=l/2$，由式(17)求得 $x_0=l/2$，即最大挠度发生在跨度中点，最大转角发生在 A，B 支座上，用式(14)、(13)、(15)求得

$$w\left(\frac{l}{2}\right)=-\frac{Fl^3}{48EI},\quad \theta_B=-\theta_A=\frac{Fl^2}{16EI}$$

如果考虑一种极端情况，即载荷 F 的作用点无限接近于 B 支座，即 $b\to 0$ 的情况，由式(17)、式(18)求得最大挠度的位置和最大挠度分别为

$$x_0=\frac{l}{\sqrt{3}}=0.577l,\quad |w|_{\max}=\frac{Fbl^2}{9\sqrt{3}}\ (向下) \tag{19}$$

以上表明，即使在 $b\to 0$ 的极端情况下，最大挠度的位置仍然十分接近于中点。所以，有时为了方便起见，常将中点挠度近似地看作最大挠度。例如，由式(14)求得跨度中点挠度为

$$w\left(\frac{l}{2}\right)=-\frac{Fb}{48EI}(3l^2-4b^2)$$

对于上述极端情况，令上式的 $b\to 0$，得到中点挠度为

$$w\left(\frac{l}{2}\right)=-\frac{Fbl^2}{16EI}$$

将其绝对值与式(19)相比，其相对误差不超过3%。

因此，在简支梁上，只要梁的挠曲线上无拐点，就可以用中点挠度来代替实际的最大挠度，不会带来很大误差。

积分法是求解弯曲变形的一种基本方法，它可以求得转角方程和挠度方程，但运算过程比较烦琐，尤其对梁上作用有多个载荷时，积分常数较多，求解比较麻烦。为此，工程中将梁在简单载荷作用下的转角和挠度列于设计手册，以便直接查用。表6-1中列出了简单载荷作用下梁的转角和挠度，利用这些结果，根据叠加原理，可以较方便地解决一些弯曲变形问题。

表 6-1　简单载荷作用下梁的变形

序号	梁的简图	端截面转角	挠曲线方程	绝对值最大的挠度
1	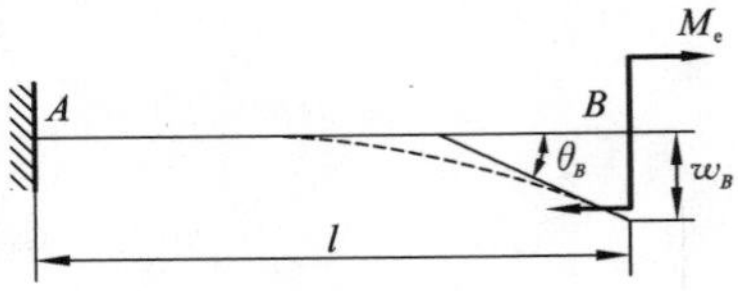	$\theta_B=-\dfrac{M_e l}{EI}$	$w=-\dfrac{M_e x^2}{2EI}$	$w_B=-\dfrac{M_e l^2}{2EI}$
2	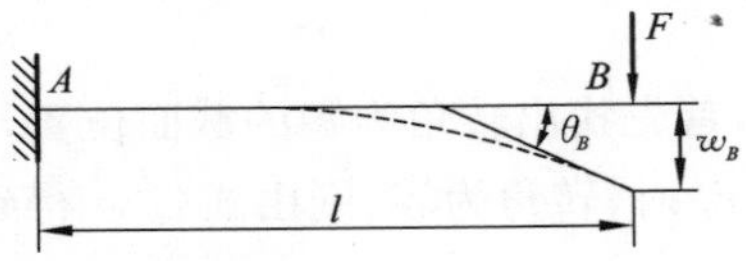	$\theta_B=-\dfrac{Fl^2}{2EI}$	$w=-\dfrac{Fx^2}{6EI}(3l-x)$	$w_B=-\dfrac{Fl^3}{3EI}$
3	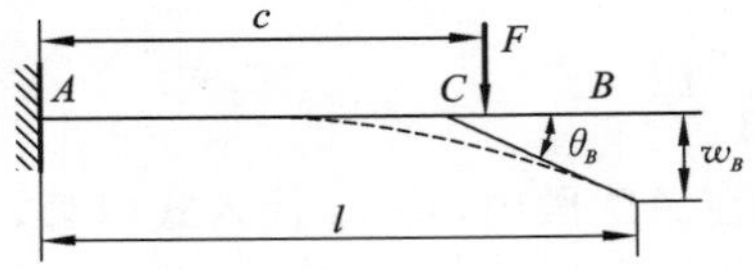	$\theta_B=-\dfrac{Fc^2}{2EI}$	$0\leqslant x\leqslant c$， $w=-\dfrac{Fx^2}{6EI}(3c-x)$ $c\leqslant x\leqslant l$， $w=-\dfrac{Fc^2}{6EI}(3x-c)$	$w_B=-\dfrac{Fc^2(3l-c)}{6EI}$
4	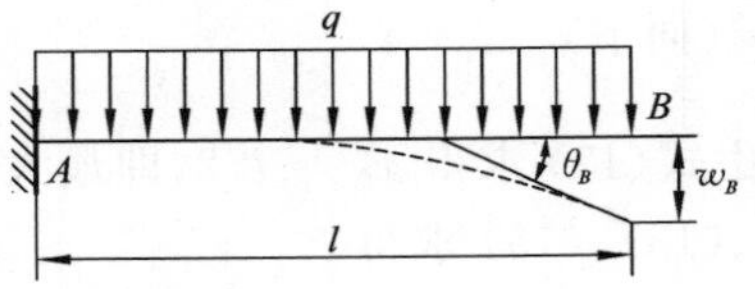	$\theta_B=-\dfrac{ql^3}{6EI}$	$w=-\dfrac{qx^2}{24EI}(x^2+6l^2-4lx)$	$w_B=-\dfrac{ql^4}{8EI}$
5	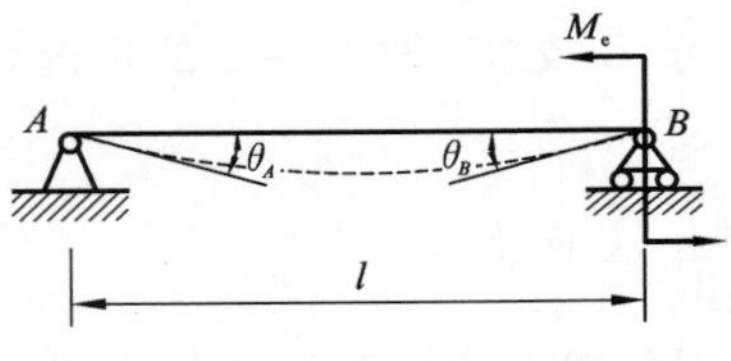	$\theta_A=-\dfrac{M_e l}{6EI}$ $\theta_B=\dfrac{M_e l}{3EI}$	$w=-\dfrac{M_e x}{6lEI}(l^2-x^2)$	在 $x=\dfrac{l}{\sqrt{3}}$ 处， $w=-\dfrac{M_e l^2}{9\sqrt{3}EI}$ 在 $x=\dfrac{l}{2}$ 处， $w=-\dfrac{M_e l^2}{16EI}$
6	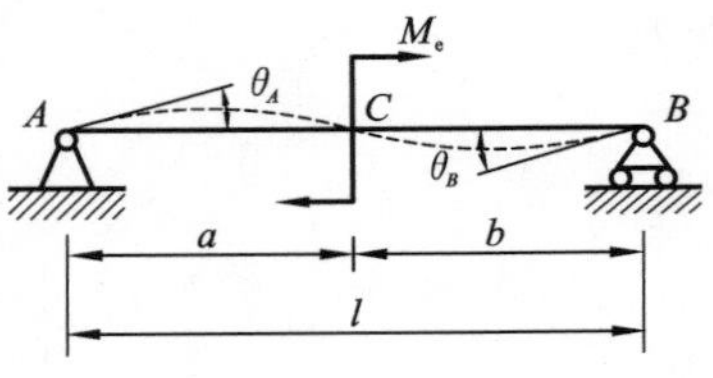	$\theta_A=\dfrac{M_e}{6lEI}(l^2-3b^2)$ $\theta_B=\dfrac{M_e}{6lEI}(l^2-3a^2)$ $\theta_C=-\dfrac{M_e}{6lEI}$ $(3a^2+3b^2-l^2)$	$0\leqslant x\leqslant a$， $w=\dfrac{M_e x}{6lEI}(l^2-3b^2-x^2)$ $a\leqslant x\leqslant l$， $w=-\dfrac{M_e(l-x)}{6lEI}$ $[l^2-3a^2-(l-x)^2]$	在 $x=\sqrt{\dfrac{l^2-3b^2}{3}}$ 处， $w=-\dfrac{M_e(l^2-3b^2)^{3/2}}{9\sqrt{3}lEI}$ 在 $x=\sqrt{\dfrac{l^2-3a^2}{3}}$ 处， $w=-\dfrac{M_e(l^2-3a^2)^{3/2}}{9\sqrt{3}lEI}$
7	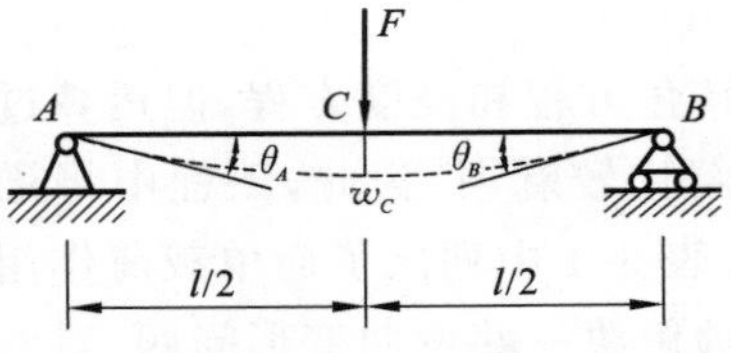	$\theta_A=-\theta_B=-\dfrac{Fl^2}{16EI}$	$0\leqslant x\leqslant\dfrac{l}{2}$， $w=-\dfrac{Fx}{48EI}(3l^2-4x^2)$	$w_C=-\dfrac{Fl^3}{48EI}$

续表

序号	梁的简图	端截面转角	挠曲线方程	绝对值最大的挠度
8	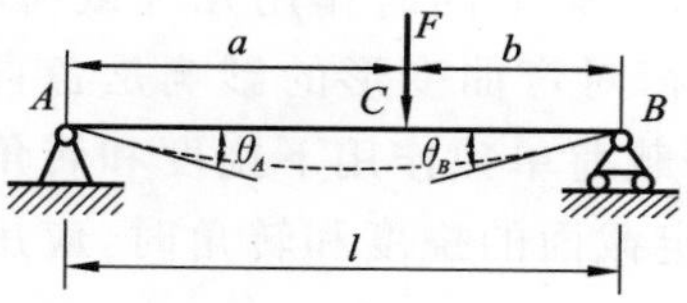	$\theta_A=-\dfrac{Fab(l+b)}{6lEI}$ $\theta_B=\dfrac{Fab(l+a)}{6lEI}$	$0\leqslant x\leqslant a$, $w=-\dfrac{Fbx}{6lEI}(l^2-b^2-x^2)$ $a\leqslant x\leqslant l$, $w=-\dfrac{Fa(l-x)}{6lEI}\cdot$ $(2lx-x^2-a^2)$	若 $a>b$, 在 $x=\sqrt{\dfrac{l^2-b^2}{3}}$ 处, $w=-\dfrac{\sqrt{3}Fb\,(l^2-b^2)^{3/2}}{27lEI}$ 在 $x=\dfrac{l}{2}$ 处, $w=-\dfrac{Fb(3l^2-4b^2)}{48EI}$ (设 $a>b$)
9	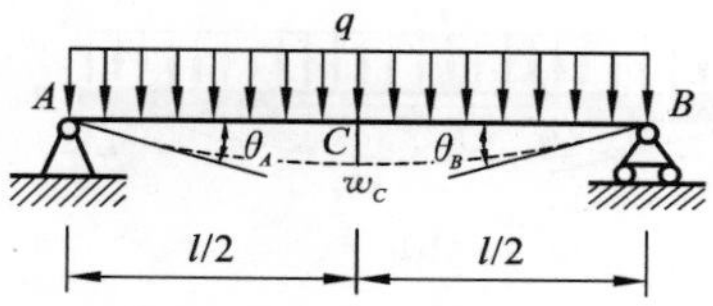	$\theta_A=-\theta_B=-\dfrac{ql^3}{24EI}$	$w=-\dfrac{qx}{24EI}$ $(l^3-2lx^2+x^3)$	$w_C=-\dfrac{5ql^4}{384EI}$
10	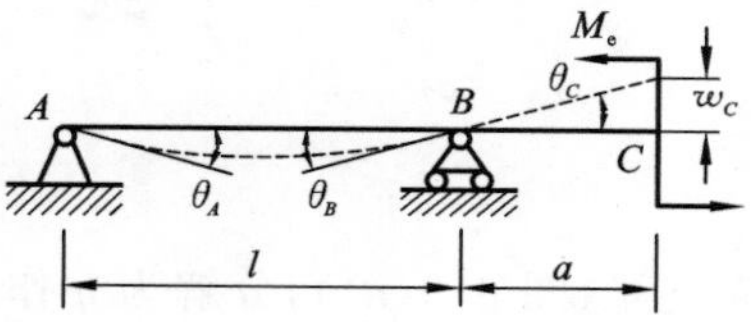	$\theta_A=-\dfrac{M_el}{6EI}$ $\theta_B=\dfrac{M_el}{3EI}$ $\theta_C=\dfrac{M_e}{3EI}(l+3a)$	$0\leqslant x\leqslant l$, $w=-\dfrac{M_ex}{6lEI}(l^2-x^2)$ $l\leqslant x\leqslant l+a$, $w=\dfrac{M_e}{6lEI}(3x^2-4lx+l^2)$	在 $x=\dfrac{l}{\sqrt{3}}$ 处, $w=-\dfrac{M_el^2}{9\sqrt{3}EI}$ 在 $x=l+a$ 处, $w=\dfrac{M_ea(2l+3a)}{6EI}$
11	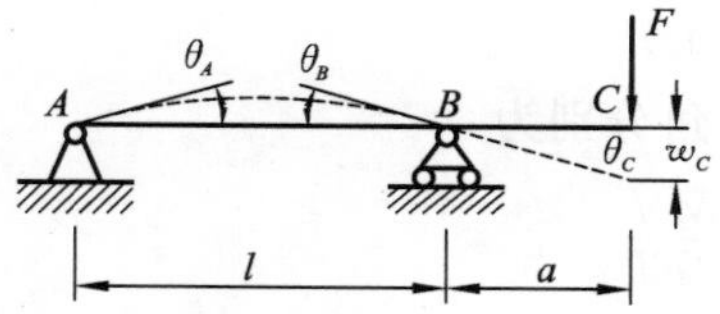	$\theta_A=\dfrac{Fal}{6EI}$ $\theta_B=-\dfrac{Fal}{3EI}$ $\theta_C=-\dfrac{Fa}{6EI}(2l+3a)$	$0\leqslant x\leqslant l$, $w=\dfrac{Fax}{6lEI}(l^2-x^2)$ $l\leqslant x\leqslant l+a$, $w=-\dfrac{F(x-l)}{6EI}[a(3x-l)$ $-(x-l)^2]$	在 $x=\dfrac{l}{\sqrt{3}}$ 处, $w=\dfrac{Fal^2}{9\sqrt{3}EI}$ 在 $x=l+a$ 处, $w_C=-\dfrac{Fa^2(l+a)}{3EI}$
12	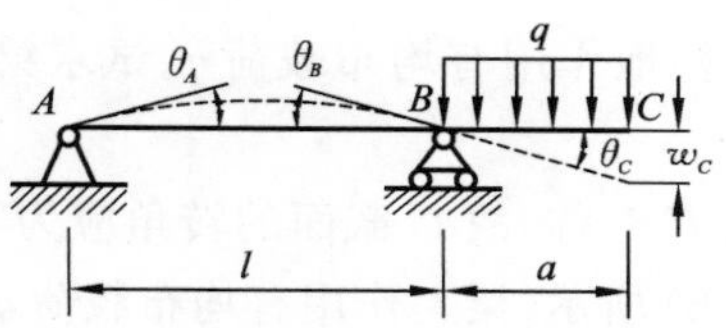	$\theta_A=\dfrac{qa^2l}{12EI}$ $\theta_B=-\dfrac{qa^2l}{6EI}$ $\theta_C=-\dfrac{qa^2}{6EI}(l+a)$	$0\leqslant x\leqslant l$, $w=\dfrac{qa^2}{12EI}\left(lx-\dfrac{x^3}{l}\right)$ $l\leqslant x\leqslant l+a$, $w=-\dfrac{qa^2}{12EI}\Big[\dfrac{(x-l)^4}{2a^2}+\dfrac{x^3}{l}$ $-\dfrac{(2l+a)\,(x-l)^3}{al}-lx\Big]$	在 $x=\dfrac{l}{\sqrt{3}}$ 处, $w=\dfrac{qa^2l^2}{18\sqrt{3}EI}$ 在 $x=l+a$ 处, $w_C=-\dfrac{qa^3(4l+3a)}{24EI}$

6.4 用叠加法求挠度和转角

从 6.3 节的例题和表 6-1 的结果可以看到，当材料在线弹性范围内工作时，梁的挠度、转角均与载荷呈线性关系，而且弯曲变形是很小的，因此，当梁上同时作用几种载荷时，任一载荷引起的变形，不会受到其他载荷的影响，即每种载荷对弯曲变形的影响是各自独立的。所以，几种载荷同时作用下梁的挠度和转角，等于各种载荷单独作用下挠度和转角的代数和，这就是求解弯曲变形的叠加法。当只需确定某些指定截面的挠度和转角时，应用叠加法是比较方便的。

例 6.4 图 6-9 所示简支梁，承受均布载荷 q 和集中力偶 M_e 作用，已知 $M_e = ql^2$。试求跨度中点的挠度 w_C 和 A 截面的转角 θ_A。

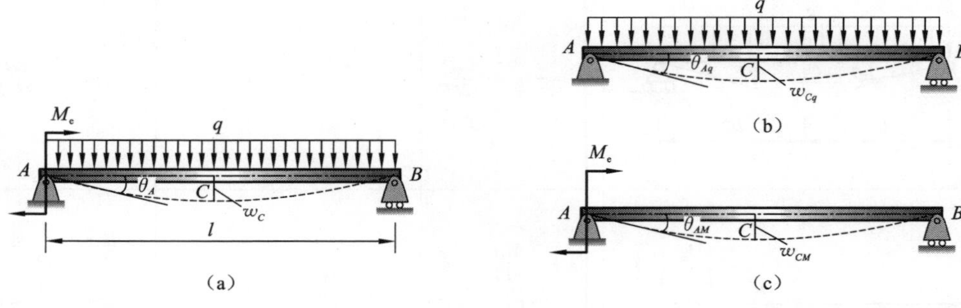

图 6-9

解 利用叠加法求解时，首先将 q，M_e 同时作用下的简支梁(图 6-9(a))，分解为 q 作用下的简支梁(图 6-9(b)) 和 M_e 作用下的简支梁(图 6-9(c))，然后，由表 6-1 查取结果进行叠加。

由表 6-1 查得均布载荷 q 作用下的中点挠度和 A 端面转角分别为

$$w_{Cq} = -\frac{5ql^4}{384EI}, \quad \theta_{Aq} = -\frac{ql^3}{24EI}$$

由表 6-1 查得集中力偶 M_e 作用下的中点挠度和 A 端面转角分别为

$$w_{CM} = -\frac{M_e l^2}{16EI}, \quad \theta_{AM} = -\frac{M_e l}{3EI}$$

叠加以上结果，求得 q，M_e 同时作用下的中点挠度和 A 截面转角为

$$w_C = -\frac{5ql^4}{384EI} - \frac{M_e l^2}{16EI} = -\frac{29ql^4}{384EI}, \quad \theta_A = -\frac{ql^3}{24EI} - \frac{M_e l}{3EI} = -\frac{3ql^3}{8EI}$$

w_C 为负值，表示挠度向下；θ_A 为负值，表示 A 截面顺时针转动。

例 6.5 简支梁如图 6-10(a) 所示，在 $2a$ 的长度上对称地作用有均布载荷 q。试求梁中点挠度和梁端面的转角。

解 利用叠加法求解。由于简支梁上的载荷对跨度中点 C 对称，故 C 截面的转角应为零。因而从 C 截面取出梁的一半，可将其简化为悬臂梁，如图 6-10(b) 所示。梁上作用有均布载荷 q 和支座 B 的约束力 $F_{By} = qa$。这样，悬臂梁上 B 端面的挠度在数值上等于原梁中点 C 的挠度，但符号相反，B 端面的转角即为原梁 B 端面的转角。经这样处理后，应用叠加原理求解比较方便。

查表 6-1，当集中力 $F_{By} = qa$ 作用时(图 6-10(c))，B 端面的转角和挠度分别为

$$\theta_{BF}=\frac{qal^2}{2EI},\quad w_{BF}=\frac{qal^3}{3EI}$$

由表 6-1 可知，当均布载荷 q 作用时（图 6-10(d)），E 截面的转角和挠度分别为

$$\theta_{Eq}=-\frac{qa^3}{6EI},\quad w_{Eq}=-\frac{qa^4}{8EI}$$

由于 EB 梁段上无载荷作用，所以 q 引起 B 点的转角和挠度分别为

$$\theta_{Bq}=\theta_{Eq}=-\frac{qa^3}{6EI},$$

$$\begin{aligned} w_{Bq}&=w_{Eq}+\theta_{Eq}(l-a)\\ &=-\frac{qa^4}{8EI}-\frac{qa^3}{6EI}(l-a)\\ &=\frac{qa^4}{24EI}-\frac{qa^3l}{6EI}\end{aligned}$$

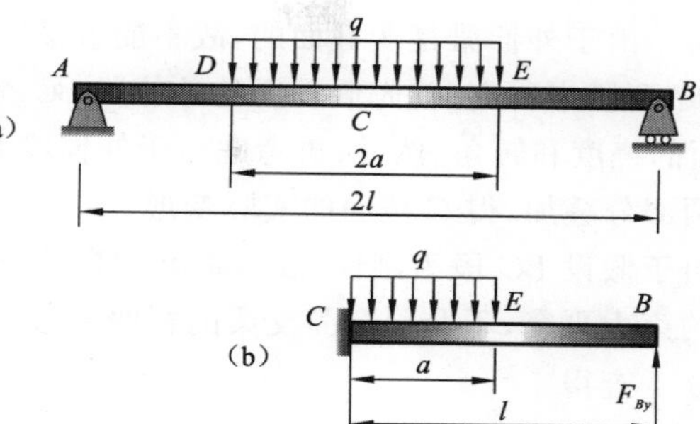

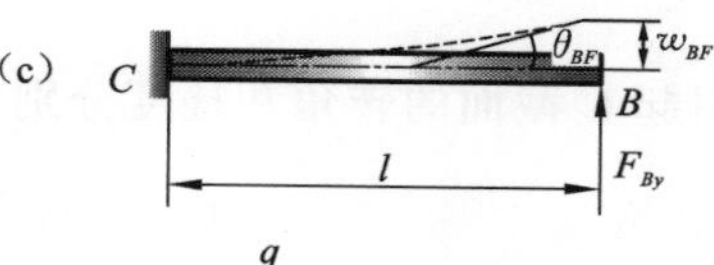

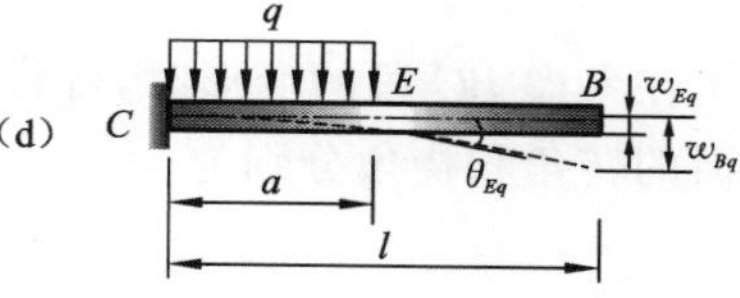

图 6-10

叠加上述结果，可得 B 端面的转角和挠度分别为

$$\theta_B=\theta_{BF}+\theta_{Bq}=\frac{qal^2}{2EI}-\frac{qa^3}{6EI},\quad w_B=w_{BF}+w_{Bq}=\frac{qal^3}{3EI}+\frac{qa^4}{24EI}-\frac{qa^3l}{6EI}$$

于是，原梁（图 6-10(a)）中点 C 的挠度 w_C 为

$$w_C=-w_B=-\frac{qa^4}{24EI}\left[1-4\frac{l}{a}+8\left(\frac{l}{a}\right)^3\right]$$

例 6.6　某一变截面外伸梁如图 6-11(a) 所示。AB、BC 段的抗弯刚度分别为 EI_1 和 EI_2，在 C 端面处受集中力 F 作用，求 C 端面的挠度和转角。

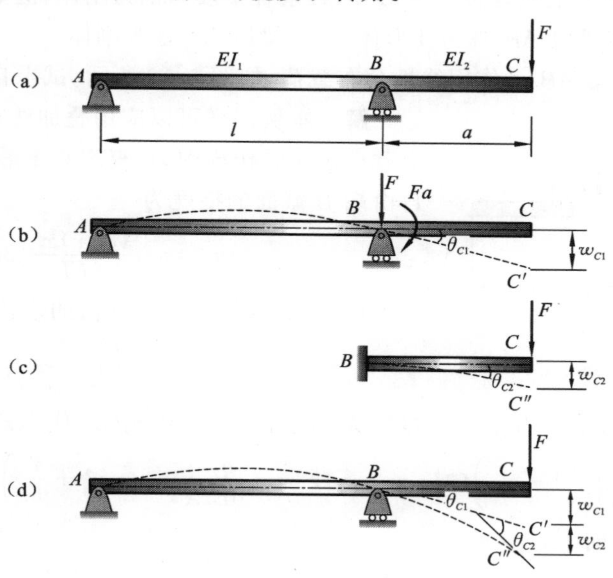

图 6-11

解 由于外伸梁是变截面的，故不能直接应用表 6-1 中的结果。为此，必须将外伸梁分为 AB，BC 两段来研究。首先假设梁的外伸段 BC 是刚性的，研究由于简支梁 AB 的变形所引起的 C 截面的挠度和转角。然后，再考虑由于外伸段 BC 的变形所引起的 C 截面的挠度和转角。最后将其两部分叠加，得 C 截面的实际变形。

由于假设 BC 段为刚性，故可将 F 力向简支梁 AB 的 B 端简化，得 F 和 Fa。F 力可由 B 支座的约束力平衡，不会引起简支梁的弯曲变形。集中力偶 Fa 引起 B 截面的转角(图 6-11(b))，由表 6-1 查得

$$\theta_B = -\frac{Fal}{3EI_1}$$

它引起 C 截面的转角和挠度分别为

$$\theta_{C1} = \theta_B = -\frac{Fal}{3EI_1}, \quad w_{C1} = \theta_B \cdot a = -\frac{Fa^2 l}{3EI_1}$$

在考虑 BC 段的变形时，可将其看作悬臂梁(图 6-11(c))，由表 6-1 查得，在 F 力作用下 C 截面的转角和挠角分别为

$$\theta_{C2} = -\frac{Fa^2}{2EI_2}, \quad w_{C2} = -\frac{Fa^3}{3EI_2}$$

将图 6-11(b)、(c) 中的变形叠加后，求得 C 端面实际的转角和挠度分别为

$$\theta_C = \theta_{C1} + \theta_{C2} = -\frac{Fal}{3EI_1} - \frac{Fa^2}{2EI_2}$$

$$w_C = w_{C1} + w_{C2} = -\frac{Fa^2 l}{3EI_1} - \frac{Fa^3}{3EI_2}$$

方向如图 6-11(d) 所示。

上述分析方法的要点是：首先分别计算各梁段在需求位移处引起位移，然后计算其总和(代数和或矢量和)，即得需求之位移，称为逐段刚化法。在分析各梁段的变形在需求位移处所引起的位移时，除所研究的梁段发生变形外，其余各梁段均视为刚体。例如，在计算挠度 w_{C1} 时(图 6-11(b))，即只将梁段 AB 视为变形体，而将梁段 BC 视为刚体。

例 6.7 在悬臂梁 AB 上作用线性分布载荷，如图 6-12 所示。试求自由端 B 点的挠度。

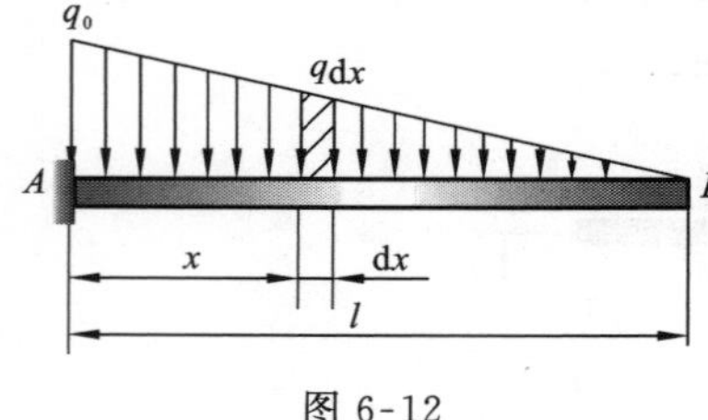

图 6-12

解 本例同样可以应用叠加法求解。将图中 $\mathrm{d}x$ 微段上载荷 $q\mathrm{d}x$ 看作集中力，查表 6-1 得微段载荷 $q\mathrm{d}x$ 作用下自由端 B 截面的挠度为

$$\mathrm{d}w_B = -\frac{(q\mathrm{d}x)x^2}{6EI}(3l - x) \tag{1}$$

根据题意，线性分布载荷的表达式为

$$q = \left(1 - \frac{x}{l}\right)q_0 \tag{2}$$

按照叠加原理，自由端 B 点的挠度应为 $\mathrm{d}w_B$ 的积分。将式(2) 代入式(1)，积分得

$$w_B = -\frac{q_0}{6EI}\int_0^l \left(1 - \frac{x}{l}\right)(3l - x)x^2 \mathrm{d}x = -\frac{q_0}{6EI}\left(lx^3 - x^4 + \frac{x^5}{5l}\right)\Bigg|_0^l = -\frac{q_0 l^4}{30EI}$$

w_B 为负号，表示方向向下。

6.5　梁的刚度计算

对于机械与工程结构中的许多梁，为了正常工作，不仅应具备足够的强度，也应具备必要的刚度(stiffness)。例如，如果机床主轴的变形过大，将影响加工精度；传动轴在滑动轴承处的转角过大，将加速轴承的磨损。在工程实践中，为了保证某些构件的刚度要求，必须限制梁的最大挠度和最大转角，或者限制指定截面的挠度和转角，使它们不超过某些规定的数值。如果以$[w]$为规定的许可挠度，$[\theta]$为规定的许可转角，则梁的刚度条件表示为

$$|w|_{\max} \leqslant [w] \tag{6-7}$$

$$|\theta|_{\max} \leqslant [\theta] \tag{6-8}$$

式中：$[w]$，$[\theta]$根据工作需要确定。

例如

普通机床主轴：　$[w] = (0.0001 \sim 0.0005)l$，$[\theta] = (0.001 \sim 0.005)$ rad

起重机大梁：　$[w] = (0.001 \sim 0.002)l$

滑动轴承：　$[\theta] = 0.001$ rad

其中：l为梁的跨度。在设计时，应参照有关规范确定$[w]$和$[\theta]$的具体数值。

例 6.8　车床空心主轴如图 6-13(a)所示，承受切削力$F_1 = 2$ kN，齿轮传动力$F_2 = 1$ kN作用。已知轴的外径$D = 80$ mm，内径$d = 40$ mm，跨度$l = 400$ mm，外伸长度$a = 100$ mm。材料的弹性模量$E = 210$ GPa。若卡盘C处的许可挠度$[w] = 0.0001l$，轴承B处的许可转角$[\theta] = 0.001$ rad。试校核轴的刚度。

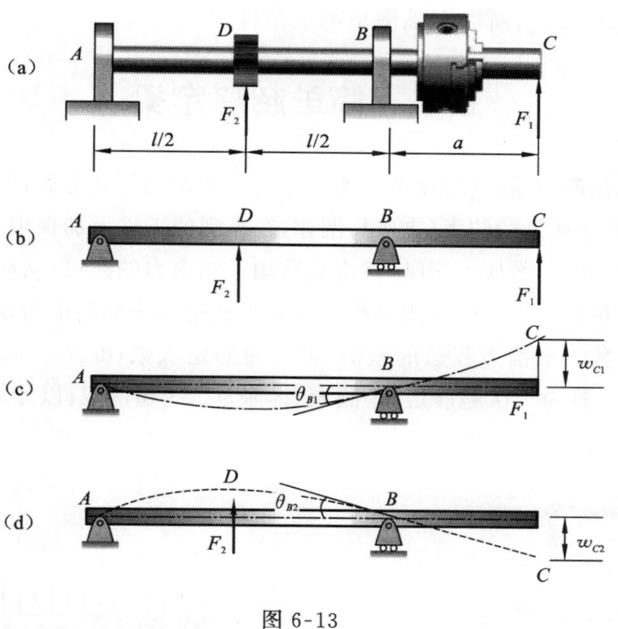

图 6-13

解　利用叠加原理，车床主轴(图 6-13(b))的弯曲变形应该是F_1，F_2单独作用下弯曲变形(图 6-13(c)、(d))的代数和。空心主轴的惯性矩为

$$I = \frac{\pi}{64}(D^4 - d^4) = \frac{\pi}{64}(80^4 - 40^4) \times 10^{-12} = 188 \times 10^{-8}\ \text{m}^4$$

其抗弯刚度为

$$EI = 210 \times 10^9 \times 188 \times 10^{-8} = 39.48 \times 10^4\ \text{N} \cdot \text{m}^2$$

当 F_1 单独作用时(图 6-13(c)),由表 6-1 查得 C 端面的挠度和 B 截面的转角分别为

$$w_{C1} = \frac{F_1 a^2}{3EI}(l + a) = \frac{2 \times 10^3 \times (100 \times 10^{-3})^2}{3 \times 39.48 \times 10^4}(400 + 100) \times 10^{-3} = 8.44 \times 10^{-6}\ \text{m}$$

$$\theta_{B1} = \frac{F_1 al}{3EI} = \frac{2 \times 10^3 \times 100 \times 10^{-3} \times 400 \times 10^{-3}}{3 \times 39.48 \times 10^4} = 0.675 \times 10^{-4}\ \text{rad}$$

当 F_2 单独作用时(图 6-13(d)),由表 6-1 查得 B 截面的转角为

$$\theta_{B2} = -\frac{F_2 l^2}{16EI} = -\frac{1 \times 10 \times (400 \times 10^{-3})^2}{16 \times 39.48 \times 10^4} = -2.53 \times 10^{-5}\ \text{rad}$$

由图 6-13(d) 可知,F_2 作用下,BC 段上无弯曲变形,而且 θ_{B2} 又是一个很小的角度,因此,C 端面的挠度为

$$w_{C2} = \theta_{B2} a = -2.53 \times 10^{-5} \times 100 \times 10^{-3} = -2.53 \times 10^{-6}\ \text{m}$$

于是,F_1,F_2 同时作用下 C 端面的挠度和 B 截面的转角分别为

$$w_C = w_{C1} + w_{C2} = (8.44 - 2.53) \times 10^{-6} = 5.91 \times 10^{-6}\ \text{m}$$

$$\theta_B = \theta_{B1} + \theta_{B2} = (0.675 \times 10^{-4} - 2.53 \times 10^{-5}) = 0.422 \times 10^{-4}\ \text{rad}$$

主轴的许可挠度和许可转角为

$$[w_C] = 0.0001l = \frac{400 \times 10^{-3}}{10^4} = 40 \times 10^{-6}\ \text{m}, \quad [\theta_B] = \frac{1}{10^3} = 10 \times 10^{-4}\ \text{rad}$$

因为 $w_C < [w_C]$,$\theta_B < [\theta_B]$,所以主轴满足刚度条件。

6.6 简单超静定梁

前面讨论的梁都是静定梁,这种梁的支座约束力只需静力平衡方程即可求得。有时为了提高梁的刚度和强度,需要增加梁的约束(支座),例如,在车削的工件上加顶尖(图 6-14),简支梁中点加个支座(图 6-15)等。由于增加了支座,相应地增加了约束力的数目,从而使未知约束力数目超过独立的静力平衡方程数目。因此,只用平衡方程就无法解出全部约束力,这种梁称为超静定梁。梁的未知约束力数与独立平衡方程数的差值,称为超静定次数(degree of statically indeterminate problem)。其差值为一,称为一次超静定,差值为二,称为二次超静定,以此类推。

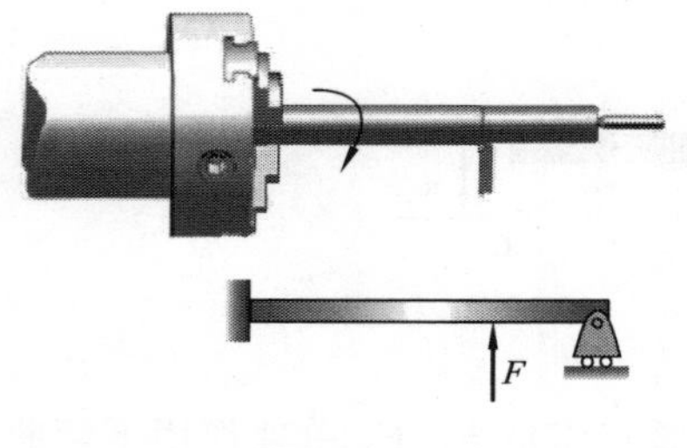

图 6-14

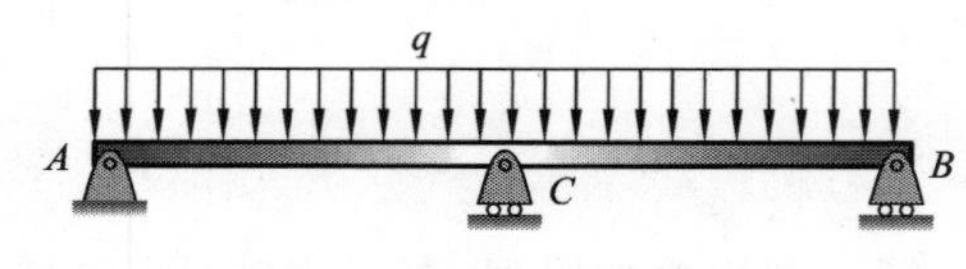

图 6-15

为提高梁的刚度和强度而增加的约束，对于维持梁的平衡来说是多余的。这种约束通常称为多余约束(redundant constraint)，与多余约束相对应的力，称为多余约束力。多余约束力的数目应该等于超静定次数。

对超静定梁进行强度或刚度计算时，首先必须求出梁的多余支座的约束力。求解方法与解拉压超静定问题类似，需要根据梁的变形协调条件、力与变形间的物理关系，建立补充方程，从而求得多余的约束力。在求解过程中，建立补充方程是解超静定梁的关键，本节采用变形比较法建立补充方程。

图 6-16(a) 所示等截面梁，承受均布载荷 q 作用。梁的左端固定，有 3 个未知约束力(包括轴向约束力)，梁的右端为可动铰支座，有一个未知约束力，共计 4 个未知约束力。但平衡方程只有 3 个，所以为一次超静定问题，解题时首先解除多余约束，如选支座 B 为多余约束，将它去掉后，使超静定梁变为静定梁。这种静定梁称为原超静定梁的静定基本系统(primary statically determinate system)，简称静定基，如图 6-16(b) 所示。在静定基上，除了承受原有载荷 q 外，还必须加上多余支座的约束力 F_{By}，以代替去掉的多余约束，如图 6-16(c) 所示，该图应与原超静定梁相当，称为相当系统(equivalent system)。

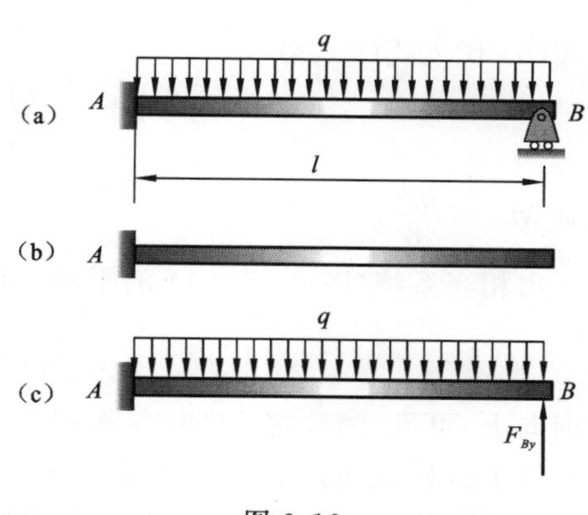

图 6-16

将相当系统与原超静定梁的变形进行比较，两者的变形应该是相同的。亦即相当系统在多余约束处的变形应该与原梁相同。因此，在图 6-16(c) 中，B 端面的挠度应为零。若 B 端面在 q 作用下的挠度为 w_{Bq}，在 F_{By} 作用下的挠度为 w_{BF}，则必须满足

$$w_B = w_{Bq} + w_{BF} = 0 \tag{1}$$

式(1) 即为变形协调条件。

然后找出力与变形之间的物理关系。由表 6-1 查得 q 和 F_{By} 单独作用下，B 端面的挠度分别为

$$w_{Bq} = -\frac{ql^4}{8EI} \tag{2}$$

$$w_{BF} = \frac{F_{By}l^3}{3EI} \tag{3}$$

将式(2)、式(3) 代入式(1)，得

$$\frac{F_{By}l^3}{3EI} - \frac{ql^4}{8EI} = 0 \tag{4}$$

式(4) 即为补充方程，由此解得多余支座的约束力 $F_{By} = \dfrac{3ql}{8}$。

多余支座的约束力 F_{By} 确定之后，梁的强度和刚度计算方法与静定梁相同。上述求解简单超静定梁的方法，称为变形比较法。

应该指出，只要不是限制梁刚体位移所必需的约束，均可作为多余约束。解超静定梁时，选取哪个约束为多余约束，可以根据解题的方便而定。若选取的多余约束不同，相应的静定基及其变形协调条件也随之而异。例如上述超静定梁，也可以选取 A 端面的转动约束作为多余约

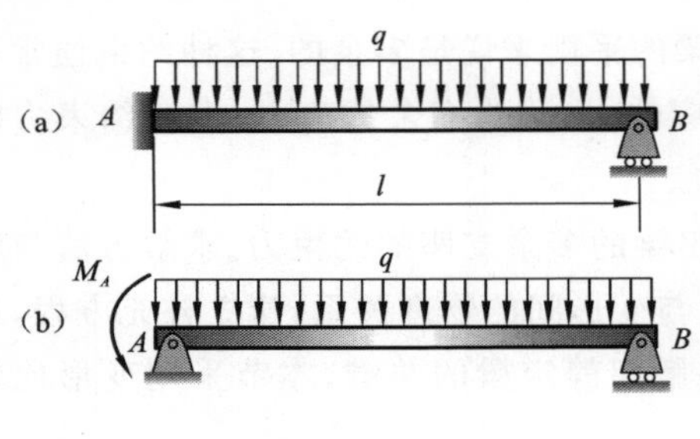

图 6-17

束，则静定基为一简支梁，多余约束力为A端面的约束力偶M_A，如图 6-17(b) 所示。这时的变形协调条件应为A端面的转角为零，即

$$\theta_A = \theta_{Aq} + \theta_{AM} = 0 \tag{5}$$

由表 6-1 查得简支梁在q和M_A单独作用下，A截面的转角分别为

$$\theta_{Aq} = -\frac{ql^3}{24EI}, \quad \theta_{AM} = \frac{M_A l}{3EI} \tag{6}$$

将式(6) 代入式(5)，得

$$\frac{M_A l}{3EI} - \frac{ql^3}{24EI} = 0$$

故有 $M_A = \dfrac{ql^2}{8}$。

由相当系统(图 6-17(b)) 的平衡方程，不难求得A,B两支座的约束力分别为

$$F_{Ay} = \frac{5ql}{8}, \quad F_{By} = \frac{3ql}{8}$$

方向向上。可见，两种解法的结果相同。

以上分析表明：求解超静定梁首先应确定多余约束力，其方法和步骤可概括如下：

(1) 根据约束力与有效平衡方程的数目，判断梁的超静定次数；

(2) 解除多余约束，并以相应多余约束力代替其作用，得原超静定梁的相当系统；

(3) 计算相当系统在多余约束处的位移，并根据相应的变形协调条件建立补充方程，从而求出多余约束力。

多余约束力确定后，作用在相当系统上的外力均为已知，由此即可通过相当系统，计算原超静定梁的内力、应力与变形等。

例 6.9 试作图 6-18(a) 所示三支点梁的弯矩图。

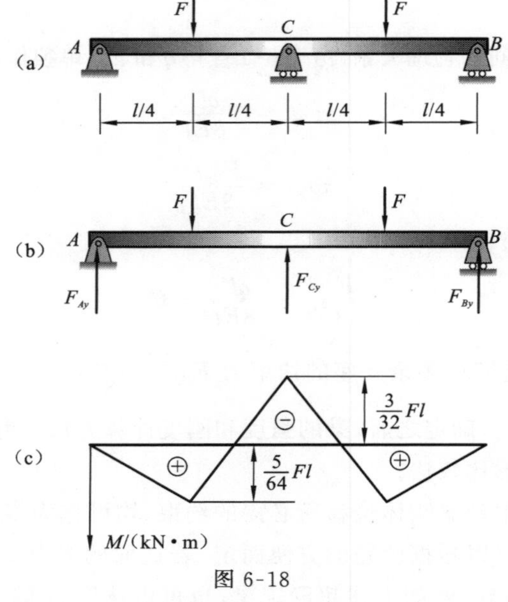

图 6-18

解　三支点梁为一次超静定问题，选择C点的支座为多余约束，F_{Cy}为多余约束力，相当系统如图6-18(b)所示。这样，变形协调条件应为C点的挠度等于零，即

$$w_C = w_{CF} + w_{CF_{By}} = 0 \tag{1}$$

由表6-1查得，在两个F力作用下，C点的挠度为

$$w_{CF} = -2 \times \frac{F\dfrac{l}{4}}{48EI}\left[3l^2 - 4\left(\frac{l}{4}\right)^2\right] = -\frac{11Fl^3}{384EI} \tag{2}$$

在F_{Cy}作用下C点的挠度为

$$w_{CF_{Cy}} = \frac{F_{Cy}l^3}{48EI} \tag{3}$$

将式(2)、式(3)代入式(1)，得

$$\frac{F_{Cy}l^3}{48EI} - \frac{11Fl^3}{384EI} = 0$$

可得$F_{Cy} = \dfrac{11}{8}F$，方向向上。由于梁和载荷对C截面是对称的，所以A,B两支座的约束力相等，即

$$F_{Ay} = F_{By} = \frac{1}{2}(2F - F_{Cy}) = \frac{5}{16}F$$

方向如图6-18(b)所示。求出支座的约束力后，如静定梁一样，作出弯矩图，如图6-18(c)所示。绝对值最大的弯矩值为$3Fl/32$。如果没有中间支座C，则最大弯矩为$Fl/4$，后者为前者的2.7倍。

可见，增加梁的支座能减小梁的弯矩，起到提高强度的作用，而且还能提高梁的刚度。因此，工程中常采用超静定梁。但是，超静定梁对装配技术和制造精度要求较高，否则会产生装配应力。例如上述三支点梁，如果3个支座不在同一直线上，B支座高出Δ距离，如图6-19(a)所示。这样的梁装配后，相当于外伸梁AC在B端面作用一集中力F_{By}，使B端面产生挠度Δ，如图6-19(b)所示。梁内由于装配而产生的弯矩如图6-19(c)所示。当梁受载后，将使某些截面的弯矩比正常情况下的弯矩更大，这是应该尽量避免的。

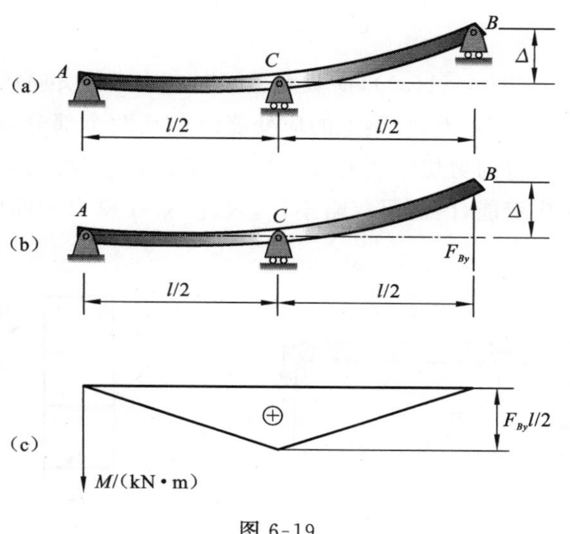

图6-19

6.7 梁的弯曲应变能

直梁弯曲后，梁内积蓄着应变能。现在首先研究梁在纯弯曲时应变能的计算。例如图 6-20(a) 所示的悬臂梁，在外力偶矩 M_e 作用下发生纯弯曲。此时，与杆在拉、压和扭转时一样，积蓄在杆内的应变能 U 在数值上等于外力偶矩 M_e 所作的功 W，即 $U = W$。由于杆件的材料服从胡克定律，则 M_e 与梁自由端的转角 θ_B 成正比(图 6-20(b))。因此，外力偶矩 M_e 在转角 θ_B 上所作的功在数值上等于图中三角形的面积，即

$$W = \frac{1}{2} M_e \theta_B \tag{1}$$

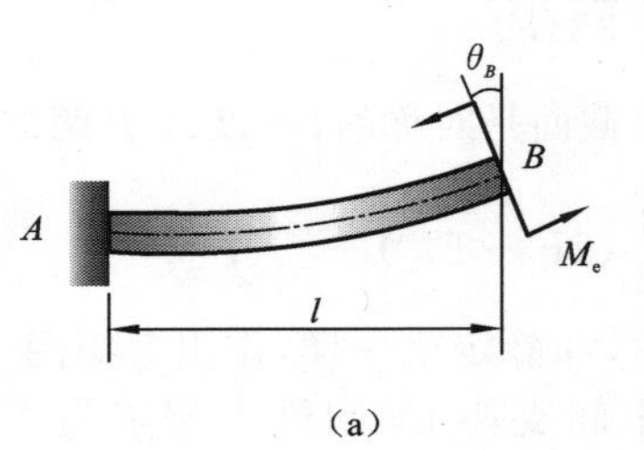

(a)

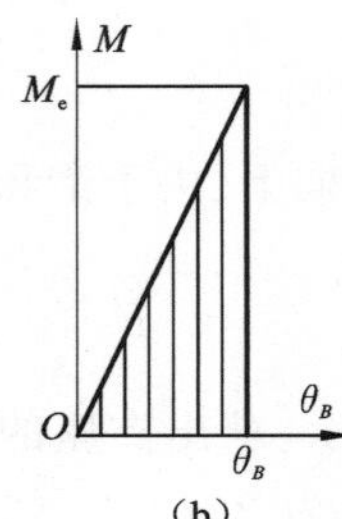

(b)

图 6-20

由表 6-1 查得，悬臂梁在自由端作用有集中力偶 M_e 时，其端面转角 θ_B 为

$$\theta_B = \frac{M_e l}{EI} \tag{2}$$

将式(2) 代入式(1)，并考虑到纯弯曲时梁横截面上的弯矩 M 等于外力偶矩 M_e，于是纯弯曲时梁的应变能 U 为

$$U = W = \frac{M^2 l}{2EI} \tag{6-9}$$

在横力弯曲的情况下(图 6-21(a))，横截面上同时存在着弯矩 $M(x)$ 和剪力 $F_S(x)$，且同时存在着弯曲变形和剪切变形。因此，梁上的应变能应包括两个部分，即与弯曲变形相应的弯曲应变能和与剪切变形相应的剪切应变能。但对于长梁来说，跨度远大于横截面尺寸，其剪切应变能一般远小于弯曲应变能，因而可忽略不计。因此，梁在横力弯曲时的应变能只计算其弯曲应变能。

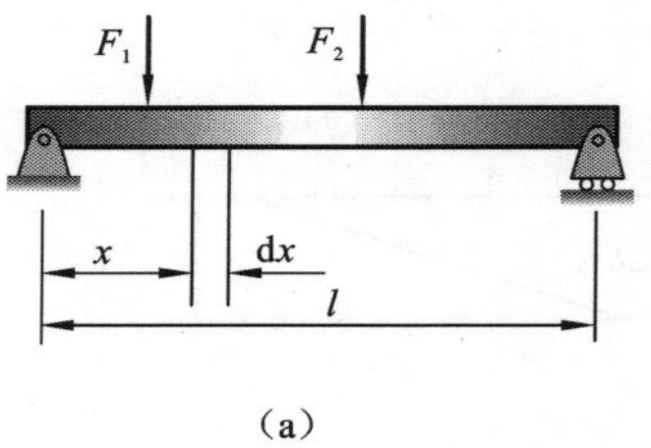

(a)

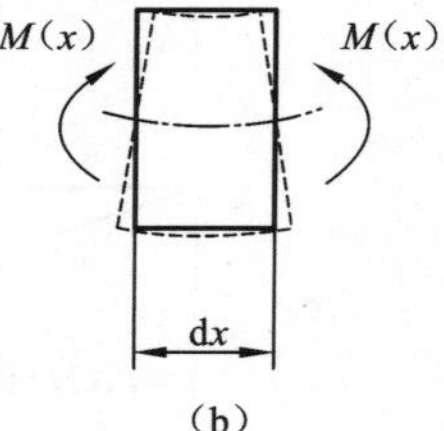

(b)

图 6-21

横力弯曲时，梁横截面上弯矩随截面位置而变化。为此，从梁内取出 $\mathrm{d}x$ 微段，其左右两端面上的弯矩分别为 $M(x)$ 和 $M(x)+\mathrm{d}M(x)$。忽略弯矩增量 $\mathrm{d}M(x)$ 后，可将 $\mathrm{d}x$ 微段视为纯弯曲的情况，如图 6-21(b) 所示。利用式(6-9)，可得该微段的弯曲应变能 $\mathrm{d}U=\dfrac{M^2(x)}{2EI}\mathrm{d}x$。则全梁的弯曲应变能为

$$U=\int_l \frac{M^2(x)}{2EI}\mathrm{d}x \tag{6-10}$$

如果梁上的弯矩方程不连续，或者惯性矩 I 有突变(如阶梯轴等)，则式(6-10)中的积分必须分段进行。

例 6.10　图 6-22 所示简支梁，抗弯刚度为 EI。试求梁的应变能。

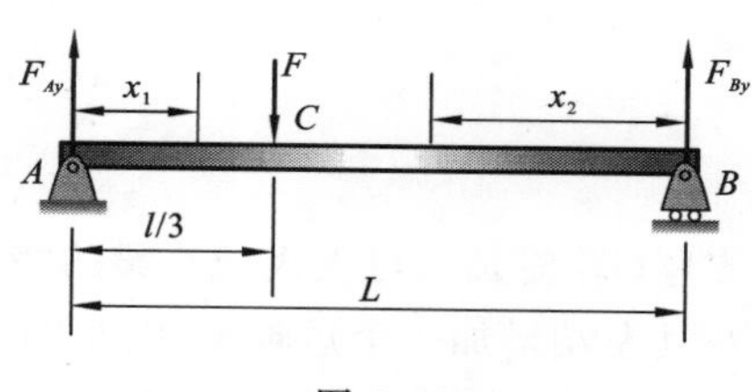

图 6-22

解　为了写出弯矩方程，首先计算梁的支座的约束力：

$$F_{Ay}=\frac{2}{3}F,\quad F_{By}=\frac{1}{3}F$$

弯矩方程应分段写出。为了计算方便，对 AC 和 BC 两段梁的截面位置分别用 x_1 和 x_2 表示，其坐标原点分别为 A 和 B，如图 6-22 所示。则弯矩方程为

AC 段：
$$M(x_1)=\frac{2}{3}Fx_1\quad\left(0\leqslant x_1\leqslant\frac{l}{3}\right)$$

BC 段：
$$M(x_2)=\frac{1}{3}Fx_2\quad\left(0\leqslant x_2\leqslant\frac{2l}{3}\right)$$

将弯矩方程代入应变能表达式(6-10)，分段积分后，即得该简支梁的应变能 U 为

$$\begin{aligned}U&=\int_l \frac{M^2(x)}{2EI}\mathrm{d}x=\int_0^{l/3}\frac{M^2(x_1)}{2EI}\mathrm{d}x_1+\int_0^{2l/3}\frac{M^2(x_2)}{2EI}\mathrm{d}x_2\\&=\frac{1}{2EI}\int_0^{l/3}\left(\frac{2Fx_1}{3}\right)^2\mathrm{d}x_1+\frac{1}{2EI}\int_0^{2l/3}\left(\frac{Fx_2}{3}\right)^2\mathrm{d}x_2=\frac{2F^2l^3}{243EI}\end{aligned}$$

6.8　提高弯曲刚度的措施

从表 6-1 列出的结果可见，梁的挠度和转角与梁的跨长、约束条件、抗弯刚度以及载荷施加方式有关。因此，可从下列几个方面采取措施以提高梁的弯曲刚度。

1. 减小梁的长度

梁的长度对弯曲变形的影响最为明显，因为梁的挠度或转角与梁长度的二次方、三次方、甚至四次方成正比。因此，应尽可能地减小梁的长度。例如，Z145 造型机横臂的支点在立柱的后面(图 6-23(a))，而改进后的 Z145A 造型机横臂的支点在立柱的前面(图 6-23(b))。由于跨度和外伸长度都缩短了，所以后者的弯曲刚度有较大提高。

2. 增加约束

在梁的长度不能缩短的情况下，可以采用增加约束的办法来提高梁的刚度。例如，车削细长杆时，加上顶尖支承(图 6-14)，以减小工件的最大挠度。在简支梁 AB 的中点 C 处，增加一个

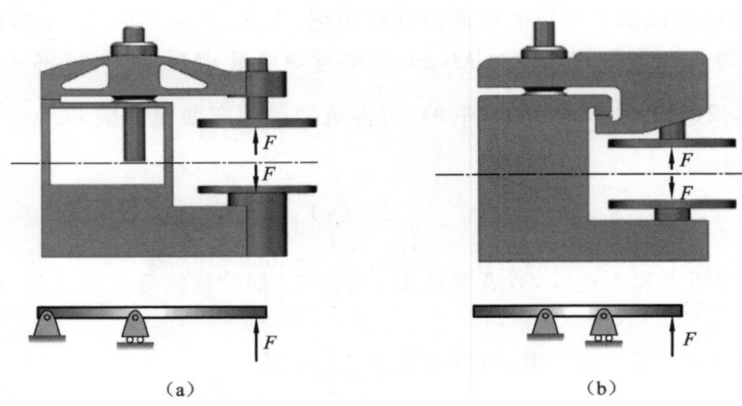

(a) (b)

图 6-23

支座(图 6-15),可大大减小梁的挠度和转角。又如原用两个短轴承支承的轴(图 6-24(a)),若在其左端增加一个短轴承(图 6-24(b)),或者将其左端改为长轴承(图 6-24(c)),使其约束接近于固定端,也能减小轴的变形,提高刚度。增加支座后的静定梁变为超静定梁,它的解法在前面 6.6 节中已有所讨论。

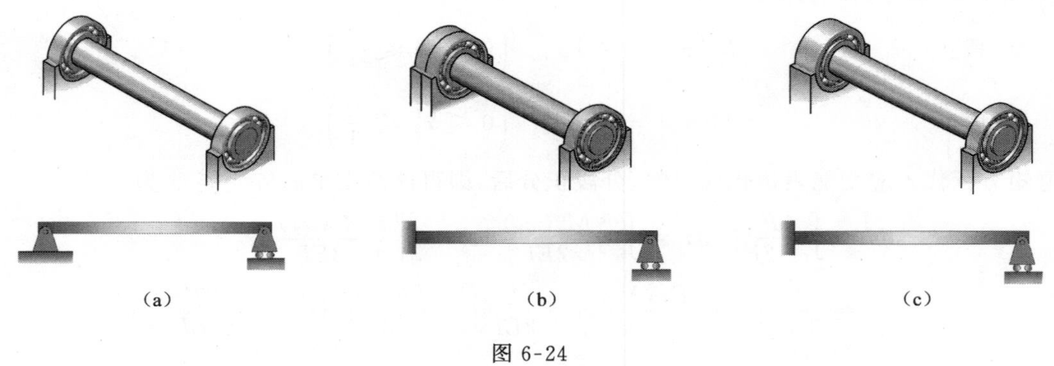
(a) (b) (c)

图 6-24

3. 改变加载方式和支座位置

由挠曲线微分方程可知,弯曲变形与弯矩有关,减小弯矩就会减小弯曲变形。因此,提高弯曲强度的措施同样有利于弯曲刚度的提高。例如,将简支梁中点的集中力(图 6-25(a))改为对称作用的两个集中力(图 6-25(b)),或者均布载荷(图 6-25(c)),则梁中点的最大挠度由原来的 $\frac{8ql^4}{384EI}$ 减少至 $\frac{5.5ql^4}{384EI}$ 或 $\frac{5ql^4}{384EI}$。如果再合理安排支座位置,如图 6-25(d) 所示,则最大挠度只有 $\frac{0.11ql^4}{384EI}$,其值是图(c) 的 $\frac{1}{45}$,是图(a) 的 $\frac{1}{73}$,提高了弯曲刚度。

另外,在结构允许的情况下,应尽可能地使传动轴上的齿轮和皮带轮靠近支座,以减小传动力对传动轴弯曲变形的影响。

4. 改进结构设计

为了提高结构的刚度,可以对结构作改进设计。例如皮带轮采用卸荷装置后(图 6-26),

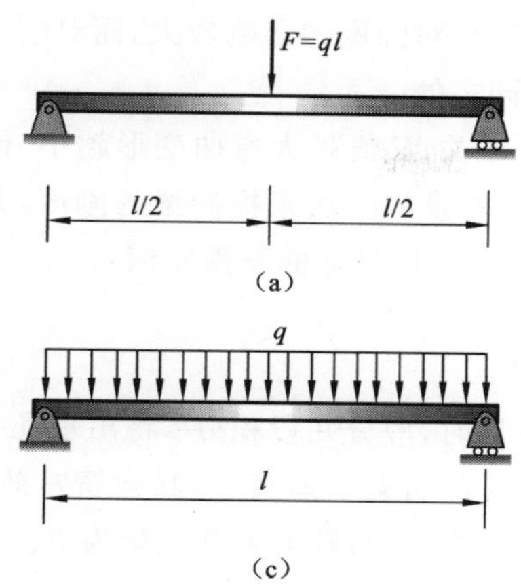

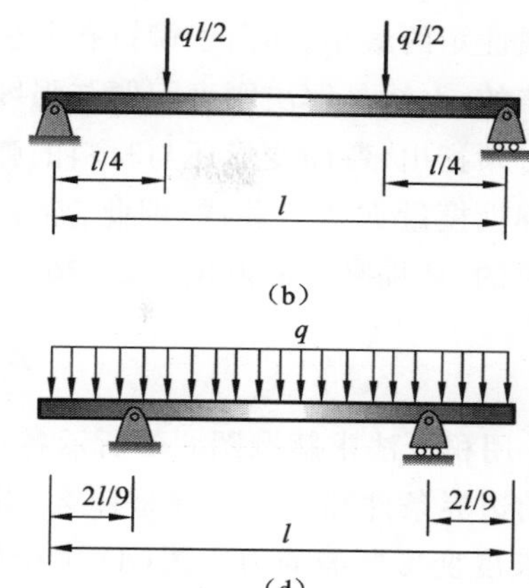

图 6-25

皮带拉力经滚动轴承传给箱体，从而消除了皮带拉力对传动轴弯曲变形的影响。又如，车床主轴上主动轮的排列，由图 6-27(a) 改变为图 6-27(b) 所示，主动轮传给主轴的扭矩虽无改变，但径向啮合力 F_2 的方向却改变了，从而使主轴外伸端的挠度减小，明显地提高了主轴的刚度。

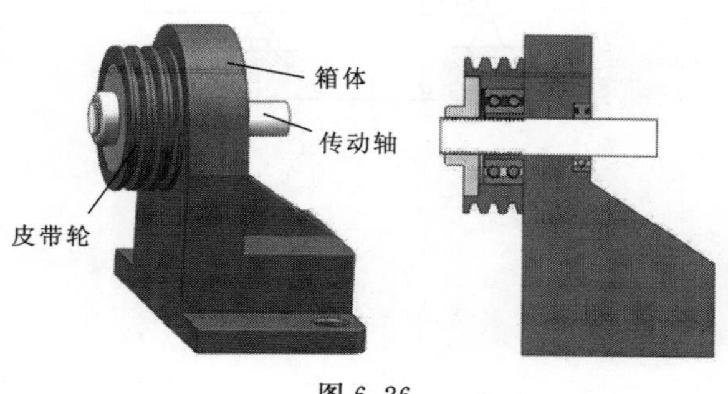

图 6-26

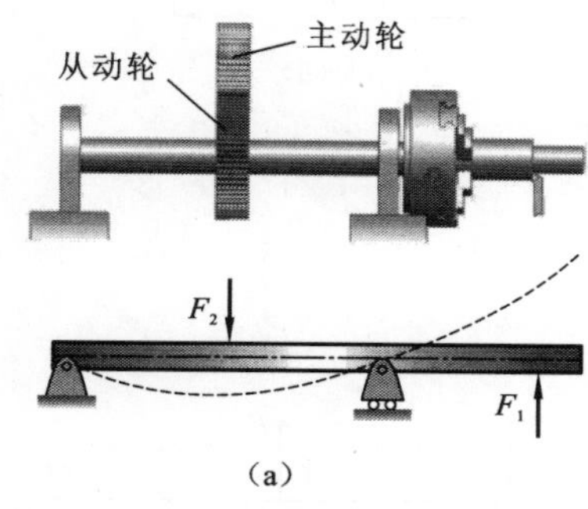

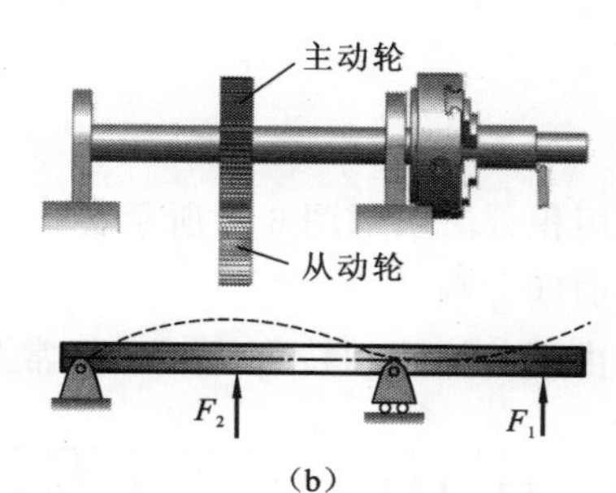

图 6-27

5. 设计合理截面，增大惯性矩

在梁的截面面积不变的前提下，设计合理的截面形状，增大截面惯性矩的数值，也是提高弯曲刚度的有效措施。例如，起重机大梁一般采用工字形或箱形截面，机器的箱体采用加筋的办法提高箱壁的抗弯刚度，而不采取增加壁厚的办法。

应该注意，由于梁的变形是由无限多 dx 梁段的变形累加的结果。因此，只有在梁的全长或绝大部分长度上加大惯性矩的数值，才能达到提高刚度的目的。这一点与强度问题不同，在强度问题中，只需在弯矩较大的梁段内加大惯性矩，即可达到提高强度的目的。另一方面，梁在局部范围内惯性矩的减小(如由于铆钉孔所引起的削弱等),对强度的影响较大,而对刚度的影响是可以忽略的。上述是解决刚度问题与强度问题的不同之处。

最后必须指出,弯曲变形还与材料的弹性模量 E 有关,E 值越大弯曲变形越小。但由于各种钢材的弹性模量 E 大致相同,因此,希望用提高弹性模量的办法来提高梁的刚度,是不会收到明显效果的。从提高弯曲刚度的观点看,没有必要选用价格昂贵的高强度钢。

习　　题

6-1　用积分法求解题图 6-1 所示各梁的弯曲变形时,应分几段积分?将出现几个积分常数?相应的边界条件和连续条件是什么?图(b) 中的梁右端支于弹簧上,其弹簧常效为 K(即引起单位长度变形所需的力);图(d) 中拉杆 BC 的面积为 A,材料的弹性模量为 E。

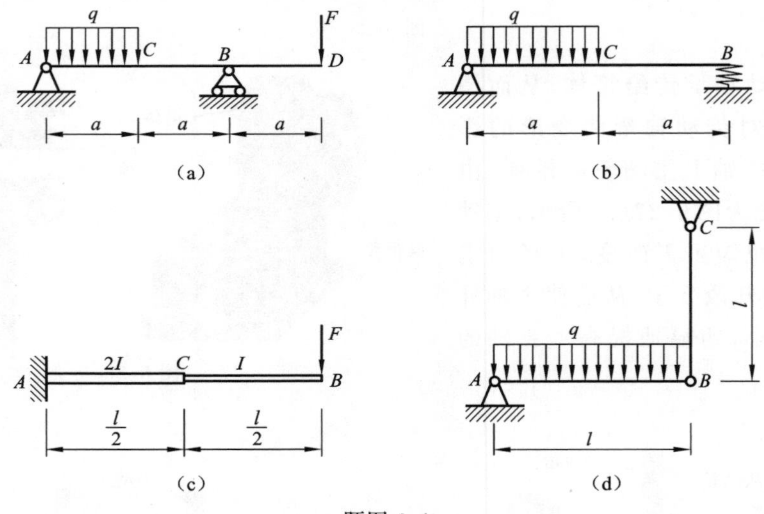

题图 6-1

6-2　用积分法求题图 6-2 所示各梁:

(1) 挠曲线方程;

(2) 自由端的挠度和转角。设 EI 为常数。

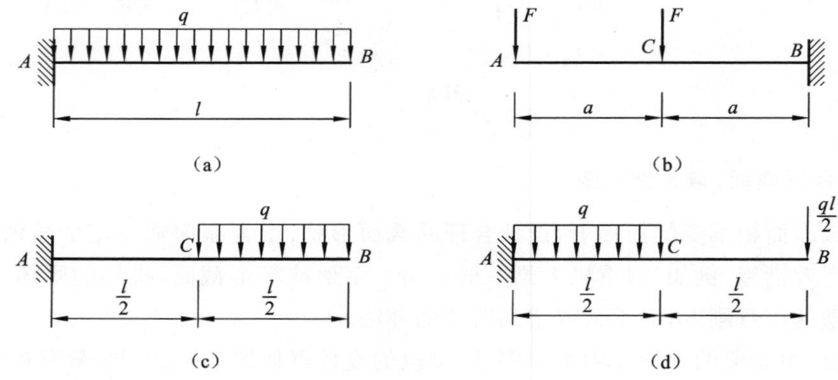

题图 6-2

6-3　用积分法求题图 6-3 所示各梁：

(1) 挠曲线方程；

(2) 端截面转角 θ_A 和 θ_B；

(3) 跨度中点的挠度和最大挠度。设 EI 为常数。

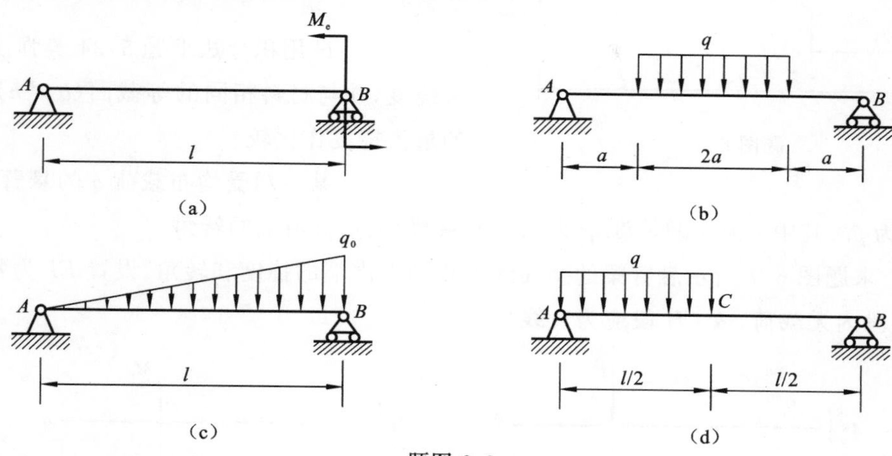

题图 6-3

6-4　用积分法求题图 6-4 所示各梁：

(1) 挠度方程和转角方程；

(2) 外伸端的挠度和转角。设 EI 为常数。

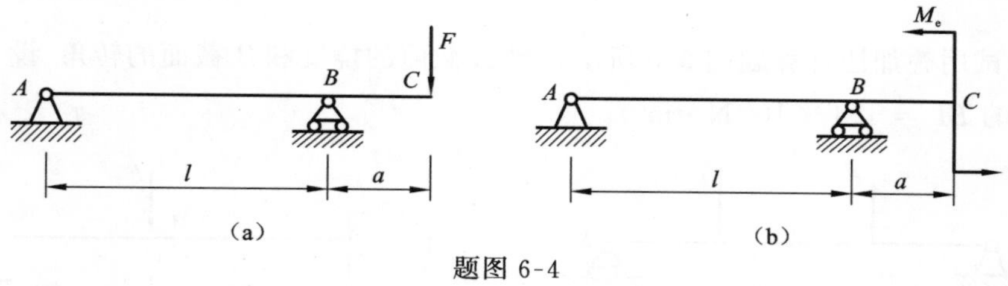

题图 6-4

6-5　如题图 6-5 所示，用积分法求梁的最大挠度和最大转角。EI 为已知。(提示：在(b)、(d) 图中，梁对跨度中点对称，可以只考虑梁的 1/2)。

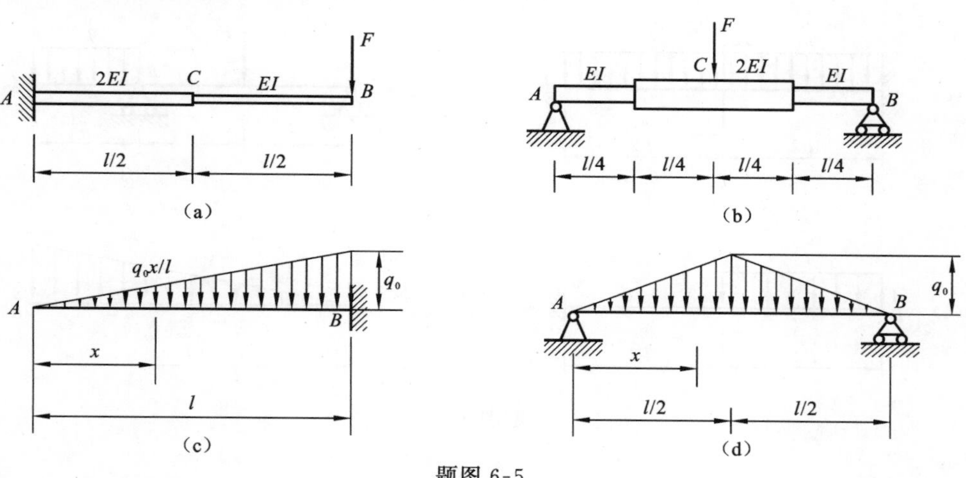

题图 6-5

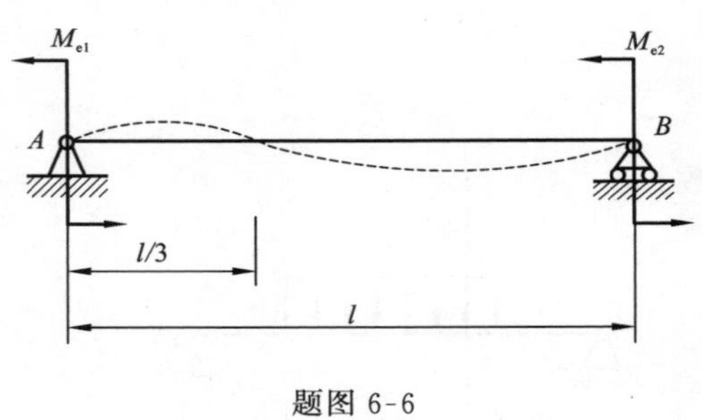

题图 6-6

6-6　题图 6-6 所示简支梁，左右两端分别作用力偶矩 M_{e1} 和 M_{e2}，如果欲使挠曲线的拐点位于离左端 $l/3$ 处，则 M_{e1} 和 M_{e2} 应保持何种关系？

6-7　试用积分法求题 5-34 等强度梁的最大挠度，并与材料相同的等截面($b \times h$) 悬臂梁的最大挠度作比较。

6-8　某一承受均布载荷 q 的悬臂梁，其自由端挠度为 βl，其中 l 为梁的长度，β 为已知的系数。试求自由端的转角。

6-9　求题图 6-7 所示悬臂梁的挠曲线方程和自由端的挠度和转角。设置 EI 为常数。(提示：梁 CB 段内无载荷，故 CB 段应为直线)。

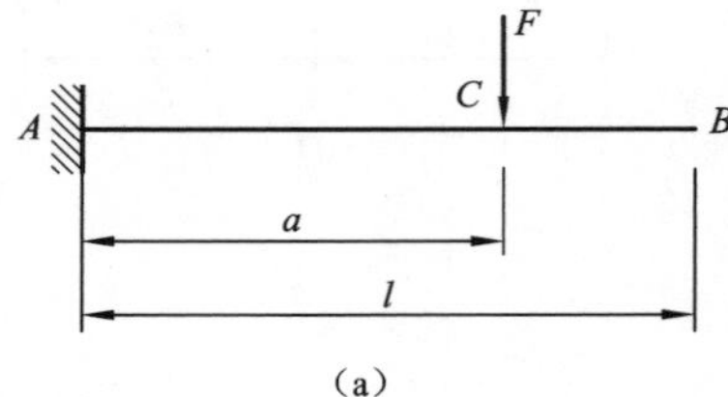

(a)

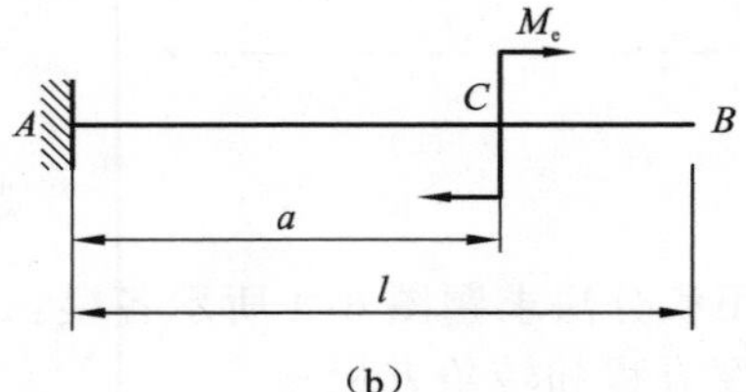

(b)

题图 6-7

6-10　试用叠加法计算题图 6-8 所示各梁 A 截面的挠度和 B 截面的转角。设 EI 为常数。(已知图(i) 的 $EI = 1.4 \times 10^7\ \mathrm{N \cdot m^2}$)。

(a)
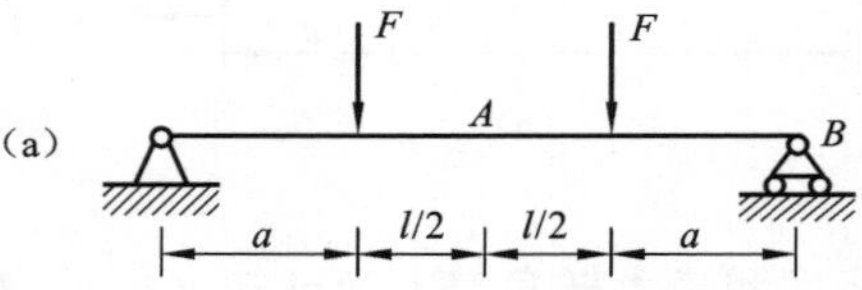

(b)
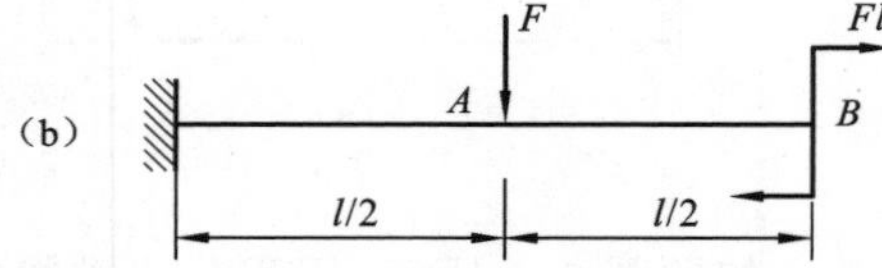

(c)
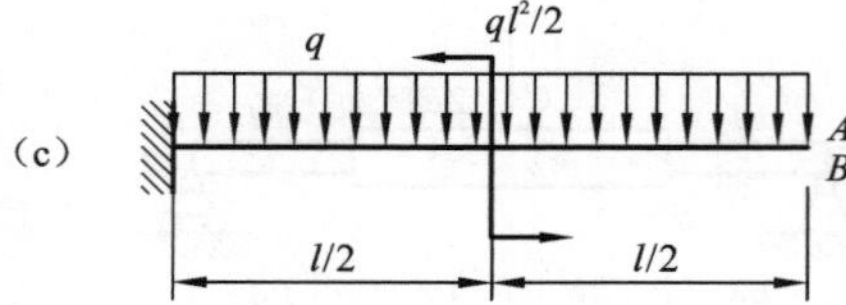

(d)
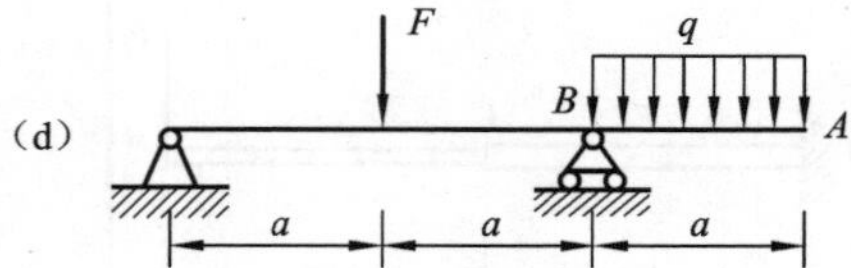

(e)
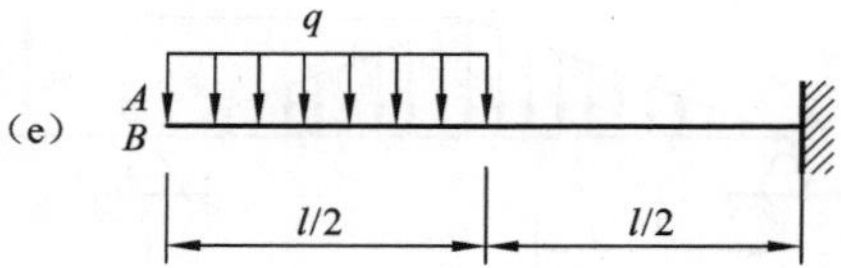

(f)
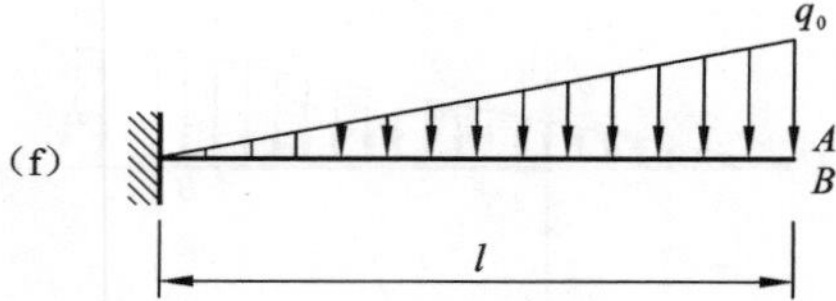

题图 6-8

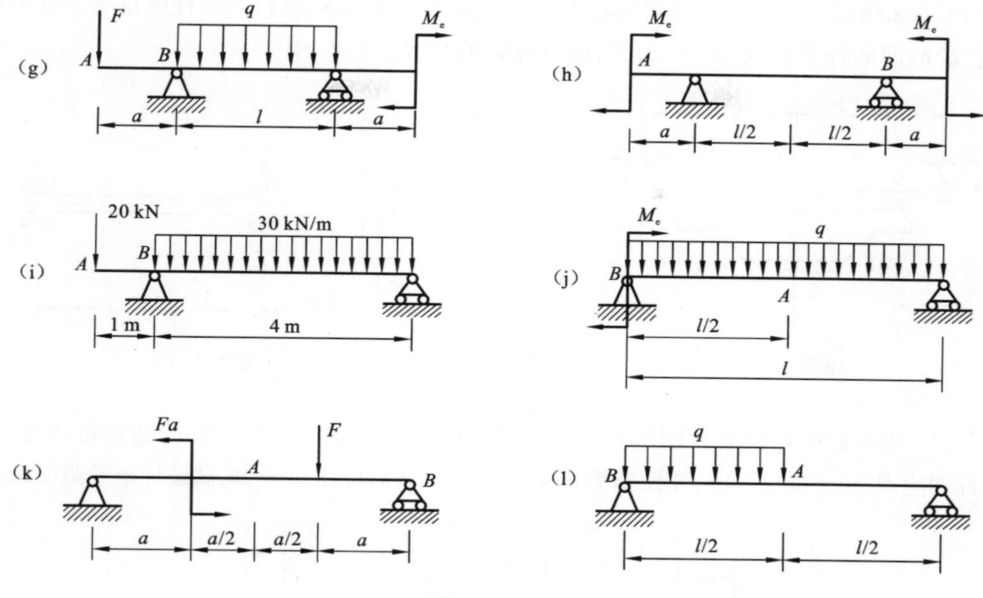

题图 6-8(续)

6-11　用叠加法解题 6-5(a)、(b)。

6-12　试求题 6-1(b)、(d) 所示 AB 梁的中点挠度。

6-13　用叠加法求题图 6-9 所示折杆自由端 C 的垂直和水平位移。设 EI 为常数。

6-14　题图 6-10 所示直角拐中 AB 段的横截面为圆形，BC 段为矩形。A 端固定，B 端为一滑动轴承，C 端作用集中力 $F = 60$ N。已知材料的弹性模量 $E = 210$ GPa，剪切弹性模量 $G = 0.4E$，试求 C 点挠度。

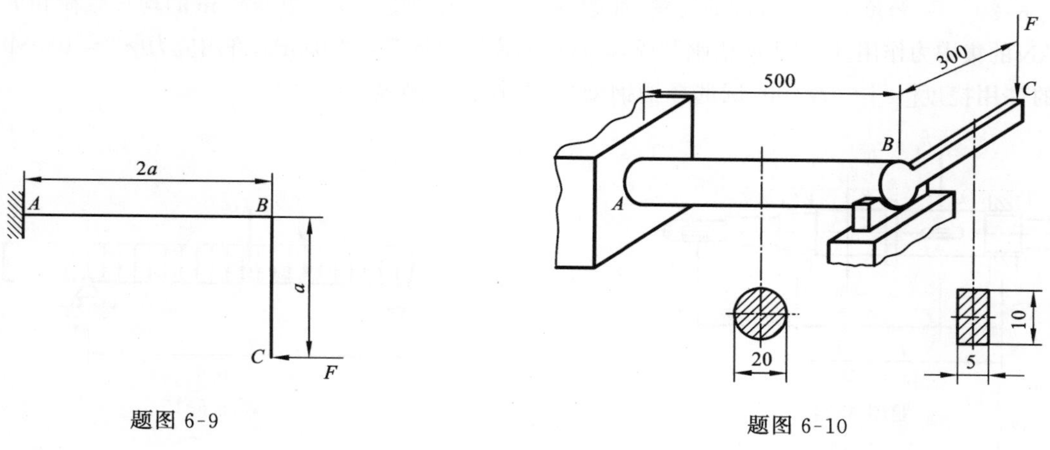

题图 6-9　　　　题图 6-10

6-15　以弹性元件为测力装置的试验机原理如题图 6-11 所示，通过测量 BC 梁中点处的挠度来确定压头 A 处的作用力 F。已知 $l = 1$ m，$a = 10$ cm，梁截面的宽 $b = 6$ cm，高 $h = 4$ cm，材料的弹性模量 $E = 220$ GPa，试问当百分表指针转动一小格(0.01 mm)时，载荷 F 增加多少？

6-16 如题图 6-12 所示，钢制圆轴的左端受力 $F = 20$ kN，材料的弹性模量 $E = 200$ GPa。若规定 B 截面的许可转角$[\theta] = 0.5°$，试设计轴的直径。

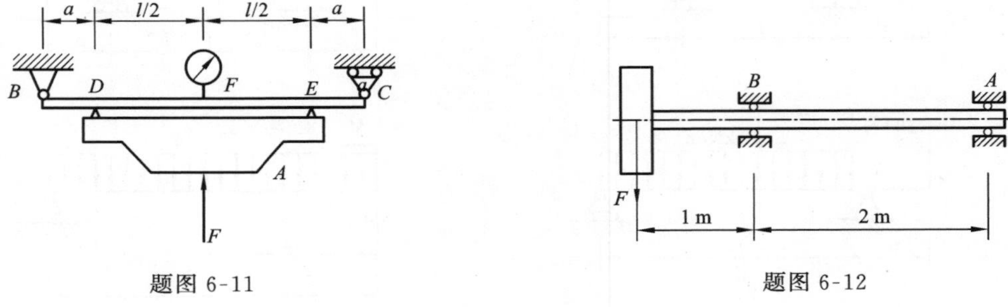

题图 6-11　　　　题图 6-12

6-17 矩形截面悬臂梁如题图 6-13 所示。已知 $q = 10$ kN/m，$l = 3$ m。若许可挠度$[w] = l/250$，许用应力$[\sigma] = 120$ MPa，弹性模量 $E = 200$ GPa，截面尺寸 $h = 2b$。试设计矩形截面的尺寸。

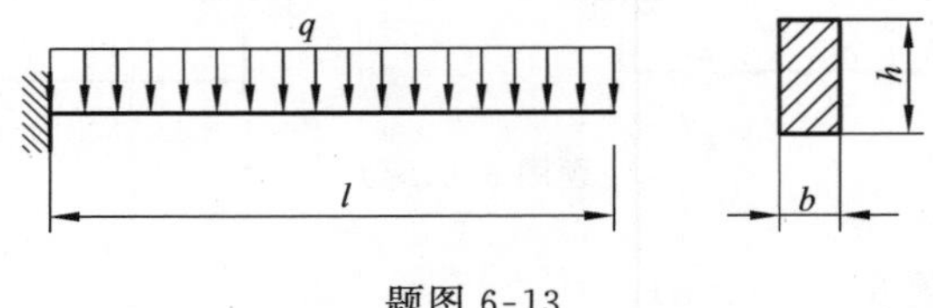

题图 6-13

6-18 桥式起重机大梁(简支梁)由 32a 号工字钢制成，最大载荷 $F = 20$ kN。已知跨度 $l = 8.5$ m，弹性模量 $E = 210$ GPa，规定的许用挠度$[w] = l/500$。试校核梁的刚度。

6-19 一齿轮轴受力如题图 6-14 所示，已知 $F_1 = 2.85$ kN，$F_2 = 4.25$ kN，$a = 100$ mm，$b = 200$ mm，$c = 150$ mm，材料的弹性模量 $E = 210$ GPa，轴在轴承处的许用转角$[\theta] = 0.005$ rad。近似地假设全轴直径均为 $d = 60$ mm，试校核轴的刚度。

6-20 一跨度 $l = 4$ m 的简支梁(如题图 6-15)，承受集度 $q = 10$ kN/m 的均布载荷和 $F = 20$ kN 的集中力作用。该梁由两槽钢制成，设材料的弹性模量 $E = 210$ GPa，许用应力$[\sigma] = 160$ MPa，梁的许用挠度$[w] = l/400$，试选择槽钢型号，并校核其刚度。

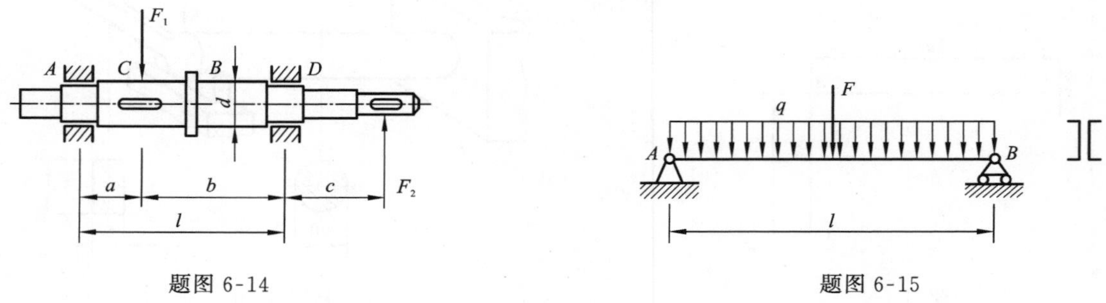

题图 6-14　　　　题图 6-15

6-21 两梁的尺寸、受力及支承情况完全相同，其中一梁为钢材，另一梁为木材，若弹性模量 $E_{钢} = 7E_{木}$。试求：

(1) 两梁中最大应力之比；

(2) 两梁最大挠度之比。

6-22　具有微小初曲率的梁如题图 6-16 所示，梁的 EI 已知。若使载荷 F 沿梁移动时，加力点始终保持同一高度。试问梁预先应弯曲成怎样的曲线。(提示：计算微弯梁挠度可近似地应用直梁公式)。

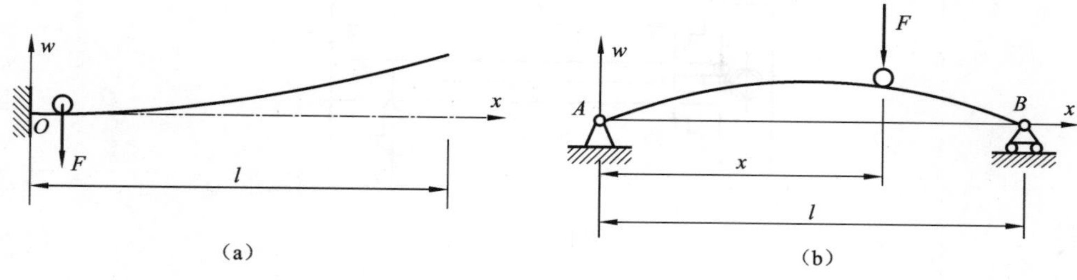

题图 6-16

6-23　题图 6-17 所示外伸梁在 B 截面支承于弹簧上，弹簧刚度为 K，试求 C 截面挠度，设 EI 已知。

6-24　简化后的齿轮轴如题图 6-18 所示，已知材料的弹性模量 $E = 200$ GPa，试求轴承 A，B 处转角。

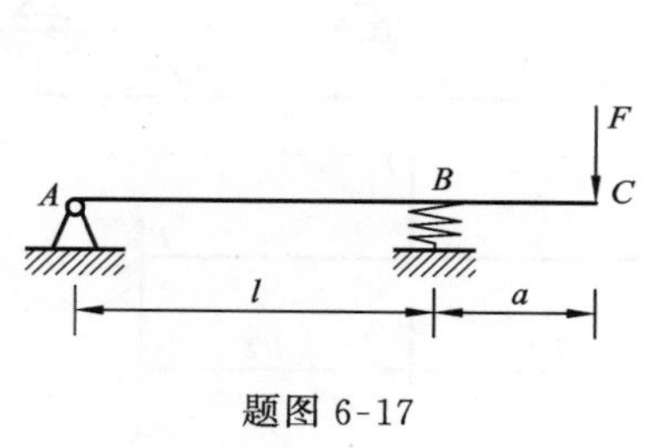

题图 6-17

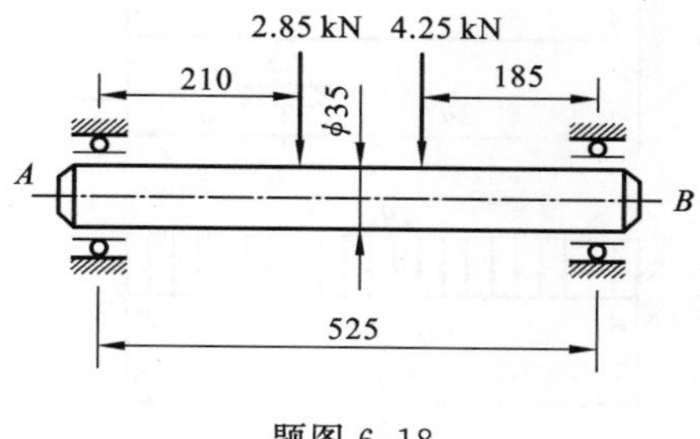

题图 6-18

6-25　两端固定梁 AD(题图 6-19)，具有中间铰 B 和 C，若 EI 已知，试 F 力作用处挠度。

6-26　两端简支的输气管道，已知其外径 $D = 114$ mm，壁厚 $\delta = 4$ mm，单位长度重量为 $q = 106$ N/m，材料的弹性模量 $E = 210$ GPa。设管道的许可挠度 $[w] = l/500$，试确定此管道的最大跨度。

6-27　如题图 6-20 所示，一等截面梁，EI 已知，梁下有一曲面，其方程为 $y = -Ax^3$。欲使梁变形后刚好与该曲面密合(曲面不受压力)，梁上需加什么载荷？大小、方向如何？作用在何处？

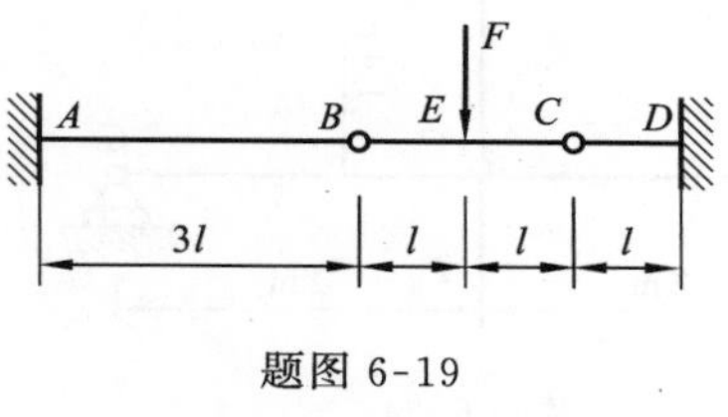

题图 6-19

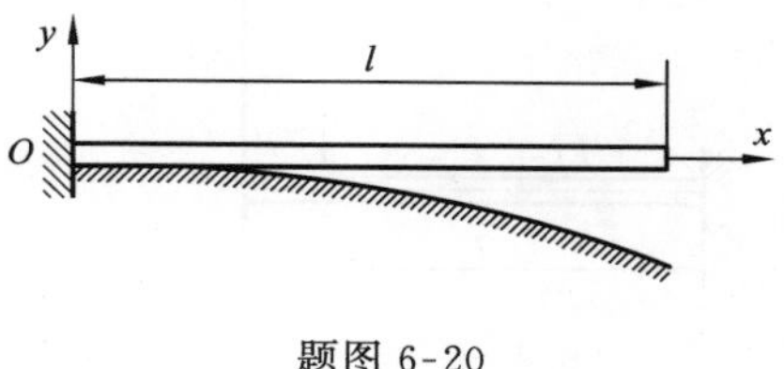

题图 6-20

6-28　如题图 6-21 所示工件受切削力 $F = 360$ N，工件的弹性模量 $E = 200$ GPa。试求工件的最大挠度。若由于工件的弯曲变形而引起工件的直径误差不超过 0.08 mm，问图示加工方案是否能满足？若不能满足，如何改进？

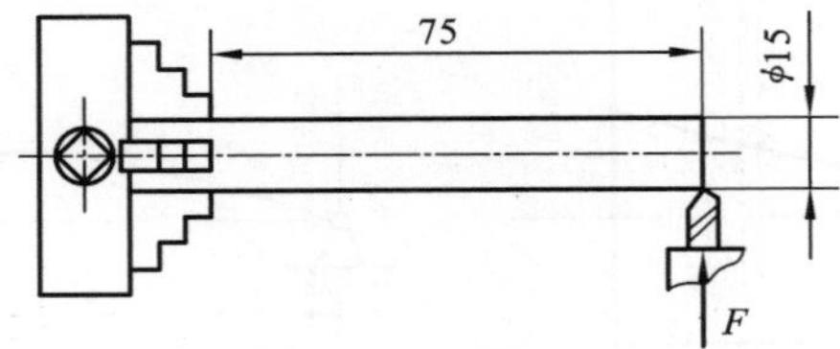

题图 6-21

6-29　试求题图 6-22 所示各超静定梁的支座的约束力。

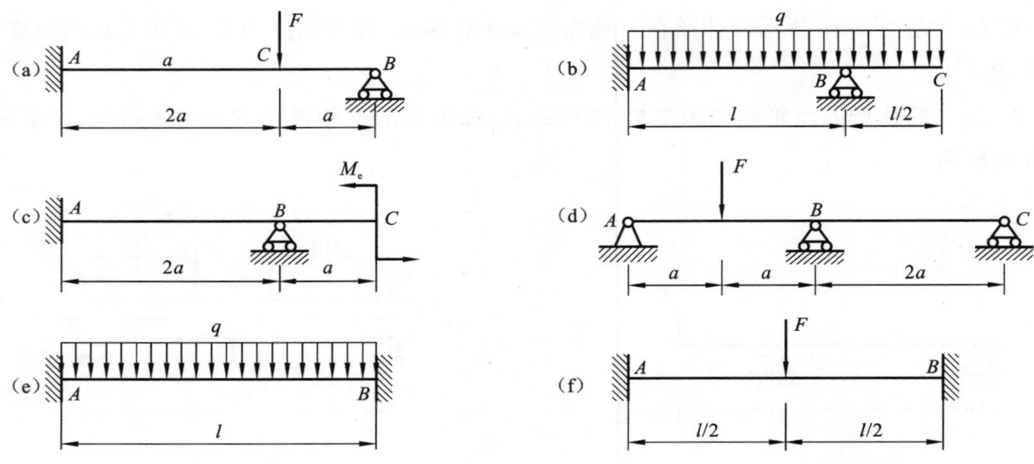

题图 6-22

6-30　题图 6-23 所示 AB 梁的刚度为 EI，BC 杆的截面为 A；两者材料相同，弹性模量均为 E。梁长为 l，杆长为 a。试求 BC 杆内的拉力。

6-31　题图 6-24 所示结构，悬臂梁 AB 和简支梁 DG 均用 18 号工字钢制成，BC 为圆截面钢杆，直径 $d = 20$ mm，梁和杆的弹性模量均为 $E = 200$ GPa。若 $F = 30$ kN，试计算梁和杆内的最大正应力，并计算截面 C 的垂直位移。

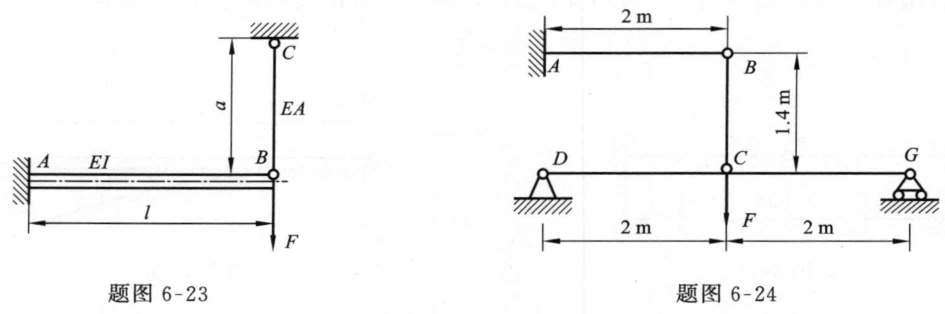

题图 6-23　　题图 6-24

6-32　如题图 6-25 所示，直梁 ABC 在承受均布载荷前搁置在支座 A，C 上，梁与支座 B 间有一间隙 Δ。当加上均布载荷后，梁发生变形面在中点处与支座 B 接触，因而三个支座均有支座约束力。如要使 3 个支座约束力相等，则 Δ 的值应为多大？

6-33　梁 AB 因强度和刚度不足，用同一材料同样截面的短梁 AC 加固，如题图 6-26 所示，试求：

(1) 两梁接触处的压力；

(2) 加固后梁 AB 的最大弯矩和 B 点的挠度减小了多少？

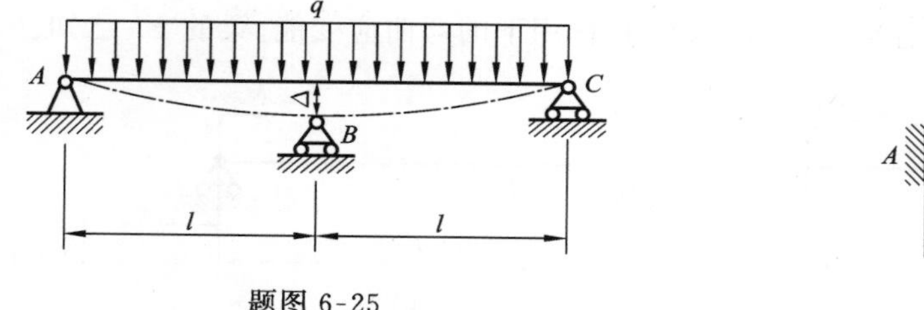

题图 6-25

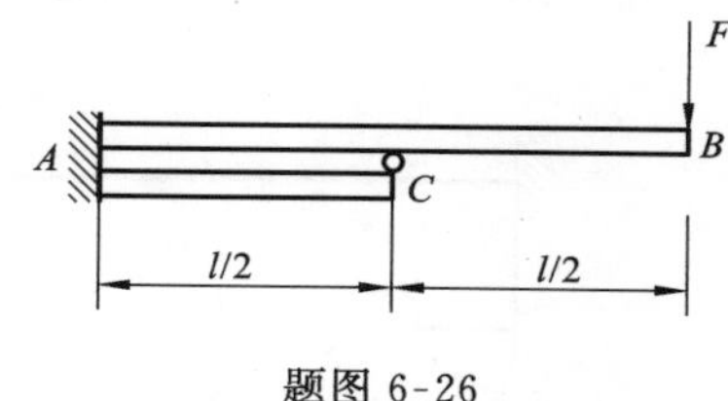

题图 6-26

6-34　载荷 F 作用在梁 AB，CD 的连接处(题图 6-27)。试问每个梁在连接处受多大的力。设已知它们的跨度比和刚度比分别为：$l_1/l_2 = 3/2$，$EI_1/EI_2 = 4/5$。

6-35　两根长度各为 l_1 和 l_2 的梁交叉放置，如题图 6-28 所示，在交叉点处作用集中力 F。两梁截面惯性矩分别为 I_1 和 I_2。试问载荷在两梁间是如何分配的。

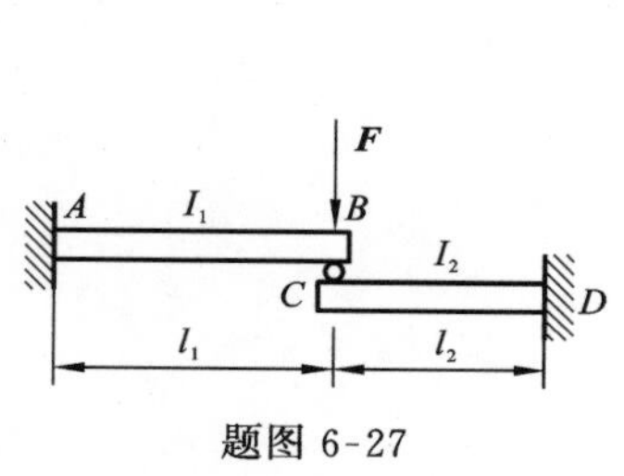

题图 6-27

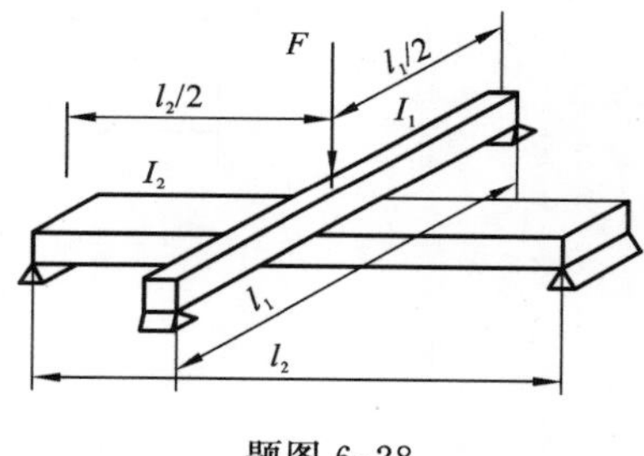

题图 6-28

6-36　在车床上加工工件，已知工件的弹性模量 $E = 200\ \text{GPa}$，车刀作用于工件的径向力 $F = 360\ \text{N}$；工件的尺寸如题图 6-29 所示。问：

(1) 按图(a) 所示方式加工时，因工件变形而引起的直径误差为多少？

(2) 如在工件的自由端加一顶尖后，按车刀行至工件中点时考虑(图(b))，这时的直径误差是多少？

(3) 上述两种情况所得误差的比值是多少？

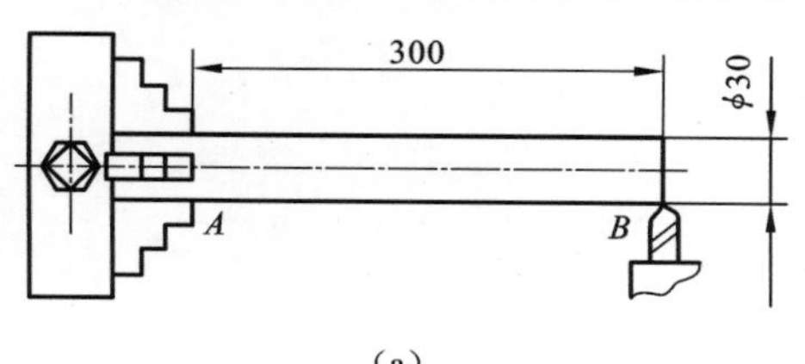

(a)

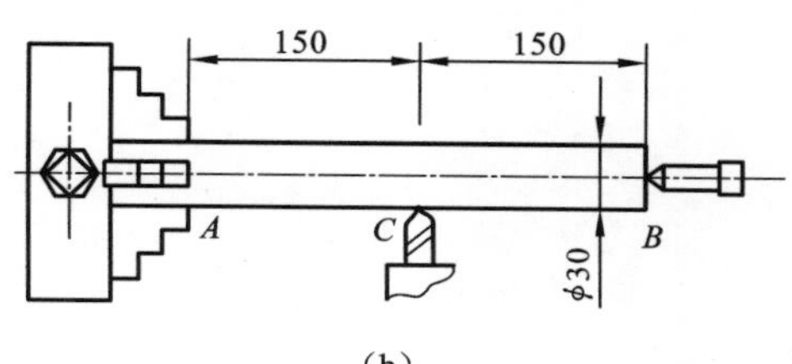

(b)

题图 6-29

6-37　试求题图 6-30 所示各梁在集中力 F 作用下的弯曲应变能。梁的 EI 已知。

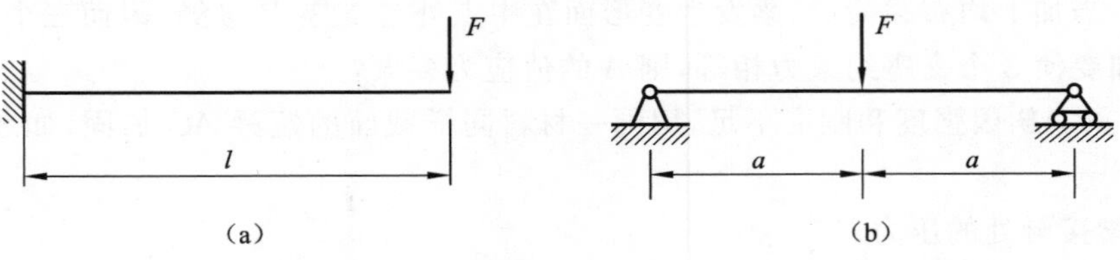

题图 6-30

6-38　试求题图 6-31 所示各梁在集中力偶 M_e 作用下的弯曲应变能。梁的 EI 已知。

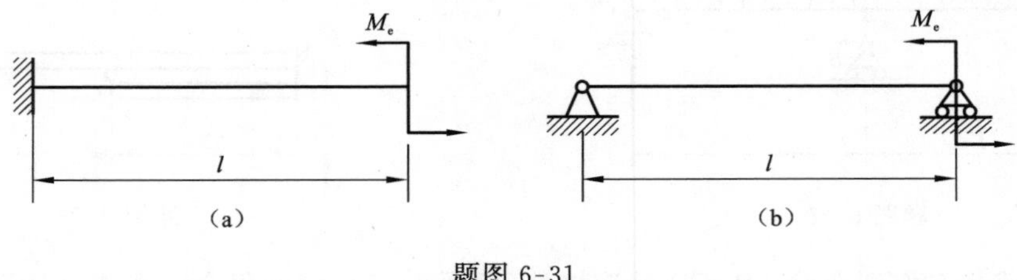

题图 6-31

6-39　分段等截面梁各部分的尺寸及受力如题图 6-32 示。试求梁的弯曲应变能。

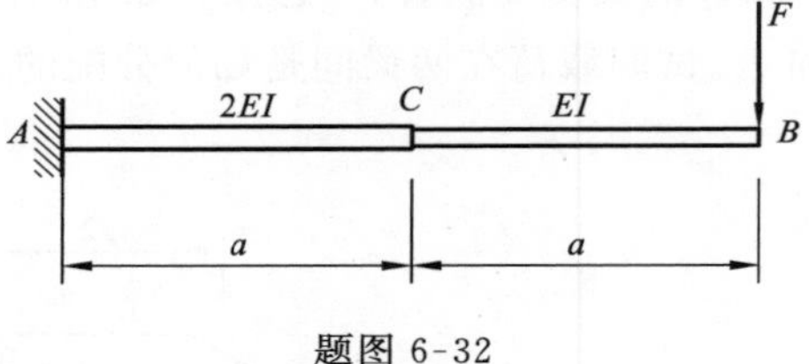

题图 6-32

第 7 章　应力、应变分析基础

7.1　应力状态的概念

7.1.1　应力状态概述

前几章中，在研究产生轴向拉伸（或压缩）、扭转和弯曲等基本变形构件的强度问题时，已经知道这些构件横截面上的危险点处只有正应力或切应力，并且根据相应的试验结果，建立了只有正应力和只有切应力作用时的强度条件：

$$\sigma_{max} \leqslant [\sigma] \quad 或 \quad \tau_{max} \leqslant [\tau]$$

但这些对于分析复杂情形下的强度问题是远远不够的。当构件横截面上的危险点处既有正应力又有切应力存在时，就不能用上述强度条件分别对 σ 和 τ 进行强度计算，因为它们并不是分别对构件的破坏起作用，而是有所联系的，因而应考虑它们的综合影响。

构件在基本变形情况下，并不都是沿横截面破坏。如铸铁压缩破坏时，沿与轴线成 45° 的斜截面开裂；铸铁圆轴扭转破坏时，沿 45° 螺旋面断开；低碳钢试样拉伸至屈服时，表面会出现与轴线成 45° 角的滑移线。这表明：杆件受力变形后，不仅在横截面上会产生应力，而且在斜截面上也会产生应力，构件的破坏还与斜截面上的应力有关。因此，为了分析各种破坏现象，建立复杂情形下的强度条件，必须研究构件各个不同斜截面上的应力。事实上，一般说来，除了轴向拉伸与压缩外，受力构件同一横截面上各点处的应力是不相同的。即使是通过同一点的不同截面上，应力也随截面的方位而变化。为了全面判断受力构件在什么位置，什么方向最危险，以解决构件在复杂受力情况下的强度计算问题，必须分析通过一点的各个截面的应力，即受力构件各点处的应力状态（state of stress）。受力构件内一点处不同方位截面上应力的集合（也即通过一点所有不同方位截面上应力的全部情况），称为一点处的应力状态。

7.1.2　描述一点处应力状态的方法

为了研究受力构件一点处的应力状态，通常围绕该点用互相垂直的三对面截取一个六面体，六面体 3 个方向的尺寸都极其微小，趋于宏观上的“点”，并称其为单元体。单元体的 6 个面上一般均有应力。由于单元体取得极其微小，因而每个面上的应力可以认为是均匀分布的，且任一对相互平行的两个截面上的应力也可以认为是相等的，皆等于通过所研究的点并与上述截面平行的面上的应力。知道了单元体 3 个互相垂直面上的应力后，可通过截面法求出单元体任一斜截面上的应力，这样一点处的应力状态就完全确定了。因此，可用单元体 3 个互相垂直面的应力表示一点处的应力状态。在最普遍的情况下，描述一点处的应力状态需要 9 个应力分量（如图 7-1）。考虑到切应力互等定理，τ_{xy} 和 τ_{yx}，τ_{yz} 和 τ_{zy}，τ_{zx} 和 τ_{xz} 数值上分别相等。这样原来 9 个应力分量中，独立的就

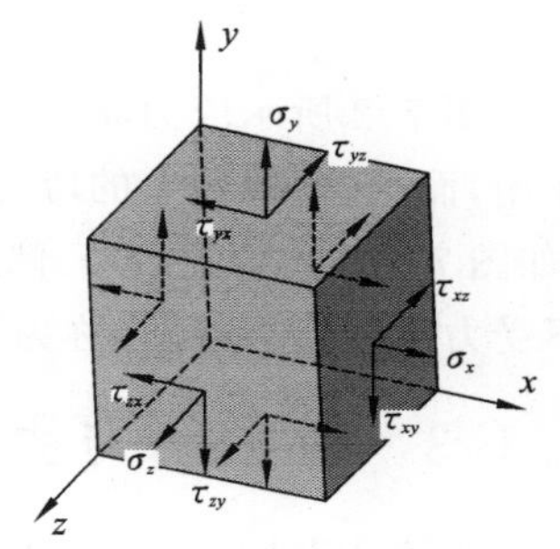

图 7-1

只有6个，即σ_x，σ_y，σ_z，τ_{xy}，τ_{yz}，τ_{zx}。因此，又可以说，可用单元体3个互相垂直面上的6个独立的应力分量表示一点处的应力状态。

分析某点处应力状态时，围绕该点取出一单元体，并确定单元体上3个互相垂直面上的应力分量是一个很重要的步骤。以直杆轴向拉伸为例(如图7-2(a))，为了分析任一点A处的应力状态，假想地以围绕A点的纵横6个截面，从杆内截取一个单元体，如图7-2(b)所示。单元体左、右两侧面为杆横截面的一部分，面上只有正应力$\sigma=\dfrac{F_N}{A}$。单元体上下、前后侧面为杆纵截面的一部分，这些面上无任何应力。当圆轴扭转时，对于其表面上的A点(图7-2(c))，可围绕该点以轴的横截面、径向截面和环向截面截取单元体(图7-2(d))来进行研究。单元体左、右两侧面为轴横截面的一部分，根据第3章的分析可知，圆轴横截面上只有垂直于半径并按线性规律变化的切应力，因此，单元体左、右两侧面上只有切应力，且值为$\tau=\dfrac{T}{W_t}=\dfrac{M_e}{W_t}$。单元体前、后侧面为轴环向截面的一部分，其上无任何应力。又由切应力互等定理可知，单元体上、下两侧面(即轴的径向截面)上应有值与τ相等的切应力。对于横力弯曲下的梁，其中任一点A处，可用上述类似的方法截取单元体(图7-2(e)、(f))。单元体上的应力分量均可由第5章中有关公式算得。综上所述，截取单元体的原则是：其3对平行平面上的应力应该是给定的，或经过分析后可以算得的。因此，其中的一对平行平面通常是构件的两个横截面的一部分。

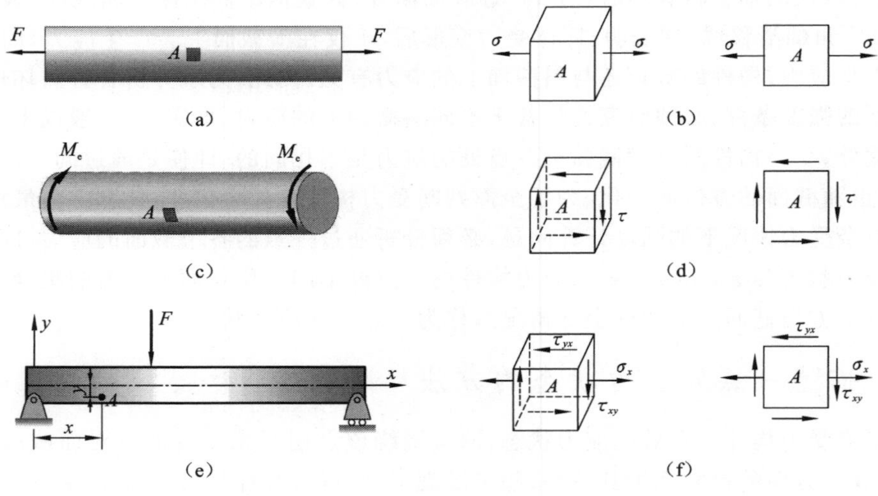

图7-2

图7-2所示应力状态，有一共同特点，即在单元体的6个面中，至少有一对面上没有应力作用，而且，其他面上的应力作用线均平行于这对面，所以可将单元体立体图用平面图来表示(如图7-2(b)、(d)、(f))。像这样仅在单元体4个面上作用有应力，且其作用线均平行于单元体不受力面的应力状态，称为平面应力状态(state of plane stress)，它是一种常见的应力状态。

7.1.3 主应力与主平面

在图7-2(b)中，单元体的3个垂直的面上均无切应力，图7-2(d)、(f)中，单元体的前后面上无切应力，这种切应力等于零的面称为主平面(principal planes)。作用在主平面上的正应力称为主应力(principal stress)。在弹性力学中可以证明,一般情况下,构件内每一点处都可以找到 3 个互相垂直的主平面和与之对应的 3 个主应力。这种单元体称为主单元体(图 7-3)。3 个主应力分别记为 σ_1,σ_2 和 σ_3,且规定按代数值的大小顺序排列,即 $\sigma_1 \geqslant \sigma_2 \geqslant \sigma_3$。

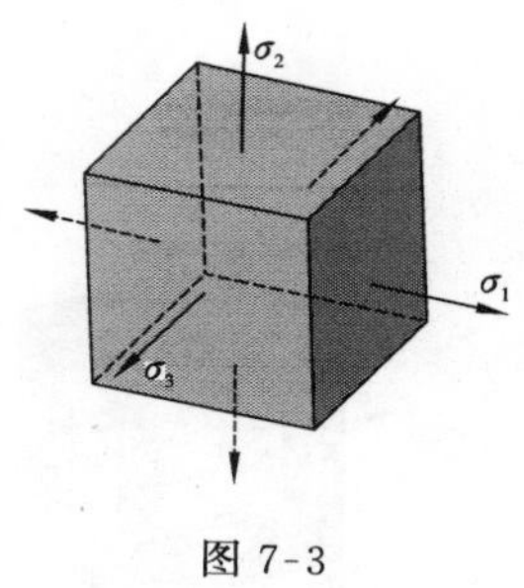

图 7-3

在实际问题中常常遇到某些主应力等于零的情况,据此,可把应力状态分为 3 种类型:

(1) 单向应力状态(state of one dimensional stress)——3 个主应力中只有一个不等于零。如轴向拉(压)和纯弯曲的杆件内各点均处于单向应力状态;横力弯曲下的梁,其横截面上下边缘处各点的切应力为零,只有单向拉应力或单向压应力,所以也属于单向应力状态。如图 7-2(b) 所示。

(2) 二向应力状态(state of biaxial stress)——3个主应力中有两个不等于零。如产生扭转变形的圆轴内各点以及薄壁容器的各点(忽略径向压力) 均可视为二向应力状态。在工程中,二向应力状态是常见的一种应力状态。如图 7-2(d)、(f) 所示。

(3) 三向应力状态(state of triaxial stress)——3 个主应力均不等于零。例如,滚珠轴承中滚珠与外环的接触处(图 7-4(a)、(b)),由于压力 F 的作用,在单元体的上下平面上将产生主应力 σ_3。由于此处局部材料被周围大量材料所包围,其侧向变形受到阻碍,因而使单元体的 4 个侧面也同时受到侧向压力,即还要产生主应力 σ_1 和 σ_2,如图 7-4(c) 所示。所以单元体处于三向压应力状态。

单向应力状态又称为简单应力状态,二向和三向应力状态统称为复杂应力状态。

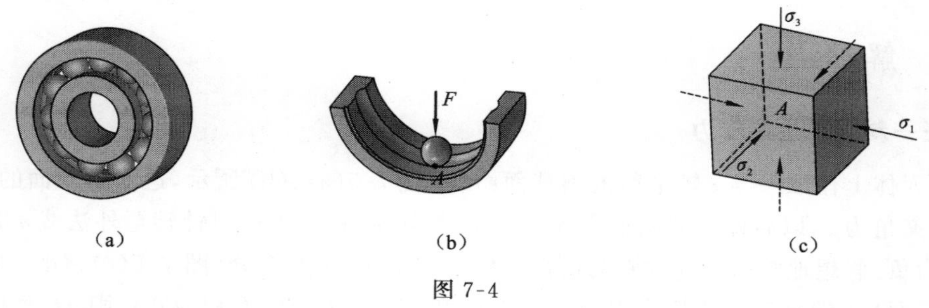

图 7-4

7.2　二向应力状态分析

如前所述,在工程中二向应力状态是最常见的一种应力状态,所以必须予以详细讨论。

图 7-5(a) 所示的应力状态为二向应力状态的一般情况,图 7-5(b) 为其对应的平面图。对于图 7-5(a) 或图 7-5(b) 所示的单元体,法线与 z 轴平行的面为一主平面,该面上的主应力为零。在法线分别与 x 轴和 y 轴平行的两个面上,应力 σ_x,τ_{xy} 和 σ_y,τ_{yz} 是已知的,这样,该点的应力状态就由 3 个应力分量 σ_x、σ_y 和 τ_{xy} 所完全确定。单元体上的正应力和切应力的符号规定同前面一致,即正应力以拉应力为正,压应力为负;切应力对单元体内任意点的矩为顺时针转向时为正,反之为负。

为了确定该点处的主应力的大小和主平面的位置,首先要研究单元体任一与 z 轴平行的斜截面上的应力。下面分别用解析法和图解法(应力圆法) 来分析这一问题。

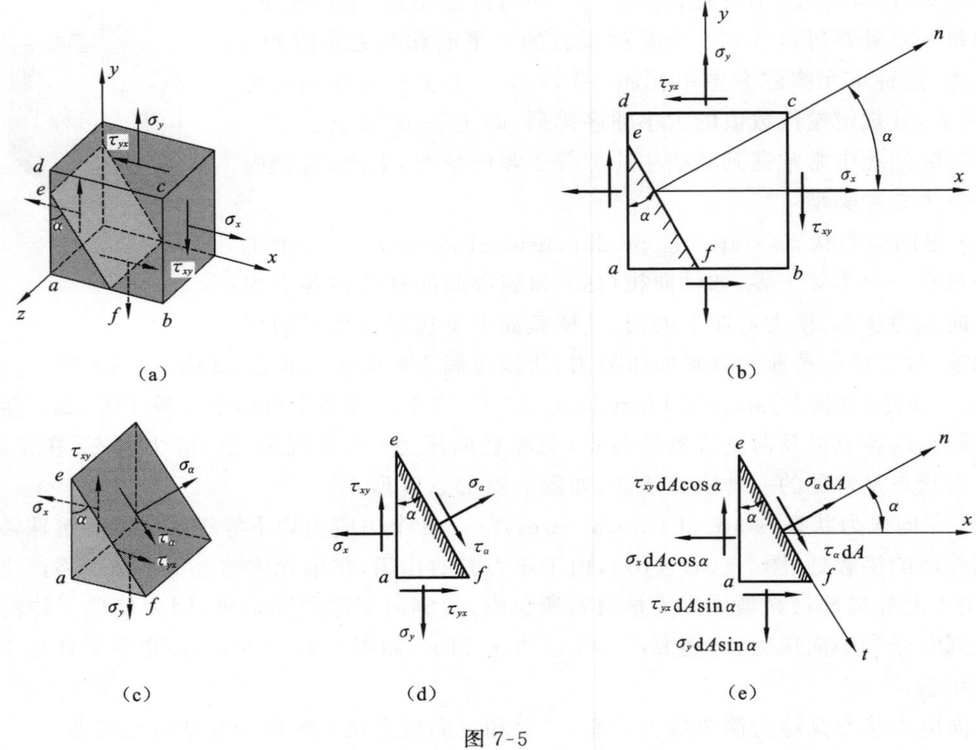

图 7-5

7.2.1 解析法

1. 任一斜截面上的应力

在单元体上任取一与 z 轴平行的斜截面 ef，如图 7-5(a)、(b) 所示，这个斜截面的外法线 n 与 x 轴的夹角为 α，以后即称此斜截面为 α 截面。且规定，由 x 轴逆时针转至外法线 n 时，α 为正值，反之为负。假想地沿截面 ef 将单元体分为两部分，在 aef 部分(图 7-5(c)、(d)) 的斜截面 ef(即 α 截面) 上的正应力和切应力分别记为 σ_α 和 τ_α。若 ef 面的面积为 $\mathrm{d}A$，则 af 面和 ae 面的面积应分别为 $\mathrm{d}A\sin\alpha$ 和 $\mathrm{d}A\cos\alpha$。将作用在 aef 部分 3 个面上的力(图 7-5(e)) 投影于 ef 面的外法线 n 和切线 t 的方向，得平衡方程式为

$$\sigma_\alpha \mathrm{d}A + (\tau_{xy}\mathrm{d}A\cos\alpha)\sin\alpha - (\sigma_x \mathrm{d}A\cos\alpha)\cos\alpha + (\tau_{yx}\mathrm{d}A\sin\alpha)\cos\alpha - (\sigma_y \mathrm{d}A\sin\alpha)\sin\alpha = 0$$

$$\tau_\alpha \mathrm{d}A - (\tau_{xy}\mathrm{d}A\cos\alpha)\cos\alpha - (\sigma_x \mathrm{d}A\cos\alpha)\sin\alpha + (\tau_{yx}\mathrm{d}A\sin\alpha)\sin\alpha + (\sigma_y \mathrm{d}A\sin\alpha)\cos\alpha = 0$$

根据切应力互等定理，τ_{xy} 与 τ_{yx} 等值，以 τ_{xy} 代换 τ_{yx}，并利用三角函数关系，将上列两个平衡方程简化，最后得出

$$\sigma_\alpha = \frac{\sigma_x + \sigma_y}{2} + \frac{\sigma_x - \sigma_y}{2}\cos 2\alpha - \tau_{xy}\sin 2\alpha \tag{7-1}$$

$$\sigma_\alpha = \frac{\sigma_x - \sigma_y}{2}\sin 2\alpha + \tau_{xy}\cos 2\alpha \tag{7-2}$$

这就是在二向应力状态下，已知应力分量 σ_x，σ_y 和 τ_{xy} 求任意 α 截面上的应力 σ_α 和 τ_α 的基本公式。公式表明：斜截面上的正应力 σ_α 和切应力 τ_α 是随截面的方位角 α 的变化而连续变化的，即

σ_α 和 τ_α 都是 α 的函数。

在推导上述两式时，式中各量均设为正值，所以在具体计算时，应注意按规定的符号将 σ_x，σ_y，τ_{xy} 及 α 的代数值代入式(7-1) 和式(7-2) 求 σ_α 和 τ_α。

应该指出，上述公式是根据静力平衡条件建立的，因此，它们既可用于线弹性问题，也可用于非线性或非弹性问题；既可用于各向同性情况，也可用于各向异性情况，即与材料的力学性能无关。

2. 主应力和主平面

根据主应力的定义，可令 $\tau_\alpha = 0$ 以确定主平面的位置，并求出主应力的大小。设 $\alpha = \alpha_0$ 时，有 $\tau = 0$，即

$$\tau_{\alpha_0} = \frac{\sigma_x - \sigma_y}{2}\sin 2\alpha_0 + \tau_{xy}\cos 2\alpha_0 = 0$$

由此得出

$$\tan 2\alpha_0 = -\frac{2\tau_{xy}}{\sigma_x - \sigma_y} \tag{7-3}$$

由式(7-3) 可以求出相差 90° 的两个角度 α_0，它们确定了互相垂直的两个主平面的方位。由式(7-3) 求出 $\sin 2\alpha_0$ 和 $\cos 2\alpha_0$ 代入公式(7-1)，求得两个主应力为

$$\sigma_{主} = \frac{\sigma_x + \sigma_y}{2} \pm \sqrt{\left(\frac{\sigma_x - \sigma_y}{2}\right)^2 + \tau_{xy}^2} \tag{7-4}$$

式中：$\sigma_{主}$ 表示两个主应力，加上法线与 z 轴平行的面上的零主应力，这 3 个主应力按代数值由大至小的次序分别记为 σ_1，σ_2，σ_3。

可以证明，主应力就是极值正应力。设 $\alpha = \alpha'_0$ 时，导数 $\frac{d\sigma_\alpha}{d\alpha} = 0$，即

$$\left.\frac{d\sigma_\alpha}{d\alpha}\right|_{\alpha=\alpha'_0} = \frac{\sigma_x - \sigma_y}{2}(-2\sin 2\alpha'_0) - \tau_{xy}(2\cos 2\alpha'_0) = 0$$

于是

$$\tan 2\alpha'_0 = -\frac{2\tau_{xy}}{\sigma_x - \sigma_y}$$

与式(7-3) 相比较可见，极值正应力所在的平面就是主平面，因而，主应力就是极值正应力。

以上的分析中，并没有确定由式(7-3) 所求得的两个角度分别与哪一个主应力的方向相对应。为了确定每个主应力的作用平面，现取 $2\alpha_0$ 为主值，即 $-90° \leqslant 2\alpha_0 \leqslant 90°$

由于

$$\left.\frac{d^2\sigma_\alpha}{d\alpha^2}\right|_{\alpha=\alpha_0} = -2\cos 2\alpha_0\left[(\sigma_x - \sigma_y) + \frac{4\tau_{xy}^2}{\sigma_x - \sigma_y}\right]$$

所以：

(1) 若 $\sigma_x > \sigma_y$，则 $\frac{d^2\sigma_\alpha}{d\alpha^2} < 0$，此时 σ_α 有极大值，α_0 截面上为代数值大的主应力。

(2) 若 $\sigma_x < \sigma_y$，则 $\frac{d^2\sigma_\alpha}{d\alpha^2} > 0$，此时 σ_α 有极小值，α_0 截面上为代数值小的主应力。

3. 二向应力状态的极大切应力和极小切应力

对于二向应力状态，在平行于 z 轴的截面内，除确定主应力和主平面外，由条件 $\frac{d\tau_\alpha}{d\alpha} = 0$，还可以确定极大切应力和极小切应力的数值及其所在截面的方位。

设 $\alpha=\alpha_1$ 时，有 $\frac{d\tau_\alpha}{d\alpha}=0$，即

$$\left.\frac{d\tau_\alpha}{d\alpha}\right|_{\alpha=\alpha_1}=\frac{\sigma_x-\sigma_y}{2}(2\cos2\alpha_1)+\tau_{xy}(-2\sin2\alpha_1)=0$$

故
$$\tan2\alpha_1=\frac{\sigma_x-\sigma_y}{2\tau_{xy}} \tag{7-5a}$$

由式(7-5a)可解出相差90°的两个角度 α_1，从而确定两个互相垂直的平面，分别作用着极大切应力和极小切应力。将解出的 $\sin2\alpha_1$ 和 $\cos2\alpha_1$，代入式(7-2)，求得二向应力状态下的极大切应力和极小切应力为

$$\left.\begin{matrix}\tau_{极大}\\ \tau_{极小}\end{matrix}\right\}=\pm\sqrt{\left(\frac{\sigma_x-\sigma_y}{2}\right)^2+\tau_{xy}^2} \tag{7-5b}$$

比较式(7-3)和式(7-5a)可知

$$\tan2\alpha_1=-\cot2\alpha_0=\tan2(\alpha_0\pm45°)$$

所以有

$$\alpha_1=\alpha_0\pm45°$$

即极值切应力所在平面与主平面互成45°角。

需要特别指出的是，以上所求的极大切应力，只是垂直于零应力平面的各斜截面上的切应力之极大值，它不一定是过一点的所有截面上的切应力的极大值。另外，在7.3节中将可知，过一点的所有截面上的切应力的最大值为

$$\tau_{max}=\frac{\sigma_1-\sigma_3}{2}$$

4. 单元体两互相垂直面上的应力关系

在单元体上任取两互相垂直的截面，其倾角为 α 及 $\beta=\alpha+\frac{\pi}{2}$，根据式(7-1)和式(7-2)得

$$\sigma_\alpha=\frac{\sigma_x+\sigma_y}{2}+\frac{\sigma_x-\sigma_y}{2}\cos2\alpha-\tau_{xy}\sin2\alpha$$

$$\sigma_\beta=\frac{\sigma_x+\sigma_y}{2}+\frac{\sigma_x-\sigma_y}{2}\cos2\beta-\tau_{xy}\sin2\beta=\frac{\sigma_x+\sigma_y}{2}-\frac{\sigma_x-\sigma_y}{2}\cos2\alpha+\tau_{xy}\sin2\alpha$$

$$\tau_\alpha=\frac{\sigma_x-\sigma_y}{2}\sin2\alpha+\tau_{xy}\cos2\alpha$$

$$\tau_\beta=\frac{\sigma_x-\sigma_y}{2}\sin2\beta+\tau_{xy}\cos2\beta=-\frac{\sigma_x-\sigma_y}{2}\sin2\alpha-\tau_{xy}\cos2\alpha$$

可见
$$\sigma_\alpha+\sigma_\beta=\sigma_x+\sigma_y,\quad \tau_\alpha=-\tau_\beta$$

以上两式说明，单元体两互相垂直面上的正应力之和为一常数；而切应力满足切应力互等定理。利用上述关系式，可校核所求应力是否正确。

例 7.1 已知应力状态如图7-6(a)所示，(b)为其对应的平面图，图中应力单位皆为MPa，试求：

1）指定斜截面上应力；

2）主应力大小、主平面方位，并画出主单元体。

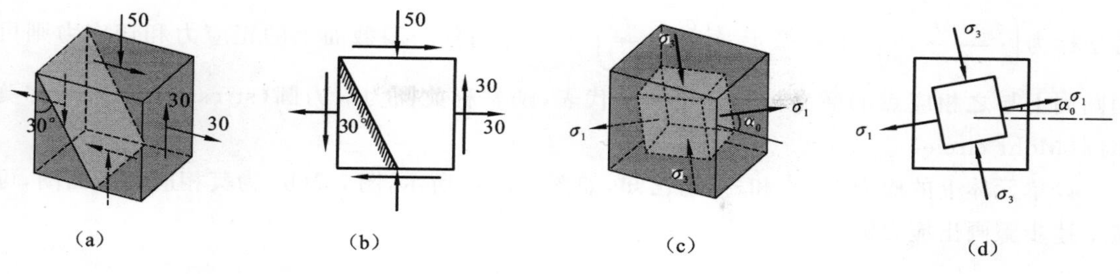

图 7-6

解　由图 7-6(a) 或(b) 知，$\sigma_x = 30$ MPa，$\sigma_y = -50$ MPa，$\tau_{xy} = -30$ MPa，$\alpha = 30°$

1) 根据式(7-1) 和式(7-2)

$$\sigma_\alpha = \frac{\sigma_x + \sigma_y}{2} + \frac{\sigma_x - \sigma_y}{2}\cos 2\alpha - \tau_{xy}\sin 2\alpha$$

$$\tau_\alpha = \frac{\sigma_x - \sigma_y}{2}\sin 2\alpha + \tau_{xy}\cos 2\alpha$$

得

$$\sigma_{30°} = \frac{30-50}{2} + \frac{30+50}{2}\cos 60° + 30\sin 60° = 35.98\ \text{MPa}$$

$$\tau_{30°} = \frac{30+50}{2}\sin 60° - 30\cos 60° = 19.64\ \text{MPa}$$

2) 由式(7-4)，有

$$\sigma_{主} = \frac{\sigma_x + \sigma_y}{2} \pm \sqrt{\left(\frac{\sigma_x - \sigma_y}{2}\right)^2 + \tau_{xy}^2} = \frac{30-50}{2} \pm \sqrt{\left(\frac{30+50}{2}\right)^2 + (-30)^2} = \begin{cases} 40\ \text{MPa} \\ -60\ \text{MPa} \end{cases}$$

所以，$\sigma_1 = 40$ MPa，$\sigma_2 = 0$，$\sigma_3 = -60$ MPa

由式(7-3)，有

$$\tan 2\alpha_0 = -\frac{2\tau_{xy}}{\sigma_x - \sigma_y} = -\frac{2 \times (-30)}{30+50} = 0.75$$

取主值，$2\alpha_0 = 36.86°$，则 $\alpha_0 = 18.43°$。

3) 画主单元体。因为 $\sigma_x > \sigma_y$，所以 α_0 为 σ_1 与 x 轴的夹角。画出主单元体(图 7-6(c) 或(d))。

7.2.2　图解法 — 应力圆法

从式(7-1) 和式(7-2) 可知，σ_α 与 τ_α 都是以 2α 为参数的变量。若将两式改写为

$$\sigma_\alpha - \frac{\sigma_x + \sigma_y}{2} = \frac{\sigma_x - \sigma_y}{2}\cos 2\alpha - \tau_{xy}\sin 2\alpha \tag{1}$$

$$\tau_\alpha = \frac{\sigma_x - \sigma_y}{2}\sin 2\alpha + \tau_{xy}\cos 2\alpha \tag{2}$$

则把式(1)、式(2) 等号两边各自平方，然后相加，即得

$$\left(\sigma_\alpha - \frac{\sigma_x + \sigma_y}{2}\right)^2 + \tau_\alpha^2 = \left(\frac{\sigma_x - \sigma_y}{2}\right)^2 + \tau_{xy}^2 \tag{3}$$

这是一个以 σ_α，τ_α 为变量的方程式。在 σ-τ 直角坐标系中，式(3) 所表示的图形是一个圆，其圆

心坐标为$\left(\frac{\sigma_x+\sigma_y}{2},0\right)$，半径等于$\sqrt{\left(\frac{\sigma_x-\sigma_y}{2}\right)^2+\tau_{xy}^2}$。而任一斜截面上的正应力和切应力则可用圆周上与之相应点的横坐标和纵坐标来代表，通常称此圆为应力圆(stress circle)，又称莫尔圆(Mohr circle)。

设单元体上的应力σ_x,σ_y和τ_{xy}为已知，如图 7-7(a) 所示，图 7-7(b) 为其相应的平面图，可按下述步骤画出应力圆：

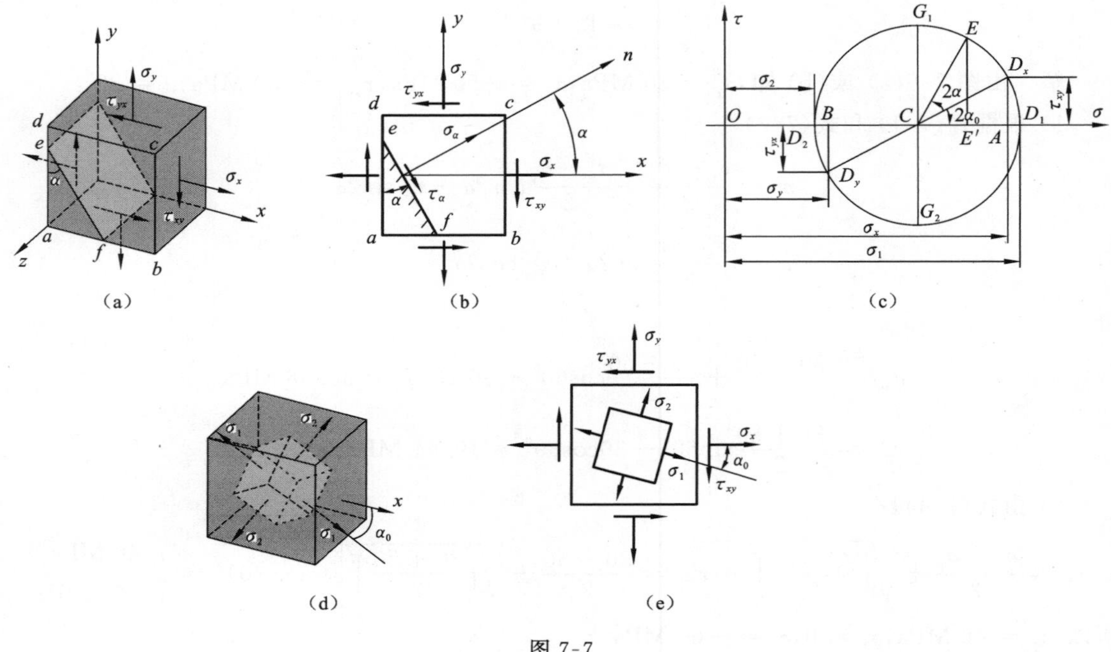

图 7-7

(1) 取σ,τ直角坐标系。以横坐标表示σ，纵坐标表示τ。

(2) 按选定的比例尺量取横坐标$OA=\sigma_x$，纵坐标$AD_x=\tau_{xy}$，得到$D_x(\sigma_x,\tau_{xy})$点；量取$OB=\sigma_y$，$BD_y=\tau_{yx}$，确定$D_y(\sigma_y,\tau_{yx})$点，如图 7-7(c) 所示。

(3) 连接D_x,D_y两点，交σ轴于C点，C点即为应力圆的圆心。

(4) 以C为圆心，CD_x为半径作圆，即得式(c)所表示的应力圆。应力圆上任一点的坐标代表单元体内某一相应截面上的应力。

可以证明，用应力圆可求得单元体任意α截面上的应力σ_α和τ_α。对应于逆时针方位的α截面(图 7-7(a)、(b) 所示)，在应力圆上由点D_x出发，沿圆周逆时针方向绕圆心转过2α角度得到E点，则E点的横坐标OE'为

$$\begin{aligned}OE' &= OC+CE' \\ &= OC+CE\cos(2\alpha+2\alpha_0) \\ &= OC+CE\cos2\alpha_0\cos2\alpha-CE\sin2\alpha_0\sin2\alpha \\ &= OC+(CD_x\cos2\alpha_0)\cos2\alpha-(CD_x\sin2\alpha_0)\sin2\alpha \\ &= OC+CA\cos2\alpha-AD_x\sin2\alpha\end{aligned}$$

$$= \frac{\sigma_x + \sigma_y}{2} + \frac{\sigma_x - \sigma_y}{2}\cos 2\alpha - \tau_{xy}\sin 2\alpha$$

与式(7-1) 比较，可见 E 点的横坐标代表 α 截面上的正应力。同理可以证明，$EE' = \tau_\alpha$，即 E 点的纵坐标代表 α 截面上的切应力。

利用应力圆，还可以求出主应力的数值，确定主平面的方位。由图 7-7(c) 可以看出，D_1、D_2 两点的横坐标为最大值和最小值，而纵坐标皆为零。因而 D_1，D_2 两点便对应着两个主平面，其横坐标代表主平面上的主应力。

$$\sigma_1 = OD_1 = OC + CD_1 = \frac{\sigma_x + \sigma_y}{2} + \sqrt{\left(\frac{\sigma_x - \sigma_y}{2}\right)^2 + \tau_{xy}^2}$$

$$\sigma_2 = OD_2 = OC - CD_2 = \frac{\sigma_x + \sigma_y}{2} - \sqrt{\left(\frac{\sigma_x - \sigma_y}{2}\right)^2 + \tau_{xy}^2}$$

其结果与式(7-4) 相同。

现确定主平面的方位。应力圆上 D_x 点到 D_1 点所对的圆心角 $2\alpha_0$ 是沿顺时针方向量取的，所以在单元体上由 x 轴顺时针量取 α_0 就可确定 σ_1 所在主平面的外法线(图 7-7(d) 或(e))。由于从 x 轴到 σ_1 所在主平面外法线的转角 α_0 为顺时针转向，所以 α_0 是负的。由图 7-7(c) 可看出

$$\tan(-2\alpha_0) = \frac{AD_x}{CA} = \frac{2\tau_{xy}}{\sigma_x - \sigma_y}$$

即

$$\tan(2\alpha_0) = -\frac{2\tau_{xy}}{\sigma_x - \sigma_y}$$

其结果与式(7-3) 相同。

如果过圆心 C 作 σ 轴的垂线交应力圆于 G_1，G_2 两点，显然 CG_1 和 CG_2 分别代表极大切应力和极小切应力。即

$$\tau_{极大} = CG_1 = \sqrt{\left(\frac{\sigma_x - \sigma_y}{2}\right)^2 + \tau_{xy}^2}$$

$$\tau_{极小} = -CG_2 = \sqrt{\left(\frac{\sigma_x - \sigma_y}{2}\right)^2 + \tau_{xy}^2}$$

与式(7-5) 相同。在应力圆上由 D_1 到 G_1 所对的圆心角为 90°，故主平面与 $\tau_{极大}$ 所在平面夹角为 45°，与解析法所得的结果一致。

为了正确地应用应力圆，需记住以下两点：

(1) 圆上一个点对应于单元体上一个面。点的坐标就是该面上的应力，横坐标代表正应力，纵坐标代表切应力。

(2) 圆上两点沿圆弧所对的圆心角，等于单元体上两相应截面的外法线所夹角度的两倍，且转向相同。

例 7.2　已知应力状态如图 7-8(a) 所示，图 7-8 (b) 为相应的平面图，图中应力单位皆为 MPa，试用图解法求主应力的大小、主平面的位置和最大切应力。

解　按选定的比例尺，在 σ-τ 坐标系上量取 $OA = \sigma_x = 50$ MPa，$AD_x = \tau_{xy} = -20$ MPa，得 D_x 点，再量取 $OD_y = \tau_{yx} = 20$ MPa，得 D_y 点。连 D_x，D_y 点，与 σ 轴交于 C。以 C 为圆心，CD_x

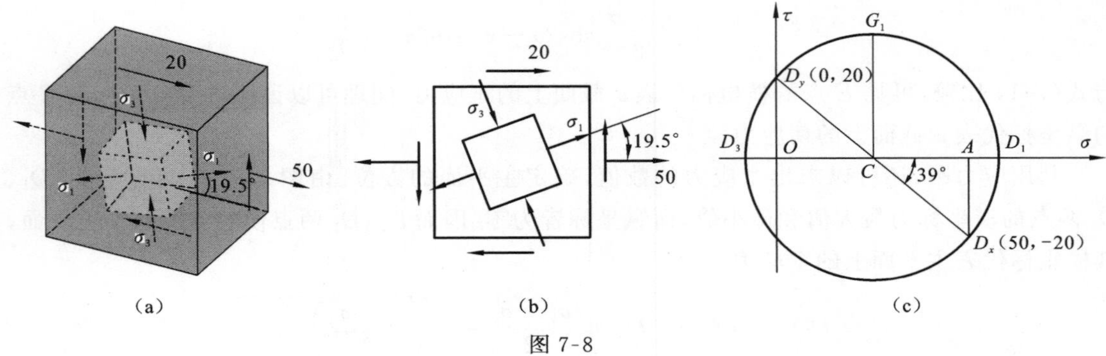

(a) (b) (c)

图 7-8

为半径作应力圆(图 7-8(c)),从图中量得:

$$\sigma_1 = OD_1 = 57\ \text{MPa};\quad \sigma_3 = OD_3 = -7\ \text{MPa}$$

$$2\alpha_0 = 39°, \alpha_0 = 19.5°;\quad \tau_{max} = CG_1 = 32\ \text{MPa}$$

主单元体如图 7-8(a) 或(b) 所示。

7.3 三向应力状态的最大应力

前面研究了一点处于二向应力状态时的有关计算,本节研究应力状态的一般形式,即三向应力状态。由于三向应力状态的问题比较复杂,这里只介绍三向应力圆、单元体的最大正应力和最大切应力。

7.3.1 三向应力圆

当一点处的主应力 σ_1,σ_2 和 σ_3 为已知时(图 7-9(a)),首先用平行于主应力 σ_3 的任意斜截面(图 7-9(a) 中画阴影线的截面) 将单元体一分为二,并研究左边部分的平衡。由于主应力 σ_3 所在面上的力是一对平衡的力(图 7-9(b)),所以斜截面上的正应力和切应力的数值并不受 σ_3 的影响,只取决于 σ_1 和 σ_2。于是,在 σ-τ 坐标系内,根据 σ_1,σ_2 的数值所绘出的应力圆上任一点的坐标就代表与 σ_3 平行的某一斜截面上的应力。同理,根据 σ_2,σ_3 和 σ_3,σ_1 又可绘出两个应力圆,这两个应力圆上的点的坐标就分别代表与 σ_1,σ_2 平行的斜截面上的应力(图 7-9(c))。这样所得到的 3 个互相相切的应力圆称为三向应力圆。进一步的研究证明,与 3 个主应力均不平行的任意斜截面上的应力,可用三向应力圆中阴影线部分的点的坐标值来表示。

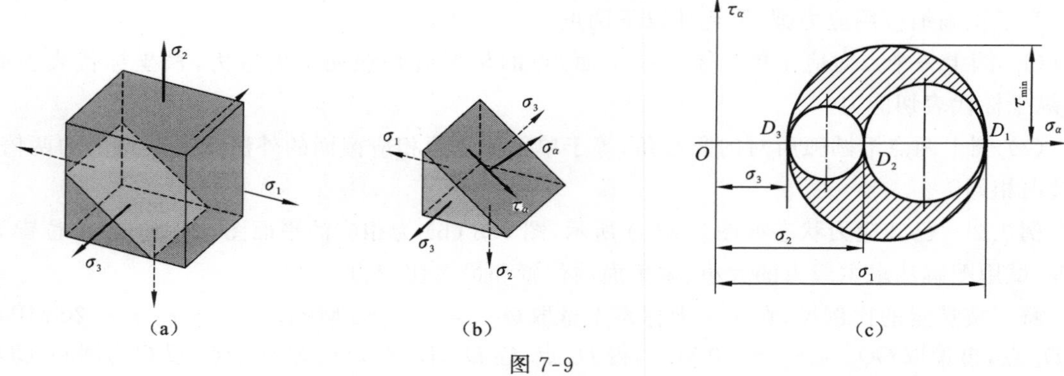

(a) (b) (c)

图 7-9

7.3.2　最大应力

综上所述，在 σ-τ 平面内，代表任一截面的应力的点，或位于应力圆上，或位于由三圆所构成的阴影区域内。由此可见，一点处的最大与最小正应力及最大切应力分别为

$$\sigma_{\max} = \sigma_1,\quad \sigma_{\min} = \sigma_3,\quad \tau_{\max} = \frac{\sigma_1 - \sigma_3}{2} \tag{7-6}$$

最大切应力发生在与主应力 σ_2 平行，且与 σ_1，σ_3 所在的主平面成 45° 角的截面上。

显然，单向或二向应力状态，均可视作三向应力状态的特殊情况。

7.4　平面应变状态分析

构件内任一点处不同截面的应力一般不同，与此相似，构件内任一点处不同方位的应变一般也不同。用实测的方法研究构件的变形和应力时，常使用应变仪测出一点处沿几个方向的应变，然后再确定最大和最小应变及其方向。当构件内某点处的变形均平行于某一平面时，则称该点处于平面应变状态(state of plane strain)。本节所讨论的仅限于发生在同一平面内各应变分量之间的关系。

7.4.1　任意方位的应变分析

当应变发生在 oxy 平面内时，一点处的应变状态由 3 个应变分量，即线应变 ε_x，ε_y 和切应变 γ_{xy} 所确定。现设 ε_x，ε_y 和 γ_{xy} 皆为已知量，它们的符号与 3 个应力分量 σ_x，σ_y 和 σ_{xy} 的正、负的规定对应一致。图 7-10(a)、(b)、(c) 所表示的 3 个应变分量都是正的。若将坐标系反时针旋转 α 角，得新坐标 $Ox'y'$，现在需要确定沿 x' 方向的线应变 ε_α 和 $x'Oy'$ 角的切应变 γ_α。

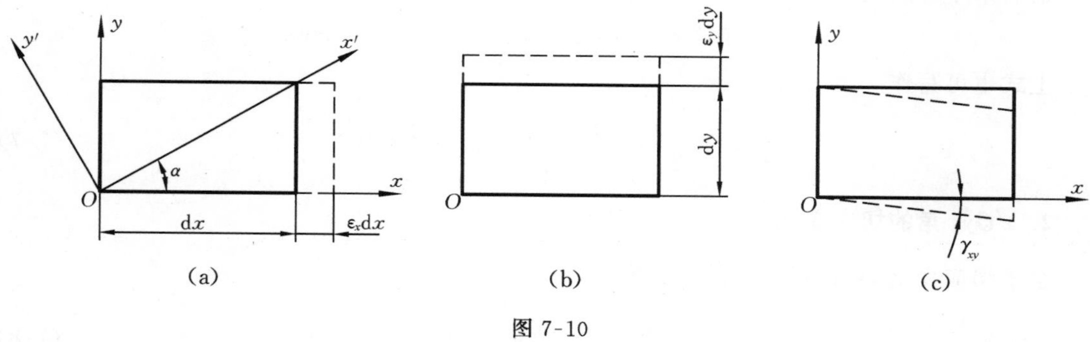

图 7-10

1. x' 方向的线应变 ε_α

首先研究由两个垂直方向的线应变 ε_x，ε_y 引起的 x' 方向的线应变 ε'_α。

在 Oxy 坐标系上取一矩形单元体，其边长分别为 dx，dy，对角线与 x 轴的夹角为 α，如图 7-11(a) 所示，以 dr 表示对角线长度，于是

$$(dr)^2 = (dx)^2 + (dy)^2 \tag{1}$$

设 x 和 y 方向的线应变为 ε_x，ε_y，对角线的线应变为 ε'_α对于变形后的单元体其对角线的长度为 $dr(1+\varepsilon'_\alpha)$，且

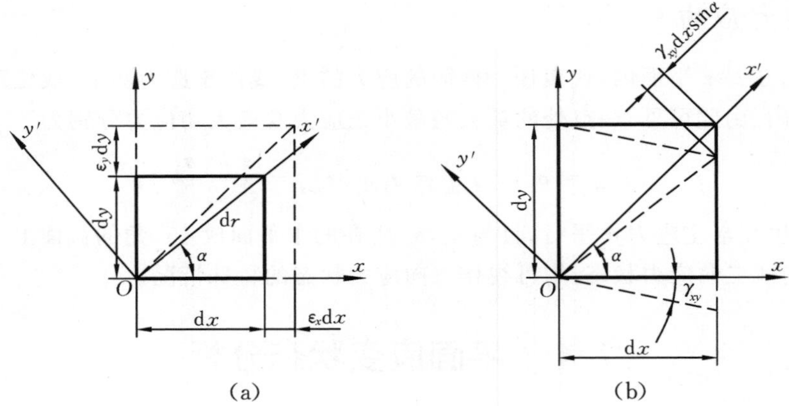

图 7-11

$$[dr(1+\varepsilon'_\alpha)]^2 = [dx(1+\varepsilon_x)]^2 + [dy(1+\varepsilon_y)]^2$$

展开上式，根据式(1)，并略去高阶微量，即得

$$\varepsilon'_\alpha = \varepsilon_x \left(\frac{dx}{dr}\right)^2 + \varepsilon_y \left(\frac{dy}{dr}\right)^2 = \varepsilon_x \cos^2\alpha + \varepsilon_y \sin^2\alpha \tag{2}$$

其次研究由角应变 γ_{xy} 引起的 x' 方向的线应变 ε''_α。

如图 7-11(b) 所示，对角线 dr 由于切应变 γ_{xy} 而缩短了 $dx\gamma_{xy}\sin\alpha$，所以由 γ_{xy} 引起的 x' 向的线应变为

$$\varepsilon''_\alpha = -\frac{\gamma_{xy} dx\sin\alpha}{dr} = -\gamma_{xy}\sin\alpha\cos\alpha \tag{3}$$

最后采用叠加法，即得 x' 方向的线应变为

$$\varepsilon_\alpha = \varepsilon'_\alpha + \varepsilon''_\alpha = \varepsilon_x \cos^2\alpha + \varepsilon_y \sin^2\alpha - \gamma_{xy}\sin\alpha\cos\alpha$$

上式也可写作

$$\varepsilon_\alpha = \frac{\varepsilon_x + \varepsilon_y}{2} + \frac{\varepsilon_x - \varepsilon_y}{2}\cos 2\alpha - \frac{\gamma_{xy}}{2}\sin 2\alpha \tag{7-7}$$

2. $x'Oy'$ 角的切应变 γ_α

至于切应变 γ_α，可以用类似的方法推导，得

$$\frac{\gamma_\alpha}{2} = \frac{\varepsilon_x - \varepsilon_y}{2}\sin 2\alpha + \frac{\gamma_{xy}}{2}\cos 2\alpha \tag{7-8}$$

7.4.2 应变圆

将平面应变式(7-7) 和式(7-8) 与应力式(7-1) 和式(7-2) 加以比较可见，正应力、切应力与线应变、切应变的对应公式在形式上是相同的，两组量之间有类比关系。正应力 σ_x，σ_y，σ_α 分别与线应变 ε_x，ε_y，和 ε_α 相对应，而切应力 τ_{xy}，τ_α 则分别与$\frac{\gamma_{xy}}{2}$ 和$\frac{\gamma_\alpha}{2}$ 相对应。因此，二向应力分析得出的一些结论，在对应的量作如上变换后，就可全部用于应变分析。而应力圆的应力坐标(σ,

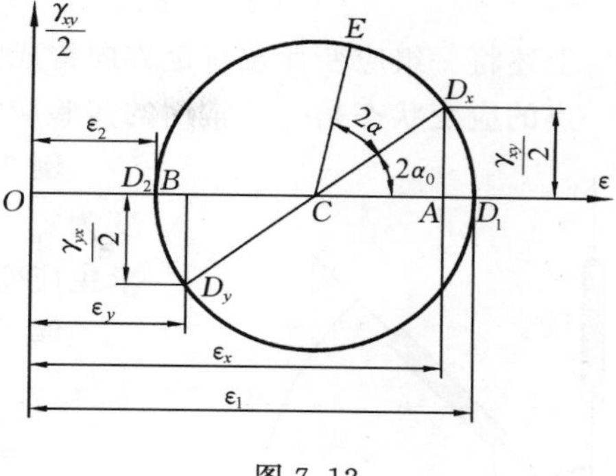

图 7-12

τ）变换成应变坐标 ε 和 $\frac{\gamma}{2}$ 之后，即可作出平面应变分析的应变圆（或应变莫尔圆）(Mohr circle for strain)，如图 7-12 所示。应变圆方程为

$$\left(\varepsilon_\alpha - \frac{\varepsilon_x + \varepsilon_y}{2}\right)^2 + \left(\frac{\gamma_\alpha}{2} - 0\right)^2 = \left(\frac{\varepsilon_x - \varepsilon_y}{2}\right)^2 + \left(\frac{\gamma_{xy}}{2}\right)^2$$

可见，该圆的圆心位于 $\left(\frac{\varepsilon_x + \varepsilon_y}{2}, 0\right)$，而半径则为 $R_\varepsilon = \sqrt{\left(\frac{\varepsilon_x - \varepsilon_y}{2}\right)^2 + \left(\frac{\gamma_{xy}}{2}\right)^2}$。将半径 CD_x 沿方位角 α 的转向旋转 2α 至 CE，所得 E 点的横、纵坐标即分别代表 ε_α 和 $\frac{\gamma_\alpha}{2}$。

7.4.3　主应变及主应变方向

切应变为零时的线应变称为主应变(principal strain)。从应变圆上可看出主应变为

$$\begin{cases} \varepsilon_1 = OC + CD_1 = \dfrac{\varepsilon_x + \varepsilon_y}{2} + \sqrt{\left(\dfrac{\varepsilon_x - \varepsilon_y}{2}\right)^2 + \left(\dfrac{\gamma_{xy}}{2}\right)^2} \\ \varepsilon_2 = OC - CD_2 = \dfrac{\varepsilon_x + \varepsilon_y}{2} + \sqrt{\left(\dfrac{\varepsilon_x - \varepsilon_y}{2}\right)^2 + \left(\dfrac{\gamma_{xy}}{2}\right)^2} \end{cases} \tag{7-9}$$

主应变方向为

$$\tan(-2\alpha_0) = \frac{D_x A}{CA} = \frac{\frac{\gamma_{xy}}{2}}{\frac{\varepsilon_x - \varepsilon_y}{2}} = \frac{\gamma_{xy}}{\varepsilon_x - \varepsilon_y}$$

即

$$\tan(2\alpha_0) = -\frac{\gamma_{xy}}{\varepsilon_x - \varepsilon_y} \tag{7-10}$$

7.4.4　应变的实测

应用上述各公式或作应变圆时，应首先求得一点处的 3 个应变分量 ε_x，ε_y 和 γ_{xy}。用应变仪直接测定应变时，由于切应力 γ_{xy} 不易测得，所以一般先测出 3 个选定方向 α_1，α_2 和 α_3 的线应变 $\varepsilon_{\alpha 1}$，$\varepsilon_{\alpha 2}$，$\varepsilon_{\alpha 3}$，然后代入式(7-7)，求得 ε_x，ε_y 和 γ_{xy}，从而完全确定了一点的应变状态。最大线应变和最小线应变，即主应变的大小及其方向也随之可以求得。

实际计测时，可将 α_1，α_2，α_3 选取便于计算的数值，以简化计算。例如，使 3 个应变片方向分别为，$\alpha_1 = 0°$，$\alpha_2 = 45°$，$\alpha_3 = 90°$，如图 7-13 所示。这样按照式(7-7)，有

$$\varepsilon_{0°} = \frac{\varepsilon_x + \varepsilon_y}{2} + \frac{\varepsilon_x - \varepsilon_y}{2}\cos 0° - \frac{\gamma_{xy}}{2}\sin 0° = \varepsilon_x$$

$$\varepsilon_{45°} = \frac{\varepsilon_x + \varepsilon_y}{2} + \frac{\varepsilon_x - \varepsilon_y}{2}\cos 90° - \frac{\gamma_{xy}}{2}\sin 90° = \frac{\varepsilon_x + \varepsilon_y}{2} - \frac{\gamma_{xy}}{2}$$

$$\varepsilon_{90°} = \frac{\varepsilon_x + \varepsilon_y}{2} + \frac{\varepsilon_x - \varepsilon_y}{2}\cos 180° - \frac{\gamma_{xy}}{2}\sin 180° = \varepsilon_y$$

由此可以解得

$$\varepsilon_x = \varepsilon_{0^\circ}, \quad \varepsilon_y = \varepsilon_{90^\circ}, \quad \gamma_{xy} = \varepsilon_{0^\circ} + \varepsilon_{90^\circ} - 2\varepsilon_{45^\circ} \tag{7-11}$$

上述将一组应变片按特定方向构成的阵列，称为应变花。应用应变花测量并通过分析以确定一点的应变状态是一种常用的实验应力分析方法。

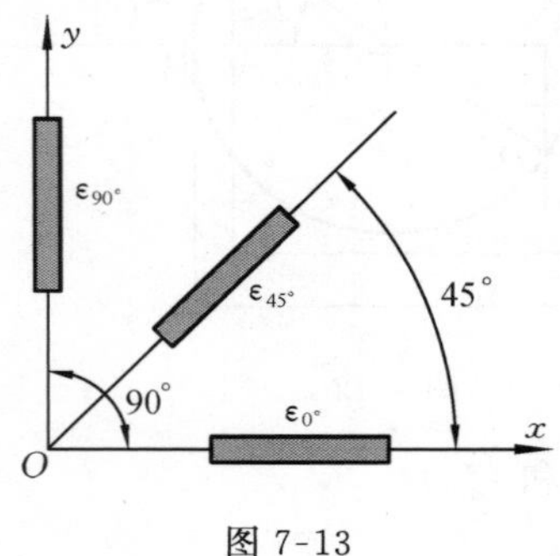

图 7-13

例 7.3 用直角应变花(图 7-13) 测得一点处的 3 个线应变为 $\varepsilon_{0^\circ} = 700\times10^{-6}$，$\varepsilon_{45^\circ} = 350\times10^{-6}$，$\varepsilon_{90^\circ} = -500\times10^{-6}$，试求主应变及其方向。

解 由式(7-11)，得

$$\varepsilon_x = \varepsilon_{0^\circ} = 700\times10^{-6}, \quad \varepsilon_y = \varepsilon_{90^\circ} = -500\times10^{-6}$$

$$\gamma_{xy} = \varepsilon_{0^\circ} + \varepsilon_{90^\circ} - 2\varepsilon_{45^\circ} = (700 - 500 - 2\times350)\times10^{-6}$$
$$= -500\times10^{-6}$$

由式(7-9) 可求得主应变为

$$\left.\begin{matrix}\varepsilon_1\\ \varepsilon_2\end{matrix}\right\} = \frac{700-500}{2}\times10^{-6} \pm \sqrt{\left(\frac{700+500}{2}\right)^2 + \left(\frac{-500}{2}\right)^2}\times10^{-6}$$
$$= \left\{\begin{matrix}750\times10^{-6}\\ -550\times10^{-6}\end{matrix}\right.$$

由式(7-10) 可求得主应变的方向

$$\tan2\alpha_0 = -\frac{-500}{700-(-500)} = 0.417$$

$2\alpha_0$ 取主值，$2\alpha_0 = 22.6^\circ$，$\alpha_0 = 11.3^\circ$。因 $\varepsilon_x > \varepsilon_y$，所以 α_0 为主应变 ε_1 的方向与 x 轴的夹角。

7.5 应力与应变间的关系

7.5.1 广义胡克定律

由第 2 章知，在简单拉伸(压缩) 情况下，根据试验结果，得到了胡克定律 $\varepsilon = \dfrac{\sigma}{E}$，此外，还知道杆的轴向变形会引起横向尺寸的变化，横向应变为 $\varepsilon' = -\nu\dfrac{\sigma}{E}$。

在受力构件内任一点处，取出一单元体，其上的主应力分别为 σ_1，σ_2，σ_3，如图 7-3 所示。这个单元体受力后各个方向的尺寸都会发生改变。

设单元体中平行于主应力 σ_1 的棱边为第一棱边。σ_1 单独作用时，第一棱边的线应变为 $\varepsilon_1' = \dfrac{\sigma_1}{E}$；由于 σ_2 和 σ_3 的方向与第一棱边垂直，所以由 σ_2，σ_3 分别单独作用时，第一棱边的线应变分别为

$$\varepsilon_1'' = -\nu\frac{\sigma_2}{E}, \quad \varepsilon_1''' = -\nu\frac{\sigma_3}{E}$$

根据叠加原理，得到第一棱边的线应变为

$$\varepsilon_1 = \varepsilon_1' + \varepsilon_1'' + \varepsilon_1''' = \frac{\sigma_1}{E} - \nu\frac{\sigma_2}{E} - \nu\frac{\sigma_3}{E} = \frac{1}{E}[\sigma_1 - \nu(\sigma_2 + \sigma_3)]$$

用同样的方法，可得第二和第三棱边的线应变 ε_2 和 ε_3，即

$$
\begin{cases}
\varepsilon_1 = \dfrac{1}{E}[\sigma_1 - \nu(\sigma_2 + \sigma_3)] \\
\varepsilon_2 = \dfrac{1}{E}[\sigma_2 - \nu(\sigma_3 + \sigma_1)] \\
\varepsilon_3 = \dfrac{1}{E}[\sigma_3 - \nu(\sigma_1 + \sigma_2)]
\end{cases} \tag{7-12}
$$

这就是各向同性材料用主应力表示的广义胡克定律。

当变形很小且在弹性范围内时，各向同性材料的线应变只与正应力有关，而与切应力无关，切应变只与切应力有关，而与正应力无关。因此，沿 3 个主应力方向只有线应变，而无切应变。与主应力 $\sigma_1,\sigma_2,\sigma_3$ 相应的线应变 $\varepsilon_1,\varepsilon_2,\varepsilon_3$，称为主应变。由于 $\sigma_1 \geqslant \sigma_2 \geqslant \sigma_3$，所以有 $\varepsilon_1 \geqslant \varepsilon_2 \geqslant \varepsilon_3$。因而最大线应变为

$$
\varepsilon_{\max} = \varepsilon_1 \tag{7-13}
$$

同时可得，当变形很小且在弹性范围内时，对于图 7-1 所示的非主单元体的情况，沿 σ_x，σ_y，σ_z 方向的线应变为

$$
\begin{cases}
\varepsilon_x = \dfrac{1}{E}[\sigma_x - \nu(\sigma_y + \sigma_z)] \\
\varepsilon_y = \dfrac{1}{E}[\sigma_y - \nu(\sigma_z + \sigma_x)] \\
\varepsilon_z = \dfrac{1}{E}[\sigma_z - \nu(\sigma_x + \sigma_y)]
\end{cases} \tag{7-14a}
$$

此时，切应变的表达式为

$$
\gamma_{xy} = \frac{\tau_{xy}}{G}, \quad \gamma_{yz} = \frac{\tau_{yz}}{G}, \quad \gamma_{zx} = \frac{\tau_{zx}}{G} \tag{7-14b}
$$

在平面应力状态下，设 $\sigma_z = 0, \tau_{xz} = 0, \tau_{yz} = 0$，则由(7-14a) 和 (7-14a) 两式可得

$$
\begin{cases}
\varepsilon_x = \dfrac{1}{E}(\sigma_x - \nu\sigma_y) \\
\varepsilon_y = \dfrac{1}{E}(\sigma_y - \nu\sigma_x) \\
\varepsilon_z = \dfrac{1}{E}(\sigma_x + \sigma_y) \\
\gamma_{xy} = \dfrac{\tau_{xy}}{G}
\end{cases} \tag{7-14c}
$$

例 7.4　一直径为 d 的实心圆轴，两端受扭转力矩 M_e 的作用，现测得圆轴表面 A 点处沿 30° 方向的线应变为 ε(图 7-14(a))，已知材料的弹性常数 E 和 ν，试求扭转力矩 M_e 的大小。

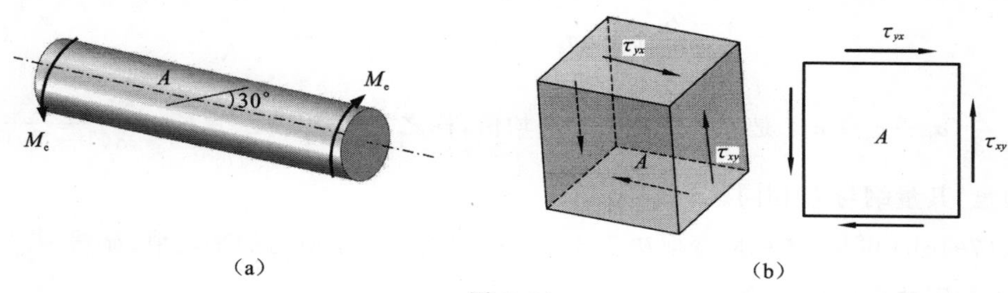

图 7-14

解 围绕 A 点截取一单元体如图 7-14(b) 所示。该点的应力状态为纯剪切应力状态，式中的 τ_{xy} 是横截面边缘处的切应力，其值为

$$\tau_{xy} = \frac{T}{W_t} = \frac{16M_e}{\pi d^3}$$

由式(7-1) 得

$$\sigma_{30^\circ} = \tau_{xy}\sin 60^\circ = \frac{\sqrt{3}}{2}\tau_{xy}$$

$$\sigma_{-60^\circ} = \tau_{xy}\sin(-120^\circ) = -\frac{\sqrt{3}}{2}\tau_{xy}$$

由广义胡克定律得

$$\varepsilon_{30^\circ} = \frac{1}{E}(\sigma_{30^\circ} - \nu\sigma_{-60^\circ})$$

故
$$\varepsilon_{30^\circ} = \frac{\sqrt{3}(1+\nu)}{2E}\tau_{xy} = \frac{8\sqrt{3}(1+\nu)}{E\pi d^3}M_e = \varepsilon$$

由上式解得
$$M_e = \frac{\sqrt{3}\pi d^3 E\varepsilon}{24(1+\nu)}$$

7.5.2 体积应变

单元体各棱边长度的改变，可能引起单元体体积的改变。对于图 7-3 所示的单元体，设各棱边长度分别为 $\mathrm{d}x,\mathrm{d}y,\mathrm{d}z$，则变形前后的体积分别为

$$V_0 = \mathrm{d}x\mathrm{d}y\mathrm{d}z$$

$$V_1 = (1+\varepsilon_1)\mathrm{d}x(1+\varepsilon_2)\mathrm{d}y(1+\varepsilon_3)\mathrm{d}z = V_0(1+\varepsilon_1)(1+\varepsilon_2)(1+\varepsilon_3)$$

因为弹性应变值很小，故展开后可略去含高阶微量 $\varepsilon_1\varepsilon_2,\varepsilon_2\varepsilon_3,\varepsilon_3\varepsilon_1$ 和 $\varepsilon_1\varepsilon_2\varepsilon_3$ 的各项，而只保留一次幂各项。于是得

$$V_1 = V_0(1+\varepsilon_1+\varepsilon_2+\varepsilon_3)$$

单元体单位体积的改变，即体积应变为

$$\varepsilon_V = \frac{\Delta V}{V} = \frac{V_1 - V_0}{V_0} = \varepsilon_1 + \varepsilon_2 + \varepsilon_3 \tag{7-15a}$$

把公式(7-12) 代入，经整理后得

$$\varepsilon_V = \frac{1-2\nu}{E}(\sigma_1+\sigma_2+\sigma_3) = \frac{3(1-2\nu)}{E}\bar{\sigma} = \frac{\bar{\sigma}}{K} \tag{7-15b}$$

式中 $\bar{\sigma} = \frac{1}{3}(\sigma_1+\sigma_2+\sigma_3)$ 是 3 个主应力的平均值，称之为平均主应力。$K = \frac{E}{3(1-2\nu)}$ 称为体积弹性模量，其量纲与 E 相同。

由式(7-15b) 可见，体积应变取决于 3 个主应力之和或主应力的平均值。显然，若 3 个主应力之和为零，则体积应变 ε_V 等于零。

7.6　三向应力状态下的应变能密度

7.6.1　应变能密度

在单向应力状态下，根据应变能在数值上等于外力所作的功，且应力 σ 与应变 ε 成正比关系，得单位体积的应变能，即应变能密度为

$$u = \frac{1}{2}\sigma\varepsilon = \frac{\sigma^2}{2E} \tag{1}$$

在三向应力状态下(如图 7-3)，弹性体的应变能仍应等于外力所作的功，且仅取决于外力的最终数值，而与加力的次序无关。设单元体的 3 个主应力 $\sigma_1,\sigma_2,\sigma_3$ 由零按比例地逐渐增大而同时达到各自的最终值，那么 3 个主应变 $\varepsilon_1,\varepsilon_2$ 和 ε_3 也将按比例增大，此时与每个主应力相应的应变能密度都可以利用式(1) 算出。于是三向应力状态下的应变能密度为

$$u = \frac{1}{2}\sigma_1\varepsilon_1 + \frac{1}{2}\sigma_2\varepsilon_2 + \frac{1}{2}\sigma_3\varepsilon_3 \tag{7-16}$$

把广义胡克定律式(7-12) 代入上式，即得用主应力表示的应变能密度

$$u = \frac{1}{2E}[\sigma_1^2 + \sigma_2^2 + \sigma_3^2 - 2\nu(\sigma_1\sigma_2 + \sigma_2\sigma_3 + \sigma_3\sigma_1)] \tag{7-17}$$

7.6.2　体积改变能密度和形状改变能密度

一般情况下，单元体变形时既有体积改变又有形状改变(又称为畸变)。相应地应变能密度亦可以分成两部分：即体积改变能密度 u_V 和形状改变能密度 u_d。于是

$$u = u_V + u_d \tag{2}$$

设单元体的 3 个主应力值不相等，并把单元体上的应力看成两类应力叠加而成(如图 7-15)，即

$$\begin{cases} \sigma_1 = \bar{\sigma} + (\sigma_1 - \bar{\sigma}) \\ \sigma_2 = \bar{\sigma} + (\sigma_2 - \bar{\sigma}) \\ \sigma_3 = \bar{\sigma} + (\sigma_3 - \bar{\sigma}) \end{cases} \tag{3}$$

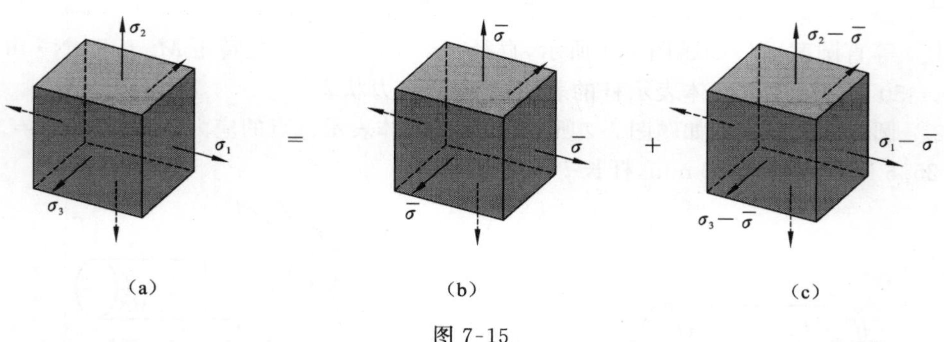

图 7-15

在平均主应力 $\bar{\sigma}$ 的作用下(图 7-15(b))，各棱边的线应变均相同，即

$$\varepsilon_m = \frac{1}{E}[\bar{\sigma} - \nu(\bar{\sigma} + \bar{\sigma})] = \frac{1-2\nu}{E}\bar{\sigma} \tag{4}$$

这时单元体变形后与原来的形状相同，只有体积改变而无形状改变。于是由式(7-16)与式(4)，得体积改变能密度

$$u_V = 3\left(\frac{1}{2}\bar{\sigma}\varepsilon_m\right) = 3\,\frac{(1-2\nu)}{2E}\bar{\sigma}^2 = \frac{1-2\nu}{6E}(\sigma_1+\sigma_2+\sigma_3)^2 \tag{7-18}$$

另一方面，在$(\sigma_1-\bar{\sigma})$、$(\sigma_2-\bar{\sigma})$ 和$(\sigma_3-\bar{\sigma})$ 3 个应力作用下(图 7-15(c))，由于

$$(\sigma_1-\bar{\sigma})+(\sigma_2-\bar{\sigma})+(\sigma_3-\bar{\sigma}) = \sigma_1+\sigma_2+\sigma_3-3\bar{\sigma} = 0$$

所以单元体的体积应变 $\varepsilon_V = 0$，此时单元体没有体积改变而只有形状改变。根据式(7-17)得形状改变能密度为

$$u_d = \frac{1+\nu}{6E}[(\sigma_1-\sigma_2)^2+(\sigma_2-\sigma_3)^2+(\sigma_3-\sigma_1)^2]$$

或

$$u_d = \frac{1+\nu}{3E}[\sigma_1^2+\sigma_2^2+\sigma_3^2-\sigma_1\sigma_2-\sigma_2\sigma_3-\sigma_3\sigma_1] \tag{7-19}$$

形状改变能密度及其计算式(7-19)将在讨论复杂应力状态下的强度条件时用到。

例 7.5 证明：各向同性材料的 3 个弹性常数 E, G, ν 间的关系。

证 在纯剪切应力状态下(图 7-14(b))，由第 3 章中可知应变能密度为

$$u_1 = \frac{\tau_{xy}^2}{2G}$$

将纯剪切应力状态下的 3 个主应力 $\sigma_1 = \tau_{xy}, \sigma_2 = 0, \sigma_3 = -\tau_{xy}$ 代入式(7-17)，亦可得应变能密度，为

$$u_2 = \frac{1}{2E}[\sigma_1^2+\sigma_2^2+\sigma_3^2-2\nu(\sigma_1\sigma_2+\sigma_2\sigma_3+\sigma_3\sigma_1)] = \frac{\tau_{xy}^2(1+\nu)}{E}$$

因为 u_1 和 u_2 皆是纯剪切应力状态下单元体的应变能密度，故两者应该相等，即 $u_1 = u_2$，于是

$$\frac{\tau_{xy}^2}{2G} = \frac{\tau_{xy}^2(1+\nu)}{E}$$

由此可得出 3 个弹性常数 E, G, ν 间的关系式为

$$G = \frac{E}{2(1+\nu)}$$

习　题

7-1　等直圆截面杆如题图 7-1 所示，直径 $d = 100$ mm，承受转矩 $M_e = 7$ kN·m 及轴向拉力 $F = 50$ kN，试用单元体表示杆的表面 A 点的应力状态。

7-2　圆截面直杆受力如题图 7-2 所示，试用单元体表示 A 点的应力状态。已知 $F = 39.3$ N，$M_e = 125.6$ N·m，$D = 20$ mm，杆长 $l = 1$ m。

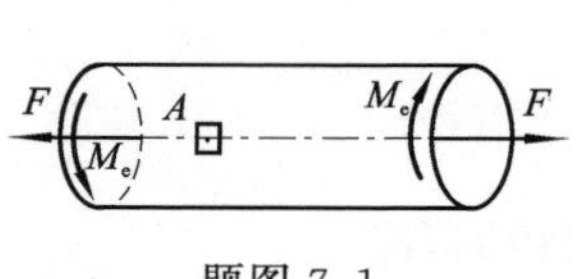

题图 7-1

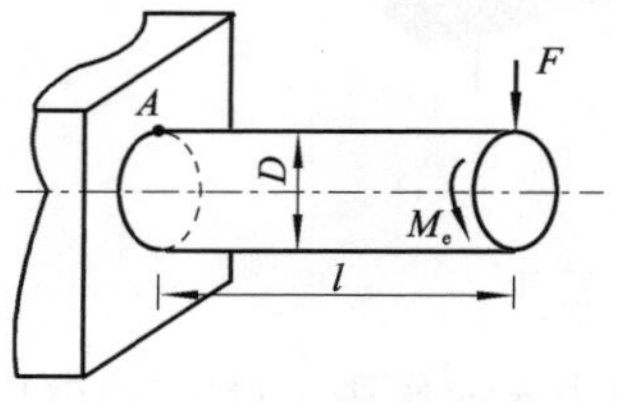

题图 7-2

7-3　已知应力状态如题图 7-3 所示，图中应力单位皆为 MPa，试用解析法求：

(1) 指定截面上的应力；

(2) 主应力大小，主平面方位，并画出主单元体；

(3) 最大切应力。

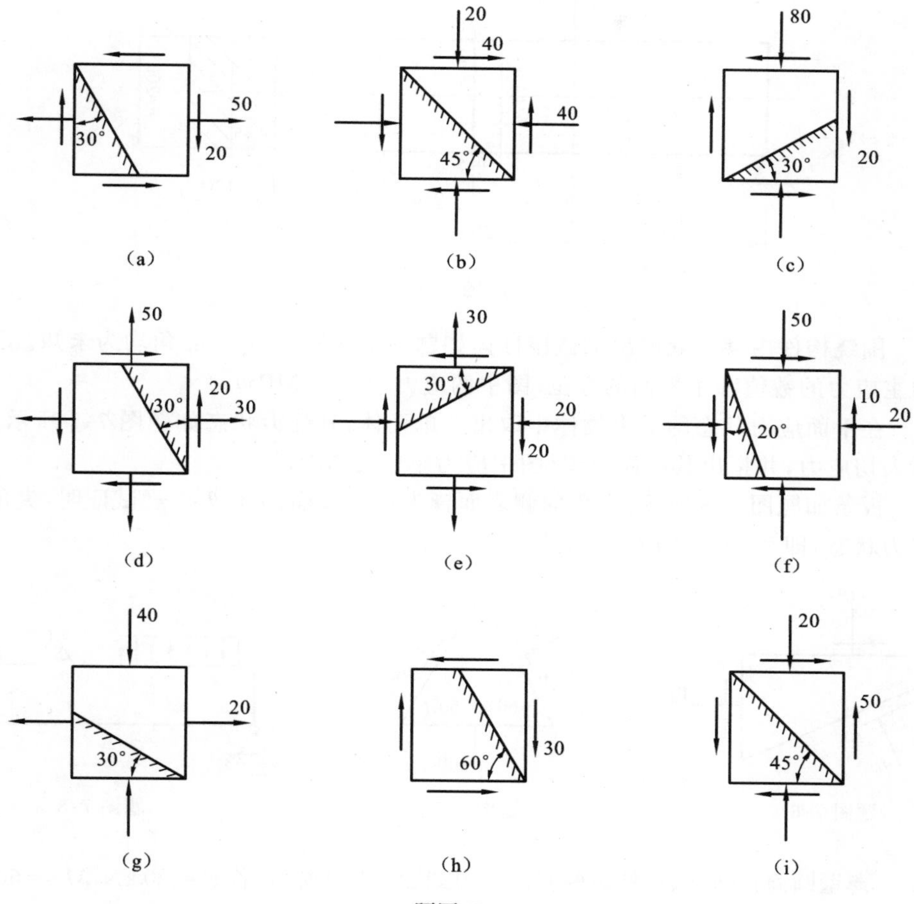

题图 7-3

7-4　用图解法求解 7-3 各小题。

7-5　试求题图 7-4 所示各应力状态的主应力及最大切应力(应力单位为 MPa)

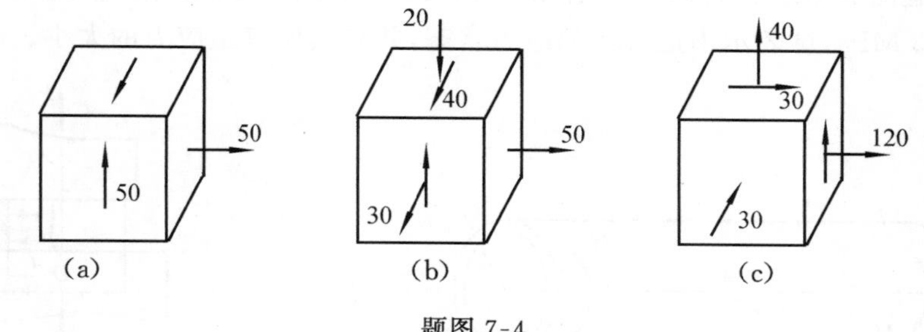

题图 7-4

7-6　已知矩形截面梁的尺寸及载荷如题图 7-5 所示。试求：

(1) n-n 截面上指定点(1 ～ 5 点) 处各单元体的应力状态；

(2) 用图解法画出各指定点处的主单元体。

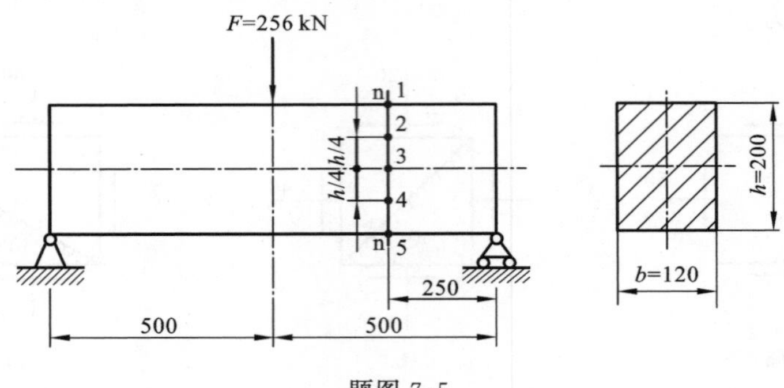

题图 7-5

7-7　围绕构件内某点处取出的微棱柱体如题图 7-6 所示。σ_y 和 α 角均为未知。试求 σ_y 及该点处的主应力的数值和主平面的方位(图中的应力单位为 MPa)。

7-8　在平面应力状态的受力物体中取出一单元体，其受力状态如题图 7-7 所示。试求主应力和最大切应力，并指出其截面位置(图中应力单位为 MPa)。

7-9　板条如题图 7-8 所示。尖角的侧表面皆为自由表面，$0 < \theta < \pi$。试证明：尖角端点 A 处为零应力状态，即 A 点的主应力皆为零。

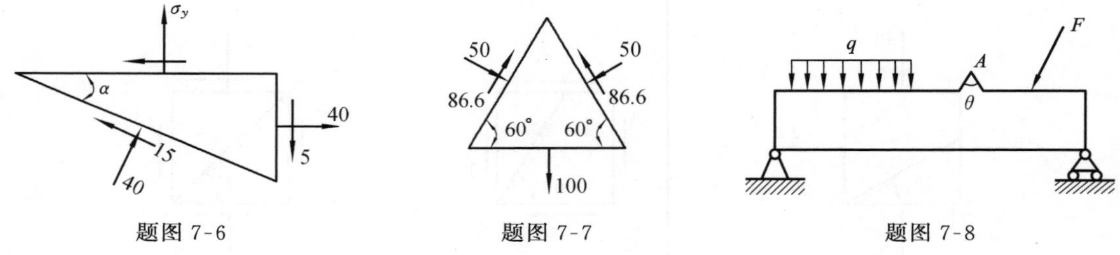

题图 7-6　　题图 7-7　　题图 7-8

7-10　薄壁圆筒作扭转、拉伸试验时的受力如题图 7-9 所示。若 $F = 20$ kN，$M_e = 600$ N·m，$d = 5$ cm，$\delta = 2$ mm。试求：

(1) A 点在指定斜截面上的应力；

(2) A 点的主应力大小及方向，画出主单元体。

7-11　如题图 7-10 所示，薄圆环外径 $D = 100$ mm，壁厚 $t = 1$ mm，两端压紧力 $F = 11.7$ kN，内压力 $p = 1.3$ MPa，试表示出危险点的应力状态，并求其所有主应力的大小。

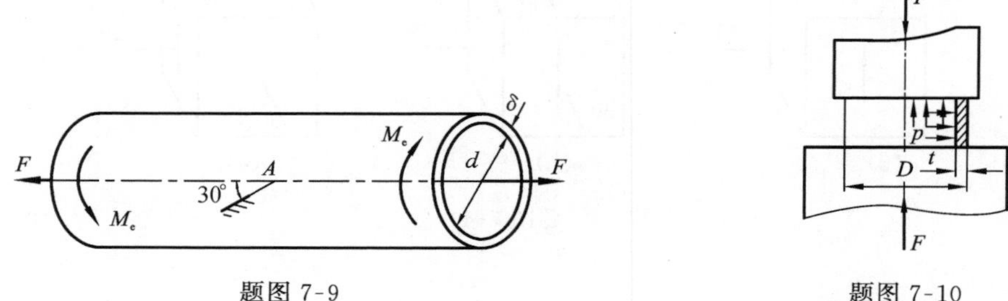

题图 7-9　　题图 7-10

7-12　现有应力状态如题图 7-11 所示(应力单位 MPa)。已知材料的 $E=210\ \text{GPa}$，$\nu=0.28$，试求：

(1) x 方向的线应变 ε_x；

(2) 主应变 ε_1，ε_2，ε_3；

(3) 最大切应变 $\gamma_{\max}$。

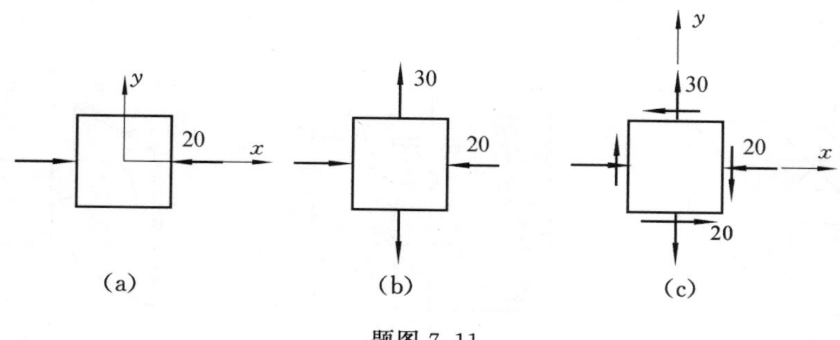

题图 7-11

7-13　如题图 7-12 所示，列车通过钢桥时，在钢桥横梁的 A 点，用应变仪量得 $\varepsilon_x=0.0004$，$\varepsilon_y=-0.00012$，试求 A 点在 x 及 y 方向的正应力。设 $E=200\ \text{GPa}$，$\nu=0.3$。

7-14　如题图 7-13 所示一钢杆，截面为 20 mm×40 mm 的矩形，$E=200\ \text{GPa}$，$\nu=0.3$，现从杆中 A 点测得与轴线成 30° 方向的线应变 $\varepsilon=2.7\times10^{-4}$，试求载荷 F 的大小。

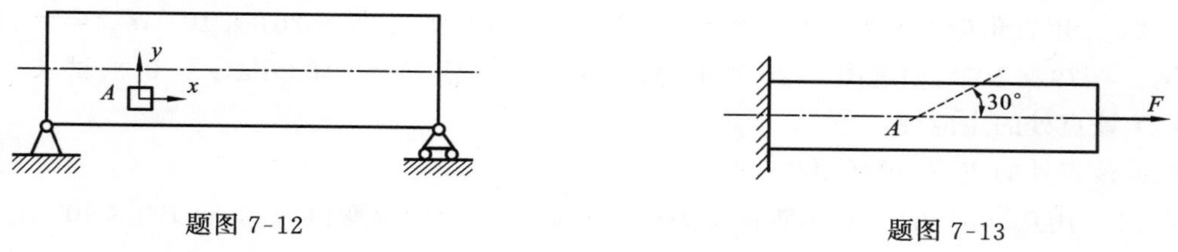

题图 7-12　　　　题图 7-13

7-15　从钢构件内某一点的周围取出一单元体如题图 7-14 所示。根据理论计算已经求得 $\sigma=30\ \text{MPa}$，$\tau=15\ \text{MPa}$，材料的 $E=200\ \text{GPa}$，$\nu=0.3$。试求对角线 AC 的长度改变 Δl。

7-16　如题图 7-15 所示一端固定的圆轴，直径为 d，在自由端处作用一弯曲力矩 m 和一转矩 nm。如果在此载荷下轴内的最大主应力不超过材料屈服极限 σ_s 的一半，试求此弯曲力矩 m，并以 d，n 和 σ_s 来表示。

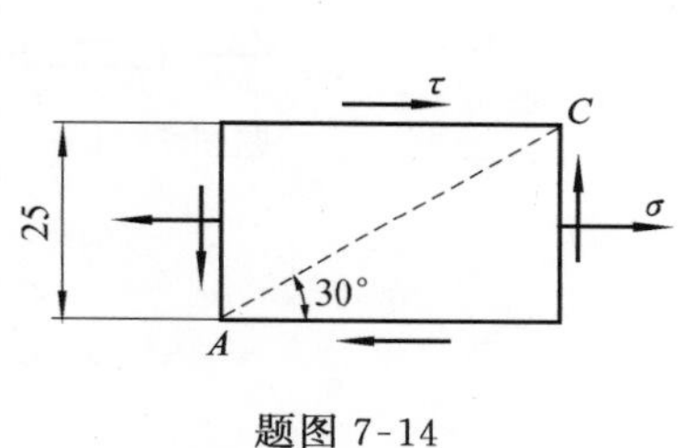

题图 7-14

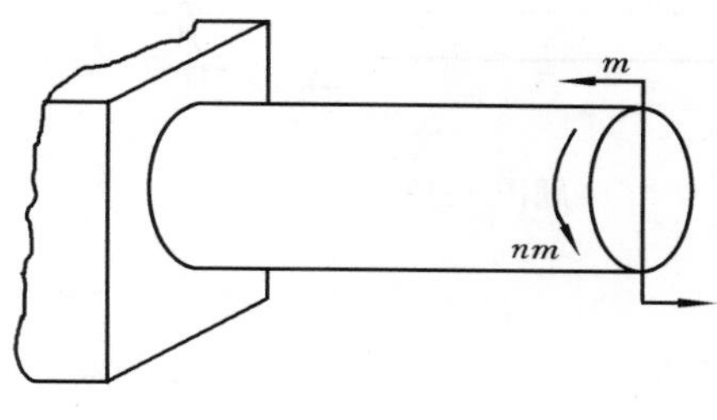

题图 7-15

7-17　在一体积较大的钢块上开一个贯穿的槽，其宽度和深度都是 10 mm，如题图 7-16 所示。在槽内紧密无隙地嵌入一铝质立方块，它的尺寸是 10 mm × 10 mm × 10 mm。当铝块受到压力 $F = 6$ kN 的作用时，假设钢块不变形。铝的弹性模量 $E = 70$ GPa，$\nu = 0.33$。试求铝块的三个主应力及相应的变形。

7-18　如题图 7-17 所示，一直径为 d 的橡皮圆柱体，放置在刚性圆筒内，并承受合力为 F 的均布压力作用，试求橡皮柱的主应力。设橡皮的弹性模量与泊松比分别为 E 与 ν，并忽略橡皮与刚筒间的摩擦。

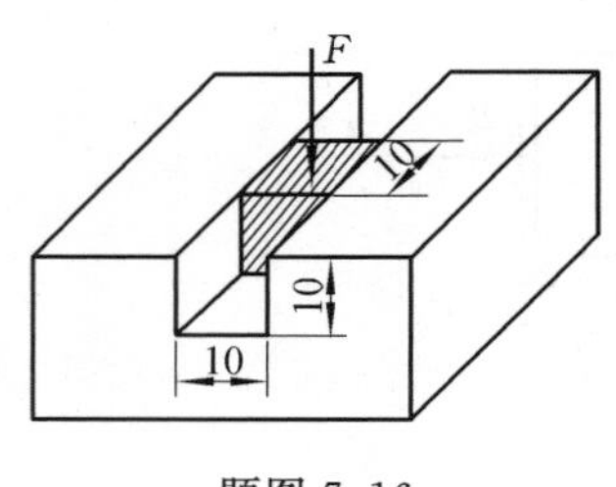

题图 7-16

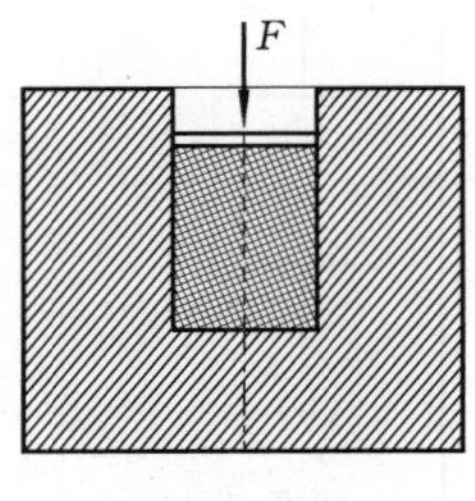

题图 7-17

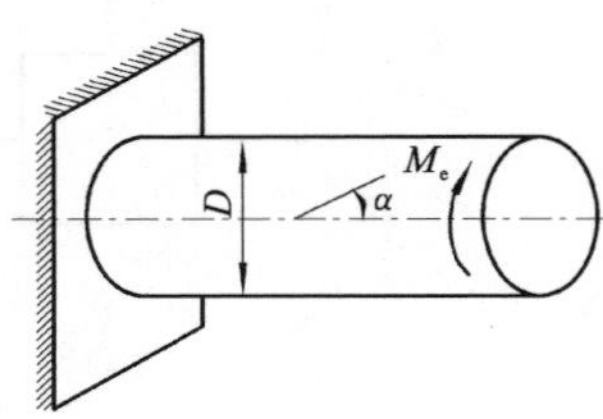

题图 7-18

7-19　力偶矩 $M_e = 2.5$ kN·m 作用在直径 $D = 60$ mm 的钢轴上，如题图 7-18 所示，$G = 82$ GPa，试求圆轴表面上任一点处与母线成 $\alpha = 30°$ 方向上的线应变。

7-20　在题图 7-19 所示 28a 号工字梁的中性层上某点 K 处，沿与轴线成 45° 的方向贴有电阻应变片，测得线应变 $\sigma_{45°} = -2.6 \times 10^{-5}$，$E = 210$ GPa，$\nu = 0.3$，试求梁上的载荷 F。

7-21　用直角应变花测得受力构件表面某点处的应变 $\varepsilon_{0°} = -267 \times 10^{-6}$，$\varepsilon_{45°} = -570 \times 10^{-6}$，$\varepsilon_{90°} = 79 \times 10^{-6}$，如题图 7-20 所示。构件的材料为钢，$E = 210$ GPa，$\nu = 0.3$。试求

(1) 该点处的主应变。

(2) 该点处的主应力数值和方向。

7-22　用互成 60° 的应变花测得受力构件表面某点处的应变值为 $\varepsilon_{0°} = 100 \times 10^{-6}$，$\varepsilon_{60°} = -200 \times 10^{-6}$，$\varepsilon_{120°} = 150 \times 10^{-6}$，如题图 7-21 所示。构件材料为钢，$E = 210$ GPa，$\nu = 0.25$。试求：

(1) 该点的主应变；

(2) 该点的主应力数值及方向。

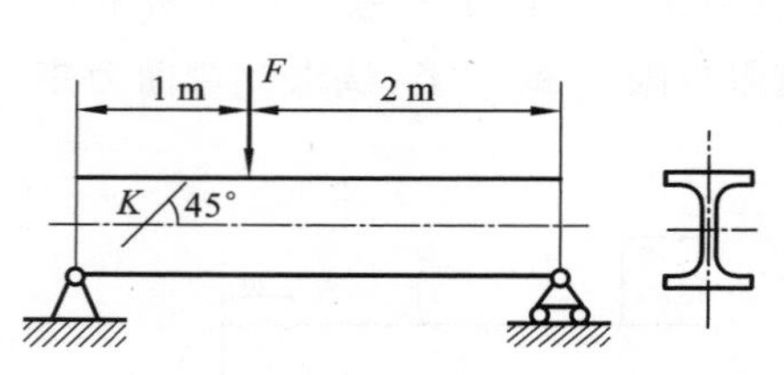

题图 7-19

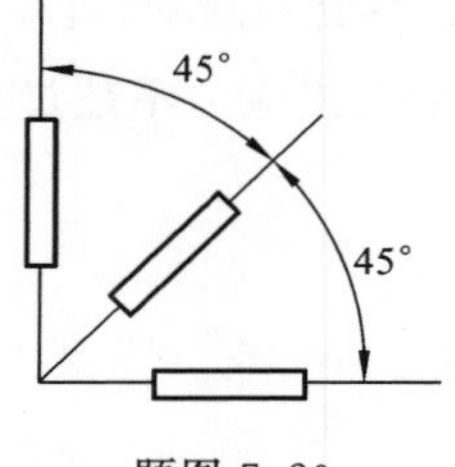

题图 7-20

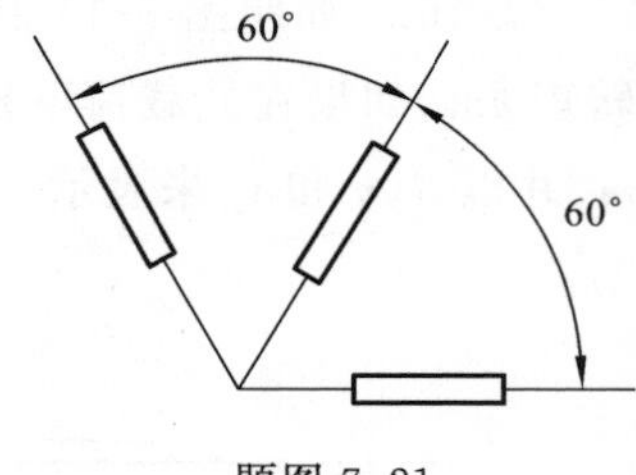

题图 7-21

第8章 强度理论

8.1 概述

在载荷的作用下，构件内各点将产生一定的应力状态。当载荷达到一定数值时，构件的危险点处将发生显著的塑性变形或断裂，亦即构件开始发生破坏，这时的应力状态称为危险应力状态。

在单向应力状态或纯剪切应力状态下，单元体的面（横截面）上只有一种应力，即正应力或切应力，因而构件的危险应力状态只需一个极限应力值 σ_u 或 τ_u 即可确定。通过材料的拉伸（压缩）或扭转试验测定 σ_u 或 τ_u 后，即可建立强度条件

$$\sigma_{max} \leqslant [\sigma] = \frac{\sigma_u}{n} \quad 或 \quad \tau_{max} \leqslant [\tau] = \frac{\tau_u}{n}$$

并据此进行强度计算。可见，在此种状况下，破坏状态或强度条件是以实验为基础的，至于材料破坏的真正原因并不加以考虑。

但当危险点处于复杂应力状态，危险点处既有正应力又有切应力时，就不能用上述强度条件分别对 σ 和 τ 进行强度计算，因为它们并不是分别对构件的破坏起作用，而是有所联系的，实验也证实了这一点，因而应考虑它们的综合影响。这就需要建立复杂应力状态时的强度条件。

大量实验结果表明，无论应力状态多么复杂，材料在常温、静载作用下主要发生两种形式的强度失效：脆性断裂和塑性屈服。例如，铸铁在拉伸或扭转时，在未产生明显的塑性变形情况下，就突然断裂，属于脆性断裂；又如低碳钢在拉伸（压缩）和扭转时，在试件的应力达到屈服极限后，就会产生明显的塑性变形，这就是破坏的另一类基本形式——屈服失效。另外，构件的破坏形式，不仅与构件材料本身的性质有关。而且还与构件所处的应力状态有关。亦即，同一种材料在不同的应力状态下可能会发生不同形式的破坏。如铸铁在单向拉应力状态下呈脆性断裂，而在三向等值压应力状态下则有较大的塑性变形。又如塑性性能很好的低碳钢试件在单向拉伸时呈屈服失效，而在三向等值（或接近等值）拉应力状态下却发生脆性断裂。所以，材料的破坏形式不能看作一成不变的。

材料在各种复杂应力状态下，尽管复杂应力状态各式各样，但发生破坏必然有内在的规律性，而且对破坏起决定性作用的必然是一种或几种主要的内在因素。在上述认识的基础上，人们把材料外部的破坏现象和内部存在的因素联系起来，提出了材料破坏原因的各种假设。假设某些因素对材料的破坏起决定性作用，并且利用材料在简单拉伸试验中所取得的实验结果作为衡量这些因素的限度。这些假设，通常称为强度理论（theory of strength）。因而，也可以这样说，强度理论的任务在于根据材料破坏原因假设，利用材料简单拉伸试验的结果，来建立复杂应力状态下的强度条件。

8.2 常用的强度理论

8.2.1 几个常用的强度理论

由于材料破坏的基本形式可分为脆性断裂和屈服失效两类，相应地强度理论也可以分为关于脆性断裂破坏的强度理论和关于屈服失效破坏的强度理论两类。前者如第一强度理论和第二强度理论，后者如第三强度理论和第四强度理论。

1. 第一强度理论（最大拉应力理论 maximum tensile stress theory）

17 世纪时，工程上使用的材料主要是砖、石、铸铁等，材料的破坏形式主要是脆性断裂。因此出现了最大正应力理论，后来修正为最大拉应力理论。这个理论认为，使材料发生脆性断裂破坏的主要因素是最大拉应力。即无论材料在什么应力状态下，只要最大拉应力 σ_1 达到由简单拉伸试验所测得的强度极限 σ_b，材料即发生脆性断裂。因此其破坏条件为

$$\sigma_1 = \sigma_b$$

将极限应力 σ_b 除以安全因数，得到许用应力$[\sigma]$，建立强度条件为

$$\sigma_1 \leqslant [\sigma] \tag{8-1}$$

试验表明，对于砖石、铸铁等脆性材料，此理论较为适合，如铸铁等脆性材料在单向拉伸时断裂破坏发生于拉应力最大的横截面上，扭转破坏也沿拉应力最大的斜截面发生断裂。但是，此理论没有考虑其他两个主应力 σ_2 和 σ_3 对材料破坏的影响，而且对于没有拉应力的应力状态（如单向压缩、三向压缩等）也无法应用。

2. 第二强度理论（最大拉应变理论 maximum tensile strain theory）

这一理论是由最大正应变理论修正而得到的。这个理论认为，使材料发生断裂破坏的主要因素是最大拉应变。即无论材料在什么应力状态下，只要最大拉应变达到单向拉伸下发生破坏时的极限值 ε_u，材料即发生脆性断裂。因此其破坏条件为

$$\varepsilon_1 = \varepsilon_u$$

假设材料在单向拉伸断裂破坏前，始终服从胡克定律，即 $\varepsilon_u = \dfrac{\sigma_b}{E}$，则把广义胡克定律代入上式后，可得出以主应力表示的破坏条件

$$\sigma_1 - \nu(\sigma_2 + \sigma_3) = \sigma_b$$

将 σ_b 除以安全因数，得许用应力，于是据此理论建立的强度条件为

$$\sigma_1 - \nu(\sigma_2 + \sigma_3) \leqslant [\sigma] \tag{8-2}$$

这个理论可以较好地解释岩石等脆性材料在单向压缩时沿纵向开裂的脆断现象，但并不为金属材料的试验所证实。

3. 第三强度理论（最大切应力理论 maximum shear stress theory）

19 世纪开始，工程上大量使用钢材，这些材料塑性性能好，其主要破坏形式是屈服失效。这个理论认为，使材料发生屈服失效的主要因素是最大切应力。即无论材料在什么应力状态下，只要最大切应力达到单向拉伸下出现屈服时的最大切应力值 τ_s，材料即发生屈服失效。因此破坏条件为

$$\tau_{max} = \tau_s$$

在三向应力状态下

$$\tau_{max} = \frac{\sigma_1 - \sigma_3}{2}$$

而在单向拉伸下出现屈服时的最大切应力 τ_s 与极限应力 σ_s 的关系为

$$\tau_s = \frac{\sigma_s}{2}$$

于是，屈服失效的条件可表示为

$$\sigma_1 - \sigma_3 = \sigma_s$$

将 σ_s 除以安全因数得许用应力$[\sigma]$，于是，据此理论建立的强度条件为

$$\sigma_1 - \sigma_3 \leqslant [\sigma] \tag{8-3}$$

这个理论也称为特雷斯卡(H. Tresca) 理论。一些试验结果表明，对于塑性材料如低碳钢、铜等，这个理论是符合的，但它未考虑中间主应力 σ_2 的作用，而试验表明，σ_2 对材料的屈服失效确实存在一定影响。因此在该理论提出后不久，又有形状改变能密度理论提出。

4. 第四强度理论(形状改变能密度理论 distortional strain energy density theory)

这个理论认为形状改变能密度是引起材料屈服失效的主要因素。亦即，无论材料在什么应力状态下，只要形状改变能密度达到材料在单向拉伸下发生屈服时的形状改变能密度 u_d，材料即发生屈服失效。

由式(7-19) 知，三向应力状态下的形状改变能密度为

$$u_d = \frac{1+\nu}{3E}[\sigma_1^2 + \sigma_2^2 + \sigma_3^2 - \sigma_1\sigma_2 - \sigma_2\sigma_3 - \sigma_3\sigma_1]$$

而在计算单向拉伸下出现屈服时的形状改变能密度时，令上式中的 $\sigma_1 = \sigma_s, \sigma_2 = \sigma_3 = 0$ 即可得

$$u_d = \frac{1+\nu}{3E}\sigma_s^2$$

相应于这个理论的屈服失效条件为

$$\frac{1+\nu}{3E}[\sigma_1^2 + \sigma_2^2 + \sigma_3^2 - \sigma_1\sigma_2 - \sigma_2\sigma_3 - \sigma_3\sigma_1] = \frac{1+\nu}{3E}\sigma_s^2$$

即

$$\sqrt{\sigma_1^2 + \sigma_2^2 + \sigma_3^2 - \sigma_1\sigma_2 - \sigma_2\sigma_3 - \sigma_3\sigma_1} = \sigma_s$$

将 σ_s 除以安全系数得许用应力$[\sigma]$。于是据此理论建立的强度条件为

$$\sqrt{\sigma_1^2 + \sigma_2^2 + \sigma_3^2 - \sigma_1\sigma_2 - \sigma_2\sigma_3 - \sigma_3\sigma_1} \leqslant [\sigma] \tag{8-4a}$$

或

$$\sqrt{\frac{1}{2}[(\sigma_1 - \sigma_2)^2 + (\sigma_2 - \sigma_3)^2 + (\sigma_3 - \sigma_1)^2} \leqslant [\sigma] \tag{8-4b}$$

这个理论也称为米赛斯(R. Von · Mises) 理论。试验表明，对于塑性材料，第四强度理论比第三强度理论更符合试验结果。但由于第三强度理论的数学表达式较简单，因此，第三与第四强度理论一样在工程中均得到广泛应用。

在工程上，常把上述几种强度理论的强度条件写成统一的形式：

$$\sigma_r \leqslant [\sigma] \tag{8-5a}$$

σ_r 称为相当应力(equivalent stress)。它是由三个主应力 $\sigma_1, \sigma_2, \sigma_3$ 按一定形式组合而成，按照强

度理论提出的先后顺序，可写出相应的相当应力及强度条件为

$$\begin{cases}\sigma_{r1} = \sigma_1 \leqslant [\sigma] \\ \sigma_{r2} = \sigma_1 - \nu(\sigma_2 + \sigma_3) \leqslant [\sigma] \\ \sigma_{r3} = \sigma_1 - \sigma_3 \leqslant [\sigma] \\ \sigma_{r4} = \sqrt{\frac{1}{2}[(\sigma_1 - \sigma_2)^2 + (\sigma_2 - \sigma_3)^2 + (\sigma_3 - \sigma_1)^2]} \leqslant [\sigma]\end{cases} \tag{8-5b}$$

8.2.2 脆性状态与塑性状态

上述 4 个强度理论，是分别针对脆性断裂和屈服失效两种破坏形式建立的，是当前最常用的强度理论。

由于材料的破坏形式不仅与材料本身的性质有关，而且与材料所处的应力状态有关。即使同一种材料在不同的应力状态下也可能有不同的破坏形式。因此，严格地说，应根据材料的破坏形式而不是根据材料来选择相应的强度理论。但一般说来，脆性材料抵抗断裂的能力低于抵抗滑移的能力；塑性材料抵抗滑移的能力则低于抵抗断裂的能力。因此，第一强度理论与第二强度理论一般适用于脆性材料；而第三强度理论与第四强度理论则一般适用于塑性材料。

但是，同一种材料在不同工作条件下，可能由脆性状态转入塑性状态，或由塑性状态转入脆性状态。无论是塑性材料或脆性材料，在三向拉应力接近相等的情况下，都以脆性断裂形式破坏，所以应采用第一强度理论；而在三向压应力接近相等的情况下，都可引起塑性变形，所以应采用第三或第四强度理论。

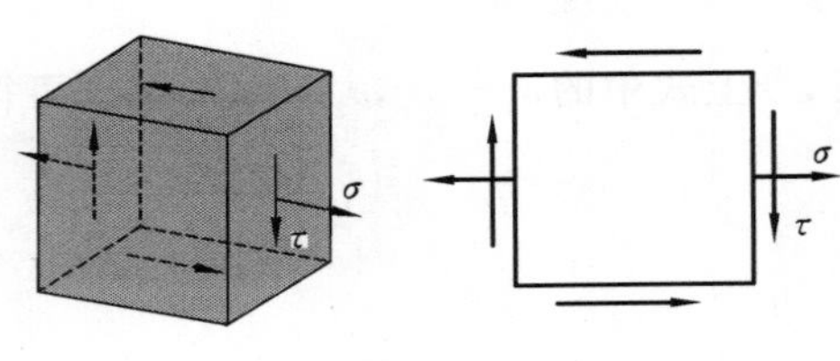

图 8-1

例 8.1 如图 8-1 所示，单向与纯剪切组合应力状态，是一种常见的应力状态。设材料的许用应力为$[\sigma]$，试按第三和第四强度理论导出其强度计算公式。

解 令 $\sigma_x = \sigma, \sigma_y = 0, \tau_{xy} = \tau$

根据式(7-4)，得 $\sigma_{主} = \frac{\sigma}{2} \pm \sqrt{\left(\frac{\sigma}{2}\right)^2 + \tau^2}$

相应的主应力为

$$\sigma_1 = \frac{\sigma}{2} + \sqrt{\left(\frac{\sigma}{2}\right)^2 + \tau^2}, \quad \sigma_2 = 0, \quad \sigma_3 = \frac{\sigma}{2} - \sqrt{\left(\frac{\sigma}{2}\right)^2 + \tau^2}$$

于是按第三强度理论得

$$\sigma_{r3} = \sigma_1 - \sigma_3 = \sqrt{\sigma^2 + 4\tau^2} \leqslant [\sigma] \tag{8-6a}$$

又据第四强度理论得

$$\sigma_{r4} = \sqrt{\sigma_1^2 + \sigma_3^2 - \sigma_1\sigma_3} = \sqrt{\sigma^2 + 3\tau^2} \leqslant [\sigma] \tag{8-6b}$$

例 8.2 图 8-2(a) 所示为一受内压 p 的薄壁圆筒，内径为D，壁厚为t。试用第三和第四强度理论导出薄壁圆筒的强度条件。

解 由于对称性，圆筒上的一点 A 是用一对横截面和一对包含直径的纵向平面取出的单元体，此单元体为主单元体。显然，横截面上的正应力即轴向应力

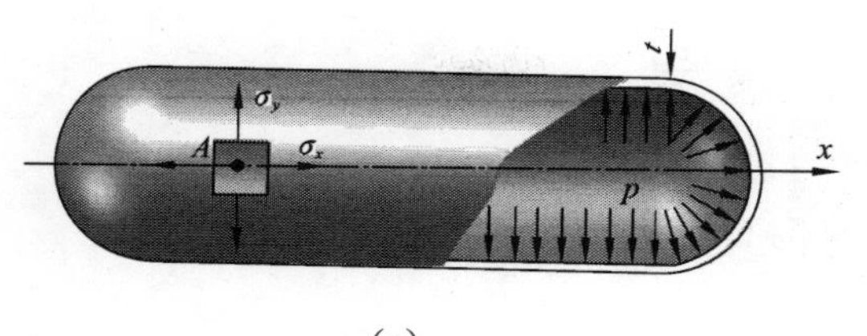

(a)

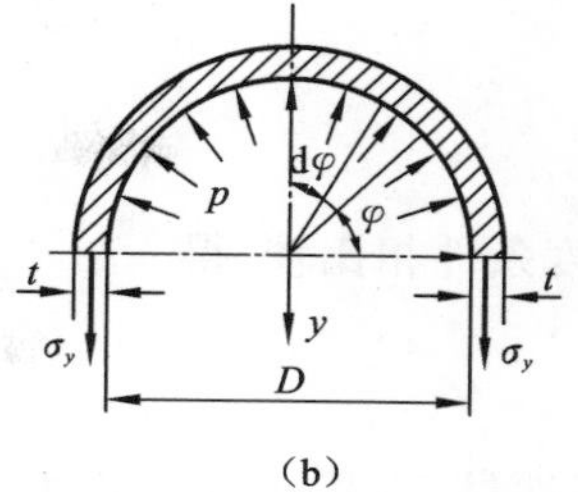

(b)

图 8-2

$$\sigma_x = \frac{p\,\dfrac{\pi D^2}{4}}{\pi D t} = \frac{pD}{4t}$$

用相距为一单位长度的两个横截面和包含直径的纵向截面，假想地从圆筒中截取一部分(图 8-2(b))，则由该部分的静力平衡方程 $\sum F_y = 0$，得

$$2t\sigma_y - \int_0^{\pi} p \cdot \frac{D}{2}\sin\varphi \mathrm{d}\varphi = 0$$

从而得到纵向截面上的正应力(即环向应力)

$$\sigma_y = \frac{pD}{2t}$$

单元体的前面为自由表面，而背面系圆筒内壁，作用着内压 p。因 p 值比 σ_x，σ_y 小很多，故可略去，于是有

$$\sigma_1 = \frac{pD}{2t},\quad \sigma_2 = \frac{pD}{4t},\quad \sigma_3 = 0$$

于是按第三强度理论，强度条件为

$$\sigma_{r3} = \sigma_1 - \sigma_3 = \frac{pD}{2t} \leqslant [\sigma]$$

按第四强度理论，则有

$$\sigma_{r4} = \sqrt{\sigma_1^2 + \sigma_2^2 - \sigma_1\sigma_2} = \sqrt{\left(\frac{pD}{2t}\right)^2 + \left(\frac{pD}{4t}\right)^2 - \left(\frac{pD}{2t}\right)\left(\frac{pD}{4t}\right)} = \frac{\sqrt{3}\,pD}{4t} \leqslant [\sigma]$$

薄壁圆筒可根据以上两式进行强度校核或确定壁厚 t 或计算许可的内压$[p]$的大小。

例 8.3　试推证塑性材料的许用切应力$[\tau]$和许用正应力$[\sigma]$之间的关系。

证　纯剪切应力状态是图 8-1 所示应力状态的一个特例，即相应于 $\sigma = 0$ 的情况，因此根据第三强度理论，由式(8-6a) 得

$$\sigma_{r3} = \sqrt{\sigma^2 + 4\tau^2} = \sqrt{0 + 4\tau^2} = 2\tau \leqslant [\sigma]$$

则　　$\tau \leqslant \dfrac{[\sigma]}{2}$

而纯剪切时剪切强度条件为　　$\tau \leqslant [\tau]$

二者相比较，有

$$[\tau] = \frac{[\sigma]}{2} = 0.5[\sigma]$$

若根据第四强度理论，则由式(8-6b) 得

$$\sigma_{r4} = \sqrt{\sigma^2 + 3\tau^2} = \sqrt{0 + 3\tau^2} = \sqrt{3}\tau \leqslant [\sigma]$$

则

$$\tau \leqslant \frac{[\sigma]}{\sqrt{3}}$$

与剪切强度条件相比较，得

$$[\tau] = \frac{[\sigma]}{\sqrt{3}} = 0.577[\sigma]$$

因此，对塑性材料，其许用切应力$[\tau]$通常取$(0.5 \sim 0.577)[\sigma]$。

由以上各例，不难得出这样的结论：选用第三强度理论比选用第四强度理论偏于安全。

例 8.4 由 25b 号工字钢制成的简支梁如图 8-3(a) 所示，试用第四强度理论对其作主应力强度校核。由型钢表查得：$I_z = 5\ 280\ \text{cm}^4$。

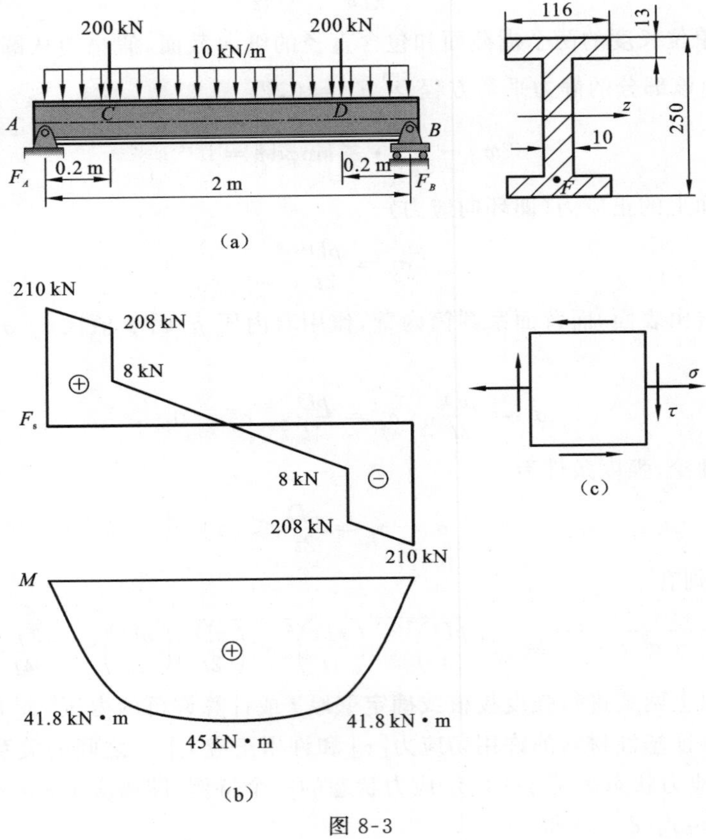

图 8-3

解 1) 绘制内力图。先利用静力平衡方程求出支座约束力，然后绘制 F_S、M 图，如图 8-3(b) 所示。

2) 主应力强度校核。由 F_S，M 图可见，截面 C(或 D) 的翼缘与腹板交界处各点(如 F 点)是危险点，其应力状态如图 8-3(c) 所示。

$$\sigma = \frac{My}{I_z} = \frac{41.8 \times 10^3 \times (12.5 - 1.3) \times 10^{-2}}{5\ 284 \times 10^{-8}} = 88.7\ \text{MPa}$$

$$\tau = \frac{F_S S_z^*}{I_z b} = \frac{208 \times 10^3}{5\ 280 \times 10^{-8} \times 0.01}\left[11.8 \times 1.3 \times \left(12.5 - \frac{1.3}{2}\right)\right] \times 10^{-6} = 71.6\ \text{MPa}$$

按第四强度理论

$$\sigma_{r4}=\sqrt{\sigma^2+3\tau^2}=\sqrt{(88.7)^2+3\times(71.6)^2}=152.5\ \text{MPa}<[\sigma]$$

可见，该梁满足主应力强度条件。

8.3　莫尔强度理论

除了以上4种常用的强度理论外，19世纪初，德国工程师莫尔考虑到某些材料拉伸与压缩强度不等的情况，将最大切应力理论加以推广，提出了莫尔强度理论。8.2节所介绍的4个强度理论中，均假设材料的破坏是由于某一因素达到某个极限值所引起的。与上述理论不同，莫尔强度理论是由综合实验结果建立的。

单向拉伸试验时，极限应力为屈服极限 σ_s 或强度极限 σ_b。在 σ-τ 平面内，以极限应力为直径作应力圆 OA，称为极限应力圆(图8-4)。同样，由单向压缩试验确定的极限应力圆为 OB。由纯剪切试验确定的极限应力圆是以 OC 为半径的圆。对任意的应力状态，设想3个主应力按比例增加，直至以屈服或断裂的形式破坏。这时，由3个主应力可确定3个应力圆(参看图7-9)。现在只作出3个应力圆中最大的一个，亦即由 σ_1 和 σ_3 确定的应力圆，如图8-4中的圆周 DE。按上述方式，在 σ-τ 坐标平面内得到一系列的极限应力圆。于是可以作出它们的包络线 FG 与 FG'。包络线当然与材料的性质有关，不同的材料包络线也不一样；但对同一材料则认为它是唯一的。

对一个已知的应力状态 $\sigma_1,\sigma_2,\sigma_3$，如果由 σ_1 和 σ_3 确定的应力圆与上述包络线相切或相交，则表明这一应力状态已达到破坏状态；如果由 σ_1 和 σ_3 确定的应力圆在上述包络线之内，则这一应力状态是安全的。

在实用中，为了利用有限的试验数据并便于计算，可近似地确定包络线，常以单向拉伸和压缩的两个极限应力圆的公切线代替包络线。如再除以安全因数，便得到图8-5所示情况。图中 $[\sigma]^+$ 和 $[\sigma]^-$ 分别为材料的抗拉和抗压许用应力。若由 σ_1 和 σ_3 确定的应力圆在公切线 MN 和 $M'N'$ 之内，则这样的应力状态是安全的。当应力圆与公切线相切时，便是许可状态的最高界限。这时从图8-5看出

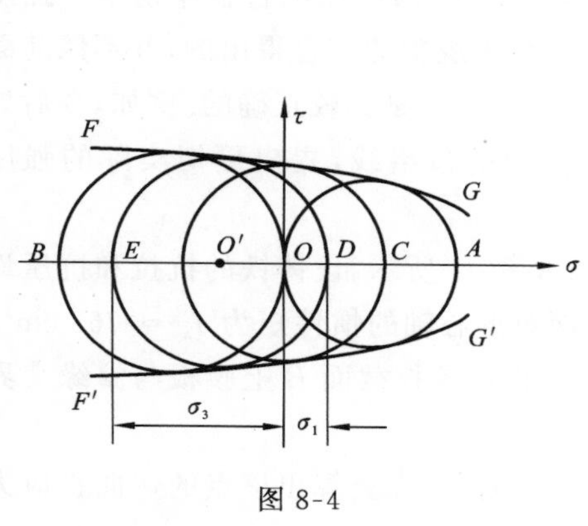

图 8-4

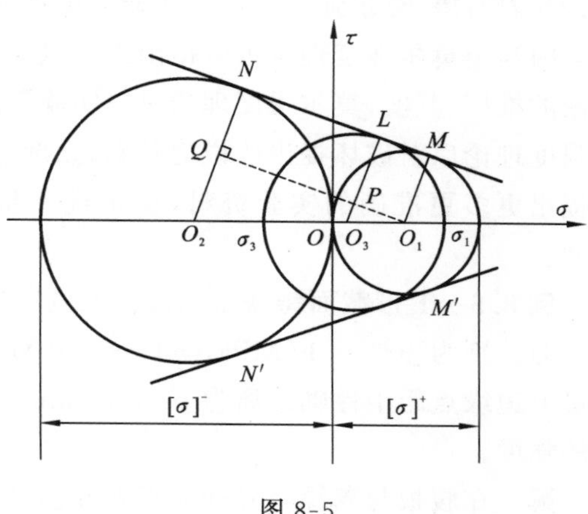

图 8-5

$$\frac{O_3P}{O_2Q}=\frac{O_1O_3}{O_1O_2} \tag{1}$$

由图知：

$$O_3P=O_3L-O_1M=\frac{\sigma_1-\sigma_3}{2}-\frac{[\sigma]^+}{2}$$

$$O_2Q=O_2N-O_1M=\frac{[\sigma]^-}{2}-\frac{[\sigma]^+}{2}$$

$$O_1O_3=O_1O-O_3O=\frac{[\sigma]^-}{2}-\frac{\sigma_1+\sigma_3}{2}$$

$$O_1O_2=O_1O+OO_2=\frac{[\sigma]^+}{2}+\frac{[\sigma]^-}{2}$$

将以上各式代入式(1)，经简化后得出

$$\sigma_1-\frac{[\sigma]^+}{[\sigma]^-}\sigma_3=[\sigma]^+ \tag{2}$$

对实际的应力状态来说，由 σ_1 和 σ_3 确定的应力圆应该在公切线之内。设想 σ_1 和 σ_3 要加大 k 倍后($k\geqslant 1$) 应力圆才与公切线相切，这时式 (b) 才成立，于是有

$$k\sigma_1-\frac{[\sigma]^+}{[\sigma]^-}k\sigma_3=[\sigma]^+$$

由于 $k\geqslant 1$，故得莫尔强度理论的强度条件为

$$\sigma_1-\frac{[\sigma]^+}{[\sigma]^-}\sigma_3\leqslant[\sigma]^+ \tag{8-7}$$

仿照式(8-5(b))，莫尔强度理论的相当应力写成

$$\sigma_{rM}=\sigma_1-\frac{[\sigma]^+}{[\sigma]^-}\sigma_3 \tag{3}$$

对抗拉和抗压强度相等的材料：$[\sigma]^+=[\sigma]^-$，式(8-7) 变为

$$\sigma_1-\sigma_3\leqslant[\sigma]$$

这也就是最大切应力理论的强度条件。可见，与最大切应力理论相比，莫尔强度理论考虑了材料抗拉和抗压强度不相等的情况。试验表明，对于抗拉强度与抗压强度不同的脆性材料，例如铸铁与岩石等，莫尔强度理论往往能给出较为满意的结果。

因为由莫尔强度理论可以得出第三强度理论的强度条件，所以往往把它看作是第三强度理论的推广。其实，莫尔强度理论是以实验资料为基础，经合乎逻辑的综合得出的，并不像前面的强度理论以对破坏提出假说为基础。无疑，莫尔强度理论的方法是比较正确的。例如，今后如能提出更多更准确的实验资料，就可进一步修正图 8-4 中的包络线，提出更切实际的强度条件。

例 8.5 T 形截面铸铁梁的载荷及其截面尺寸如图 8-6(a) 所示。设铸铁的抗拉和抗压许用应力分别为$[\sigma]^+=30\ \text{MPa}$，$[\sigma]^-=160\ \text{MPa}$。已知截面对形心轴的惯性矩为 $I_z=763\ \text{cm}^4$，且最上边缘点距中性轴距离为 $y=52\ \text{mm}$。试用莫尔强度理论校核截面 B 上腹板与翼缘交界处的强度。

解 在腹板与翼缘交界处取点 b 分析。校核 b 点的强度时，首先要算出该点的弯曲正应力和切应力。根据截面尺寸，求得

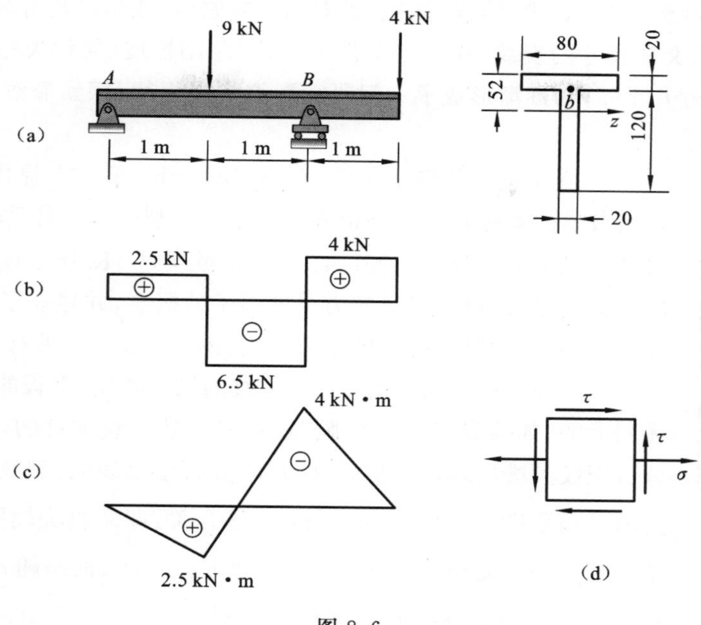

图 8-6

$$I_z = 763\ \text{cm}^4,\quad S_z^* = 67.2\ \text{cm}^3$$

由梁的剪力、弯矩图(图 8-6(b)、8-6(c))可见，B 处左侧截面为危险截面，该面上 b 点的应力状态如图 8-6(d) 所示，可计算其应力为

$$\sigma = \frac{My}{I_z} = \frac{4\times10^3\times(52-20)\times10^{-3}}{763\times10^{-8}} = 16.8\times10^6\ \text{Pa} = 16.8\ \text{MPa}$$

$$\tau = \frac{F_S S_z^*}{I_z b} = \frac{6.5\times10^3\times67.2\times10^{-6}}{763\times10^{-8}\times20\times10^{-3}} = 2.86\times10^6\ \text{Pa} = 2.86\ \text{MPa}$$

求出主应力为

$$\left.\begin{matrix}\sigma_1\\ \sigma_3\end{matrix}\right\} = \frac{\sigma}{2}\pm\sqrt{\left(\frac{\sigma}{2}\right)^2+\tau^2} = \frac{16.8}{2}\pm\sqrt{\left(\frac{16.8}{2}\right)^2+2.86^2} = \begin{cases}17.3\\ -0.47\end{cases}\text{MPa}$$

所以

$$\sigma_{rM} = \sigma_1 - \frac{[\sigma]^+}{[\sigma]^-}\sigma_3 = 17.3-\frac{30}{160}\times(-0.47) = 17.4\ \text{MPa} < [\sigma]^+ = 30\ \text{MPa}$$

所以满足莫尔强度理论的条件。

8.4　含裂纹的断裂问题

材料力学所研究的构件材料，应当符合均匀性与连续性假设，也就是说，构件内不应有裂纹等缺陷。但是近代工程中，高强度钢结构、焊接结构、大型锻件等使用日广。这些工程结构在使用过程中，有时会突然发生脆性断裂(简称脆断)，脆断时的应力有时还远低于屈服极限 σ_s。例如，20 世纪 50 年代美国北极星导弹固体燃料发动机壳，实验时突然爆炸就是这种情况。飞机、船舶、高压容器等的脆断现象也经常发生。对大量脆断事故的分析表明，或由材料组织本身

的原因,或由构件制造工艺(焊接、淬火、切削、锻打等)的原因,或由环境介质作用的原因等,往往在构件中形成宏观尺寸的裂纹。在一定条件下,裂纹急剧扩展(简称失稳扩展)就导致构件的脆断。因而最近几十年内,逐渐形成了一门研究裂纹扩展规律,探索裂纹对构件强度影响的学科,即断裂力学。

图 8-7

1920 年英国的格里菲思(A. A. Griffith)第一个提出了脆断理论,他指出玻璃的实际强度比理论强度低很多是裂纹引起的;实际强度 σ 与裂纹尺寸 a 的平方成反比。1957 年,美国的欧文(G. R. Irwin)对裂纹尖端附近的应力场进行分析,提出应力强度因子的概念,并建立了以应力强度因子为参量的裂纹扩展准则,即断裂准则。图 8-7 表示一带有裂纹的受拉平板。穿透平板厚度的裂纹长为 $2a$。与裂纹的尺寸相比,平板的长与宽可认为是无限大的。如假设直到发生脆断,材料仍然是线弹性的,就可用弹性力学分析裂纹尖端区域内的应力和位移。分析结果表明,裂纹尖端附近各点应力的强弱程度与一个等于 $\sigma\sqrt{\pi a}$ 的量有关。即裂纹尖端附近各点的应力,不是随平板所受拉应力 σ 成比例地增长或减少,而是随 $\sigma\sqrt{\pi a}$ 成比例地增长或减少。$\sigma\sqrt{\pi a}$ 称为应力强度因子(stress intensity factor),并记为 K_{I},即

$$K_{\mathrm{I}} = \sigma\sqrt{\pi a} \tag{8-8}$$

K_{I} 的单位为 $\mathrm{MPa \cdot m^{\frac{1}{2}}}$。

随着载荷的增加,应力强度因子 K_{I} 也逐渐增加。实验结果表明,当它达到某一临界值 K_{IC} 时,裂纹将发生失稳扩展,导致试样断裂。K_{IC} 称为临界应力强度因子,又称为断裂韧性。如同材料的屈服极限、强度极限一样,K_{IC} 也是材料固有的力学性能。确定了断裂韧性 K_{IC} 后,只要构件的应力强度因子 K_{I} 低于 K_{IC},构件就不会发生裂纹的失稳扩展。而出现裂纹失稳扩展的条件是

$$K_{\mathrm{I}} = K_{\mathrm{IC}} \tag{8-9}$$

这就是构件含裂纹时的断裂准则。

这里只是以最简单的方式介绍了含裂纹构件脆断的概念。进一步的讨论已超出材料力学的范围。可参考有关断裂力学的著作。

例 8.6 铝合金 2219—T851 的抗拉强度极限为 $\sigma_{\mathrm{b}} = 454\ \mathrm{MPa}$,断裂韧性 $K_{\mathrm{Ic}} = 32\ \mathrm{MPa \cdot m^{\frac{1}{2}}}$。合金钢 AISI4340 的 $\sigma_{\mathrm{b}} = 1\,827\ \mathrm{MPa}$,$K_{\mathrm{IC}} = 59\ \mathrm{MPa \cdot m^{\frac{1}{2}}}$。若由两种材料制成的尺寸相同的平板都有 $2a = 2\ \mathrm{mm}$ 的穿透裂纹,且设两种材料都可近似地作为线弹性材料,试求使裂纹失稳扩展的应力 σ_{u}。

解 根据式(8-8)和式(8-9),断裂准则可写成

$$K_{\mathrm{I}} = \sigma_{\mathrm{u}}\sqrt{\pi a} = K_{\mathrm{IC}}$$

则

$$\sigma_{\mathrm{u}} = \frac{K_{\mathrm{IC}}}{\sqrt{\pi a}}$$

对铝合金 2219—T 851: $$\sigma_{\mathrm{u}} = \frac{32\ \mathrm{MPa \cdot m^{\frac{1}{2}}}}{\sqrt{\pi(1 \times 10^{-3}\ \mathrm{m})}} = 571\ \mathrm{MPa}$$

对合金钢 AISI4340：　　$\sigma_u = \dfrac{59\ \text{MPa}\cdot\text{m}^{\frac{1}{2}}}{\sqrt{\pi(1\times10^{-3}\ \text{m})}} = 1\ 050\ \text{MPa}$

从以上结果看出，在所给裂纹尺寸下，铝合金 2219—T851 发生脆断时的应力 σ_u 略高于强度极限 σ_b。表明它在拉断之前不会因裂纹失稳扩展而脆断，σ_b 仍然是极限应力。这与传统的强度概念并不矛盾。相反，合金钢 AISI4340 脆断时的应力 σ_u 仅为 σ_b 的 57%。表明它在远未达到 σ_b 之前，就已因裂纹扩展而脆断。用传统的强度概念，无法解释拉应力仅为 σ_b 的 57% 时，就发生脆断的现象。还可看出，合金钢 AISI4340 虽然有很高的强度极限，但因受 K_{Ic} 的限制，在有裂纹的情况下，高强度的特性并不能充分发挥。相形之下，铝合金 2219—T851 的强度却得到了充分利用，况且它的比重又轻，对飞机等结构就更为适宜。

习　题

8-1　车轮与钢轨接触点处的主应力为 −800 MPa，−900 MPa，−1 100 MPa。若 $[\sigma] = 300$ MPa，试对接触点作强度校核。

8-2　炮筒横截面如题图 8-1 所示。在危险点处，$\sigma_t = 550$ MPa，$\sigma_r = -350$ MPa，第 3 个主应力垂直于图面，是拉应力，且其大小为 420 MPa。试按第三和第四强度理论，计算其相当应力。

8-3　已知脆性材料的许用拉应力 $[\sigma]^+$ 与泊松比 ν，试根据第一与第二强度理论确定该材料纯剪切时的许用切应力 $[\tau]$。

8-4　试比较题图 8-2 所示正方形棱柱体在下列两种情况下的相当应力 σ_{r3}，弹性常数 E 和 ν 均为已知。

(1) 棱柱体轴向受压；

(2) 棱柱体在刚性方模中轴向受压。

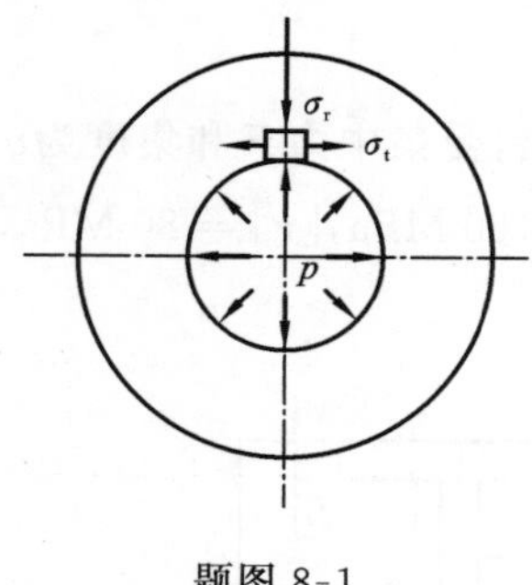

题图 8-1

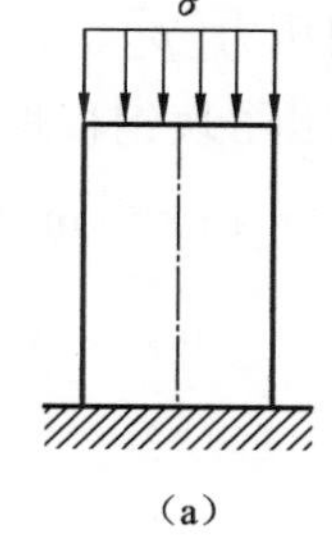

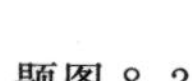

(a)　(b)

题图 8-2

8-5　试按第三和第四强度理论计算下列两组应力状态的相当应力。

(1) $\sigma_1 = 120$ MPa，$\sigma_2 = 100$ MPa，$\sigma_3 = 80$ MPa；

(2) $\sigma_1 = 120$ MPa，$\sigma_2 = -80$ MPa，$\sigma_3 = -100$ MPa。

8-6　如题图 8-3 所示，一受内压作用的薄壁容器，当承受最大内压力时，测得圆筒筒壁上任一点 A 的正应变 $\varepsilon_x = 1.88\times10^{-4}$，$\varepsilon_y = 7.99\times10^{-4}$，已知钢材的弹性模量 $E = 210$ GPa，泊松比 $\nu = 0.3$，$[\sigma] = 200$ MPa。试用第三强度理论对 A 点作强度校核。

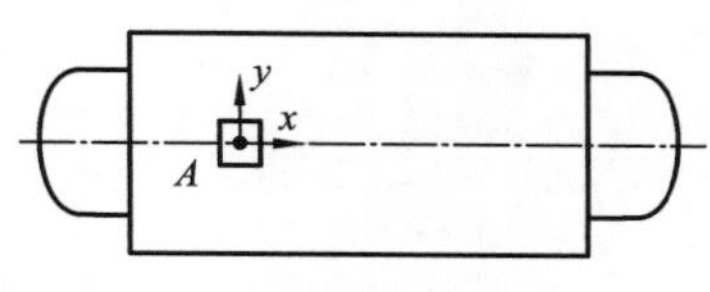

题图 8-3

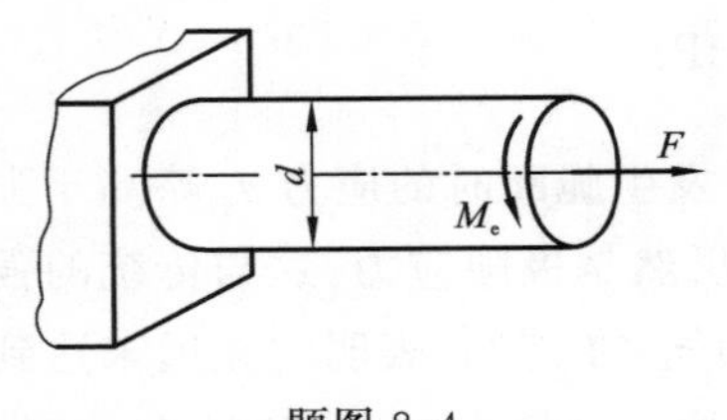

题图 8-4

8-7　圆截面杆受载如题图 8-4 所示。已知 $d = 10\ \text{mm}$，$M_e = \frac{1}{10}Fd$，试求以下两种情况下的许可载荷。

(1) 材料为钢，$[\sigma] = 160\ \text{MPa}$，用第三强度理论；

(2) 材料为铸铁，$[\sigma]^+ = 30\ \text{MPa}$，用第一强度理论。

8-8　设有单元体如题图 8-5 所示，已知材料的许用拉应力$[\sigma]^+ = 60\ \text{MPa}$，许用压应力$[\sigma]^- = 180\ \text{MPa}$。试按莫尔强度理论作强度校核。

8-9　如题图 8-6 所示，圆柱形铸铁容器的外径 $D = 220\ \text{mm}$，壁厚 $t = 10\ \text{mm}$，已知材料的 $\nu = 0.25$，$[\sigma]^+ = 40\ \text{MPa}$，$[\sigma]^- = 120\ \text{MPa}$。在下列几种情况下，试校核其强度。

(1) 只受内压 $p = 4\ \text{MPa}$；

(2) 除 p 外，容器两端还有轴向压力 $F = 100\ \text{kN}$；

(3) 除 p、F 外，两端还有扭转力偶 $M_e = 4\ \text{kN·m}$。

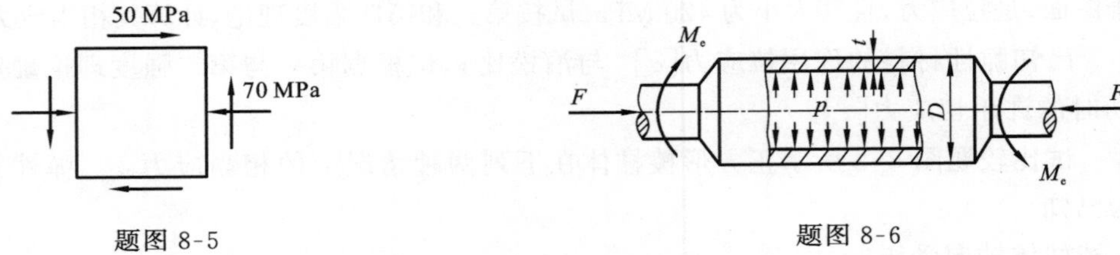

题图 8-5　　题图 8-6

8-10　一圆柱形气瓶，内径 $D = 200\ \text{mm}$，壁厚 $\delta = 8\ \text{mm}$，许用应力$[\sigma] = 200\ \text{MPa}$。试按第四强度理论确定气瓶的许用压力$[p]$。

8-11　题图 8-7 所示截面由 3 块钢板焊接而成的简支梁，受集中力 F 和集度为 q 的均布载荷作用。若已知 $F = 400\ \text{kN}$，$q = 40\ \text{kN/m}$，许用应力$[\sigma] = 160\ \text{MPa}$，$[\tau] = 80\ \text{MPa}$，试全面校核梁的强度。

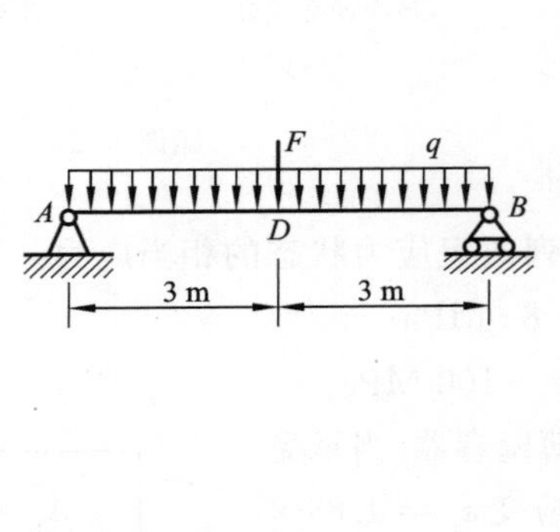

(a)

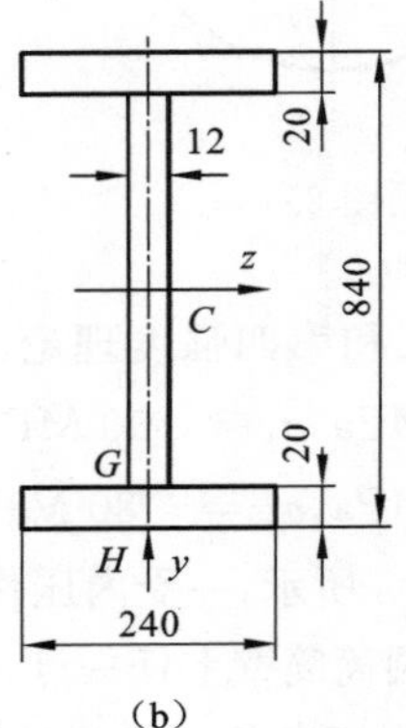

(b)

图 8-7

8-12　直杆 AB 与直径 $d = 40$ mm 的圆柱焊成一体，结构受力如题图 8-8 所示。试确定点 a 和点 b 的应力状态，并计算 σ_{r4}。

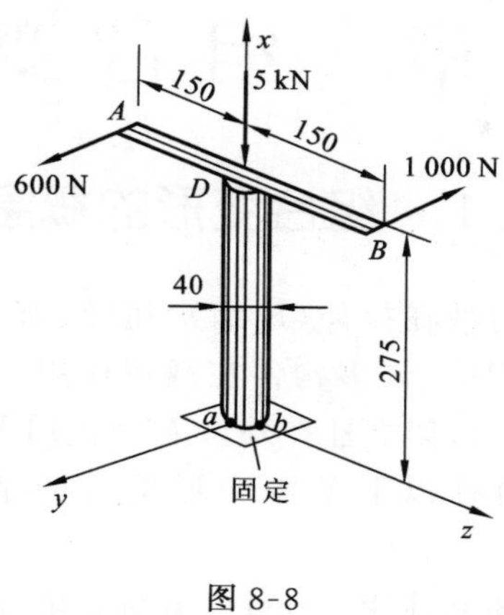

图 8-8

第9章　组合变形

9.1　组合变形的概念

前面各章已经分别讨论了构件在拉伸(压缩)、扭转、弯曲等基本变形形式下的强度和刚度计算问题。但是,在实际工程中,许多构件在载荷作用下,同时发生两种或两种以上的基本变形。例如图 9-1(a) 所示的机架立柱在外力 F 的作用下,将同时产生拉伸和弯曲变形(图 9-1(b))。这类由两种或两种以上基本变形组合的情况,称为组合变形(combined deformation)。

在求解组合变形问题时,通常将作用于杆件的载荷简化为一系列与其静力等效的载荷,使简化后的每一个等效的载荷各自对应着一种基本变形。例如,在上例中,把外力转化为对应着轴向拉伸的力 F_N 和对应着弯曲变形的力矩 M。在材料服从胡克定律和小变形前提下,力的独立作用原理通常是成立的,即每一个载荷所引起的变形和内力不受其他载荷的影响。这样,就可以应用叠加原理。即分别计算构件在每一种基本变形下的应力和变形,叠加后就得到构件在原载荷作用下的应力和变形。以确定构件的危险截面、危险点的位置及危险点的应力状态,并据此进行强度计算。在有些组合变形问题中,作用在杆件上的载荷很明显的可分为几组,而每一组载荷只产生一种基本变形。例如图 9-2 所示的烟囱,其自重产生轴向压缩变形,而风载荷产生弯曲变形,这时就不需要对载荷进行简化。

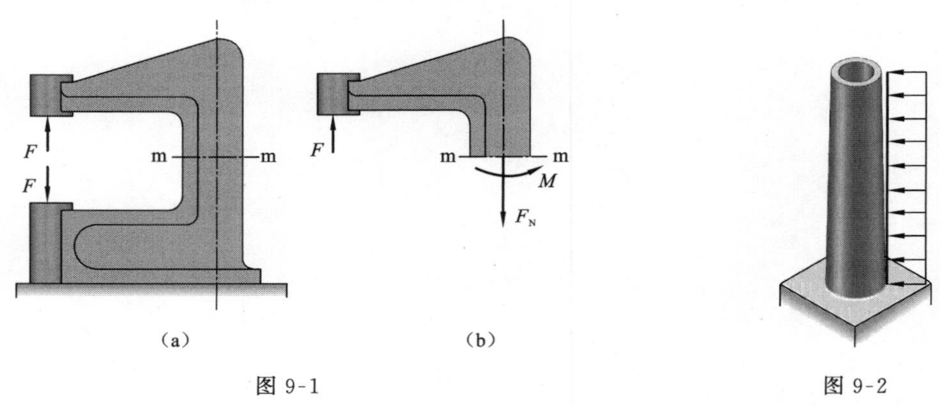

图 9-1　　图 9-2

根据力的独立作用原理和叠加原理,可以把求解组合变形强度问题的方法归纳如下:

(1) 外力分析,确定基本变形。分析在外力作用下,杆件会产生哪几种基本变形。对于复杂载荷的情况,通常把载荷向杆件轴线简化,将其转化成几个静力等效的简单载荷,使每一个简单载荷各自对应着一种基本变形。

(2) 内力分析,确定危险截面。研究在各种基本变形下杆件的内力并绘制内力图,从而确定危险截面。

(3) 应力分析,确定危险点。根据每种内力情况,分析危险面上的应力,确定危险点。

(4) 强度计算。根据危险点的应力状态和杆件材料的力学性能,选择合适的强度条件进行强度计算,求解强度计算的三类问题。

本章主要讨论斜弯曲、拉伸(压缩)与弯曲和弯曲与扭转等几种工程中常见的组合变形。至于其他形式的组合变形,也可应用同样的方法解决。

9.2 两相互垂直平面内的弯曲

在第4、第5章中曾经指出,当横向力作用于梁的纵向对称面内,或横向力通过弯曲中心并平行于形心主惯性平面时,梁变形后的轴线是一条位于外力所在平面内的平面曲线,称之为平面弯曲。

在工程实际中,有时会遇到双对称截面梁在水平和铅垂两纵向对称平面内同时承受横向外力作用的情况,如图9-3(a)所示,具有两个纵向对称面的悬臂梁。这时梁在力 F_y 和 F_z 的作用下,分别在铅垂纵向对称面(Oxy 面)和水平纵向对称面(Oxz 面)内同时发生平面弯曲变形。在这种情况下,梁变形后的轴线将不再位于外力作用平面内,这种弯曲变形也就不再称为平面弯曲。下面就分析该悬臂梁在两相互垂直平面内同时产生弯曲变形时的应力和变形。

9.2.1 正应力的计算

F_y,F_z 分别使梁在两个相互垂直的形心主惯性平面内发生平面弯曲,且分别以 z 轴和 y 轴为中性轴。

在梁的任一横截面(x 截面)上,由 F_y 和 F_z 引起的弯矩分别为

$$M_y = F_z(l - x), \quad M_z = F_y(l - a - x)$$

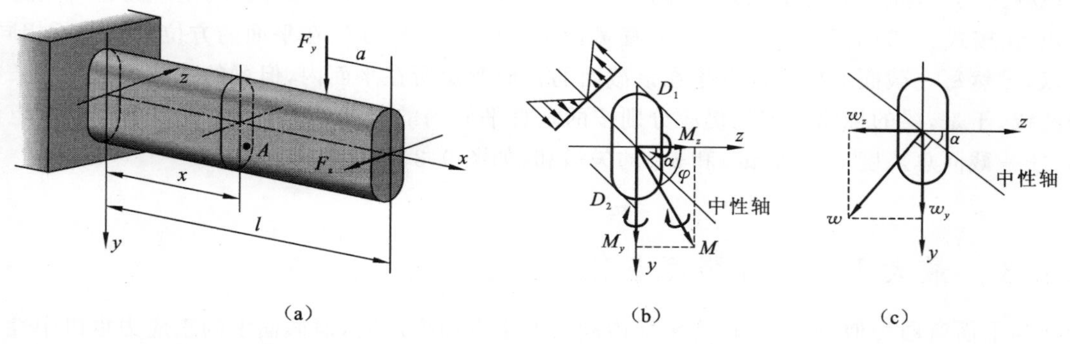

图 9-3

在 x 截面上任一点 $A(y,z)$ 处,与 M_z 和 M_y(即 F_y 和 F_z)相应的弯曲正应力分别为

$$\sigma' = -\frac{M_z y}{I_z}, \quad \sigma'' = \frac{M_y z}{I_y}$$

根据叠加原理,点 A 处由 F_y 和 F_z 共同作用引起的弯曲正应力则分别为

$$\sigma = \sigma' + \sigma'' = -\frac{M_z y}{I_z} + \frac{M_y z}{I_y} \tag{9-1}$$

式(9-1)就是梁在两相互垂直平面内同时产生弯曲变形时任一横截面上任一点的正应力计算公式。式中,I_y 和 I_z 分别是横截面对 y 轴和 z 轴的惯性矩;M_y 和 M_z 分别是位于水平和铅

垂对称面内的弯矩，且其矩矢方向分别与 y 轴和 z 轴的正向一致。在具体计算中，也可先不考虑弯矩 M_y，M_z 和坐标 y，z 的正负号，以其绝对值代入，然后根据梁在 F_y 和 F_z 分别作用下的变形情况和点的位置来判定 σ' 和 σ'' 的正负（拉应力记为正，压应力记为负），最后将 σ' 和 σ'' 的代数值相加，再根据 σ 的正负号判定其为拉应力还是压应力。

9.2.2　中性轴的位置

由于横截面上的最大正应力发生在离中性轴最远的点处，所以为了进行强度计算，需确定中性轴的位置。

由于中性轴上各点处的正应力都等于零，所以，如令 y_0，z_0 代表中性轴上任一点的坐标，则将 y_0，z_0 代入式(9-1) 后所得到的 σ 必等于零，即

$$-\frac{M_z}{I_z}y_0+\frac{M_y}{I_y}z_0=0 \tag{1}$$

显然，中性轴是一条通过坐标原点的直线。设它与 z 轴的夹角为 α（如图 9-3(b)），则

$$\tan\alpha=\frac{y_0}{z_0}=\frac{M_y}{M_z}\times\frac{I_z}{I_y}=\frac{I_z}{I_y}\tan\varphi \tag{2}$$

式中，角度 φ 是横截面上合成弯矩 $M=\sqrt{M_y^2+M_z^2}$ 的矢量与 z 轴间的夹角。由式(2) 可见，中性轴的位置并不依赖于力的大小，而只与合成弯矩和形心主惯性轴 y 的夹角 φ 以及截面的几何形状和尺寸有关。当 I_z，I_y 和角 φ 已知时，便可求出中性轴与 z 轴的夹角 α，从而确定中性轴的位置。

一般情况下，由于截面的 $I_y\neq I_z$，则 $\alpha\neq\varphi$，因而中性轴与合成弯矩 M 所在的平面并不相互垂直。而截面的挠度方向垂直于中性轴，所以挠曲线将不在合成弯矩所在的平面内。这种弯曲也称为“斜弯曲”。而对于正方形、圆形一类截面，$I_y=I_z$，有 $\alpha=\varphi$，因而，正应力也可用合成弯矩 M 按式(5-2) 计算。但，由于梁各横截面上的合成弯矩 M 所在平面的方位一般并不相同，所以，虽然每一截面的挠度都发生在该截面的合成弯矩所在平面内，但梁的挠曲线仍是一条空间曲线。于是，梁的挠曲线方程仍应分别按两垂直平面内的弯曲计算，不能直接用合成弯矩计算。任一截面总挠度 w 就是 w_y 和 w_z 的矢量和（如图 9-3(c)），其大小为

$$w=\sqrt{w_y^2+w_z^2}$$

9.2.3　最大正应力和强度条件

与平面弯曲类似，两相互垂直平面内同时产生弯曲变形时，横截面上的正应力也以中性轴为界，一侧为拉应力，另一侧为压应力，各点的正应力值与该点到中性轴的距离成正比，最大正应力位于距中性轴最远处。横截面上正应力的分布规律如图 9-3(b)。为此，在确定中性轴的位置以后，在中性轴两侧各作一条与中性轴平行且与截面周边相切的直线，则切点 D_1，D_2 即为离中性轴最远的点，也就是正应力最大的点（如图 9-3(b)）。将两点的坐标分别代入式(9-1)，即可求得横截面上的最大拉应力和最大压应力。

对于矩形、工字形等一类常用的截面，横截面周边具有棱角，其距中性轴最远的点必在角点处，如图 9-4 所示的 D_1 和 D_2 处。将 D_1 或 D_2 的坐标代入式(9-1) 即可求得最大拉应力和最大压应力。因此，对于横截面周边具有棱角的梁，可根据梁的变形情况，直接确定截面上最大拉应力和最大压应力点的位置，而无须定出中性轴位置。设材料的抗拉和抗压强度相等，则强度

条件为

$$\sigma_{\max} = \frac{M_{z\max}}{I_z}y_1 + \frac{M_{y\max}}{I_y}z_1 = \frac{M_{z\max}}{W_z} + \frac{M_{y\max}}{W_y} \leqslant [\sigma] \tag{9-2}$$

式中：I_z 和 I_y 分别是横截面对 z 轴和 y 轴的惯性矩，W_z 和 W_y 分别是横截面对 z 轴和 y 轴的抗弯截面模量，$M_{z\max}$ 和 $M_{y\max}$ 分别是 F_y 和 F_z 单独作用时引起的危险截面的弯矩。计算时，弯矩和坐标均取绝对值。

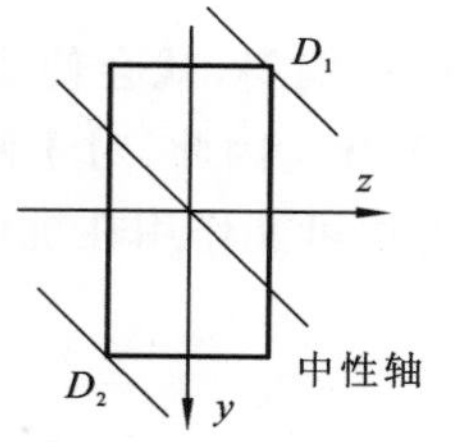

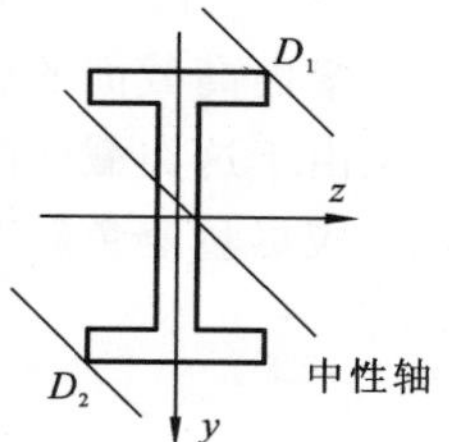

图 9-4

例 9.1　图 9-5(a) 所示简支梁由 28a 号工字钢制成，已知 $F = 25$ kN，$l = 4$ m，$\varphi = 15°$，材料的许用应力 $[\sigma] = 170$ MPa，试按正应力强度条件校核此梁。

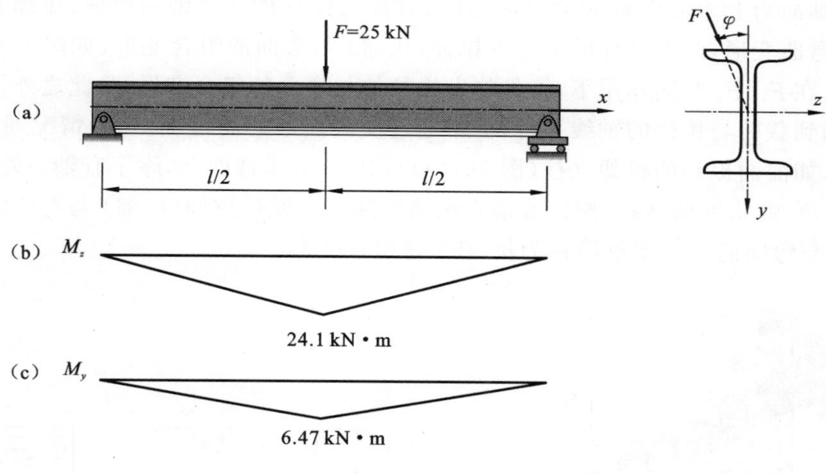

图 9-5

解　梁的危险截面在跨度中央。首先将集中力 F 沿 y 轴和 z 轴方向分解，得

$$F_y = F\cos\varphi = 25\cos 15° = 21.4 \text{ kN}$$

$$F_z = F\sin\varphi = 25\sin 15° = 6.47 \text{ kN}$$

在两个形心主惯性平面 xy 和 xz 内的弯矩图如图 9-5(b)、(c) 所示，其最大弯矩值分别为

$$M_{z\max} = \frac{F_y l}{4} = \frac{24.1 \times 4}{4} = 24.1 \text{ kN} \cdot \text{m}$$

$$M_{y\max} = \frac{F_z l}{4} = \frac{6.47 \times 4}{4} = 6.47 \text{ kN} \cdot \text{m}$$

查型钢表得 28a 号工字钢的抗弯截面模量 $W_z = 508 \text{ cm}^3$，$W_y = 56.6 \text{ cm}^3$，由式(9-2) 得

$$\sigma_{\max}=\frac{M_{z\max}}{W_z}+\frac{M_{y\max}}{W_y}=\frac{24.1\times10^3}{508\times(10^{-2})^3}+\frac{6.47\times10^3}{56.6\times(10^{-2})^3}$$
$$=(47.4+114.3)\times10^6=161.7\ \text{MPa}<[\sigma]$$

计算结果表明，此梁满足强度要求。

在此例中，若 $\varphi=0$，即 F 力与形心主惯性轴 y 重合，则梁的最大正应力

$$\sigma'_{\max}=\frac{M_{\max}}{W_z}=\frac{25\times10^3}{508\times(10^{-2})^3}=49.2\ \text{MPa}$$

由此可见，对于工字形这样窄而高截面的梁，如外力稍有偏斜，就会使梁的最大正应力显著增大。产生这种结果的原因是由于这类截面的 W_y 远小于 W_z。因此，对于两个形心主惯性轴的抗弯截面模量相差较大的梁，应尽量避免斜弯曲，即外力尽可能作用在抗弯截面模量较大的主惯性平面内。

9.3 拉伸(压缩)与弯曲的组合

前面研究过，当所有外力或其合力的作用线均沿杆件轴线时，杆产生轴向拉伸(压缩)变形；当所有外力均垂直于杆轴(横向力)时，杆产生弯曲变形。那么，当杆件上同时作用有沿着轴线方向的轴向力和垂直于轴线的横向力时，轴向力使杆件产生轴向拉伸(压缩)变形，横向力使杆产生弯曲变形，此时杆件的变形为拉伸(压缩)与弯曲的组合变形。如图 9-6(a) 所示的矩形截面杆，在 F_1，F_2 共同作用下，杆件将发生拉伸与弯曲的组合变形。除此之外，在工程实际中，还常常遇到载荷与构件的轴线平行，但不通过横截面形心的情况。这种情况通常称为偏心拉伸(压缩)，如前面提到的机架立柱(图 9-1(a))，其 m-m 横截面上，除了有轴力外还有弯矩产生(图 9-1(b))。由此可见，偏心拉伸或偏心压缩实际上也就是拉伸(压缩)与弯曲的组合变形。拉伸(压缩)与弯曲的组合变形简称为拉(压)弯组合变形。

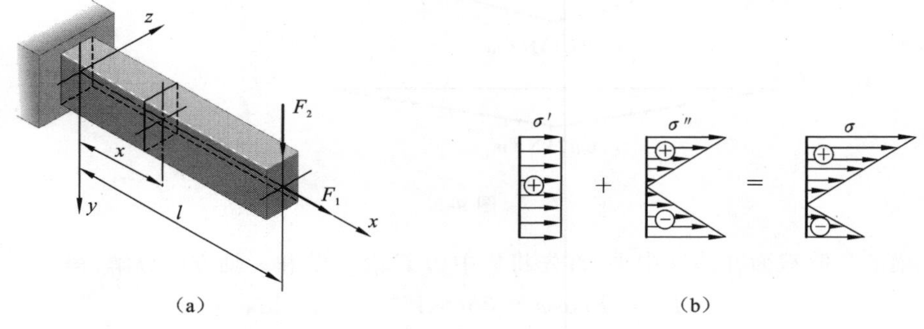

图 9-6

9.3.1 轴向力和横向力同时作用

现以图 9-6(a) 的矩形截面杆为例讨论构件上同时作用有轴向力和横向力时的强度计算问题。

轴向拉力 F_1 使杆产生轴向拉伸变形，各横截面的轴力相等，$F_N=F_1$。在横截面上，与轴力 F_N 对应的拉应力呈均匀分布，其值为

$$\sigma' = \frac{F_N}{A}$$

横向力 F_2 使杆发生平面弯曲变形，任一横截面的弯矩值 $M = F_2(l-x)$。与弯矩 M 对应的弯曲正应力呈线性分布，其值为

$$\sigma'' = \frac{My}{I_z}$$

假定杆的变形很小，应用叠加原理，则该截面上任一点的正应力为

$$\sigma = \sigma' + \sigma'' = \frac{F_N}{A} + \frac{My}{I_z}$$

σ'，σ'' 以及两者叠加后的正应力 σ 沿截面高度的分布情况如图 9-6(b) 所示。

由于固定端截面的弯矩最大，故该截面为危险截面。截面上边缘和下边缘各点分别有最大拉应力和最大压应力。对于抗拉、抗压强度不等的材料，可分别列出强度条件如下：

$$\begin{cases} \sigma_{\max}^{+} = \dfrac{F_N}{A} + \dfrac{M_{\max}}{W_z} \leqslant [\sigma]^{+} \\ \sigma_{\max}^{-} = \left| \dfrac{F_N}{A} - \dfrac{M_{\max}}{W_z} \right| \leqslant [\sigma]^{-} \end{cases} \tag{9-3}$$

必须指出，在应用式(9-3) 进行强度计算时，弯矩 M 取绝对值，而轴力 F_N 则根据拉为正、压为负的规定取代数值。建议进行危险点的应力分析时，先绘出弯矩 M 及轴力 F_N 作用下的应力分布图，再进行叠加，这样力学概念清楚，符号问题自然也清楚了。此外，对拉(压) 弯组合变形杆件进行应力分析时，通常忽略了弯曲切应力，所以横截面上只有正应力，各点均处于单向应力状态，从而可使问题得到简化。

例 9.2　最大吊重 $F = 20$ kN 的简易吊车如图 9-7(a) 所示。AB 为工字梁，材料为 Q235 钢，许用应力$[\sigma] = 100$ MPa，试选择工字梁的型号。

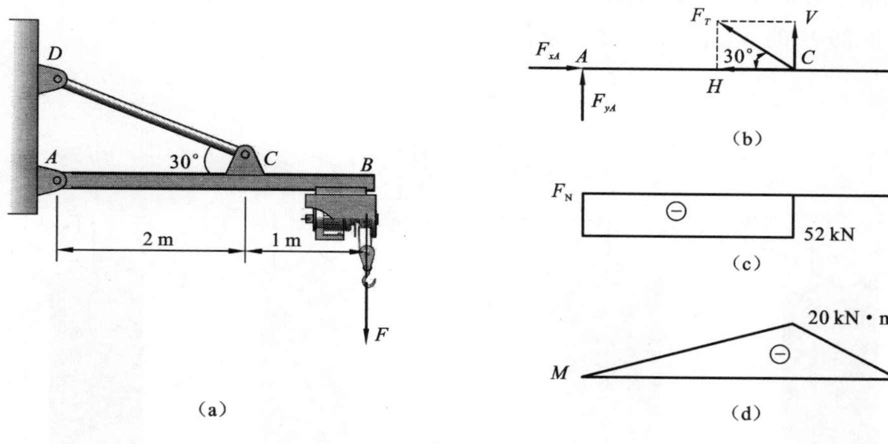

图 9-7

解　取横梁 AB 为研究对象。由 $\sum M_A = 0$，求出 CD 杆的拉力 F_T

$$F_T \sin 30° \times 2 - F \times 3 = 0$$

$$F_T = 3F = 3 \times 20 = 60 \text{ kN}$$

拉力 F_T 在水平和铅垂方向的分量为

$$H = F_T\cos 30^\circ = 60 \times \frac{\sqrt{3}}{2} = 52\ \text{kN}$$

$$V = F_T\sin 30^\circ = 60 \times \frac{1}{2} = 30\ \text{kN}$$

AB 杆在 AC 段内产生压缩与弯曲的组合变形。作 AB 杆的轴力图和弯矩图，分别如图 9-7(c)、(d) 所示。危险截面在 C 截面的左侧。选择工字梁截面时，可暂不考虑轴力 F_N 的影响，只根据弯曲强度条件进行初选。这时

$$W_z \geqslant \frac{M_{max}}{[\sigma]} = \frac{20 \times 10^3}{100 \times 10^6} = 2 \times 10^{-4}\ \text{m}^3 = 200\ \text{cm}^3$$

查型钢表，选取 20a 号工字梁，查得 $W_z = 237\ \text{cm}^3$，$A = 35.5\ \text{cm}^2$。初选后再考虑轴力 F_N 和弯矩 M 的同时作用，进行强度校核：

$$\sigma_{max}^- = \left|\frac{F_N}{A} - \frac{M_{max}}{W_z}\right| = \frac{52 \times 10^3}{35.5 \times 10^{-4}} + \frac{20 \times 10^3}{237 \times 10^{-6}} = 99\ \text{MPa} < [\sigma]$$

计算结果表明，初选的 20a 号工字梁合用，无需另行选择。

9.3.2 偏心拉伸(压缩)

为了说明这类问题的计算方法，这里讨论横截面具有两条对称轴的直杆承受偏心力时的强度计算问题。首先将偏心力 F 向杆的截面形心简化，得到一个过截面形心的轴向力 $F_N = F$ 和一个矩为 $M = Fe$ 的附加力偶，其中，e 是偏心力 F 的作用线与杆轴线之间的距离。F_N 使杆产生轴向拉(压) 变形，M 使杆产生弯曲变形，可见偏心拉伸(压缩) 实际上也就是拉(压) 弯组合变形。

如果偏心力 F 的作用点在杆的一对称轴上(如图 9-8(a))，则 M 在杆的一形心主惯性平面内。此时式(9-3) 中的 $M_{max} = M$，强度条件为

$$\begin{cases} \sigma_{max}^+ = \dfrac{F_N}{A} + \dfrac{M}{W} \leqslant [\sigma]^+ \\ \sigma_{max}^- = \left|\dfrac{F_N}{A} - \dfrac{M}{W}\right| \leqslant [\sigma]^- \end{cases} \tag{9-4a}$$

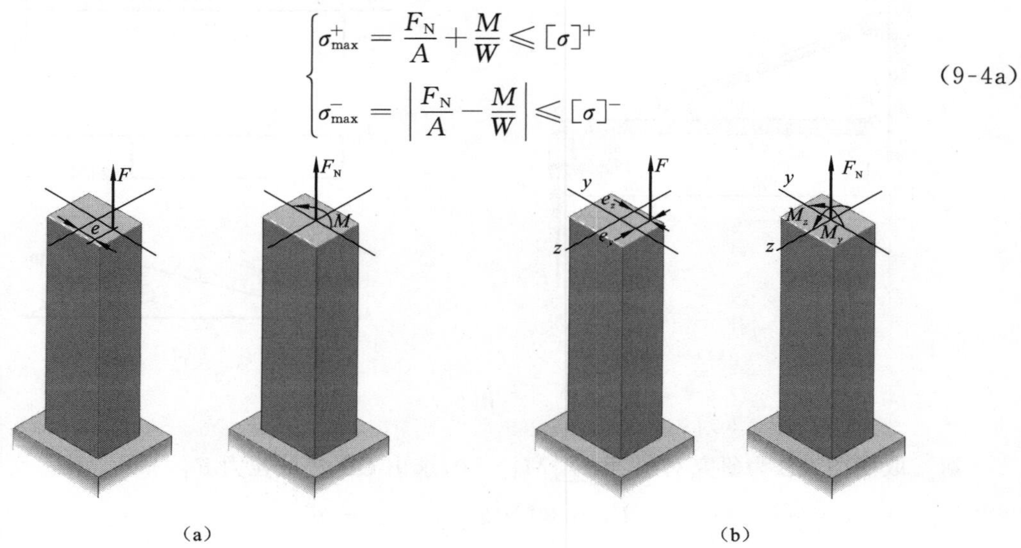

图 9-8

如果偏心力 F 的作用点不在杆的任一对称轴上（如图 9-8(b)），则需将 M 分解为 M_y，M_z，按下式进行计算

$$\begin{cases}\sigma_{\max}^{+} = \dfrac{F_N}{A} + \dfrac{M_y}{W_y} + \dfrac{M_z}{W_z} \leqslant [\sigma]^{+} \\ \sigma_{\max}^{-} = \left|\dfrac{F_N}{A} - \dfrac{M_y}{W_y} - \dfrac{M_z}{W_z}\right| \leqslant [\sigma]^{-}\end{cases} \tag{9-4b}$$

式(9-4a、b) 中，轴力 F_N 取代数值，弯矩均取绝对值代入计算。

例 9.3　如图 9-9(a) 所示为钻床结构及其受力简图。钻床立柱为空心铸铁管，管的外直径为 $D = 140$ mm，内、外直径之比 $d/D = 0.75$。铸铁的拉伸许用应力 $[\sigma]^{+} = 35$ MPa，压缩许用应力 $[\sigma]^{-} = 90$ MPa。钻孔时钻头和工作台面的受力如图所示，其中 $F = 15$ kN，力 F 作用线与立柱轴线之间的距离（偏心距）$e = 400$ mm。试校核立柱的强度是否安全。

解　1）确定立柱横截面上的内力分量。

用假想截面 m-m 将立柱截开，以截开的上半部分为研究对象，如图 9-9(b) 所示。由平衡条件得截面上的轴力和弯矩分别为

$$F_N = F = 15\ \text{kN}$$

$$M_z = Fe = 15 \times 10^3 \times 400 \times 10^{-3} = 6 \times 10^3\ \text{N} \cdot \text{m}$$

2）计算最大应力并进行强度校核。

立柱在偏心力 F 作用下产生拉伸与弯曲组合变形。因为，立柱内所有横截面上的轴力和弯矩都是相同的，所以，所有横截面的危险程度也是相同的。

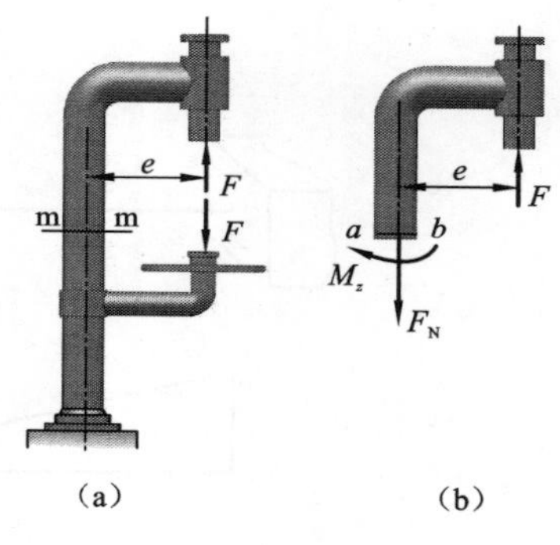

图 9-9

根据图 9-9(b) 所示横截面上轴力 F_N 和弯矩 M_z 的实际方向可知，横截面上左、右两侧 a 点和 b 点分别承受最大压应力和最大拉应力，其值分别为

$$\sigma_{\max}^{+} = \frac{F_N}{A} + \frac{M_z}{W_z} = \frac{F_N}{\dfrac{\pi(D^2 - d^2)}{4}} + \frac{M_z}{\dfrac{\pi D^3(1-\alpha^4)}{32}}$$

$$= \frac{4 \times 15 \times 10^3}{\pi[(140 \times 10^{-3})^2 - (0.75 \times 140 \times 10^{-3})^2]} + \frac{32 \times 6 \times 10^3}{\pi \times (140 \times 10^{-3})^3 \times (1 - 0.75^4)}$$

$$= 34.84 \times 10^6\ \text{Pa} = 34.84\ \text{MPa} < [\sigma]^{+} = 35\ \text{MPa}$$

$$\sigma_{\max}^{-} = \left|\frac{F_N}{A} - \frac{M_z}{W_z}\right| = \left|\frac{F_N}{\dfrac{\pi(D^2 - d^2)}{4}} - \frac{M_z}{\dfrac{\pi D^3(1-\alpha^4)}{32}}\right|$$

$$= \left|\frac{4 \times 15 \times 10^3}{\pi[(140 \times 10^{-3})^2 - (0.75 \times 140 \times 10^{-3})^2]} - \frac{32 \times 6 \times 10^3}{\pi \times (140 \times 10^{-3})^3 \times (1 - 0.75^4)}\right|$$

$$= 30.38 \times 10^6\ \text{Pa} = 30.38\ \text{MPa} < [\sigma]^{-} = 90\ \text{MPa}$$

两者的数值都小于各自的许用应力值。这表明立柱的拉伸和压缩的强度都是安全的。

9.4 弯曲与扭转的组合

弯曲与扭转的组合变形是机械工程中最常见，也是最为重要的一种组合变形，如机床主轴、齿轮轴在工作时均发生弯曲和扭转组合变形。现以处于水平位置的圆截面直角曲拐轴的 AB 段(图 9-10(a))为例，说明弯曲与扭转组合变形时的强度计算方法。

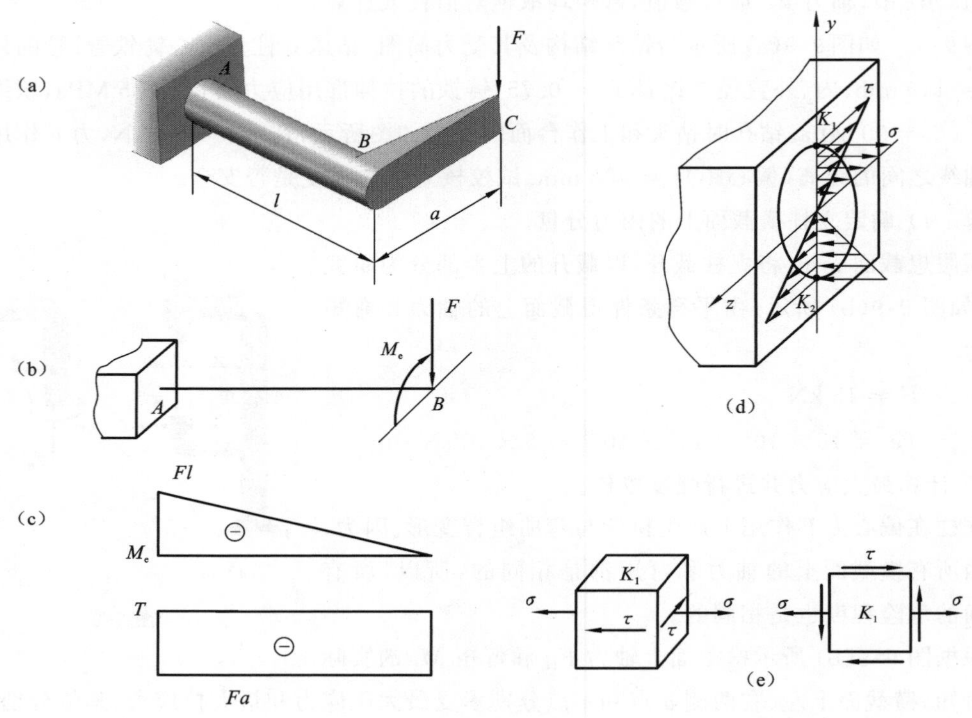

图 9-10

首先将力 F 向 AB 杆右端截面形心 B 简化，得一作用于杆端的横向力 F 和作用于横截面内的力偶 $M_e = Fa$(如图 9-10(b))。

作 AB 段的弯矩和扭矩图(图 9-10(c))，可知 A 端为危险截面，且该截面上的弯矩、扭矩值(均取绝对值) 分别为

$$M = Fl, \quad T = Fa$$

忽略弯曲切应力，则沿危险截面上、下边缘两点 K_1，K_2 的连线，应力分布如图 9-10(d) 所示。由该图可看出，K_1 点和 K_2 点处的弯曲正应力和扭转切应力均为最大值，故都是危险点。最大弯曲正应力和最大扭转切应力分别为

$$\sigma = \frac{M}{W_z} \tag{1}$$

$$\tau = \frac{T}{W_t} \tag{2}$$

从 K_1 点取出一单元体，单元体各面上的应力分量如图 9-10(e) 所示。由于 K_1 点处于二向应力状态，所以应按强度理论建立强度条件。

若构件系塑性材料制成,则可选用第三或第四强度理论进行强度计算。应用式(8-6a),按第三强度理论的强度条件为

$$\sigma_{r3}=\sqrt{\sigma^2+4\tau^2}\leqslant[\sigma]$$

将式(1)、式(2)代入,并注意到圆截面的 $W_t=2W_z$,得到强度条件为

$$\sigma_{r3}=\frac{M_{r3}}{W_z}=\frac{\sqrt{M^2+T^2}}{W_z}\leqslant[\sigma] \tag{9-5a}$$

式中:$M_{r3}=\sqrt{M^2+T^2}$ 为第三强度理论的相当弯矩。

同理,对于第四强度理论而言,应用式(8-6b),相应的强度条件为

$$\sigma_{r4}=\frac{M_{r4}}{W_z}=\frac{\sqrt{M^2+0.75T^2}}{W_z}\leqslant[\sigma] \tag{9-5b}$$

式中:$M_{r4}=\sqrt{M^2+0.75T^2}$ 为第四强度理论的相当弯矩。

式(9-5a)和(9-5b)也适用于弯曲扭转组合的空心圆轴,但不适用于非圆截面杆。因后者没有 $W_t=2W_z$ 的关系。同时,对于拉(压)、弯、扭组合作用的圆轴,上述二式也不再适用,但仍可应用公式(8-6a)、(8-6b)进行强度计算,只需注意式中的 σ 为危险点处的拉伸(压缩)正应力和弯曲正应力之和即可。

例 9.4 如图 9-11 所示之圆杆 BC,左端固定,右端与刚性杆 AB 固结在一起。刚性杆的 A 端作用有平行于 y 坐标轴的力 F。若已知 $F=5$ kN,$a=300$ mm,$b=500$ mm,材料为 Q235 钢,许用应力 $[\sigma]=140$ MPa。试分别用第三和第四强度理论,设计圆杆 BC 的直径 d。

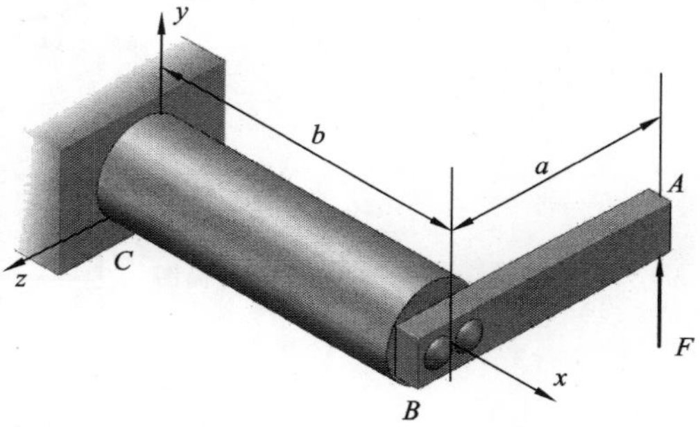

图 9-11

解 1) 将外力向轴线简化。将外力 F 向 BC 杆的 B 端简化,得到一个向上的力和一个绕 x 轴转动的力偶,其值分别为

$$F=5\ \text{kN}$$
$$M_e=Fa=5\times10^3\times300\times10^{-3}=1\,500\ \text{N}\cdot\text{m}$$

2) 确定危险截面以及其上的内力分量。

BC 杆相当于一端固定的悬臂梁,在自由端承受集中力和扭转力偶的作用,同时发生弯曲和扭转变形。固定端处的横截面为危险截面,危险面上的扭矩和弯矩的数值分别为

弯矩: $M_C=Fb=5\times10^3\times500\times10^{-3}=2\,500\ \text{N}\cdot\text{m}$,

扭矩: $T_C=M_e=Fa=5\times10^3\times300\times10^{-3}=1\,500\ \text{N}\cdot\text{m}$

3) 应用第三和第四强度理论设计 BC 杆的直径。由式(9-5a)知

$$\sigma_{r3}=\frac{M_{r3}}{W_z}=\frac{\sqrt{M^2+T^2}}{W_z}=\frac{\sqrt{M_C^2+T_C^2}}{\frac{\pi d^3}{32}}\leqslant[\sigma]$$

即

$$d\geqslant\sqrt[3]{\frac{32\sqrt{M_C^2+T_C^2}}{\pi[\sigma]}}=\sqrt[3]{\frac{32\sqrt{2\,500^2+1\,500^2}}{\pi\times140\times10^6}}=5.96\times10^{-2}\ \text{m}=59.6\ \text{mm}$$

可取 $d=60$ mm。

同理,由式(9-5b)知

$$\sigma_{r4}=\frac{M_{r4}}{W_z}=\frac{\sqrt{M^2+0.75T^2}}{W_z}=\frac{\sqrt{M_C^2+0.75T_C^2}}{\frac{\pi d^3}{32}}\leqslant[\sigma]$$

即
$$d\geqslant\sqrt[3]{\frac{32\sqrt{M_C^2+0.75T_C^2}}{\pi[\sigma]}}=\sqrt[3]{\frac{32\sqrt{2\,500^2+0.75\times1\,500^2}}{\pi\times140\times10^6}}$$
$$=5.90\times10^{-2}\ \text{m}=59.0\ \text{mm}$$

可取 $d=59\ \text{mm}$。

例 9.5 一皮带传动如图 9-12(a) 所示，主动轮的半径 $R_1=30\ \text{cm}$，重量 $Q_1=250\ \text{N}$，主动轮皮带与 z 轴平行。由电动机传来的功率 $P_K=13.5\ \text{kW}$。被动轮半径 $R_2=20\ \text{cm}$，重量 $Q_2=150\ \text{N}$，被动轮上皮带与 y 方向平行。轴的转速 $n=240\ \text{r/min}$，材料的许用应力$[\sigma]=80\ \text{MPa}$，试按第三强度理论设计轴的直径 d。

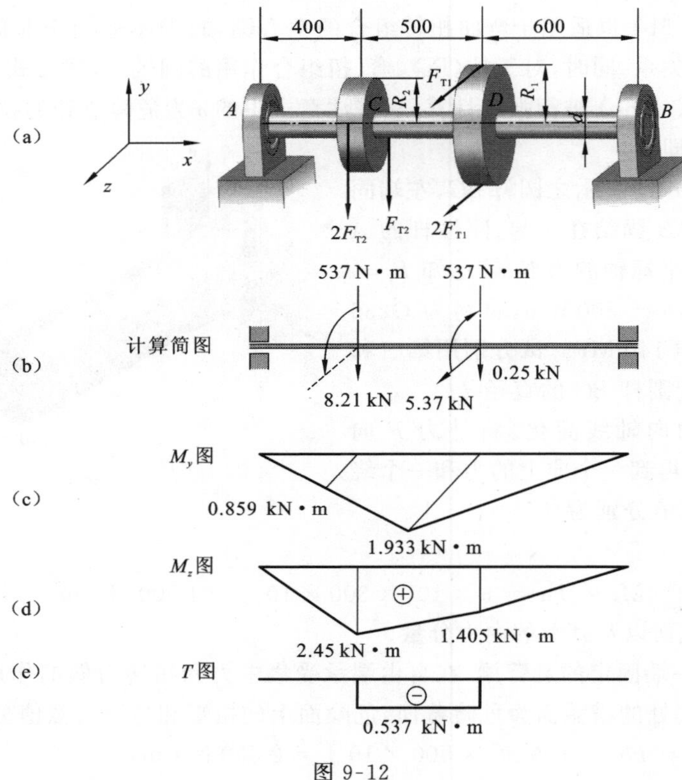

图 9-12

解 1) 受力分析 轴上外力偶矩为

$$M_e=9\,549\frac{P_K}{n}=9\,549\times\frac{13.5}{240}=537\ \text{N}\cdot\text{m}$$

主动轮 D 上的皮带张力 F_{T1} 可由下式计算

$$M_e=(2F_{T1}-F_{T1})R_1=F_{T1}R_1$$

即
$$F_{T1}=\frac{M_e}{R_1}=\frac{537}{0.3}=1\,790\ \text{N}$$

同理，被动轮 C 上皮带张力 F_{T2} 为

$$F_{T2}=\frac{M_e}{R_2}=\frac{537}{0.2}=2\ 685\ \mathrm{N}$$

两皮带轮上张力之和各为

$$3F_{T1}=3\times 1\ 790=5\ 370\ \mathrm{N}$$

$$3F_{T2}=3\times 2\ 685=8\ 055\ \mathrm{N}$$

作用在 C 轮垂直方向的外力合力为

$$3F_{T2}+Q_2=8\ 055+150=8\ 205\ \mathrm{N}=8.21\ \mathrm{kN}$$

将各轮的皮带张力向轴线简化后，得轴的计算简图如图 9-12(b) 所示。

2) 画内力图。根据计算简图可分别作出水平面(xz 面) 和垂直面(xy 面) 内的弯矩图如图 9-12(c)、(d) 所示，图 9-12(e) 为轴的扭矩图。因为圆截面杆不会发生斜弯曲，因而可把 M_y 及 M_z 按矢量合成的方法，求出合成弯矩 $M=\sqrt{M_y^2+M_z^2}$。计算可得 C,D 截面处的合成弯矩 M_C，M_D 为

$$M_C=\sqrt{0.859^2+2.45^2}=2.60\ \mathrm{kN\cdot m}$$

$$M_D=\sqrt{1.933^2+1.405^2}=2.39\ \mathrm{kN\cdot m}$$

可见，危险截面在 C 轮处，其扭矩为 $T=0.537\ \mathrm{kN\cdot m}$。

3) 计算轴的直径。由第三强度理论的强度条件 $\sigma_{r3}=\dfrac{\sqrt{M^2+T^2}}{W_z}\leqslant[\sigma]$，有

$$\frac{\sqrt{2.60^2+0.537^2}\times 10^3\times 32}{\pi d^3}\leqslant 80\times 10^6$$

解得 $d\geqslant 69.7\ \mathrm{mm}$；可取 $d=70\ \mathrm{mm}$。

9.5　组合变形的普遍情况

前面讲了两相互垂直平面内的弯曲、拉(压) 弯及弯扭组合变形等 3 种情况下杆任意横截面上应力的计算问题，下面讨论杆在任意载荷作用下变形时的有关计算，并称为组合变形的普遍情况。

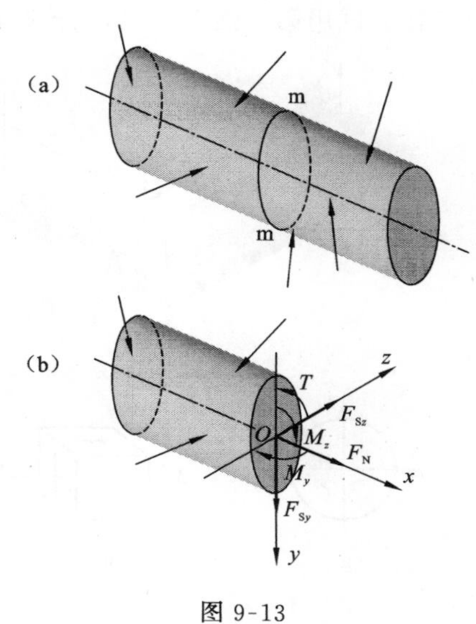

图 9-13

如图 9-13(a) 所示，等直杆受任意载荷作用。为了研究杆件任意截面上的应力，可先用截面法求出该截面上的内力分量，再根据各内力分量对应的变形，讨论计算该截面上的应力分布情况。例如，研究杆件任意截面 m-m 上的应力时，假想沿该截面将杆件一分为二，并考察左段平衡(如图 9-13(b))。取截面形心为坐标原点，建立坐标系。作用于左段上的外载荷与截面 m-m 上的内力系组成空间平衡力系。利用空间任意力系的 6 个平衡方程，可得到截面 m-m 上的 6 个内力分量 F_N，F_{Sy}，

F_{Sz}，T，M_y，M_z。它们与左段上外载荷之间的关系是

$$\sum F_x + F_N = 0,\quad \sum F_y + F_{Sy} = 0,\quad \sum F_z + F_{Sz} = 0$$

$$\sum M_x + T = 0,\quad \sum M_y + M_y = 0,\quad \sum M_z + M_z = 0$$

式中：$\sum F_x$，$\sum F_y$ 和 $\sum F_z$ 分别表示外载荷在 3 个坐标轴上投影的代数和；$\sum M_x$，$\sum M_y$ 和 $\sum M_z$ 分别表示外载荷对 3 个坐标轴取矩的代数和。

6 个内力分量中，F_N 为轴力，对应着轴向拉伸(压缩) 变形，与其对应的正应力按第 2 章方法计算。F_{Sy} 和 F_{Sz} 为剪力，分别对应着 xy 和 xz 平面内的剪切变形，相应的切应力按第 5 章弯曲切应力公式计算。T 为扭矩，对应着扭转变形，相应的切应力按第 3 章扭转切应力公式计算。M_y 和 M_z 为弯矩，分别对应着 xz 和 xy 平面内的弯曲变形，相应的弯曲正应力按第 5 章弯曲正应力公式计算。

叠加上述各内力分量对应的应力，即为组合变形情况下的应力。其中各正应力可按代数量相加，而切应力应按矢量相加。

与横力弯曲的强度计算相似，以上求出的各种应力中，一般来说与剪力 F_{Sy} 和 F_{Sz} 对应的切应力是次要的，往往可以略去不计。

在上述 6 个内力分量中，如有某些分量等于零，就可得到前面各节所讨论的某一种组合变形。例如，当 $T = 0$，$F_N = 0$ 时，杆件将在两个形心主惯性平面 xy 和 xz 内同时产生弯曲变形，即为 9.2 节中的两相互垂直平面内的弯曲变形。当 $T = 0$ 时，杆件变形为 9.3 节中的拉(压) 弯组合变形。当 $F_N = 0$ 时，杆件变形为 9.4 节中的弯扭组合变形。

例 9.6 如图 9-14(a) 所示，直径为 d 的圆杆 BC 左端固定，右端与刚性杆 AB 固结在一起。刚性杆的 A 端作用有平行于 x 坐标轴的力 F_1 和平行于 y 坐标轴的力 F_2。若已知 $F_1 = 5\ \text{kN}$，$F_2 = 3\ \text{kN}$，$d = 60\ \text{mm}$，$a = 300\ \text{mm}$，$b = 500\ \text{mm}$，材料为 Q235 钢，许用应力 $[\sigma] = 140\ \text{MPa}$。试用第三强度理论，校核圆杆 BC 的强度。

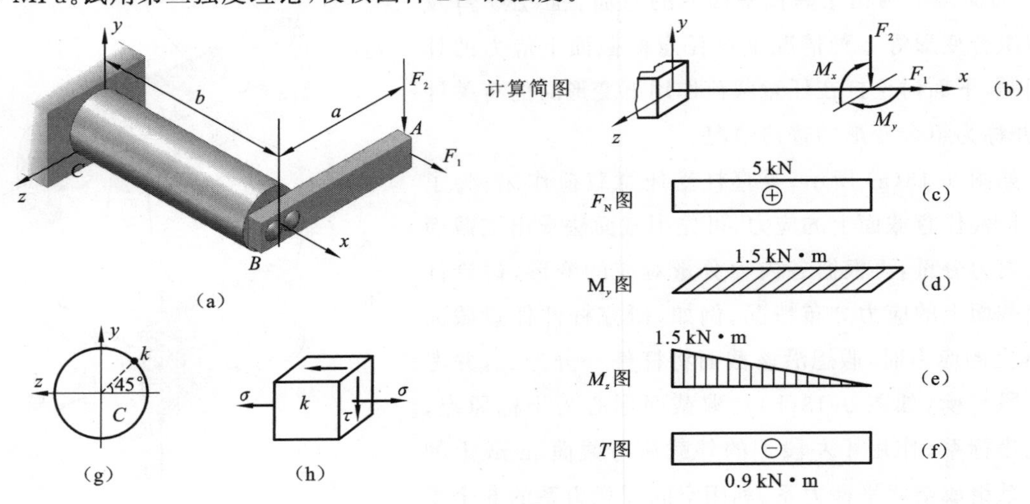

图 9-14

解　1）将外力向轴线简化。将力 F_1 和 F_2 向 BC 杆的 B 端简化，得到 BC 杆的计算简图（如图 9-14(b)），其中

$$M_x = F_2 \cdot a = 0.9\ \text{kN} \cdot \text{m}$$

$$M_y = F_1 \cdot a = 1.5\ \text{kN} \cdot \text{m}$$

2）确定危险截面及其上的内力分量。

BC 杆相当于一端固定的悬臂梁，在自由端有轴向力 F_1、横向力 F_2 和两个方向的集中力偶 M_x、M_y 的共同作用。可知杆发生拉伸、弯曲和扭转组合变形，对应内力图如图 9-14(c)、(d)、(e)、(f) 所示。固定端 C 面为危险截面，危险面上的内力分量分别为

轴力：$F_N = F_1 = 5\ \text{kN}$

弯矩：$M_{Cy} = M_y = 1.5\ \text{kN} \cdot \text{m}$，$M_{Cz} = F_2 \times b = 1.5\ \text{kN} \cdot \text{m}$

扭矩：$T = M_x = 0.9\ \text{kN} \cdot \text{m}$

可判断固定端 C 面上 k 点为危险点（如图 9-14(g) 示），危险点应力状态图如图 9-14(h) 所示。其中

$$\sigma = \frac{F_N}{A} + \frac{M}{W} = \frac{4F_N}{\pi d^2} + \frac{32\sqrt{M_{Cy}^2 + M_{Cz}^2}}{\pi d^3}$$

$$= \frac{4 \times 5 \times 10^3}{3.14 \times 60^2 \times 10^{-6}} + \frac{32\sqrt{1.5^2 + 1.5^2} \times 10^3}{3.14 \times 60^3 \times 10^{-9}} = 101.84\ \text{MPa}$$

$$\tau = \frac{T}{W_t} = \frac{16T}{\pi d^3} = \frac{16 \times 0.9 \times 10^3}{3.14 \times 60^3 \times 10^{-9}} = 21.23\ \text{MPa}$$

3）应用第三强度理论校核 BC 杆的强度。由式(8-6a)：

$$\sigma_{r3} = \sqrt{\sigma^2 + 4\tau^2} = \sqrt{101.84^2 + 4 \times 21.23^2} = 110.34\ \text{MPa} < [\sigma] = 140\ \text{MPa}$$

故 BC 杆满足强度条件。

9.6　连接件的实用计算

在工程实际中，常用连接件将构件相互连接。例如，铆钉连接（图 9-15(a)）、销钉连接（图 9-16(a)）、键连接（图 9-17(a)）等。这些连接件的受力特点是：作用于构件两侧且垂直于轴线的两横向力大小相等、方向相反，作用线相距很近。其变形特点是：二力间的各横截面沿外力方向产生相对错动。构件的这种变形称为剪切变形。

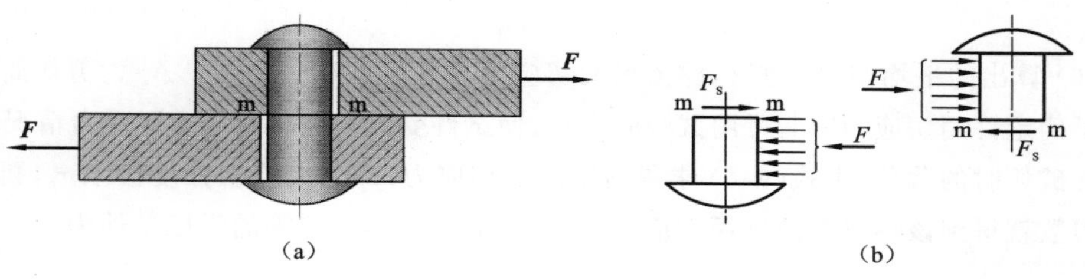

图 9-15

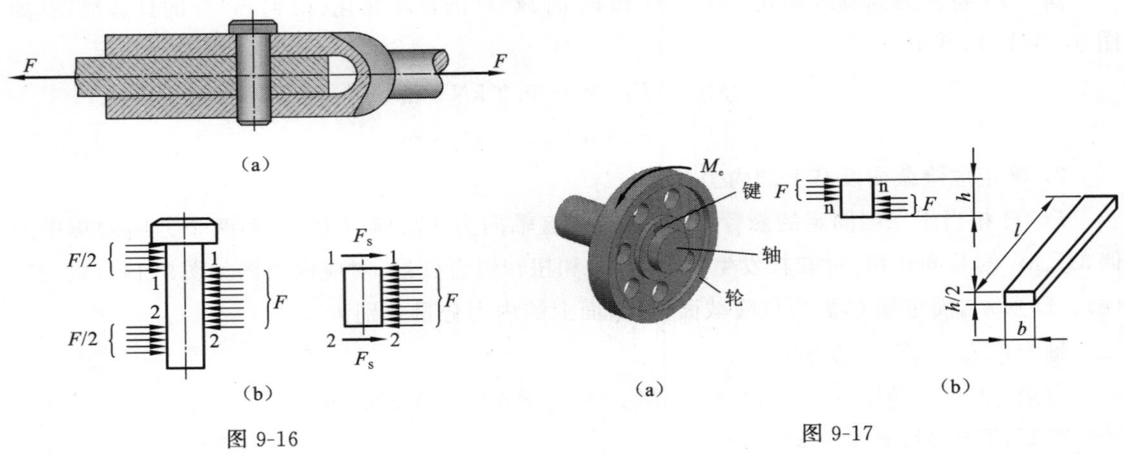

图 9-16　　　　图 9-17

连接件在外力作用下，在发生剪切变形的同时，往往伴随有挤压。所谓挤压就是连接件和被连接的构件之间在接触面上产生的相互压紧的现象。因此，连接件破坏形式可能有两种，一是沿二力间横截面被剪坏，称为剪切破坏。二是在连接件与被连接件间的接触面处相互挤压而产生显著的局部塑性变形或被压碎，称之为挤压破坏。因此，需要对连接件进行剪切和挤压的强度计算。然而这些连接件并非细长构件，其内部应力的性质和分布规律比较复杂，要进行精确的理论分析是困难的，所以对这类构件通常采用实用计算的方法。

9.6.1　剪切的实用计算

以图 9-15(a) 所示的铆接件为例，说明剪切实用计算的方法。由于铆钉起着连接两块钢板的作用，当两钢板受拉时，铆钉上、下两段受到大小相等、方向相反的一对力的作用，铆钉可能沿二力间的横截面 m-m 被剪坏(图 9-15(b))，这个截面称为剪切面。为了分析剪切面上的内力，可假想地沿 m-m 截面将铆钉截开，分为上下两部分。根据其中一部分的静力平衡条件 $\sum F_x = 0$，可得剪切面上的剪切力

$$F_s = F$$

由于剪切面上的切应力分布情况复杂，为了计算上的方便，在工程计算中，假设切应力 τ 在剪切面上均匀分布，即

$$\tau = \frac{F_s}{A_s} \tag{9-6}$$

由式(9-6) 算出的平均切应力值 τ，称为名义切应力，简称为切应力。式中 A_s 为剪切面面积。

为了确定许用切应力$[\tau]$，可用试验的方法，使试件受力情况尽量与实际受力情况相类似，测得试件破坏时的载荷，由式(9-6) 求得剪断时的切应力，即名义剪切强度极限 τ_b，再将 τ_b 除以安全因数就得到该种材料的许用切应力。从而建立剪切实用计算的强度条件为

$$\tau = \frac{F_s}{A_s} \leqslant [\tau] \tag{9-7}$$

剪切许用应力的值，可从有关设计资料中查到。

用同样的方法可分析图 9-16(a) 所示销钉。其受力情况如图 9-16(b) 所示，剪切面为 1-1，2-2。由于有两个剪切面，故称之为双剪。平键(图 9-17(a)) 的受力情况如图 9-17(b) 所示，剪切面为 n-n。只有一个剪切面，称为单剪。

9.6.2　挤压的实用计算

前面说过，连接件除了可能产生剪切破坏外，还可能产生挤压破坏。例如铆钉连接中，因铆钉与铆钉孔之间存在挤压，就可能使铆钉或钢板的铆钉孔产生显著的局部塑性变形或压碎。所以对连接件还应进行挤压的强度计算，工程中仍采用实用计算的方法。

挤压面上的应力称为挤压应力(bearing stress)，用 σ_{bs} 表示。在实用计算中，用挤压面上的平均应力值进行计算，即

$$\sigma_{bs} = \frac{F_{bs}}{A_{bs}} \tag{9-8}$$

式中：A_{bs} 为挤压面的面积；F_{bs} 为挤压力。

挤压面面积 A_{bs} 的计算，要根据接触面的情况而定。铆钉、销钉等连接件，挤压面为部分圆柱面。根据理论分析，挤压应力的分布情况如图 9-18(a) 所示，最大应力发生在半圆柱形接触面的中点。如果用圆柱的直径平面面积 td(图 9-18(b)) 去除挤压力，所得应力值与理论分析得到的最大应力值相近。因此，在挤压实用计算中，对于铆钉、销钉等连接件，用直径平面作为挤压面进行计算。图 9-17(a) 所示的平键，其接触面为平面，挤压面面积就是接触面面积，即 $A_{bs} = \frac{h}{2} \times l$ (图 9-17(b))。为保证构件正常工作，挤压强度条件应为

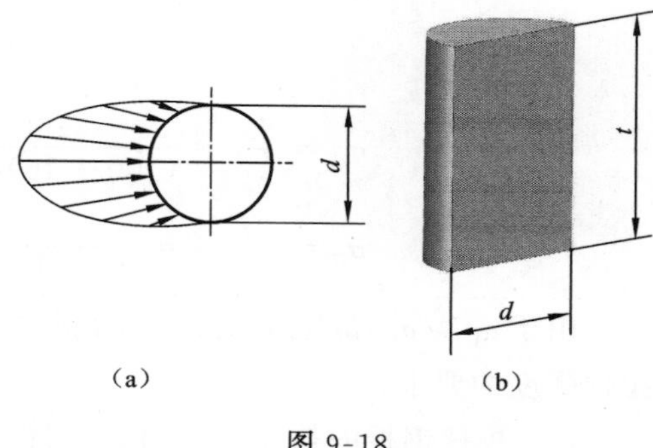

图 9-18

$$\sigma_{bs} = \frac{F_{bs}}{A_{bs}} \leqslant [\sigma_{bs}] \tag{9-9}$$

式中：$[\sigma_{bs}]$ 为材料的许用挤压应力，其值可以从有关设计规范中查到。对于钢材一般可取

$$[\sigma_{bs}] = (1.7 \sim 2.0)[\sigma]$$

式中：$[\sigma]$ 为材料拉压时的许用应力。

例 9.7　校核图 9-19(a) 所示连接件的强度。已知钢板和铆钉材料相同，4 个铆钉直径相等，其 $[\sigma] = 160\ \text{MPa}$，$[\tau] = 140\ \text{MPa}$，$[\sigma_{bs}] = 200\ \text{MPa}$，$F = 100\ \text{kN}$。

解　该连接件可能有下面四种破坏形式：钢板被拉坏，钢板被挤压坏，铆钉被剪坏，铆钉被挤压坏。应分别进行校核。

(1) 校核钢板的拉伸强度。由于两块板的受力情况完全相同，因此只需对其中一块钢板进行计算。假定每个铆钉受力相等。作出上面一块钢板的轴力图(图 9-19(b))，其危险截面可能是 I-I 和 II-II 截面，两截面上的应力分别为

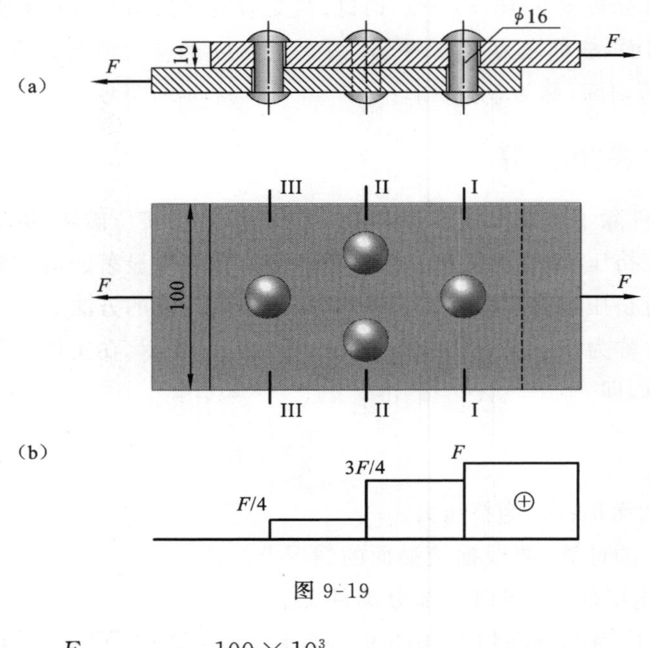

图 9-19

$$\sigma_{\mathrm{I}} = \frac{F}{A_1} = \frac{100 \times 10^3}{(100 - 16) \times 10 \times 10^{-6}} = 119 \text{ MPa}$$

$$\sigma_{\mathrm{II}} = \frac{3F/4}{A_2} = \frac{3 \times 100 \times 10^3}{4 \times (100 - 2 \times 16) \times 10 \times 10^{-6}} = 110 \text{ MPa}$$

由于$\sigma_{\mathrm{I}} > \sigma_{\mathrm{II}}$，故危险截面为I-I截面。该截面上的应力$\sigma_{\mathrm{I}} = 119 \text{ MPa} < [\sigma]$，故，钢板满足拉伸强度的要求。

(2) 校核钢板的挤压强度。根据假设，每个铆钉孔受力情况相同，只需取出其中任意一孔计算。每个铆钉孔受到挤压力$F_{\mathrm{bs}} = F/4$，挤压面面积$A_{\mathrm{bs}} = 16 \times 10 \text{ mm}^2$，因此，挤压应力为

$$\sigma_{\mathrm{bs}} = \frac{F_{\mathrm{bs}}}{A_{\mathrm{bs}}} = \frac{100 \times 10^3}{4 \times 16 \times 10 \times 10^{-6}} = 156 \text{ MPa} < [\sigma_{\mathrm{bs}}]$$

故，钢板满足挤压强度要求。

(3) 校核铆钉的剪切强度。每个铆钉所受剪切力$F_{\mathrm{s}} = F/4$，剪切面积$A_{\mathrm{s}} = \dfrac{\pi d^2}{4}$，故有

$$\tau = \frac{F_{\mathrm{s}}}{A_{\mathrm{s}}} = \frac{F}{\pi d^2} = \frac{100 \times 10^3}{\pi \times 16^2 \times 10^{-6}} = 124.3 \text{ MPa} < [\tau]$$

故，铆钉的剪切强度满足要求。

(4) 校核铆钉的挤压强度。由于铆钉与钢板具有相同的挤压应力，而且两者材料又相同，因此铆钉的挤压强度与钢板相同，不需再进行计算。

根据以上计算结果可知，连接件是安全的。

例 9.8 由两根20a号工字钢铆接而成的悬臂梁，承受集中力作用，如图9-20(a)所示。已知载荷$F = 40$ kN，铆钉直径$d = 20$ mm，铆钉的许用切应力$[\tau] = 90$ MPa。若不计两工字钢接触面上的摩擦力，试求铆钉间所必需的间距。

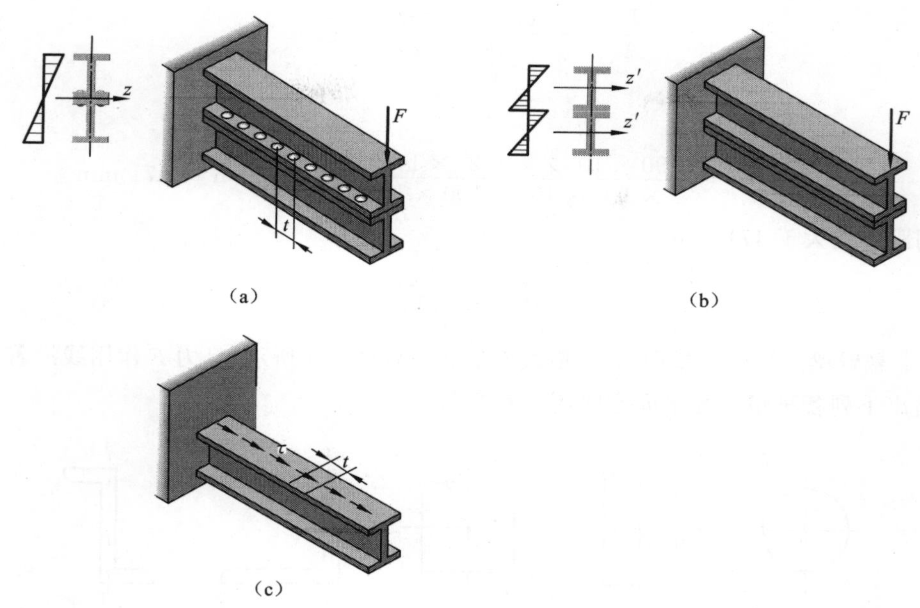

图 9-20

解　1) 分析铆钉的作用。若两工字钢间无铆钉连接，则梁受力后绕各自的中性轴弯曲，弯曲变形及其横截面上正应力的分布规律如图 9-20(b) 所示，两工字钢的接触面上无切应力作用，可以自由错动。

如果将两工字钢铆接后，弯曲变形时，横截面绕一个中性轴 z 转动，其变形和截面上的正应力分布如图 9-20(a) 所示。这时，中性层上应有最大切应力(图 9-20(c))，由它组成的切向内力系的合力只能由铆钉来承担。

2) 计算铆接面上的切应力。弯曲切应力可按公式(5-8) 来计算，即

$$\tau = \frac{F_s S_z^*}{I_z b} \tag{1}$$

式中：S_z^* 为一个工字钢面积对中性轴 z 的静矩；I_z 为整个横截面对 z 轴的惯性矩，b 为工字钢翼缘的宽度。

由型钢表查得，20a 号工字钢的面积 $A = 35.578\ \text{cm}^2$，形心惯性矩 $I'_z = 2\ 370\ \text{cm}^4$，高度 $h = 200\ \text{mm}$，翼缘宽度 $b = 100\ \text{mm}$，则

$$S_z^* = A \cdot \frac{h}{2} = 35.578 \times 10 = 355.78\ \text{cm}^3$$

$$I_z = 2\left[I'_z + \left(\frac{h}{2}\right)^2 \cdot A\right] = 2 \times \left[2\ 370 + \left(\frac{20}{2}\right)^2 \times 35.578\right] = 11\ 855.6\ \text{cm}^4$$

将 S_z^*，I_z，b 以及剪力 $F_s = 40\ \text{kN}$ 代入式(1)，得铆接面上的切应力 τ 为

$$\tau = \frac{F_s S_z^*}{I_z b} = \frac{40 \times 10^3 \times 355.78 \times 10^{-6}}{11\ 855.6 \times 10^{-8} \times 100 \times 10^{-3}} = 1.2\ \text{MPa}$$

3) 计算铆钉间距。设铆钉间距为 t，则在此范围内的切向内力系的合力 $Q' = \tau b t$，它应由前后两个铆钉来承担。由铆钉的剪切强度条件

$$\frac{F_s}{A_s}=\frac{Q'}{2\times\frac{\pi d^2}{4}}=\frac{2\tau bt}{\pi d^2}\leqslant[\tau]$$

求得

$$t\leqslant\frac{[\tau]\pi d^2}{2\tau b}=\frac{90\times10^6\times\pi\times2^2\times10^{-4}}{2\times1.2\times10^6\times100\times10^{-3}}=0.471\ \text{m}=471\ \text{mm}$$

故铆钉间距不能大于 471 mm。

习　题

9-1　悬臂梁一端受一横向力 F，横截面形状如题图 9-1 所示，且力 F 作用线沿着 1-1 线。试分别指出下列各种情况是平面弯曲还是斜弯曲。

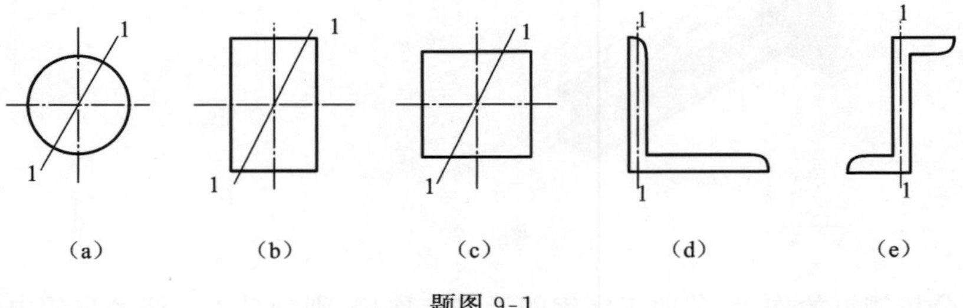

题图 9-1

9-2　如题图 9-2 所示，悬臂梁上的载荷 $F_1=800$ N，$F_2=1\,650$ N，$[\sigma]=10$ MPa。若矩形截面 $\dfrac{h}{b}=2$，试确定截面尺寸。

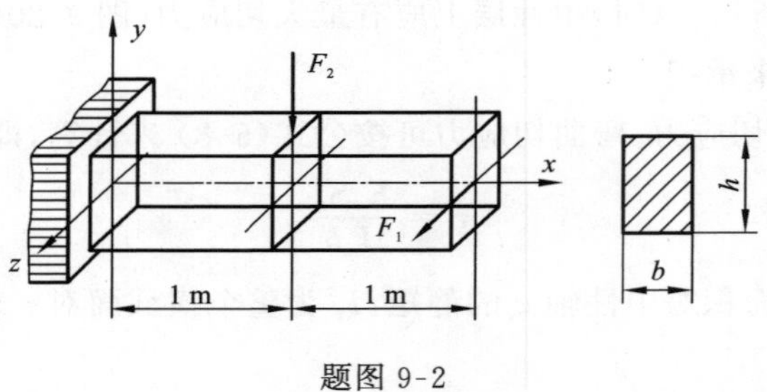

题图 9-2

9-3　如题图 9-3 所示，简支梁长 $l=3$ m，截面为圆形，直径 $d=20$ cm。已知 $F_1=F_2=5$ kN，试求最大正应力 σ_{max} 及其位置。

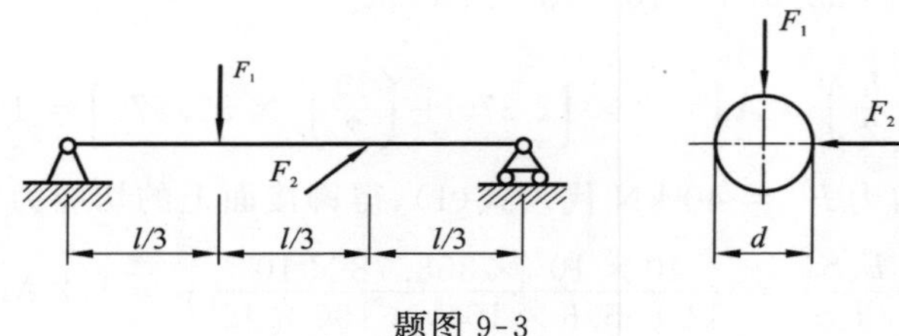

题图 9-3

9-4　如题图 9-4 所示 16 号工字梁，$F=7$ kN。若材料的$[\sigma]=160$ MPa，试作强度校核。

9-5　题图 9-5 所示构架的立柱 AB 用 25a 号工字钢制成。已知 $F=20$ kN，$[\sigma]=160$ MPa，试对立柱 AB 进行强度校核。

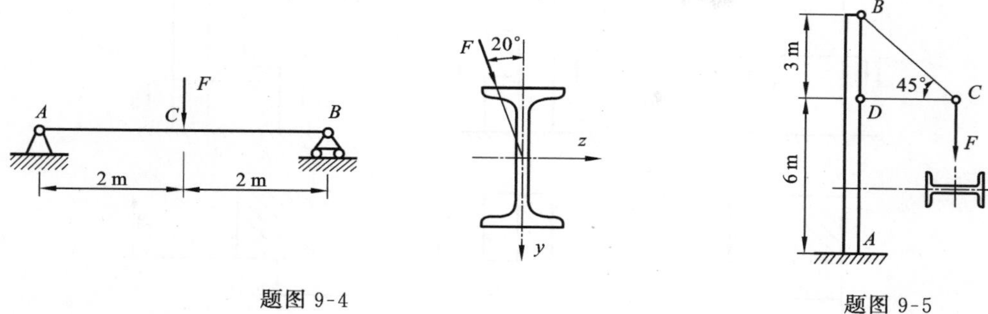

题图 9-4

题图 9-5

9-6　题图 9-6 所示一悬臂起重架，梁 AB 为一根 18 号工字钢，$l=2.6$ m。试求梁内最大正应力。

9-7　如题图 9-7 所示砖砌烟囱高 $H=30$ m，底截面 I-I 的外径 $d_1=3$ m，内径 $d_2=2$ m，自重 $Q_1=2\,000$ kN，受 $q=1$ kN/m 的风力作用(注：计算风力时，可略去烟囱直径的变化，把它看作是等截面的)。试求：

(1) 烟囱底截面上的最大压应力。

(2) 若烟囱的基础埋深 $h=4$ m，基础及填土自重按 $Q_2=1\,000$ kN 计算，土壤的许用压应力 $[\sigma]^-=0.3$ MPa，圆形基础的直径 D 应为多大？

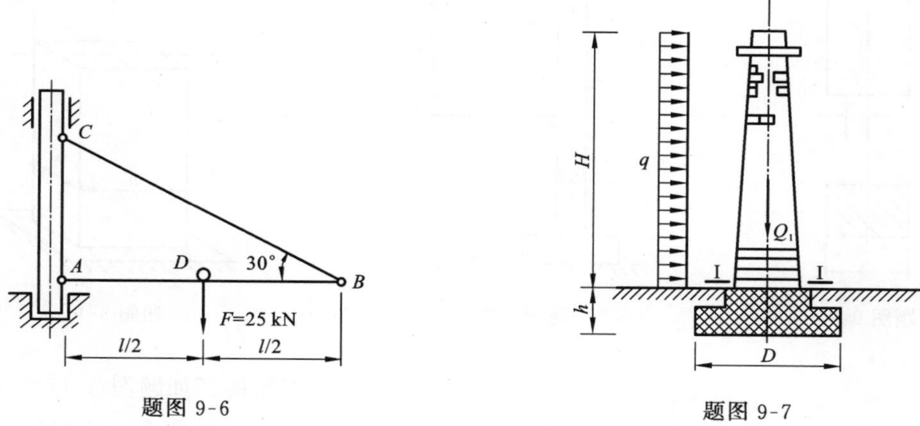

题图 9-6

题图 9-7

9-8　试分别求出题图 9-8 所示变截面杆及等截面杆中的最大正应力，并作比较。

9-9　承受偏心载荷的矩形截面杆如题图 9-9 所示。今用实验方法测得左、右两侧的纵向应变分别为 ε_2 和 ε_1。试证明：偏心距 e 与 ε_1，ε_2 满足下列关系式：

$$e=\frac{h}{6}\cdot\frac{\varepsilon_1-\varepsilon_2}{\varepsilon_1+\varepsilon_2}$$

9-10　题图 9-10 所示钻床的立柱由铸铁制成，许用拉应力 $[\sigma]^+=35$ MPa，试确定立柱所需直径 d。设 $F=15$ kN。

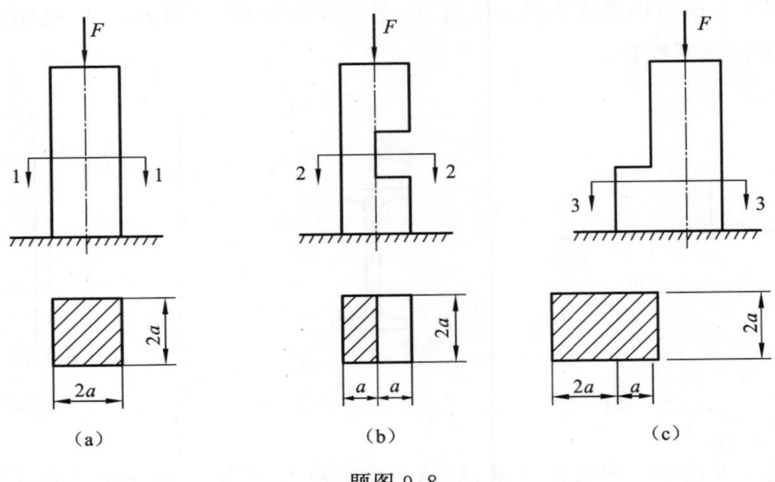

题图 9-8

9-11　如题图 9-11 所示，已知矩形截面杆 $h = 200\ \mathrm{mm}$，$b = 100\ \mathrm{mm}$，$F = 20\ \mathrm{kN}$，试计算最大正应力。

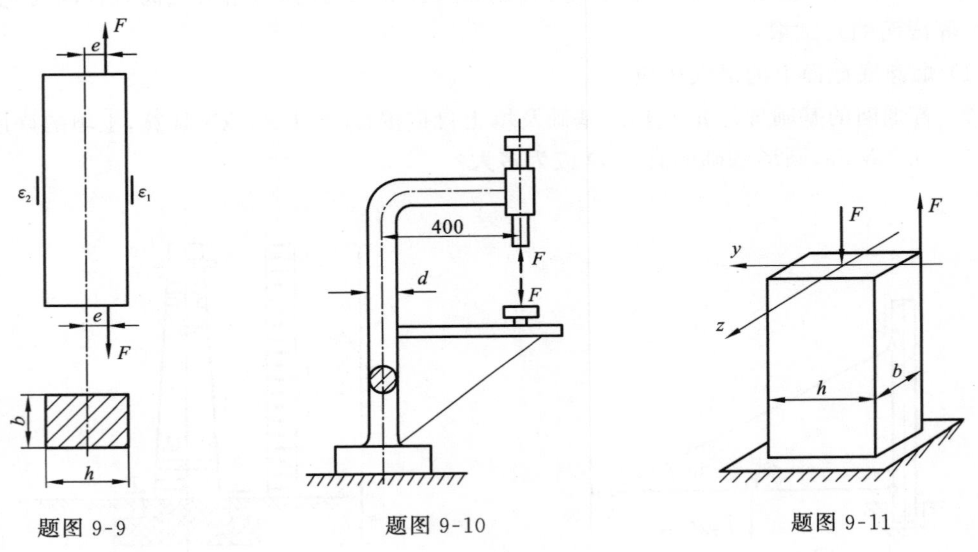

题图 9-9　　题图 9-10　　题图 9-11

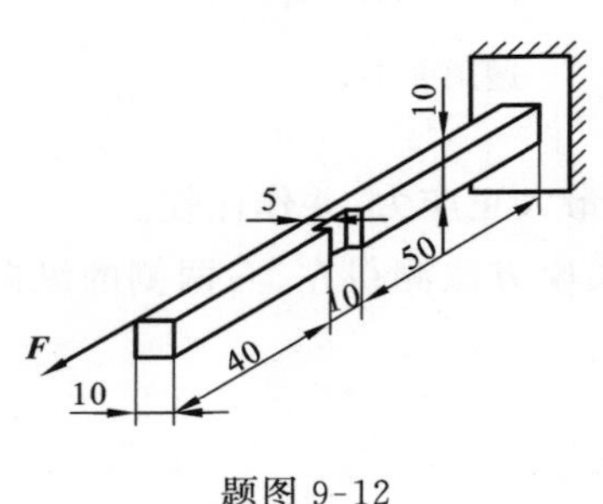

题图 9-12

9-12　一端固定、具有切槽的杆如题图 9-12 所示，试指出危险点的位置，并求最大正应力，已知 $F = 1\ \mathrm{kN}$。

9-13　如题图 9-13 所示，梁的截面为 $100\ \mathrm{mm} \times 100\ \mathrm{mm}$ 的正方形，若 $F = 3\ \mathrm{kN}$，试作轴力图及弯矩图，并求最大拉应力及最大压应力。

9-14　压力机机架如题图 9-14 所示。已知 $F = 1\ 250\ \mathrm{kN}$，材料为铸铁，其许用拉应力 $[\sigma]^{+} = 100\ \mathrm{MPa}$，许用压应力 $[\sigma]^{-} = 140\ \mathrm{MPa}$。试校核机架立柱部分的强度。

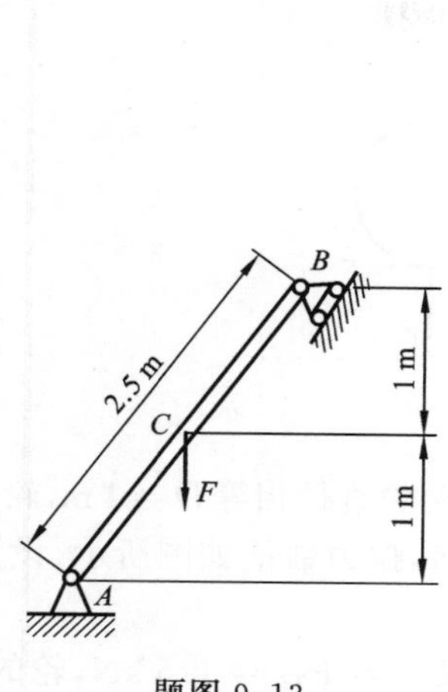

题图 9-13

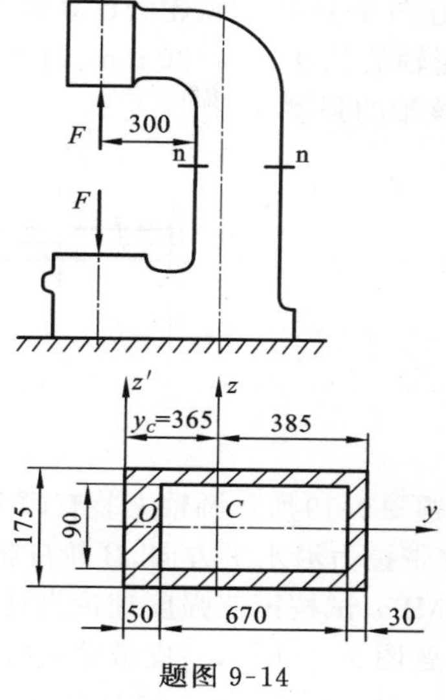

题图 9-14

9-15　在题图 9-15 所示的轴 AB 上装有两个轮子，大轮的直径 $2R = 2$ m，小轮的直径 $2r = 1$ m，作用在轮子上的力有 $F = 3$ kN 和 Q，轴处于平衡状态。若轴的材料的$[\sigma] = 60$ MPa，试按第三强度理论选择轴的直径 d。

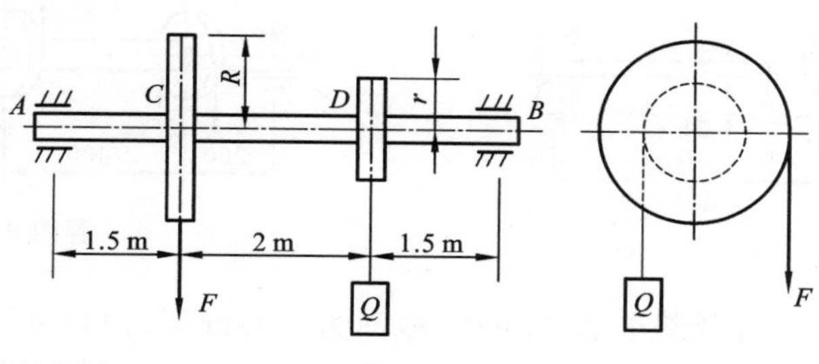

题图 9-15

9-16　如题图 9-16 所示，电动机的功率为 9 kW，转速 715 r/min，皮带轮直径 $D = 250$ mm，主轴外伸部分长度为 $l = 120$ mm，主轴直径 $d = 40$ mm。若$[\sigma] = 60$ MPa，试按第三强度理论校核轴的强度。

9-17　如题图 9-17 所示，水平钢折杆 ABC，在自由端受铅垂力 F 作用。已知 $F = 2$ kN，$[\sigma] = 100$ MPa，$a = 300$ mm，$l = 400$ mm。试：

(1) 设计 AB 段轴的直径 d（用第四强度理论）；

(2) 找出 AB 段轴的危险点及画出该点的应力状态图。

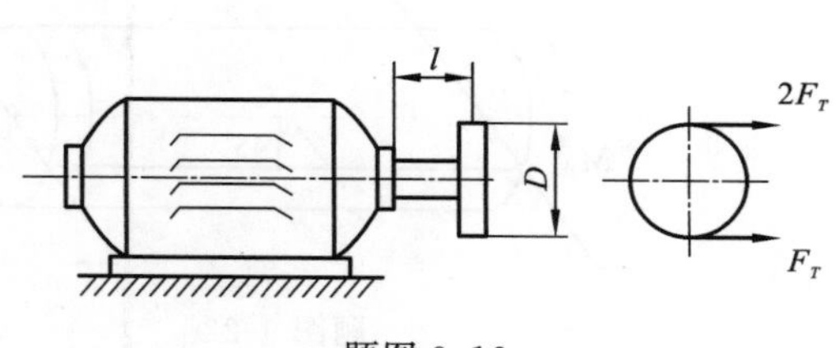

题图 9-16

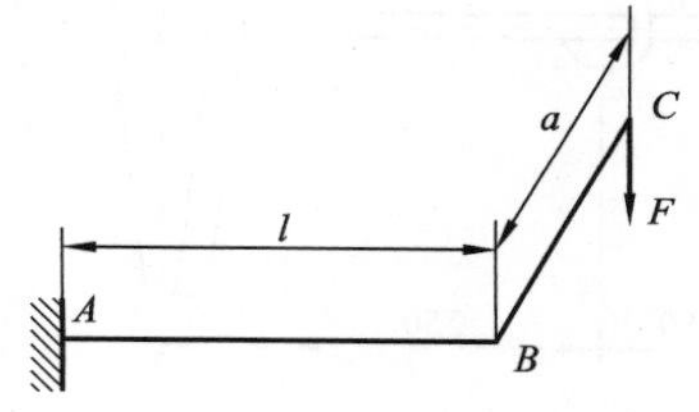

题图 9-17

9-18　题图 9-18 所示辗轮的计算简图上作用外载 $F_N = 2$ kN，$F = 0.6$ kN，辗轮直径 $D = 500$ mm，辗轮轴的长度 $l = 400$ mm，直径 $d = 60$ mm，轴的许用应力 $[\sigma] = 70$ MPa，试按第三强度理论校核轴的强度。

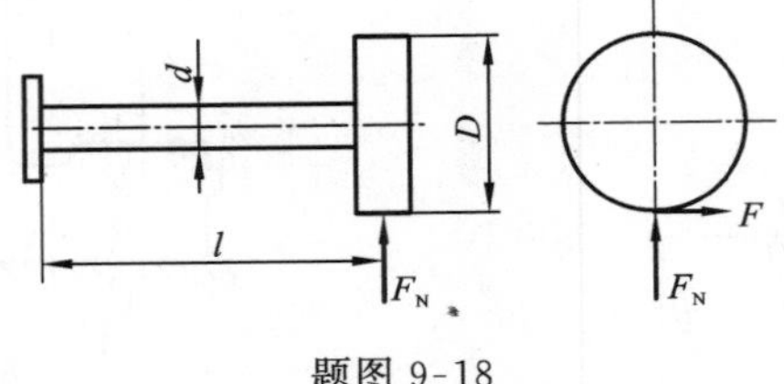

题图 9-18

9-19　题图 9-19 所示圆轴上装有两个皮带轮 A 和 B，两轮直径相等 $D = 1$ m，轮重相同 $Q = 5$ kN，A 轮皮带拉力沿水平方向，B 轮皮带拉力沿铅直方向，拉力数值如图所示。设圆轴许用应力 $[\sigma] = 80$ MPa，试按第三强度理论设计轴的直径 d。

9-20　题图 9-20 所示一皮带轮装置，已知皮带张力 $F_{T1} = F_{T2} = 1.5$ kN，轮的直径 $D_1 = D_2 = 300$ mm，$D_3 = 450$ mm，轴的直径 $d = 60$ mm，若 $[\sigma] = 80$ MPa，试按第三强度理论校核此轴强度。

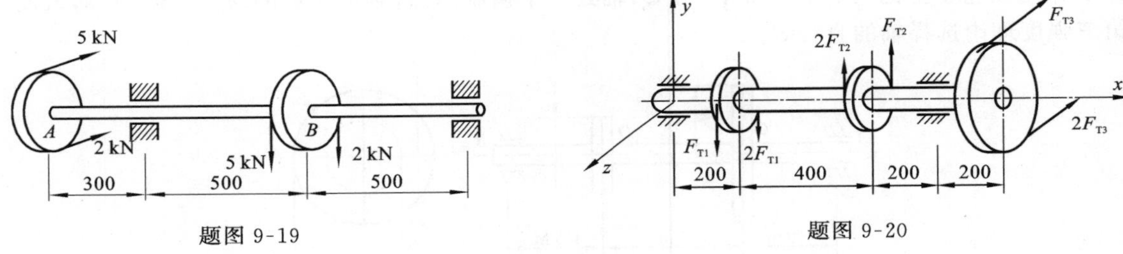

题图 9-19　　题图 9-20

9-21　题图 9-21 所示操纵装置水平杆，截面为空心圆形，内径 $d = 24$ mm，外径 $D = 30$ mm。材料为 Q235 钢，$[\sigma] = 100$ MPa，控制片受力 $F_1 = 600$ N。试用第三强度理论校核杆的强度。

9-22　直径 $d = 30$ mm 的圆轴如题图 9-22 所示，承受扭转力矩 M_{e1} 及水平面内的力偶矩 M_{e2} 的联合作用。现测得轴线方向和与轴线成 45° 方向的应变值分别为 $\varepsilon_{0^\circ} = 5 \times 10^{-4}$，$\varepsilon_{45^\circ} = 4.26 \times 10^{-4}$。已知材料的 $E = 210$ GPa，$\nu = 0.28$，试求 M_{e1} 和 M_{e2} 的值。

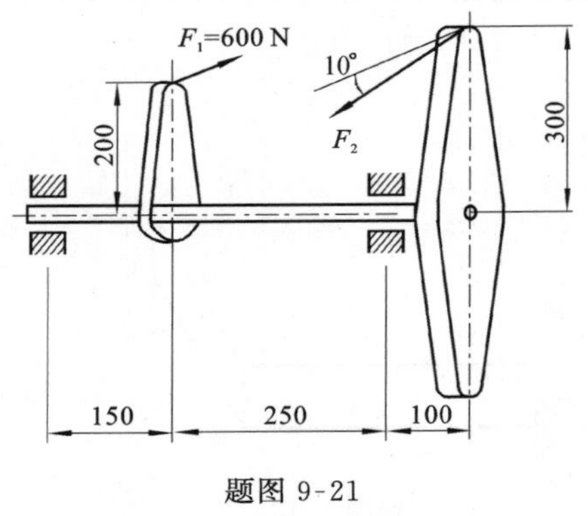

题图 9-21

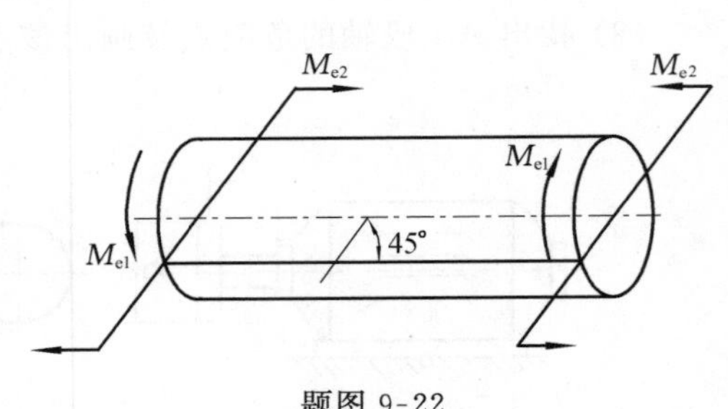

题图 9-22

9-23　轴上装有一斜齿轮，其受力简图如题图 9-23 所示。$F_1 = 650$ N，$F_2 = 650$ N，$F_3 = 1\ 730$ N，若轴的$[\sigma] = 90$ MPa，试按第三强度理论选择轴的直径。

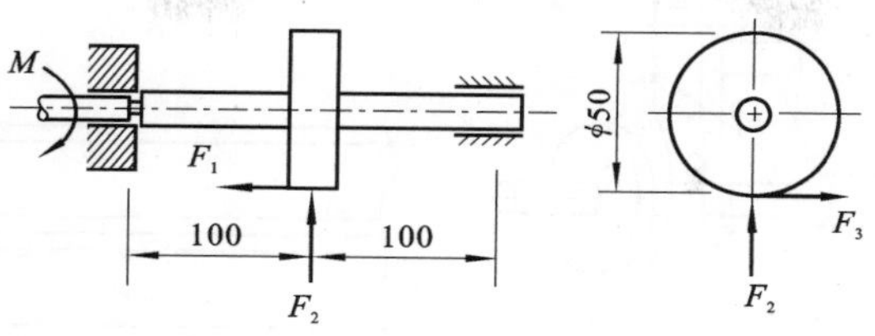

题图 9-23

9-24　题图 9-24 所示钢制圆截面折杆，直径 $d=60$ mm。A 端固定，C 端承受集中力 $F_1=2$ kN，$F_2=1$ kN 作用。AB 杆与 BC 杆垂直，F_1 垂直于 ABC 平面，F_2 位于 ABC 平面内，且平行于 AB。材料的许用应力$[\sigma]=150$ MPa。试在①不计轴力；②考虑轴力两种情况下，按第三强度理论校核杆的强度，并加以比较。

9-25　题图 9-25 所示截面为 4×4 mm^2 正方形的弹簧垫圈，承受两个共线的 F 力，$[\sigma] = 600$ MPa，试按第三强度理论求许用载荷$[F]$。

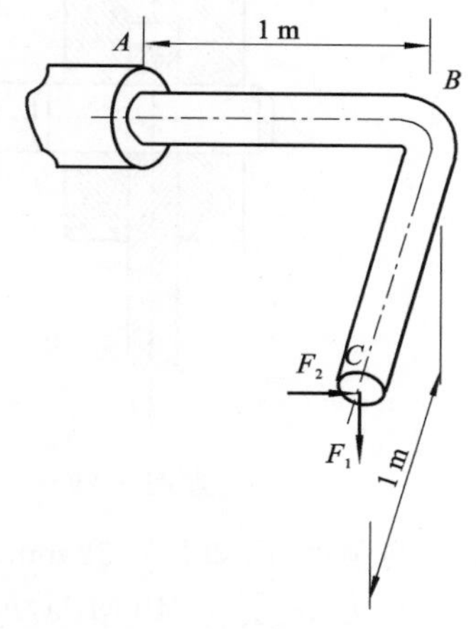

题图 9-24

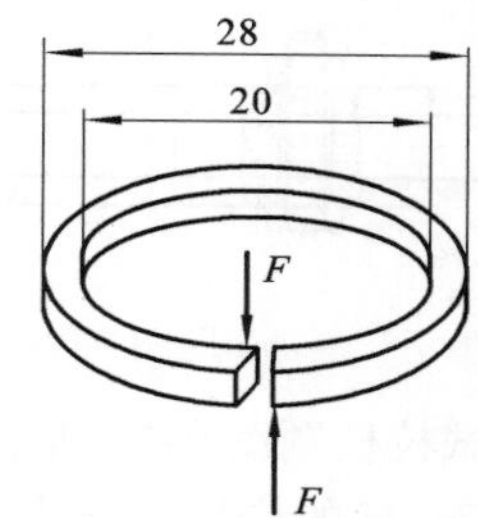

题图 9-25

9-26　如题图 9-26 所示，有一外径为 100 mm，内径为 80 mm 的空心圆轴，与一直径 $d = 80$ mm 的实心圆轴用键相连接。在 A 轮处由电机带动，输入功率 $P_{KA} = 150$ kW，在 B、C 轮处的负载分别为 $P_{KB} = 75$ kW，$P_{KC} = 75$ kW。若已知轴的转速为 $n = 300$ r/min，许用切应力$[\tau] = 40$ MPa，健的尺寸为 10 mm × 10 mm × 30 mm，其许用切应力$[\tau] = 100$ MPa 和许用挤压应力$[\sigma_{bs}] = 280$ MPa。

(1) 作扭矩图；

(2) 校核空心轴及实心轴的强度(不计键槽影响)；

(3) 求所需键数。

9-27　题图 9-27 所示梁由两根 36a 工字钢铆接而成。铆钉的间距 $z = 150$ mm，直径 $d = 20$ mm，许用切应力$[\tau] = 90$ MPa，梁横截面上的剪力 $F_S = 40$ kN。试校核铆钉的剪切强度。

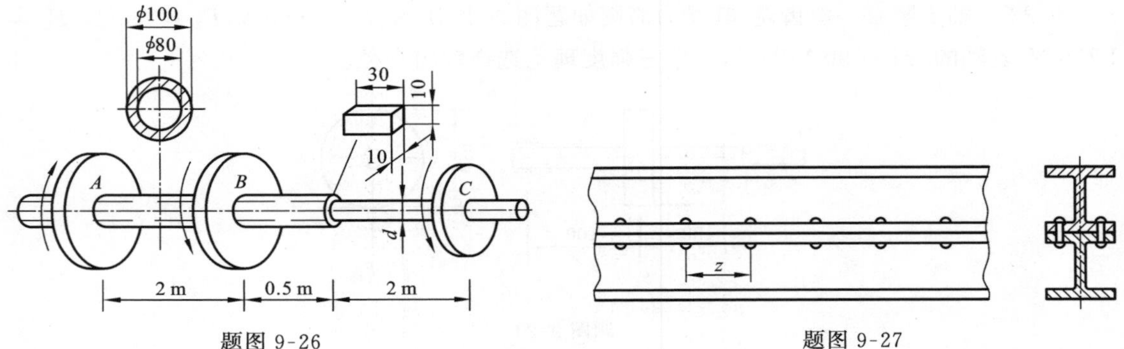

题图 9-26　　　　题图 9-27

9-28　题图 9-28 所示螺栓接头。已知 $F = 40\ \text{kN}$，螺栓许用切应力 $[\tau] = 130\ \text{MPa}$，许用挤压应力 $[\sigma_{bs}] = 300\ \text{MPa}$。试按强度条件计算螺栓所需的直径。

9-29　试校核题图 9-29 所示连接销钉的剪切强度。已知 $F = 100\ \text{kN}$，销钉直径 $d = 30\ \text{mm}$，材料的许用切应力 $[\tau] = 60\ \text{MPa}$。若强度不够，改用多大直径的销钉？

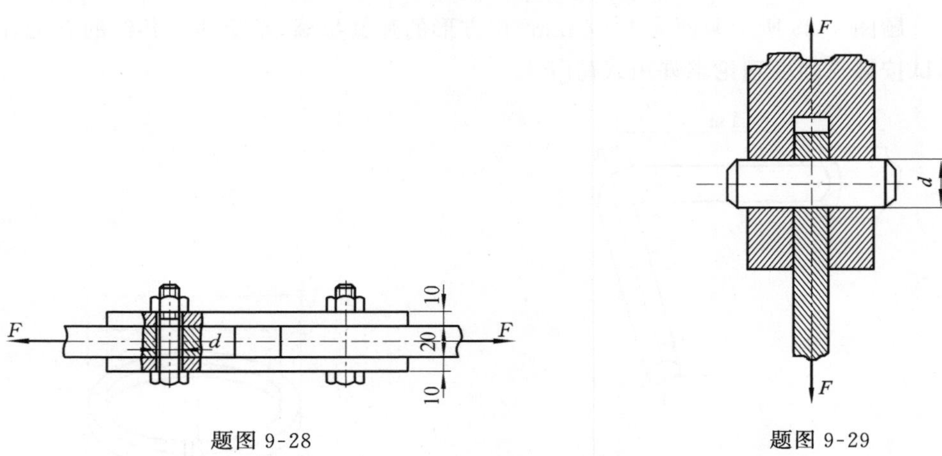

题图 9-28　　　　题图 9-29

9-30　试校核题图 9-30 所示拉杆头部的剪切强度和挤压强度。已知 $D = 32\ \text{mm}$，$d = 20\ \text{mm}$ 和 $h = 12\ \text{mm}$，杆的许用切应力 $[\tau] = 100\ \text{MPa}$，许用挤压应力 $[\sigma_{bs}] = 240\ \text{MPa}$，$F = 50\ \text{kN}$。

9-31　在厚度 $t = 5\ \text{mm}$ 的钢板上，冲出一个形状如题图 9-31 所示的孔，钢板剪切时的极限切应力 $\tau_u = 300\ \text{MPa}$，求冲床所需的冲力 F。

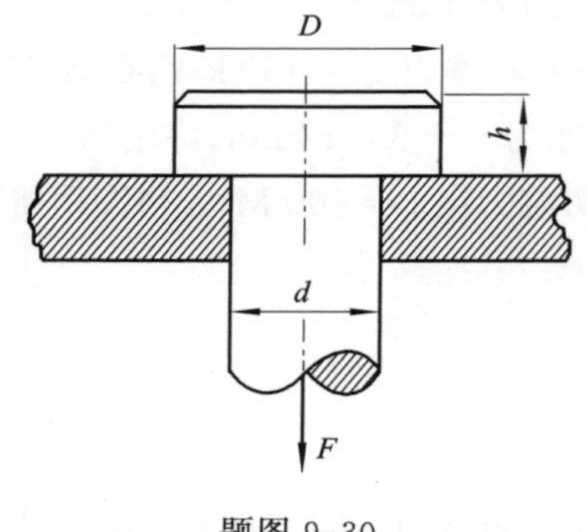

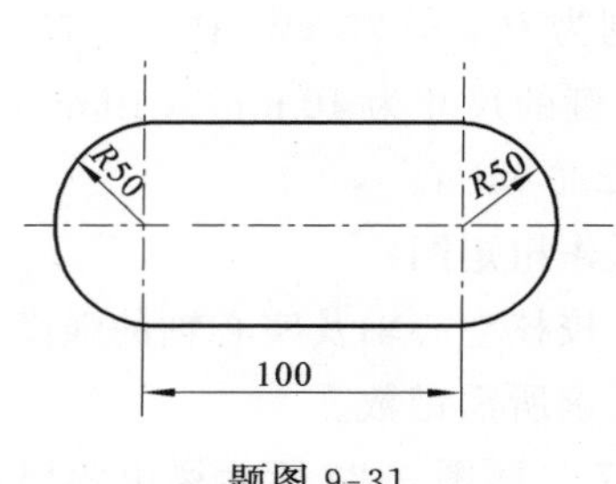

题图 9-30　　　　题图 9-31

第10章　压杆稳定

10.1　压杆稳定的概念

构件在载荷作用下，于某一位置保持平衡，这一平衡位置称为平衡构形(equilibrium configuration)。

轴向受压的理想细长直杆如图10-1所示，当压力F小于某一极限值时，它保持直线形态的平衡。若对杆施加一微小的横向干扰力Q，杆将发生微小的弯曲变形(图10-1(a))，当撤去横向力后，它将回复到原有的直线形态(图10-1(b))。

若逐渐增大压力F，达到或超过某一极限值F_{cr}时，在微小的干扰力Q作用下，压杆将在微小的弯曲状态下保持平衡，当撤去横向力后，它不能回复至原来的直线形态，而将保持曲线形态的平衡(图10-1(c))。

上述现象表明，当轴向压力F小于某一极限值时，压杆直线形态的平衡是稳定的(stable)，当F值达到或超过该极限值时，压杆原有的直线形态的平衡将变为不稳定(unstable)。这个极限压力值是使压杆直线形态的平衡开始由稳定转变为不稳定的临界值，称为临界压力或临界力(critical force)，用F_{cr}来表示。压杆由直线形态的平衡变为曲线形态的平衡，这种平衡形态发生改变的现象称为丧失稳定，简称失稳(lost stability)，又称为屈曲(buckling)。

实际工程中，承受压力的杆件很多。例如，千斤顶的丝杆(图10-2)，简易挂物架中的支撑杆(图10-3)、自卸式货车中起重机构的油缸柱塞(图10-4)以及桁架结构中的压杆，操作平台和其他结构的立柱等。一旦压杆丧失稳定，杆将不能正常工作，甚至会引起整个机器或结构的破坏，造成事故。

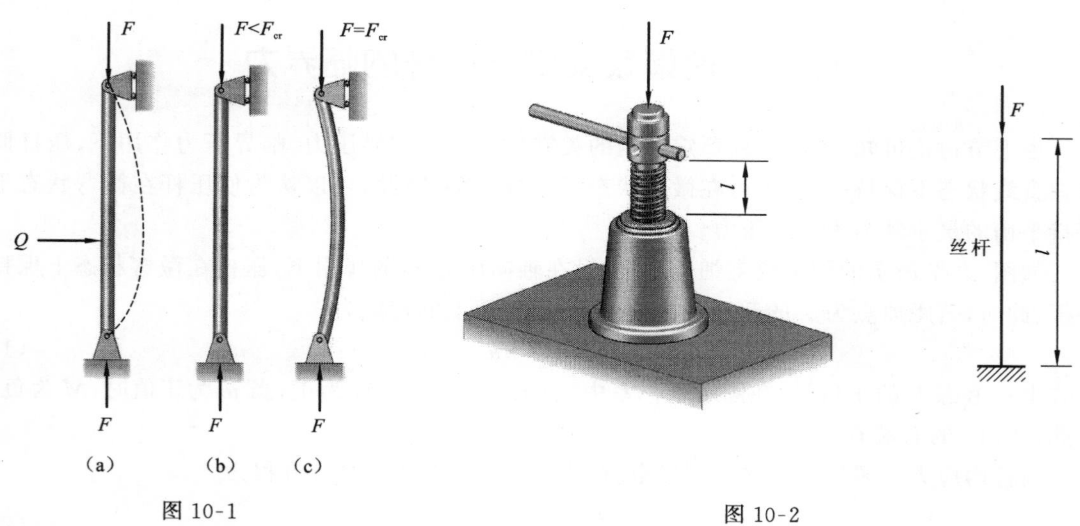

图10-1

图10-2

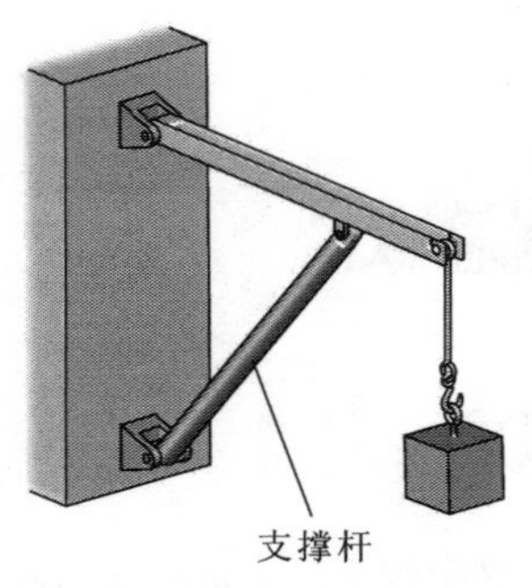

图 10-3　简易挂物架

图 10-4　自卸式货车

除压杆外，其他形状的薄壁构件和某些杆系结构等也存在稳定问题。例如，图 10-5 所示的受均匀外压力作用的薄壁圆筒，当外压力达到或超过一定数值时，它的圆形平衡就变为不稳定，而会突然变为椭圆形。又如图 10-6 所示狭长矩形截面悬臂梁，当 $F < F_{cr}$ 时，梁在 xOz 面内的弯曲平衡是稳定的，而当 $F \geqslant F_{cr}$ 时，它会产生侧向失稳，如图 10-6 中虚线所示。

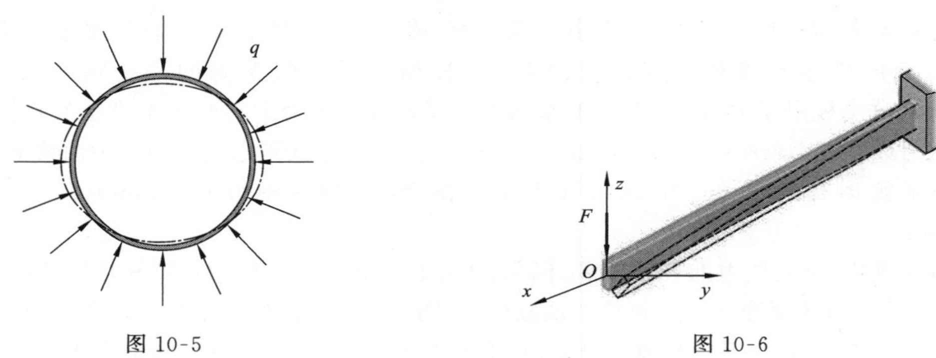

图 10-5　　　　图 10-6

本章主要讨论压杆的稳定性，对其他形式的稳定性问题不作深入讨论。

10.2　两端铰支细长压杆的临界力

由上节讨论可知，解决压杆稳定问题的关键是确定其临界压力。临界压力作用下，压杆既可在直线状态下保持平衡，也可在微弯状态下保持平衡，因此，可以认为使压杆在微弯状态下保持平衡的最小轴力为临界压力。

如图 10-7 所示的两端铰支细长压杆，设在轴向压力 F 的作用下，压杆在微弯状态下保持平衡。此时，若距原点为 x 的截面处挠度为 w，则截面上的弯矩为

$$M = -Fw \tag{1}$$

上式中不考虑 F 的正负号，在图示坐标系中，当 w 为负值时，M 为正；当 w 为正值时，M 为负。因此，式(1) 的右端有个负号。

当杆内应力不超过材料的比例极限时，压杆的挠曲线近似微分方程为

$$\frac{\mathrm{d}^2 w}{\mathrm{d}x^2} = \frac{M}{EI} \tag{2}$$

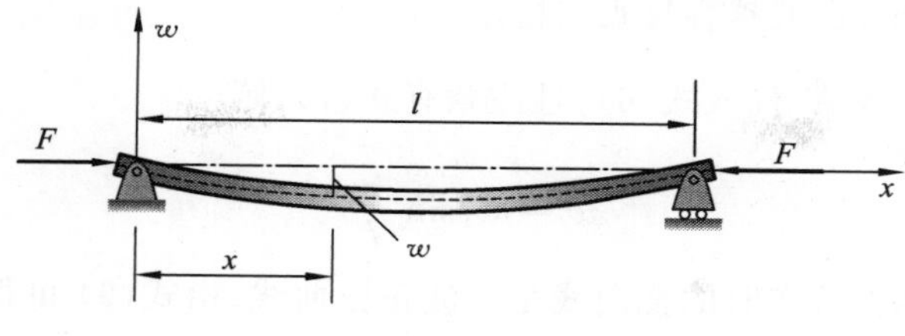

图 10-7

由式(1)、式(2)得：

$$EI\frac{d^2w}{dx^2}+Fw=0 \tag{3}$$

引入记号

$$k^2=\frac{F}{EI} \tag{4}$$

则式(3)可写成

$$\frac{d^2w}{dx^2}+k^2w=0 \tag{5}$$

式(5)的通解为

$$w=C_1\sin kx+C_2\cos kx \tag{6}$$

其中 C_1，C_2 为积分常数，可根据压杆的边界条件来确定。两端铰支杆的边界条件为

在 $x=0$ 处，　$w=0$

在 $x=l$ 处，　$w=0$

将以上两个边界条件代入式(6)，可得

$$C_2=0 \tag{7}$$

$$C_1\sin kl=0 \tag{8}$$

式(8)的解有两种可能，即 $C_1=0$ 或 $\sin kl=0$。若 $C_1=0$，则有 $w\equiv 0$，意味着压杆的轴线仍为直线，这与杆件在微弯下保持平衡的前提相矛盾。因此，只有

$$\sin kl=0$$

由此可得

$$kl=n\pi,\quad n=0,1,2\cdots$$

即

$$k=\frac{n\pi}{l}$$

将上式代入式(4)，有

$$k^2=\frac{F}{EI}=\frac{n^2\pi^2}{l^2}$$

或

$$F=\frac{n^2\pi^2EI}{l^2} \tag{10-1a}$$

由于临界力是使压杆处于微弯状态平衡的最小压力值，故应取 $n=1$，于是得

$$F_{cr}=\frac{\pi^2EI}{l^2} \tag{10-1b}$$

这就是两端铰支细长压杆临界力的计算公式，又称为欧拉公式(Euler formula)。

从欧拉公式可以看出，临界力 F_{cr} 与杆的抗弯刚度 EI 成正比，与杆长 l 的平方成反比，即

杆件越细长，临界力越小，也就越容易丧失稳定。

以临界压力时的 $k=\frac{\pi}{l}$ 代入式(6)，且注意有式(7)，则

$$w=C_1\sin\frac{\pi}{l}x \tag{9}$$

这说明两端铰支压杆临界状态时的挠曲线是半波正弦曲线。由式(9) 可得

$$w_{\max}=w|_{x=\frac{l}{2}}=C_1\sin\frac{\pi}{l}.\frac{l}{2}=C_1$$

显然，C_1 是压杆跨长中点的挠度，也是最大挠度值 $w_{\max}$。若以 F 为纵坐标，$w_{\max}$ 为横坐标，画出 F-$w_{\max}$ 曲线，如图 10-8 中折线 OAB 所示。当压力 F 小于 F_{cr} 时，压杆保持直线形式的平衡，F 与 $w_{\max}$ 的关系是 OA 直线；当压力 F 超过 F_{cr} 时，$w_{\max}$ 为常数 C_1。常数 C_1 之所以不确定，是由于式(9) 是根据挠曲线的近似微分方程 $EIw''=M$ 推导而得的。

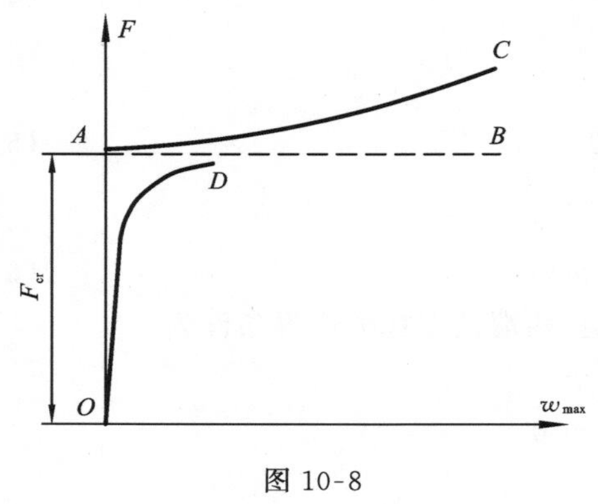

图 10-8

若按精确的挠曲线方程推导，C_1 则是一确定的值，此时可找到 $w_{\max}$ 与轴向压力 F 之间的一一对应关系，如图 10-8 中的 OAC 曲线。该曲线表明，当压力 F 超过 F_{cr} 时，随着压力的增加挠度增长的速率加快。

然而，压杆的实验结果表明：F 与 $w_{\max}$ 的实际关系为图 10-8 中的 OD 曲线。这是因为，上述理论分析是针对理想化了的模型而言的，即杆为理想的直杆，压力理想地与杆轴线相重合，杆的材料是均匀的。而工程中的实际压杆，总存在一定的初曲率，压力存在一定的偏心，材料也非绝对均匀或有缺陷存在。这些因素综合起来，导致了 OD 曲线与理论曲线 OAC 的偏差。实际压杆越接近理想，则两曲线越靠近。

10.3 其他约束条件下细长压杆的临界力

上节利用微弯曲时挠曲线的近似微分方程，结合压杆的边界条件，推导出了两端铰支细长压杆临界力的公式，仿照同样的方法，可以导出其他约束条件下细长压杆的临界力公式。另外，也可用类比的方法：将其他约束条件下细长压杆的挠曲线形状与两端铰支细长压杆的进行比较，利用临界力计算公式(10-1b)，直接得到其他约束条件下细长压杆临界力的公式。

当压杆的支承情况为一端自由，另一端固定，如图 10-9(a) 所示。在临界压力作用下失稳时，如图 10-9(b) 中实线所示，其挠曲线形状为 1/4 个正弦波。现将杆延伸，使其对称于固定端，如图 10-9(b) 中虚线所示。比较图 10-7 和图 10-9(b)，可见一端固定、另一端自由且长度为 l 的细长压杆的挠曲线，与两端铰支、长度为 $2l$ 的细长压杆的挠曲线的一半相同，因此二者临界压力相同。所以，一端固定、另一端自由且长度为 l 的细长压杆，其临界力为

$$F_{cr}=\frac{\pi^2EI}{(2l)^2} \tag{10-2}$$

其他约束条件下的细长压杆，其挠曲线形状如表 10-1 中所示。由挠曲线近似微分方程可

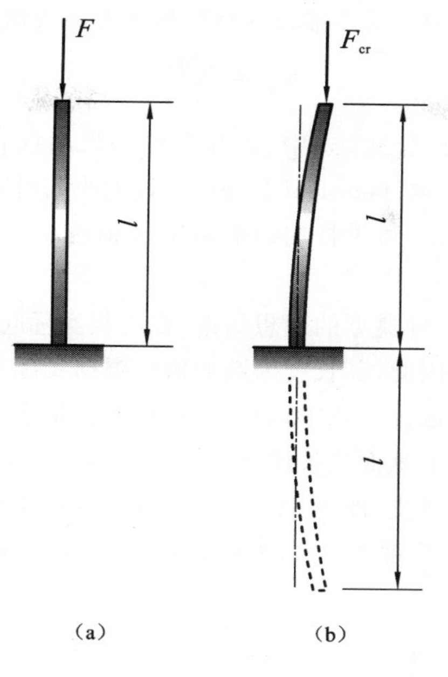

图 10-9

知，压杆失稳时挠曲线上拐点处的弯矩为零。因此可假想拐点处有一铰，将压杆在挠曲线两拐点间的一段看作为两端铰支压杆，利用两端铰支压杆的临界力公式，即可得到其他约束情况下压杆的临界力表达式。

表 10-1　几种常见细长压杆的临界力

杆端约束情况	一端固定另一端自由	两端铰支	一端固定另一端铰支	两端固定
失稳时挠曲线形状	F_{cr}，l，$2l$	F_{cr}，l	F_{cr}，l，$0.7l$	F_{cr}，l，$0.5l$
临界力公式	$F_{cr}=\dfrac{\pi^2EI}{(2l)^2}$	$F_{cr}=\dfrac{\pi^2EI}{l^2}$	$F_{cr}=\dfrac{\pi^2EI}{(0.7l)^2}$	$F_{cr}=\dfrac{\pi^2EI}{(0.5l)^2}$
长度因数 μ	$\mu=2$	$\mu=1$	$\mu=0.7$	$\mu=0.5$

对于各种杆端约束情况，中心受压细长等直杆临界力的表达式可写成统一的形式：

$$F_{cr} = \frac{\pi^2 EI}{(\mu l)^2} \tag{10-3}$$

式(10-3) 称为普遍形式的欧拉公式。式中 μl 称为相当长度(equivalent length) 或有效长度(effective length)。μ 为长度因数(factor of length)，其大小与杆端的约束情况有关，不同杆端约束时的 μ 值如表 10-1 中所示。可见杆端约束越强，μ 值越小，中心受压细长等直杆的临界力 F_{cr} 也就越高，杆越不易失稳。

应当指出，表 10-1 中是几种典型的理想约束，在工程实际问题中，支承的约束程度与理想的支承约束条件总有所差异，因此，其长度因数的值应根据实际支承的约束程度，以表 10-1 作为参考来加以选取。在有关的设计规范中，对各种压杆的 μ 值多有具体的规定。

例 10.1 某连杆为一矩形截面细长压杆，截面宽度 $b = 40$ mm，高度 $h = 60$ mm。在 x-y 平面内弯曲时，两端可简化为铰支(图 10-10(a))，长度 $l = 2.4$ m，在 x-z 平面内弯曲时，两端可视为固定端(图 10-10(b))，长度 $l_1 = 2.3$ m。压杆材料为 Q235 钢，弹性模量 $E = 210$ GPa。试用欧拉公式求压杆的临界力。

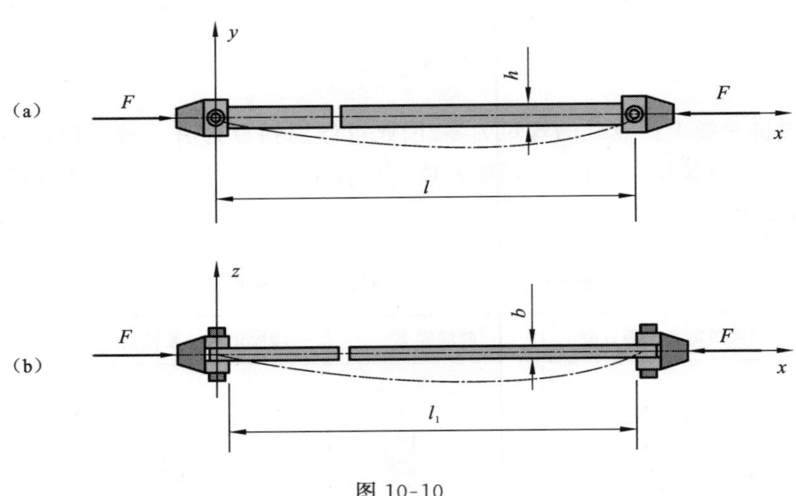

图 10-10

解 (1) 计算 x-y 平面内失稳时的临界力。此时以 z 轴为中性轴发生微弯曲。由于两端为铰支，因此其长度因数 $\mu = 1$，由式(10-3) 得临界力为

$$F'_{cr} = \frac{\pi^2 EI_z}{(\mu l)^2} = \frac{\pi^2 Ebh^3/12}{(\mu l)^2}$$
$$= \frac{\pi^2 \times 210 \times 10^9 \times 40 \times 60^3 \times 10^{-12}}{(1 \times 2.4)^2 \times 12} = 259 \text{ kN}$$

(2) 计算 x-z 平面内失稳时的临界力。此时以 y 轴为中性轴发生微弯曲。由于两端为固定支座，其长度因数 $\mu = 0.5$，由式(10-3) 得临界力为

$$F''_{cr} = \frac{\pi^2 EI_y}{(\mu l)^2} = \frac{\pi^2 Ehb^3/12}{(\mu l)^2}$$
$$= \frac{\pi^2 \times 210 \times 10^9 \times 60 \times 40^3 \times 10^{-12}}{(0.5 \times 2.3)^2 \times 12} = 501.5 \text{ kN}$$

(3) 确定压杆的临界力。比较上面两种情况下的临界力，由于 $F'_{cr} < F''_{cr}$，可知压杆首先在 x-y 平面内失稳。故该压杆的临界力为 $F_{cr} = 259\ \text{kN}$。

(4) 讨论。如果从压杆的强度考虑，对于 Q235 钢，其 $\sigma_s = 240\ \text{MPa}$，使该压杆屈服失效的轴向压力为

$$F_u = \sigma_s A = \sigma_s bh = 240 \times 10^6 \times 40 \times 60 \times 10^{-6} = 576\ \text{kN}$$

计算结果可见，该压杆的 F_{cr} 远小于 F_u 值，说明细长压杆的承载能力往往是由它的稳定性来决定的。

10.4 压杆的临界应力总图

10.4.1 临界应力

压杆在临界力作用下，其横截面上的平均应力称为压杆的临界应力(critical stress)，用 σ_{cr} 表示。细长压杆的临界应力为

$$\sigma_{cr} = \frac{F_{cr}}{A} = \frac{\pi^2 EI}{(\mu l)^2 A} \tag{1}$$

上式中的 I 和 A 的关系可用截面的惯性半径 i 来表示，即

$$i = \sqrt{\frac{I}{A}} \tag{2}$$

将式(2) 代入式(1) 得 $\sigma_{cr} = \dfrac{\pi^2 E}{\left(\dfrac{\mu l}{i}\right)^2}$。引入记号

$$\lambda = \frac{\mu l}{i} \tag{10-4}$$

则细长压杆的临界应力公式为

$$\sigma_{cr} = \frac{\pi^2 E}{\lambda^2} \tag{10-5}$$

式(10-5) 是欧拉公式的另一种形式。式中 λ 称为压杆的柔度或长细比(slenderness ratio)，是一无量纲的量。它综合反映了压杆长度(l)、约束条件(μ)、截面几何性质(i) 对压杆临界应力的影响。λ 越大，临界应力越小，压杆越容易丧失稳定。

一般情况下，压杆在不同的纵向平面内具有不同的柔度值，而且压杆失稳首先发生在柔度最大的那个纵向平面内，因此，压杆的临界应力应按柔度的最大值 λ_{max} 来计算。

将临界应力乘以压杆的横截面面积，就可得到临界压力。实际工程中的压杆常常带有小孔，使横截面面积在局部范围内被削弱。如果孔较小且个数不多，它们对杆件整体变形影响很小，那么在计算临界应力时可以不考虑，仍采用未削弱前的横截面面积 A 和惯性矩 I，计算柔度和相应的临界应力。

例 10.2 一根两端为球形铰支的矩形截面细长压杆，如图 10-11 所示。长度 $l = 5\ \text{m}$，材料的弹性模量 $E = 210\ \text{GPa}$。试用欧拉公式计算压杆的临界应力和临界压力。

解 (1) 计算柔度值 λ_{max}。截面的惯性半径为

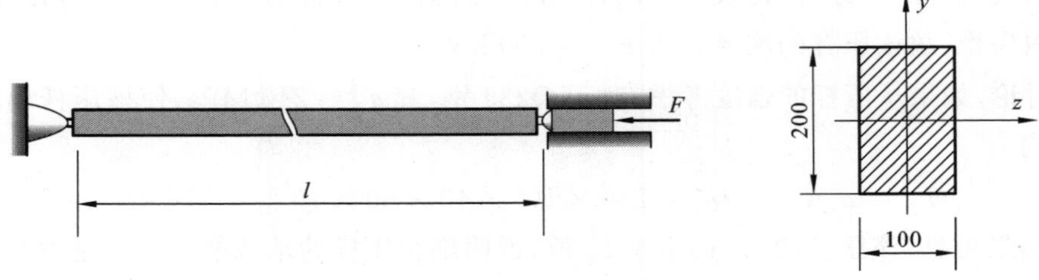

图 10-11

$$i_y = \sqrt{\frac{I_y}{A}} = \sqrt{\frac{0.2 \times 0.1^3/12}{0.2 \times 0.1}} = 2.89 \times 10^{-2}\ \text{m},$$

$$i_z = \sqrt{\frac{I_z}{A}} = \sqrt{\frac{0.1 \times 0.2^3/12}{0.2 \times 0.1}} = 5.77 \times 10^{-2}\ \text{m}$$

因为 $i_y < i_z$，且杆两端为球形铰支，即压杆在两个纵向平面内微弯时的约束条件一样，长度因数相同，所以有 $\lambda_y < \lambda_z$。故压杆的最大柔度为

$$\lambda_{\max} = \lambda_y = \frac{\mu l}{i_y} = \frac{1 \times 5}{2.89 \times 10^{-2}} = 173$$

(2) 压杆临界应力的计算。 由欧拉公式(10-5)可得到压杆的临界应力为

$$\sigma_{cr} = \frac{\pi^2 E}{\lambda_{\max}^2} = \frac{\pi^2 \times 210 \times 10^9}{173^2} = 69.3\ \text{MPa}$$

(3) 计算临界力。

$$F_{cr} = \sigma_{cr} A = 69.3 \times 10^6 \times 0.1 \times 0.2 = 1.39 \times 10^6\ \text{N} = 1.39 \times 10^3\ \text{kN}$$

10.4.2 欧拉公式的适用范围

欧拉公式是以挠曲线的近似微分方程 $EIw'' = M$ 为依据导出的，而挠曲线的近似微分方程又建立在材料服从胡克定律的基础上，因此，只有当临界应力小于比例极限时，欧拉公式(10-3)或式(10-5)才是成立的。

$$\sigma_{cr} = \frac{\pi^2 E}{\lambda^2} \leqslant \sigma_p$$

即

$$\lambda \geqslant \sqrt{\frac{\pi^2 E}{\sigma_p}} \tag{3}$$

令

$$\lambda_p = \sqrt{\frac{\pi^2 E}{\sigma_p}} \tag{4}$$

则只有当压杆的柔度值 $\lambda \geqslant \lambda_p$ 时，欧拉公式才能适用。通常称 $\lambda \geqslant \lambda_p$ 的压杆为大柔度压杆或细长压杆(slender column)。

由式(4)可见，λ_p 值仅与材料的弹性模量和比例极限有关。不同材料的 λ_p 值不同，如 Q235 钢的弹性模量 $E = 206$ GPa，比例极限 $\sigma_p = 200$ MPa，则

$$\lambda_p = \sqrt{\frac{\pi^2 \times 206 \times 10^9}{200 \times 10^6}} \approx 100$$

因此，用 Q235 钢制成的压杆，只有当柔度 $\lambda \geqslant 100$ 时，才能使用欧拉公式计算其临界应力。

10.4.3　临界应力总图

对于柔度 $\lambda < \lambda_p$ 的压杆，试验表明临界应力高于材料的比例极限 σ_p，这时欧拉公式不再适用，其临界应力可通过解析方法求得，工程中一般使用以试验结果为依据的经验公式来计算。常用的经验公式有直线公式和抛物线公式等。

1. 直线公式

对于由合金钢、合金铝、铸铁或松木等材料制作的压杆，可采用直线经验公式计算临界应力，该公式的一般表达式为

$$\sigma_{cr} = a - b\lambda \tag{10-6}$$

式中：a 和 b 是与材料性质有关的常数，其量纲与应力相同。现将一些材料的 a 和 b 值列于表 10-2 中。

表 10-2　直线公式的因数

材料(σ_b,σ_s 的单位为 MPa)	a/MPa	b/MPa
Q235 钢 $\sigma_b \geqslant 372, \sigma_s = 235$	304	1.12
优质碳钢 $\sigma_b \geqslant 471, \sigma_s = 306$	461	2.568
硅钢 $\sigma_b \geqslant 510, \sigma_s = 353$	578	3.744
铬钼钢	980.7	5.296
铸铁	332.2	1.454
硬铝	373	2.15
松木	28.7	0.19

直线公式也有一定的适用范围，要求压杆的临界应力不得超过材料的屈服极限(塑性材料)或强度极限(脆性材料)。例如，对于塑性材料，要求

$$\sigma_{cr} = a - b\lambda \leqslant \sigma_s$$

即

$$\lambda \geqslant \frac{a - \sigma_s}{b} = \lambda_s$$

λ_s 为使用直线公式的最小柔度值，所对应的临界应力是材料的屈服极限。对于 Q235 钢，$\sigma_s = 235$ MPa，由表 10-2 查得 $a = 304$ MPa，$b = 1.12$ MPa，故

$$\lambda_s = \frac{a - \sigma_s}{b} = \frac{304 - 235}{1.12} \approx 61.6$$

因此，$\lambda_s \leqslant \lambda < \lambda_p$ 是直线公式有效的范围。通常称柔度 λ 在 λ_s 至 λ_p 之间的压杆为中柔度杆或中长杆(intermediate column)。对于脆性材料，只需用 σ_b 代替 σ_s，就可得到使用直线公式的最小柔度值 λ_b。

柔度 $\lambda < \lambda_s$ 的压杆称为小柔度杆或粗短杆(short column)。这类杆件受到轴向压力时，不会发生侧弯而丧失稳定。这类杆的破坏，主要是由于强度不够而引起的，故应按强度问题进行计算。若在形式上作为稳定问题考虑，则可认为“临界应力”就是强度问题中的极限应力，对于

塑性材料为 σ_s，对于脆性材料为 σ_b。

综上所述，压杆临界应力 σ_{cr} 的计算公式随压杆柔度 λ 的变化范围不同而有所不同，即

大柔度杆 $\lambda \geqslant \lambda_p$， $\sigma_{cr} = \dfrac{\pi^2 E}{\lambda^2}$

中柔度杆 $\lambda_s \leqslant \lambda \leqslant \lambda_p$， $\sigma_{cr} = a - b\lambda$

小柔度杆 $\lambda \leqslant \lambda_s$， $\sigma_{cr} = \sigma_s$

压杆临界应力随压杆柔度 λ 变化的情况可用 σ_{cr}-λ 图来描述，如图 10-12 所示，称为临界应力总图。

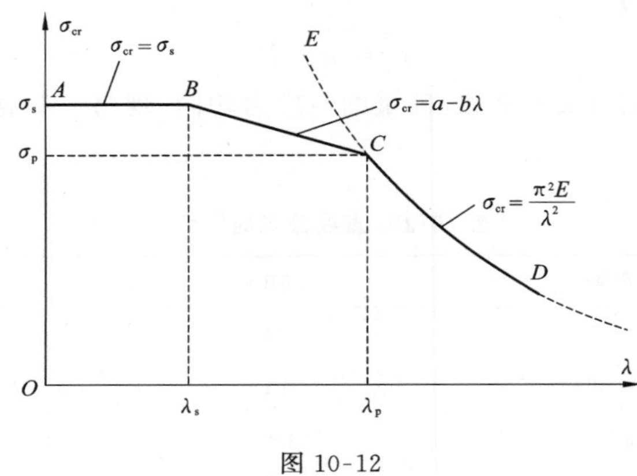

图 10-12

2. 抛物线公式

对于由结构钢或低合金结构钢等材料制作的中柔度压杆，也可采用抛物线经验公式计算临界应力，该公式的一般表达式为：

$$\sigma_{cr} = a_1 - b_1\lambda^2 \tag{10-7}$$

式中的 a_1 和 b_1 也是与材料性质有关的常数。该经验公式的适用范围是 $\lambda \leqslant \lambda_c$。$\lambda_c$ 为欧拉公式与式(10-7)适用范围的分界柔度值，该值与 λ_p 是有差异的。λ_p 是由理论公式算出的，而 λ_c 是考虑压杆的初曲率、载荷的偏心、材料的非均匀等因素的影响，所得到的经验结果。对于 Q235 钢，$\sigma_s = 235$ MPa，$E = 206$ MPa，$\lambda_c = 123$，式(10-7)为

$$\sigma_{cr} = 235 - 0.006\,66\lambda^2 \quad (\lambda \leqslant 123)$$

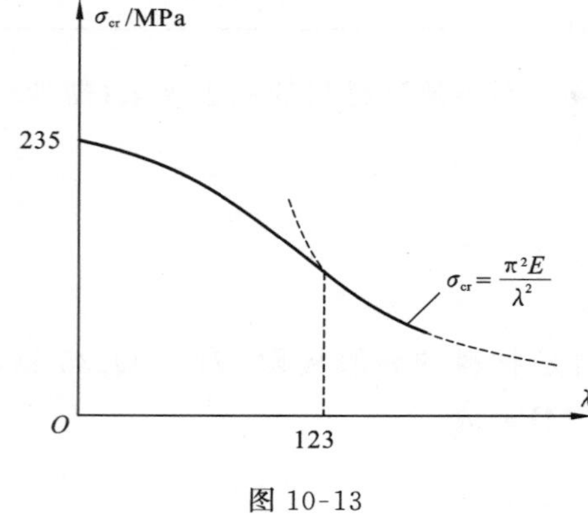

图 10-13

因此，对于 Q235 钢可画出图 10-13 所示的临界应力总图。它分为两个部分，即

$\lambda \geqslant \lambda_c$， $\sigma_{cr} = \dfrac{\pi^2 E}{\lambda^2}$

$\lambda \leqslant \lambda_c$， $\sigma_{cr} = \sigma_s\left[1 - 0.43\left(\dfrac{\lambda}{\lambda_c}\right)^2\right]$

例 10.3 图 10-14 所示压杆，长度 $l = 400$ mm，直径 $d = 50$ mm，材料为 45 号钢，其

$E = 210\ \text{GPa}, \sigma_p = 280\ \text{MPa}, \sigma_s = 350\ \text{MPa}$。求压杆的临界应力和临界力。

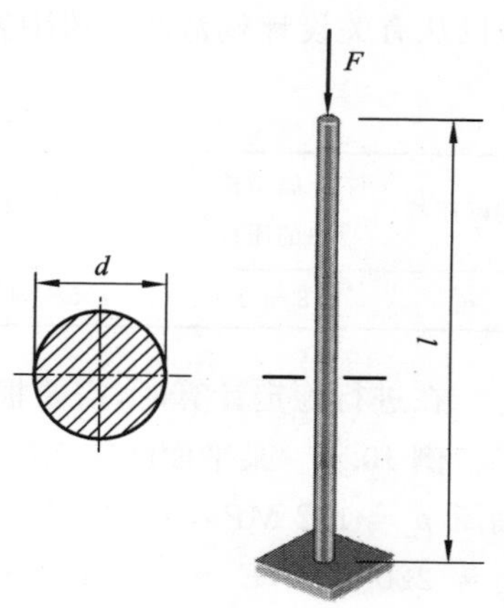

图 10-14

解　1) 计算压杆的柔度。杆为一端固定另一端自由的压杆，其长度因数 $\mu = 2$。

横截面的惯性半径为

$$i_y = i_z = \sqrt{\frac{I}{A}} = \frac{d}{4} = \frac{50}{4} = 12.5\ \text{mm}$$

柔度为

$$\lambda_y = \lambda_z = \frac{\mu l}{i} = \frac{2 \times 400}{12.5} = 64$$

对于 45 号钢，其

$$\lambda_p = \sqrt{\frac{\pi^2 E}{\sigma_p}} = \pi \sqrt{\frac{210 \times 10^9}{280 \times 10^6}} \approx 86$$

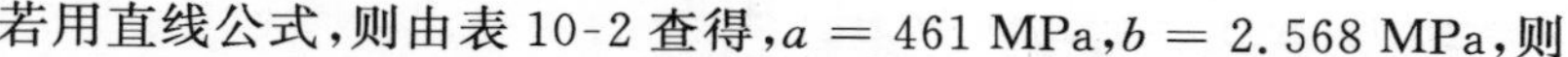

若用直线公式，则由表 10-2 查得，$a = 461\ \text{MPa}, b = 2.568\ \text{MPa}$，则

$$\lambda_s = \frac{a - \sigma_s}{b} = \frac{461 - 350}{2.568} \approx 43.2$$

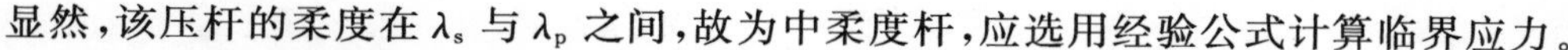

显然，该压杆的柔度在 λ_s 与 λ_p 之间，故为中柔度杆，应选用经验公式计算临界应力。

2) 计算临界应力。

$$\sigma_{cr} = a - b\lambda = 461 - 2.568 \times 64 = 296.5\ \text{MPa}$$

3) 计算临界力。

$$F_{cr} = \sigma_{cr} A = \sigma_{cr} \frac{\pi d^2}{4} = 296.5 \times 10^6 \times \frac{\pi \times 50^2 \times 10^{-6}}{4} = 582.2\ \text{kN}$$

10.5　压杆的稳定计算

为了保证压杆具有足够的稳定性，设计中必须使杆件所承受的实际压缩载荷(又称工作载荷)小于杆件的临界载荷，并且具有一定的安全裕度。压杆的稳定性设计一般采用安全因数法与折减因数法，这里只介绍安全因数法。

采用安全因数法，压杆的稳定条件(stability condition)为

$$n_{st} \geqslant [n]_{st} \tag{10-8}$$

式中：$[n]_{st}$ 为规定的稳定安全因数。n_{st} 为工作安全因数，由下式确定：

$$n_{st} = \frac{F_{cr}}{F} = \frac{\sigma_{cr}}{\sigma} \tag{10-9}$$

因此压杆的稳定安全条件(10-8)式又可写为

$$F \leqslant \frac{F_{cr}}{[n]_{st}} = [F]_{st} \quad 或 \quad \sigma \leqslant \frac{\sigma_{cr}}{[n]_{st}} = [\sigma]_{st}$$

其中：$[F]_{st}$ 为稳定许用压力，$[\sigma]_{st}$ 为稳定许用应力。

在规定稳定安全因数时，除应遵循确定强度安全因数的一般原则外，还应考虑加载偏心与压杆有初始曲率等不利因素的影响。因此，规定的稳定安全因数一般大于强度安全因数。其值

可以从有关设计规范和手册中查得。几种常见压杆的$[n]_{st}$值如表 10-3 所示。

表 10-3　几种常见压杆的稳定安全因数

实际压杆	金属结构中的压杆	机床的丝杠	低速发动机挺杆	高速发动机挺杆	矿山、冶金设备中的压杆	起重螺杆	木制压杆
$[n]_{st}$	1.8～3.0	2.5～4	4～6	2～5	4～8	3.5～5	2.8～3.2

在进行稳定计算时，需要根据实际压杆的柔度λ值，选用相应范围内的F_{cr}计算公式。

例 10.4　某平面磨床工作台液压驱动装置如图 10-15 所示。油缸活塞的直径$D = 65$ mm，油压$p = 1.2$ MPa，活塞杆的直径$d = 25$ mm，活塞杆长度$l = 1\ 250$ mm，材料为 35 号钢，$\sigma_p = 220$ MPa，$E = 210$ GPa。规定的稳定安全因数$[n]_{st} = 6$，试校核活塞杆的稳定性。

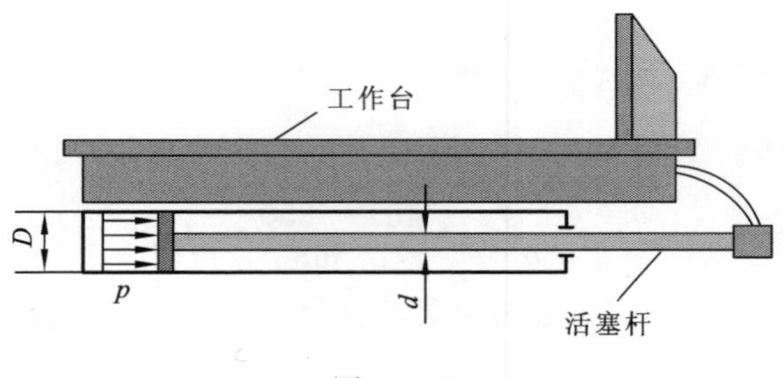

图 10-15

解　1) 计算临界力。为了进行稳定性校核，首先必须算出临界力F_{cr}。而选择何种公式计算F_{cr}，需要先算出活塞杆的柔度才能确定。

可将活塞杆两端简化为铰支座，故$\mu = 1$，其柔度为

$$\lambda = \frac{\mu l}{i} = \frac{\mu l}{\frac{d}{4}} = \frac{1 \times 250 \times 4}{25} = 200$$

对于 35 号钢，可算出

$$\lambda_p = \sqrt{\frac{\pi^2 E}{\sigma_p}} = \sqrt{\frac{\pi^2 \times 210 \times 10^9}{220 \times 10^6}} = 97$$

可见$\lambda > \lambda_p$，故活塞杆为细长杆，应选用欧拉公式计算临界力。即

$$F_{cr} = \frac{\pi^2 EI}{(\mu l)^2} = \frac{\pi^2 \times 210 \times 10^9 \times \pi \times 25^4 \times 10^{-12}}{(1 \times 1.25)^2 \times 64} = 25.4\ \text{kN}$$

2) 校核稳定性。作用在活塞杆上的实际轴向压力为

$$F = p\,\frac{\pi D^2}{4} = \frac{\pi \times 1.2 \times 10^6 \times 65^2 \times 10^{-6}}{4} = 3.98\ \text{kN}$$

因此，工作安全因数为

$$n_{st} = \frac{F_{cr}}{F} = \frac{25.4}{3.98} = 6.38$$

显然

$$n_{st} > [n]_{st}$$

满足稳定性条件，故活塞杆是稳定的。

3）讨论。若将该题改为确定活塞杆的直径，即按稳定条件进行截面设计。由于直径尚待确定，无法求出活塞杆的柔度λ，自然也不能正确判断究竟应该用欧拉公式，还是用经验公式计算。为此，可采用试算法。如，先由欧拉公式确定活塞的直径，再根据所确定的直径，检查是否满足使用欧拉公式的条件。

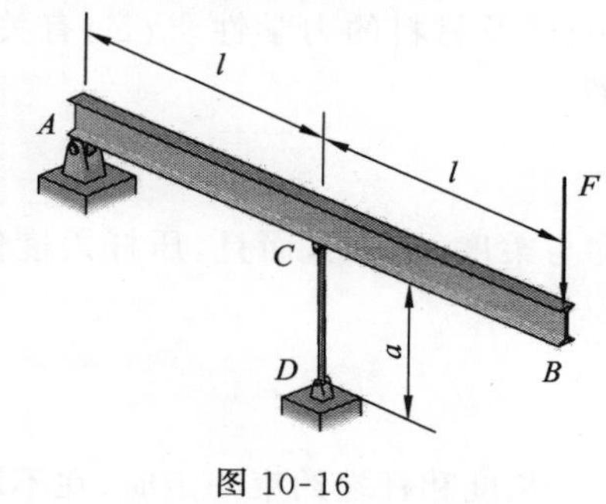

图 10-16

例 10.5　图 10-16 所示的结构中，梁 AB 为 14 号普通热轧工字钢，CD 为圆截面直杆，其直径 $d = 20$ mm，两者材料均为Q235钢，$\sigma_p = 200$ MPa，$E = 206$ GPa。结构受力如图中所示，F 铅垂向下；A，C，D 三处均为铰接。若已知 $F = 12$ kN，$l = 1.25$ m，$a = 0.55$ m，强度许用应力$[\sigma] = 160$ MPa，规定的稳定安全因数$[n]_{st} = 2$。试问此结构是否安全。

解　在给定的结构中有两个构件：梁 AB 弯曲，应考虑其强度问题；杆 CD 轴向压缩，应考虑其稳定问题。

1）梁 AB 的强度校核。梁 AB 在截面 C 处弯矩最大，该处为危险截面，其弯矩为

$$M_{max} = Fl = 12 \times 1.25 = 15 \text{ kN} \cdot \text{m}$$

由型钢表查得 14 号普通热轧工字钢的 $W_z = 102 \text{ cm}^3 = 102 \times 10^3 \text{ mm}^3$
由此得到

$$\sigma_{max} = \frac{M_{max}}{W_z} = \frac{15 \times 10^3}{102 \times 10^3 \times 10^{-9}} = 147 \times 10^6 \text{ Pa} = 147 \text{ MPa}$$

显然 $\sigma_{max} < [\sigma]$，梁 AB 满足强度要求。

2）校核压杆 CD 的稳定性。由静力平衡条件可求得压杆 CD 的轴向压力

$$F_N = 2F = 24 \text{ kN}$$

因为是圆截面杆，且两端为球铰约束，$\mu = 1.0$，故其柔度为

$$\lambda = \frac{\mu a}{i} = \frac{\mu a}{\frac{d}{4}} = \frac{1.0 \times 0.55 \times 4}{20 \times 10^{-3}} = 110$$

材料的 λ_p 值为

$$\lambda_p = \sqrt{\frac{\pi^2 E}{\sigma_p}} = \sqrt{\frac{\pi^2 \times 206 \times 10^9}{200 \times 10^6}} = 101$$

可见 $\lambda > \lambda_p$，表明 CD 为细长杆，故其临界力为

$$F_{Ncr} = \sigma_{cr} A = \frac{\pi^2 E}{\lambda^2} \times \frac{\pi d^2}{4} = \frac{\pi^2 \times 206 \times 10^9}{110^2} \times \frac{\pi \times (20 \times 10^{-3})^2}{4}$$

$$= 52.8 \times 10^3 \text{ N} = 52.8 \text{ kN}$$

稳定许用压力为

$$[F]_{st} = \frac{F_{Ncr}}{[n]_{st}} = \frac{52.8}{2} = 26.4 \text{ kN}$$

显然

$$F_N < [F]_{st}$$

满足稳定性条件，即 CD 杆是稳定的。

上述两项计算结果表明，整个结构的强度和稳定性都满足要求。因此，结构是安全的。

10.6 提高压杆稳定性的措施

由以上各节的讨论可知，压杆临界应力的大小，反映了压杆稳定性的高低。而压杆的临界应力与压杆的截面形状尺寸(I)、压杆长度(l)、约束条件(μ)以及材料的力学性质(E)有关。因此，可根据这些因素，采取适当的措施来提高压杆的稳定性。

1. 选择合理的截面形状

由临界应力公式可见，细长杆与中柔度杆的临界应力均与柔度 λ 有关，而且，压杆柔度值越小，其临界应力就越大。压杆的柔度

$$\lambda=\frac{\mu l}{i}=\mu l\sqrt{\frac{A}{I}}$$

表明：当 μ,l 一定时，同等 A 情况下，I 越大，λ 越小。因此，压杆长度和杆端约束一定时，在不增加横截面面积的情况下，应选择惯性矩较大的截面形状。例如，对于面积相同的圆环形截面和实心圆截面，由于环形截面的 I 比实心截面的大，因此环形截面比实心截面合理(图 10-17)。在工程中，对于受压的支杆和立柱，也应尽量使其截面具有较大的 I 值。例如，由两根槽钢组成的压杆，采用图 10-18(b) 形式放置时，其稳定性比图 10-18(a) 的形式放置好。

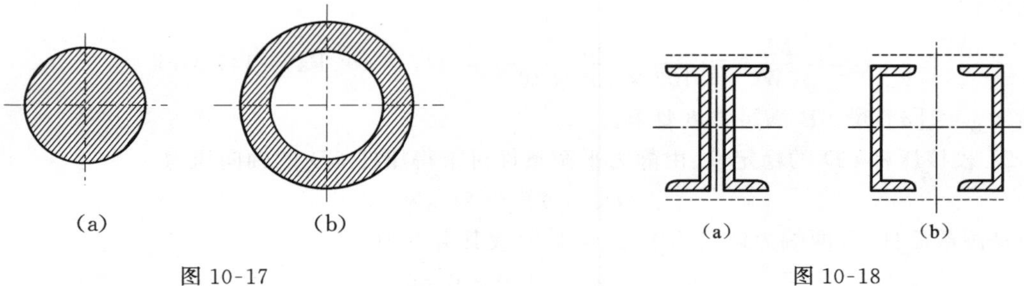

图 10-17

图 10-18

需要注意的是，不能为了获得较大的 I 和 i 而将圆环截面设计的过薄，否则将造成薄壁圆管因局部失稳而失去承载能力，反而达不到提高稳定性的目的。对于组合截面的压杆，还必须保证它的整体稳定性。例如，图 10-19 所示的槽钢组合截面，要用足够强的缀条或缀板把分开放置的型钢联成一体。否则，各根型钢将变为分散单独的受压杆件，达不到提高其稳定性的目的。

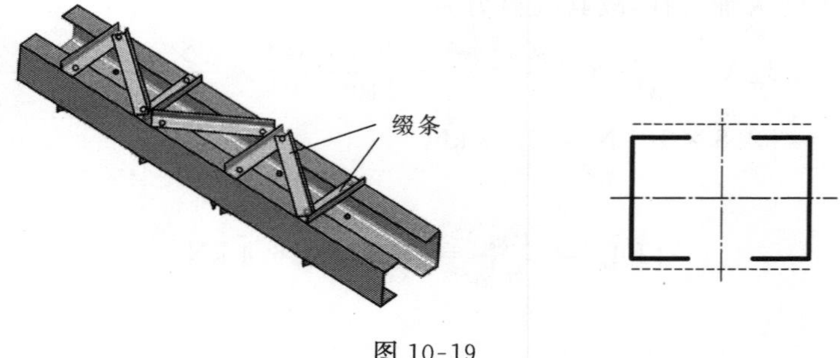

图 10-19

为使截面形状更为合理，还需考虑压杆在各纵向平面内的约束形式。如果压杆在各纵向平面内的 μl 值相同，则应使截面对任一形心轴有相同的惯性半径 i，以使压杆在各纵向平面内具

有相等的柔度，从而具有相同的稳定性，例如圆截面、正方形截面以及各种箱形组合截面(图10-20)。若压杆在各纵向平面内的 μl 值不相同，则应使截面对任一形心轴的惯性半径不相等，以使压杆在各纵向平面内有相等或接近相等的柔度。

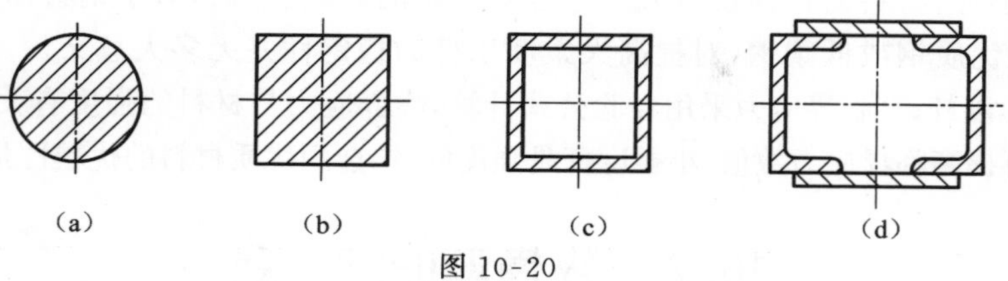

图 10-20

2. 减小压杆支承间的跨度

压杆的长度越大，其柔度越大，稳定性就越差。因此，在可能的情况下，应尽量减小压杆的长度。但一般情况，压杆的长度是由结构要求决定的，通常不允许改变。可通过增加中间支座来减小压杆的支承跨度，以使柔度减小。例如，图 10-21(a) 所示的两端铰支轴向受压细长杆，失稳时形状如图所示，l 为半波正弦曲线，其临界力为 $F_{cr}=\dfrac{\pi^2 EI}{l^2}$。若在压杆长度的中点处增加一个支座，失稳时形状如图 10-21(b) 所示，$\dfrac{l}{2}$ 为半波正弦曲线，故其临界力为 $F_{cr}=\dfrac{\pi^2 EI}{(l/2)^2}$。显然，图(b) 杆的临界力是图(a) 杆临界力的 4 倍。

3. 改变压杆杆端的约束条件

压杆的杆端约束条件不同，压杆的长度因数 μ 就不同。从表 10-1 中可见，杆端约束刚性越好，压杆的长度因数就越小，其柔度值也就越小，临界力就越大。因此，可用增强杆端约束的刚性，来达到提高压杆稳定性的目的。例如图 10-22(a) 所示的一端固定，另一端自由的轴向受压细长杆，其长度因数 $\mu_1=2$。如果在上端加一铰链约束，如图 10-22(b) 所示，其长度因数 $\mu_2=0.7$，压杆的临界力提高至 $(\mu_1/\mu_2)^2=8.16$ 倍。如果上端再改为固定端，如图 10-22(c) 所示，其长度因数 $\mu_3=0.5$，则临界力提高至 16 倍。

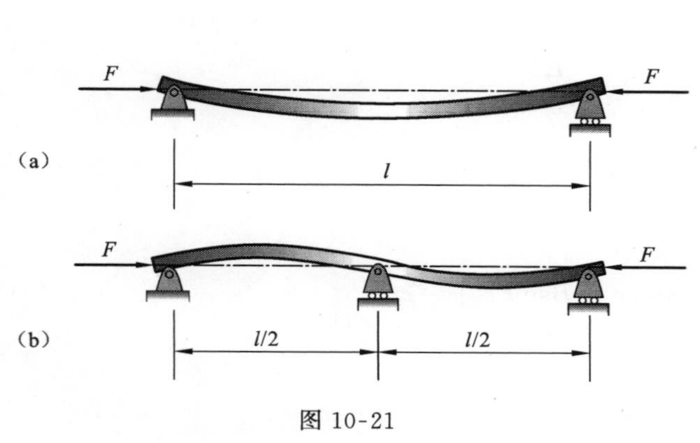

图 10-21

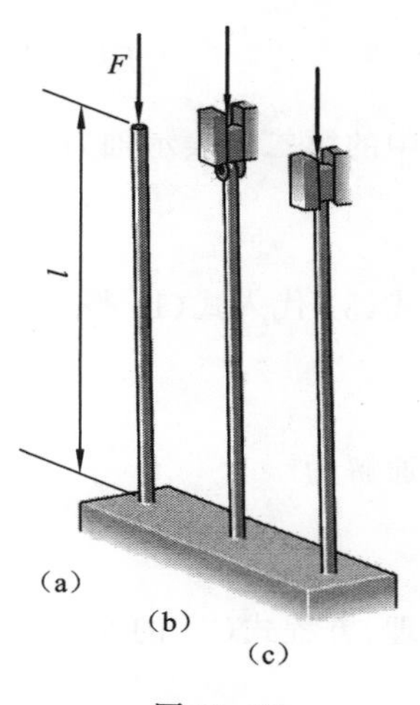

图 10-22

4. 合理选择材料

对于大柔度杆，临界应力按欧拉公式(10-5) 计算。由该公式可见，除了压杆的柔度 λ 影响临界应力的大小外，材料的弹性模量 E 对它也有一定的影响。然而，对于钢材而言，其 E 值大致相等，所以选用优质钢或低碳钢，对提高大柔度压杆的稳定性并无多大意义。

而对于中柔度杆，其临界应力采用经验公式计算，临界应力与材料的强度有关，选用优质钢材在一定程度上可提高临界应力数值。小柔度杆是强度问题，选用优质材料的优越性是显而易见的。

10.7 纵横弯曲的概念

在第 9 章中，我们曾讨论过拉伸(压缩) 与弯曲组合变形的强度计算，当时假定杆件的刚度很大，由横向力引起的弯曲变形很小，因而忽略了轴向力对弯曲变形的影响。但值得注意的是，当杆件的刚度较小时，弯曲变形较大，轴向力对弯曲的影响就不能忽略。纵横弯曲问题就是同时考虑横向力与轴向力作用的弯曲变形问题。现以图 10-23 所示的压弯组合作用的杆件为例，说明纵横弯曲问题的解法。

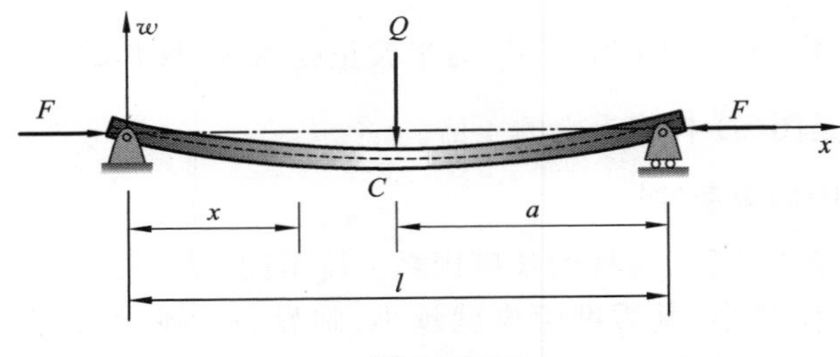

图 10-23

假设弯曲变形发生在杆的一个主惯性平面内，抗弯刚度为 EI。那么，它的挠曲线近似微分方程为

$$EI\frac{\mathrm{d}^2w}{\mathrm{d}x^2}=\frac{Qa}{l}x-Fw,\quad 0\leqslant x\leqslant(l-a)\tag{1}$$

$$EI\frac{\mathrm{d}^2w}{\mathrm{d}x^2}=\frac{Q(l-a)(l-x)}{l}-Fw,\quad (l-a)\leqslant x\leqslant l\tag{2}$$

式中的第二项表示轴力对弯曲变形的影响。引用记号

$$k^2=\frac{F}{EI}\tag{3}$$

将式(3) 代入式(1) 得到

$$\frac{\mathrm{d}^2w}{\mathrm{d}x^2}+k^2w=\frac{Qa}{EIl}x$$

其通解为

$$w=A\cos kx+B\sin kx+\frac{Qa}{Fl}x\tag{4}$$

同理，方程式(2) 的通解为

$$w=C\cos kx+D\sin kx+\frac{Q(l-a)}{Fl}(l-x)\tag{5}$$

利用杆件两端挠度等于零的边界条件，得

$$A = 0,\quad C = -D\tan kl$$

根据横向力作用点 C 处挠度和转角的连续条件，即当 $x = l - a$ 时，

$$w_{C左} = w_{C右},\quad w'_{C左} = w'_{C右}$$

得到

$$B = \frac{-Q\sin ka}{Fk\sin kl},\quad D = \frac{Q\sin k(l-a)}{Fk\tan kl}$$

将常数 A，B 代入式(4)，得

$$w = -\frac{Q\sin ka}{Fk\sin kl}\sin kx + \frac{Qa}{Fl}x \tag{6}$$

对 x 求导，得

$$\left.\begin{aligned} \frac{\mathrm{d}w}{\mathrm{d}x} &= -\frac{Q\sin ka}{F\sin kl}\cos kx + \frac{Qa}{Fl} \\ \frac{\mathrm{d}^2 w}{\mathrm{d}x^2} &= \frac{M}{EI} = \frac{kQ\sin ka}{F\sin kl}\sin kx \end{aligned}\right\} \tag{7}$$

同理，将常数 C，D 代入式(5)，得到在 $(l-a) \leqslant x \leqslant l$ 范围内，

$$\left.\begin{aligned} w &= -\frac{Q\sin k(l-a)}{Fk\sin kl}\sin k(l-x) + \frac{Q(l-a)}{Fl}(l-x) \\ \frac{\mathrm{d}w}{\mathrm{d}x} &= \frac{Q\sin k(l-a)}{F\sin kl}\cos k(l-x) - \frac{Q(l-a)}{Fl} \\ \frac{\mathrm{d}^2 w}{\mathrm{d}x^2} &= \frac{M}{EI} = \frac{Qk\sin k(l-a)}{F\sin kl}\sin k(l-x) \end{aligned}\right\} \tag{8}$$

当 Q 力的作用点在杆的中点，即 $a = l/2$ 时，由式(6) 及式(7) 式可得到截面 C 的挠度和弯矩值为

$$w_C = -\frac{Q}{2Fk}\tan\frac{kl}{2} + \frac{Ql}{4F}$$

$$M_{\max} = \frac{EIQk}{2F}\tan\frac{kl}{2}$$

引用记号

$$\frac{kl}{2} = \frac{l}{2}\sqrt{\frac{F}{EI}} = u \tag{9}$$

可将 w_C 和 $M_{\max}$ 写成

$$w_C = -\frac{Q}{2Fk}\tan u + \frac{Ql}{4F} = \frac{-Ql^3}{48EI}\left(\frac{3\tan u - 3u}{u^3}\right) \tag{10}$$

$$M_{\max} = \frac{Ql}{4}\,\frac{\tan u}{u} \tag{11}$$

在以上公式中，等式右边的第一个因子代表不考虑轴向力时的挠度和弯矩；第二个因子代表轴向力对挠度和弯矩的影响。由于挠度和弯矩与 u 的关系，亦即与轴向力 F 的关系是非线性的，所以对轴向力 F 来说，叠加原理不再适用。

纵横弯曲时，杆中最大应力为

$$\sigma_{\max} = \frac{F}{A} + \frac{M_{\max}}{W}$$

若轴力 F 趋近临界压力 $\frac{\pi^2 EI}{l^2}$ 时，由式(9) 式可知，u 趋近于 $\pi/2$，则式(9)、式(10) 等号右边的第二个因子都趋近于无限大。这意味着，当 $F \to F_{cr}$ 时，无论横向力如何小，杆件都会丧失稳定。

习　题

10-1　如题图 10-1 所示一端固定另一端自由的压杆，仿照推导两端铰支细长压杆临界力的计算公式的方法，试导出该杆临界力的欧拉公式。

10-2　细长压杆如题图 10-2 所示，各圆杆的直径 d 均相同，材料为 Q235 钢，其中图(a)为两端铰支，图(b)为上端铰支，下端固定，图(c)为两端固定。试判断哪一种情形的临界载荷 F_{cr} 最大？若 $d = 16$ cm，$E = 210$ GPa，试求其中最大临界载荷。

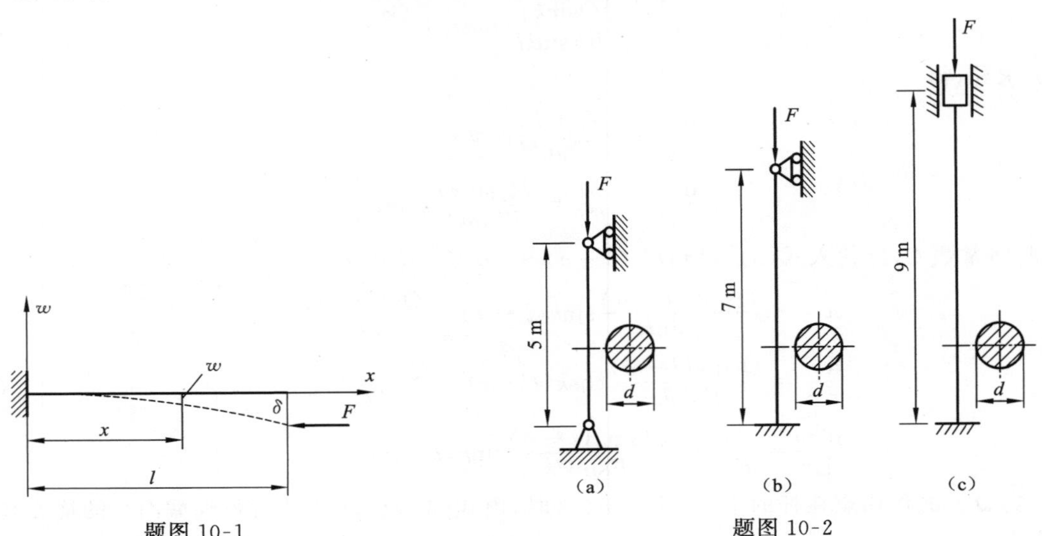

题图 10-1　　　　题图 10-2

10-3　普通热轧不等边角钢压杆，截面尺寸为 200 mm × 125 mm × 18 mm，长度为 $l = 5$ m，两端为球铰，如题图 10-3 所示。材料为 Q235 钢，$E = 210$ GPa。求此细长压杆的临界载荷。

10-4　有一铰接杆系 ABC 如题图 10-4 所示。已知 AB，BC 两杆为材料相同截面相等的细长杆。若由于杆件在 ABC 平面内失稳而引起毁坏，试确定载荷 F 为最大时的 θ 角（假设 $0 < \theta < \dfrac{\pi}{2}$，$A$，$C$ 之间的距离为 l）。

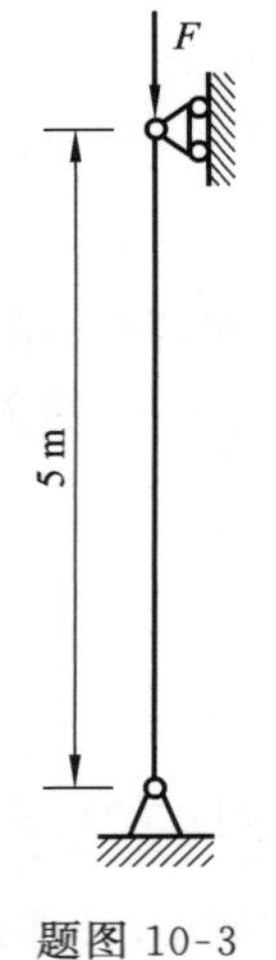

题图 10-3

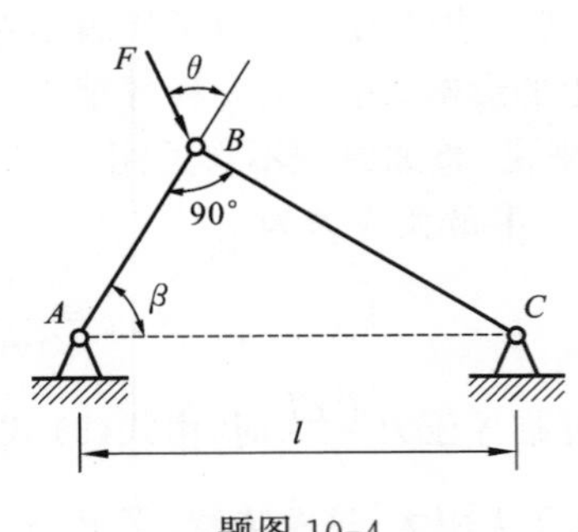

题图 10-4

10-5　题图10-5所示某型飞机起落架中承受轴向压力的斜撑杆，两端视为铰支。杆为空心圆杆，外径 $D = 52$ mm，内径 $d = 44$ mm，$l = 950$ mm。材料为 30CrMnSiNi，$\sigma_p = 1\,200$ MPa，$E = 210$ GPa。试求支撑杆的临界压力 F_{cr} 和临界应力 σ_{cr}。

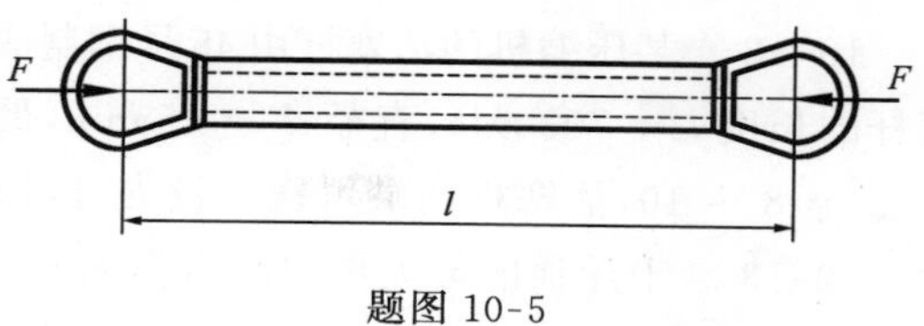

题图 10-5

10-6　三根圆截面压杆，其直径均为 $d = 160$ mm，材料为Q235钢，$E = 206$ GPa，$\sigma_p = 200$ MPa，$\sigma_s = 235$ MPa。两端均为铰支，长度分别为 l_1，l_2 和 l_3，且 $l_1 = 2l_2 = 4l_3 = 5$ m。试求各杆的临界压力 F_{cr}。

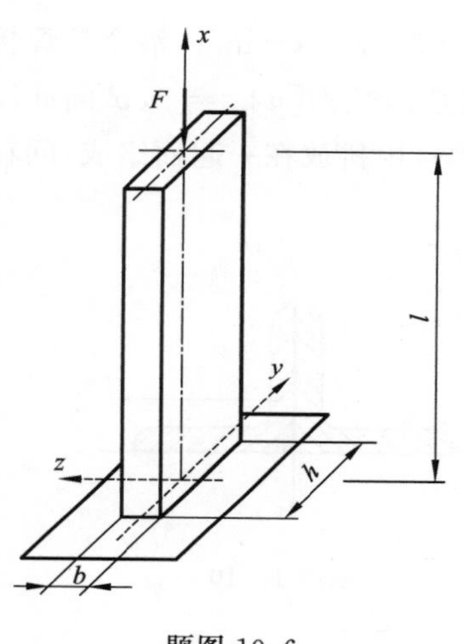

题图 10-6

10-7　已知一矩形截面杆如题图10-6所示。$h = 6$ cm，$b = 2$ cm，$l = 0.6$ m，材料为Q235钢，$E = 206$ GPa，$\sigma_p = 200$ MPa，$\sigma_s = 235$ MPa。试计算压杆的临界力 F_{cr}。

10-8　一木柱两端铰支，其横截面为 120 mm × 200 mm 的矩形，长度为 4 m。木材的 $E = 10$ GPa，$\sigma_p = 20$ MPa。试求木柱的临界应力。计算临界应力的公式有

(1) 欧拉公式；

(2) 直线公式 $\sigma_{cr} = 28.7 - 0.19\lambda$。

10-9　千斤顶丝杆可认为下端固定，上端自由的压杆。已知其最大承重量 $F = 120$ kN，螺纹内径 $d_1 = 52$ mm，长度 $l = 50$ cm，材料为Q235钢，$E = 206$ GPa，$\sigma_s = 235$ MPa，$\sigma_p = 200$ MPa，试求千斤顶丝杆的工作安全因数。

10-10　某快锻水压机工作台油缸柱塞如题图10-7所示。该柱塞可简化成左端固定，右端自由。已知油压 $p = 32$ MPa，柱塞直径 $d = 120$ mm，伸入油缸的最大行程 $l = 1\,600$ mm，材料为45号钢，$\sigma_p = 280$ MPa，$E = 210$ GPa。试求柱塞的工作安全因数。

10-11　蒸汽机车的连杆如题图10-8所示。截面为工字型，材料为Q235钢，$E = 206$ GPa，$\sigma_s = 235$ MPa，$\sigma_p = 200$ MPa，连杆所受最大轴向压力为465 kN。连杆在摆动平面（xy 平面）内发生弯曲时，两端可视为铰支，在与摆动平面垂直的 xz 平面内发生弯曲时，两端可视为固定支座。试确定其工作安全因数。

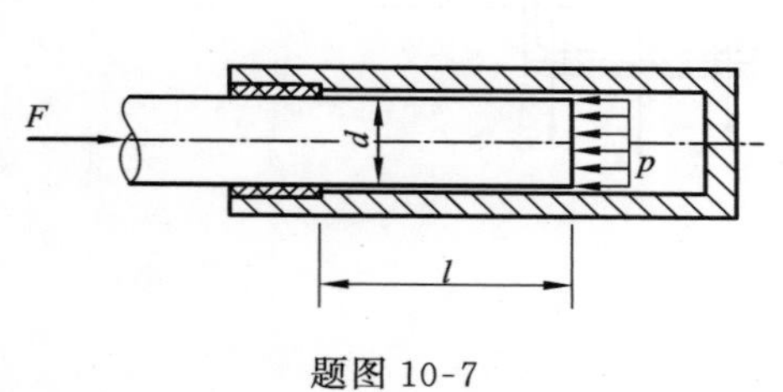

题图 10-7

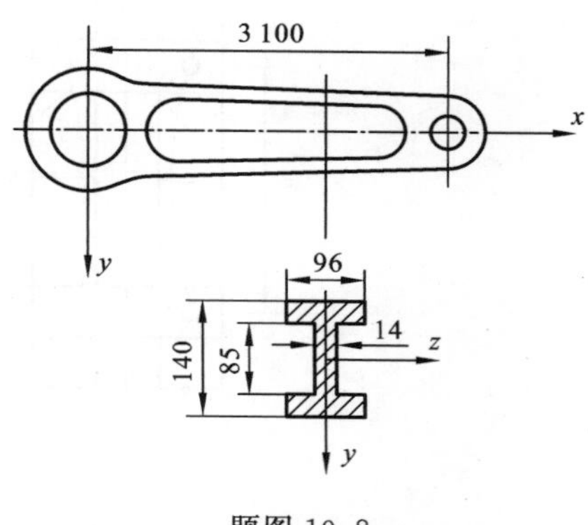

题图 10-8

10-12　某压缩机的活塞杆由45号钢制成，其$\sigma_s = 350$ MPa，$\sigma_p = 280$ MPa，$E = 210$ GPa。活塞杆的长度$l = 703$ mm，直径$d = 45$ mm，最大压力$F_{max} = 41.6$ kN。规定的稳定安全因数为$[n]_{st} = 8 \sim 10$，活塞杆两端可视为铰支。试校核其稳定性。

10-13　千斤顶的最大承载压力为$F = 150$ kN，螺杆内径$d = 52$ mm，$l = 50$ cm，材料为Q235钢，$E = 206$ GPa，$\sigma_s = 235$ MPa，$\sigma_p = 200$ MPa。规定的稳定安全因数为$[n]_{st} = 3$。试校核其稳定性。

10-14　题图10-9所示蒸汽机的活塞杆AB，所受的压力为120 kN，$l = 180$ cm，截面为圆形，直径$d = 7.5$ cm。材料为Q275钢，$E = 210$ GPa，$\sigma_p = 240$ MPa。规定的稳定安全因数为$[n]_{st} = 8$，试校核活塞杆的稳定性。

10-15　长度为3.4 m的两端铰支压杆由两根角钢(75 mm×75 mm×5 mm)沿全长焊接而成，截面如题图10-10所示，$E = 210$ GPa。如果规定的稳定安全因数为$[n]_{st} = 2$，试问此压杆在压力$F = 60$ kN作用下是否安全。若此压杆是由这两根角钢自由拼放在一起而组成，问在上述压力下它是否安全。

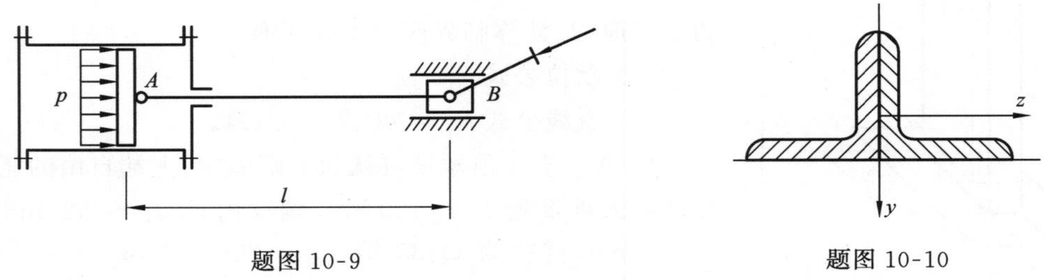

题图 10-9　　　　题图 10-10

10-16　如题图10-11所示，组合柱由两根32a号槽钢用连接板铆接而成，已知柱的两端为球铰支承，柱长为8 m。若材料为Q235钢，$E = 206$ GPa，$\sigma_p = 200$ MPa，$\sigma_s = 235$ MPa，其$[\sigma] = 160$ MPa，$[n]_{st} = 2$，截面上有4个铆钉孔，直径为18 mm。规定连接板间单根槽钢的$\lambda \leqslant 40$，试求：

(1) 槽钢间的合理间距a；

(2) 组合柱的许用载荷；

(3) 连接板间距离b。

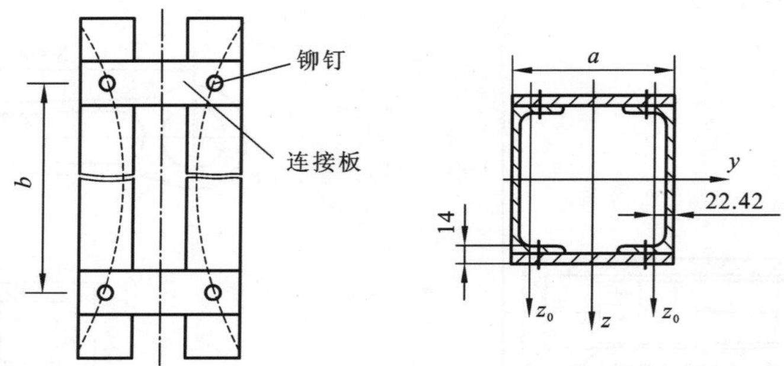

题图 10-11

10-17　题图10-12所示托架中AB杆的直径$d=4\ \text{cm}$，长度$l=80\ \text{cm}$，两端可视为铰支，材料为Q235钢，$E=206\ \text{GPa}$，$\sigma_p=200\ \text{MPa}$，$\sigma_s=235\ \text{MPa}$。CBD为刚性杆，试求：

(1) 托架的临界载荷F_{cr}；

(2) 若已知工作载荷$F=70\ \text{kN}$，并规定AB杆的稳定安全因数$[n]_{st}=2$，试问托架是否安全。

10-18　有一结构$ABCD$如题图10-13所示，由三根直径均为d的圆截面细长钢杆组成，在B端铰支，而在A点和C点固定，D为铰结点。$\alpha=30°$，$l/d=10\pi$。若此结构由于杆件在$ABCD$平面内弹性失稳而丧失承载能力，试确定作用于结点D的载荷F的临界值。

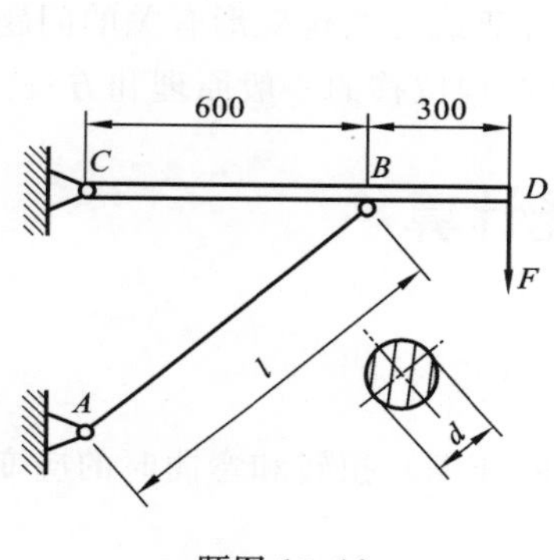

题图10-12

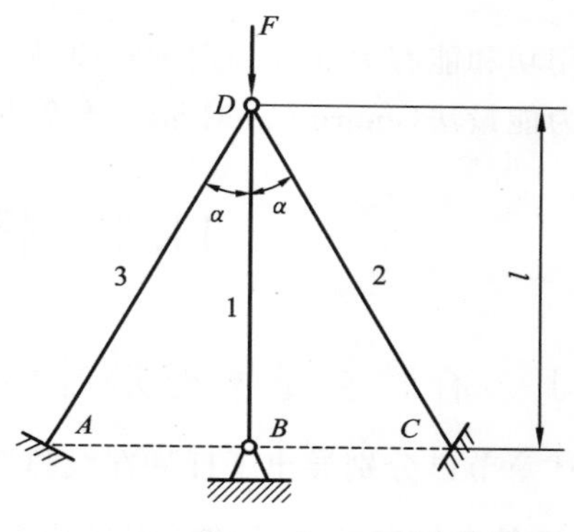

题图10-13

10-19　题图10-14所示结构中CF为铸铁圆杆，直径$d_1=100\ \text{mm}$(按细长压杆计算)，$[n]_{st}=4.6$，$E_{铁}=120\ \text{GPa}$。BE为钢圆杆，直径$d_2=50\ \text{mm}$，$[\sigma]=160\ \text{MPa}$，$E_{钢}=200\ \text{GPa}$。横梁ABCD可视为刚体，试求结构的许用载荷$[F]$值。

10-20　求题图10-15所示纵横弯曲问题的最大挠度及弯矩，设杆件的抗弯刚度为EI。

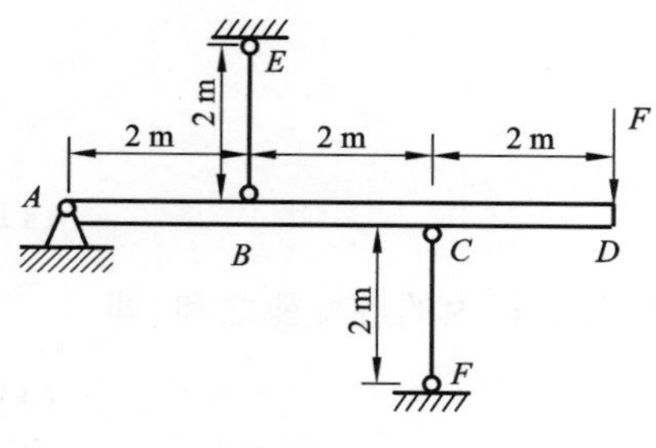

题图10-14

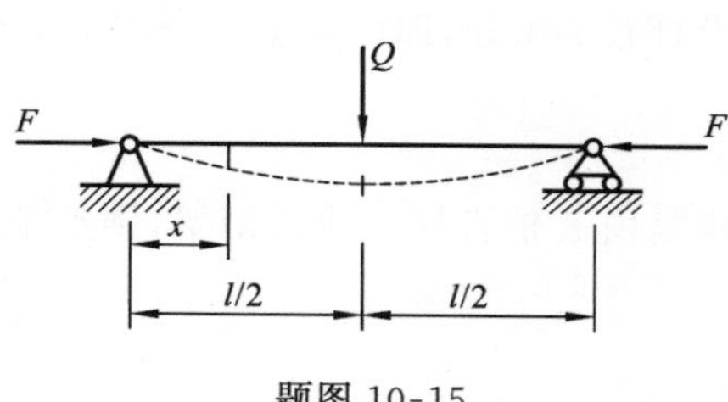

题图10-15

第11章　能　量　法

弹性体因外力作用而变形，从而引起外力作用点沿力作用方向的位移，因此在变形的过程中，外力作功。若不考虑加载和变形过程中的能量损耗，根据功能原理，外力功则全部转变为弹性应变能储存于弹性体内，即

$$W = U$$

利用功和能有关的一些定理和原理，解决结构的位移计算或与结构变形有关的问题，这种方法称为能量法(energy method)。本章将介绍能量法计算结构位移的一般原理和方法。

11.1　杆件的应变能计算

11.1.1　杆件在基本变形时的应变能

前述章节已分别导出了杆件在线弹性范围内轴向拉伸(压缩)、扭转和弯曲时的应变能：

1. 杆件在轴向拉伸(压缩)时的应变能

杆件在轴向拉伸(压缩)时的应变能为

$$U = \frac{F_N^2 l}{2EA} \tag{11-1}$$

若轴力沿杆轴线有变化，设 x 是和杆轴线重合的坐标，轴力表示为 $F_N(x)$。在坐标为 x，长度为 dx 的微段内，应变能为

$$dU = \frac{F_N^2(x)dx}{2EA}$$

沿杆长 l 积分，即可得整个杆内的应变能为

$$U = \int_l \frac{F_N^2(x)dx}{2EA} \tag{11-2}$$

若结构是由 n 根直杆组成的桁架，则整个结构内的应变能为各杆内的应变能之和，即

$$U = \sum_{i=1}^{n} \frac{F_{Ni}^2 l_i}{2E_i A_i} \tag{11-3}$$

2. 圆轴扭转时的应变能

圆轴扭转时的应变能为

$$U = \frac{T^2 l}{2GI_p} \tag{11-4}$$

与轴向拉伸(压缩)相似，当圆轴横截面上的扭矩沿轴线为变量 $T(x)$ 时，轴的应变能可表达为

$$U = \int_l \frac{T^2(x)dx}{2GI_p} \tag{11-5}$$

3. 梁弯曲时的应变能

梁纯弯曲时的应变能为

$$U=\frac{M^2 l}{2EI} \tag{11-6}$$

横力弯曲时，梁的应变能应包含弯曲应变能和剪切应变能两部分，对一般细长的梁，剪切应变能比弯曲应变能小得多，可以略去不计。则弯曲应变能为

$$U=\int_l \frac{M^2(x)\mathrm{d}x}{2EI} \tag{11-7}$$

11.1.2 杆件在组合变形时的应变能

在组合变形的一般情况下，杆件横截面上可能同时有轴力 $F_N(x)$、扭矩 $T(x)$ 和弯矩 $M(x)$ 作用，线弹性、小变形时三种内力分量引起的变形是互相独立的，因而总应变能等于三者单独作用时的应变能之和。所以组合变形时整个杆件的总应变能可表达为

$$U=\int_l \frac{F_N^2(x)\mathrm{d}x}{2EA}+\int_l \frac{T^2(x)\mathrm{d}x}{2GI_p}+\int_l \frac{M^2(x)\mathrm{d}x}{2EI} \tag{11-8}$$

式(11-8) 适用于圆截面杆，若为非圆截面杆，则式中的 I_p 应以非圆截面的相当极惯性矩来代替。

例 11.1 求图 11-1 所示简支梁的应变能。

解 设 M_e 和 F 同时由零按比例增加至终值，此时梁的弯矩方程为(以端点 A 为坐标原点)

$$M_1(x)=\frac{1}{2}Fx+M_e\frac{x}{l}\quad\left(0\leqslant x\leqslant\frac{l}{2}\right)$$

$$M_2(x)=\frac{1}{2}F(l-x)+M_e\frac{x}{l}\quad\left(\frac{l}{2}\leqslant x\leqslant l\right)$$

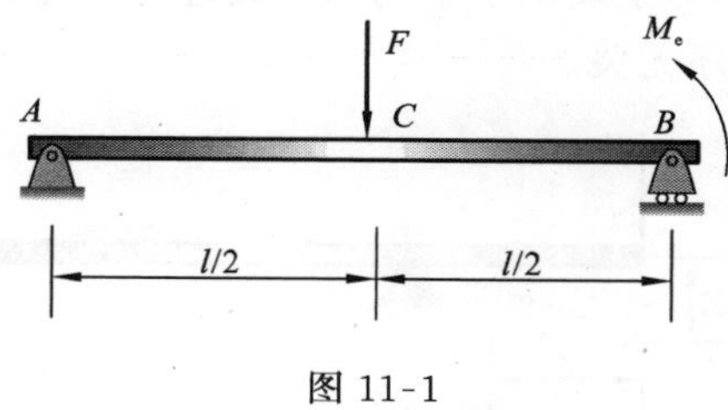

图 11-1

由于 AC 和 CB 两段内的弯矩方程不同，所以用公式(11-7) 计算应变能时，应分段积分，即

$$U=\frac{1}{2}\int_0^{\frac{l}{2}}\frac{{M_1}^2(x)\mathrm{d}x}{EI}+\frac{1}{2}\int_{\frac{l}{2}}^{l}\frac{{M_2}^2(x)\mathrm{d}x}{EI}$$

积分后可得梁内应变能为

$$U=\frac{1}{EI}\left(\frac{F^2l^3}{96}+\frac{M_eFl^2}{16}+\frac{{M_e}^2l}{6}\right) \tag{1}$$

为了进一步分析问题，将式(1) 改写为下列等价形式：

$$U=\frac{1}{2}F\frac{Fl^3}{48EI}+M_e\frac{Fl^2}{16EI}+\frac{1}{2}M_e\frac{M_el}{3EI} \tag{2}$$

$$U=\frac{1}{2}F\frac{Fl^3}{48EI}+F\frac{M_el^2}{16EI}+\frac{1}{2}M_e\frac{M_el}{3EI} \tag{3}$$

在式(2) 和(3) 中，右端第一和第三项可以写成：$\frac{1}{2}Fw_C$ 和 $\frac{1}{2}M_e\theta_B$，其中

$$w_C=\frac{Fl^3}{48EI},\quad \theta_B=\frac{M_el}{3EI}$$

分别为 F 单独作用时力的作用点 C 的挠度，和 M_e 单独作用时 B 处的转角。因此 $\frac{1}{2}Fw_C$ 和 $\frac{1}{2}M_e\theta_B$ 为这两种载荷单独作用时，载荷所作的功，它们分别等于载荷单独作用时梁内的应变能。

由式(2)或式(3)可见，两种载荷同时作用时，梁内的应变能并不等于两种载荷分别单独作用时的应变能之和，即多个载荷作用使杆弯曲时，杆件内的应变能不能由各个载荷单独作用时的应变能简单叠加得到。由式(2)、式(3)可见，其差别在于右端第二项，该项可以改写成：$M_e\theta_{BF}$ 或 Fw_{CM_e}。其中，$\theta_{BF}=\frac{Fl^2}{16EI}$ 表示 F 作用下的 B 端转角；$w_{CM_e}=\frac{M_e l^2}{16EI}$ 表示 M_e 作用下的 C 点挠度。

因此式(2)可以理解为当梁上首先作用力偶 M_e，梁内产生应变能 $\frac{1}{2}M_e\theta_B$，即式(2)中第三项，然后保持 M_e 不变，再逐渐加上 F 力，此时第一项即为 F 力在其作用点的位移上所作的功，而第二项则表示保持不变的力偶 M_e 在由 F 力产生的 B 端转角 θ_{BF} 上所作的功 $M_e\theta_{BF}$。所以式(2)表示了先加力偶 M_e，然后保持不变，再加上力 F 的情况。

与此类似，式(3)则表示在梁上先加力 F，并保持 F 不变，再加上力偶 M_e 的情况。其中第二项即为不变力 F 在由 M_e 所引起的力 F 作用点的位移 w_{CM_e} 上所作的功 Fw_{CM_e}。

以上三个应变能表达式(1)、式(2)和式(3)具有完全相同的数值，但是它们的物理含意不同，分别反映了不同的加载过程。这就表明杆件的应变能只和最终的载荷状态有关，而与加载次序无关。

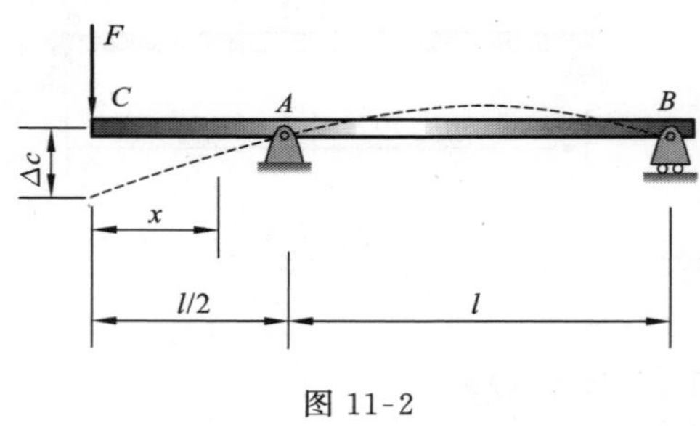

图 11-2

例 11.2 试计算图 11-2 所示外伸梁的应变能，并求 C 点的垂直位移 Δ_C。

解 1) 计算梁的应变能。取坐标如图 11-2 所示，梁 AC 和 AB 段内的弯矩方程分别为

$$M_1(x)=-Fx \quad \left(0\leqslant x\leqslant \frac{l}{2}\right)$$

$$M_2(x)=-\frac{F}{2}\left(\frac{3}{2}l-x\right) \quad \left(\frac{l}{2}\leqslant x\leqslant \frac{3}{2}l\right)$$

将上两式代入式(11-7)，积分可得应变能

$$U=\int_0^{\frac{l}{2}}\frac{M_1^2(x)\mathrm{d}x}{2EI}+\int_{\frac{l}{2}}^{\frac{3}{2}l}\frac{M_2^2(x)\mathrm{d}x}{2EI}$$

$$=\int_0^{\frac{l}{2}}\frac{(-Fx)^2\mathrm{d}x}{2EI}+\int_{\frac{l}{2}}^{\frac{3}{2}l}\frac{1}{2EI}\left[-\frac{F}{2}\left(\frac{3l}{2}-x\right)\right]^2\mathrm{d}x=\frac{F^2l^3}{16EI}$$

2) 计算 C 点的垂直位移 Δ_C。在变形过程中，F 力在位移 Δ_C 上所作的功为 $W=\frac{1}{2}F\Delta_C$，由于 $W=U$，故有

$$\frac{1}{2}F\Delta_C=\frac{F^2l^3}{16EI}$$

由此得

$$\Delta_C=\frac{Fl^3}{8EI}$$

由例 11.2 知，根据功能原理可求出结构受力作用点沿力的作用线方向的位移。但需要强调指出的是，直接应用功能原理求位移，杆件上作用的外力一定是唯一的，而且仅可求出该力方向的相应位移。因为若有多个外力作用，则外力功的表达式中便包含了所有外力作用点的位移，难以求得问题的解答，故这种解法有很大的局限性。

11.2 功的互等定理和位移互等定理

如上所述，杆件的应变能或外力所作的总功只和最终的载荷状态有关，而与加载次序无关。利用此概念可以建立关于线弹性体的两个重要定理：功的互等定理(reciprocal theorem of work) 和位移互等定理(reciprocu theorem of displacement)。下面以梁为例推证。

图 11-3(a)、(b) 所示为同一梁的两种受力状态，载荷 F_1 作用于点 1 时，引起点 1 和另一任意点 2 的位移分别为 Δ_{11} 和 Δ_{21}；而 F_2 作用于点 2 时，引起点 1 和点 2 的位移分别为 Δ_{12} 和 Δ_{22}。

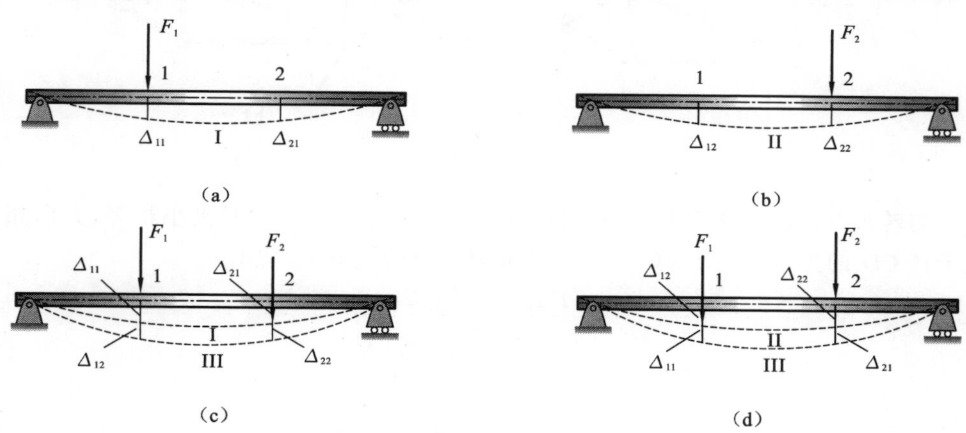

图 11-3

如果在梁上先加 F_1，然后再加 F_2(图 11-3(c))，则 F_1 所作的功为 $\frac{1}{2}F_1\Delta_{11}+F_1\Delta_{12}$，$F_2$ 所作的功为$\frac{1}{2}F_2\Delta_{22}$，两力所作总功为

$$W_1=\frac{1}{2}F_1\Delta_{11}+F_1\Delta_{12}+\frac{1}{2}F_2\Delta_{22} \tag{1}$$

类似，如果先作用 F_2，然后再加 F_1(图 11-3(d))，则两力所作总功为

$$W_2=\frac{1}{2}F_2\Delta_{22}+F_2\Delta_{21}+\frac{1}{2}F_1\Delta_{11} \tag{2}$$

由于线弹性体上载荷所作总功，即应变能，与加载次序无关，只取决于载荷的最终状态，所以 $W_1=W_2$。据此，由式(1)、式(2) 可得

$$F_1\Delta_{12}=F_2\Delta_{21} \tag{11-9}$$

式(11-9) 表明，载荷 F_1 在由载荷 F_2 引起的 F_1 方向的位移 Δ_{12} 上所作的功 $F_1\Delta_{12}$，等于 F_2 在由 F_1 引起的 F_2 方向的位移 Δ_{21} 上所作的功 $F_2\Delta_{21}$。这个规律称为功的互等定理。其中的载荷也可以是力偶，因此为广义的力(generalized force)，位移则是与广义力对应的广义位移(generlized displacement)。

在式(11-9)中,若令 $F_1 = F_2$,则得

$$\Delta_{12} = \Delta_{21} \tag{11-10}$$

式(11-10)表明,若有数值相同的两个广义力 F_1 和 F_2,则 F_1 作用所引起的 F_2 作用点上与 F_2 对应的广义位移 Δ_{21},数值上等于 F_2 作用引起的 F_1 作用点上与 F_1 对应的广义位移 Δ_{12},这个规律称为位移互等定理。

上述定理的推证以梁为例,但对所有线弹性体普遍适用。

例 11.3 图 11-4(a) 所示桁架,杆 CD 的长度 l 为 1 m,已知节点 B 受铅垂向下的力 $F = 1$ kN 作用时,杆 CD 产生逆时针方向的转角 $\theta = 0.01$ rad。试确定为使节点 B 产生铅垂向下的线位移 $\Delta_B = 0.000\,8$ m,在节点 C 及 D 两处应加多大的力。并说明加力方向。

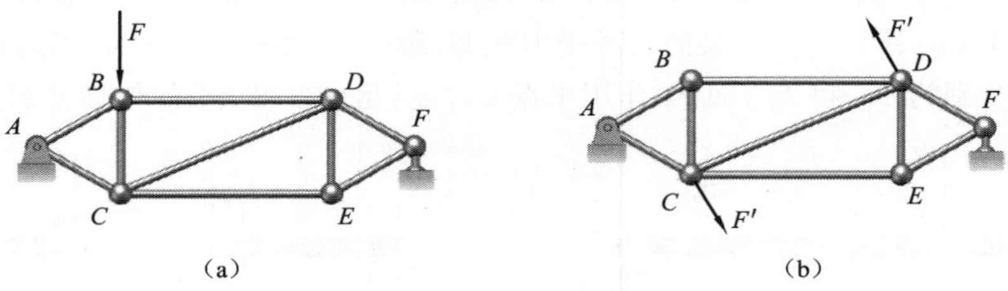

图 11-4

解 与转角对应的广义力为力偶,因此,应在点 C 及点 D 加一对大小相等,方向相反,且均垂直于杆 CD 的力,如图 11-4(b) 所示。根据功的互等定理,这里有

$$F\Delta_B = F' l_{CD} \theta$$

所以

$$F' = \frac{F\Delta_B}{l_{CD}\theta} = 0.08 \text{ kN}$$

11.3 卡氏定理

以梁为例。如图 11-5(a) 所示的梁,作用有 n 个载荷 $F_1, F_2, \cdots, F_i, \cdots, F_n$,与这些载荷相应的位移是 $\Delta_1, \Delta_2, \cdots, \Delta_i, \cdots, \Delta_n$,变形过程中,载荷所作的功转化为梁中的应变能。因此,应变能为载荷的函数,即

$$U = U(F_1, F_2, \cdots, F_i, \cdots, F_n) \tag{1}$$

若上述载荷中的任一个 F_i 有一增量 $\mathrm{d}F_i$(图 11-5(b)),则应变能的相应增量为$\dfrac{\partial U}{\partial F_i}\mathrm{d}F_i$,于是梁内的应变能为

$$U + \frac{\partial U}{\partial F_i}\mathrm{d}F_i \tag{2}$$

由于线弹性结构的应变能与加载次序无关,所以可以把载荷作用的次序改变为先作用 $\mathrm{d}F_i$,然后再作用 $F_1, F_2, \cdots, F_i, \cdots, F_n$(图 11-5(c))。先作用 $\mathrm{d}F_i$ 时,其作用点沿 $\mathrm{d}F_i$ 方向的位移为 $\mathrm{d}\Delta_i$,梁内应变能为$\dfrac{1}{2}\mathrm{d}F_i\mathrm{d}\Delta_i$。再作用 $F_1, F_2, \cdots, F_i, \cdots, F_n$ 时,应变能增加了 U,而且在 $\mathrm{d}F_i$ 的方向产生了位移 Δ_i,因而 $\mathrm{d}F_i$ 又作功 $\mathrm{d}F_i\Delta_i$。于是,梁的总应变能为

$$\frac{1}{2}\mathrm{d}F_i\mathrm{d}\Delta_i + U + \mathrm{d}F_i\Delta_i \tag{3}$$

(b)、(c) 两式应该相等，即

$$U+\frac{\partial U}{\partial F_i}\mathrm{d}F_i=\frac{1}{2}\mathrm{d}F_i\mathrm{d}\Delta_i+U+\mathrm{d}F_i\Delta_i$$

略去二阶微量$\frac{1}{2}\mathrm{d}F_i\mathrm{d}\Delta_i$，最后得到

$$\Delta_i=\frac{\partial U}{\partial F_i} \tag{11-11}$$

即应变能对任一外力 F_i 的偏导数，等于 F_i 作用点沿 F_i 方向的位移，这个规律为卡氏(A. Castigliano)第二定理，通常称为卡氏定理。

以上是以梁为例的推导。应该指出，卡氏定理普遍适用于线弹性结构，定理中的力和位移应理解为广义力和与广义力对应的广义位移。

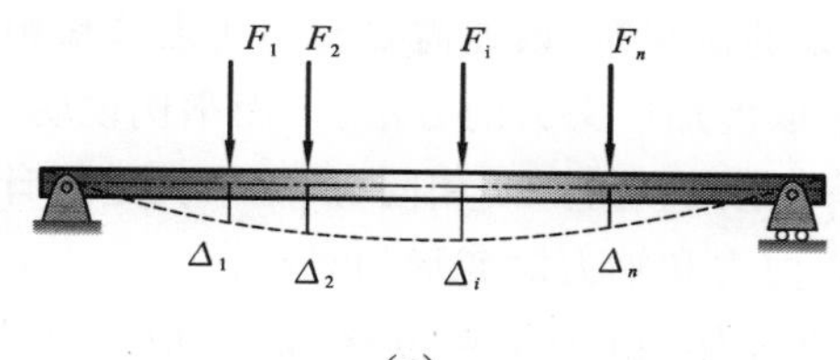

(a)

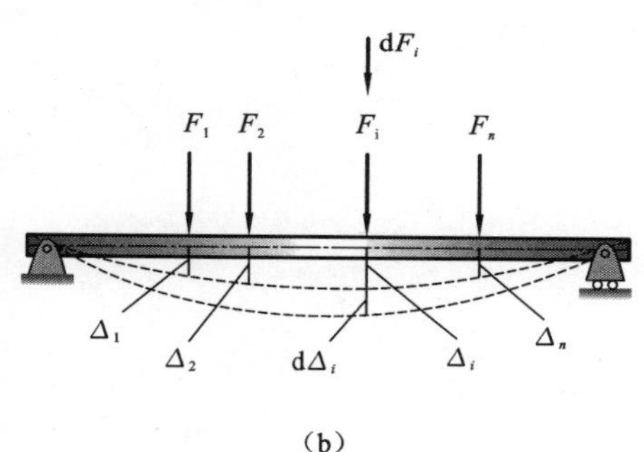

(b)

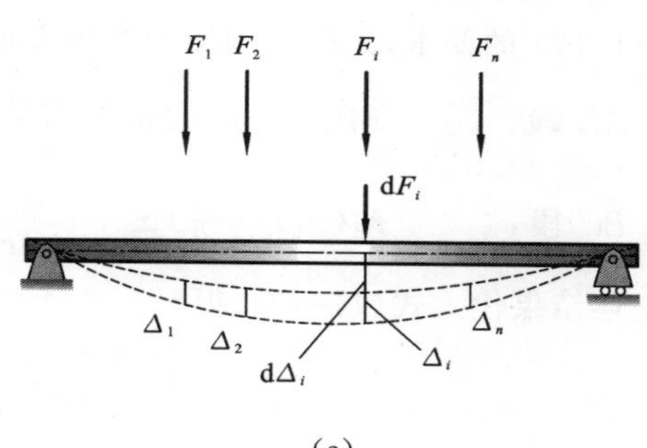

(c)

图 11-5

下面把卡氏定理应用于几种特殊情况：

(1) 横力弯曲梁。应变能为式(11-7)，代入式(11-11)，得

$$\Delta_i=\frac{\partial U}{\partial F_i}=\frac{\partial}{\partial F_i}\int_l\frac{M^2(x)}{2EI}\mathrm{d}x=\int_l\frac{M(x)}{EI}\frac{\partial M(x)}{\partial F_i}\mathrm{d}x \tag{11-12}$$

(2) 桁架系统。应变能 $U=\sum_{j=1}^{n}\frac{F_{Nj}^2l_j}{2E_jA_j}$，代入式(11-11)，得

$$\Delta_i=\frac{\partial U}{\partial F_i}=\frac{\partial}{\partial F_i}\sum_{j=1}^{n}\frac{F_{Nj}^2l_j}{2E_jA_j}=\sum_{j=1}^{n}\frac{F_{Nj}l_j}{E_jA_j}\frac{\partial F_{Nj}}{\partial F_i} \tag{11-13}$$

例题 11.4　图 11-6 所示外伸梁，已知其抗弯刚度 EI，试求外伸端 C 的挠度。

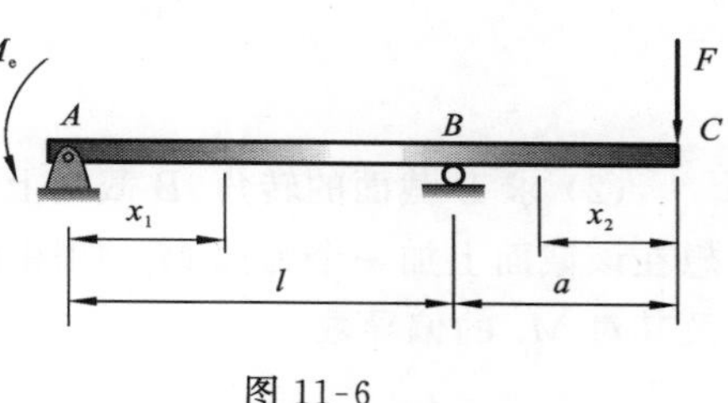

图 11-6

解　(1) 求载荷引起的弯矩。取坐标如图 11-6 所示，则各段弯矩为

AB 段：$M(x_1)=\left(\frac{M_e}{l}-\frac{Fa}{l}\right)x_1-M_e\quad(0<x_1\leqslant l)$

CB 段：　　$M(x_2) = -Fx_2 \quad (0 \leqslant x_2 \leqslant a)$

(2) 求导数。

$$\frac{\partial M(x_1)}{\partial F} = -\frac{a}{l}x_1, \quad \frac{\partial M(x_2)}{\partial F} = -x_2$$

(3) 求挠度。

$$\begin{aligned}\Delta_C = \frac{\partial U}{\partial F} &= \int_0^l \frac{M(x_1)}{EI}\frac{\partial M(x_1)}{\partial F}\mathrm{d}x_1 + \int_0^a \frac{M(x_2)}{EI}\frac{\partial M(x_2)}{\partial F}\mathrm{d}x_2 \\ &= \frac{1}{EI}\int_0^l \left[\left(\frac{M_e}{l} - \frac{Fa}{l}\right)x_1 - M_e\right]\left(-\frac{a}{l}x_1\right)\mathrm{d}x_1 + \frac{1}{EI}\int_0^a (-Fx_2)(-x_2)\mathrm{d}x_2 \\ &= \frac{1}{EI}\left(\frac{Fa^2 l}{3} + \frac{M_e al}{6} + \frac{Fa^3}{3}\right)\end{aligned}$$

用卡氏定理求解结构某处的位移时，该处需要有与所求位移相应的载荷。若需计算位移处没有与之对应的载荷，则可采取虚加广义力的方法。下面举例说明。

例 11.5　图 11-7(a) 所示刚架，各杆 EI 相同，试用卡氏定理计算 C 截面的竖直位移 Δ_C 和 B 截面的转角 θ_B。计算中略去剪力和轴力对变形的影响。

解　(1) 计算 C 截面竖直位移。由于所求位移 Δ_C 对应于外力 F，所以根据卡氏定理公式(11-12) 的要求，先列出刚架的弯矩方程及其对 F 的偏导数

AB 段：　　$M(x_2) = -Fa$，　$\dfrac{\partial M}{\partial F} = -a$

BC 段：　　$M(x_1) = -Fx_1$，　$\dfrac{\partial M}{\partial F} = -x_1$

将上述结果代入式(11-12)，得

$$\begin{aligned}\Delta_C &= \int_0^a \frac{M(x_1)}{EI}\frac{\partial M}{\partial F}\mathrm{d}x_1 + \int_0^a \frac{M(x_2)}{EI}\frac{\partial M}{\partial F}\mathrm{d}x_2 \\ &= \frac{F}{EI}\int_0^a x_1^2\mathrm{d}x_1 + \frac{Fa^2}{EI}\int_0^a \mathrm{d}x_2 = \frac{4Fa^3}{3EI}\end{aligned}$$

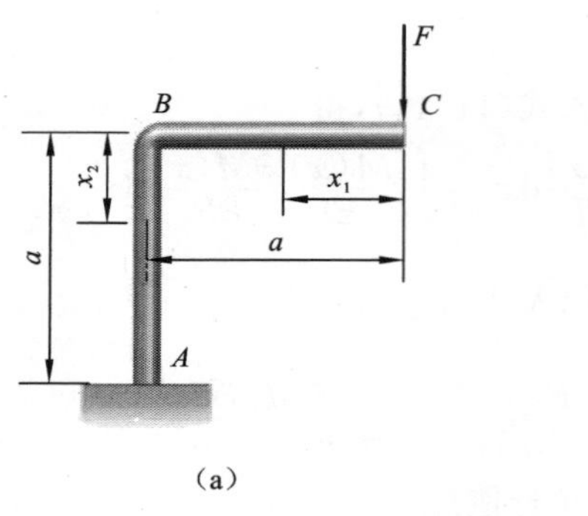

(a)

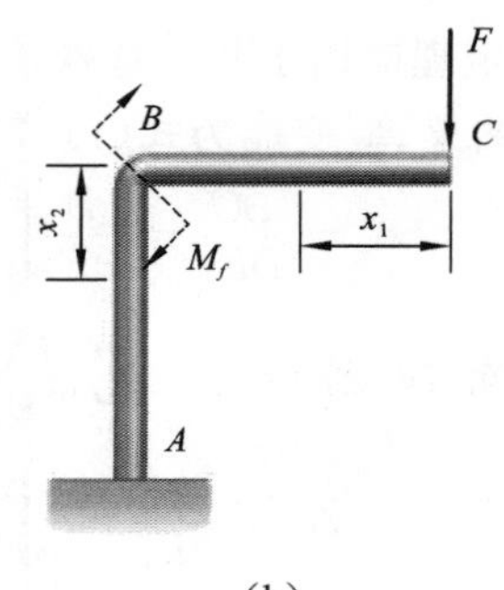

(b)

图 11-7

(2) 求 B 截面的转角。B 截面上没有与要求的转角 θ_B 对应的外力偶，为利用卡氏定理，假想在该截面上加一个力偶 M_f，如图 11-7(b) 所示。在 F 和 M_f 的作用下，列出刚架的弯矩方程及其对 M_f 的偏导数

AB 段：　$M(x_2) = -Fa - M_f$，　$\dfrac{\partial M}{\partial M_f} = -1$

BC 段：　$M(x_1) = -Fx_1$，　$\dfrac{\partial M}{\partial M_f} = 0$

代入公式(11-12)，得

$$\theta_B = \int_0^a \frac{M(x_1)}{EI}\frac{\partial M}{\partial M_f}\mathrm{d}x_1 + \int_0^a \frac{M(x_2)}{EI}\frac{\partial M}{\partial M_f}\mathrm{d}x_2$$

$$= \frac{1}{EI}\int_0^a (Fa + M_f)\mathrm{d}x = \frac{Fa^2 + M_f a}{EI}$$

由于 M_f 为虚拟载荷，所以令结果中 $M_f = 0$，即得 B 截面的实际转角为 $\theta_B = \dfrac{Fa^2}{EI}$。

11.4　虚功原理

虚功原理又称为虚位移原理(theorem of virtval displacement)，在理论力学中，讨论过质点系的虚位移原理，它表述为，质点系平衡的充要条件是作用在质点系上的所有力在质点系的任何虚位移上所作的总虚功等于零，即

$$\delta W = 0$$

对于变形体，除了外力在虚位移上作功，内力在相应的变形虚位移上也作功。前者称为外力虚功，用 δW_e 表示；后者称为内力虚功，用 δW_i 表示。因此用于变形固体的虚功原理可以表述为：变形体平衡的充分必要条件是作用于其上的外力系和内力系在任意一组虚位移上所作的虚功之和为零，即

$$\delta W_e + \delta W_i = 0 \tag{11-14}$$

虚位移可以是真实位移的增量，也可以是与真实位移无关，甚至是完全虚拟的微小位移，与作用力无关。但是这种虚位移必须满足边界位移条件和变形连续性条件，并符合小变形要求。

虚位移既然与作用的力无关，就不受外力与位移关系的限制，也不受材料应力应变关系的限制，所以虚位移原理既可以用于线弹性，也可以用于非线性、非弹性情况。

在结构中取出一微段 $\mathrm{d}x$，如图 11-8(a) 所示。对于该微段而言，F_N，F_s，M 及 $F_N + \mathrm{d}F_N$，$F_s + \mathrm{d}F_s$，$M + \mathrm{d}M$ 都应视为外力。这个微段的虚位移可分为刚性虚位移和变形虚位移。该微段因结构的其他各微段的变形而引起的虚位移称为刚性虚位移，由该微段本身变形引起的虚位移则称为变形虚位移。微段上的变形虚位移可分解为 $\mathrm{d}(\Delta l)^*$，$\mathrm{d}\theta^*$，$\mathrm{d}\lambda^*$，如图 11-8(b)、(c)、(d) 所示。

由于该微段在上述外力作用下处于平衡状态，所有外力对于该微段的刚性虚位移所作的总虚功必等于零。因此只需考虑外力在该微段的变形虚位移上所作的虚功，即

$$F_N\frac{\mathrm{d}(\Delta l)^*}{2} + (F_N + \mathrm{d}F_N)\frac{\mathrm{d}(\Delta l)^*}{2} + M\frac{\mathrm{d}\theta^*}{2} + (M + \mathrm{d}M)\frac{\mathrm{d}\theta^*}{2} + F_s\frac{\mathrm{d}\lambda^*}{2} + (F_s + \mathrm{d}F_s)\frac{\mathrm{d}\lambda^*}{2}$$

略去式中高阶无穷小项，得

$$\mathrm{d}(\delta W_e) = F_N\mathrm{d}(\Delta l)^* + M\mathrm{d}\theta^* + F_s\mathrm{d}\lambda^*$$

该微段的内力虚功则可由虚位移原理式 (11-14) 求得，即

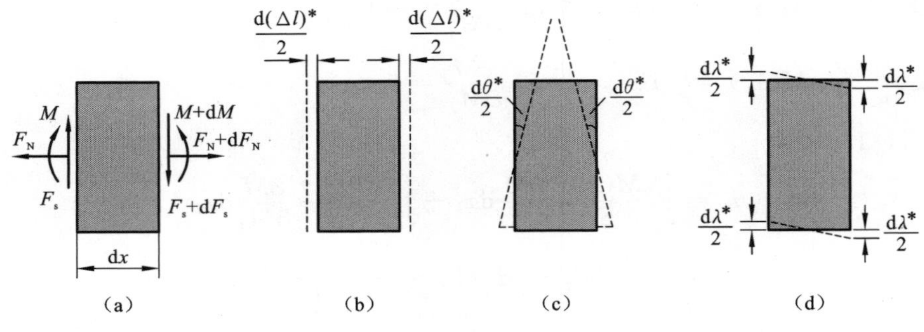

图 11-8

$$\mathrm{d}(\delta W_e) + \mathrm{d}(\delta W_i) = 0$$

则有

$$\mathrm{d}(\delta W_i) = -\mathrm{d}(\delta W_e) = -[F_N\mathrm{d}(\Delta l)^* + M\mathrm{d}\theta^* + F_s\mathrm{d}\lambda^*]$$

于是整个结构的内力虚功为

$$\delta W_i = -\left(\sum\int F_N\mathrm{d}(\Delta l)^* + \sum\int M\mathrm{d}\theta^* + \sum\int F_s\mathrm{d}\lambda^*\right) \tag{1}$$

式(1) 中求和符号表示考虑结构中的所有杆件。若横截面上还存在扭矩，则内力虚功中应增加 $\sum\int T\mathrm{d}\varphi^*$ 这一项。

结构所有外力对于虚位移所作的虚功应为

$$\delta W_e = \sum F_i\Delta_i^* \tag{2}$$

由式(1) 和式(2)，虚功原理式 (11-14) 可具体表达为

$$\sum F_i\Delta_i^* = \sum\int F_N\mathrm{d}(\Delta l)^* + \sum\int M\mathrm{d}\theta^* + \sum\int F_s\mathrm{d}\lambda^* + \sum\int T\mathrm{d}\varphi^* \tag{11-15}$$

式中：F_i 是作用在结构上的外力，为广义力；Δ_i^* 是 i 点沿 F_i 作用方向的广义虚位移。此外，在式(11-15) 中规定 Δ_i^*，$\mathrm{d}(\Delta l)^*$，$\mathrm{d}\theta^*$，$\mathrm{d}\lambda^*$，$\mathrm{d}\varphi^*$ 的符号与 F_i，F_N，F_s，M，T 指向或转向一致者为正，相反者为负。

11.5 单位载荷法

由虚功原理可以得到计算结构位移的单位载荷法(unit load method)。以图 11-9(a) 所示梁为例，梁上 K 点沿任意方向 aa 的位移为 Δ。要想求得 Δ，可以设想先将载荷移去，在 K 点沿 aa 方向加一单位力，如图 11-9(b) 所示。由单位力引起的内力分别记为 $\overline{F}_N$，$\overline{F}_s$，$\overline{M}$。在原载荷作用下的位移作为虚位移(图 11-9(a))，加于图 11-9(b) 的平衡位置上，此时将单位力看作实际载荷，由虚功原理式(11-15) 可得

$$1\cdot\Delta = \sum\int\overline{F}_N\mathrm{d}(\Delta l) + \sum\int\overline{M}\mathrm{d}\theta + \sum\int\overline{F}_s\mathrm{d}\lambda$$

一般情况下，求结构中一点处位移的单位载荷法的计算公式为

$$\Delta = \sum\int\overline{F}_N\mathrm{d}(\Delta l) + \sum\int\overline{M}\mathrm{d}\theta + \sum\int\overline{F}_s\mathrm{d}\lambda + \sum\int\overline{T}\mathrm{d}\varphi \tag{11-16}$$

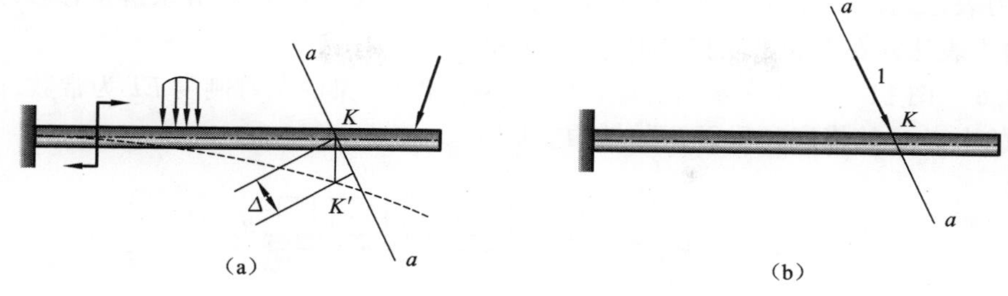

图 11-9

这里需要说明以下几点：

(1) 单位载荷法以虚功原理为基础，故对线性、非线性及非弹性体均适用。

(2) 所求的位移及施加的单位力都是广义的。若要求某点的线位移，则将结构原载荷移去后，应在该点沿所求位移的方向施加单位力；若要求的是角位移，则应施加单位力偶；若要求两点间的相对线位移，则应在两点处同时施加一对方向相反的单位力；若要求两横截面间的相对角位移，则应在两横截面处同时施加一对方向相反的单位力偶。

(3) 若求出的 Δ 为正，则说明单位力所作的功为正，也就是所求的位移 Δ 与单位力同向；若求出 Δ 为负，则说明 Δ 与单位力反向。

(4) 对于细长杆件，剪力影响很小，式(11-16) 中第三项可以略去不计。

对于线弹性结构，材料服从胡克定律，小变形下，结构的位移与载荷呈线性关系。则有

$$\mathrm{d}(\Delta l)=\frac{F_{\mathrm{N}}(x)\mathrm{d}x}{EA},\quad \mathrm{d}\theta=\frac{M(x)\mathrm{d}x}{EI},\quad \mathrm{d}\varphi=\frac{T(x)\mathrm{d}x}{GI_{\mathrm{p}}}$$

所以，式 (11-16) 可写为

$$\Delta=\int_l\frac{F_{\mathrm{N}}(x)\overline{F}_{\mathrm{N}}(x)}{EA}\mathrm{d}x+\int_l\frac{M(x)\overline{M}(x)}{EI}\mathrm{d}x+\int_l\frac{T(x)\overline{T}(x)}{GI_{\mathrm{p}}}\mathrm{d}x \tag{11-17}$$

式(11-17) 常称为**莫尔定理**(Mohr's theorem) 或**莫尔积分**。对于基本变形杆，莫尔定理的形式为

(1) 拉压时

$$\Delta=\int_l\frac{F_{\mathrm{N}}(x)\overline{F}_{\mathrm{N}}(x)}{EA}\mathrm{d}x \tag{11-18}$$

对于桁架，莫尔定理的表达式可化为

$$\Delta=\sum_{i=1}^{n}\frac{F_{\mathrm{N}i}\overline{F}_{\mathrm{N}i}l_i}{E_iA_i} \tag{11-19}$$

(2) 扭转时

$$\varphi=\int_l\frac{T(x)\overline{T}(x)}{GI_{\mathrm{p}}}\mathrm{d}x \tag{11-20}$$

(3) 弯曲时

$$\Delta=\int_l\frac{M(x)\overline{M}(x)}{EI}\mathrm{d}x \tag{11-21}$$

莫尔定理只能求解线弹性结构的位移，其基本方法为：先进行内力分析，求出实际载荷作用下的内力表达式，如 $F_{\mathrm{N}}(x)$，$M(x)$，$T(x)$ 等；再建立单位载荷系统，即移去原结构的载荷，沿欲求位移 Δ(线位移或角位移) 的方向施加一单位载荷(单位力或单位力偶)，求出该单位载荷

引起的内力表达式，如 $\overline{F}_N(x)$，$\overline{M}(x)$，$\overline{T}(x)$ 等；最后代入莫尔定理，积分求解位移 Δ。积分时应注意，当内力表达式在杆长上不连续时，应分段积分。

例 11.6 图 11-10(a) 所示简支梁，受均布载荷作用，梁的抗弯刚度 EI 为常数。试用莫尔定理求梁的中点 C 的挠度和截面 B 的转角。

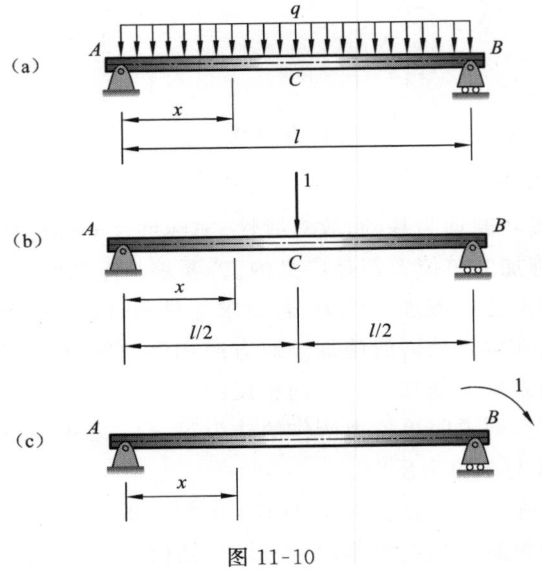

图 11-10

解 1) 计算梁的中点的挠度。梁在均布载荷作用下的弯矩方程为

$$M(x) = \frac{1}{2}qlx - \frac{1}{2}qx^2$$

为了求中点 C 的挠度 Δ_C，在 C 点处沿铅垂方向加一单位力(图 11-10(b))。由单位力引起的弯矩方程为

$$\overline{M}(x) = \frac{1}{2}x$$

应用莫尔定理积分时，由于均布载荷及单位力都对称于梁的中点，所以莫尔积分中的积分限可取 0 到 $l/2$，然后将积分结果乘 2。于是由式(11-21) 得

$$\Delta_C = 2\int_0^{\frac{l}{2}} \frac{M(x)\overline{M}(x)}{EI}\mathrm{d}x = 2\int_0^{\frac{l}{2}} \frac{\frac{qlx}{2} - \frac{qx^2}{2}}{EI}\frac{x}{2}\mathrm{d}x = \frac{5ql^4}{384EI}$$

上面积分得到正值，表示 Δ_C 和所加单位力的作用方向相同，即 Δ_C 向下。

2) 计算截面 B 的转角。为计算 B 截面的转角，在梁的 B 端加一单位力偶(图 11-10(c))。在此力偶作用下，梁的弯矩方程为

$$\overline{M}(x) = -\frac{x}{l}$$

由式(11-21) 得

$$\theta_B = \int_0^l \frac{M(x)\overline{M}(x)}{EI}\mathrm{d}x = \int_0^l \frac{1}{EI}\left(\frac{qlx}{2} - \frac{qx^2}{2}\right)\left(-\frac{x}{l}\right)\mathrm{d}x = -\frac{ql^3}{24EI}$$

所得转角 θ_B 为负，表示梁在 B 截面的转角与所加单位力偶的转向相反。

例 11.7 图 11-11(a) 所示刚架中，AB，BC 杆的抗弯刚度分别为 EI_1 和 EI_2。试求截面 B

的转角。

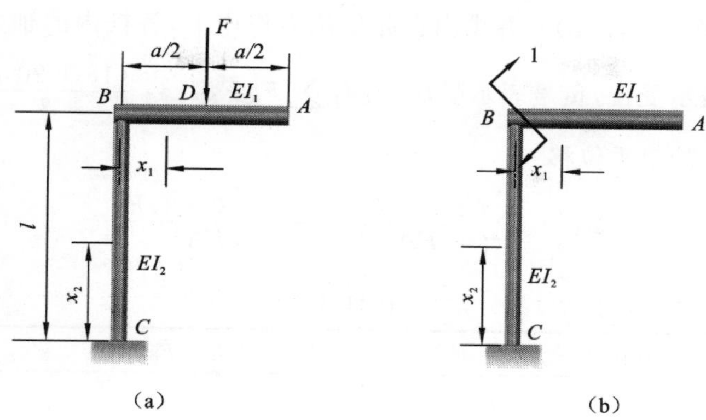

图 11-11

解　(1) 求载荷引起的内力。平面刚架在平面内的载荷作用下，杆的横截面上一般有弯矩、轴力和剪力。求位移时，由于轴力和剪力的影响很小，通常可忽略不计。对 AB、BC 两段分别建立如图 11-11(a) 所示坐标，则其弯矩分别为

AD 段：　　$M(x_1)=0$

DB 段：　　$M(x_1)=-F\left(\dfrac{a}{2}-x_1\right)$

BC 段：　　$M(x_2)=-\dfrac{Fa}{2}$

(2) 求单位载荷引起的内力。为求 B 截面的转角，在 B 截面加一单位力偶(图 11-11(b))，刚架各段的弯矩为

AB 段：　　$\overline{M}(x_1)=0$

BC 段：　　$\overline{M}(x_2)=-1$

(3) 求 B 截面转角。根据式(11-21)，有

$$\theta_B=\int_0^a\frac{M(x_1)\overline{M}(x_1)}{EI_1}\mathrm{d}x_1+\int_0^l\frac{M(x_2)\overline{M}(x_2)}{EI_2}\mathrm{d}x_2=\frac{1}{EI_2}\int_0^l-\frac{Fa}{2}\cdot(-1)\mathrm{d}x_2=\frac{Fal}{2EI_2}$$

所得结果为正，表明 θ_B 与单位力偶同向。

例 11.8　图 11-12(a) 所示桁架中，各杆的抗拉刚度 EA 均相同。试求在图示载荷作用下，节点 E 的铅垂位移 Δ_{EV}。

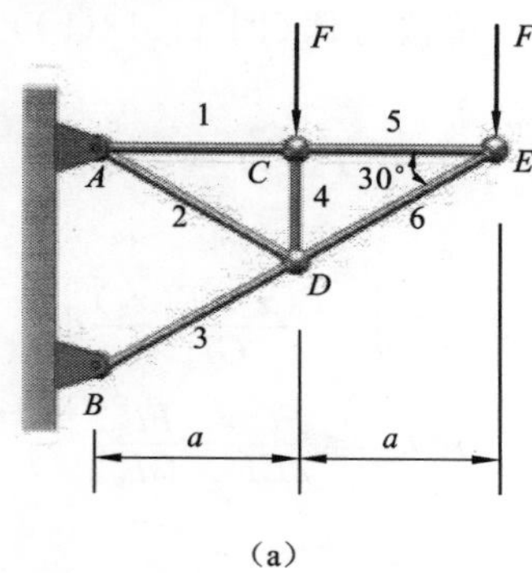

(a)

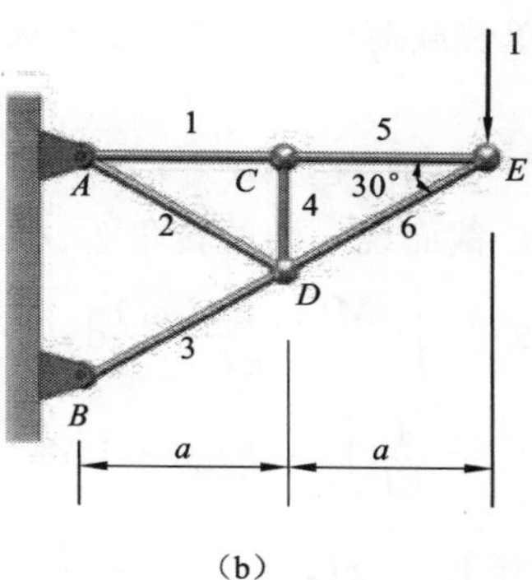

(b)

图 11-12

解　桁架各杆编号如图 11-12 所示。先求出各杆在载荷作用下的轴力 F_{Ni}，然后在 E 点沿铅垂方向加单位力(图 11-12(b))，并求出在此单位力作用下，各杆内的轴力 $\overline{F}_{Ni}$，计算结果列于表 11-1 中，正号表示受拉，负号表示受压，且有 $\sum F_{Ni}\overline{F}_{Ni}l_i = \dfrac{(18+20\sqrt{3})}{3}Fa$，最后由公式(11-19) 求出结点 E 的铅垂位移

$$\Delta_{EV} = \sum_{i=1}^{6}\frac{F_{Ni}\overline{F}_{Ni}l_i}{EA} = \frac{(18+20\sqrt{3})Fa}{3EA}$$

表 11-1

杆号	杆长 l_i	F_{Ni}	$\overline{F}_{Ni}$	$F_{Ni}\overline{F}_{Ni}l_i$
1	a	$\sqrt{3}F$	$\sqrt{3}$	$3Fa$
2	$2\sqrt{3}a/3$	F	0	0
3	$2\sqrt{3}a/3$	$-3F$	-2	$4\sqrt{3}Fa$
4	$\sqrt{3}a/3$	$-F$	0	0
5	a	$\sqrt{3}F$	$\sqrt{3}$	$3Fa$
6	$2\sqrt{3}a/3$	$-2F$	-2	$8\sqrt{3}Fa/3$

例 11.9　图 11-13(a) 所示结构中，AB 及 BC 杆均为圆截面，且二者直径相同，两杆抗扭刚度为 GI_p，抗弯刚度为 EI。试求截面 C 绕 z 轴的转角 θ_z。

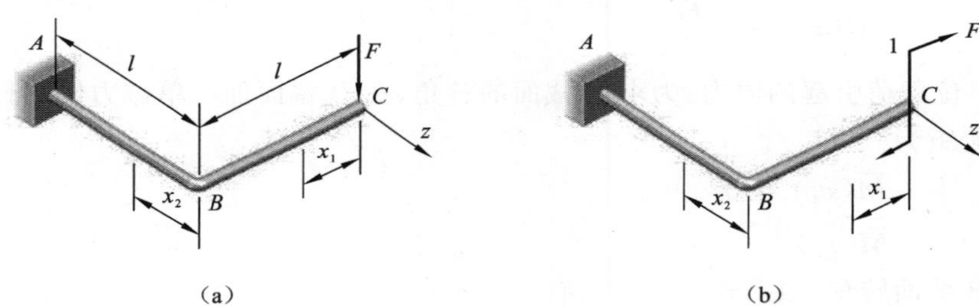

图 11-13

解　(1) 求载荷引起的内力。结构在载荷 F 作用下，BC 杆弯曲，AB 杆为弯扭组合变形，建立坐标如图 11-13(a) 所示，则

$$CB\ 段：M(x_1) = -Fx_1；\quad BA\ 段：M(x_2) = -Fx_2，\quad T(x_2) = -Fl$$

(2) 求单位载荷引起的内力。为求 θ_z，在 C 截面加一单位力偶(图 11-13(b))，引起的内力为：

$$CB\ 段：\overline{M}(x_1) = -1；\quad BA\ 段：\overline{M}(x_2) = 0，\quad \overline{T}(x_2) = -1$$

(3) 求 C 截面绕 z 轴的转角 θ_z。根据式(11-17)，得

$$\begin{aligned}\theta_z &= \int_0^l \frac{M(x_1)\overline{M}(x_1)}{EI}dx_1 + \int_0^l \frac{M(x_2)\overline{M}(x_2)}{EI}dx_2 + \int_0^l \frac{T(x_2)\overline{T}(x_2)}{GI_p}dx_2 \\ &= \frac{1}{EI}\int_0^l -Fx_1(-1)dx_1 + \frac{1}{GI_p}\int_0^l -Fl(-1)dx_2 = \frac{Fl^2}{2EI} + \frac{Fl^2}{GI_p}\end{aligned}$$

对圆截面杆有 $I_p = 2I$，且 $G = \dfrac{E}{2(1+\nu)}$，所以

$$\theta_z=\frac{Fl^2}{2EI}+\frac{Fl^2\times 2(1+\nu)}{2EI}=\frac{Fl^2}{2EI}(3+2\nu)$$

例 11.10　半径为 R 的小曲率开口圆环受力如图 11-14(a) 所示，环的抗弯刚度为 EI。试求此环在 F 力作用下 A，B 两点间的相对位移。

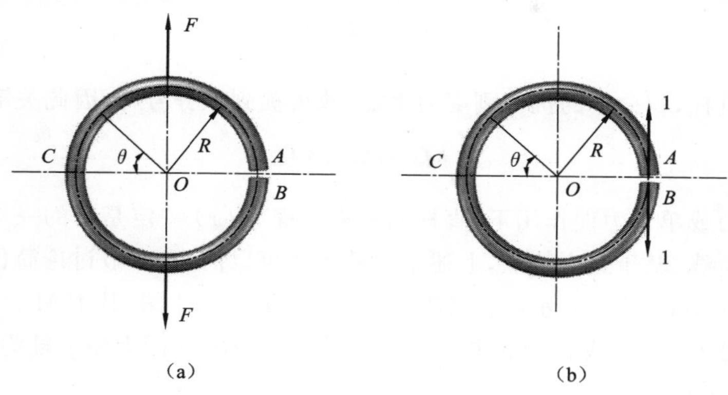

图 11-14

解　设曲杆横截面形心至截面内侧边缘的距离为 e，曲杆曲线的曲率半径为 R。若 $\frac{R}{e}>10$，则该曲杆属于小曲率杆。理论分析表明，对小曲率杆，可以略去曲率对应力、应变和位移的影响，所以可以按直杆的莫尔积分公式计算其位移。曲杆横截面上一般有弯矩、剪力和轴力，但计算变形时，由于轴力和剪力对位移的影响远小于弯矩，因而可以不考虑轴力和剪力。这样就可以直接利用式(11-21) 计算此圆环的位移。

为计算 A，B 两点间沿其连线方向的相对位移，在 A，B 两点处沿位移方向加一对方向相反的单位力(图 11-14(b))。由于单位力和载荷均对称于水平直径，所以在按式(11-21) 积分时，可先取上半个环计算，然后将结果乘 2。

圆环在载荷 F 作用下的弯矩方程为

$$M(\theta)=-FR\cos\theta\qquad\left(0\leqslant\theta\leqslant\frac{\pi}{2}\right)$$

$$M(\theta)=0\qquad\left(\frac{\pi}{2}\leqslant\theta\leqslant\pi\right)$$

单位力作用下圆环的弯矩方程为

$$\overline{M}(\theta)=-R(1+\cos\theta)\quad(0\leqslant\theta\leqslant\pi)$$

以上公式中 θ 角都是从半径 OC 开始，沿顺时针方向度量，弯矩的符号以使杆的曲率增大为正，反之为负。

将 $M(\theta)$ 和 $\overline{M}(\theta)$ 代入公式(11-21)，即可求得圆环的 A、B 两点间的相对位移为：

$$\begin{aligned}\Delta_{AB}&=2\int_0^{\pi}\frac{M(\theta)\overline{M}(\theta)}{EI}R\,\mathrm{d}\theta\\&=2\int_0^{\frac{\pi}{2}}\frac{R(1+\cos\theta)FR\cos\theta R\,\mathrm{d}\theta}{EI}=\frac{FR^3}{EI}\left(2+\frac{\pi}{2}\right)\end{aligned}$$

Δ_{AB} 为正值，表示 A，B 两点间的距离增大。

11.6 计算莫尔积分的图乘法

应用莫尔定理计算直杆或杆系结构的位移时，通常需要进行下列积分运算

$$\int_l \frac{M(x)\overline{M}(x)}{EI}\mathrm{d}x$$

对于等截面直杆，积分中的抗弯刚度为常数，故可提到积分号外，因此关键在计算积分

$$\int_l M(x)\overline{M}(x)\mathrm{d}x$$

由于在单位力或单位力偶作用下，直杆的弯矩方程 $\overline{M}(x)$ 一定是 x 的一次函数，相应的弯矩图是一直线或折线。基于这个特点，上述积分的运算可以简化，本节讨论简化的方法及应用。

设图 11-15(a)、(b) 分别表示直杆 AB 的 $M(x)$ 图和 $\overline{M}(x)$ 图，其中 $\overline{M}(x)$ 图为一斜直线，且和水平轴 x 交于 O 点，其夹角为 α。过 O 点作竖直轴 y。$\overline{M}(x)$ 图上距 y 轴为 x 的任一点的纵坐标为 $\overline{M}(x) = x\tan\alpha$，于是

$$\int_l M(x)\overline{M}(x)\mathrm{d}x = \tan\alpha\int_l xM(x)\mathrm{d}x \tag{1}$$

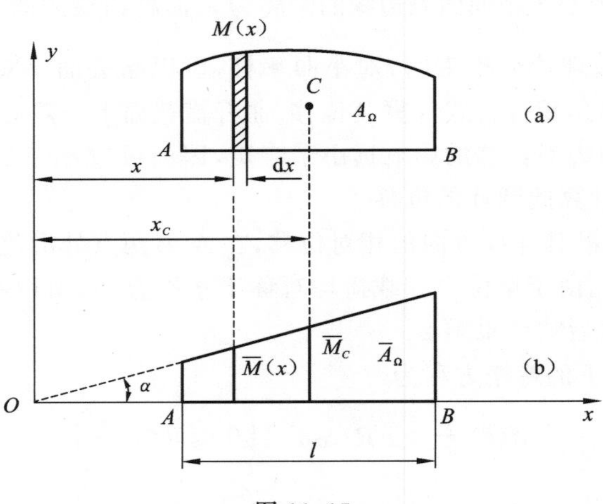

图 11-15

式(1) 中 $M(x)\mathrm{d}x$ 相当于 $M(x)$ 图中阴影部分的微面积，而 $xM(x)\mathrm{d}x$ 则表示上述微面积对 y 轴的静矩。于是积分 $\int_l xM(x)\mathrm{d}x$ 即为整个 $M(x)$ 图的面积对 y 轴的静矩。设 $M(x)$ 图的总面积为 A_Ω，其形心的横坐标为 x_C，则

$$\int_l xM(x)\mathrm{d}x = A_\Omega x_C \tag{2}$$

将式(2) 代入式(1)，且利用 $x_C\tan\alpha = \overline{M}_C$，则得

$$\int_l M(x)\overline{M}(x)\mathrm{d}x = A_\Omega x_C\tan\alpha = A_\Omega\overline{M}_C \tag{3}$$

式中：$\overline{M}_C$ 是 $\overline{M}(x)$ 图中当 $x = x_C$ 时的纵坐标值，即与 $M(x)$ 图中的形心坐标所对应的 $\overline{M}(x)$ 的值。

利用式(3),可将公式(11-21)改写为

$$\Delta = \frac{1}{EI}\int_l M(x)\overline{M}(x)\mathrm{d}x = \frac{A_\Omega \overline{M}_C}{EI} \tag{11-22}$$

式(11-22)是对莫尔积分简化运算的结果,称为莫尔积分图乘法,简称**图乘法**(graphic multiplication method)。公式表明,结构的任意位移等于由载荷产生的弯矩图的面积 A_Ω 乘以和该弯矩图形心坐标 x_C 所对应的单位载荷弯矩图上的纵坐标值 $\overline{M}_C$,再除以杆的抗弯刚度 EI。

式(11-22)是根据 $\overline{M}(x)$ 是直线的情况推导出来的。如果 $\overline{M}(x)$ 图是折线,则可以将此折线分为若干直线段,逐段使用图乘法,将各段结果相加即得所求位移。

需要指出的是,若 $M(x)$ 图和 $\overline{M}(x)$ 图均为直线,则式(11-22)也可以写成

$$\Delta = \frac{\overline{A}_\Omega M_C}{EI} \tag{11-23}$$

式中:$\overline{A}_\Omega$ 为单位载荷下弯矩 $\overline{M}(x)$ 图的面积,M_C 为 $\overline{M}(x)$ 图的形心坐标所对应的 $M(x)$ 的值。这在很多情形下,会给具体计算带来方便。

在应用图乘法时,经常要计算某些图形的面积及其形心位置。图 11-16 中,给出了几种常见图形的面积和形心位置计算公式。

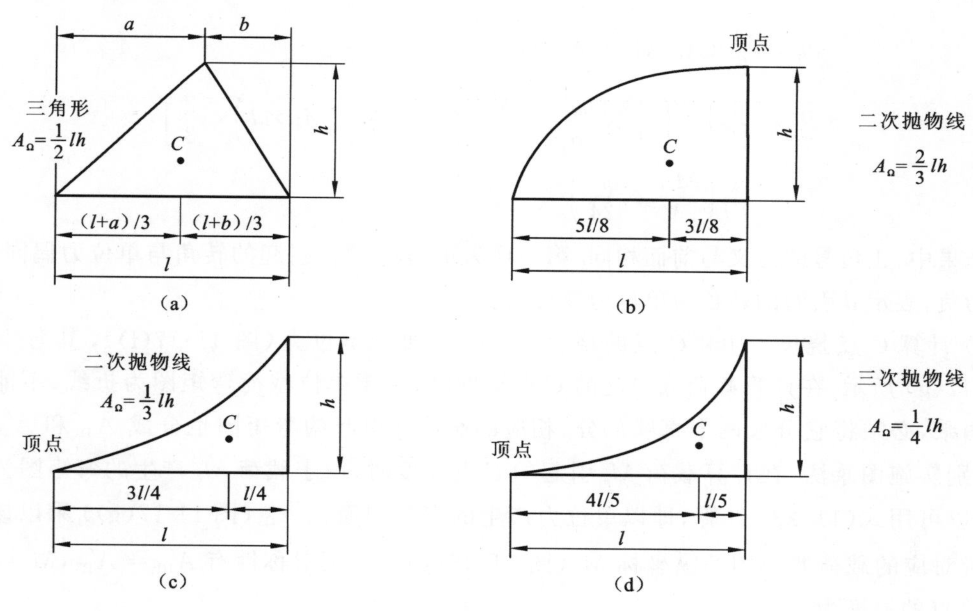

图 11-16

例 11.11 已知梁的抗弯刚度 EI 为常数,用图乘法求图 11-17(a)所示简支梁截面 B 的转角 θ_B 和中点 C 的挠度 Δ_C。

解 1) 计算 B 截面转角。为了运算方便,分别画出 q 和 M_e 单独作用下的弯矩图,其相应的面积分别为 $A_{\Omega 1}$ 和 $A_{\Omega 2}$,如图 11-17(b) 所示。

为求 B 截面的转角 θ_B,在 B 截面处加单位力偶(图 11-17(c)),并画出单位力偶作用下的弯

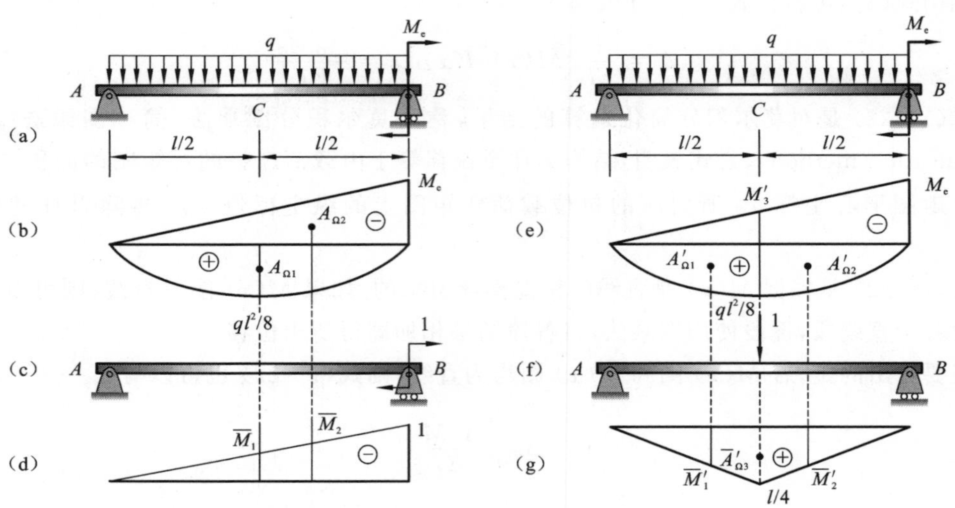

图 11-17

矩图如图 11-17(d) 所示。对 $A_{\Omega 1}$ 和 $A_{\Omega 2}$ 两部分弯矩图面积，分别应用图乘法公式，然后将结果叠加，得

$$
\begin{aligned}
\theta_B &= \frac{1}{EI}(A_{\Omega 1}\overline{M}_1 + A_{\Omega 2}\overline{M}_2) \\
&= \frac{1}{EI}\left[-\left(\frac{2}{3}\times\frac{ql^2}{8}\times l\right)\times\frac{1}{2}+\left(\frac{1}{2}\times M_e\times l\right)\times\frac{2}{3}\right] \\
&= \frac{1}{EI}\left(\frac{M_e l}{3}-\frac{ql^3}{24}\right)
\end{aligned}
$$

上述结果中，正负号的意义与前面相同。第一项为正，表示 M_e 引起的转角与单位力偶同向；第二项为负，表示 q 引起的转角与单位力偶反向。

2) 计算 C 点挠度。为求 C 点的挠度，在 C 处加一单位力(图 11-17(f))，其弯矩图如图 11-17(g) 所示。在计算载荷 q 引起的 C 点挠度时，由于单位载荷弯矩图为折线，不能直接实施图乘，必须将它分成两个直线部分，相应的载荷 q 引起的弯矩图也分成 $A'_{\Omega 1}$ 和 $A'_{\Omega 2}$ 两部分，分别实施图乘法。在计算载荷 M_e 引起的 C 点挠度时，由于载荷 M_e 产生的弯矩图为一直线，所以可用式(11-23)计算，即以单位力产生的弯矩图面积 $\overline{A}'_{\Omega 3}$(图 11-17(g))乘以该图形形心所对应的载荷弯矩图的纵坐标 M'_3(图 11-17(e))。利用对称性有 $A'_{\Omega 1}=A'_{\Omega 2}$，$\overline{M}'_1=\overline{M}'_2$，于是 C 点的挠度为

$$
\begin{aligned}
\Delta_C &= \frac{1}{EI}(2A'_{\Omega 1}\overline{M}'_1+\overline{A}'_{\Omega 3}M'_3) \\
&= \frac{1}{EI}\left[2\left(\frac{2}{3}\times\frac{ql^2}{8}\times\frac{l}{2}\right)\times\frac{5}{8}\times\frac{l}{4}-\left(\frac{1}{2}\times\frac{l}{4}\times l\right)\times\frac{M_e}{2}\right] \\
&= \frac{1}{EI}\left(\frac{5ql^4}{384}-\frac{M_e l^2}{16}\right)
\end{aligned}
$$

在以上 θ_B 和 Δ_C 的表达式中，各含两项，分别代表载荷 M_e 及 q 引起的变形，若令 M_e(或 q)

为零，即可得到简支梁 AB 在 q（或 M_e）单独作用下，B 截面的转角和 C 截面的挠度，其结果与第 6 章中对应梁的计算结果一致。

例 11.12　图 11-18(a) 所示外伸梁，抗弯刚度 EI 为常数，求截面 A 的转角。

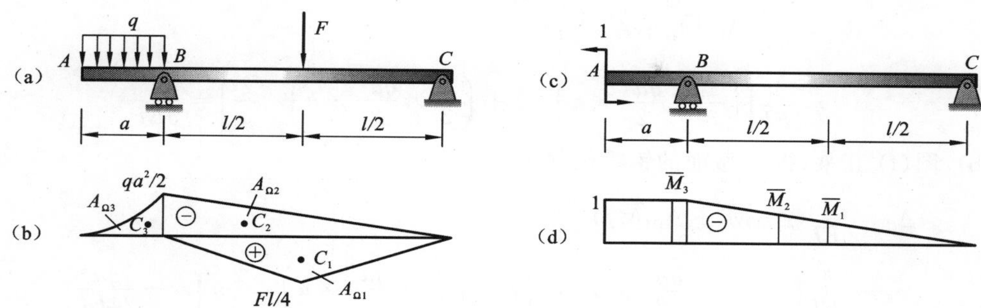

图 11-18

解　外伸梁在载荷作用下的弯矩图如图 11-18(b) 所示。为求截面 A 的转角，在截面 A 处作用一单位力偶（图 11-18(c)），单位力偶作用下的弯矩图如图 11-18(d) 所示。使用公式 (11-22) 时，对弯矩图的每一部分分别应用图乘法，然后求其总和，即

$$\begin{aligned}\theta_A &= \frac{1}{EI}(A_{\Omega 1}\overline{M}_1 + A_{\Omega 2}\overline{M}_2 + A_{\Omega 3}\overline{M}_3)\\ &= \frac{1}{EI}\left(-\frac{1}{2}\times\frac{Fl}{4}\times l\times\frac{1}{2}+\frac{1}{2}\times\frac{qa^2}{2}\times l\times\frac{2}{3}+\frac{1}{3}\times\frac{qa^2}{2}\times a\times 1\right)\\ &= -\frac{Fl^2}{16EI}+\frac{qa^2}{6EI}(l+a)\end{aligned}$$

例 11.13　如图 11-19(a) 所示刚架，$EI=$ 常数。试计算 C 截面的转角 θ_C 和铅垂位移 Δ_C。

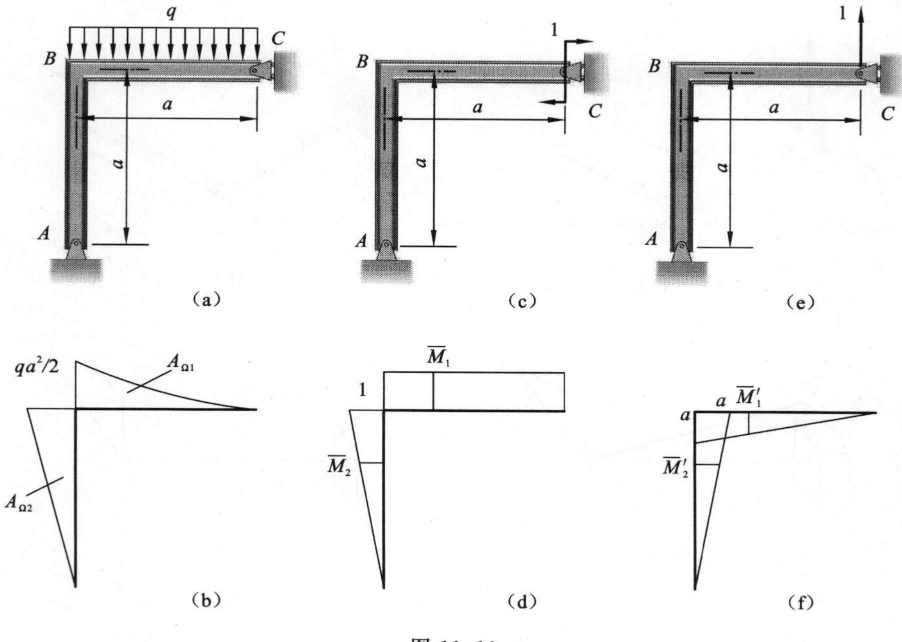

图 11-19

解 载荷作用下刚架的弯矩图如图 11-19(b) 所示。为计算 θ_C 和 Δ_C，在 C 点分别加单位力偶(图 11-19(c)) 和单位力(图 11-19(e))，并作出相应的弯矩图如图 11-19(d)、(f) 所示。将(b)，(d) 两图互乘，得到 C 截面的转角为

$$\theta_C = \frac{1}{EI}(A_{\Omega 1}\overline{M}_1 + A_{\Omega 2}\overline{M}_2)$$

$$= \frac{1}{EI}\left[\left(\frac{1}{3}\times\frac{qa^2}{2}\times a\right)\times 1 + \left(\frac{1}{2}\times\frac{qa^2}{2}\times a\right)\times\frac{2}{3}\right] = \frac{qa^3}{3EI}$$

将图(b)、图(f) 互乘，得 C 截面的铅垂位移为

$$\Delta_C = \frac{1}{EI}(A_{\Omega 1}\overline{M}'_1 + A_{\Omega 2}\overline{M}'_2)$$

$$= \frac{1}{EI}\left[-\left(\frac{1}{3}\times\frac{qa^2}{2}\times a\right)\times\frac{3}{4}a - \left(\frac{1}{2}\times\frac{qa^2}{2}\times a\right)\times\frac{2}{3}a\right] = -\frac{7qa^4}{24EI}$$

例 11.14 用图乘法计算例 11.9 中结构，截面 C 绕 x 轴的转角 θ_x(图 11-20(a))。

解 结构在 F 作用下，产生弯曲和扭转组合变形时，由式(11-17) 可导出对应的图乘法，即所求位移等于弯矩图的图乘结果与扭矩图的图乘结果之和。

为求 C 截面绕 x 轴的转角，可在 C 处加一绕 x 轴转动的单位力偶(图 11-20(b))，结构在载荷及单位力偶作用下的弯矩图及扭矩图分别示于图 11-20(c)、(d)，图中实线为弯矩图，虚线为扭矩图。利用图乘法得

$$\theta_x = \frac{1}{EI}\frac{Fl\times l}{2}\times 1 + \frac{1}{GI_{\mathrm{P}}}Fl\times l\times 1 = \frac{Fl^2}{2EI} + \frac{Fl^2}{GI_{\mathrm{P}}}$$

对于圆截面杆，有 $I_{\mathrm{P}} = 2I$。根据弹性常数间的关系 $G = \dfrac{E}{2(1+\nu)}$，则上式可改写成

$$\theta_x = \frac{Fl^2}{2EI} + \frac{Fl^2\times 2(1+\nu)}{2EI} = (3+2\nu)\frac{Fl^2}{2EI}$$

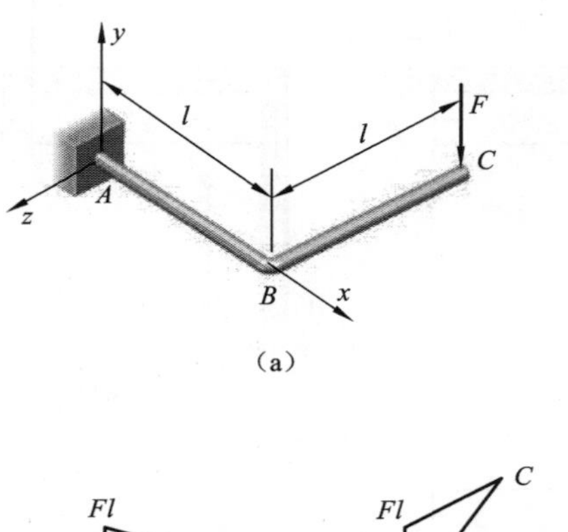

(a)

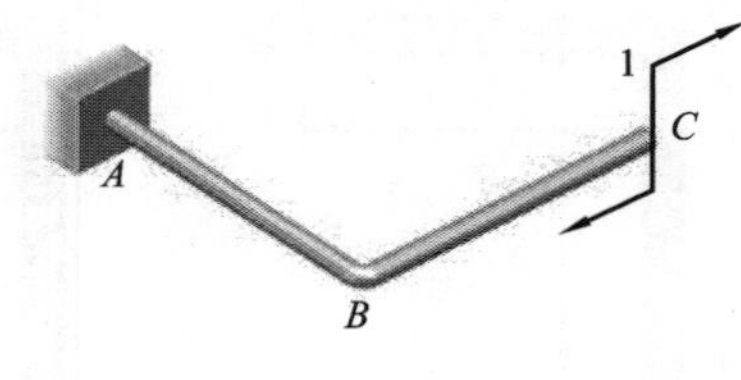

(b)

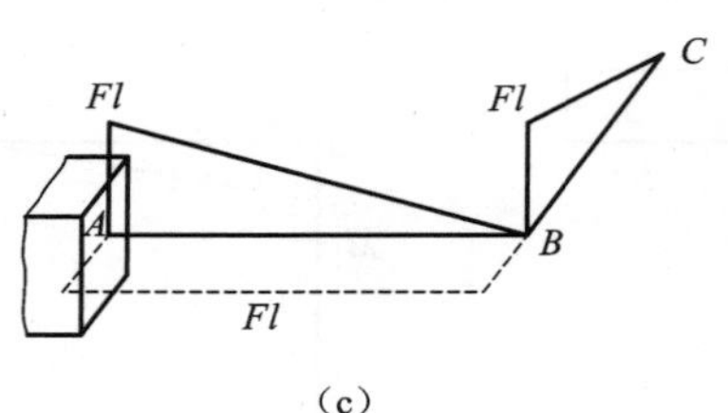

(c)

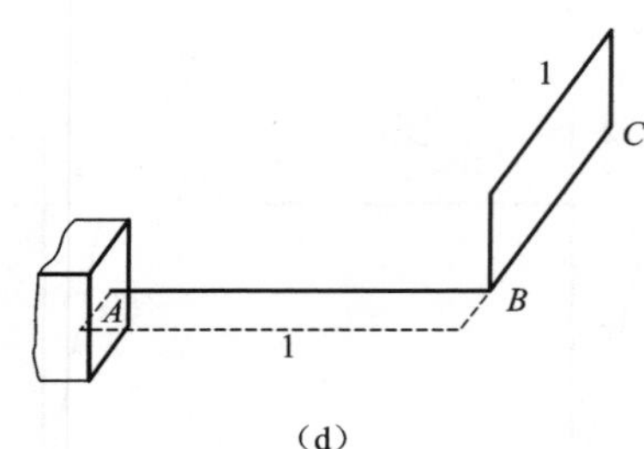

(d)

图 11-20

习　题

11-1　题图 11-1 所示拉杆，受轴向均布载荷 q 作用，已知杆的抗拉刚度 EA 为常数，试计算杆的应变能。

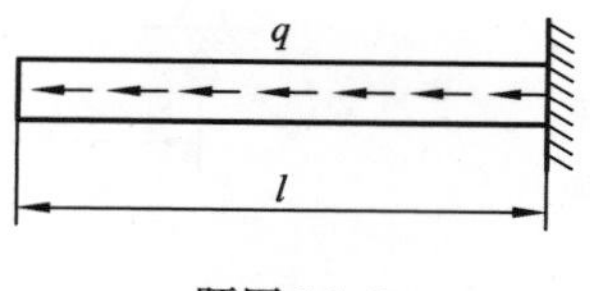

题图 11-1

11-2　计算题图 11-2 所示各杆的应变能，并求 F 和 M_e 作用点沿 F 方向的线位移和沿 M_e 方向的角位移。

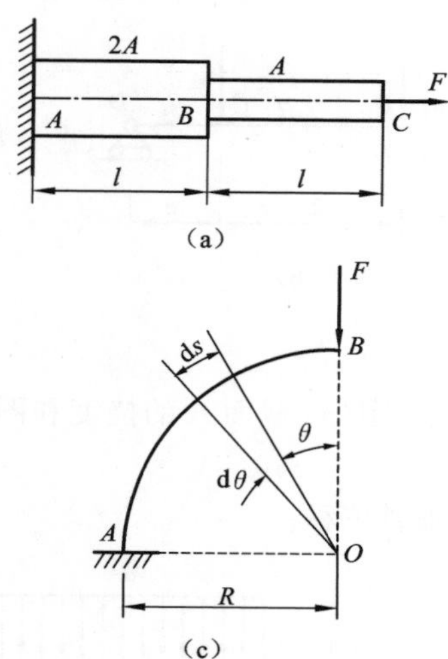

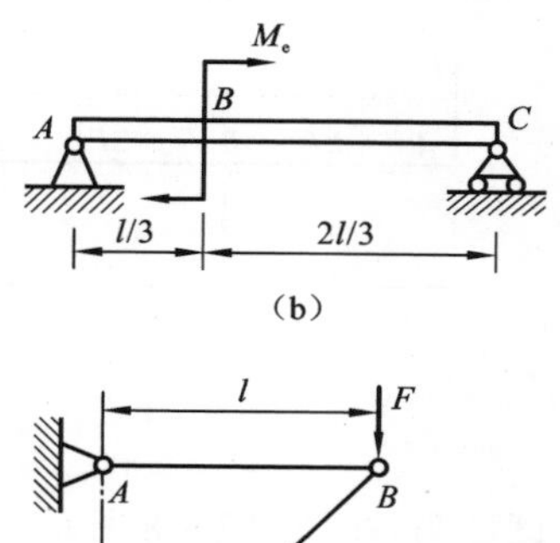

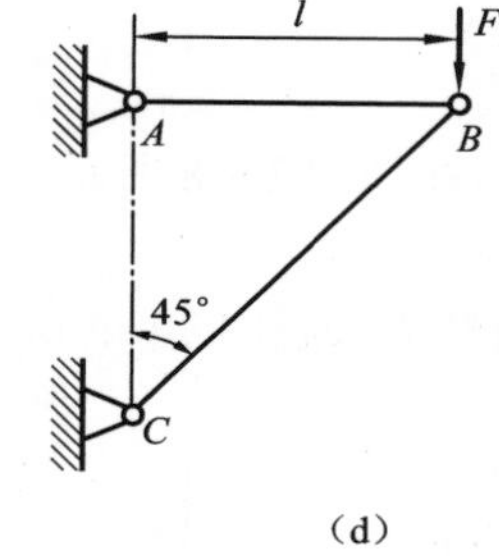

题图 11-2

11-3　题图 11-3 所示，折杆 ABC 水平放置，受有铅垂方向的 F 力作用，折杆的 EI 和 GI_P 都已知，试求其应变能及 A 点在铅垂方向的位移。

11-4　试用卡氏定理建立题图 11-4 所示梁的转角方程和挠度方程，EI = 常数。

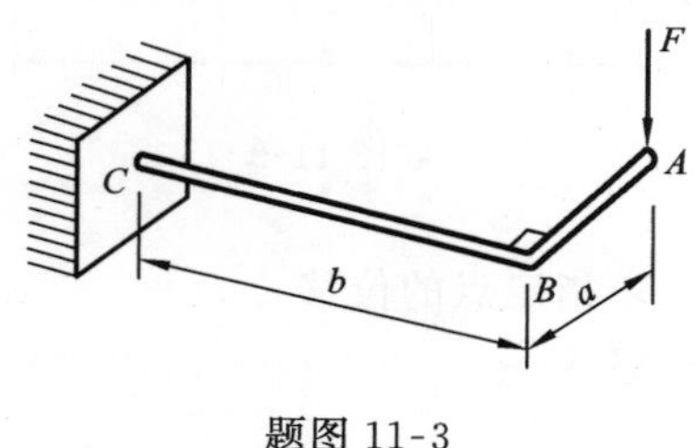

题图 11-3

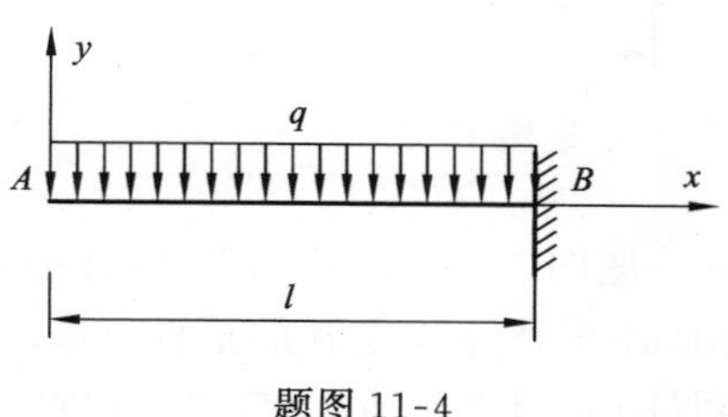

题图 11-4

11-5　题图 11-5 所示平面刚架，EI = 常数，自由端 C 受一水平力 F 及铅直力 F 的共同作用，

(1) 试求其总应变能数值并解释 $\dfrac{\partial U}{\partial F}$ 的物理意义；

(2) 用卡氏定理求自由端 C 的水平和竖直位移。

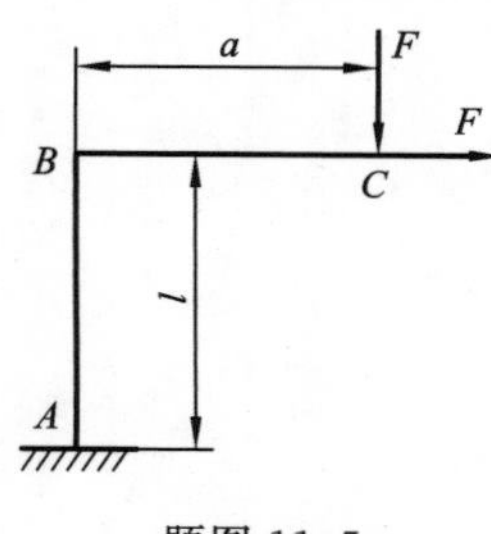

题图 11-5

11-6　试以能量法求题图 11-6 所示各梁中点 C 的挠度和端点 A 的转角。

11-7　题图 11-7 所示变截面梁，试求在 F 力作用下截面 B 的挠度和截面 A 的转角。

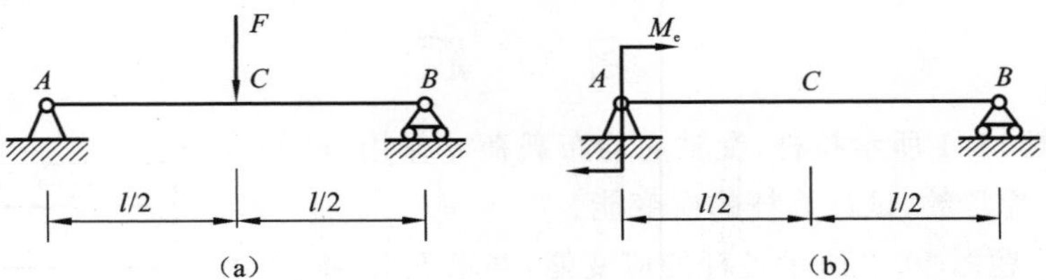

题图 11-6

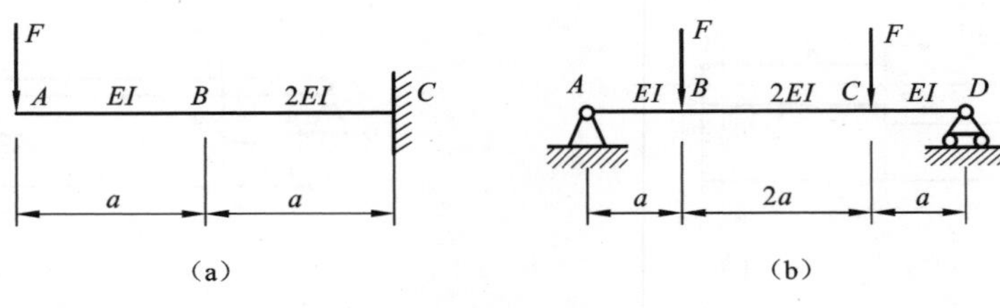

题图 11-7

11-8　试证明：在题图 11-8 所示两相同的悬臂梁上，图(a) 截面 A 的挠度和图(b) 截面 B 的挠度相等。

11-9　试用能量法求题图 11-9 所示结构 D 点的垂直位移。

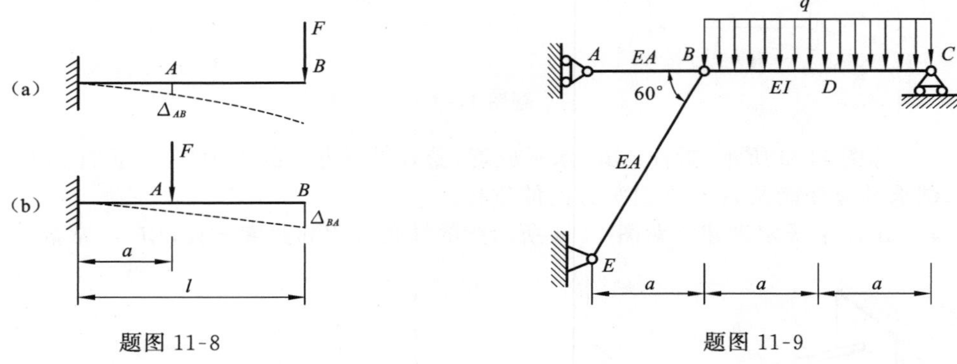

题图 11-8　　题图 11-9

11-10　题图 11-10 所示桁架，各杆的 EA 相同，试求指定点的位移：

(1) 图(a) 中计算节点 B 的垂直位移 Δ_{By} 和水平位移 Δ_{Bx}；

(2) 图(b) 中计算节点 B、D 之间相对位移 Δ_{BD}。

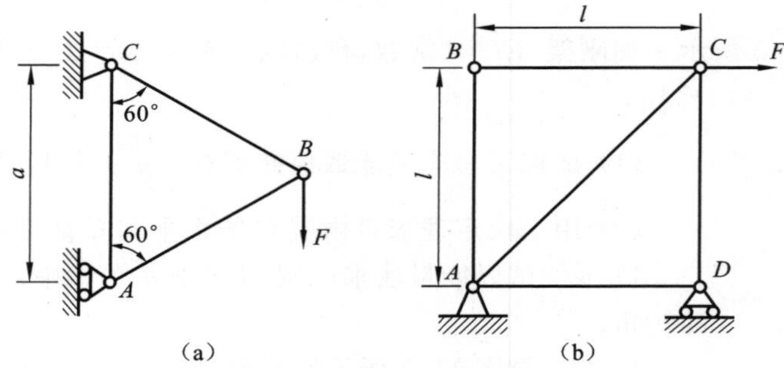

题图 11-10

11-11　题图 11-11 所示平面刚架，各杆的抗弯刚度 EI 相同。试求 A 点的转角。

11-12　试求题图 11-12 所示平面刚架 ABC 在两个力 F 作用下 A 点和 C 点间距的增大值 Δ_{AC}。AB 和 BC 杆长均为 l，EI = 常数，轴向抗拉刚度为 EA。

11-13　试确定题图 11-13 所示半径为 R 的半圆形曲杆 AB 的 B 端竖直位移。EI 已知，轴力和剪力的影响略去不计。

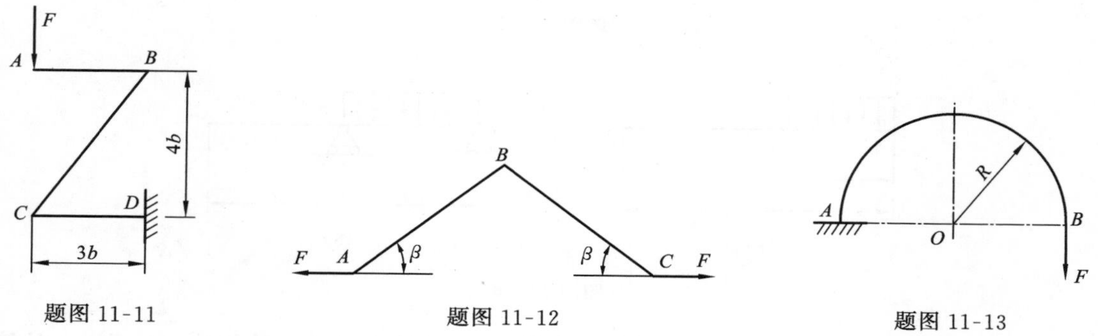

题图 11-11　　题图 11-12　　题图 11-13

11-14　题图 11-14 所示，半径为 R 的半圆杆 BC 和两个长度为 l 的直杆 AB 和 CD 组成结构，各杆 EI 已知为相同值。试求在两个载荷 F 作用下 A、D 两点间的相对位移 Δ_{AD}。

11-15　试求题图 11-15 所示梁端点 E 的竖向位移和铰 C 两侧截面的相对角位移，设 EI = 常数。

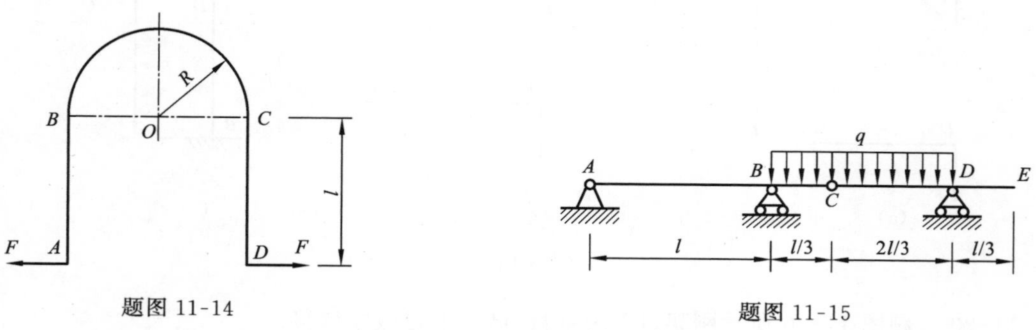

题图 11-14　　题图 11-15

11-16　试求题图 11-16 所示各梁 C 截面的挠度和转角，EI = 常数。

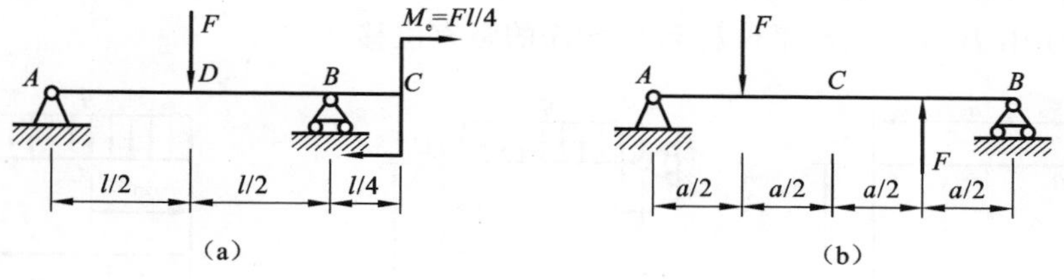

题图 11-16

11-17　用图乘法求题图 11-17 所示各梁 C 截面的挠度和 A 截面的转角，EI = 常数。

11-18　试求题图 11-18 所示各梁 C 截面的挠度和转角，EI = 常数。

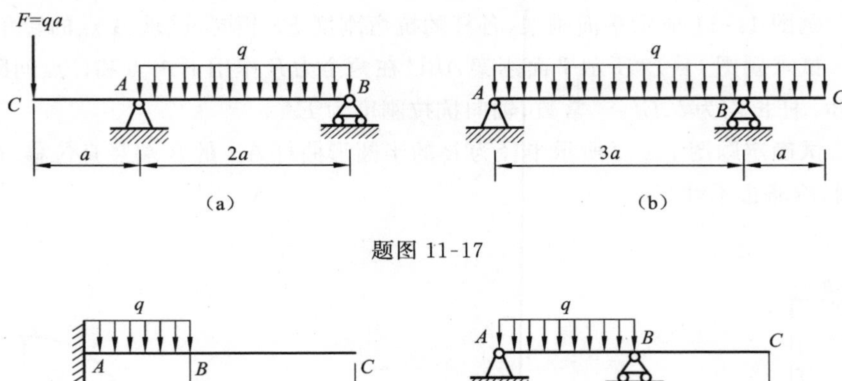

题图 11-17

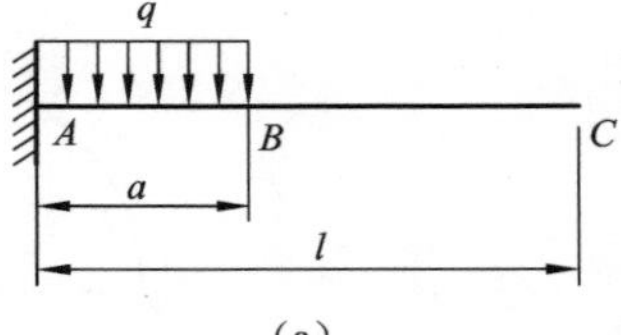

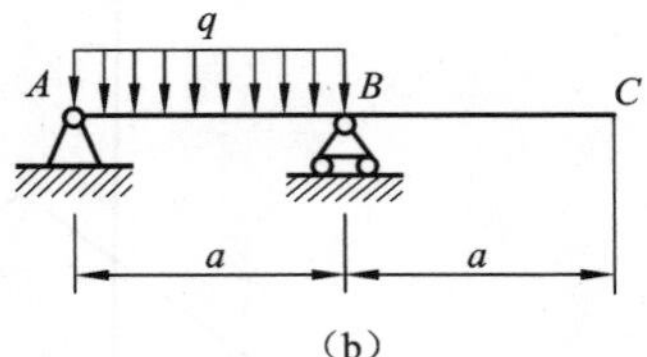

题图 11-18

11-19　题图 11-19 所示刚架，各杆 EI 皆相等，试计算下述截面的位移：(1) 图(a) 计算 D 截面总位移；(2) 图(b) 中 B 截面的竖直位移和转角，B,D 截面之间的相对位移；(3) 图(c) 中 A 截面的水平和竖直位移，C 截面的转角。

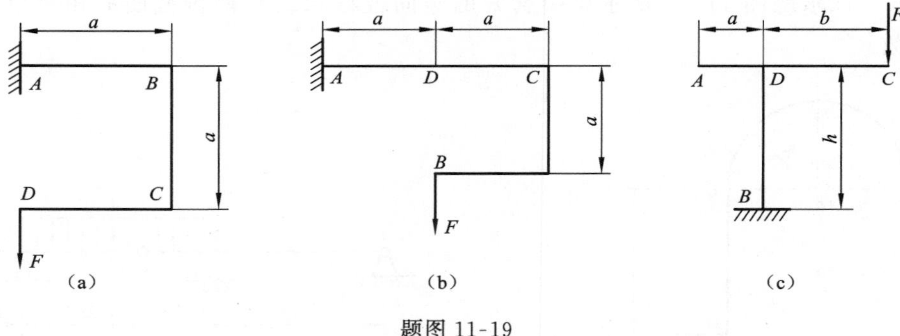

题图 11-19

11-20　题图 11-20 所示刚架，EI 为常数，试求下述截面位移：

(1) 图(a) 中 A 截面的转角和水平位移；

(2) 图(b) 中 A 截面的竖直位移和 B 截面的转角；

(3) 图(c) 中 B 截面的水平位移和 C 截面的竖直位移。

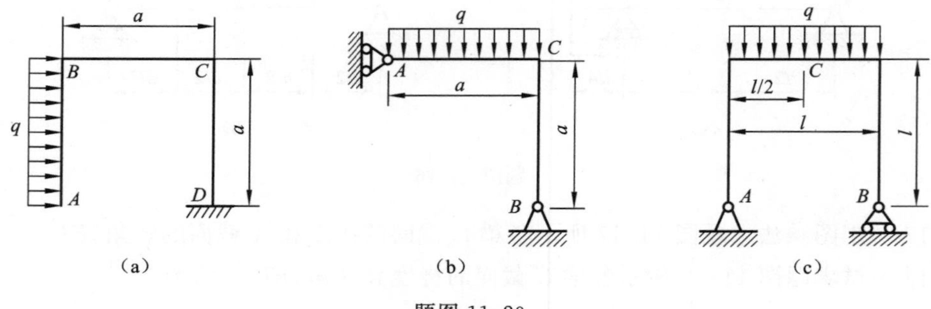

题图 11-20

11-21　题图 11-21 所示，圆截面折杆 ABC（$\angle ABC = 90°$）位于水平面内，已知杆的直径 d 及材料的 E，G，若不计剪力影响，求 C 截面的竖向位移和角位移。

11-22　题图 11-22 所示刚架，各杆的材料相同，但截面尺寸不同，所以抗弯刚度 EI 不同，试求 F 力作用下截面 A 的位移和转角。

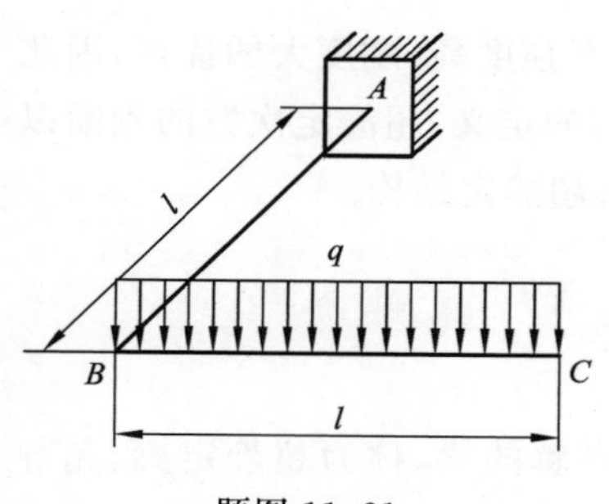

题图 11-21

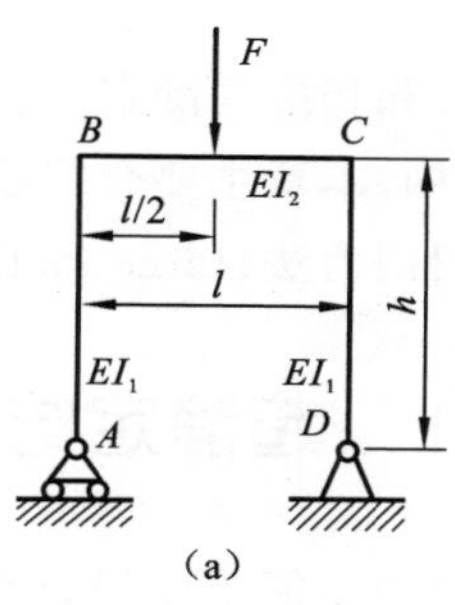

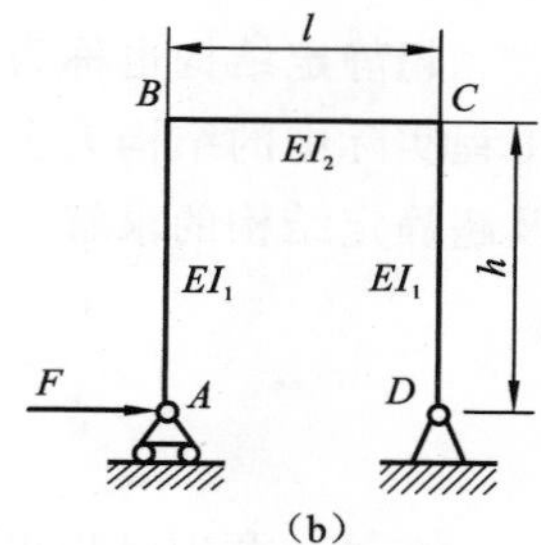

题图 11-22

第 12 章　超静定结构

超静定结构也称为静不定结构，和相应的静定结构相比，具有强度高、刚度大的优点，因此工程实际中的结构大多是超静定结构。本章主要介绍超静定结构的定义、超静定次数的判断以及超静定结构的求解方法，重点介绍用力法(force method) 求解超静定结构。

12.1　超静定结构概述

在第 6 章中已指出，支座的约束力不能单凭静力平衡方程求解的梁，称为超静定梁。超静定次数就是梁的未知约束力数目与独立的静力平衡方程数目的差值。例如图 12-1(a) 所示的连续梁，其支座约束力共有 4 个未知量(即 F_{Ax}，F_{Ay}，F_B，F_C)，而独立的静力平衡方程只有 3 个，故为一次超静定问题。

对于刚架、桁架等其他超静定结构，同样可以采用上述方法来判断其超静定次数。如图 12-1 (b) 所示的平面刚架，有 A，B 两个固定端，在刚架平面内的外力作用下，其支座约束力共有 6 个未知量(即 F_{Ax}，F_{Ay}，M_A，F_{Bx}，F_{By}，M_B)，而静力平衡方程只有 3 个，故为三次超静定结构。又如图 12-1(c) 所示的平面桁架，A，B 支座处的约束力有 3 个未知量，可由整体分析的 3 个静力平衡方程求得，但是，由静力学的节点法分析可知：该桁架内部各杆的受力却由平衡方程无法解出。如果撤去其中任何一杆，例如 BD 杆(图 12-1(d))，所得结构仍然是几何不变的，而且桁架各杆的内力均可由平衡方程求得，所以，图 12-1(c) 所示桁架为一次超静定结构。

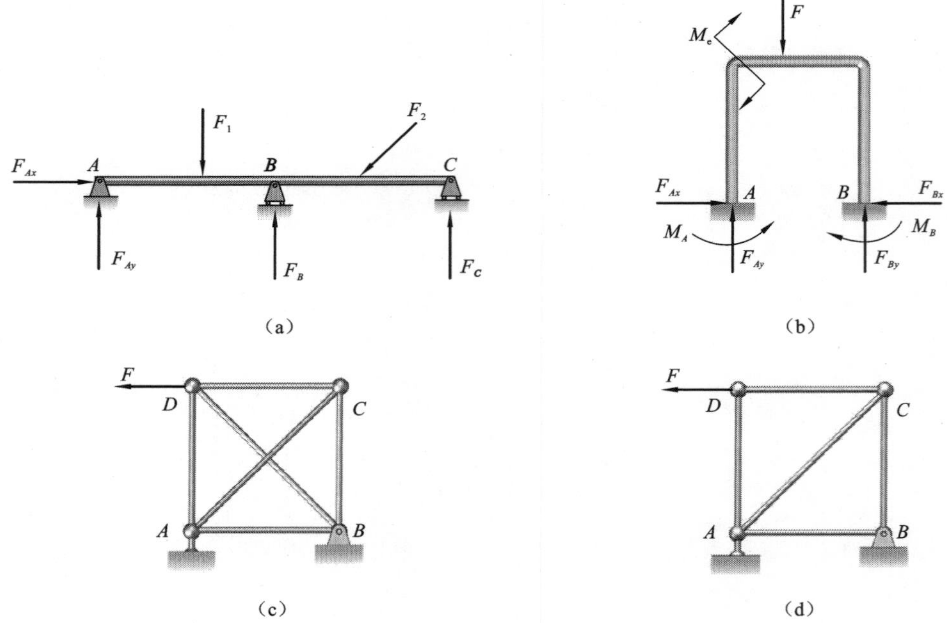

图 12-1

在超静定结构中，多于维持结构几何不变所需的支座或杆件，统称为多余约束。多余约束的数目即为结构的超静定次数。与多余约束相对应的约束力，称为多余约束力。外部支座具有多余约束的结构，称为外力超静定结构(如图 12-1(a)、(b))，内部存在多余约束的结构，称为内力超静定结构(如图 12-1(c))。

12.2　力法及其正则方程

由于多余约束的存在，使问题由静力学可解变为静力学不可解，这只是问题的一个方面。问题的另一方面是，由于多余约束对结构位移或变形有着确定的限制，而位移或变形又是与力相联系的，因而多余约束又为求解超静定问题提供了条件。

在求解超静定结构时，首先应解除多余约束，解除多余约束后所得到的结构为原超静定结构的静定基。将载荷和多余约束力作用在静定基上，得到原超静定结构的相当系统。要使相当系统的变形与原超静定结构完全相同，则相当系统的变形必须满足一定的变形协调条件。将位移或变形与力之间的物理关系代入变形协调条件，得到包含多余约束力和载荷在内的补充方程，由此便可求出多余约束力。这种以“力”为基本未知量，由变形协调条件和物理关系建立补充方程，以求解多余约束力的方法，称为力法。对于内力超静定问题，其基本未知量则为多余约束内力。

现以图 12-2(a) 所示的一次超静定梁为例，具体说明如何应用力法解超静定结构。

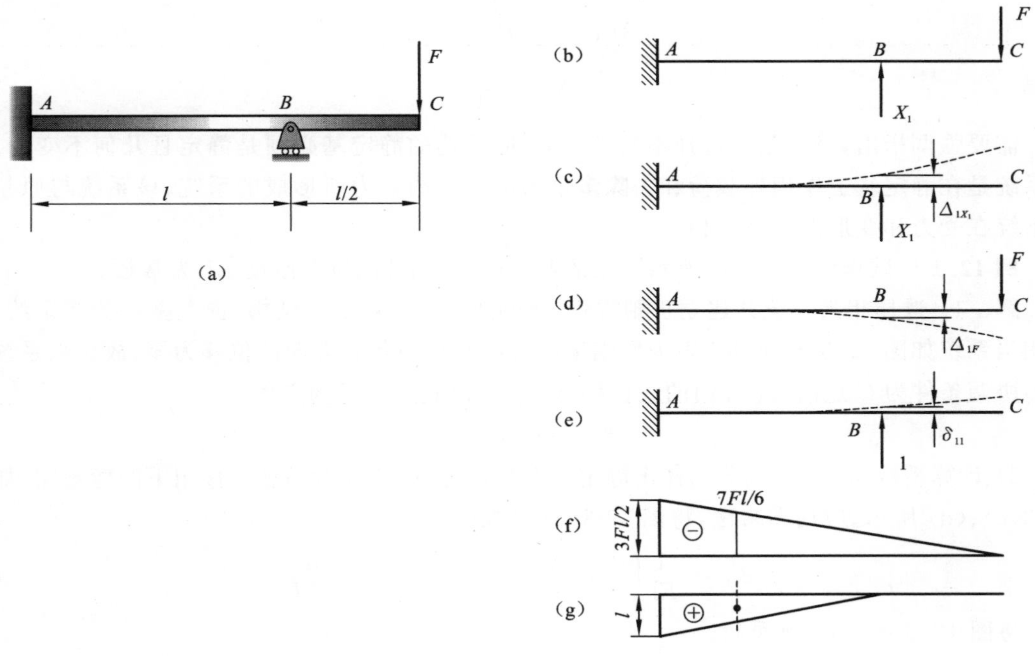

图 12-2

设以支座 B 为多余约束，X_1 为相应的多余约束力，则原超静定梁的相当系统如图 12-2(b) 所示。因为原超静定梁在支座 B 处的挠度等于零，故相当系统必须满足的变形协调条件是：B 点沿 X_1 方向的线位移 $\Delta_1 = 0$。线弹性情况下，应用叠加原理，Δ_1 由两部分组成：一部分是多余

约束力 X_1 在 B 点引起 X_1 方向的位移 Δ_{1X_1}（如图 12-2(c)），另一部分是载荷 F 在 B 点引起 X_1 方向的位移 Δ_{1F}（图 12-2(d)），因此有

$$\Delta_1 = \Delta_{1X_1} + \Delta_{1F} = 0 \tag{1}$$

在计算 Δ_{1X_1} 时，可利用单位载荷法。在静定基上 B 点处沿 X_1 方向加一单位力，此时静定基在 B 点处沿 X_1 方向的位移用 δ_{11} 表示（图 12-2(c)）。对于线弹性体，位移与力成正比，因而 Δ_{1X_1} 应等于 δ_{11} 的 X_1 倍，即

$$\Delta_{1X_1} = \delta_{11} X_1 \tag{2}$$

将式(2) 代入式(1)，变形协调条件式(1) 就可写为

$$\delta_{11} X_1 + \Delta_{1F} = 0 \tag{12-1}$$

式(12-1) 称为力法的**正则方程**(canonical equation)。

为计算 δ_{11} 及 Δ_{1F}，分别作静定基在载荷 F 及单位力 $X_1 = 1$ 作用下的弯矩图如图 12-2(f)、(g) 所示。若梁的抗弯刚度为 EI，则应用图乘法将图 12-2(g) 自乘，得

$$\delta_{11} = \frac{1}{EI}\left(\frac{1}{2}l \times l \times \frac{2}{3}l\right) = \frac{l^3}{3EI}$$

将图 12-2(f)、(g) 互乘，得

$$\Delta_{1F} = -\frac{1}{EI}\left(\frac{1}{2}l \times l \times \frac{7Fl}{6}\right) = -\frac{7Fl^3}{12EI}$$

将 δ_{11}，Δ_{1F} 代入正则方程式(12-1)

$$\frac{l^3}{3EI}X_1 - \frac{7Fl^3}{12EI} = 0$$

解得

$$X_1 = \frac{7F}{4}$$

需要强调指出，静定基的选择不是唯一的，但所选的静定基必须是静定且几何不变的。相当系统是在静定基上作用外载荷和去除多余约束后的约束力所形成的系统，该系统与原超静定系统在受力和变形上应完全相当。

例 12.1　试作图 12-3(a) 所示刚架的弯矩图，已知杆的抗弯刚度 EI 为常数。

解　1) 选择相当系统并建立正则方程。此刚架为一次超静定结构，选支座 C 为多余约束，其相当系统如图 12-3(b) 所示。因为原刚架的支座 C 处在竖直方向的位移为零，故相当系统的变形协调条件为 C 点沿 X_1 方向的线位移 $\Delta_1 = 0$，由此建立正则方程

$$\delta_{11} X_1 + \Delta_{1F} = 0 \tag{1}$$

2) 计算系数 δ_{11} 和 Δ_{1F}。分别作出静定基在单位力 $X_1 = 1$ 和载荷 q 作用下的弯矩图，如图 12-3(c)、(d) 所示。应用图乘法，将图 12-3(c) 自乘得

$$\delta_{11} = \frac{1}{EI}\left(\frac{1}{2}a^2 \times \frac{2}{3}a + a^2 \times a\right) = \frac{4a^3}{3EI} \tag{2}$$

将图 12-3(c)、(d) 互乘得

$$\Delta_{1F} = -\frac{1}{EI}\left(\frac{1}{3} \times \frac{qa^2}{2} \times a \times a\right) = -\frac{qa^4}{6EI} \tag{3}$$

3) 解正则方程并作弯矩图。将式(2)、式(3) 代入式(1)，得

$$X_1 = -\frac{\Delta_{1F}}{\delta_{11}} = \frac{qa}{8}$$

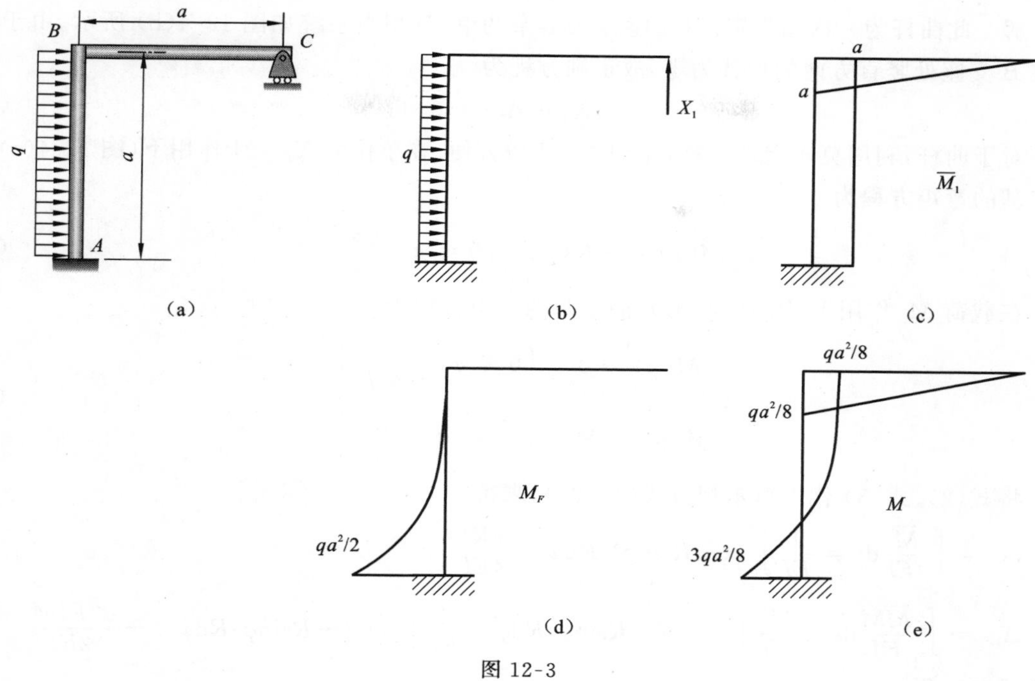

图 12-3

将 $\overline{M}_1$ 图乘以 X_1，与 M_F 图叠加，即可作出超静定刚架的弯矩图，即

$$M = X_1\overline{M}_1 + M_F \tag{4}$$

叠加后的弯矩图如图 12-3(e) 所示。

例 12.2　试作图 12-4(a) 所示曲杆的弯矩图。曲杆为 1/4 圆环，其曲率半径为 R，抗弯刚度为 EI。

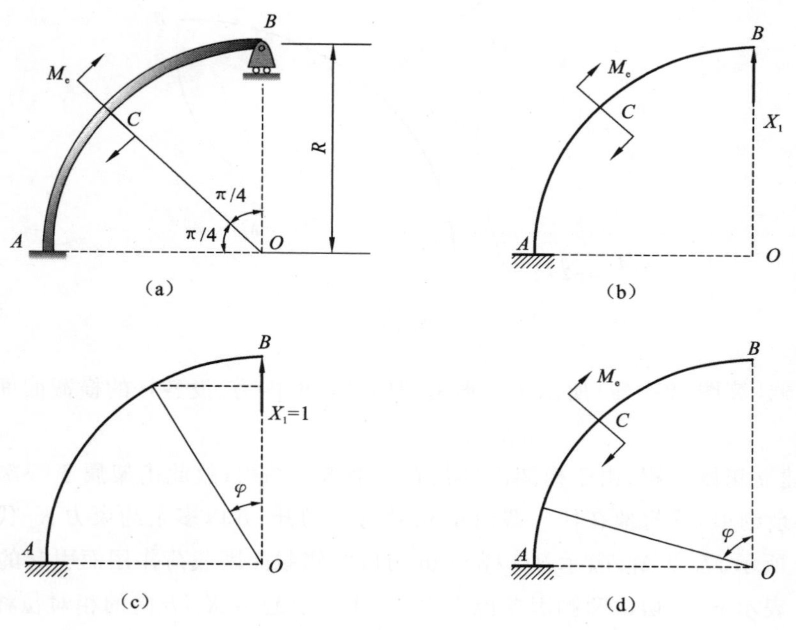

图 12-4

解 此曲杆为一次超静定。以支座 B 为多余约束，其相当系统如图 12-4(b) 所示。由于曲杆在 B 支座处竖直方向的位移为零，故正则方程为

$$\delta_{11}X_1 + \Delta_{1F} = 0 \tag{1}$$

对于曲杆，利用莫尔定理计算 δ_{11} 和 Δ_{1F} 比较方便。在单位力 $X_1 = 1$ 作用下(图 12-4(c))，静定基的弯矩方程为

$$\overline{M}(\varphi) = -R\sin\varphi \quad \left(0 \leqslant \varphi \leqslant \frac{\pi}{2}\right) \tag{2}$$

在载荷 M_e 作用下(图 12-4(d))，静定基的弯矩方程为

$$\left.\begin{aligned} M(\varphi) &= 0 \quad \left(0 \leqslant \varphi < \frac{\pi}{4}\right) \\ M(\varphi) &= M_e \quad \left(\frac{\pi}{4} < \varphi < \frac{\pi}{2}\right) \end{aligned}\right\} \tag{3}$$

将式(2)、式(3) 代入莫尔积分式(11-21)，求得

$$\delta_{11} = \int_s \frac{\overline{M}^2}{EI}\mathrm{d}s = \frac{1}{EI}\int_0^{\frac{\pi}{2}} (-R\sin\varphi)^2 R\mathrm{d}\varphi = \frac{\pi R^3}{4EI}$$

$$\Delta_{1F} = \int_s \frac{\overline{M}M}{EI}\mathrm{d}s = \frac{1}{EI}\int_0^{\frac{\pi}{4}} 0 \times (-R\sin\varphi)R\mathrm{d}\varphi + \frac{1}{EI}\int_{\frac{\pi}{4}}^{\frac{\pi}{2}} M_e(-R\sin\varphi)R\mathrm{d}\varphi = -\frac{\sqrt{2}R^2M_e}{2EI}$$

代入式(1)，得

$$X_1 = -\frac{\Delta_{1F}}{\delta_{11}} = \frac{2\sqrt{2}M_e}{\pi R}$$

作出曲杆的弯矩图如图 12-5 所示。

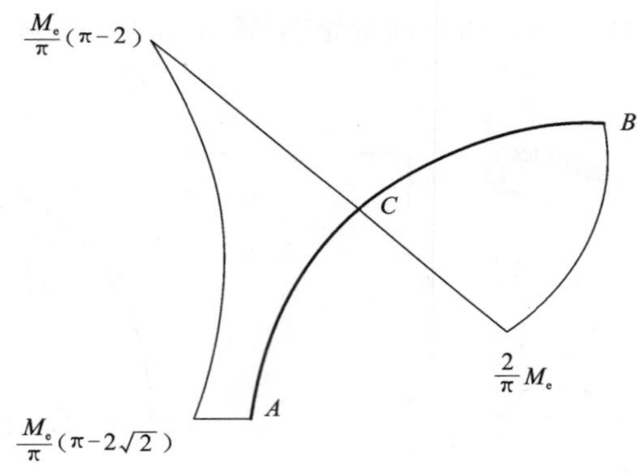

图 12-5

例 12.3 计算图 12-6(a) 所示正方形桁架中各杆的内力。设各杆的横截面面积相等，材料相同。

解 1) 建立正则方程。由于桁架内部具有一个多余约束，故此桁架属于一次内力超静定。以 BD 杆为多余约束，假想地在任一截面 m-m 处将杆切开，并以多余约束力 X_1 代替。相当系统如图 12-6(b) 所示。若以 Δ_{1F} 表示 BD 杆 m-m 切口两侧截面因载荷作用而引起的沿 X_1 方向的相对位移，δ_{11} 表示 m-m 切口两侧因单位力 $X_1 = 1$ 而引起沿 X_1 方向的相对位移，由于 BD 杆实际上是连续的，所以，m-m 切口两侧截面的相对位移应等于零。于是，正则方程为

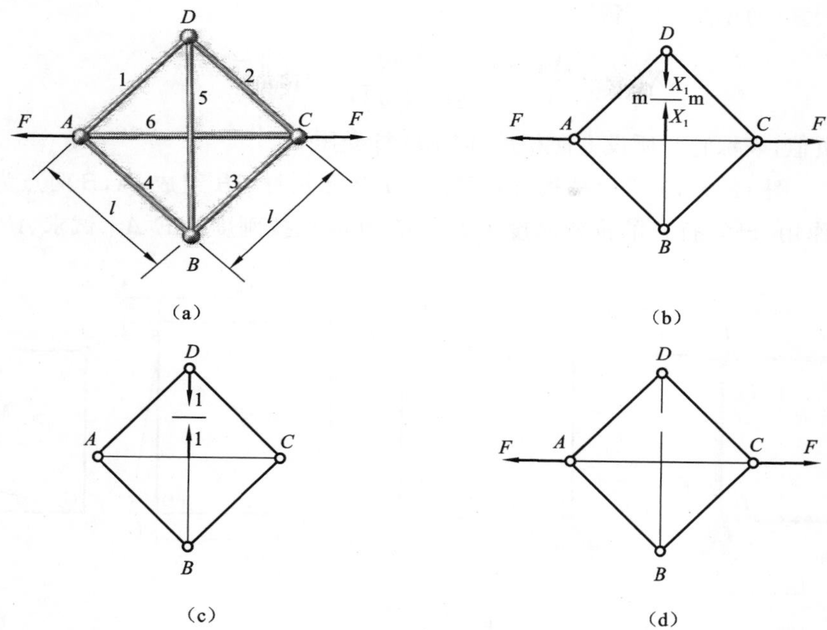

图 12-6

$$\delta_{11} X_1 + \Delta_{1F} = 0 \tag{1}$$

2) 计算系数 δ_{11} 和 Δ_{1F}，并确定各杆内力。由图 12-6(c) 求出静定基在单位力作用下各杆的内力 $\overline{F}_{Ni}$，由图 12-6(d) 求出静定基在 F 力作用下各杆的内力 F_{NiF}，并将其结果列入表 12-1 中。

表 12-1

杆号	$\overline{F}_{Ni}$	F_{NiF}	l_i	$\overline{F}_{Ni}F_{NiF}l_i$	$\overline{F}_{Ni}\overline{F}_{Ni}l_i$	$F_{Ni}=F_{NiF}+\overline{F}_{Ni}X_1$
1	$-\frac{1}{\sqrt{2}}$	0	l	0	$\frac{l}{2}$	$\frac{\sqrt{2}-1}{2}F$
2	$-\frac{1}{\sqrt{2}}$	0	l	0	$\frac{l}{2}$	$\frac{\sqrt{2}-1}{2}F$
3	$-\frac{1}{\sqrt{2}}$	0	l	0	$\frac{l}{2}$	$\frac{\sqrt{2}-1}{2}F$
4	$-\frac{1}{\sqrt{2}}$	0	l	0	$\frac{l}{2}$	$\frac{\sqrt{2}-1}{2}F$
5	1	0	$\sqrt{2}l$	0	$\sqrt{2}l$	$-\frac{2-\sqrt{2}}{2}F$
6	1	F	$\sqrt{2}l$	$\sqrt{2}Fl$	$\sqrt{2}l$	$\frac{\sqrt{2}}{2}F$
				$\sum\overline{F}_{Ni}F_{NiF}l_i=\sqrt{2}Fl$	$\sum\overline{F}_{Ni}\overline{F}_{Ni}l_i=2(1+\sqrt{2})l$	

由莫尔定理，得

$$\Delta_{1F} = \sum_{i=1}^{6} \frac{\overline{F}_{Ni}F_{NiF}l_i}{EA} = \frac{\sqrt{2}Fl}{EA} \tag{2}$$

$$\delta_{11} = \sum_{i=1}^{6} \frac{\overline{F}_{Ni}\overline{F}_{Ni}l_i}{EA} = \frac{2(1+\sqrt{2})l}{EA} \tag{3}$$

将式(2)、式(3) 代入(1),得

$$X_1=-\frac{\Delta_{1F}}{\delta_{11}}=-\frac{\sqrt{2}Fl}{2(1+\sqrt{2})l}=-\frac{2-\sqrt{2}}{2}F$$

式中:X_1 为负值,表示它与所设方向相反,即 BD 杆受压。

例 12.4 图 12-7(a) 所示结构,由折杆 $ACDB$ 和拉杆 AB 组成,A,B 两点为铰接,B 处受水平力 F 作用。已知折杆的抗弯刚度为 EI,AB 杆的抗拉刚度为 E_0A_0。试求 AB 杆的轴力。

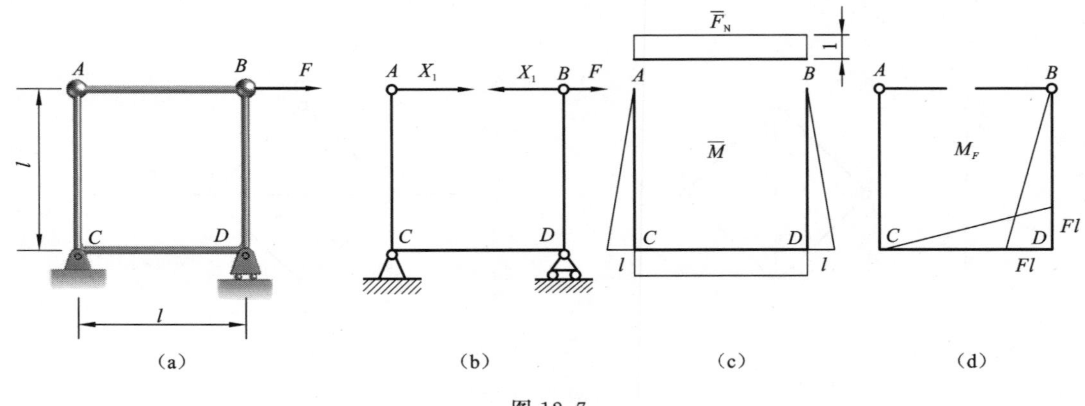

图 12-7

解 此结构内部具有一个多余约束,故为一次超静定结构。以 AB 杆为多余约束,并假想地将它切开,用多余内力 X_1 代替,得相当系统如图 12-7(b) 所示。该系统的变形协调条件为:AB 杆切口两侧截面的相对位移为零,正则方程为

$$\delta_{11}X_1+\Delta_{1F}=0 \tag{1}$$

在 AB 杆切口两侧沿 X_1 方向加单位力,在此单位力作用下,折杆 $ACDB$ 的弯矩图及 AB 杆的轴力图如图 12-7(c) 所示。静定基在 F 力作用下的弯矩图如图 12-7(d) 所示。由图乘法得

$$\delta_{11}=\frac{1}{EI}\left[2\times\frac{l^2}{2}\times\frac{2}{3}l+l^2\times l\right]+\frac{l}{E_0A_0}=\frac{5l^3}{3EI}+\frac{l}{E_0A_0} \tag{2}$$

$$\Delta_{1F}=-\frac{1}{EI}\left[\frac{1}{2}Fl^2\times l+\frac{1}{2}Fl^2\times\frac{2}{3}l\right]=-\frac{5Fl^3}{6EI} \tag{3}$$

将式(2)、式(3) 代入式(1),得

$$X_1=-\frac{\Delta_{1F}}{\delta_{11}}=\frac{F}{2\left(1+\dfrac{3EI}{5E_0A_0l^2}\right)}$$

从所得结果可见,AB 杆的轴力跟刚架的抗弯刚度与 AB 杆抗拉刚度的比值有关,AB 杆的抗拉刚度越大,则它的轴力就越大,这是超静定结构的特点。若抗弯刚度远大于抗拉刚度,则轴力 X_1 较小,可略去不计,此问题可按静定问题处理。

上面讨论了力法解一次超静定问题的过程,下面介绍用力法求解多次超静定问题。考虑图 12-8(a) 所示刚架,A,B 两端固定,是一个三次超静定问题。若解除固定端 B 的约束,以三个多余约束力代替,则可得图 12-8(b) 所示的相当系统。

现在考虑载荷和多余约束力在静定基上产生的 X_1 方向的位移。Δ_{1F} 表示载荷 F 作用在静

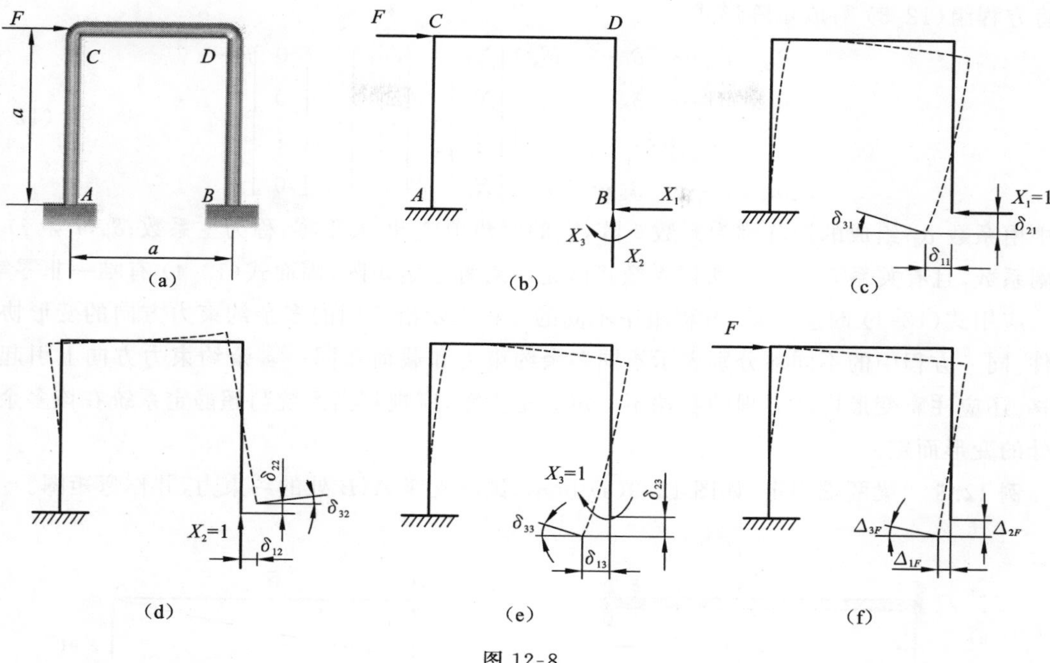

图 12-8

定基上所引起的 B 点在 X_1 方向的位移；δ_{11}，δ_{12}，δ_{13} 分别表示多余约束力 X_1，X_2，X_3 为单位力时，分别单独作用在静定基上，所引起的 B 点沿 X_1 方向的位移。显然，当 X_1，X_2，X_3 单独作用时，B 端沿 X_1 方向的位移分别为 $\delta_{11}X_1$，$\delta_{12}X_2$，$\delta_{13}X_3$。由此可得相当系统中 B 点沿 X_1 方向的总位移为

$$\Delta_1 = \delta_{11}X_1 + \delta_{12}X_2 + \delta_{13}X_3 + \Delta_{1F}$$

由于实际刚架的 B 端是固定的，此处的任何线位移和角位移均为零，于是得相当系统的变形协调条件

$$\delta_{11}X_1 + \delta_{12}X_2 + \delta_{13}X_3 + \Delta_{1F} = 0$$

同理可得 B 端沿 X_2 方向的线位移为零和沿 X_3 方向的角位移为零的两个协调条件，综合三个条件，得到有关多余约束力的线性方程组

$$\left.\begin{aligned} \delta_{11}X_1 + \delta_{12}X_2 + \delta_{13}X_3 + \Delta_{1F} = 0 \\ \delta_{21}X_1 + \delta_{22}X_2 + \delta_{23}X_3 + \Delta_{2F} = 0 \\ \delta_{31}X_1 + \delta_{32}X_2 + \delta_{33}X_3 + \Delta_{3F} = 0 \end{aligned}\right\} \tag{12-2}$$

式(12-2) 即为三次超静定问题的力法正则方程。

由位移互等定理知，式(12-2) 中的系数有 $\delta_{12} = \delta_{21}$，$\delta_{23} = \delta_{32}$，$\delta_{13} = \delta_{31}$，或写成一般形式 $\delta_{ij} = \delta_{ji}$。因此，方程组(12-2) 中独立系数仅 6 个。

对于 n 次超静定系统，同样可以得到力法的正则方程为

$$\left.\begin{aligned} \delta_{11}X_1 + \delta_{12}X_2 + \cdots + \delta_{1i}X_i + \cdots + \delta_{1n}X_n + \Delta_{1F} = 0 \\ \delta_{21}X_1 + \delta_{22}X_2 + \cdots + \delta_{2i}X_i + \cdots + \delta_{2n}X_n + \Delta_{2F} = 0 \\ \cdots\cdots \\ \delta_{n1}X_1 + \delta_{n2}X_2 + \cdots + \delta_{ni}X_i + \cdots + \delta_{nn}X_n + \Delta_{nF} = 0 \end{aligned}\right\} \tag{12-3}$$

或将方程组(12-3)写成矩阵形式

$$\begin{bmatrix} \delta_{11} & \delta_{12}\cdots & \delta_{1i}\cdots & \delta_{1n} \\ \delta_{21} & \delta_{22}\cdots & \delta_{2i}\cdots & \delta_{2n} \\ & \cdots\cdots & & \\ \delta_{n1} & \delta_{n2}\cdots & \delta_{ni}\cdots & \delta_{nn} \end{bmatrix} \begin{Bmatrix} X_1 \\ X_2 \\ \vdots \\ X_n \end{Bmatrix} + \begin{Bmatrix} \Delta_{1F} \\ \Delta_{2F} \\ \vdots \\ \Delta_{nF} \end{Bmatrix} = \begin{bmatrix} 0 \\ 0 \\ \vdots \\ 0 \end{bmatrix} \tag{12-4}$$

式中由系数 δ_{ij} 组成的矩阵称为系数矩阵,它的对角项 δ_{ii} 恒大于零,称为主系数;$\delta_{ji}\ (i \neq j)$ 称为副系数,且有关系 $\delta_{ij} = \delta_{ji}$,所以系数矩阵是一对称正定矩阵,因而式(12-4)有唯一非零解。

应用式(12-4)时应注意,方程组中不同的方程表示沿不同的多余约束力方向的变形协调条件。同一方程中的不同项分别表示不同多余约束力和载荷在同一多余约束力方向上引起的位移。还应注意变形协调方程的右端不一定总是为零,应视相当系统与超静定系统在该多余约束处的变形而定。

例 12.5 梁两端固定,如图 12-9(a)所示,试求支座 A、B 处的约束力,并作弯矩图。

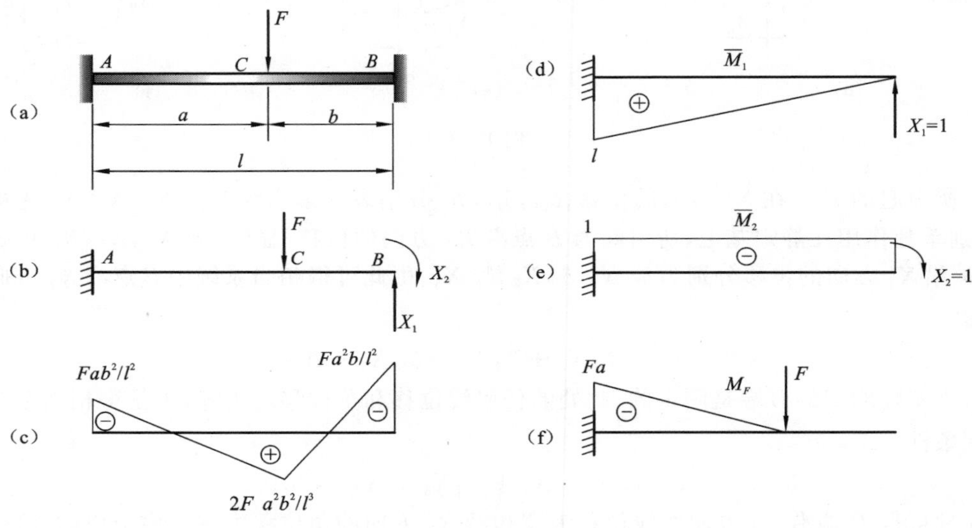

图 12-9

解 1)建立正则方程。两端固定梁有三个多余约束,为三次超静定系统。小变形情况下,因梁只受横向载荷作用,水平轴向约束力很小,可以略去,故简化为二次超静定问题。

以 B 端约束为多余约束,解除后得相当系统如图 12-9(b)所示,其中 X_1,X_2 为多余约束力,列出正则方程为

$$\left.\begin{aligned} \delta_{11}X_1 + \delta_{12}X_2 + \Delta_{1F} = 0 \\ \delta_{21}X_1 + \delta_{22}X_2 + \Delta_{2F} = 0 \end{aligned}\right\} \tag{1}$$

2)计算系数和自由项。分别绘出静定基在 $X_1 = 1$、$X_2 = 1$ 和 F 各自单独作用下的弯矩图,如图 12-9(d)、(e)、(f)所示。由图乘法可得

$$\delta_{11} = \frac{1}{EI}\left(\frac{1}{2}\times l \times l \times \frac{2}{3}l\right) = \frac{l^3}{3EI}$$

$$\delta_{12}=\delta_{21}=-\frac{1}{EI}\left(\frac{1}{2}\times l\times l\times 1\right)=-\frac{l^2}{2EI}$$

$$\delta_{22}=\frac{1}{EI}(l\times 1\times 1)=\frac{l}{EI}$$

$$\Delta_{1F}=-\frac{1}{EI}\left[\frac{1}{2}Fa\times a\times\left(l-\frac{a}{3}\right)\right]=-\frac{a^2(3l-a)F}{6EI}$$

$$\Delta_{2F}=\frac{1}{EI}\left(\frac{1}{2}Fa\times a\times 1\right)=\frac{Fa^2}{2EI}$$

(3) 解方程并作弯矩图。将以上系数及自由项代入正则方程(1),化简后得

$$2l^3X_1-3l^2X_2-Fa^2(3l-a)=0$$

$$-l^2X_1+2lX_2+Fa^2=0$$

解上述方程得多余约束力为

$$X_1=\frac{Fa^2(l+2b)}{l^3},\quad X_2=\frac{Fa^2b}{l^2}$$

各截面弯矩按下式计算

$$M=\overline{M}_1X_1+\overline{M}_2X_2+M_F$$

据此作出梁的弯矩图如图 12-9(c) 所示。

例 12.6　试绘制图 12-10(a) 所示梁的弯矩图。

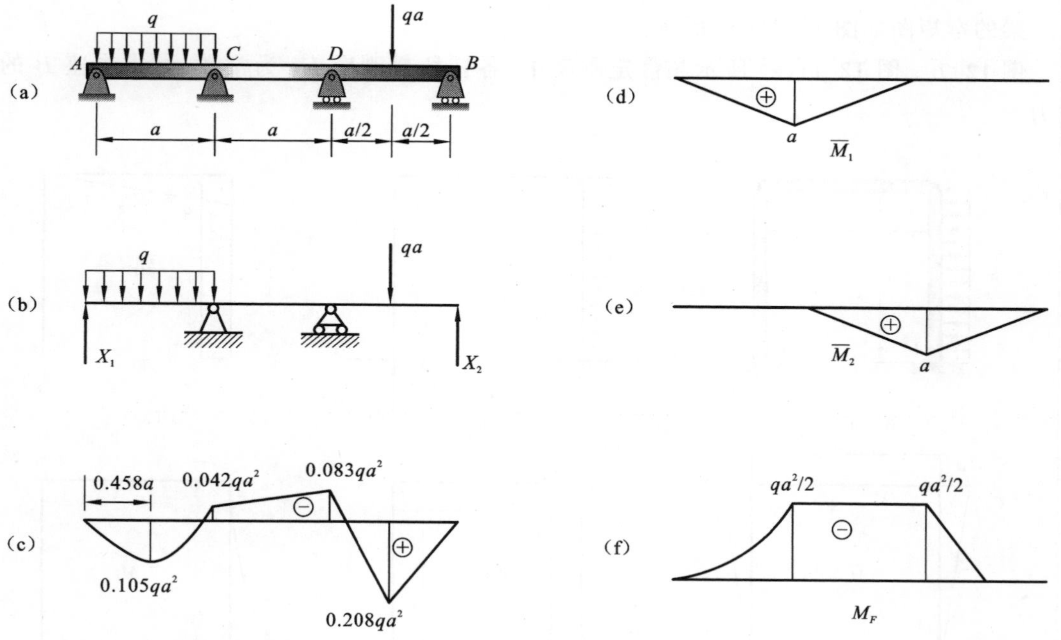

图 12-10

解　1) 建立正则方程。此连续梁为二次超静定结构,选 A,B 支座为多余约束,得相当系统如图 12-10(b) 所示。列出正则方则为

$$\delta_{11}X_1 + \delta_{12}X_2 + \Delta_{1F} = 0$$
$$\delta_{21}X_1 + \delta_{22}X_2 + \Delta_{2F} = 0$$

2) 计算系数及自由项。作 $\overline{M}_1$,$\overline{M}_2$,M_F 弯矩图,如图 12-10(d)、(e)、(f) 所示。由图乘法得

$$\delta_{11} = \delta_{22} = \frac{2}{EI}\left(\frac{1}{2} \times a \times a \times \frac{2}{3}a\right) = \frac{2a^3}{3EI}$$

$$\delta_{12} = \delta_{21} = \frac{1}{EI}\left(\frac{1}{2} \times a \times a \times \frac{a}{3}\right) = \frac{a^3}{6EI}$$

$$\Delta_{1F} = -\frac{1}{EI}\left(\frac{1}{3} \times \frac{qa^2}{2} \times a \times \frac{3}{4}a + \frac{qa^2}{2} \times a \times \frac{a}{2}\right) = -\frac{3qa^4}{8EI}$$

$$\Delta_{2F} = -\frac{1}{EI}\left(\frac{qa^2}{2} \times a \times \frac{a}{2} + \frac{1}{2} \times \frac{qa^2}{2} \times \frac{a}{2} \times \frac{5a}{6}\right) = -\frac{17qa^4}{48EI}$$

3) 解方程并画弯矩图。将以上系数及自由项代入正则方程,简化后得

$$\frac{2}{3}X_1 + \frac{1}{6}X_2 - \frac{3qa}{8} = 0$$

$$\frac{1}{6}X_1 + \frac{2}{3}X_2 - \frac{17qa}{48} = 0$$

解上述方程,得多余约束力

$$X_1 = \frac{11}{24}qa, \quad X_2 = \frac{5qa}{12}$$

梁的弯矩图如图 12-10(c) 所示。

例 12.7 图 12-11(a) 所示超静定刚架中,各杆抗弯刚度 EI 为常数,试求支座 B 的约束力。

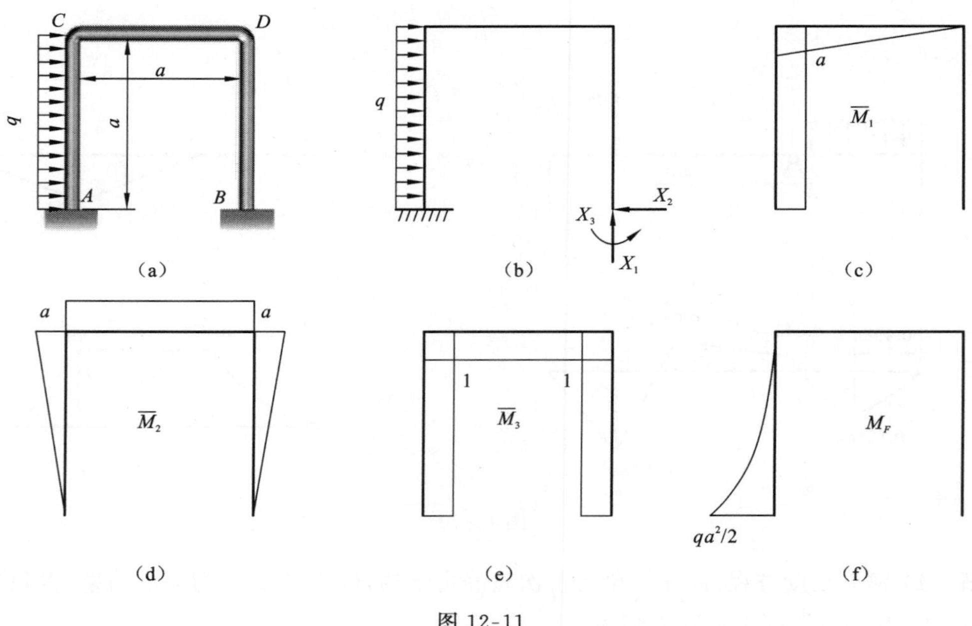

图 12-11

解　1）建立正则方程。此刚架为三次超静定结构，解除 B 端约束得相当系统如图 12-11(b) 所示，列出相应正则方程为

$$\delta_{11}X_1+\delta_{12}X_2+\delta_{13}X_3+\Delta_{1F}=0$$
$$\delta_{21}X_1+\delta_{22}X_2+\delta_{23}X_3+\Delta_{2F}=0$$
$$\delta_{31}X_1+\delta_{32}X_2+\delta_{33}X_3+\Delta_{3F}=0$$

2）计算系数和自由项。画出$\overline{M_1}$，$\overline{M_2}$，$\overline{M_3}$，M_F 图，如图 12-11(c)、(d)、(e)、(f) 所示，应用图乘法得

$$\delta_{11}=\frac{1}{EI}\left(\frac{1}{2}a^2\times\frac{2}{3}a+a^2\times a\right)=\frac{4a^3}{3EI}$$

$$\delta_{22}=\frac{1}{EI}\left(2\times\frac{1}{2}a^2\times\frac{2}{3}a+a^2\times a\right)=\frac{5a^3}{3EI}$$

$$\delta_{33}=\frac{3}{EI}\times 1\times a\times 1=\frac{3a}{EI}$$

$$\delta_{12}=\delta_{21}=-\frac{1}{EI}\left(\frac{1}{2}a^2\times a+a^2\times\frac{a}{2}\right)=-\frac{a^3}{EI}$$

$$\delta_{23}=\delta_{32}=-\frac{1}{EI}\left(2\times\frac{1}{2}a^2\times 1+a^2\times 1\right)=-\frac{2a^2}{EI}$$

$$\delta_{13}=\delta_{31}=\frac{1}{EI}\left(\frac{1}{2}a^2\times 1+a^2\times 1\right)=\frac{3a^2}{2EI}$$

$$\Delta_{1F}=-\frac{1}{EI}\left(\frac{1}{3}\times\frac{qa^2}{2}\times a\times a\right)=-\frac{qa^4}{6EI}$$

$$\Delta_{2F}=\frac{1}{EI}\left(\frac{1}{3}\times\frac{qa^2}{2}\times a\times\frac{a}{4}\right)=\frac{qa^4}{24EI}$$

$$\Delta_{3F}=-\frac{1}{EI}\left(\frac{1}{3}\times\frac{qa^2}{2}\times a\times 1\right)=-\frac{qa^3}{6EI}$$

3）解方程。将以上系数及自由项代入正则方程，简化后得

$$8aX_1-6aX_2+9X_3-qa^2=0$$
$$-24aX_1+40aX_2-48X_3+qa^2=0$$
$$9aX_1-12aX_2+18X_3-qa^2=0$$

解以上方程组，得

$$X_1=\frac{qa}{7},\quad X_2=\frac{5qa}{24},\quad X_3=\frac{31qa^2}{252}$$

有很多工程实际中的结构具有对称性，有些载荷也具有对称性。利用这一特点，可以使计算得到很大简化。

平面结构的对称是指结构的几何形状，杆件的截面尺寸、材料的弹性模量等均对称于某一轴线，此轴线称为对称轴。若将结构沿对称轴对折，两侧部分的结构将完全重合。

如果平面结构沿对称轴对折后，其上载荷的分布、大小和方向或转向均完全重合，则称此种载荷为对称载荷。如果结构对折后，载荷的分布及大小相同，但方向或转向相反，则称为反对称载荷。

若结构对称，载荷也对称，则其内力和变形必然也对称于对称轴；若结构对称，载荷反对称，则其内力和变形必然反对称于对称轴。

例 12.8 轧钢机机架可简化为图 12-12(a) 所示的矩形封闭刚架，设横梁抗弯刚度为 EI_1，立柱抗弯刚度为 EI_2，试作刚架的弯矩图。

解 1) 建立正则方程。封闭刚架平面受力时，任意横截面上存在未知轴力，剪力和弯矩，故本例为三次内力超静定问题。但由于该刚架对 AA 轴和 CC 轴，具有载荷对称性和结构对称性，所以其内力对于这两个轴也是对称的。利用这个特点，可以降低超静定次数，简化计算。

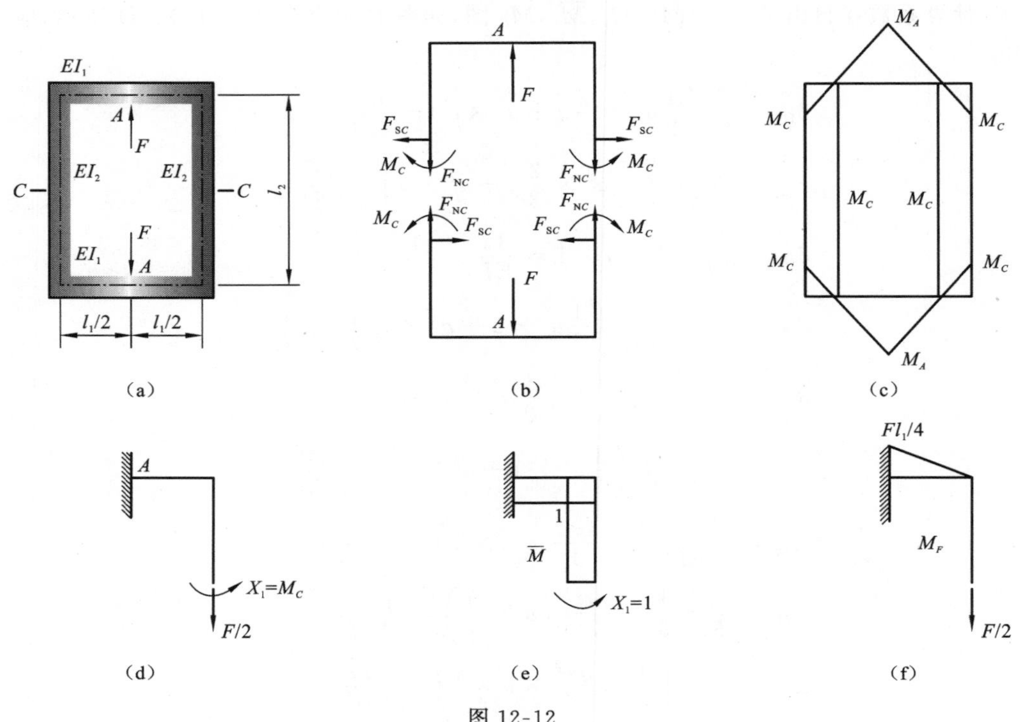

图 12-12

沿水平轴 CC 将刚架分为两部分(图 12-12(b))，因为内力对称于 AA 轴，所以左右截面上的轴力，弯矩和剪力均应相同，设均为 F_{NC}，M_C 和 F_{SC}。由上半部分的平衡，可直接得出 $F_{NC}=\dfrac{F}{2}$。另外，任何非零的剪力 F_{SC} 对于 CC 轴都是反对称的，为保持内力对称性，可以判定 $F_{SC}=0$。于是只有未知弯矩需要用变形协调条件求解。可见，由于利用了对称性，本例简化成一个一次超静定问题。

因为问题对 AA 轴具有对称性，所以求解时只需考虑四分之一刚架，即取图 12-12(d) 所示的相当系统。由于刚架变形对称于水平轴 CC，所以 C 截面的转角必为零，于是得正则方程

$$\delta_{11}X_1+\Delta_{1F}=0$$

式中：δ_{11} 和 Δ_{1F} 分别为 $X_1=1$ 和载荷 $F_{NC}=\dfrac{F}{2}$ 作用下，静定基的 C 截面沿 X_1 方向的转角，它们可以由莫尔积分或图乘法求出。

2) 计算系数和自由项。静定基在 $X_1=1$ 和 $F_{NC}=\dfrac{F}{2}$ 分别作用下的弯矩图如图 12-12(e)、(f) 所示，应用图乘法，得

$$\delta_{11}=\frac{1}{EI_2}\left(1\times\frac{l_2}{2}\times 1\right)+\frac{1}{EI_1}\left(1\times\frac{l_1}{2}\times 1\right)=\frac{l_2}{2EI_2}+\frac{l_1}{2EI_1}$$

$$\Delta_{1F}=-\frac{1}{EI_1}\left(\frac{1}{2}\times\frac{Fl_1}{4}\times\frac{l_1}{2}\times 1\right)=-\frac{Fl_1^2}{16EI_1}$$

(3) 解方程并作弯矩图。将以上系数及自由项代入正则方程，求得

$$X_1=-\frac{\Delta_{1F}}{\delta_{11}}=\frac{Fl_1^2I_2}{8(l_2I_1+l_1I_2)}=M_C$$

$$M_A=\frac{Fl_1^2I_2}{8(l_2I_1+l_1I_2)}-\frac{Fl_1}{4}=-\frac{Fl_1}{8}\left(\frac{2l_2I_1+l_1I_2}{l_2I_1+l_1I_2}\right)$$

在作此刚架的弯矩图时，可根据求得的内力 $X_1=M_C$ 和 $F_{NC}=\dfrac{F}{2}$，先作 1/4 刚架的弯矩图，然后根据对称性，作出整个刚架的弯矩图，如图 12-2(c) 所示。

例 12.9　水平刚架如图 12-13(a) 所示，各杆的抗弯刚度 EI、抗扭刚度 GI_P 均相同。试求其垂直对称面上的内力。

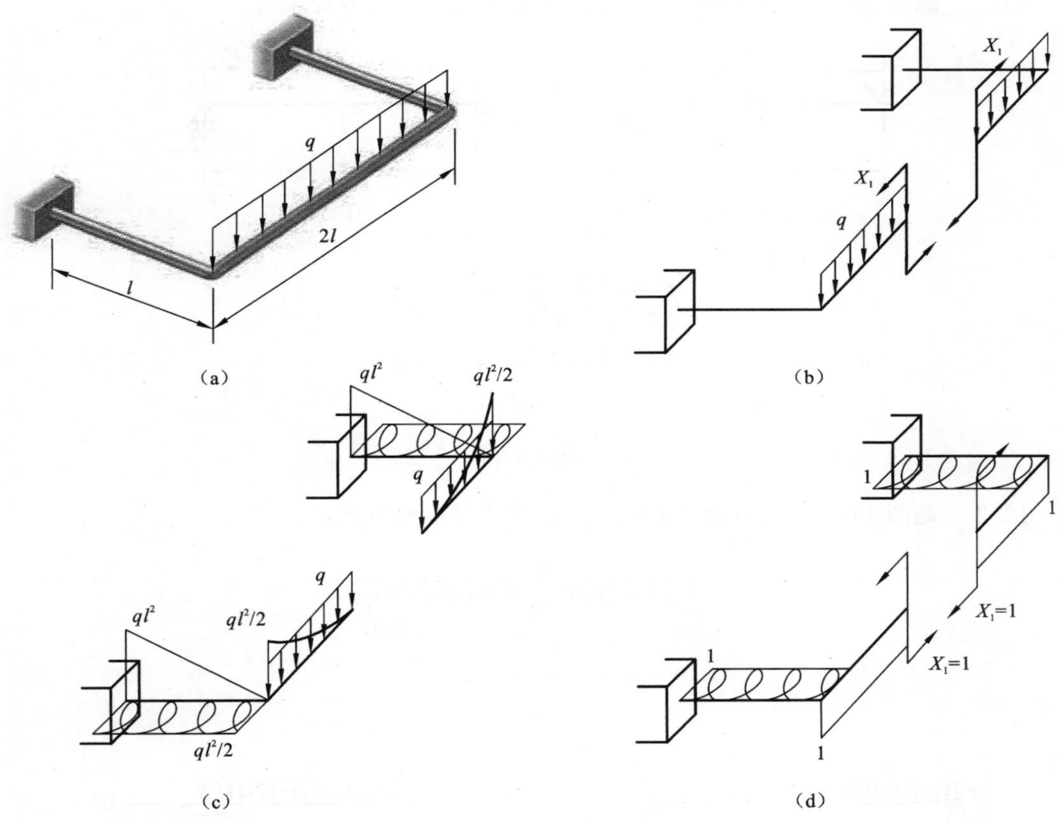

图 12-13

解　图示刚架是一平面刚架，承受垂直于刚架平面的外力作用，因此只产生垂直于刚架平面的内力，即刚架平面内的内力均为零。将刚架沿垂直对称面切开如图 12-13(b) 所示，考虑载荷和结构对称性，可以判定该截面上只存在非零且未知的内力 X_1。相当系统如图 12-13(b) 所

示，列出正则方程

$$\delta_{11}X_1+\Delta_{1F}=0$$

分别作出静定基在外力和 $X_1=1$ 作用下的内力图，如图 12-13(c)、(d) 所示，由图乘法得

$$\delta_{11}=\frac{2}{EI}(1\times l\times 1)+\frac{2}{GI_p}(l\times 1\times 1)=\frac{2l}{EI}+\frac{2l}{GI_p}$$

$$\Delta_{1F}=-\frac{2}{EI}\left(\frac{1}{3}\times\frac{ql^2}{2}\times l\times 1\right)-\frac{2}{GI_p}\left(\frac{ql^2}{2}\times l\times 1\right)=-\frac{ql^3}{3EI}-\frac{ql^3}{GI_p}$$

将上述结果代入正则方程，解得

$$X_1=-\frac{\Delta_{1F}}{\delta_{11}}=\frac{ql^2}{6}\frac{1+3\dfrac{EI}{GI_p}}{1+\dfrac{EI}{GI_p}}$$

习　题

12-1　题图 12-1 所示各梁的 EI 为常数，试求梁各支座的约束力。

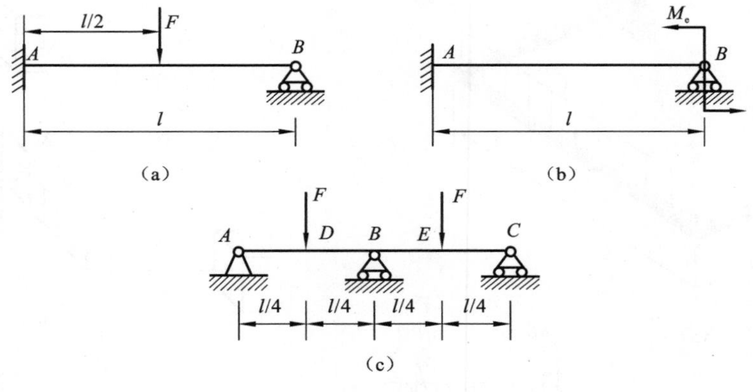

题图 12-1

12-2　题图 12-2 所示各梁的 EI 为常数，试作梁的弯矩图。

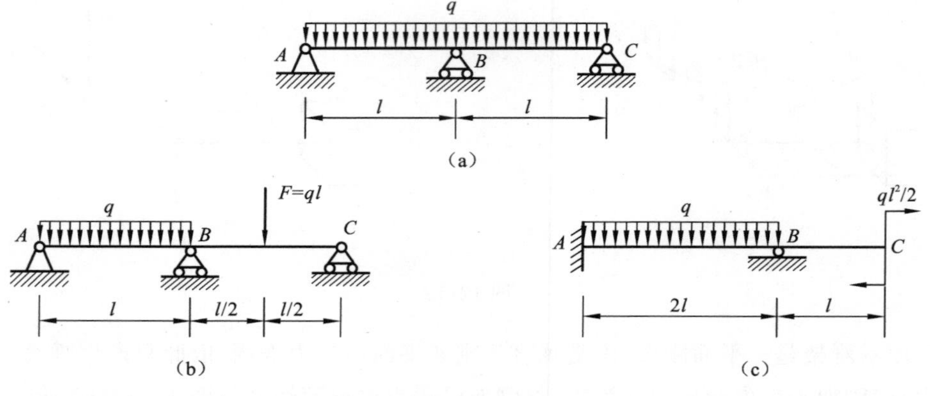

题图 12-2

12-3　题图 12-3 所示悬臂梁的 $EI = 3\times10^3\ \mathrm{N\cdot m^2}$，弹簧刚度为 $175\times10^3\ \mathrm{N/m}$。若梁与弹簧间的空隙为 1.25 mm，当集中力 $F = 450$ N 作用于梁的自由端时，求弹簧所承受的力。

12-4　题图 12-4 所示结构，AB 梁与 DG 梁的抗弯刚度均为 EI，CD 杆的抗拉刚度为 EA，求：

(1) CD 杆轴力 F_{NCD}；

(2) 支座 A 的转角 θ_A。

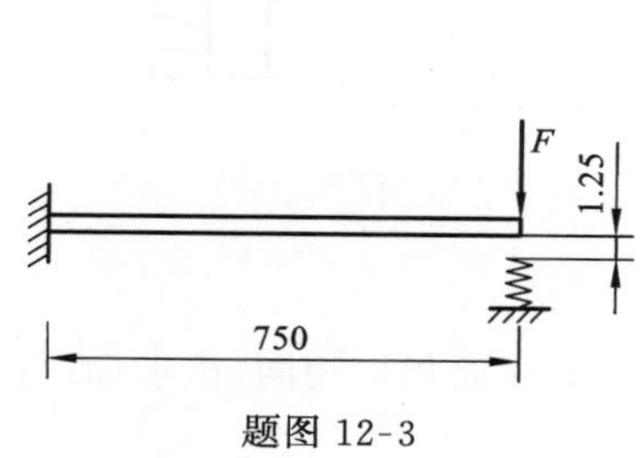

题图 12-3

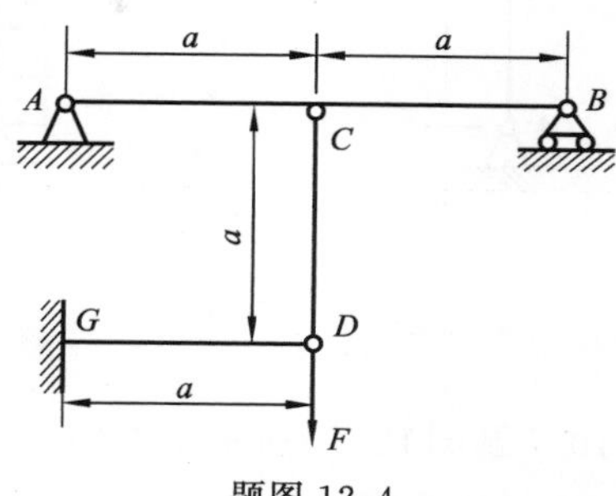

题图 12-4

12-5　试求题图 12-5 所示梁 B 端的约束力偶矩 M_B 和支座 B 处的向下位移 Δ_B。

12-6　试求题图 12-6 所示梁支座 A,B 处的约束力，并作梁的弯矩图。

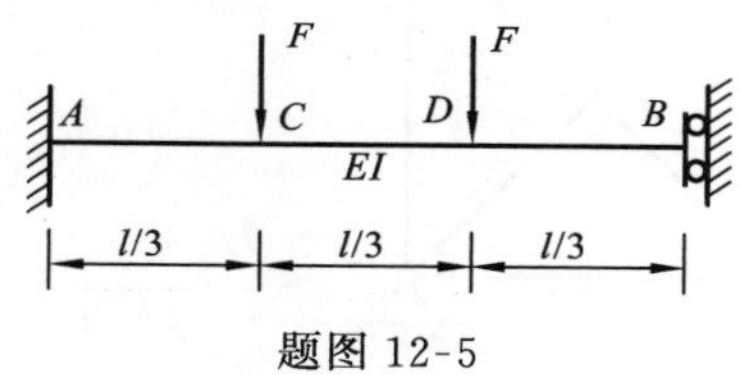

题图 12-5

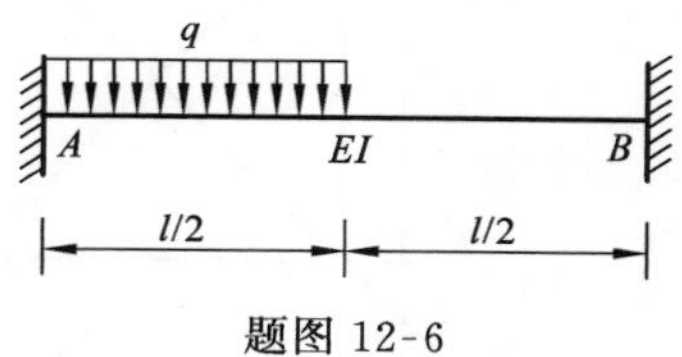

题图 12-6

12-7　题图 12-7 所示承受均布载荷 q 作用的三跨连续梁，试求该梁各支座的约束力，并作梁的弯矩图。

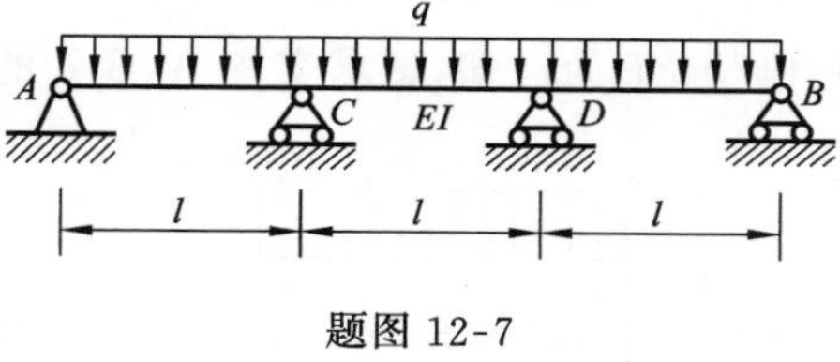

题图 12-7

12-8　试求题图 12-8 所示刚架的支座约束力，EI 为常数。

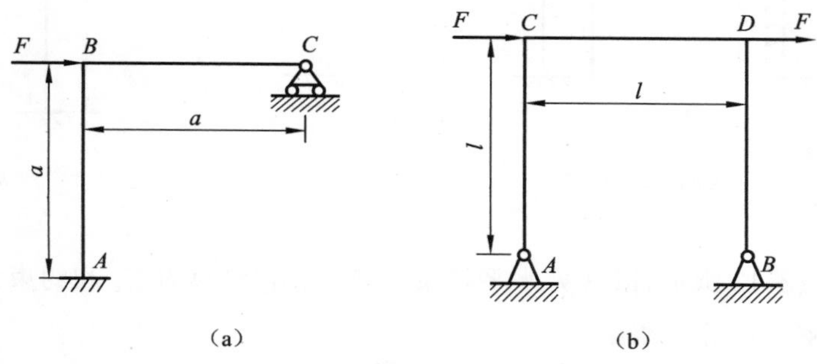

题图 12-8

12-9　试作题图 12-9 所示刚架的弯矩图，EI 为常数。

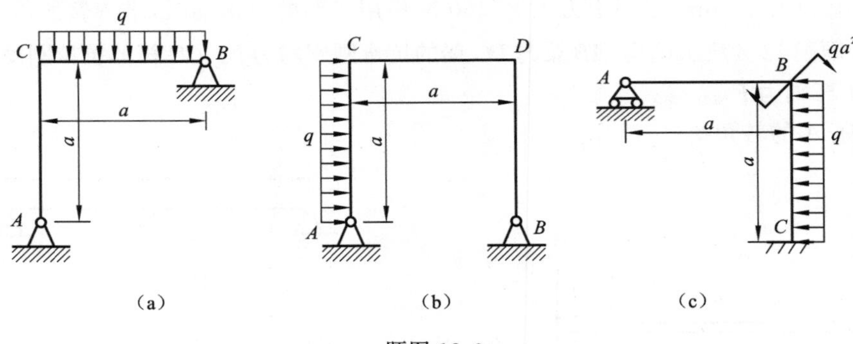

题图 12-9

12-10　题图 12-10 所示正方形桁架，各杆的材料和横截面面积均相同，试求 GC 杆的轴力 F_{NGC}，EA 为已知。

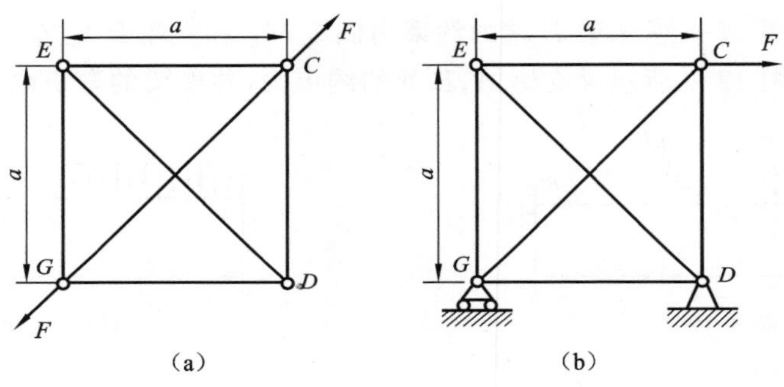

题图 12-10

12-11　试作题图 12-11 所示刚架的弯矩图。EI 为常数。

12-12　题图 12-12 所示刚架 EI 为已知，试求支座 A，B 处的约束力，并绘制弯矩图。

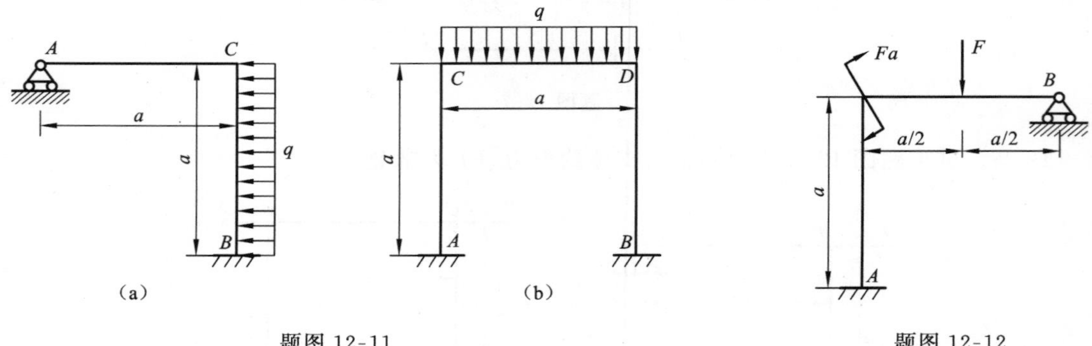

题图 12-11　　题图 12-12

12-13　题图 12-13 所示，以 A 处水平约束力 X_1，竖直约束力 X_2 和约束力偶矩 X_3 作为多余约束力，用力法解此超静定刚架。

12-14　试求题图 12-14 所示闭式刚架在刚节点处的弯矩，设各杆 EI 已知且相等。

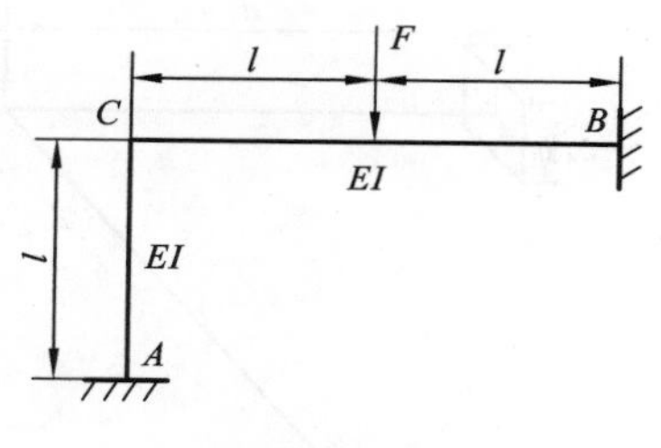

题图 12-13

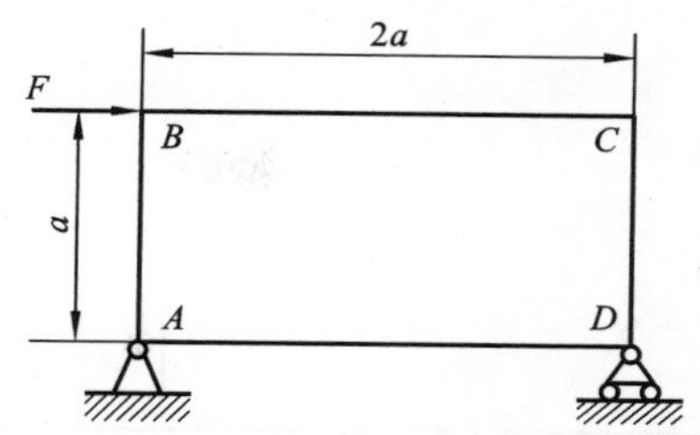

题图 12-14

12-15　设 EI 已知，试作题图 12-15 所示闭式刚架的弯矩图。

12-16　链条的一环如题图 12-16 所示，设各段 EI 已知且相等，试求环内最大弯矩。

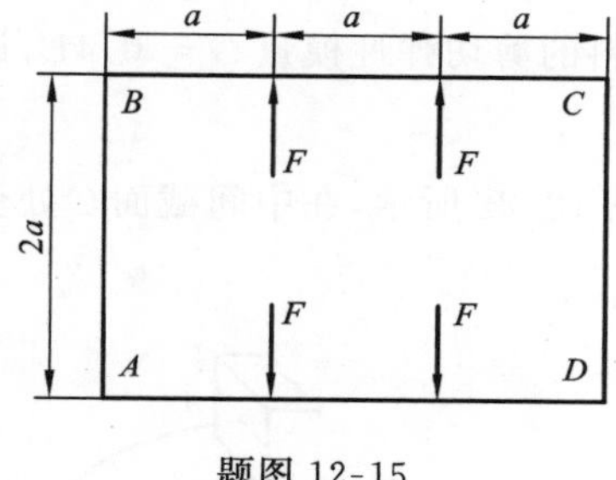

题图 12-15

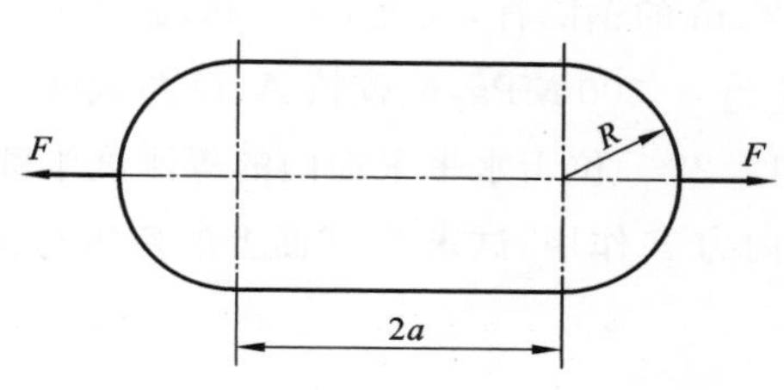

题图 12-16

12-17　题图 12-17 所示结构中，AB 梁的抗弯刚度为 EI，各连杆的抗拉刚度为 EA，试求 CD 杆的轴力 F_{NCD}（提示：不计 AB 梁内的轴力）。

12-18　悬臂梁 AB 和 CD 由 BC 杆相连，如题图 12-18 所示。两梁惯性矩均为 I，BC 杆横截面积为 A，三者材料相同，试求在图示载荷作用下，BC 杆的内力。设 I，A，q，a 已知。

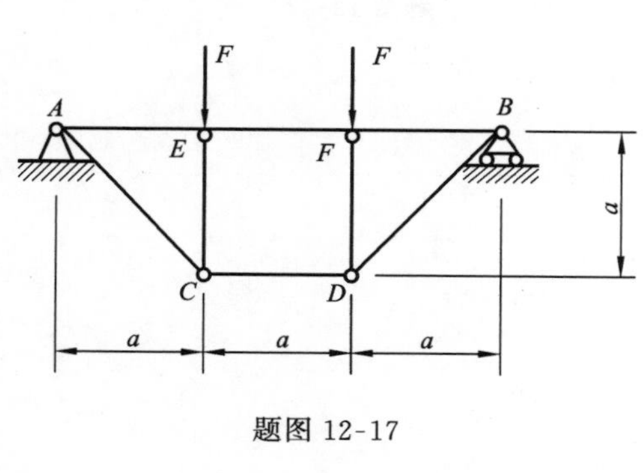

题图 12-17

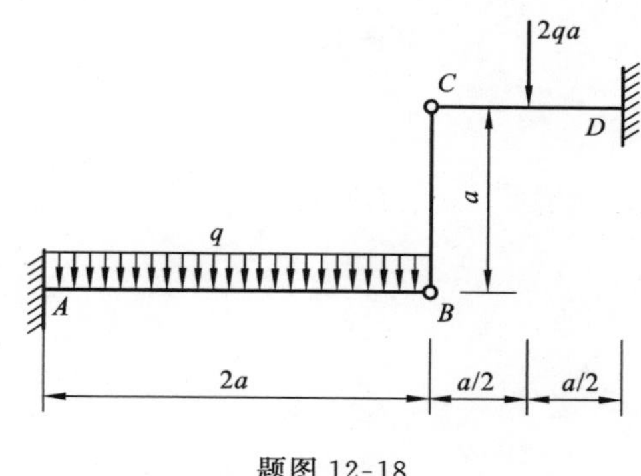

题图 12-18

12-19　题图 12-19 所示两端固定的梁 AC，B 为中间铰，梁的抗弯刚度为 EI。若 F，l 均为已知，求支座 A 处的约束力。

12-20　题图 12-20 水平放置的直角形刚架 ABC，由直径为 d 的圆杆组成，A 端固定，C 端铰支，B 点作用铅垂力 F，试求支座 C 的约束力，已知 $E/G = 2.5$。

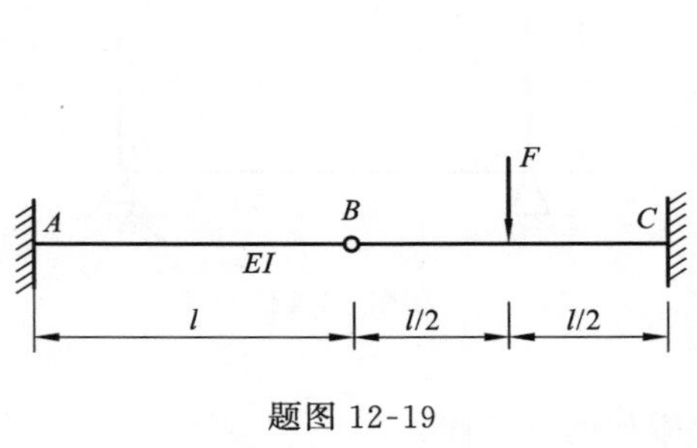

题图 12-19

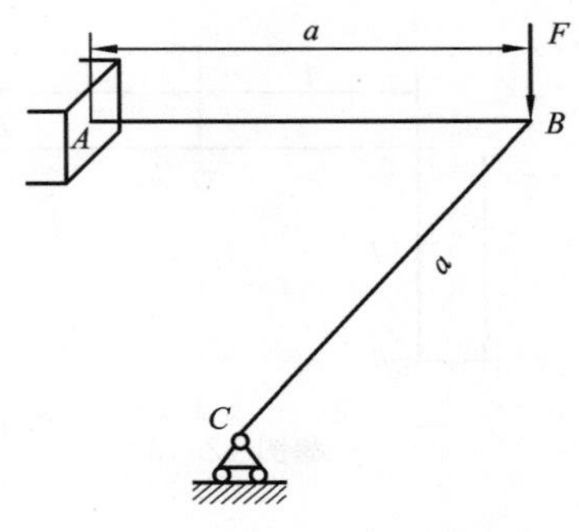

题图 12-20

12-21　题图 12-21 所示结构中 C 截面处为刚性连接，B 截面处为铰接，各杆均为 $d = 2\ \text{cm}$ 的钢圆杆，长度 $l = 1\ \text{m}$，载荷 $F = 270\ \text{N}$。已知材料的剪切弹性模量 $G = 0.4E$，许用应力 $[\sigma] = 300\ \text{MPa}$，试校核 A、D 两截面的强度。

12-22　位于水平平面内的等刚度半圆环形圆杆如题图 12-22 所示，在中间截面 C 处受铅垂方向力 F 作用，试求 C 截面上的弯矩与扭矩。

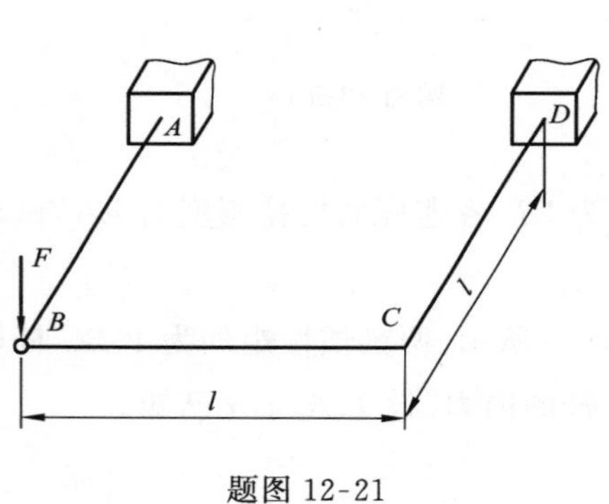

题图 12-21

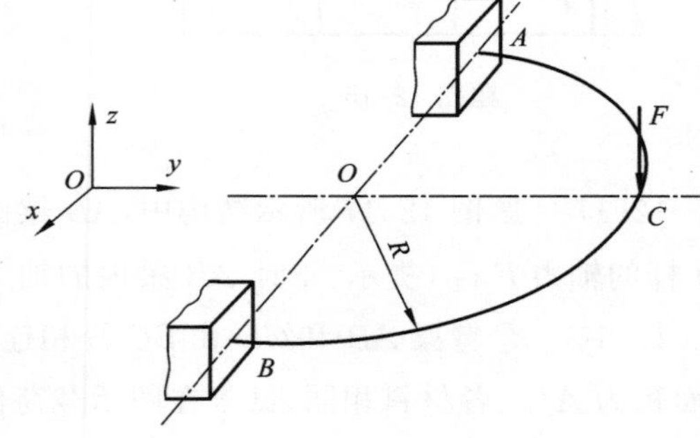

题图 12-22

第13章 动 载 荷

13.1 概 述

前面各章讨论的都是构件在静载荷作用下的应力、应变及位移计算。静载荷是随时间极缓慢变化或不变化的载荷，加载过程中，构件内各点的加速度等于零或很小，可以忽略不计。工程实际中有些构件，例如，加速起吊重物的绳索，高速旋转的飞轮轮缘，内燃机的连杆，汽锤的机座等，工作时或作变速运动、回转运动、机械振动，或受到其他物体的撞击，此时，构件上承受的载荷随时间作急剧变化，或构件作加速运动或转动时构件中的惯性力，这些载荷都是动载荷。动载荷引起的应力和变形称为动应力(dynamic stress) 和动变形(dynamic deformation)。实验可知，在动载荷作用下，由于加速度引起的惯性力在构件内形成的动应力比静应力大得多。但一般情况下只要动应力不超过材料的比例极限，则认为胡克定律仍然有效，且弹性模量与静载荷时的数值相同。

本章主要讨论作匀加速直线运动的构件、匀速转动的构件和冲击载荷作用的构件，其动应力和动变形的计算。

13.2 构件作匀加速运动时的应力和变形计算

构件作匀加速直线运动或匀速转动时，构件内各点将产生惯性力。动应力的求解可采用动静法，即首先算出构件内各点的加速度 a，以及与加速度相应的惯性力的大小 $F_I = ma$，此力系像体积力一样分布于构件内各点，方向与加速度的方向相反。该力系与作用在构件上的外力在形式上组成一平衡力系，然后按照求解静力平衡问题的程序，即可求得构件中的动应力。

1. 构件作匀加速直线运动

图 13-1(a) 为起重机以匀加速度 a 起吊重物的示意图。重物的重量为 Q，钢绳横截面面积为 A，不计钢绳的自重，采用动静法分析绳内的动应力。

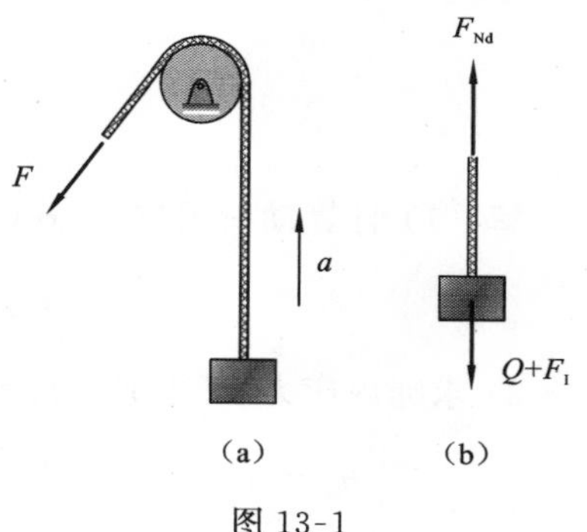

图 13-1

假想将钢绳截开，取图 13-1(b) 所示部分进行分析。设绳截面上的内力为 F_{Nd}，重物上附加的惯性力大小为 $F_I = \dfrac{Q}{g}a$，方向与加速度 a 的方向相反，根据系统在铅垂方向的平衡方程

$$F_{Nd} - Q - F_I = 0$$

得

$$F_{Nd} = Q + \frac{Q}{g}a = \left(1 + \frac{a}{g}\right)Q$$

则绳中的动应力 σ_d 为

$$\sigma_d = \frac{F_{Nd}}{A} = \left(1 + \frac{a}{g}\right)\frac{Q}{A} = \left(1 + \frac{a}{g}\right)\sigma \tag{1}$$

式中：$\sigma = \dfrac{Q}{A}$ 为钢绳中的静应力，令

$$K_d = 1 + \frac{a}{g} \tag{13-1}$$

则式(1) 可写成

$$\sigma_d = K_d \sigma \tag{13-2}$$

由上式可见，动应力等于静应力乘上一个系数 K_d，K_d 表示动应力与静应力的比值，称为动荷因数(factor of dynamic load)。求得动应力后，动载荷时的强度条件为

$$\sigma_{d\max} = K_d \sigma_{\max} \leqslant [\sigma] \tag{13-3}$$

式中：$[\sigma]$ 为静载作用时材料的许用应力。

例 13.1　一煤矿升降机起吊重物 $Q = 100$ kN，如图 13-2(a) 所示。起吊用的钢绳横截面积 $A = 100\ \text{cm}^2$，材料单位体积的重量 $\gamma = 76 \times 10^3\ \text{N/m}^3$，绳下垂长度 $l = 200$ m，当以匀加速度 $a = 10\ \text{m/s}^2$ 上升时，试求：

1) 动荷因数 K_d

2) 画出钢绳轴力随长度的分布图，并求出绳内应力。

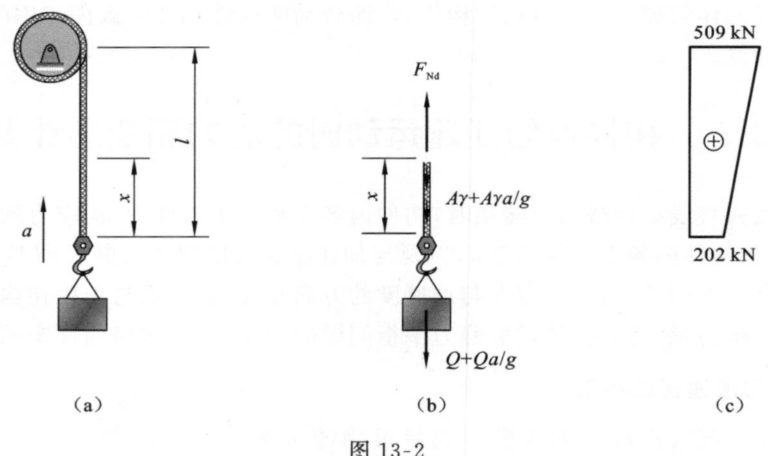

图 13-2

解　1) 计算动荷因数。由式(13-1) 求得

$$K_d = 1 + \frac{a}{g} = 1 + \frac{10}{9.8} = 2.02$$

2) 求绳内应力。考虑绳的自重时，只要在式(13-2) 静应力中增加绳的自重一项，即

$$\sigma_d = K_d \sigma(x) = K_d \frac{F_N(x)}{A} = K_d\left(\frac{Q}{A} + \frac{A\gamma x}{A}\right) = K_d\left(\frac{Q}{A} + \gamma x\right)$$

$$= 2.02 \times \left(\frac{100 \times 10^3}{100 \times 10^{-4}} + 76 \times 10^3 x\right) = 2.02(10^7 + 76 \times 10^3 x)$$

当 $x = 0$ 时，　　$\sigma_d = 20.2$ MPa，　$F_{Nd} = 202$ kN

当 $x = 200$ m 时，　$\sigma_d = 50.9$ MPa，　$F_{Nd} = 509$ kN

绳内轴力沿长度的分布如图 13-2(c) 所示。

在求 F_{Nd} 时，也可在距下端 x 处将绳截开，取下端为研究对象，其受力情况如图 13-2(b) 所示，由铅垂方向的平衡条件可得

$$F_{\mathrm{Nd}} = Q\left(1+\frac{a}{g}\right)+A\gamma\left(1+\frac{a}{g}\right)x$$

动应力

$$\sigma_{\mathrm{d}} = \frac{F_{\mathrm{Nd}}}{A}$$

亦能得到以上的结果。

2. 构件作匀速转动

图 13-3(a) 所示为一薄壁圆环($D \gg t$)。已知平均直径 D，圆环横截面面积 A，材料单位体积的重量 γ，环以匀角速度 ω 绕轴心 O 点在水平面内旋转时，试求圆环横截面上动应力 σ_{d}。

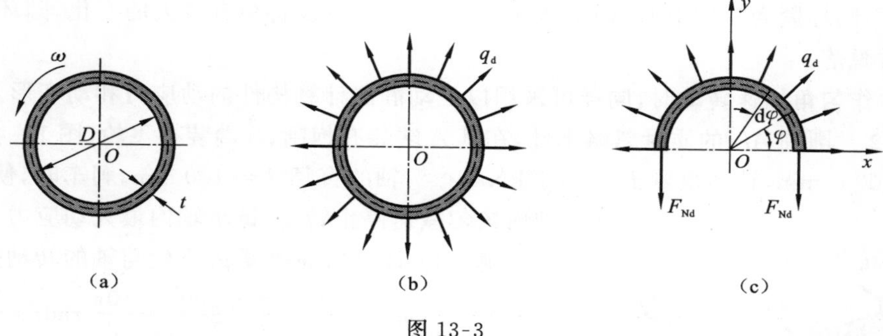

图 13-3

薄环作匀角速转动，环内各点只有向心加速度 $a_n = \dfrac{D}{2}\omega^2$，各点切向加速度 $a_t = 0$，因此，惯性力沿圆环轴线均匀分布，其集度 $q_{\mathrm{d}} = \dfrac{\gamma A}{g}a_n = \dfrac{\gamma AD}{2g}\omega^2$，方向与 a_n 的方向相反，如图 13-3(b) 所示。沿圆环直径将其切开，取一部分分析平衡(图 13-3(c))，由平衡方程 $\sum F_y = 0$，有

$$2F_{\mathrm{Nd}} - \int_0^{\pi} q_{\mathrm{d}} \sin\varphi \cdot \frac{D}{2}\mathrm{d}\varphi = 0$$

得

$$F_{\mathrm{Nd}} = \frac{q_{\mathrm{d}}D}{2} = \frac{\gamma AD^2}{4g}\omega^2$$

薄环横截面上的应力 σ_{d} 均匀分布，即

$$\sigma_{\mathrm{d}} = \frac{F_{\mathrm{Nd}}}{A} = \frac{\gamma D^2}{4g}\omega^2 = \frac{\gamma v^2}{g} \tag{13-4}$$

式中：$v = \dfrac{D}{2}\omega$ 是圆环轴线上各点的线速度。

式(13-4) 表明，圆环横截面上的动应力 σ_{d} 仅与圆环的 γ 和 v 有关，而与横截面面积 A 无关，所以增加截面积不能降低动应力。要保证旋转圆环的强度，应限制圆环的线速度 v。由式(13-4) 可知，若圆环材料的许用应力为$[\sigma]$，则圆环允许的线速度为

$$v \leqslant \sqrt{\frac{g[\sigma]}{\gamma}}$$

工程上将这一速度称为极限速度(limited velocity),对应的转动速度称为极限转速(limited rotational velocity)。

在集度为 q_d 的惯性力作用下,圆环的周长将增大。若用 ε_d 表示圆环的环向应变,则圆环周长的伸长量为

$$\Delta l = \pi D\varepsilon_d$$

材料服从胡克定律时,上式可写成

$$\Delta l = \frac{1}{E}\pi D\sigma_d$$

式中:E 为材料的弹性模量。

而直径的增大值 ΔD 为

$$\Delta D = \frac{\Delta l}{\pi} = \frac{D\sigma_d}{E} = \frac{\gamma v^2 D}{gE}$$

可见,当圆环紧套在轴上时,如果转速 v 过大,则直径 D 将会有较大的变化,圆环可能会在飞速旋转时脱落。

当构件作匀角加速转动时,同样可采用以上动静法计算构件的动应力和动变形。

例 13.2 圆轴 AB 的质量忽略不计,在其 A 端装有抱闸,B 端装有飞轮(图 13-4)。飞轮的转速 $n = 100$ r/min,转动惯量 $J_x = 0.5$ kNm·s^2,轴的直径 $d = 100$ mm。刹车时,使轴在 5 秒钟内按匀减速停止转动。试求轴内最大动应力。

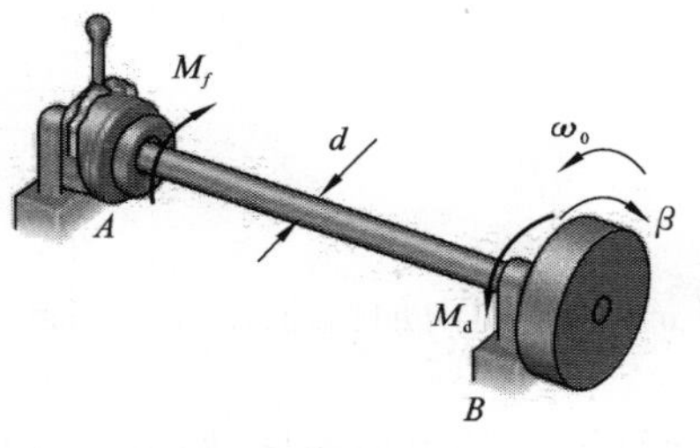

图 13-4

解 1) 计算角加速度 β。飞轮与轴的转动角速度

$$\omega_0 = \frac{\pi n}{30} = \frac{\pi \times 100}{30} = \frac{10\pi}{3} \text{ rad/s}$$

刹车时的角加速度

$$\beta = \frac{\omega_{终} - \omega_0}{t} = \frac{0 - \frac{10}{3}\pi}{5} = -\frac{2\pi}{3} \text{ rad/s}^2$$

式中负号表示角加速度 β 与角速度 ω_0 反向。

2) 确定惯性力偶矩 M_d。由角加速度引起的惯性力偶矩的数值为

$$M_d = J_x\beta = 0.5 \times \frac{2}{3}\pi = \frac{\pi}{3} \text{ kN·m}$$

其方向与 β 方向相反,如图 13-4 所示。

(3) 计算动应力。由静力学平衡条件 $\sum M_x = 0$,求得刹车时抱闸处的摩擦力矩 M_f 为

$$M_f = M_d = \frac{\pi}{3} \text{ kN·m}$$

在 M_f 与 M_d 作用下,轴内的扭矩为

$$T = M_d = \frac{\pi}{3} \text{ kN·m}$$

则轴内最大切应力为

$$\tau_{d\max} = \frac{T}{W_t} = \frac{\frac{\pi}{3} \times 10^3}{\frac{\pi}{16} \times 0.1^3} = 5.33 \text{ MPa}$$

13.3　构件受冲击时的应力和变形计算

当运动中的物体碰撞到一静止的构件时，物体的运动将受阻而在瞬间停止运动，而构件则在短时间内受到很大的作用力，即冲击载荷(impact load)的作用。构件因冲击载荷作用引起的应力称为冲击应力(impact stress)。工程上冲击实例很多，例如锻锤锻造工件，落锤打桩，高速旋转的飞轮突然刹车等，都是常见的冲击现象。这里锻锤锤头、落锤、飞轮为冲击物，工件、桩、与飞轮固结在一起的轴则是受冲构件。

由于冲击过程持续的时间非常短，因此，不适于采用动静法精确计算冲击载荷，以及被冲击构件中的冲击应力和变形。对冲击问题，工程上一般采用能量法求解。

1. 冲击计算的基本假定

计算冲击问题时，假定：

(1) 冲击物的变形很小，略去不计(即可略去其应变能)；从开始冲击至冲击产生最大位移，冲击物与被冲击构件一起运动，不发生回弹。

(2) 受冲击构件的质量很小，略去不计(即可略去其动能)；冲击过程中，受冲击构件保持线弹性。

(3) 冲击过程中没有能量损失，即略去声能、热能等损耗，能量守恒定律成立。

因此，冲击时，冲击物减少的动能 T 和势能 V 全部转换成受冲构件所增加的应变能 U_d，即

$$T+V=U_d \tag{13-5}$$

2. 冲击时的动荷因数

设有一重量为 Q 的冲击物，从高度 h 处自由下落(图 13-5(a))到直杆的顶面上，与杆保持接触直至速度降为零。冲击终了时，直杆被冲击处的位移达到最大值 Δ_d，与之对应的冲击载荷为 F_d，最大冲击应力为 σ_d。

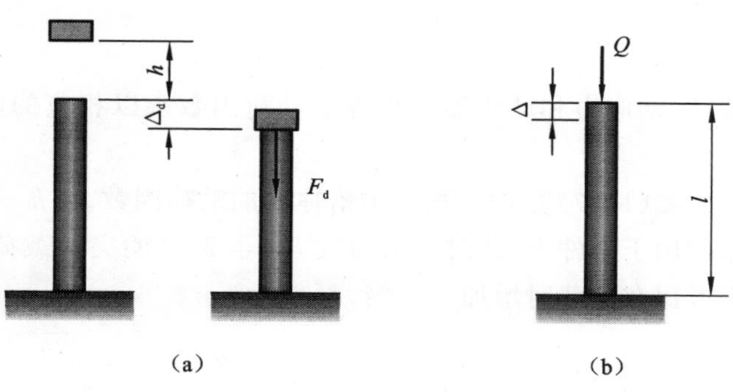

图 13-5

假定冲击时，被冲击物保持线弹性，载荷、应力与变形成正比关系

$$\frac{F_d}{Q}=\frac{\Delta_d}{\Delta}=\frac{\sigma_d}{\sigma} \tag{13-6}$$

式中：Q,Δ,σ 表示将冲击物重量按静载方式沿冲击方向直接作用于受冲构件上(图 13-5(b))，受冲构件在冲击点处所受的静载荷、静变形和静应力。

由式(13-6)，有

$$F_d = Q\frac{\Delta_d}{\Delta}, \quad \sigma_d = \sigma\frac{\Delta_d}{\Delta} \tag{1}$$

因为冲击物是自由落体，初速与末速都为零，所以其动能的变化为 $T = 0$；势能的减少为

$$V = Q(h + \Delta_d)$$

受冲构件 —— 直杆的应变能等于冲击载荷在冲击过程中所作的功，即

$$U_d = \frac{1}{2}F_d\Delta_d$$

利用能量守恒定律式(13-5)，得

$$Q(h + \Delta_d) = \frac{1}{2}F_d\Delta_d \tag{2}$$

将式(1) 中的第一式代入式(2)，得

$$Q(h + \Delta_d) = \frac{1}{2}Q\frac{\Delta_d^2}{\Delta}$$

即

$$\Delta_d^2 - 2\Delta\Delta_d - 2h\Delta = 0$$

解得

$$\Delta_d = \Delta\left(1 \pm \sqrt{1 + \frac{2h}{\Delta}}\right)$$

由于 Δ_d 不可能是负值，故上式中的根号前应取正号，得动变形与静变形的关系为

$$\Delta_d = \Delta\left(1 + \sqrt{1 + \frac{2h}{\Delta}}\right) \tag{3}$$

令

$$K_d = \frac{\Delta_d}{\Delta} = 1 + \sqrt{1 + \frac{2h}{\Delta}} \tag{13-7}$$

K_d 称为自由落体冲击时的动荷因数。因此，式(1)、式(3) 又可写为

$$\left.\begin{aligned} F_d &= K_d Q \\ \sigma_d &= K_d \sigma \\ \Delta_d &= K_d \Delta \end{aligned}\right\} \tag{13-8}$$

式(13-8) 表明冲击载荷、动应力和动变形分别等于动荷因数乘以相应的静载荷、静应力和静变形。

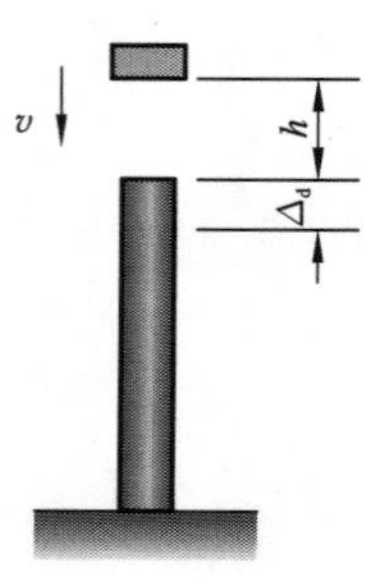

图 13-6

式(13-7) 是冲击物自由落体时的动荷因数。当 $h = 0$ 时，相当于载荷突然作用于构件上，此时动荷因数 $K_d = 2$，说明突加载荷使构件内的应力和变形比在静载时增加了一倍。

式(13-7) 中，当 $\frac{2h}{\Delta} > 10$ 时，可用 $K_d \approx 1 + \sqrt{\frac{2h}{\Delta}}$ 近似计算动荷因数；当 $\frac{2h}{\Delta} > 100$ 时，$K_d \approx \sqrt{\frac{2h}{\Delta}}$。

若冲击物以某一速度 v 垂直冲击构件，如图 13-6 所示，则同理可推得动荷因数为

$$K_d = 1 + \sqrt{1 + \frac{v^2}{g\Delta} + \frac{2h}{\Delta}} \tag{13-9}$$

例 13.3　两梁材料、尺寸相同，一为铰支承，一为弹簧支承(图 13-7(a)、(b))。已知 $l = 3\ \mathrm{m}$，梁的 $I_z = 3\ 400\ \mathrm{cm}^4$，$W_z = 309\ \mathrm{cm}^3$，$E = 200\ \mathrm{GPa}$，弹簧刚度 $K = 1\ 000\ \mathrm{N/cm}$。重物的重量 $Q = 1\ \mathrm{kN}$，从高度 $h = 0.05\ \mathrm{m}$ 自由下落到梁的中点处，试比较两梁内的冲击应力。

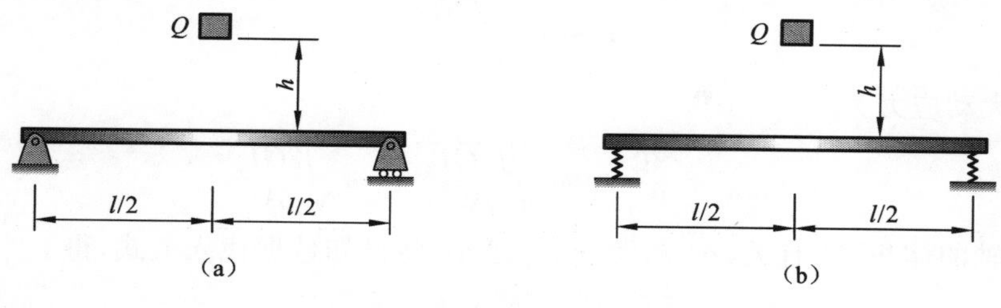

图 13-7

解　1) 计算两梁动荷因数。首先求出图 13-7(a)、(b) 所示两梁的静变形。

对于梁(a)，静挠度 Δ 为

$$\Delta = \frac{Ql^3}{48EI_z} = \frac{1 \times 10^3 \times 3^3}{48 \times 200 \times 10^9 \times 3\ 400 \times 10^{-8}} = 8.27 \times 10^{-5}\ \mathrm{m}$$

因为

$$\frac{2h}{\Delta} = \frac{2 \times 0.05}{8.27 \times 10^{-5}} = 1\ 209 > 100$$

所以

$$K_\mathrm{d} \approx \sqrt{\frac{2h}{\Delta}} = \sqrt{1\ 209} = 34.8$$

对于梁(b)，静挠度为

$$\Delta = \frac{Ql^3}{48EI_z} + \frac{Q}{2K} = 8.27 \times 10^{-5} + \frac{1 \times 10^3}{2 \times 1\ 000/\ 10^{-2}} = 508 \times 10^{-5}\ \mathrm{m}$$

$$K_\mathrm{d} = 1 + \sqrt{1 + \frac{2h}{\Delta}} = 1 + \sqrt{1 + \frac{2 \times 0.05}{508 \times 10^{-5}}} = 5.55$$

2) 计算梁内静应力和动应力。梁内最大静应力为

$$\sigma_{\max} = \frac{M_{\max}}{W_z} = \frac{Ql}{4W_z} = \frac{1 \times 10^3 \times 3}{4 \times 309 \times 10^{-6}} = 2.43\ \mathrm{MPa}$$

由式(13-8)，求得两梁的最大动应力

梁(a)：　$\sigma_{\mathrm{d}\max} = K_\mathrm{d}\sigma_{\max} = 34.8 \times 2.43 = 84.5\ \mathrm{MPa}$

梁(b)：　$\sigma_{\mathrm{d}\max} = K_\mathrm{d}\sigma_{\max} = 5.55 \times 2.43 = 13.5\ \mathrm{MPa}$

比较两梁的结果，可见：采用弹簧支座可以降低动荷因数，从而减小冲击应力。

例 13.4　在例 13.2 中，若 AB 轴在 A 端突然被刹住，试求此时轴内的最大动应力。设轴长 $l = 1\ \mathrm{m}$，剪切弹性模量 $G = 80\ \mathrm{GPa}$。

解　按能量法来求解。当 A 端急刹车时，由于 B 端飞轮具有动能，将会继续转动，因而使 AB 轴受到扭转冲击。由于飞轮最终的角速度降为零，飞轮的动能全部转化成轴的扭转应变能。因此，飞轮动能的改变为

$$T = \frac{1}{2} J_x \omega^2$$

轴的扭转应变能为

$$U_{\mathrm{d}} = \frac{T^2 l}{2GI_{\mathrm{p}}}$$

代入式(13-5)，可得扭矩

$$T = \omega\sqrt{\frac{J_x GI_{\mathrm{p}}}{l}}$$

因此，轴内最大动应力为

$$\tau_{\mathrm{d\,max}} = \frac{T}{W_{\mathrm{t}}} = \omega\sqrt{\frac{J_x GI_{\mathrm{p}}}{lW_{\mathrm{t}}^2}} = \omega\sqrt{\frac{2GJ_x}{Al}}$$

显然，$\tau_{\mathrm{d\,max}}$ 与轴的体积 Al 有关，Al 越大，$\tau_{\mathrm{d\,max}}$ 越小。将已知数据代入上式，得

$$\tau_{\mathrm{d\,max}} = \frac{100\pi}{30}\sqrt{\frac{2\times 80\times 10^9\times 0.5\times 10^3}{\pi(50\times 10^{-3})^2\times 1}} = 1\,057\ \mathrm{MPa}$$

与例 13.2 的结果相比，可见，急刹车时的应力是匀减速刹车时的 198 倍，且大大超过了常用钢材的许用应力$[\tau] = 80 \sim 100\ \mathrm{MPa}$，因此急刹车引起的冲击载荷是十分有害的。

例 13.5 设有一抗拉刚度为 EA，长度为 l 的水平杆，受重物 Q 沿水平方向的冲击(图 13-8(a))，冲击速度为 v。试求此杆内的最大动变形 Δ_{d}。

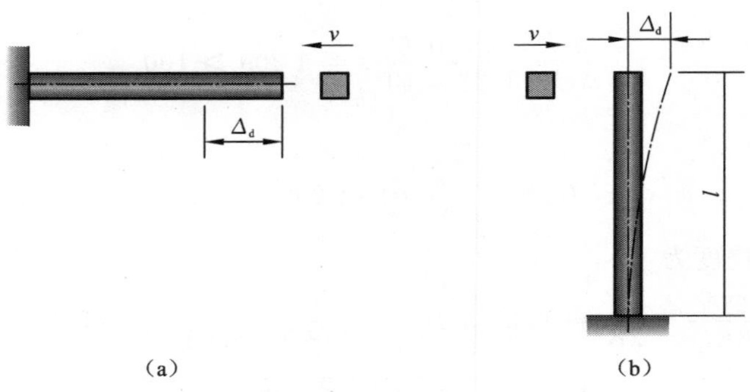

图 13-8

解 1) 建立能量守恒关系式。首先计算冲击物失去的动能 T 和势能 V。由于冲击后冲击物 Q 的速度变为零，所以动能的变化为 $T = \frac{1}{2}\frac{Q}{g}v^2$。因是水平冲击，势能的改变 $V = 0$。杆件的应变能为 $U_{\mathrm{d}} = \frac{1}{2}F_{\mathrm{d}}\Delta_{\mathrm{d}}$。代入式(13-5)，得

$$\frac{1}{2}\frac{Q}{g}v^2 = \frac{1}{2}F_{\mathrm{d}}\Delta_{\mathrm{d}} \tag{1}$$

2) 计算动荷因数。冲击变形在线弹性范围内，由式(13-6)，有

$$F_{\mathrm{d}} = \frac{\Delta_{\mathrm{d}}}{\Delta}Q$$

将上式代入式(1)，有

$$\frac{1}{2}\frac{Q}{g}v^2 = \frac{1}{2}\frac{\Delta_{\mathrm{d}}{}^2}{\Delta}Q$$

得

$$\Delta_{\mathrm{d}} = \sqrt{\frac{\Delta v^2}{g}} = \sqrt{\frac{v^2}{g\Delta}}\cdot\Delta \tag{2}$$

令

$$K_d = \sqrt{\frac{v^2}{g\Delta}} \tag{3}$$

则式(2) 亦可写成 $\Delta_d = K_d\Delta$ 的形式。式(3) 即为以速度 v 水平方向冲击构件时的动荷因数。

3) 计算杆内最大动变形。因为图 13-8 中杆(a) 为压缩变形，所以静变形为 $\Delta = \frac{Ql}{EA}$。将此式代入式(2)，得

$$\Delta_d = \sqrt{\frac{\Delta v^2}{g}} = \sqrt{\frac{Qlv^2}{gEA}}$$

对图 13-8 中竖直放置的杆(b)，其受冲击情形与杆(a) 一样，只是其中的静变形应是冲击点的静挠度 $\Delta = \frac{Ql^3}{3EI}$，代入式(2) 可得此时最大动变形

$$\Delta_d = \sqrt{\frac{\Delta v^2}{g}} = \sqrt{\frac{Ql^3 v^2}{3gEI}}$$

3. 材料的冲击韧度

承受冲击载荷的构件在选择材料时，要考虑到材料抵抗冲击的能力大小，衡量材料抵抗冲击能力的性能指标是冲击韧度(impact toughness)。它是通过冲击试验来测定的，按国家标准《金属材料 夏比摆锤冲击试验方法》(GB/T 229—2007)，我国通用的冲击试验是用两端简支带切槽的试件作弯曲冲击试验。

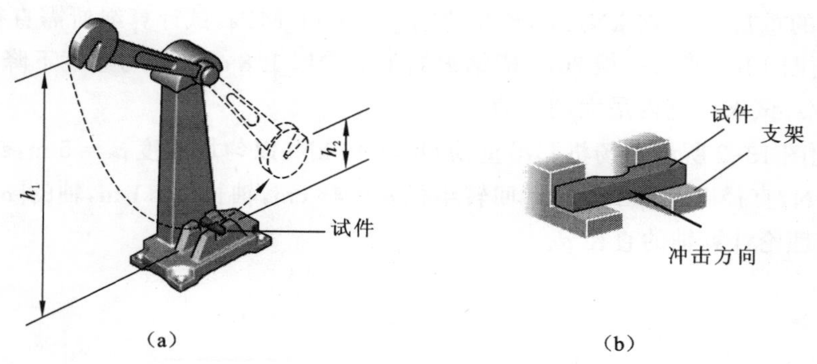

图 13-9

试验时将试件置于试验机的支架上(图 13-9(a))，并使切槽位于弯曲受拉的一侧(图 13-9(b))。当重量为 G 的摆锤从高度 h_1 处自由落下将试件冲断后，摆到高度 h_2 处时，摆锤所消耗的功为

$$W = Gh_1 - Gh_2 \tag{13-10}$$

等于试件在冲断过程所吸收的功，即冲击吸收功(impact absorbing energy)。

以试件在切槽处的最小横截面面积 A 除 W，即得到冲击韧度 a_K 的表达式

$$a_K = \frac{W}{A} \tag{13-11}$$

其单位为 J/mm^2(焦耳 / 毫米^2)。a_K 越大表示材料抗冲击的能力越强。一般来说，塑性材料的抗冲击能力远大于脆性材料。

由于 a_K 的数值与试件的尺寸、形状、支承条件、试件的温度、材料的化学成分以及热处理等许多因素有关,因此 a_K 值只是衡量材料抗冲击能力的一个相对指标。

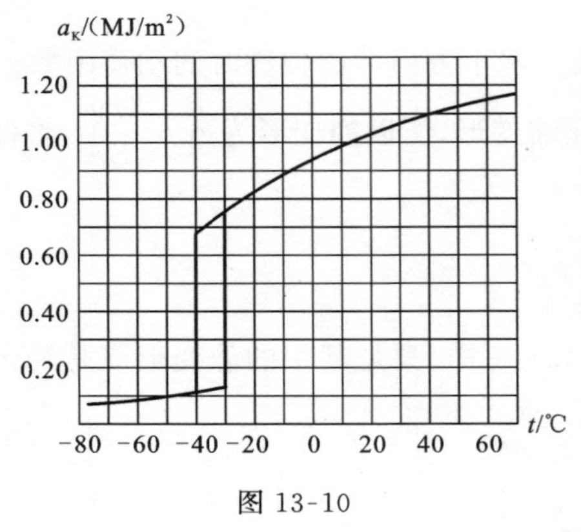

图 13-10

试验结果表明,a_K 的数值随温度降低而减小。由图 13-10 可见,当温度降至某一区间时,冲击韧度值突然降低,这种现象称为材料的冷脆性。出现冷脆现象的温度区称为材料的韧脆转变温度(ductile-brittle transition temperature)。图 13-10 所示的是低碳钢材料的 a_K 值与温度的关系曲线图。其冷脆温度区约为 $-30 \sim -40$ ℃。

在设计规范中,一般都根据使用经验而规定对材料韧脆转变温度的要求,或规定在最低使用温度下材料的冲击韧度值。例如,对桥梁钢的冲击韧度一般规定在室温下不低于 0.77 ~ 0.96 J/mm²,而对于高寒地区使用的桥梁,还规定了在 −40 ℃ 低温下桥梁钢的冲击韧度,以防止桥梁在严寒季节发生脆断。

另外值得注意的是,并非所有金属材料都有冷脆性。一些有色金属,如铜、铝合金,含镍量较高的镍合金,在低温下并无冷脆性,而且强度及塑性随温度下降反而有所提高。

习　题

13-1　长为 60 m 的缆绳以匀加速度提起重物 $Q = 50$ kN,在 3 s 内重物被提高 9 m。已知缆绳单位体积的重量 $\gamma = 70$ kN/m³,许用应力$[\sigma] = 60$ MPa,试计算绳所需直径 d。

13-2　题图 13-1 所示一根 20 号槽钢被绳子吊着以 1.8 m/s 的匀速度下降。在 0.2 s 内速度减为 0.6 m/s。试求槽钢内最大动应力 σ_d。

13-3　题图 13-2 所示卷扬机起吊重物 $Q_1 = 40$ kN,以匀加速度 $a = 5$ m/s² 向上提升。鼓轮重 $Q_2 = 4$ kN,直径 $D = 1\,200$ mm,回转半径 $\rho = 45$ cm,轴长 $l = 1$ m,轴的$[\sigma] = 100$ MPa。试按第三强度理论计算轴的直径 d。

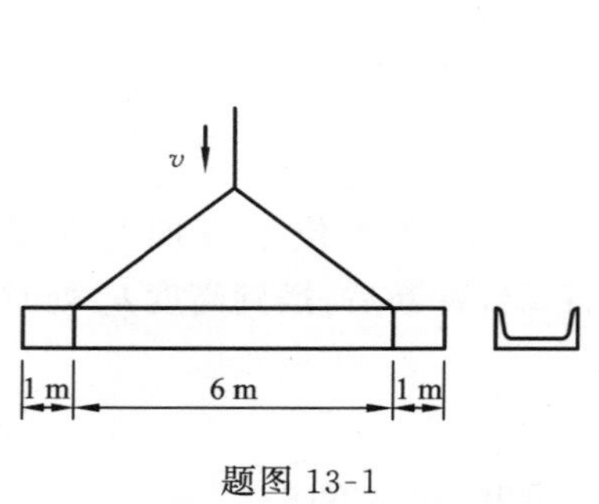

题图 13-1

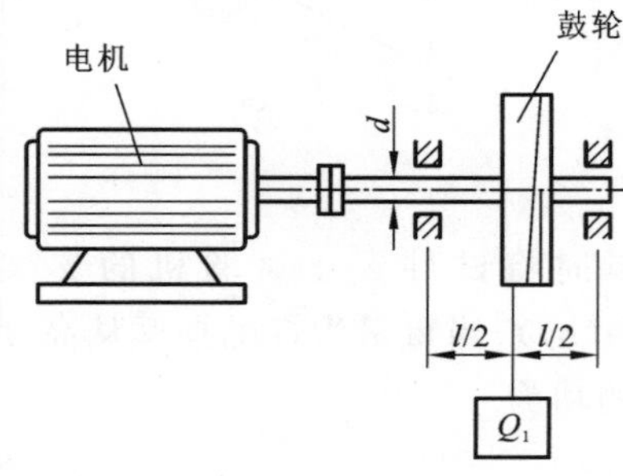

题图 13-2

13-4　如题图 13-3 所示,飞轮的最大圆周速度 $v = 25$ m/s,材料单位体积的重量 $\gamma = 72.6$ kN/m³。略去轮辐的影响,试求轮缘内的最大正应力。

13-5　轴上装有一个带圆孔的钢质圆盘(题图 13-4)。轴与盘以 $\omega = 40$ rad/s 的匀角速度旋转。若钢的单位体积重量 $\gamma = 78 \times 10^3$ N/m³,试求轴内由于这圆孔引起的最大应力。(提示:

将此圆孔视为负质量）

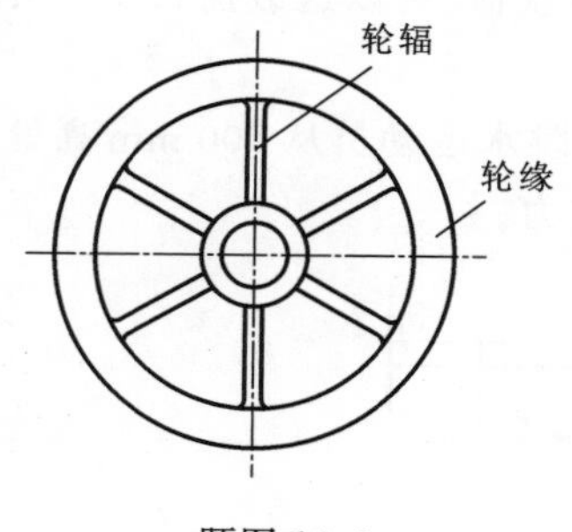

题图 13-3

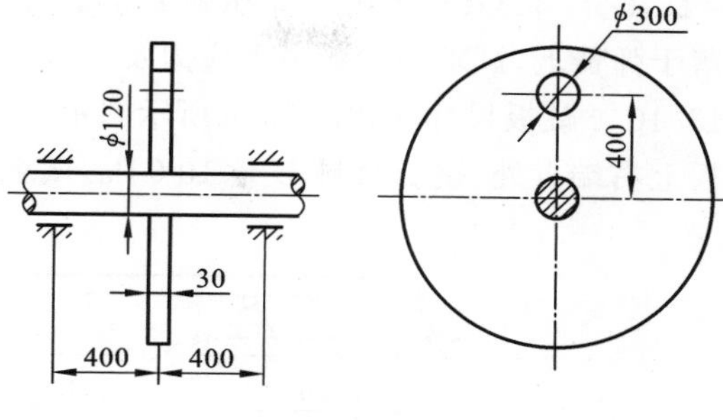

题图 13-4

13-6　如题图 13-5 所示，在直径 $d = 100$ mm 的轴上装有转动惯量 $J = 0.5$ kN·m·s^2 的飞轮，轴的转速 $n = 300$ r/min。制动器开始作用后，在 20 转内将飞轮刹停。试求轴内最大应力。设在制动器作用前，轴已与驱动装置脱开，且轴承内的摩擦力忽略不计。

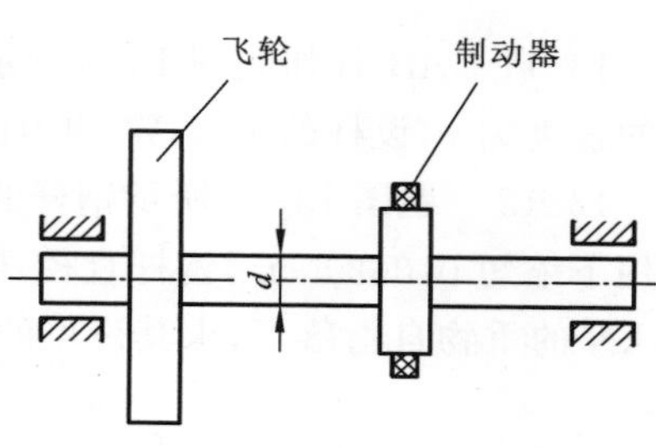

题图 13-5

13-7　如题图 13-6 所示，直径 $d = 30$ cm，长 $l = 6$ m 的木桩下端固定，上端受 $Q = 5$ kN 的重锤作用。木材的 $E_1 = 10$ GPa，求下列三种情况下木桩内最大应力。

（1）重锤以静载形式作用于木桩上；

（2）重锤从离桩顶 0.5 m 的高度自由下落；

（3）在桩顶放置直径 $d_1 = 15$ cm，厚度 $t = 40$ mm 的橡皮垫，橡皮弹性模量 $E_2 = 8$ MPa，重锤自由下落高度仍为 0.5 m。

13-8　材料相同，长度相等的变截面杆和等截面杆如题图 13-7 所示。若两杆的最大截面面积相同，哪一根杆承受冲击的能力强？设 H 较大，动荷因数按 $K_d \approx \sqrt{\dfrac{2H}{\Delta}}$ 计算。

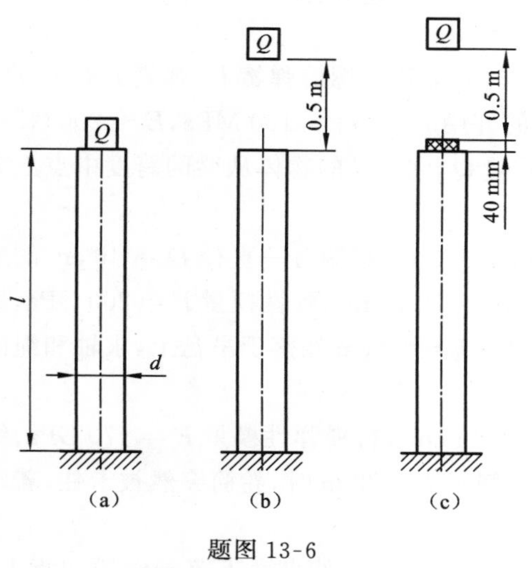

题图 13-6

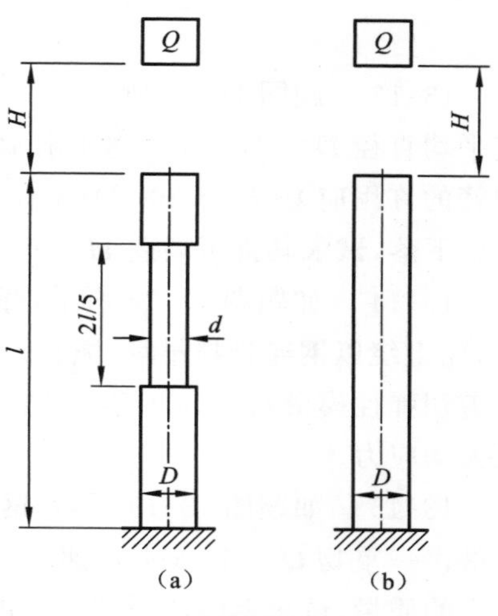

题图 13-7

13-9　受压圆柱形密圈螺旋弹簧，簧丝直径 $d = 6$ mm，弹簧平均直径 $D = 12$ cm，有效圈数 $n = 18$，$G = 80$ GPa。若使弹簧压缩 2.5 cm，试求所需施加的静载荷。再以这载荷自 10 cm 的高度落于弹簧上，试求弹簧的最大应力及变形。

13-10　跳板尺寸如题图 13-8 所示图示，一个体重 700 N 的跳水运动员从 300 mm 高处落到跳板上右端点处。跳板材料 $E = 10$ GPa。试求跳板中最大动应力。

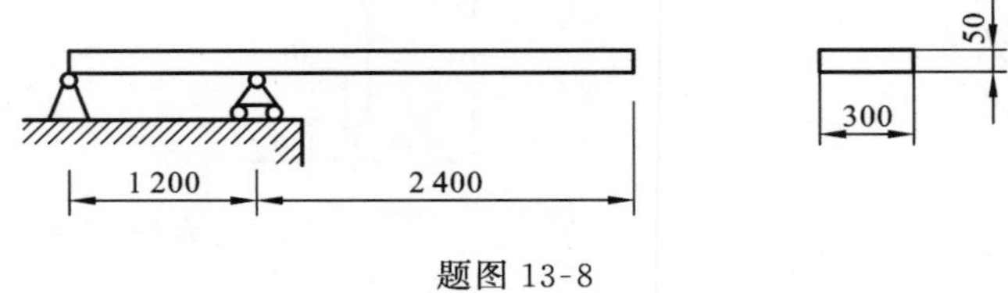

题图 13-8

13-11　AB 杆如题图 13-9 所示。在 C 点受到重量为 Q 的物体水平方向冲击，它与杆接触时的速度为 v，设杆的 E, I, W 均为已知，试求 AB 杆的最大应力。

13-12　题图 13-10 所示钢杆的下端有一固定圆盘，盘上放置弹簧。弹簧在 1 kN 的静载荷作用下缩短 0.062 5 cm。钢杆直径 $d = 4$ cm，$l = 4$ m，$[\sigma] = 120$ MPa，$E = 200$ GPa，若有重为 15 kN 的重物自由落下，求其许可的高度 H。若没有弹簧，则许可高度 H 将为多少？

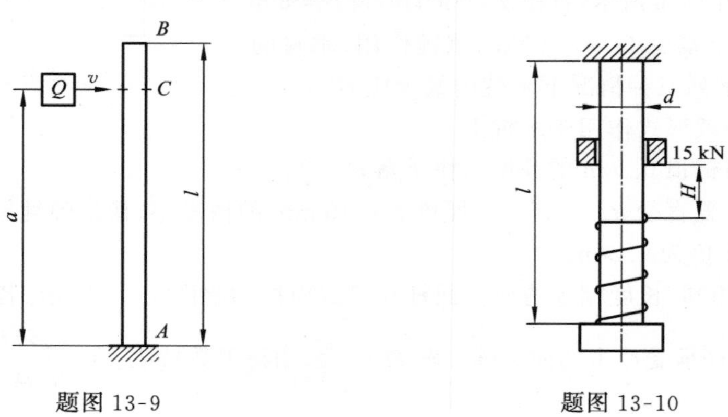

题图 13-9　　　　题图 13-10

13-13　题图 13-11 所示 16 号工字钢梁左端铰支，右端置于螺旋弹簧上，弹簧共有 10 圈，其平均直径 $D = 10$ cm，簧丝直径 $d = 20$ mm。若梁的许用应力 $[\sigma] = 160$ MPa，$E = 200$ GPa；弹簧的许用应力 $[\tau] = 200$ MPa，$G = 80$ GPa。今有重量 $Q = 2$ kN 的物体从梁的跨度中点上方自由下落，试求其许可高度 H。

13-14　如题图 13-12 所示，圆轴直径 $d = 6$ cm，$l = 2$ m。右端有一直径 $D = 40$ cm 的鼓轮，轮上绕以钢绳悬挂吊盘。绳长 $l_1 = 10$ m，横截面积 $A = 1.2$ cm^2，弹性模量 $E = 200$ GPa，轴的剪切弹性模量 $G = 80$ GPa。重量 $Q = 800$ N 的物块自 $h = 20$ cm 处落于吊盘上，求轴和绳的最大动应力。

13-15　如题图 13-13 所示，钢绳横截面积 $A = 4.14$ cm^2，材料弹性模量 $E = 170$ GPa。绳下端吊一重物 $Q = 25$ kN，以速度 $v = 1$ m/s 下降。当绳长 $l = 20$ m 时，卷筒突然被卡住。若略去绳的质量，试求钢绳所受到的冲击载荷 F_d。

13-16　如题图 13-14 所示，$Q = 100$ N 的重物从 $H = 5$ cm 处自由下落到钢质曲拐上，试校核曲拐强度。已知 $a=40\ \text{cm}$，$l=1\ \text{m}$，$d=4\ \text{cm}$，$b=1.5\ \text{cm}$，$h=2\ \text{cm}$，$E=200\ \text{GPa}$，$G=80\ \text{GPa}$，$[\sigma]=160\ \text{MPa}$。

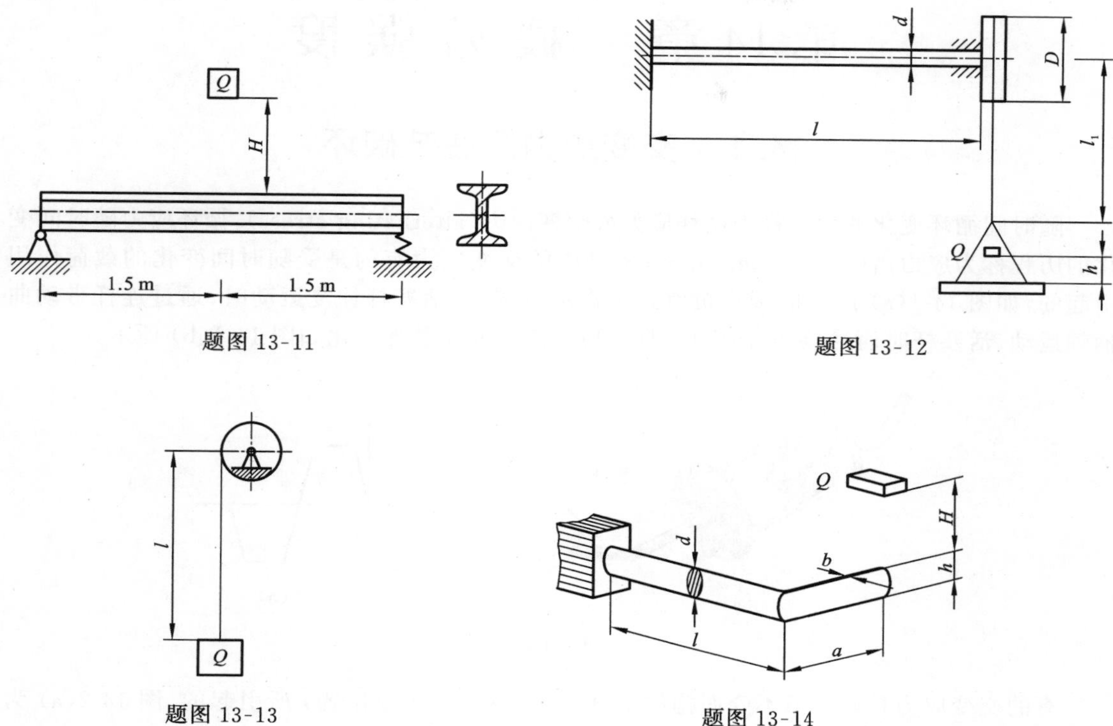

题图 13-11

题图 13-12

题图 13-13

题图 13-14

13-17　如题图 13-15 所示，刚性重物 Q 落在简支梁 D 点处，已知梁的抗弯刚度 EI_z 及抗弯截面模量 W_z，试求梁中点 C 处的动应力 σ_d 及动变形 Δ_d。

13-18　如题图 13-16 所示，等截面圆环竖立放置在水平面上。在其上方 A 处有一重物 Q 自由下落到圆环 A 点，若已知 $Q=50\ \text{N}$，$h=15\ \text{cm}$，圆环 $E=200\ \text{GPa}$，$a=50\ \text{cm}$，$d=10\ \text{mm}$。试求环内最大应力及最大变形。

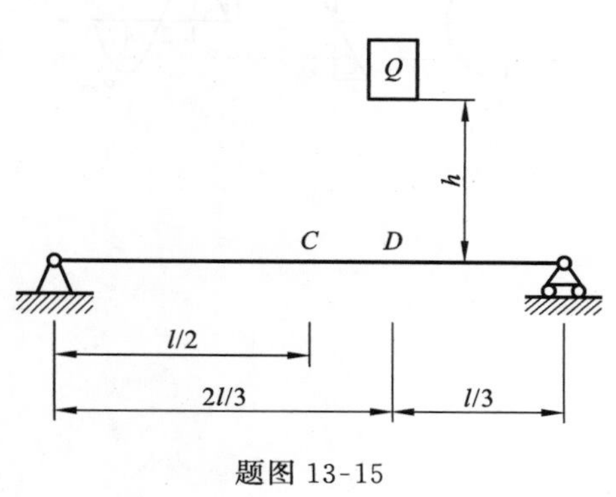

题图 13-15

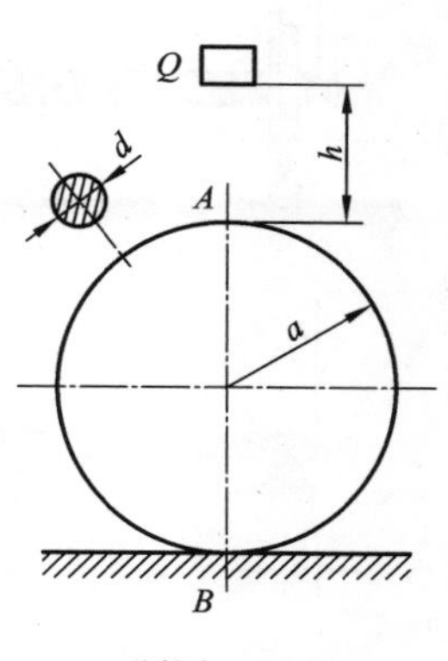

题图 13-16

第 14 章　疲劳强度

14.1　交变应力及疲劳破坏

随时间循环变化的应力称为循环应力或交变应力(alternating stress),循环应力随时间变化的历程称为应力谱(stress spectrum)。构件内的交变应力有的是受随时间变化的载荷作用引起的,如图 14-1(a) 所示的蒸汽机汽缸工作示意图,在活塞杆往复运动时,通过连杆带动曲柄轴运动。活塞杆时而受拉,时而受压,杆内应力随时间交替地变化如图 14-1(b) 所示。

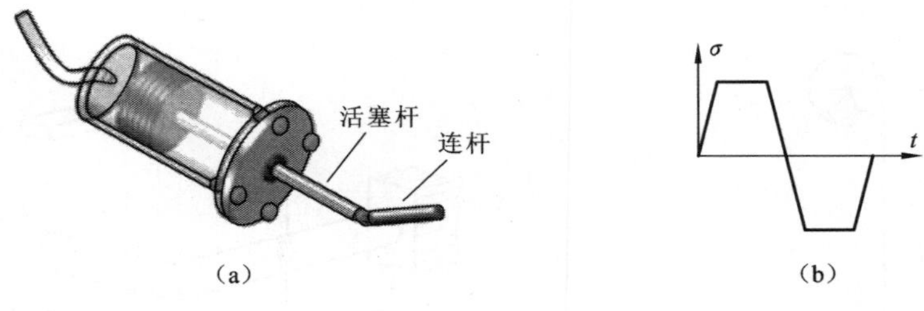

图 14-1

有的交变应力是载荷虽不变而构件本身却在转动(或改变位置)所引起的。图 14-2(a) 为机车轮轴受力示意图。车厢载重作用在车轴上的 F 力是不变的。但因车轴随车轮在转动,轴横截面上一点处的弯曲正应力随时间交替地变化。轮轴中间段某一截面上 A 点的应力随时间变化的曲线如图 14-2(b) 所示。A 点取在中性轴上,当轴逆时针旋转一周时,A 点依次到达 1,2,3 位置后再回到 A 点,其正应力依次由零增到 σ_{max},又降为零,再变到 σ_{min},最后回到零。轴不断转动,A 点应力就不断地重复以上变化。应力变化一个周期称为一个应力循环(stress cycle)。

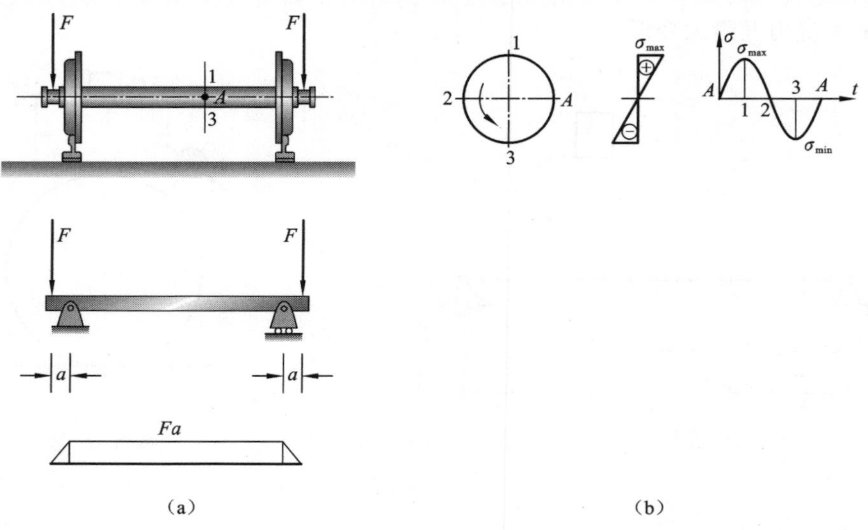

图 14-2

交变应力可能是周期性的，也可能是随机性的；它可以是循环变化的正应力，也可以是循环变化的切应力，统一可用 S 符号表示，记作广义应力。较常见的交变应力如图 14-3 所示，应力在两个极值之间周期性变化。

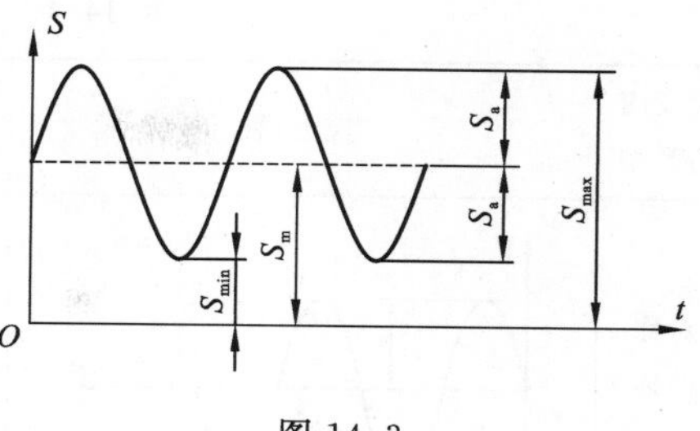

图 14-3

在一个应力循环中，代数值最大的应力称为最大应力 S_{max}（maximum stress），最小的称为最小应力 S_{min}（minimum stress），它们的平均值称为平均应力（mean stress），即

$$S_m = \frac{1}{2}(S_{max} + S_{min})$$

平均应力表示了应力循环中应力不变的部分，相当于静应力部分。

S_{max} 与 S_{min} 之差的一半称为应力幅（stress amplitude），即

$$S_a = \frac{1}{2}(S_{max} - S_{min})$$

应力幅表示了应力从平均应力变动到最大或最小应力的幅度，相当于交变应力中的动应力部分。

应力变化的特点，可以用最小应力与最大应力的比值 r 来表示，并称为应力比（stress ratio）或循环特征，即

$$\begin{aligned} r &= \frac{S_{min}}{S_{max}}, \quad (\text{当} |S_{max}| \geqslant |S_{min}| \text{时}) \\ r &= \frac{S_{max}}{S_{min}}, \quad (\text{当} |S_{max}| \leqslant |S_{min}| \text{时}) \end{aligned} \tag{14-1}$$

循环特征 r 是表示交变应力的一个重要参数。显然，r 在 $+1$ 与 -1 之间变化。

通常用 S_{max}，S_{min}，S_m，S_a，r 这五个参数来描述一种交变应力。知道其中任意两个，就可以确定其他三个参数。根据不同的循环特征，常把交变应力分成两大类：对称循环（$r=-1$）和非对称循环（$r \neq -1$）。

上述广义应力记号 S 泛指正应力和切应力。若为拉-压交变或反复弯曲交变，则所有符号中的 S 均为正应力 σ；若为反复扭转交变，则所有 S 均为切应力 τ。且未计及应力集中的影响，即由理论计算公式得到，如

$$\sigma = \frac{F_N}{A}(\text{轴向拉伸})$$

$$\sigma = \frac{M_z y}{I_z} \quad \text{或} \quad \sigma = \frac{M_y z}{I_y} \ (\text{平面弯曲})$$

$$\tau = \frac{T\rho}{I_P} \ (\text{圆截面杆扭转})$$

工程中常见的几种交变应力及其参数，列于表 14-1 中。

在交变应力作用下，构件产生的破坏称为疲劳破坏（fatigue failure），而构件抵抗疲劳破坏的能力称为疲劳强度（fatigue strength）。

表 14-1　几种常见的交变应力及其参数

交变应力类型	应力谱	循环特征	σ_{max} 与 σ_{min}	σ_a 与 σ_m	疲劳极限 σ_r	实例
对称循环	σ, σ_{max}, σ_{min}, t	$r=-1$	$\sigma_{max}=-\sigma_{min}$	$\sigma_a=\sigma_{max}$ $\sigma_m=0$	σ_{-1}	机车车轴
脉动循环	σ, σ_{max}, t	$r=0$	$\sigma_{max}\neq 0$ $\sigma_{min}=0$	$\sigma_a=\frac{1}{2}\sigma_{max}$ $\sigma_m=\frac{1}{2}\sigma_{max}$	σ_0	齿轮啮合中的齿
非对称循环	σ, σ_m, σ_{max}, σ_{min}, t	$-1<r<1$	$\sigma_{max}\neq 0$ $\sigma_{min}\neq 0$	$\sigma_a=\frac{1}{2}(\sigma_{max}+\sigma_{min})$ $\sigma_m=\frac{1}{2}(\sigma_{max}-\sigma_{min})$	σ_r	桁架桥的下弦杆
静应力	σ, σ_{max}, t	$r=1$	$\sigma_{min}=\sigma_{max}$	$\sigma_a=0$ $\sigma_m=\sigma_{max}$	(σ_s)	静力拉杆

大量实例表明，构件的疲劳破坏与静载荷下的破坏截然不同。疲劳破坏具有以下特点：

(1) 破坏时应力低于材料在静载荷作用下的强度极限，甚至低于材料的屈服极限；

(2) 疲劳破坏需经历一定数量的应力循环后才能出现，即破坏是一个累积损伤的过程；

(3) 即使是塑性材料，破坏时一般也无明显的塑性变形，即表现为脆性断裂；

(4) 同一疲劳破坏断口，一般都有明显的光滑区域与粗粒状区域。

早期人们对疲劳破坏的原因解释为：经过长期应力循环后，材质因“疲劳”致使脆化。后来大量的实验研究表明：疲劳破坏是由于构件外形尺寸突变处、材质不均匀或有缺陷处，易形成局部的高应力区，在长期的应力循环下，这些部位首先萌生细微裂纹，成为疲劳源。疲劳源处的应力集中促使细微裂纹逐步扩展形成宏观裂纹。随着应力的交替变化，裂纹处的材料时而互相挤压，时而分离(如拉、压或弯曲交变应力)，裂纹面发生“研磨”，从而形成光滑区。随着应力循环次数的不断增加，裂纹进一步扩展，构件有效承载面积不断减小，应力亦随之增大。当遇到超载、冲击或振动等偶然因素时，构件就会突然断裂。这时断口呈现颗粒状的粗糙区。如图 14-4 所示为典型的疲劳破坏断口，可见其上疲劳源区、疲劳扩展区和瞬间断裂区的形貌。

需要指出的是，裂纹的生成和扩展是一个复杂过程，它与构件的外形、尺寸、应力变化情况以及所处的介质等诸多因素有关。因此,对于承受交变应力的构件,不仅在设计中要考虑疲劳问题,而且在使用过程中还需时常对其进行检测,检测其中是否发生裂纹以及裂纹扩展情况等。

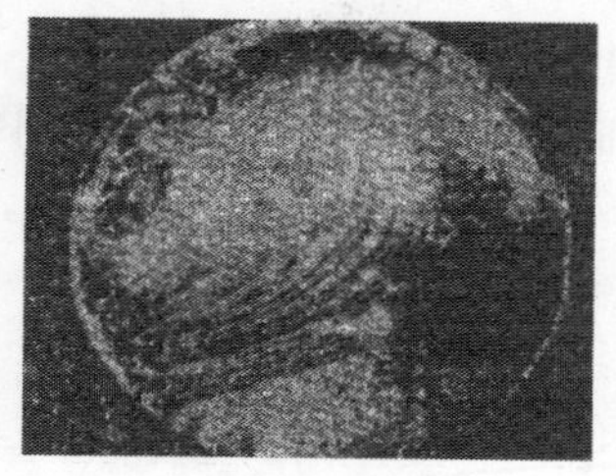

(a) 疲劳破坏断口

(b) 示意图

图 14-4

14.2　材料的疲劳极限

构件在交变应力作用下,屈服极限或强度极限等静强度指标已不再适用,其强度除与材料本身的材质有关外,还与变形形式、应力比和应力循环次数有关。

材料在交变应力作用下经过无穷多次应力循环而不发生破坏时的最大应力值,称为材料的疲劳极限(fatigue limit) 或持久极限(endurance limit)。材料的疲劳极限可用疲劳试验来测定,如材料在对称循环弯曲交变应力时的疲劳极限可按《金属材料 疲劳试验旋转弯曲方法》(GB/T 4337—2015) 旋转弯曲疲劳试验来测定,如图 14-5 所示。

将材料制作成光滑的小试样,并分成若干组,各组中试样的最大应力值分别由高到低,经历应力循环,直至发生疲劳破坏。显然,最大应力 S_{max} 的值越高,疲劳破坏所经历的应力循环次数 N 就越低。每根试样疲劳破坏时所经历的应力循环次数,称为疲劳寿命(fatigue life)。记录下承受不同最大应力的试样的疲劳寿命,以最大应力 S_{max} 为纵坐标,以疲劳寿命 N 为横坐标(通常用对数坐标),便可绘出材料在交变应力下的应力–疲劳寿命曲线,简称 S-N 曲线,如图 14-6 所示。

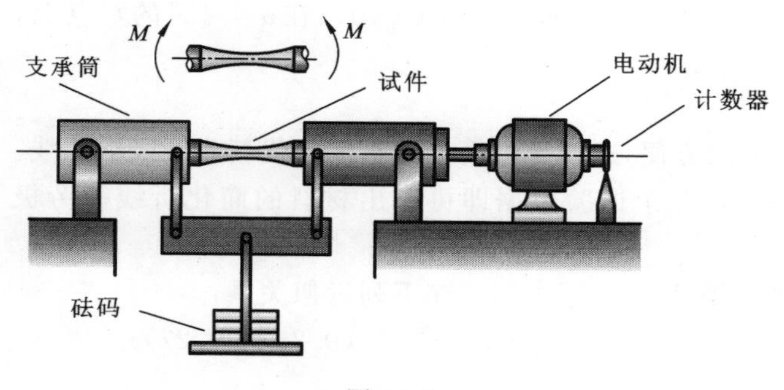

图 14-5

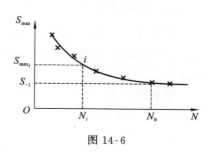

图 14-6

S-N 曲线若有水平渐近线,则表示试样经历无穷多次应力循环而不发生破坏,渐近线的纵坐标即为光滑小试样的疲劳极限。对于应力比为 r 时的应力循环,其疲劳极限用 S_r 表示,因此,对称循环下的疲劳极限为 S_{-1}。由于试验中难以实现“无穷多次”循环,因此工程设计中通常规定:对于 S-N 曲线有渐近线的材料(如结构钢),若经历 $N_0 = (2 \sim 10) \times 10^6$ 次应力循环而不破坏，即认为可承受无穷多次应力循环，N_0 称为循环基数；对于 S-N 曲线没有水平渐近线的材料（如铝合金），一般以某一指定循环次数 $N_0=(5\sim10)\times10^7$ 下不破坏时的最大应力作为疲劳极限，或称条件疲劳极限（conditional fatigue limit）。

由疲劳试验可得不同循环特征 r 下的 S-N 曲线。如图 14-7(a) 所示，图中作出了三种循环特征下的 σ_{max}-N 曲线。实验表明，同一种材料在不同的 r 值下的疲劳极限，以对称循环下的 σ_{-1} 为最小。

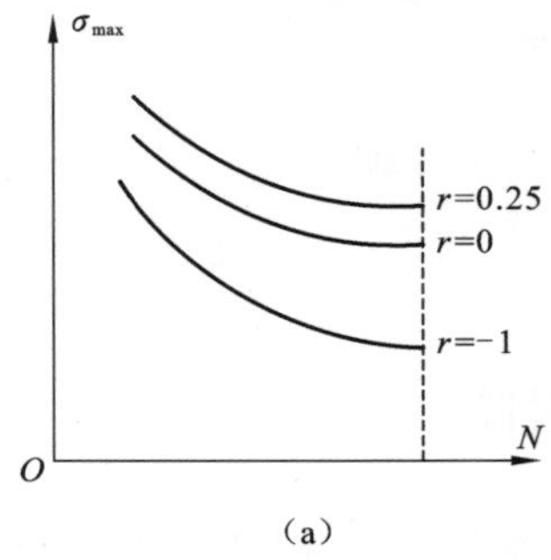

(a)

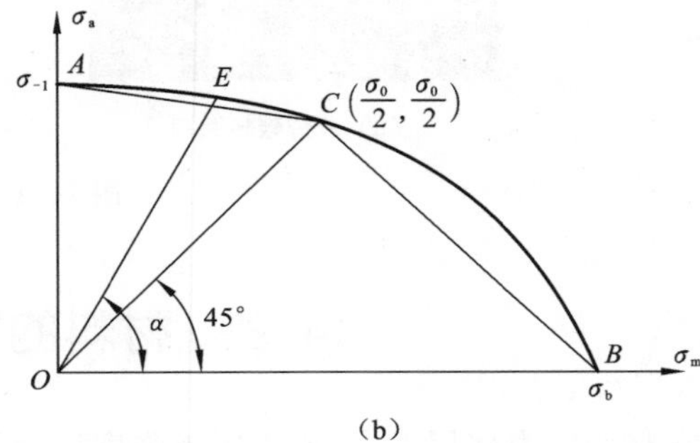

(b)

图 14-7

将各循环特征 r 下的疲劳极限（即 σ_{max}）所对应的平均应力 σ_m 和应力幅 σ_a 计算出来，画在以 σ_a，σ_m 为纵、横坐标轴的图上，得到的曲线（图 14-7(b)）称为材料的疲劳极限曲线。

分析疲劳极限曲线，可以看到：曲线上任一点 E 的纵坐标 σ_a 和横坐标 σ_m 对应着一个特定的应力循环，其纵、横坐标值之和等于循环特征为 r 的疲劳极限值，即

$$\sigma_r=\sigma_{max}=\sigma_a+\sigma_m \tag{1}$$

自原点 O 作射线 OE，与横坐标的夹角设为 α，则有

$$\tan\alpha=\frac{\sigma_a}{\sigma_m}=\frac{\sigma_{max}-\sigma_{min}}{\sigma_{max}+\sigma_{min}}=\frac{1-r}{1+r} \tag{2}$$

式(2) 说明同一条射线上各点所表示的应力循环特征相同。

在曲线上可以找到 A，B，C 三个特殊点。A 点的 $\sigma_m=0$，为对称循环所对应的点，其坐标为 $(0,\sigma_{-1})$；B 点的 $\sigma_a=0$，为静应力所对应的极限点，其坐标为 $(\sigma_b,0)$；在 $\alpha=45°$ 的 C 点上，$\sigma_a=\sigma_m$，为脉动循环所对应的点，其坐标为 $\left(\dfrac{\sigma_0}{2},\dfrac{\sigma_0}{2}\right)$。

工程上为了减少试验数量以及计算上的方便，通常采用简化的折线来代替疲劳极限曲线。例如，采用 ACB 折线，则只要取得 σ_{-1}，σ_0，σ_b 三个试验数据即可作出材料的简化折线疲劳极限图。

对称循环下，钢材的疲劳极限与静载下的强度极限之间存在下列近似关系：

$$\sigma_{-1}^{弯}=(0.42\sim0.46)\sigma_b;\quad \sigma_{-1}^{拉压}=(0.32\sim0.37)\sigma_b;\quad \sigma_{-1}^{扭}=(0.25\sim0.27)\sigma_b$$

14.3 构件的疲劳极限及其影响因素

上节所述是光滑小试件（即标准试件）的疲劳极限，称为材料的疲劳极限。工程实际中的构件，其截面尺寸、形状、表面加工质量、工作环境等方面都与标准试件有差别，实验表明，这些因素的影响，明显地降低了疲劳极限的数值，所以材料的疲劳极限不能直接用于构件的疲劳强

度计算中，而要考虑上述一些主要的因素，来确定构件的疲劳极限。

1. 构件外形引起的应力集中的影响

由于使用和工艺要求，构件常带有圆角、小孔、健槽等，导致构件外形尺寸的突然变化，从而引起应力集中，使疲劳极限有所降低。考虑应力集中对疲劳极限的影响，工程上采用有效应力集中因数(effective stress concentration factor)，以 K_f 表示，它是材料、尺寸和加载条件都相同的前提下，光滑试件的疲劳极限与有应力集中试件的疲劳极限的比值，即

$$K_{f\sigma}=\frac{\sigma_{-1}}{(\sigma_{-1})_k},\quad K_{f\tau}=\frac{\tau_{-1}}{(\tau_{-1})_k}$$

式中：$K_{f\sigma}$，$K_{f\tau}$ 为大于1的因数，分别表示弯曲疲劳和扭转疲劳时测定的有效应力集中因数。其数据一般整理成曲线，如图 14-8(a) ～ (g) 所示。

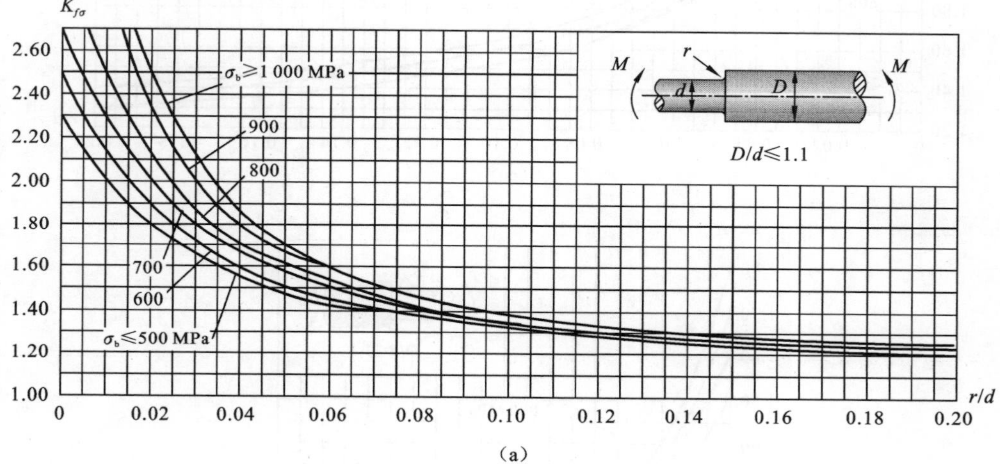

(a)

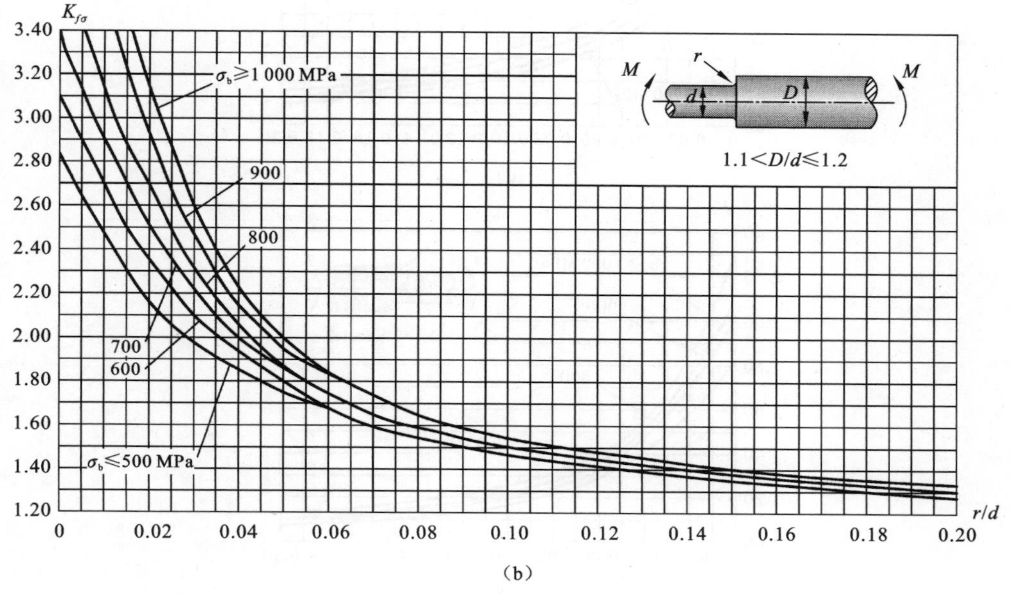

(b)

图 14-8

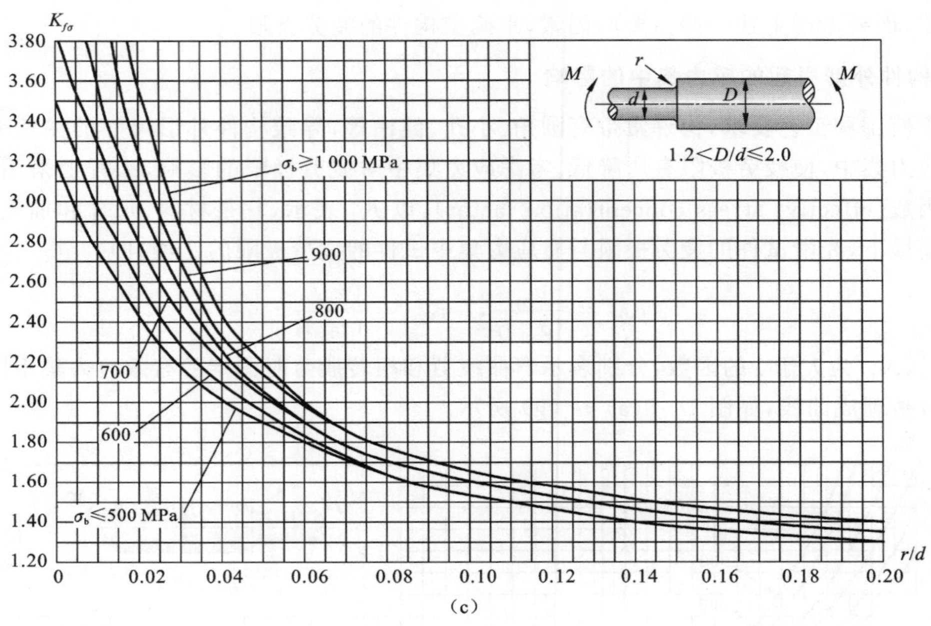

$K_{f\sigma}$
3.80
3.60
3.40
3.20
3.00
2.80
2.60
2.40
2.20
2.00
1.80
1.60
1.40
1.20
0
0.02
0.04
0.06
0.08
0.10
0.12
0.14
0.16
0.18
0.20
r/d
M
r
d
D
M
1.2<D/d≤2.0
σb≥1 000 MPa
900
800
700
600
σb≤500 MPa

(c)

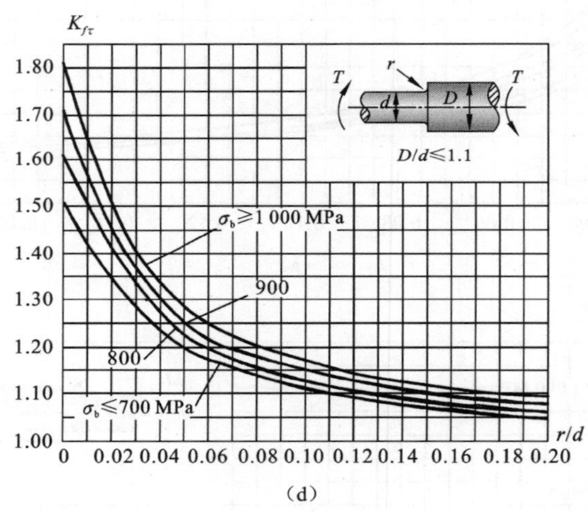

$K_{f\tau}$
1.80
1.70
1.60
1.50
1.40
1.30
1.20
1.10
1.00
0
0.02 0.04 0.06 0.08 0.10 0.12 0.14 0.16 0.18 0.20
r/d
T
r
d
D
T
D/d≤1.1
σb≥1 000 MPa
900
800
σb≤700 MPa

(d)

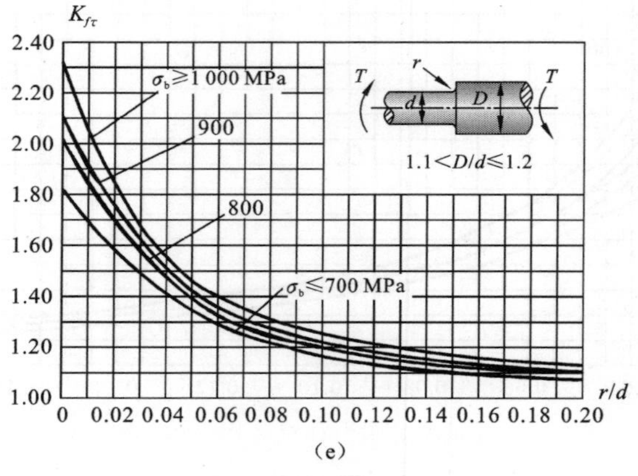

$K_{f\tau}$
2.40
2.20
2.00
1.80
1.60
1.40
1.20
1.00
0
0.02 0.04 0.06 0.08 0.10 0.12 0.14 0.16 0.18 0.20
r/d
T
r
d
D
T
1.1<D/d≤1.2
σb≥1 000 MPa
900
800
σb≤700 MPa

(e)

图 14-8(续)

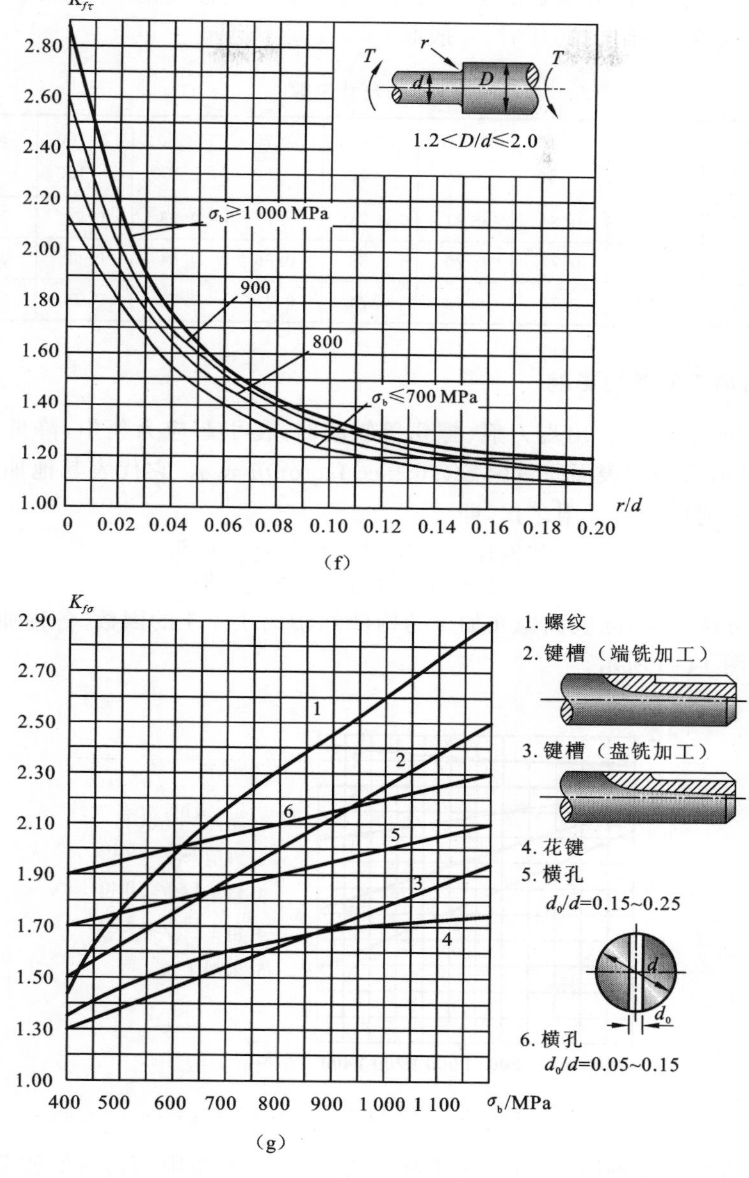

(f)

(g)

图 14-8(续)

2. 构件尺寸大小的影响

材料的疲劳极限是利用小试件(直径 $d = 7 \sim 10$ mm) 测得的。当构件尺寸较大时,相应的材质增多,其中缺陷、杂质会相应增多,形成疲劳裂纹源的概率增多,疲劳极限因而降低。其降低程度用尺寸因数(size factor)ε 表示。ε 定义为光滑大试件的疲劳极限与光滑小试件的疲劳极限的比值,即

$$\varepsilon_\sigma = \frac{(\sigma_{-1})_\varepsilon}{\sigma_{-1}}, \quad \varepsilon_\tau = \frac{(\tau_{-1})_\varepsilon}{\tau_{-1}}$$

式中：ε_σ，ε_τ 为小于 1 的因数，分别表示弯曲疲劳和扭转疲劳时测定的尺寸因数，常用钢材的尺寸因数值见表 14-2。对于轴向拉、压时，一般取 $\varepsilon_\sigma = 1$。

表 14-2　尺寸因数

直径 d/mm		$\geqslant 20 \sim 30$	$\geqslant 30 \sim 40$	$\geqslant 40 \sim 50$	$\geqslant 50 \sim 60$	$\geqslant 60 \sim 70$	$\geqslant 70 \sim 80$	$\geqslant 80 \sim 100$	$\geqslant 100 \sim 120$	$\geqslant 120 \sim 150$	$\geqslant 150 \sim 500$
ε_σ	碳钢	0.91	0.88	0.84	0.81	0.78	0.75	0.73	0.70	0.68	0.60
	合金钢	0.83	0.77	0.73	0.70	0.68	0.66	0.64	0.62	0.60	0.54
ε_τ	各种钢	0.89	0.81	0.78	0.76	0.74	0.73	0.72	0.70	0.68	0.60

3. 构件表面加工质量的影响

当构件表面加工质量差，出现刀痕、擦伤等缺陷时，易引起应力集中，降低构件的疲劳极限。表面加工质量的影响用表面质量因数(surface factor)β 表示。它代表其他加工情况时的疲劳极限与表面磨光时的疲劳极限之比，即

$$\beta = \frac{\text{其他加工情况时试件的持久极限}}{\text{表面磨光时试件的持久极限}}$$

式中的 β 与加工方法有关，除表面抛光加工的构件外，β 为小于 1 的因数。各种加工方法的表面质量因数值 β 见图 14-9 所示。

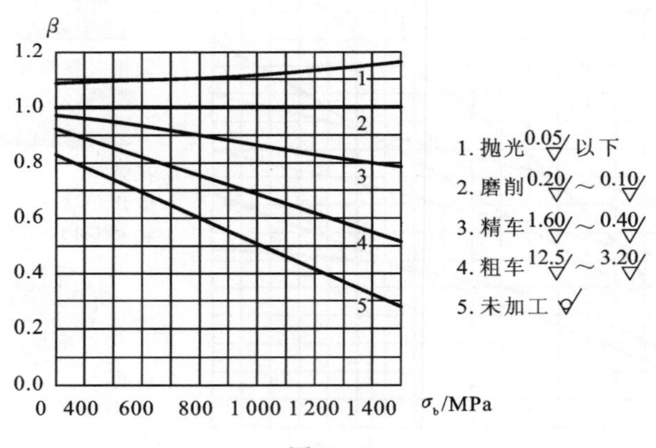

图 14-9

综合以上三方面的影响因素，在对称循环时，构件的疲劳极限与材料的疲劳极限之间的关系可写成

$$\sigma_{-1}^{构} = \frac{\varepsilon_\sigma \beta}{K_{f\sigma}} \sigma_{-1}, \quad \tau_{-1}^{构} = \frac{\varepsilon_\tau \beta}{K_{f\tau}} \tau_{-1} \tag{14-2}$$

式中：$\sigma_{-1}^{构}$ 和 $\tau_{-1}^{构}$ 分别表示构件在弯曲循环和扭转循环时的疲劳极限。

除上述三种主要因素外，构件的工作环境，如在腐蚀介质或高温条件下工作等，均会明显降低疲劳极限。这些因素的影响也可用一些修正因数来表示，其值可从有关手册中查找。

例 14.1　阶梯形圆轴如图 14-10 所示。已知 $D = 55$ mm，$d = 45$ mm，$r = 1$ mm。材料为碳钢，其强度极限 $\sigma_b = 900$ MPa，对称循环弯曲疲劳极限 $\sigma_{-1} = 380$ MPa。试求此轴的疲劳极限。

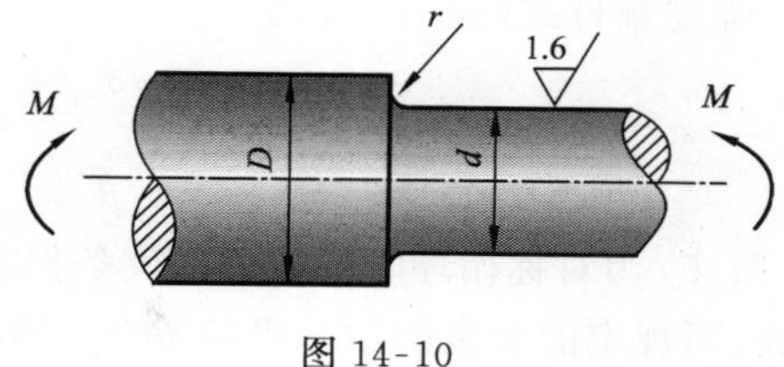

图 14-10

解　1) 查图表找出 $K_{f\sigma}$，ε_σ，β 各因数

由 $\dfrac{D}{d}=\dfrac{55}{45}=1.22$，$r/d=1/45=0.022$，$\sigma_b=900$ MPa，查图 14-8(c) 得 $K_{f\sigma}=3.1$。由表 14-2 查得 $d=45$ mm，碳钢材料的 $\varepsilon_\sigma=0.84$。由图 14-9 查得表面粗糙度 $Ra=1.60\ \mu$m 和 $\sigma_b=900$ MPa 时的 $\beta=0.89$。

2) 将 $K_{f\sigma}$，ε_σ，β 值代入公式(14-2) 的第一式，得此轴(构件) 的疲劳极限

$$\sigma_{-1}^{构}=\frac{\varepsilon_\sigma\beta}{K_{f\sigma}}\sigma_{-1}=\frac{0.84\times0.89}{3.1}\times380=91.6\ \text{MPa}$$

14.4　构件的疲劳强度计算

进行疲劳强度计算时，应以构件的疲劳极限作为极限应力。这样，构件的疲劳强度条件为

$$\sigma_{max}\leqslant[\sigma_r]=\frac{\sigma_r^{构}}{n}$$

式中：σ_{max} 为构件内最大的工作应力，$[\sigma_r]$ 为构件的许用应力，n 为规定的安全因数。

由于构件外形、尺寸和表面加工质量等方面的影响，$\sigma_r^{构}$ 不是固定不变的。因此许用应力 $[\sigma_r]$ 与静载时不同，不再是常数。若令构件的疲劳极限与构件的最大工作应力之比为构件的工作安全因数 $n_{工作}$，即

$$n_{工作}=\frac{\sigma_r^{构}}{\sigma_{max}}\tag{14-3}$$

则疲劳强度条件可写为

$$n_{工作}\geqslant n\tag{14-4}$$

即构件的工作安全因数不得小于规定的安全因数。疲劳强度计算中常采用这种安全因数比较法。

下面分别讨论对称循环，非对称循环和弯扭组合变形时的疲劳强度计算问题。

1. 对称循环时构件的强度条件

对称循环时构件的极限应力是以式(14-2) 表示的，代入式(14-3)，得构件的工作安全因数

$$n_\sigma=\frac{\sigma_{-1}^{构}}{\sigma_{max}}=\frac{\sigma_{-1}}{\dfrac{K_{f\sigma}}{\varepsilon_\sigma\beta}\sigma_{max}},$$

$$n_\tau=\frac{\tau_{-1}^{构}}{\tau_{max}}=\frac{\tau_{-1}}{\dfrac{K_{f\tau}}{\varepsilon_\tau\beta}\tau_{max}},$$

式中：σ_{max}，τ_{max} 为构件的最大正应力、最大切应力。计算时采用静载时的相应公式，如拉、压时 $\sigma_{max}=\dfrac{F_{N\max}}{A}$；弯曲时 $\sigma_{max}=\dfrac{M_{max}}{W}$，扭转时，$\tau_{max}=\dfrac{T}{W_t}$。

强度条件式(14-4)变为

$$n_\sigma = \frac{\sigma_{-1}}{\dfrac{K_{f\sigma}}{\varepsilon_\sigma \beta}\sigma_{\max}} \geqslant n, \quad n_\tau = \frac{\tau_{-1}}{\dfrac{K_{f\tau}}{\varepsilon_\tau \beta}\tau_{\max}} \geqslant n \tag{14-5}$$

式(14-5)为对称循环时的疲劳强度条件。n_σ,n_τ 分别为构件在弯曲(拉、压)、扭转时的工作安全因数。而规定的安全因数 n 可参考有关资料和规范来确定。通常当计算精度要求高,材质好的情况下取 $n = 1.3 \sim 1.5$;普通计算精度,材质中等时 $n = 1.5 \sim 1.8$;低计算精度,材质差,大零件,或铸件时,则取 $n = 1.8 \sim 2.5$。

2. 非对称循环时构件的强度条件

非对称循环时的最大应力 $\sigma_{\max}$(如图 14-4) 可看成是静应力 σ_m(即平均应力) 和动应力 σ_a(即应力幅) 的叠加。实验表明,构件的应力集中,尺寸大小,表面加工质量(即 K_f,ε,β) 等因素只对动应力部分有影响,而对静应力部分并无影响。这样,可以由材料的疲劳极限简化折线 ACB(图 14-7(b)) 得到构件的疲劳极限图。考虑上述影响后,A、C 两点的纵坐标分别降为 $\dfrac{\varepsilon_\sigma \beta}{K_{f\sigma}}\sigma_{-1}$($A_1$ 点) 和$\dfrac{\varepsilon_\sigma \beta}{K_{f\sigma}}\dfrac{\sigma_0}{2}$ (C_1 点)。连接 A_1C_1B,得实际构件的简化折线(图 14-11)。

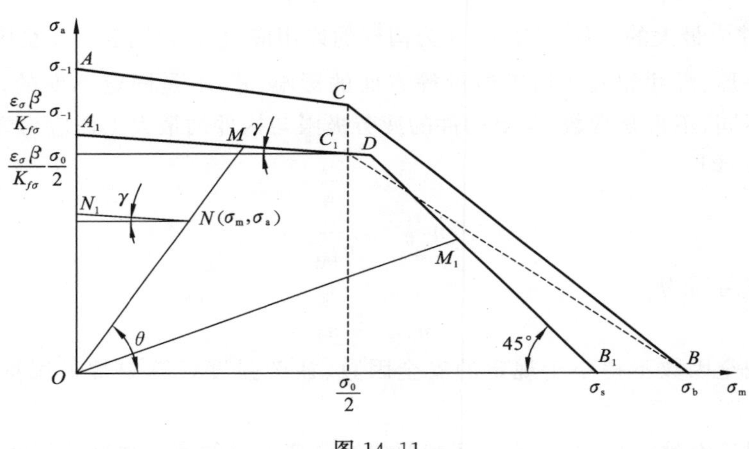

图 14-11

构件除了满足疲劳要求外,还应满足静载强度条件。一般承受交变应力的构件大都用塑性材料制成,故静载荷时破坏条件为

$$\sigma_{\max} = \sigma_a + \sigma_m = \sigma_s$$

因此,在横坐标上(如图 14-11) 取 B_1 点(σ_s,0),作与 σ_m 轴正向夹角为 135° 的直线与 A_1C_1 线交于 D 点,这样,A_1DB_1 折线与纵、横坐标轴围绕的范围内,就是既能保证构件不产生疲劳破坏又不会屈服失效的安全工作区。

若构件工作时,其循环特征为 r 时的最大工作应力为 $\sigma_{\max}$,在图 14-11 中,它是在与 A_1D 线相交的 OM 射线上的 N 点。则构件的疲劳极限

$$\sigma_r^{构} = OM(\cos\theta + \sin\theta) \tag{1}$$

构件的最大工作应力

$$\sigma_{\max} = ON(\cos\theta + \sin\theta) \tag{2}$$

由 N 点作 A_1M 的平行线与 σ_a 轴交于 N_1 点，按式(14-3) 构件的工作安全因数表达式，且将以上式(1)、式(2) 代入，得

$$n_\sigma = \frac{\sigma_r^{构}}{\sigma_{max}} = \frac{OM}{ON} = \frac{OA_1}{ON_1} \tag{3}$$

由于

$$OA_1 = \frac{\varepsilon_\sigma \beta}{K_{f\sigma}}\sigma_{-1}, \quad ON_1 = \sigma_a + \sigma_m \tan\gamma \tag{4}$$

由几何关系有

$$\tan\gamma = \frac{\dfrac{\varepsilon_\sigma \beta}{K_{f\sigma}}\sigma_{-1} - \dfrac{\varepsilon_\sigma \beta}{K_{f\sigma}}\dfrac{\sigma_0}{2}}{\dfrac{\sigma_0}{2}} = \frac{\varepsilon_\sigma \beta}{K_{f\sigma}}\Psi_\sigma \tag{5}$$

式(5) 中 $\Psi_\sigma = \dfrac{2\sigma_{-1} - \sigma_0}{\sigma_0}$ 是一个仅与材料有关的因数，称为材料对应力循环不对称性的敏感因数。它可由材料的 σ_{-1}，σ_0 求出，亦可查表。对于普通钢材，Ψ 值见表 14-3。

表 14-3　钢材的敏感因数

静载强度极限 σ_b/MPa	350 ~ 500	500 ~ 700	700 ~ 1 000	1 000 ~ 1 200	1 200 ~ 1 400
拉、压、弯 Ψ_σ	0	0.05	0.10	0.20	0.25
扭转 Ψ_τ	0	0	0.05	0.10	0.15

将式(4)、式(5) 代入式(3)，有

$$n_\sigma = \frac{OA_1}{ON_1} = \frac{\dfrac{\varepsilon_\sigma \beta}{K_{f\sigma}}\sigma_{-1}}{\sigma_a + \sigma_m \cdot \dfrac{\varepsilon_\sigma \beta}{K_{f\sigma}}\Psi_\sigma} = \frac{\sigma_{-1}}{\dfrac{K_{f\sigma}}{\varepsilon_\sigma \beta}\sigma_a + \Psi_\sigma \sigma_m}$$

于是，非对称循环时构件的疲劳强度条件由式(14-4)，得

$$n_\sigma = \frac{\sigma_{-1}}{\dfrac{K_{f\sigma}}{\varepsilon_\sigma \beta}\sigma_a + \Psi_\sigma \sigma_m} \geqslant n, \quad n_\tau = \frac{\tau_{-1}}{\dfrac{K_{f\tau}}{\varepsilon_\tau \beta}\tau_a + \Psi_\tau \tau_m} \geqslant n, \tag{14-6}$$

由式(14-6) 可见 $\sigma_m = 0$ 和 $\sigma_a = \sigma_{max}$ 时，即为对称循环情形，所以对称循环是非对称循环的特例。

若构件的循环特征射线与 DB_1 相交，如图 14-11 中的 M_1 点，则表示构件将可能产生屈服失效。因为 DB_1 线上各点 $\sigma_r^{构} = \sigma_a + \sigma_m = \sigma_s$。这时对构件应进行屈服强度计算

$$n_\sigma = \frac{\sigma_s}{\sigma_{max}} \geqslant n_s, \quad n_\tau = \frac{\tau_s}{\tau_{max}} \geqslant n_s \tag{14-7}$$

式中：n_s 为屈服失效时规定的安全因数。

实验表明，对于塑性材料制成的构件，在循环特征 $r < 0$ 的交变应力下，构件发生疲劳破坏，应按式(14-6) 计算疲劳强度。在 $r > 0$ 的交变应力下，构件可能在产生疲劳破坏之前已发生了塑性屈服，此时应按式(14-7) 计算静载强度；相反，构件在没有明显的塑性变形时，发生了疲劳破坏，则应按式(14-6) 计算疲劳强度。所以当 $r > 0$，尤其是 r 接近于零时，不易判断构

件是先产生疲劳破坏还是塑性屈服破坏，可按式(14-6)和式(14-7)同时检查疲劳强度和静载强度是否满足要求。

3. 弯扭组合变形时构件的强度条件

工程实际中有许多构件在外力作用下产生弯扭组合变形。静载情况下，塑性材料通常按第三、第四强度理论建立强度条件，如第三强度理论的强度条件为

$$\sqrt{\sigma_{\max}^2 + 4\tau_{\max}^2} \leqslant \frac{\sigma_s}{n}$$

将上式两边同时平方后除以 σ_s^2 并将 $\tau_s = \dfrac{\sigma_s}{2}$ 代入，整理得到

$$\frac{1}{\left(\dfrac{\sigma_s}{\sigma_{\max}}\right)^2} + \frac{1}{\left(\dfrac{\tau_s}{\tau_{\max}}\right)^2} \leqslant \frac{1}{n^2}$$

式中：$\dfrac{\sigma_s}{\sigma_{\max}}$，$\dfrac{\tau_s}{\tau_{\max}}$ 分别代表静载荷作用时弯曲和扭转的工作安全因数。若用 n_σ，n_τ 表示，则上式可以写成

$$\frac{1}{n_\sigma^2} + \frac{1}{n_\tau^2} \leqslant \frac{1}{n^2} \quad 或 \quad \frac{n_\sigma n_\tau}{\sqrt{n_\sigma^2 + n_\tau^2}} \geqslant n$$

试验表明，上述形式的强度条件可推广应用到弯扭组合交变应力下的构件。构件弯扭组合变形时的疲劳强度条件可写成

$$n_{\sigma\tau} = \frac{n_\sigma n_\tau}{\sqrt{n_\sigma^2 + n_\tau^2}} \geqslant n \tag{14-8}$$

式中：$n_{\sigma\tau}$ 为弯扭组合交变应力下构件的工作安全因数。n_σ，n_τ 分别为考虑构件在弯曲和扭转交变应力下的工作安全因数，由公式(14-6)计算。对称循环时，亦可按公式(14-5)计算。n 为规定的安全因数。

若需进行静强度校核，只需将式(14-8)中的 n_σ，n_τ 用式(14-7)计算即可。要注意的是式(14-8)适用于弯曲正应力与扭转切应力同时达到最大时的情况，否则按此式计算的结果偏安全。

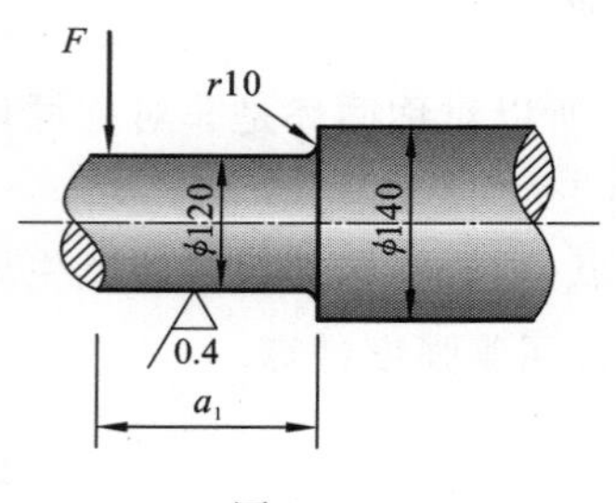

图 14-12

例 14.2 图 14-2 所示的机车车轴由 45 号钢制成，已知车厢传来的载荷 $F = 80\ \text{kN}$，尺寸 $a_1 = 105\ \text{mm}$。材料的 $\sigma_b = 500\ \text{MPa}$，$\sigma_{-1} = 200\ \text{MPa}$，规定的安全因数 $n = 1.5$。试校核轴台阶部分(图 14-12)的疲劳强度。

解 1) 前面分析过此轴属对称循环情况，$r = -1$，故应按式(14-5)进行校核。

2) 计算最大工作应力，查出式(14-5)的第一式中各因数。台阶 a_1 处的弯矩和最大弯曲正应力为

$$M = Fa_1 = 80 \times 0.105 = 8.4\ \text{kN} \cdot \text{m}$$

$$\sigma_{\max} = \frac{M}{W_z} = \frac{8.4 \times 10^3}{\dfrac{\pi \times 0.12^3}{32}} = 49.5\ \text{MPa}$$

由 $D/d = 140/120 = 1.17$，$r/d = 10/120 = 0.083$，$\sigma_b = 500$ MPa，查图 14-8(b) 得 $K_{f\sigma} = 1.55$；由表 14-2 查得 $d = 120$ mm 时碳钢的 $\varepsilon_\sigma = 0.68$；由图 14-9 查得表面粗糙度 $Ra = 0.40\ \mu$m 和 $\sigma_b = 500$ MPa 时的 $\beta = 0.96$。

(3) 按式(14-5) 的第一式校核疲劳强度

$$n_\sigma = \frac{\sigma_{-1}}{\dfrac{K_{f\sigma}}{\varepsilon_\sigma \beta}\sigma_{\max}} = \frac{200}{\dfrac{1.55}{0.68 \times 0.96} \times 49.5} = 1.70 > n = 1.5$$

所以，机车车轴的台阶部分满足疲劳强度条件。

例 14.3　一圆柱形螺旋密圈弹簧如图 14-13 所示。工作时受到的压力 F 在 7 ～ 15 kN 间变动，弹簧材料为合金钢，$\sigma_b = 1\,300$ MPa，$\tau_s = 500$ MPa，$\tau_{-1} = 300$ MPa，规定的安全因数 $n = 1.6$(也是静载时的安全因数)，试校核弹簧强度。

解　1) 计算弹簧最大、最小工作应力，确定循环特征 r。

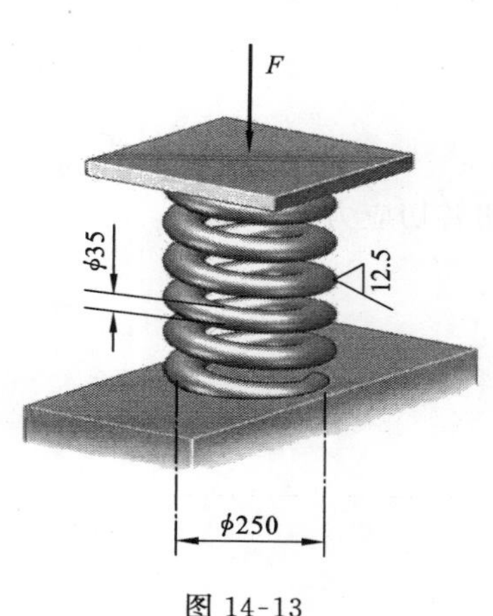

图 14-13

弹簧指数 $C = \dfrac{D}{d} = \dfrac{250}{35}$

修正因数 $k = \dfrac{4C-1}{4C-4} + \dfrac{0.615}{C} = \dfrac{4 \times \dfrac{250}{35} - 1}{4 \times \dfrac{250}{35} - 4} + \dfrac{0.615}{\dfrac{250}{35}} = 1.2$

$$\tau_{\max} = k\frac{8FD}{\pi d^3} = 1.2 \times \frac{8 \times 15 \times 10^3 \times 250 \times 10^{-3}}{\pi \times 35^3 \times 10^{-9}} = 267.3 \text{ MPa}$$

$$\tau_{\min} = \tau_{\max} \times \frac{F_{\min}}{F_{\max}} = 267.3 \times \frac{7}{15} = 124.7 \text{ MPa}$$

$$r = \frac{\tau_{\min}}{\tau_{\max}} = \frac{124.7}{267.3} = 0.467$$

弹簧受的是非对称循环交变应力，其平均应力 τ_m 和应力幅 τ_a 分别为

$$\tau_m = \frac{1}{2}(\tau_{\max} + \tau_{\min}) = \frac{1}{2}(267.3 + 124.7) = 196 \text{ MPa}$$

$$\tau_a = \frac{1}{2}(\tau_{\max} - \tau_{\min}) = \frac{1}{2}(267.3 - 124.7) = 71.3 \text{ MPa}$$

2) 查出因数 $K_{f\tau}$，ε_τ，β，Ψ_τ。因为簧丝为等截面，所以取 $K_{f\tau} = 1$。由表 14-2 查得 $d = 35$ mm 时合金钢的 $\varepsilon_\tau = 0.81$；由图 14-9 查得表面粗糙度 $Ra = 12.5\ \mu$m 及 $\sigma_b = 1\,300$ MPa 时的 $\beta = 0.58$；由表 14-3 查得 $\sigma_b = 1\,300$ MPa 时，$\Psi_\tau = 0.15$。

3) 进行疲劳强度校核。由于 $r = 0.467 > 0$，所以

① 由式(14-6) 的第二式校核疲劳强度

$$n_\tau = \frac{\tau_{-1}}{\dfrac{K_{f\tau}}{\varepsilon_\tau \beta}\tau_a + \Psi_\tau \tau_m} = \frac{300}{\dfrac{1}{0.81 \times 0.58} \times 71.3 + 0.15 \times 196} = 1.66 > n = 1.6$$

② 由式(14-7) 的第二式校核屈服强度

$$n_\tau = \frac{\tau_s}{\tau_{\max}} = \frac{500}{267.3} = 1.87 > n = 1.6$$

以上结果可见，弹簧强度是足够的。由于其静强度的工作安全因数大于疲劳强度的工作安全因

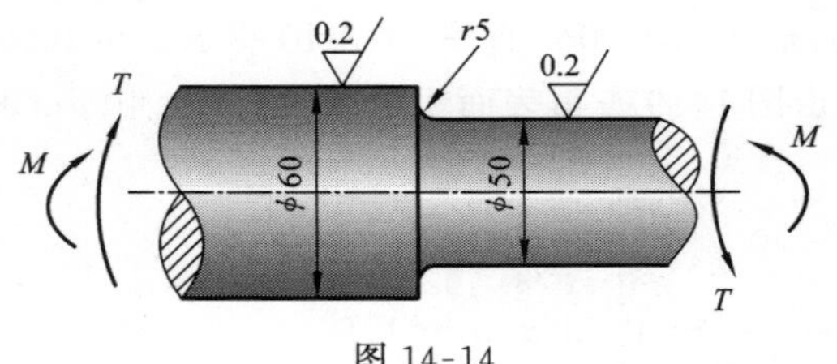

图 14-14

数，故此弹簧的疲劳强度是控制其强度的主要因素。

例 14.4 阶梯形圆轴，尺寸如图 14-14 所示。材料为合金钢，$\sigma_b = 900$ MPa，$\sigma_{-1} = 410$ MPa，$\tau_{-1} = 240$ MPa。作用在轴上的扭矩在 0 ~ 1.5 kN·m 之间变化，弯矩在 ±1 kN·m 之间变化。若规定的安全因数 $n = 2$，试校核此轴的疲劳强度。

解 1）计算最大、最小工作应力，确定循环特征 r。

弯曲正应力

$$\begin{matrix}\sigma_{\max}\\ \sigma_{\min}\end{matrix} = \frac{M}{W} = \pm \frac{1 \times 10^3}{\dfrac{\pi \times 50^3}{32} \times 10^{-9}} = \pm 81.5 \text{ MPa}$$

$$r = \frac{\sigma_{\min}}{\sigma_{\max}} = -1，为对称循环$$

扭转切应力

$$\tau_{\max} = \frac{T_{\max}}{W_t} = \frac{1.5 \times 10^3}{\dfrac{\pi \times 50^3}{16} \times 10^{-9}} = 61.1 \text{ MPa}$$

$$\tau_{\min} = \frac{T_{\min}}{W_t} = 0$$

$$r = \frac{\tau_{\min}}{\tau_{\max}} = 0，为脉动循环$$

$$\tau_m = \tau_a = \frac{1}{2}\tau_{\max} = 30.6 \text{ MPa}$$

2）查出式(14-5)的第一式及式(14-6)第二式中各因数。

由 $\dfrac{D}{d} = \dfrac{60}{50} = 1.2$，$\dfrac{r}{d} = \dfrac{5}{50} = 0.1$，$\sigma_b = 900$ MPa，查图 14-8(b) 得 $K_{f\sigma} = 1.55$，查图 14-8(e) 得 $K_{f\tau} = 1.24$；由表 14-2 查得 $d = 50$ mm，合金钢的 $\varepsilon_\sigma = 0.70$，$\varepsilon_\tau = 0.76$；由图 14-9 查得表面粗糙度 $Ra = 0.20\ \mu$m，$\sigma_b = 900$ MPa 时的 $\beta = 1.0$；由表 14-3 查得 $\sigma_b = 900$ MPa 时的 $\Psi_\tau = 0.05$。

3）进行疲劳强度校核。

按式(14-5)第一式

$$n = \frac{\sigma_{-1}}{\dfrac{K_{f\sigma}}{\varepsilon_\sigma \beta}\sigma_{\max}} = \frac{410}{\dfrac{1.55}{0.70 \times 1} \times 81.5} = 2.27$$

按式(14-6)第二式

$$n = \frac{\tau_{-1}}{\dfrac{K_{f\tau}}{\varepsilon_\tau \beta}\tau_a + \Psi_\tau \tau_m} = \frac{240}{\dfrac{1.24}{0.76 \times 1} \times 30.6 + 0.05 \times 30.6} = 4.66$$

按式(14-8)校核此轴疲劳强度

$$n_{\sigma\tau} = \frac{n_\sigma n_\tau}{\sqrt{n_\sigma^2 + n_\tau^2}} = \frac{2.27 \times 4.66}{\sqrt{2.27^2 + 4.66^2}} = 2.04 > n = 2$$

故，此轴满足疲劳强度条件。

14.5　提高构件疲劳强度的措施

由疲劳强度条件式(14-6)可见，提高构件疲劳强度的关键是提高构件的疲劳极限，因此从影响疲劳极限的主要因素方面着手，可以采取以下两方面措施：

(1) 合理设计构件形状，以降低应力集中。应力集中是疲劳破坏的主要原因，在设计构件外形时，应尽量避免出现截面的突然变化，因此阶梯轴的尺寸突变处，应采用较大的圆角过渡，如图14-10所示的轴，过渡圆角半径 r 在允许的情况下尽量取大一些。图14-15所示的轴上键槽，采用盘铣加工(如图14-15(a))比用端铣刀铣出的键槽(如图14-15(b))应力集中小，这也是采用缓慢过渡的缘故。有时因结构上的原因，截面变化处不允许制成圆角(或加大圆角半径)，这时可以在直径较大的轴上开出减荷槽(如图14-16(a))或退刀槽(如图14-16(b))，同样可以达到减缓应力集中的目的。在机器中常用到的紧配合的轮毂与轴的配合边缘处，有明显的应力集中。若在轮毂上开出减荷槽，并加粗轴的配合部分(如图14-16(c))以缩小轮毂与轴之间的刚度差距，亦可改善配合面边缘处应力集中的情况。

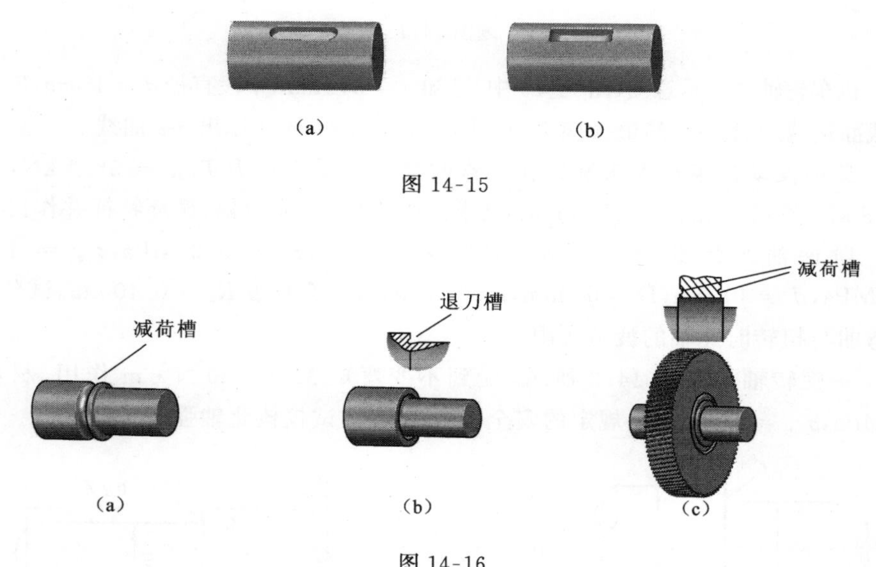

图14-15

图14-16

(2) 改善构件的表面质量也可有效地提高疲劳强度。对于受交变应力的构件，表面加工应尽量光洁，这是因为大多数受力构件表层应力较大，若表层加工粗糙，产生刀痕或各种加工缺陷，这就会在高应力区有较大的应力集中，易形成疲劳裂纹源，最终产生疲劳破坏。尤其对于高强度钢，对应力集中更为敏感，制作承受交变应力的构件时，应采用精加工才有利于发挥它的高强度性能。

为了改善构件的表面质量，还可以采用表面强化工艺，如表面淬火，渗碳，氮化，氰化等热处理及化学处理，或进行表层喷丸，滚压等机械强化处理。这些强化工艺均可显著地提高构件的疲劳强度。

习　题

14-1　试计算题图 14-1 所示各交变应力的平均应力、应力幅和应力比。

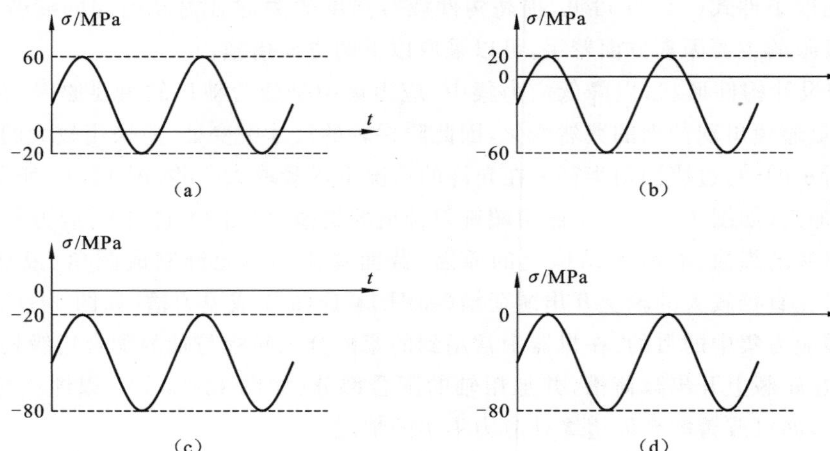

题图 14-1

14-2　机车轮轴受力示意图(图 14-2)中，已知 $a = 500\ \text{mm}$，中段直径 $d = 15\ \text{cm}$，$F = 50\ \text{kN}$。试求中段截面边缘上任一点的最大应力、最小应力，循环特征并作出 σ-t 曲线。

14-3　柴油发动机连杆大头螺钉在工作时受到的最大拉力 $F_{max} = 58.3\ \text{kN}$，最小拉力 $F_{min} = 55.8\ \text{kN}$，螺纹内径 $d = 11.5\ \text{mm}$。试求其平均应力，应力幅，循环特征并作出 σ-t 曲线。

14-4　阶梯轴如题图 14-2 所示。材料为合金钢，$\sigma_b = 920\ \text{MPa}$，$\sigma_{-1} = 420\ \text{MPa}$，$\tau_{-1} = 250\ \text{MPa}$，$d = 40\ \text{mm}$，$D = 50\ \text{mm}$，$r = 5\ \text{mm}$，表面粗糙度 $R_a = 0.40\ \mu\text{m}$。试分别求出对称循环下弯曲与扭转时此轴的疲劳极限。

14-5　一旋转轴如题图 14-3 所示，受到不变弯矩 $M = 750\ \text{N} \cdot \text{m}$ 作用，材料为碳钢 $\sigma_b = 600\ \text{MPa}$，$\sigma_{-1} = 250\ \text{MPa}$，规定的安全因数 $n = 2$。试校核此轴强度。

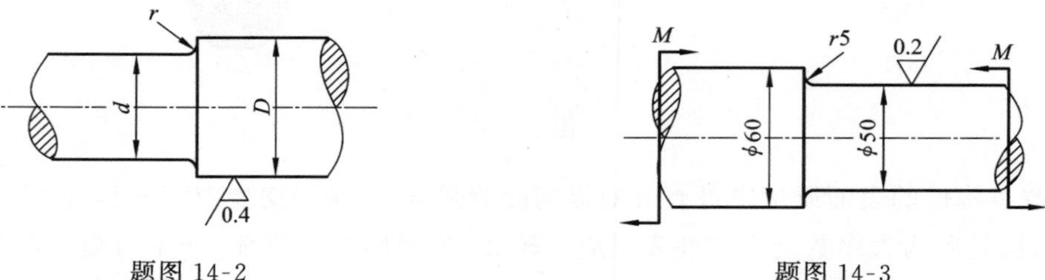

题图 14-2　　　　题图 14-3

14-6　题图 14-2 所示的台阶轴，若 $D = 70\ \text{mm}$，$d = 60\ \text{mm}$，$r = 4\ \text{mm}$，材料为碳钢 $\sigma_b = 600\ \text{MPa}$，$\tau_{-1} = 130\ \text{MPa}$，轴表面精车加工，承受交变扭矩 $T = \pm 1\ \text{kN} \cdot \text{m}$。若规定的安全因数 $n = 2$，试校核此轴疲劳强度。

14-7　题图 14-4 所示圆杆，表面未经加工，且有一个 $\phi 5$ 的径向通孔，圆杆材料为碳钢，$\sigma_b = 600\ \text{MPa}$，$\sigma_s = 340\ \text{MPa}$，$\sigma_{-1} = 200\ \text{MPa}$，杆受到由 $0 \sim F_{max}$ 的交变轴向载荷作用，若规定的安全因数 $n = 1.7$，$n_s = 1.5$，试求圆杆所能承受的最大载荷。

14-8　某阀门的圆柱形密圈螺旋弹簧如题图 14-5 所示。其平均直径 $D = 60$ mm，圈数 $n = 10$，簧丝直径 $d = 6$ mm，弹簧钢 $\sigma_b = 1\ 300$ MPa，$\tau_b = 800$ MPa，$\tau_s = 500$ MPa，$\tau_{-1} = 300$ MPa，$G = 80$ GPa。弹簧在压缩量 $\lambda_1 = 40$ mm 和最大压缩量 $\lambda_{max} = 90$ mm 的范围内工作。若取 $\beta = 1$，试求弹簧的工作安全因数。

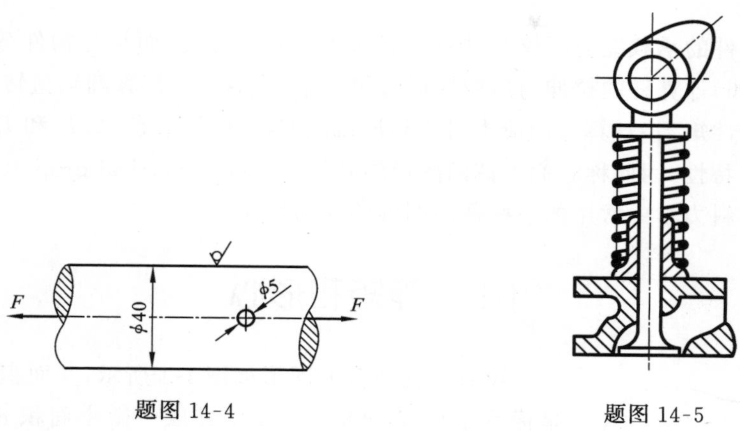

题图 14-4　　　　题图 14-5

14-9　题图 14-6 所示阶梯形圆轴，$D = 70$ mm，$d = 60$ mm，$r = 5$ mm。材料的 $\sigma_b = 800$ MPa，$\sigma_{-1} = 359$ MPa，$\tau_{-1} = 200$ MPa。轴表面为精车加工，若此轴承受同相位的交变弯矩 $M = \pm 1$ kN·m 及交变扭矩 $T = \pm 1.5$ kN·m 的作用。规定的安全因数 $n = 2.0$，试校核此轴疲劳强度。

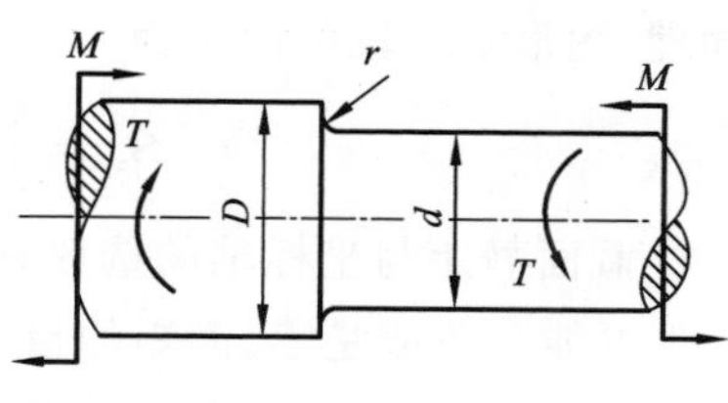

题图 14-6

14-10　如题图 14-2 所示的卷扬机轴台阶部分 $D = 55$ mm，$d = 45$ mm，轴磨削加工，材料的 $\sigma_b = 520$ MPa，$\sigma_{-1} = 220$ MPa。轴承受对称循环的弯矩 M 作用，规定的安全因数 $n = 1.7$。试对过渡圆角半径 $r_1 = 1$ mm 和 $r_2 = 5$ mm 两种情况计算许可弯矩 $[M_1]$ 及 $[M_2]$，并作比较。

附录 I 截面图形的几何性质

任何受力构件的承载能力不仅与材料性能和加载方式有关，而且与构件截面的几何形状和尺寸有关。例如，计算杆的拉伸与压缩变形时用到截面面积 A；计算圆轴扭转应力、变形时用到横截面的极惯性矩 I_p；计算弯曲应力时用到横截面的惯性矩 I_z 等。A、I_p 和 I_z 等从不同角度反映截面的几何特性，因此称它们为截面图形的几何性质(geometrical properties of an area)。下面分别讨论材料力学中常用的一些截面图形的几何性质。

I-1 静矩和形心

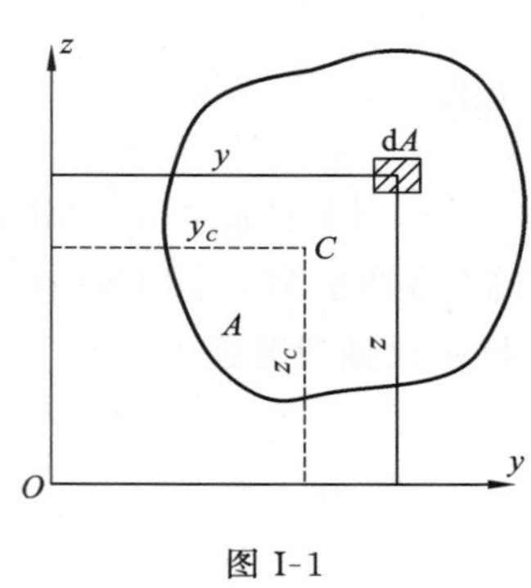

图 I-1

设有一任意截面图形如图 I-1 所示，其面积为 A。选取直角坐标系 yOz，在坐标为(y,z)处取一微小面积 dA，定义微面积 dA 乘以到 y 轴的距离 z，沿整个截面的积分，为图形对 y 轴的静矩 S_y(static moment of an area)，其数学表达式为

$$S_y = \int_A z\,dA \tag{I-1a}$$

同理，图形对 z 轴的静矩为

$$S_z = \int_A y\,dA \tag{I-1b}$$

截面静矩与坐标轴的选取有关，它随坐标轴 y,z 的不同而不同。所以静矩的数值可能是正，也可能是负或是零。静矩的量纲为长度的三次方。

确定截面图形的形心位置(图 I-1 中 C 点)时，借助理论力学中等厚均质薄片重心的概念，当薄片的形状与所研究的截面图形形状相同，且薄片厚度取得非常小时，薄片的重心就是该截面图形的形心(center of an area)。即

$$y_C = \frac{\int_A y\,dA}{A} = \frac{S_z}{A} \tag{I-2a}$$

$$z_C = \frac{\int_A z\,dA}{A} = \frac{S_y}{A} \tag{I-2b}$$

式中：y_C，z_C 为截面图形形心的坐标值。若把式(I-2)改写成

$$S_z = A \cdot y_C,\quad S_y = A \cdot z_C \tag{I-3}$$

则表明截面图形对 y,z 轴的静矩，分别等于截面面积乘上形心的坐标值 z_C，y_C。由式(I-2)可见，若截面图形的静矩等于零，则此坐标轴必定通过截面的形心。反之，若坐标轴通过截面形心，则截面对此轴的静矩必为零。由于截面图形的对称轴必定通过截面形心，故图形对其对称轴的静矩恒为零。

工程实际中，有些构件的截面形状比较复杂，若截面形状可看成是由若干简单图形(如矩

形、圆形等）组合而成，则计算组合截面图形的静矩（S_y，S_z）与形心坐标（y_C，z_C）时，可用以下公式

$$S_y = \sum_{i=1}^{n} A_i z_i,\quad S_z = \sum_{i=1}^{n} A_i y_i \tag{I-4}$$

$$y_C = \frac{\sum_{i=1}^{n} A_i y_i}{\sum_{i=1}^{n} A_i},\quad z_C = \frac{\sum_{i=1}^{n} A_i z_i}{\sum_{i=1}^{n} A_i} \tag{I-5}$$

式中：A_i，y_i，z_i 分别表示第 i 个简单图形的面积及其形心坐标值，n 为组成组合图形的简单图形个数。

式(I-4)、式(I-5) 表明：组合图形对某一轴的静矩等于组成它的简单图形对同一轴的静矩的代数和。组合图形的形心坐标值等于组合图形对相应坐标轴的静矩除以组合图形的面积。

例 I.1 已知半圆形截面的半径为 R，如图 I-2(a) 所示，试计算其静矩 S_y，S_z 及形心坐标值 y_C，z_C。

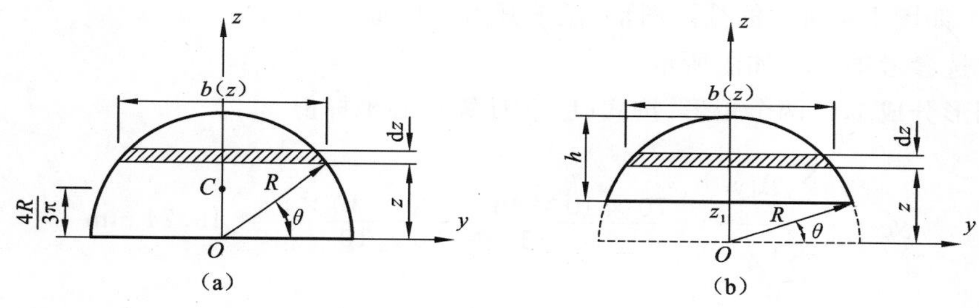

图 I-2

解 1) 计算 S_y，S_z。取 $dA = b(z)dz = 2\times\sqrt{R^2 - z^2}dz$ 代入式(I-1a)，得

$$S_y = \int_A z dA = \int_0^R 2\times\sqrt{R^2 - z^2} z dz = -\int_0^R \sqrt{R^2 - z^2} d(R^2 - z^2) = \frac{2}{3}R^3$$

由于 z 轴为对称轴，故 $S_z = 0$。

2) 计算 y_C，z_C。由式(I-2)，得

$$y_C = \frac{S_z}{A} = 0,\quad z_C = \frac{S_y}{A} = \frac{\frac{2}{3}R^3}{\frac{1}{2}\pi R^2} = \frac{4R}{3\pi}$$

在计算 S_y 时，也可用三角函数表示 dA 进行计算。因为 $z = R\sin\theta$，$dz = R\cos\theta d\theta$，所以

$$dA = 2R\cos\theta dz = 2R^2\cos^2\theta d\theta$$

$$S_y = \int_A z dA = \int_0^{\frac{\pi}{2}} R\sin\theta \cdot 2R^2\cos^2\theta d\theta = \frac{2}{3}R^3$$

两种解法结果相同。

3) 计算弓形面积的 S_y^*。当要求计算弓形面积（图 I-2(b)）对过圆心的 y 轴的静矩 S_y^* 时，仍然可取如图 I-2(a) 所示的微面积，只要将积分下限由零换成 z_1，即

$$S_y^* = \int_A z dA = \int_{z_1}^R 2\times\sqrt{R^2 - z^2} z dz = -\frac{2}{3}(R^2 - z^2)^{\frac{3}{2}}\Big|_{z_1}^R = \frac{2}{3}(R^2 - z_1^2)^{\frac{3}{2}}$$

将上式中 z_1 用弓形的拱高 h 来表示，即 $z_1 = R - h$ 代入上式得到

$$S_y^* = \frac{2}{3}h^{\frac{3}{2}} \cdot (2R-h)^{\frac{3}{2}}$$

例 I.2 已知 T 形截面尺寸如图 I-3 所示，试确定此截面的形心位置。

解 1）选图形的对称轴为 z 轴，与之垂直的参考轴为 y 轴，如图所示。由于 z 轴为对称轴，故 $y_C = 0$。

2）将图形分成 I，II 两个矩形，则

$$A_1 = 20 \times 100\ \text{mm}^2, \quad z_1 = (10+140)\ \text{mm}$$
$$A_2 = 20 \times 140\ \text{mm}^2, \quad z_2 = 70\ \text{mm}$$

代入公式(I-5)，得

$$z_C = \frac{\sum_{i=1}^{2} A_i z_i}{\sum_{i=1}^{2} A_i} = \frac{A_1 z_1 + A_2 z_2}{A_1 + A_2} = \frac{20 \times 100 \times 150 + 20 \times 140 \times 70}{20 \times 100 + 20 \times 140} = 103.3\ \text{mm}$$

例 I.3 如图 I-4 所示的截面图形，试求其形心位置。

解 1）选参考轴 y，z 如图所示。

2）将图形分成 I，II 两个矩形。按式(I-5) 计算形心坐标值

$$y_C = \frac{\sum_{i=1}^{2} A_i y_i}{\sum_{i=1}^{2} A_i} = \frac{70 \times 10 \times 45 + 120 \times 10 \times 5}{70 \times 10 + 120 \times 10} = 19.74\ \text{mm}$$

$$z_C = \frac{\sum_{i=1}^{2} A_i z_i}{\sum_{i=1}^{2} A_i} = \frac{70 \times 10 \times 5 + 120 \times 10 \times 60}{70 \times 10 + 120 \times 10} = 39.74\ \text{mm}$$

组合截面图形有时还可以认为是由一种简单图形减去另一种简单图形所组成。例如图 I-5 所示截面，可认为是由矩形面积减去圆形面积所组成。在应用公式(I-5) 计算形心位置时，圆孔的面积和它对坐标轴的静矩应取负值。

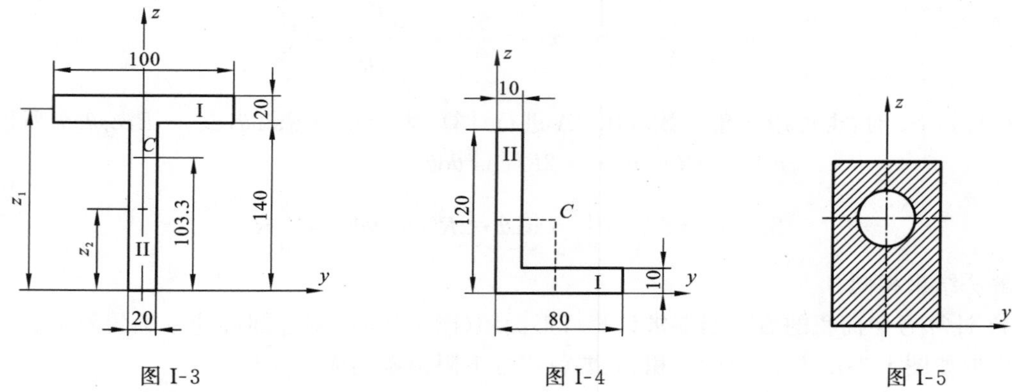

图 I-3　　图 I-4　　图 I-5

Ⅰ-2　惯性矩、惯性积和惯性半径

设任一截面图形(图Ⅰ-6),其面积为 A。选取直角坐标系 yOz,在坐标为 (y,z) 处取一微小面积 dA,定义此微面积 dA 乘以其到坐标原点 O 的距离的平方 ρ^2,沿整个截面积分,为截面图形的极惯性矩 I_p(polar moment of inertia of an area)。微面积 dA 乘以其到坐标轴 y 的距离的平方 z^2,沿整个截面积分为截面图形对 y 轴的惯性矩 I_y(moment of inertia of an area)。数学表达式为

极惯性矩

$$I_p = \int_A \rho^2 \mathrm{d}A \tag{Ⅰ-6}$$

对 y 轴的惯性矩

$$I_y = \int_A z^2 \mathrm{d}A \tag{Ⅰ-7a}$$

同理,对 z 轴的惯性矩

$$I_z = \int_A y^2 \mathrm{d}A \tag{Ⅰ-7b}$$

在直角坐标系中,由于 $\rho^2 = y^2 + z^2$,所以有

$$I_p = \int_A \rho^2 \mathrm{d}A = \int_A (y^2 + z^2) \mathrm{d}A = \int_A y^2 \mathrm{d}A + \int_A z^2 \mathrm{d}A$$

即

$$I_p = I_y + I_z \tag{Ⅰ-8}$$

式(Ⅰ-8)说明截面图形对任一对正交轴的惯性矩之和恒等于它对两轴交点的极惯性矩。

在任一截面图形中(如图Ⅰ-6所示),取微面积 dA 与它的坐标 z,y 值的乘积,沿整个截面积分,定义此积分为截面图形对 y,z 轴的惯性积(product of inertia of an area)。表达式为

$$I_{yz} = \int_A yz \mathrm{d}A \tag{Ⅰ-9}$$

惯性矩、极惯性矩与惯性积的量纲均为长度的四次方。惯性矩与极惯性矩的积分式中只含坐标值的平方项,故 I_y,I_z,I_p 恒为正值。而惯性积 I_{yz} 中含有坐标的乘积 yz,所以其值可能为正,可能为负,也可能为零,取决于截面图形在坐标系中的位置。

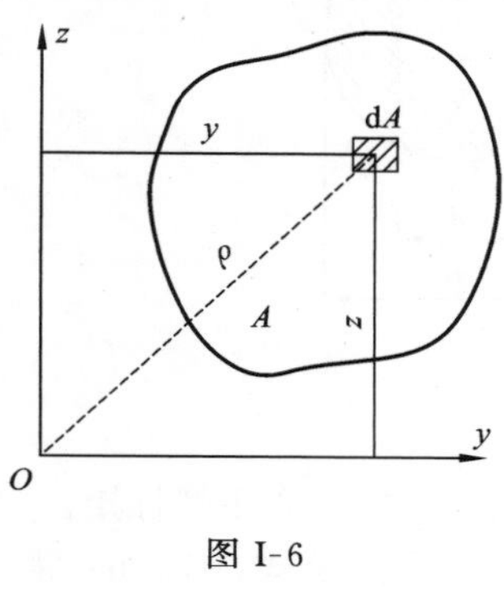

图Ⅰ-6

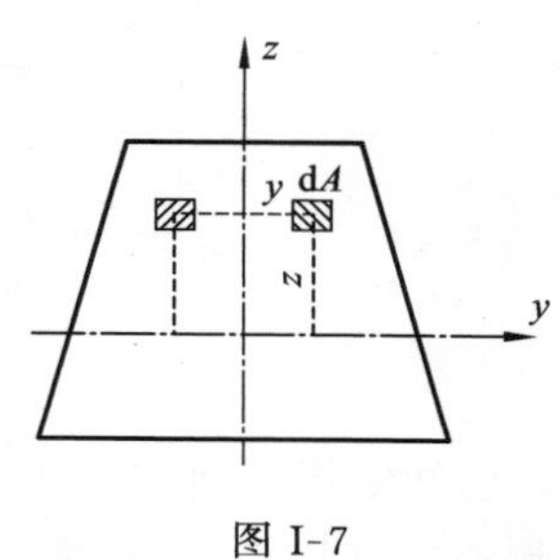

图Ⅰ-7

若选取的坐标系中,有一个坐标轴是截面的对称轴,则截面图形对任意一对包含对称轴在内的正交坐标轴的惯性积必等于零。如图Ⅰ-7所示 z 轴为此图形的对称轴,在 z 轴两边对称的

位置各取一微小面积 $\mathrm{d}A$，则它们的 z 坐标相同，y 坐标数值相等符号相反，所以这两个微面积对 y,z 轴的惯性积 $yz\mathrm{d}A$ 与 $(-y)z\mathrm{d}A$ 在积分中相互抵消，故

$$I_{yz}=\int_A yz\,\mathrm{d}A=0$$

当截面图形对某一对正交坐标轴的惯性积等于零时，称此对坐标轴为截面图形的主惯性轴(principal axes of inertia of an area)。对主惯性轴的惯性矩称为主惯性矩(principal moment of inertia of an area)。而通过图形形心的主惯性轴称为形心主惯性轴(centroidal principal axes of inertia of an area)。截面对形心主惯性轴的惯性矩称为形心主惯性矩(centroidal principal moment of inertia of an area)。例如，图 I-7 中 z 轴为对称轴，若 y 轴也通过截面形心，则它们就是形心主惯性轴，对这两个轴的惯性矩即为形心主惯性矩。

工程应用中(如压杆稳定中)，有时将惯性矩表示成截面面积与某一长度平方的乘积，即

$$I_y=A\cdot i_y^2,\quad I_z=A\cdot i_z^2$$

或

$$i_y=\sqrt{\frac{I_y}{A}},\quad i_z=\sqrt{\frac{I_z}{A}} \tag{I-10}$$

式中：i_y，i_z 分别称为截面图形对 y 轴、z 轴的惯性半径。其量纲为长度的一次方。

例 I.4 已知两种圆截面图形尺寸如图 I-8 所示，试求其极惯性矩。

解 取极坐标 θ,ρ 及 $\mathrm{d}A=\rho\mathrm{d}\theta\mathrm{d}\rho$，代入公式(I-6) 得圆截面的极惯性矩为

$$I_\mathrm{p}=\int_A\rho^2\mathrm{d}A=4\int_0^{\frac{d}{2}}\int_0^{\frac{\pi}{2}}\rho^3\,\mathrm{d}\theta\mathrm{d}\rho=\frac{\pi d^4}{32}$$

对于外径为 D，内径为 d 的圆环截面，如图 I-8(b) 所示，其极惯性矩为

$$I_\mathrm{p}=\int_A\rho^2\mathrm{d}A=4\int_{\frac{d}{2}}^{\frac{D}{2}}\int_0^{\frac{\pi}{2}}\rho^3\,\mathrm{d}\theta\mathrm{d}\rho=\frac{\pi}{32}(D^4-d^4)$$

如果令 $d/D=\alpha$，则

$$I_\mathrm{p}=\frac{\pi D^4}{32}(1-\alpha^4)$$

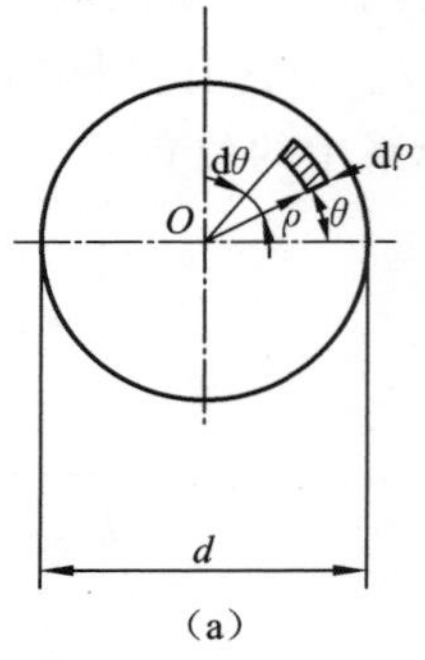

(a)

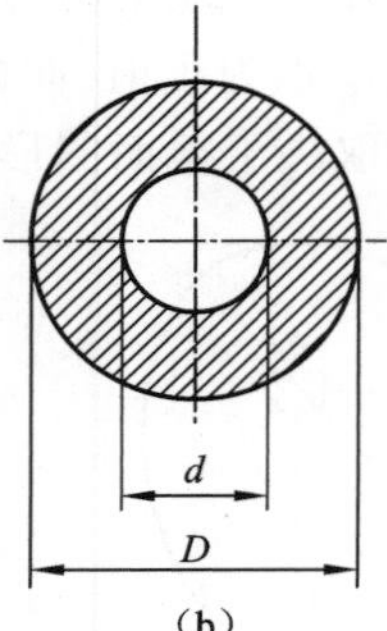

(b)

图 I-8

例 I.5 已知矩形截面的尺寸 b,h，如图 I-9 所示，试求它的形心主惯性矩。

解 取形心主惯性轴(即对称轴)y,z，及 $\mathrm{d}A=\mathrm{d}y\cdot\mathrm{d}z$，代入公式(I-7a、b) 得

$$I_y=\int_A z^2\,\mathrm{d}A=\int_{-\frac{h}{2}}^{\frac{h}{2}}\int_{-\frac{b}{2}}^{\frac{b}{2}}z^2\,\mathrm{d}y\cdot\mathrm{d}z=\frac{bh^3}{12}$$

同理
$$I_z=\int_A y^2\,\mathrm{d}A=\int_{-\frac{h}{2}}^{\frac{h}{2}}\int_{-\frac{b}{2}}^{\frac{b}{2}}y^2\,\mathrm{d}y\cdot\mathrm{d}z=\frac{b^3h}{12}$$

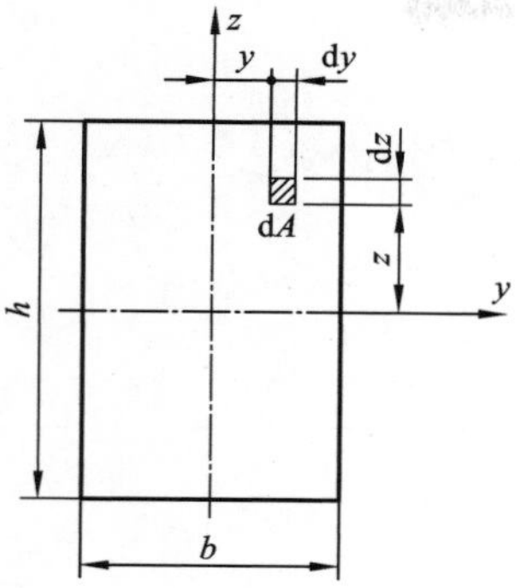

图 I-9

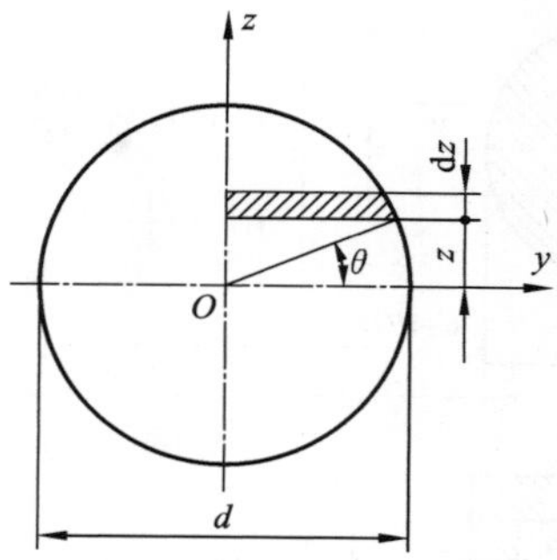

图 I-10

例 I.6　设圆的直径为 d，如图 I-10 所示，试求图形对其形心轴的惯性矩及惯性半径。

解　1) 求惯性矩。因为图形对称，且 y，z 轴为对称轴，所以 $I_y=I_z$。根据例 I.4 和公式(I-8)，求得

$$I_y=I_z=\frac{1}{2}I_{\mathrm{p}}=\frac{\pi d^4}{64}$$

这是较简单的解法。本例也可以取微面积 $\mathrm{d}A$，根据定义，计算积分来求得。

2) 求惯性半径。由式(I-10)，可得

$$i_y=i_z=\sqrt{\frac{I_y}{A}}=\sqrt{\frac{\frac{\pi d^4}{64}}{\frac{\pi d^2}{4}}}=\frac{d}{4}$$

一些常用简单图形的几何性质列于表 I-1 中，可直接查用。

表 I-1　常用简单图形的几何性质

截面图形	惯性矩、极惯性矩	抗弯截面模量、抗扭截面模量	惯性半径
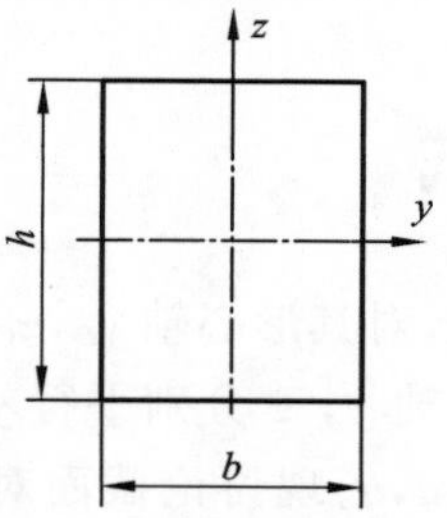	$I_y=\frac{bh^3}{12}$ $I_z=\frac{b^3h}{12}$	$W_y=\frac{bh^2}{6}$ $W_z=\frac{b^2h}{6}$	$i_y=\frac{h}{\sqrt{12}}$ $i_z=\frac{b}{\sqrt{12}}$
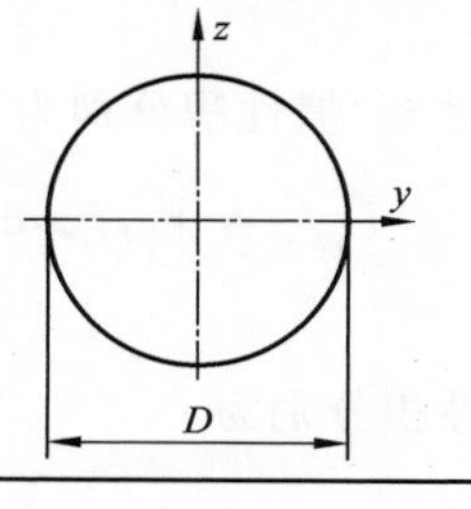	$I_y=I_z=\frac{\pi D^4}{64}$ $I_{\mathrm{p}}=\frac{\pi D^4}{32}$	$W_y=W_z=\frac{\pi D^3}{32}$ $W_{\mathrm{t}}=\frac{\pi D^3}{16}$	$i_y=i_z=\frac{D}{4}$

续表

截面图形	惯性矩、极惯性矩	抗弯截面模量、抗扭截面模量	惯性半径
$\alpha=d/D$	$I_y=I_z=\frac{\pi D^4}{64}(1-\alpha^4)$ $I_P=\frac{\pi D^4}{32}(1-\alpha^4)$	$W_y=W_z=\frac{\pi D^3}{32}(1-\alpha^4)$ $W_t=\frac{\pi D^3}{16}(1-\alpha^4)$	$i_y=i_z=\frac{D}{4}\sqrt{1+\alpha^2}$
	$I_y=\frac{BH^3-bh^3}{12}$ $I_z=\frac{B^3H-b^3h}{12}$	$W_y=\frac{BH^3-bh^3}{6H}$ $W_z=\frac{B^3H-b^3h}{6B}$	$i_y=\sqrt{\frac{BH^3-bh^3}{12(BH-bh)}}$ $i_z=\sqrt{\frac{B^3H-b^3h}{12(BH-bh)}}$
	$I_y\approx\frac{\pi D^4}{64}-\frac{dD^3}{12}$ $I_z\approx\frac{\pi D^4}{64}-\frac{d^3D}{12}$	$W_y=\frac{\pi D^3}{32}-\frac{dD^2}{6}$ $W_z=\frac{\pi D^3}{32}-\frac{d^3}{6}$	$i_y=\frac{D}{4}\sqrt{\frac{3\pi D-16d}{3\pi D-12d}}$ $i_z=\frac{D}{4}\sqrt{\frac{3\pi D^3-16d^3}{3\pi D^3-12dD^2}}$
$\frac{4R}{3\pi}$, $2R$	$I_y=\left(\frac{\pi}{8}-\frac{8}{9\pi}\right)R^4$ $\approx 0.11R^4$ $I_z=\frac{\pi R^4}{8}$	$W_{y上}=0.191R^3$ $W_{y下}=0.259R^3$ $W_z=\frac{\pi R^3}{8}$	$i_y=0.264R$ $i_z=\frac{R}{2}$

I-3 惯性矩、惯性积的平行移轴公式

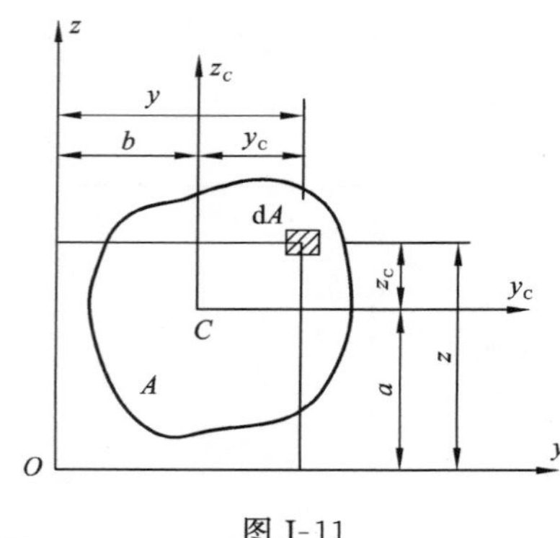

图 I-11

设任一截面图形如图 I-11 所示，对其形心轴 y_C，z_C 的惯性矩 I_{y_C}，I_{z_C} 已知。有另一对坐标轴 y，z 分别平行 y_C，z_C 轴。两平行轴之间的间距分别为 a，b。现讨论截面对这两对平行坐标轴的惯性矩之间的关系。

根据定义，截面对形心轴的惯性矩、惯性积分别为

$$I_{y_C}=\int_A z_C^2\mathrm{d}A,\quad I_{z_C}=\int_A y_C^2\mathrm{d}A,\quad I_{y_Cz_C}=\int_A y_Cz_C\mathrm{d}A \tag{1}$$

同样，截面对 y，z 轴的惯性矩、惯性积分别为

$$I_y = \int_A z^2 \mathrm{d}A, \quad I_z = \int_A y^2 \mathrm{d}A, \quad I_{yz} = \int_A yz \mathrm{d}A \tag{2}$$

由图Ⅰ-11可知，$z = z_C + a$，代入式(2)的第一式，得

$$I_y = \int_A z^2 \mathrm{d}A = \int_A (z_C + a)^2 \mathrm{d}A = \int_A z_C^2 \mathrm{d}A + 2a\int_A z_C \mathrm{d}A + a^2\int_A \mathrm{d}A \tag{3}$$

因为

$$\int_A z_C^2 \mathrm{d}A = I_{y_C}, \quad \int_A z_C \mathrm{d}A = S_{y_C} = 0, \quad \int_A \mathrm{d}A = A$$

则式(3)简化为

$$I_y = I_{y_C} + a^2 A \tag{I-11a}$$

同理有

$$I_z = I_{z_C} + b^2 A \tag{I-11b}$$

$$I_{yz} = I_{y_C z_C} + abA \tag{I-11c}$$

公式(Ⅰ-11)称为惯性矩、惯性积的平行移轴公式(paralled axis formula)。即截面图形对某轴的惯性矩，等于它对与该轴平行的形心轴的惯性矩，加上两轴间距离的平方乘以截面面积。截面图形对任一正交轴系的惯性积，等于它对与该轴系平行的形心轴系的惯性积，加上两坐标系轴间距的乘积再乘以截面面积。式(Ⅰ-11a)和式(Ⅰ-11b)恒为正，式(Ⅰ-11c)中a,b均为代数值，故I_{yz}可正、可负或为零。

组合截面图形的惯性矩和惯性积可用下面公式来计算

$$\left.\begin{aligned} I_y &= \sum_{i=1}^{n} I_{yi} = \sum_{i=1}^{n} [I_{y_{Ci}} + a_i^2 A_i] \\ I_z &= \sum_{i=1}^{n} I_{zi} = \sum_{i=1}^{n} [I_{z_{Ci}} + b_i^2 A_i] \\ I_{yz} &= \sum_{i=1}^{n} I_{yzi} = \sum_{i=1}^{n} [I_{y_{Ci} z_{Ci}} + a_i b_i A_i] \end{aligned}\right\} \tag{I-12}$$

式中：$I_{y_{Ci}}$，$I_{z_{Ci}}$，$I_{y_{Ci}z_{Ci}}$分别表示每个简单图形对自身形心轴的惯性矩、惯性积。a_i，b_i分别表示每个简单图形自身的形心轴到组合图形y，z轴的距离。A_i表示各简单图形的面积。

例Ⅰ.7 已知截面图形尺寸如图Ⅰ-12所示，试求图形对水平形心轴的惯性矩I_y。

解 1）将图形分成如图所示三个小矩形①、②和③的组合。

2）选参考轴在①的形心上。

3）由公式(Ⅰ-5)求形心

$$z_C = \frac{\sum_{i=1}^{3} A_i z_i}{\sum_{i=1}^{3} A_i}$$

$$= \frac{230 \times 50 \times 0 + 30 \times 225 \times \left(\frac{225}{2} + \frac{50}{2}\right) + 180 \times 50 \times (25 + 225 + 25)}{230 \times 50 + 30 \times 225 + 180 \times 50}$$

$$= 124.89\mathrm{mm}$$

因为z是对称轴，故

$$y_C = 0$$

(4) 由公式(I-12) 的第一式计算 I_y

$$I_y = \sum_{i=1}^{3}[I_{y_{Ci}} + a_i^2 A_i]$$
$$= \frac{230\times 50^3}{12} + 124.89^2\times 230\times 50 + \frac{30\times 225^3}{12} + 12.61^2\times 30\times 225$$
$$+ \frac{180\times 50^3}{12} + 150.11^2\times 180\times 50$$
$$= 4.16\times 10^8\ \text{mm}^4 = 4.16\times 10^{-4}\ \text{m}^4$$

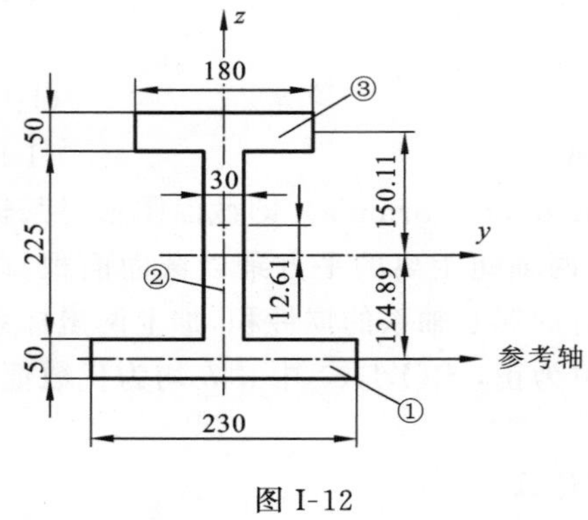

图 I-12

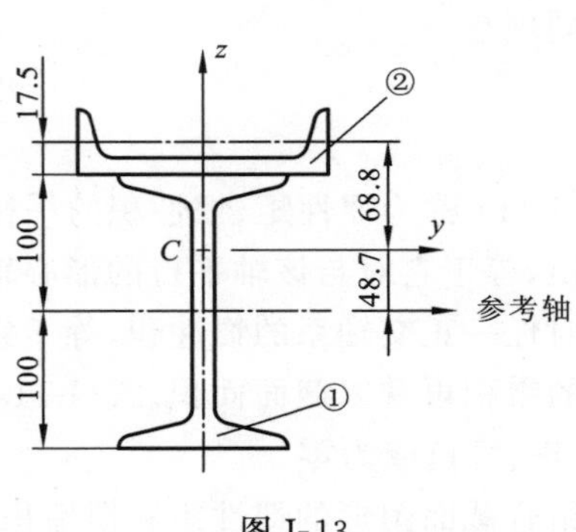

图 I-13

例 I.8 由 20a 号工字钢和 16 号槽钢组合而成的截面如图 I-13 所示。试求对其形心轴的惯性矩 I_y。

解 1）将图形分成如图所示 ①② 两部分组合。

2）选参考轴在 ① 的形心处。

3）由公式(I-5) 求形心。查型钢表，将计算用到的数据标明在图上或列出如下：

20a 号工字钢　　$A_1 = 35.578\times 10^2\ \text{mm}^2, I_{y_{C1}} = 2\,370\times 10^4\ \text{mm}^4$

16 号槽钢　　$A_2 = 25.162\times 10^2\ \text{mm}^2, I_{y_{C2}} = 83.4\times 10^4\ \text{mm}^4$

$$z_C = \frac{\sum_{i=1}^{2}A_i z_i}{\sum_{i=1}^{2}A_i} = \frac{35.578\times 10^2\times 0 + 25.162\times 10^2\times(100+17.5)}{(35.578+25.162)\times 10^2} = 48.68\ \text{mm}$$

$$y_C = 0$$

4）由公式(I-12) 求 I_y

$$I_y = \sum_{i=1}^{2}[I_{y_{Ci}} + a_i^2 A_i]$$
$$= 2\,370\times 10^4 + 48.68^2\times 35.578\times 10^2 + 83.4\times 10^4$$
$$+ (100+17.5-48.68)^2\times 25.162\times 10^2 = 44.88\times 10^6\ \text{mm}^4$$

I-4　惯性矩、惯性积的转轴公式

设任一截面图形如图 I-14 所示，对坐标轴 y,z 轴的惯性矩、惯性积分别为 I_y, I_z, I_{yz}，截面面积为A。若将坐标轴y,z绕其原点O旋转一角度α(α以逆时针转为正,顺时针转为负,图I-14所示的α为正),得到新的坐标轴y_1,z_1。此时,图形对y_1,z_1轴的惯性矩与惯性积分别为I_{y_1},I_{z_1},$I_{y_1z_1}$。现研究I_y,I_z,I_{yz}与I_{y_1},I_{z_1},$I_{y_1z_1}$之间的关系。

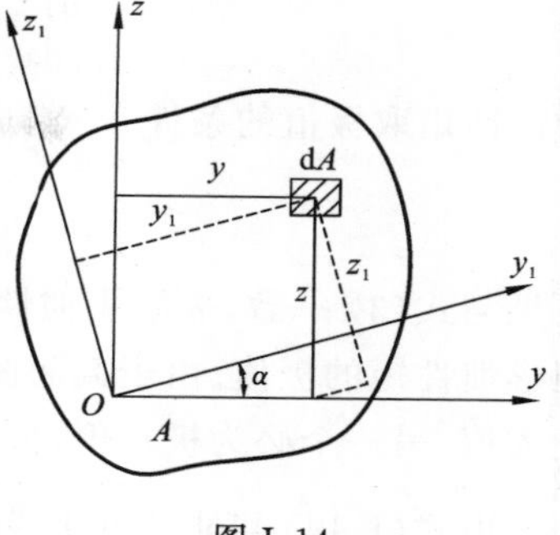

图I-14

在图中任取一微面积$\mathrm{d}A$,它在yOz坐标系的坐标为(y,z),在y_1Oz_1坐标系的坐标为(y_1,z_1)。有几何关系

$$\left.\begin{aligned} y_1 &= y\cos\alpha + z\sin\alpha \\ z_1 &= z\cos\alpha - y\sin\alpha \end{aligned}\right\} \tag{1}$$

按定义

$$\left.\begin{aligned} I_{y_1} &= \int_A z_1^2 \mathrm{d}A \\ I_{z_1} &= \int_A y_1^2 \mathrm{d}A \\ I_{y_1z_1} &= \int_A y_1 z_1 \mathrm{d}A \end{aligned}\right\} \tag{2}$$

将式(1)分别代入式(2),并利用三角函数关系

$$\cos^2\alpha = \frac{1}{2}(1+\cos 2\alpha), \quad \sin^2\alpha = \frac{1}{2}(1-\cos 2\alpha)$$

整理,得

$$\left.\begin{aligned} I_{y_1} &= \frac{I_y + I_z}{2} + \frac{I_y - I_z}{2}\cos 2\alpha - I_{yz}\sin 2\alpha \\ I_{z_1} &= \frac{I_y + I_z}{2} - \frac{I_y - I_z}{2}\cos 2\alpha + I_{yz}\sin 2\alpha \\ I_{y_1z_1} &= \frac{I_y - I_z}{2}\sin 2\alpha + I_{yz}\cos 2\alpha \end{aligned}\right\} \tag{I-13}$$

式(I-13)即为惯性矩和惯性积的转轴公式(rotation axis formula)。它反映了惯性矩、惯性积随α而改变的规律。将式(I-13)的前两式相加,可得

$$I_{y_1} + I_{z_1} = I_y + I_z$$

表明截面图形对正交轴系的惯性矩之和为一常数。

由式(I-13)可见,$I_{y_1z_1}$随α变化。当$I_{y_1z_1}=0$时,相应的坐标轴即为截面图形的主惯性轴,用y_0,z_0表示,则

$$I_{y_0z_0} = \frac{I_y - I_z}{2}\sin 2\alpha_0 + I_{yz}\cos 2\alpha_0 = 0 \tag{3}$$

即

$$\tan 2\alpha_0 = -\frac{2I_{yz}}{I_y - I_z} \tag{I-14}$$

由此求得主惯性轴y_0,z_0的方位角,代入公式(I-13)中可以求得相应的主惯性矩

$$\left.\begin{aligned} I_{y_0} &= \frac{I_y + I_z}{2} + \frac{1}{2}\sqrt{(I_y - I_z)^2 + 4I_{yz}^2} \\ I_{z_0} &= \frac{I_y + I_z}{2} - \frac{1}{2}\sqrt{(I_y - I_z)^2 + 4I_{yz}^2} \end{aligned}\right\} \tag{I-15}$$

若将公式(I-13)的第一式或第二式对α求一阶导数且令其为零,如

$$\frac{dI_{y1}}{d\alpha}=-2\left(\frac{I_y-I_z}{2}\sin2\alpha+I_{yz}\cos2\alpha\right)=0$$

得惯性矩取极值的条件

$$\frac{I_y-I_z}{2}\sin2\alpha+I_{yz}\cos2\alpha=0$$

可见与式(3)一致，表明主惯性轴的方位角使惯性矩取到极值，因此求得的主惯性矩就是截面图形惯性矩的极值。由于截面图形对正交轴系的惯性矩之和为常数，因此其中一个为主惯性矩极大值，另一个必为极小值，公式(I-15)表述为 I_{y_0} 为极大值，I_{z_0} 为极小值。

由式(I-14)可求出相差 $\frac{\pi}{2}$ 的两个角度，即 α_0 和 $\alpha_0+\frac{\pi}{2}$。为进一步确定两个角度与主惯性轴 y_0，z_0 的对应关系，将公式(I-13)的第一式对 α 再求一阶导数，即

$$\frac{d^2I_{y1}}{d\alpha^2}=-4\left(\frac{I_y-I_z}{2}\cos2\alpha-I_{yz}\sin2\alpha\right)=-2\cos2\alpha\left[(I_y-I_z)+\frac{4I_{yz}^2}{I_y-I_z}\right]$$

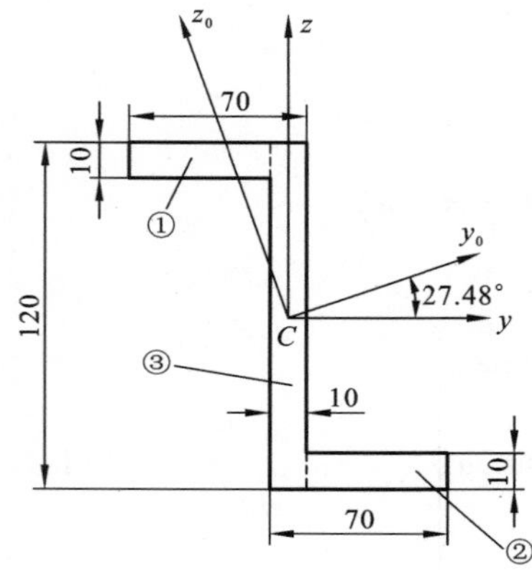

图 I-15

可见，当 α_0 和 $\alpha_0+\frac{\pi}{2}$ 中一者使 $\frac{d^2I_y}{d\alpha^2}<0$，即 $\cos2\alpha$ 与 (I_y-I_z) 的正负同号，则惯性矩取到极大值，此方位角对应的轴为 y_0 主惯性轴，另一角度对应的是 z_0 主惯性轴。相应的主惯性矩由公式(I-15)计算得到。

例 I.9 已知截面图形尺寸如图 I-15 所示。试求其形心主惯性矩 I_{y_0}，I_{z_0}。

解 1）确定形心位置。由于截面是反对称的，所以形心在其反对称中心 C 点。以 C 点为原点，取坐标轴 y，z 如图所示。

2）将截面分成三个小矩形 ①② 和 ③ 的组合。

3）由式(I-12)计算惯性矩、惯性积 I_y，I_z，I_{yz} 为

$$I_y=\sum_{i=1}^{3}[I_{y_{Ci}}+a_i^2A_i]=\left[\frac{60\times10^3}{12}+55^2\times60\times10\right]\times2+\frac{10\times120^3}{12}$$
$$=5.08\times10^6\ \text{mm}^4$$

$$I_z=\sum_{i=1}^{3}[I_{z_{Ci}}+b_i^2A_i]=\left[\frac{10\times60^3}{12}+35^2\times60\times10\right]\times2+\frac{120\times10^3}{12}$$
$$=1.84\times10^6\ \text{mm}^4$$

$$I_{yz}=\sum_{i=1}^{3}[I_{y_{Ci}z_{Ci}}+a_ib_iA_i]=(-35)\times55\times60\times10+35\times(-55)\times60\times10$$
$$=-2.31\times10^6\ \text{mm}^4$$

4）由式(I-14)确定形心主惯性轴的方位

$$\tan2\alpha_0=-\frac{2I_{yz}}{I_y-I_z}=-\frac{2\times(-2.31)\times10^6}{(5.08-1.84)\times10^6}=1.426$$

$$\alpha_0=27.48°,\quad \alpha_0+\frac{\pi}{2}=117.48°$$

由于 $I_y>I_z$，所以令 $\cos2\alpha>0$ 的角度 $\alpha_0=27.48°$ 使惯性矩取到极大值，此方位角对应的轴为

y_0 形心主惯性轴，$\alpha_0+\dfrac{\pi}{2}=117.48°$ 对应的则是 z_0 形心主惯性轴。

5) 由公式(Ⅰ-15) 计算形心主惯性矩

$$I_{y_0}=\frac{I_y+I_z}{2}+\frac{1}{2}\sqrt{(I_y-I_z)^2+4I_{yz}^2}$$

$$=\frac{1}{2}(5.08+1.84)\times10^6+\frac{1}{2}[(5.08-1.84)^2+4\times(-2.31)^2]^{\frac{1}{2}}\times10^6$$

$$=3.46\times10^6+2.82\times10^6=6.28\times10^6\ \text{mm}^4=I_{\max}$$

$$I_{z_0}=\frac{I_y+I_z}{2}-\frac{1}{2}\sqrt{(I_y-I_z)^2+4I_{yz}^2}=(3.46-2.82)\times10^6=0.64\times10^6\ \text{mm}^4=I_{\min}$$

习 题

Ⅰ-1 试求题图Ⅰ-1所示各图形对 y 轴的静矩，并求图形的形心坐标值 z_C。

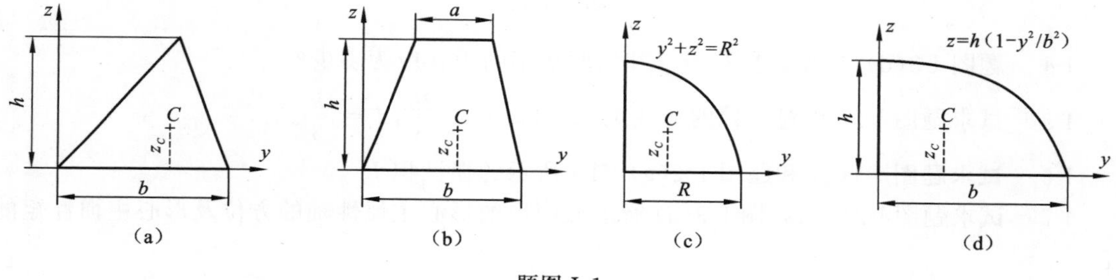

题图Ⅰ-1

Ⅰ-2 确定题图Ⅰ-2所示各截面图形对水平形心轴 y 的惯性矩 I_y。

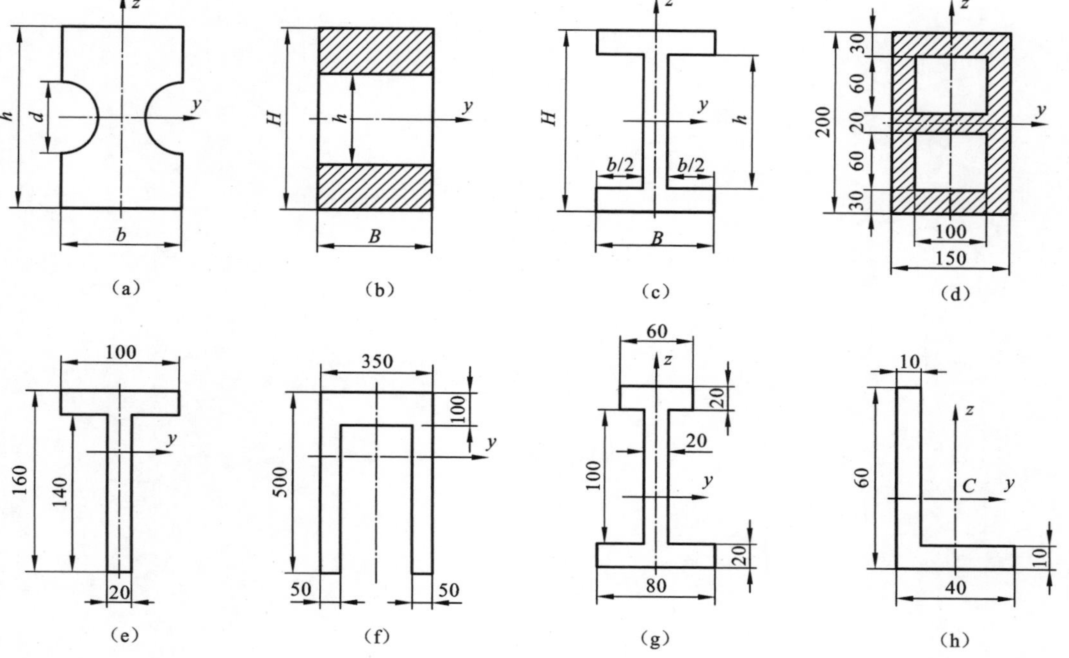

题图Ⅰ-2

I-3　试从型钢表中查出或计算出题图 I-3 所示各型钢的形心位置，截面面积和对形心轴的惯性矩。图(d) 中两槽钢间距为 $a = 180$ mm。

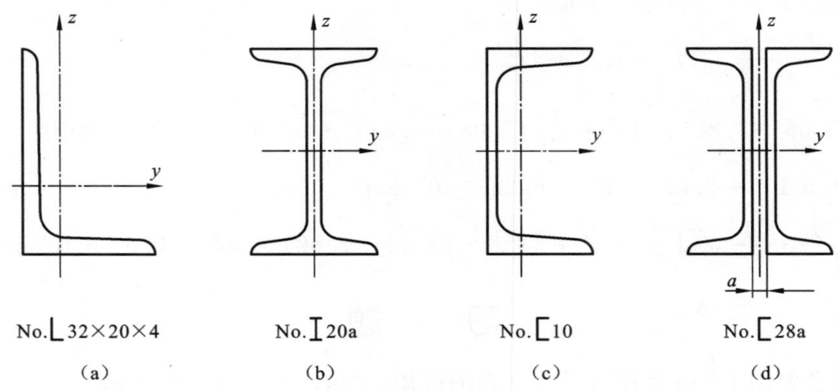

题图 I-3

I-4　题图 I-3(d) 中当要求 $I_y = I_z$ 时，两槽钢间距 a 应为多少？

I-5　试求题图 I-2(a) 对 z 轴的惯性矩 I_z。且设 $b = \dfrac{2h}{3}, d = \dfrac{h}{3}$。

I-6　试求题图 I-1(c) 和题图 I-2(g)、(h) 所示的惯性积 I_{yz}。

I-7　试求题图 I-2(h)、题图 I-3(a) 所示截面形的形心主惯性轴的方位及形心主惯性矩的值。

附录II 型 钢 表

表 II-1 热轧等边角钢(GB/T 706—2008)

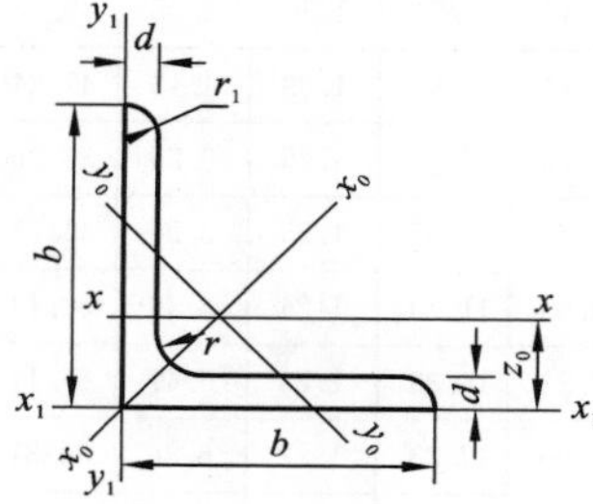

符号意义：

b—— 边宽； d—— 边厚；

I—— 惯性矩； r—— 内圆弧半径；

i—— 惯性半径； r_1—— 边端内圆弧半径；

W—— 弯曲截面系数； z_0—— 重心距离。

角钢号数	尺寸/mm			截面面积/cm^2	理论重量/(kg/m)	外表面积/(m^2/m)	参考数值										z_0/cm
							$x-x$			x_0-x_0			y_0-y_0			x_1-x_1	
	b	d	r				I_x/cm^4	i_x/cm	W_x/cm^3	I_{x_0}/cm^4	i_{x_0}/cm	W_{x_0}/cm^3	I_{y_0}/cm^4	i_{y_0}/cm	W_{y_0}/cm^3	I_{x_1}/cm^4	
2	20	3	3.5	1.132	0.889	0.078	0.40	0.59	0.29	0.63	0.75	0.45	0.17	0.39	0.20	0.81	0.60
		4		1.459	1.145	0.077	0.50	0.58	0.36	0.78	0.73	0.55	0.22	0.38	0.24	1.09	0.64
2.5	25	3		1.432	1.124	0.098	0.82	0.76	0.46	1.29	0.95	0.73	0.34	0.49	0.33	1.57	0.73
		4		1.859	1.459	0.097	1.03	0.74	0.59	1.62	0.93	0.92	0.43	0.48	0.40	2.11	0.76
3.0	30	3	4.5	1.749	1.373	0.117	1.46	0.91	0.68	2.31	1.15	1.09	0.61	0.59	0.51	2.71	0.85
		4		2.276	1.786	0.117	1.84	0.90	0.87	2.92	1.13	1.37	0.77	0.58	0.62	3.63	0.89
3.6	36	3		2.109	1.656	0.141	2.58	1.11	0.99	4.09	1.39	1.61	1.07	0.71	0.76	4.68	1.00
		4		2.756	2.163	0.141	3.29	1.09	1.28	5.22	1.38	2.05	1.37	0.70	0.93	6.25	1.04
		5		3.382	2.654	0.141	3.95	1.08	1.56	6.24	1.36	2.45	1.65	0.70	1.00	7.84	1.07
4.0	40	3	5	2.359	1.852	0.157	3.59	1.23	1.23	5.69	1.55	2.01	1.49	0.79	0.96	6.41	1.09
		4		3.086	2.422	0.157	4.60	1.22	1.60	7.29	1.54	2.58	1.91	0.79	1.19	8.56	1.13
		5		3.791	2.976	0.156	5.53	1.21	1.96	8.76	1.52	3.10	2.30	0.78	1.39	10.74	1.17
4.5	45	3		2.659	2.088	0.177	5.17	1.40	1.58	8.20	1.76	2.58	2.14	0.89	1.24	9.12	1.22
		4		3.486	2.736	0.177	6.65	1.38	2.05	10.56	1.74	3.32	2.75	0.89	1.54	12.18	1.26
		5		4.292	3.369	0.176	8.04	1.37	2.51	12.74	1.72	4.00	3.33	0.88	1.81	15.20	1.30
		6		5.076	3.985	0.176	9.33	1.36	2.95	14.76	1.70	4.64	3.89	0.80	2.06	18.36	1.33
5	50	3	5.5	2.971	2.332	0.197	7.18	1.55	1.96	11.37	1.96	3.22	2.98	1.00	1.57	12.50	1.34
		4		3.897	3.059	0.197	9.26	1.54	2.56	14.70	1.94	4.16	3.82	0.99	1.96	16.69	1.38
		5		4.803	3.770	0.196	11.21	1.53	3.13	17.79	1.92	5.03	4.64	0.98	2.31	20.90	1.42
		6		5.688	4.465	0.196	13.05	1.52	3.68	20.68	1.91	5.85	5.42	0.98	2.63	25.14	1.46

续表

角钢号数	尺寸/mm			截面面积/cm²	理论重量/(kg/m)	外表面积/(m²/m)	参考数值										z_0/cm
							$x-x$			x_0-x_0			y_0-y_0			x_1-x_1	
	b	d	r				I_x/cm⁴	i_x/cm	W_x/cm³	I_{x_0}/cm⁴	i_{x_0}/cm	W_{x_0}/cm³	I_{y_0}/cm⁴	i_{y_0}/cm	W_{y_0}/cm³	I_{x_1}/cm⁴	
5.6	56	3	6	3.343	2.624	0.221	10.19	1.75	2.48	16.14	2.20	4.08	4.24	1.13	2.02	17.56	1.48
		4		4.390	3.446	0.220	13.18	1.73	3.24	20.92	2.18	5.28	5.46	1.11	2.52	23.43	1.53
		5		5.415	4.251	0.220	16.02	1.72	3.97	25.42	2.17	6.42	6.61	1.10	2.98	29.33	1.57
		8		8.367	6.568	0.219	23.63	1.68	6.03	37.37	2.11	9.44	9.89	1.09	4.16	47.24	1.68
6.3	63	4	7	4.978	3.907	0.248	19.03	1.96	4.13	30.17	2.46	6.78	7.89	1.26	3.29	33.35	1.70
		5		6.143	4.822	0.248	23.17	1.94	5.08	36.77	2.45	8.25	9.57	1.25	3.90	41.73	1.74
		6		7.288	5.721	0.247	27.12	1.93	6.00	43.03	2.43	9.66	11.20	1.24	4.46	50.14	1.78
		8		9.515	7.469	0.247	34.46	1.90	7.75	54.56	2.40	12.25	14.33	1.23	5.47	67.11	1.85
		10		11.657	9.151	0.246	41.09	1.88	9.39	64.85	2.36	14.56	17.33	1.22	6.36	84.31	1.93
7	70	4	8	5.570	4.372	0.275	26.39	2.18	5.14	41.80	2.74	8.44	10.99	1.40	4.17	45.74	1.86
		5		6.875	5.397	0.275	32.21	2.16	6.32	51.08	2.73	10.32	13.34	1.39	4.95	57.21	1.91
		6		8.160	6.406	0.275	37.77	2.15	7.48	59.93	2.71	12.11	15.61	1.38	5.67	68.73	1.95
		7		9.424	7.398	0.275	43.09	2.14	8.59	68.35	2.69	13.81	17.82	1.38	6.34	80.29	1.99
		8		10.667	8.373	0.274	48.17	2.12	9.68	76.37	2.68	15.43	19.98	1.37	6.98	91.92	2.03
7.5	75	5	9	7.412	5.818	0.295	39.97	2.33	7.32	63.30	2.92	11.94	16.63	1.50	5.77	70.56	2.04
		6		8.797	6.905	0.294	46.95	2.31	8.64	74.38	2.90	14.02	19.51	1.49	6.67	84.55	2.07
		7		10.160	7.976	0.294	53.57	2.30	9.93	84.96	2.89	16.02	22.18	1.48	7.44	98.71	2.11
		8		11.503	9.030	0.294	59.96	2.28	11.20	95.07	2.88	17.93	24.86	1.47	8.19	112.97	2.15
		10		14.126	11.089	0.293	71.98	2.26	13.64	113.92	2.84	21.48	30.05	1.46	9.56	114.71	2.22
8	80	5		7.912	6.211	0.315	48.79	2.48	8.34	77.33	3.13	13.67	20.25	1.60	6.66	85.36	2.15
		6		9.397	7.376	0.314	57.35	2.47	9.87	90.98	3.11	16.08	23.72	1.59	7.65	102.50	2.19
		7		10.860	8.525	0.314	65.58	2.46	11.37	104.07	3.10	18.40	27.09	1.58	8.58	119.70	2.23
		8		12.303	9.658	0.314	73.49	2.44	12.83	116.60	3.08	20.61	30.39	1.57	9.46	136.97	2.27
		10		15.126	11.874	0.313	88.43	2.42	15.64	140.09	3.04	24.76	36.77	1.56	11.08	171.74	2.35
9	90	6	10	10.637	8.350	0.354	82.77	2.79	12.61	131.26	3.51	20.63	34.28	1.80	9.95	145.87	2.44
		7		12.301	9.656	0.354	94.83	2.78	14.54	150.47	3.50	23.64	39.18	1.78	11.19	170.30	2.48
		8		13.944	10.946	0.353	106.47	2.76	16.42	168.97	3.48	26.55	43.97	1.78	12.35	194.80	2.52
		10		17.167	13.476	0.353	128.58	2.74	20.07	203.90	3.45	32.04	53.26	1.76	14.52	244.07	2.59
		12		20.306	15.940	0.352	149.22	2.71.	23.57	236.21.	3.41	37.12	62.22	1.75	16.49	293.76	2.67
10	100	6	12	11.932	9.366	0.393	114.95	3.10	15.68	181.98	3.90	25.74	47.92	2.00	12.69	200.07	2.67
		7		13.796	10.830	0.393	131.86	3.09	18.10	208.97	3.89	29.55	54.74	1.99	14.26	233.54	2.71
		8		15.638	12.276	0.393	148.24	3.08	20.47	235.07	3.88	33.24	61.41	1.98	15.75	267.09	2.76
		10		19.261	15.120	0.392	179.51	3.05	25.06	284.68	3.84	40.26	74.35	1.96	18.54	334.48	2.84
		12		22.800	17.898	0.391	208.90	3.03	29.48	330.95	3.81	46.80	86.84	1.95	21.08	402.34	2.91
		14		26.256	20.611	0.391	236.53	3.00	33.73	374.06	3.77	52.90	99.00	1.94	23.44	470.75	2.99
		16		29.627	23.257	0.390	262.53	2.98	37.82	414.16	3.74	58.57	110.89	1.94	25.63	539.80	3.06

续表

角钢号数	尺寸/mm			截面面积 $/\mathrm{cm}^2$	理论重量 /(kg/m)	外表面积 $/(\mathrm{m}^2/\mathrm{m})$	参考数值										z_0 /cm
							$x-x$			x_0-x_0			y_0-y_0			x_1-x_1	
	b	d	r				I_x $/\mathrm{cm}^4$	i_x /cm	W_x $/\mathrm{cm}^3$	I_{x_0} $/\mathrm{cm}^4$	i_{x_0} /cm	W_{x_0} $/\mathrm{cm}^3$	I_{y_0} $/\mathrm{cm}^4$	i_{y_0} /cm	W_{y_0} $/\mathrm{cm}^3$	I_{x_1} $/\mathrm{cm}^4$	
11	110	7	12	15.196	11.928	0.433	177.16	3.41	22.05	280.94	4.30	36.12	73.38	2.20	17.51	310.64	2.96
		8		17.238	13.532	0.433	199.46	3.40	24.95	316.49	4.28	40.69	82.42	2.19	19.39	355.20	3.01
		10		21.261	16.690	0.432	242.19	3.39	30.60	384.39	4.25	49.42	99.98	2.17	22.91	444.65	3.09
		12		25.200	19.782	0.431	282.55	3.35	36.05	448.17	4.22	57.62	116.93	2.15	26.15	534.60	3.16
		14		29.056	22.809	0.431	320.71	3.32	41.31	508.01	4.18	65.31	133.40	2.14	29.14	625.16	3.24
12.5	125	8	14	19.750	15.504	0.492	297.03	3.88	32.52	470.89	4.88	53.28	123.16	2.50	25.86	521.01	3.37
		10		24.373	19.133	0.491	361.67	3.85	39.97	573.89	4.85	64.93	149.46	2.48	30.62	651.93	3.45
		12		28.912	22.696	0.491	423.16	3.83	41.17	671.44	4.82	75.96	174.88	2.46	35.03	783.42	3.53
		14		33.367	26.193	0.490	481.65	3.80	54.16	763.73	4.78	86.41	199.57	2.45	39.13	915.61	3.61
14	140	10		27.373	21.488	0.551	514.65	4.34	50.58	817.27	5.46	82.56	212.04	2.78	39.20	915.11	3.82
		12		32.512	25.522	0.551	603.68	4.31	59.80	958.79	5.43	96.85	248.57	2.76	45.02	1099.28	3.90
		14		37.567	29.490	0.550	688.81	4.28	68.75	1093.56	5.40	110.47	284.06	2.75	50.45	1284.22	3.98
		16		42.539	33.393	0.549	770.24	4.26	77.46	1221.81	5.36	123.42	318.67	2.74	55.55	1470.07	4.06
16	160	10	16	31.502	24.729	0.630	779.53	4.98	66.70	1237.30	6.27	109.36	321.76	3.20	52.76	1365.33	4.31
		12		37.441	29.391	0.630	916.58	4.95	78.98	1455.68	6.24	128.67	377.49	3.18	60.74	1639.57	4.39
		14		43.296	33.987	0.629	1048.36	4.92	90.95	1665.02	6.20	147.17	431.70	3.16	68.24	1914.68	4.47
		16		49.067	38.518	0.629	1175.08	4.89	102.63	1865.57	6.17	164.89	484.59	3.14	75.31	2190.82	4.55
18	180	12		42.241	33.159	0.740	1321.35	5.59	100.82	2100.10	7.05	165.00	542.61	3.58	78.41	2332.80	4.89
		14		48.896	38.383	0.710	1514.48	5.56	116.25	2407.42	7.02	189.14	621.53	3.56	88.38	2723.48	4.97
		16		55.467	43.542	0.709	1700.99	5.54	131.13	2703.37	6.98	212.40	698.60	3.55	97.83	3115.29	5.05
		18		61.955	48.634	0.708	1875.12	5.50	145.64	2988.24	6.94	234.78	762.1	3.51	105.14	3502.43	5.13
20	200	14	18	54.642	42.894	0.788	2103.55	6.20	144.70	3343.26	7.82	236.40	863.83	3.98	111.82	3734.10	5.46
		16		62.013	48.680	0.788	2366.15	6.18	163.65	3760.89	7.79	265.93	971.41	3.96	123.96	4270.39	5.54
		18		69.301	54.401	0.787	2620.64	6.15	182.22	4164.54	7.75	294.48	1076.74	3.94	135.52	4808.13	5.62
		20		76.505	60.056	0.787	2867.30	6.12	200.42	4554.55	7.72	322.06	1180.04	3.93	146.55	5347.51	5.69
		24		90.661	71.168	0.785	3338.25	6.07	236.17	5294.97	7.64	374.41	1381.53	3.90	166.65	6457.16	5.87

注：截面图中的 $r_1=1/3d$ 及表中 r 值的数据用于孔型设计，不做交货条件。

表 II-2　热轧不等边角钢(GB/T 706—2008)

符号意义：

B——长边宽度；　b——短边宽度；

d——边厚；　r——内圆弧半径；

r_1——边端内圆弧半径；　I——惯性矩；

i——惯性半径；　W——弯曲截面系数；

x_0——重心距离；　y_0——重心距离。

角钢号数	尺寸/mm				截面面积/cm²	理论重量/(kg/m)	外表面积/(m²/m)	参考数值													
								$x-x$			$y-y$			x_1-x_1		y_1-y_1		$u-u$			
	B	b	d	r				I_x/cm⁴	i_x/cm	W_x/cm³	I_y/cm⁴	i_y/cm	W_y/cm³	I_{x_1}/cm⁴	y_0/cm	I_{y_1}/cm⁴	x_0/cm	I_u/cm⁴	i_u/cm	W_u/cm³	tanα
2.5/1.6	25	16	3	3.5	1.162	0.912	0.080	0.70	0.78	0.43	0.22	0.44	0.19	1.56	0.86	0.43	0.42	0.14	0.34	0.16	0.392
			4		1.499	1.176	0.079	0.88	0.77	0.55	0.27	0.43	0.24	2.09	0.90	0.59	0.46	0.17	0.34	0.20	0.381
3.2/2	32	20	3		1.492	1.171	0.102	1.53	1.01	0.72	0.46	0.55	0.30	3.27	1.08	0.82	0.49	0.28	0.43	0.25	0.382
			4		1.939	1.522	0.101	1.93	1.00	0.93	0.57	0.54	0.39	4.37	1.12	1.12	0.53	0.35	0.42	0.32	0.374
4/2.5	40	25	3	4	1.890	1.484	0.127	3.08	1.28	1.15	0.93	0.70	0.49	6.39	1.32	1.59	0.59	0.56	0.54	0.40	0.385
			4		2.467	1.936	0.127	3.93	1.26	1.49	1.18	0.69	0.63	8.53	1.37	2.14	0.63	0.71	0.54	0.52	0.381
4.5/2.8	45	28	3	5	2.149	1.687	0.143	4.45	1.44	1.47	1.34	0.79	0.62	9.10	1.47	2.23	0.64	0.80	0.61	0.51	0.383
			4		2.806	2.203	0.143	5.69	1.42	1.91	1.70	0.78	0.80	12.13	1.51	3.00	0.68	1.02	0.60	0.66	0.380
5/3.2	50	32	3	5.5	2.431	1.908	0.161	6.24	1.60	1.84	2.02	0.91	0.82	12.49	1.60	3.31	0.73	1.20	0.70	0.68	0.404
			4		3.177	2.494	0.160	8.02	1.59	2.39	2.58	0.90	1.06	16.65	1.65	4.45	0.77	1.53	0.69	0.87	0.402

续表

角钢号数	尺寸/mm				截面面积/cm²	理论重量/(kg/m)	外表面积/(m²/m)	参考数值													
								$x-x$			$y-y$			x_1-x_1		y_1-y_1		$u-u$			
	B	b	d	r				I_x /cm⁴	i_x /cm	W_x /cm³	I_y /cm⁴	i_y /cm	W_y /cm³	I_{x_1} /cm⁴	y_0 /cm	I_{y_1} /cm⁴	x_0 /cm	I_u /cm⁴	i_u /cm	W_u /cm³	$\tan\alpha$
5.6/3.6	56	36	3	6	2.743	2.153	0.181	8.88	1.80	2.32	2.92	1.03	1.05	17.54	1.78	4.70	0.80	1.73	0.79	0.87	0.408
			4		3.590	2.818	0.180	11.45	1.79	3.03	3.76	1.02	1.37	23.39	1.82	6.33	0.85	2.23	0.79	1.13	0.408
			5		4.415	3.466	0.180	13.86	1.77	3.71	4.49	1.01	1.65	29.25	1.87	7.94	0.88	2.67	0.79	1.36	0.404
6.3/4	63	40	4	7	4.058	3.185	0.202	16.49	2.02	3.87	5.23	1.14	1.70	33.30	2.04	8.63	0.92	3.12	0.88	1.40	0.398
			5		4.993	3.920	0.202	20.02	2.00	4.74	6.31	1.12	2.71	41.63	2.08	10.86	0.95	3.76	0.87	1.71	0.396
			6		5.908	4.638	0.201	23.36	1.96	5.59	7.29	1.11	2.43	49.98	2.12	13.12	0.99	4.34	0.86	1.99	0.393
			7		6.802	5.339	0.201	26.53	1.98	6.40	8.24	1.10	2.78	58.07	2.15	15.47	1.03	4.97	0.86	2.29	0.389
7/4.5	70	45	4	7.5	4.547	3.570	0.226	23.17	2.26	4.86	7.55	1.29	2.17	45.92	2.24	12.26	1.02	4.40	0.98	1.77	0.410
			5		5.609	4.403	0.225	27.95	2.23	5.92	9.13	1.28	2.65	57.10	2.28	15.39	1.06	5.40	0.98	2.19	0.407
			6		6.647	5.218	0.225	32.54	2.21	6.95	10.62	1.26	3.12	68.35	2.32	18.58	1.09	6.35	0.93	2.59	0.404
			7		7.657	6.011	0.225	37.22	2.20	8.03	12.01	1.25	3.57	79.99	2.36	21.84	1.13	7.16	0.97	2.94	0.402
(7.5/5)	75	50	5	8	6.125	4.808	0.245	34.86	2.39	6.83	12.61	1.44	3.30	70.00	2.40	21.04	1.17	7.41	1.10	2.74	0.435
			6		7.260	5.699	0.245	41.12	2.38	8.12	14.70	1.42	3.88	84.30	2.44	25.37	1.21	8.54	1.08	3.19	0.435
			8		9.467	7.431	0.244	52.39	2.35	10.52	18.53	1.40	4.99	112.50	2.52	34.23	1.29	10.87	1.07	4.10	0.429
			10		11.590	9.098	0.244	62.71	2.33	12.79	21.96	1.38	6.04	140.80	2.60	43.43	1.36	13.10	1.06	4.99	0.423
8/5	80	50	5	8	6.375	5.005	0.255	41.96	2.56	7.78	12.82	1.42	3.32	85.21	2.60	21.06	1.14	7.66	1.10	2.74	0.388
			6		7.560	5.935	0.255	49.49	2.56	9.25	14.95	1.41	3.91	102.53	2.65	25.41	1.18	8.85	1.08	3.20	0.387
			7		8.724	6.848	0.255	56.16	2.54	10.58	16.96	1.39	4.48	119.33	2.69	29.82	1.21	10.18	1.08	3.70	0.384
			8		9.867	7.745	0.254	62.83	2.52	11.92	18.85	1.38	5.03	136.41	2.73	34.32	1.25	11.38	1.07	4.16	0.381

续表

角钢号数	尺寸/mm				截面面积/cm^2	理论重量/(kg/m)	外表面积/(m^2/m)	参考数值													
								$x-x$			$y-y$			x_1-x_1		y_1-y_1		$u-u$			
	B	b	d	r				I_x/cm^4	i_x/cm	W_x/cm^3	I_y/cm^4	i_y/cm	W_y/cm^3	I_{x_1}/cm^4	y_0/cm	I_{y_1}/cm^4	x_0/cm	I_u/cm^4	i_u/cm	W_u/cm^3	$\tan\alpha$
9/5.6	90	56	5	9	7.212	5.661	0.287	60.45	2.90	9.92	18.32	1.59	4.21	121.32	2.91	29.53	1.25	10.98	1.23	3.49	0.385
			6		8.557	6.717	0.286	71.03	2.88	11.74	21.42	1.58	4.96	145.59	2.95	35.58	1.29	12.90	1.23	4.18	0.384
			7		9.880	7.756	0.286	81.01	2.86	13.49	24.36	1.57	5.70	169.66	3.00	41.71	1.33	14.67	1.22	4.72	0.382
			8		11.183	8.779	0.286	91.03	2.85	15.27	27.15	1.56	6.41	194.17	3.04	47.93	1.36	16.34	1.21	5.29	0.380
10/6.3	100	63	6	10	9.617	7.550	0.320	99.06	3.21	14.64	30.94	1.79	6.35	199.71	3.24	50.50	1.43	18.42	1.38	5.25	0.394
			7		11.111	8.722	0.320	113.45	3.20	16.88	35.26	1.78	7.29	233.00	3.28	59.14	1.47	21.00	1.38	6.02	0.394
			8		12.584	9.878	0.319	127.37	3.18	19.08	39.39	1.77	8.21	266.32	3.32	67.88	1.50	23.50	1.37	6.78	0.391
			10		15.467	12.142	0.319	153.81	3.15	23.32	47.12	1.74	9.98	333.06	3.40	85.73	1.58	28.33	1.35	8.24	0.387
10/8	100	80	6	10	10.637	8.350	0.354	107.04	3.17	15.19	61.24	2.40	10.16	199.83	2.95	102.68	1.97	31.65	1.72	8.37	0.627
			7		12.301	9.656	0.354	122.73	3.16	17.52	70.08	2.39	11.71	233.20	3.00	119.98	2.01	36.17	1.72	9.60	0.626
			8		13.944	10.946	0.353	137.92	3.14	19.81	78.58	2.37	13.21	266.61	3.04	137.37	2.05	40.58	1.71	10.80	0.625
			10		17.167	13.476	0.353	166.87	3.12	24.24	94.65	2.35	16.12	333.63	3.12	172.48	2.13	49.10	1.69	13.12	0.622
11/7	110	70	6		10.637	8.350	0.354	133.37	3.54	17.85	42.92	2.01	7.90	265.78	3.53	69.08	1.57	25.36	1.54	6.53	0.403
			7		12.301	9.656	0..354	153.00	3.53	20.60	49.01	2.00	9.09	310.07	3.57	80.82	1.61	28.95	1.53	7.50	0.402
			8		13.944	10.946	0.353	172.04	3.51	23.30	54.87	1.98	10.25	354.39	3.62	92.70	1.65	32.45	1.53	8.45	0.401
			10		17.167	13.476	0.353	208.39	3.48	28.54	65.88	1.96	12.48	443.13	3.70	116.83	1.72	39.20	1.51	10.29	0.397
12.5/8	125	80	7	11	14.096	11.066	0.403	227.98	4.02	26.86	74.42	2.30	12.01	454.99	4.01	120.32	1.80	43.81	1.76	9.92	0.408
			8		15.989	12.551	0.403	256.77	4.01	30.41	83.49	2.28	13.56	519.99	4.06	137.85	1.84	49.15	1.75	11.18	0.407
			10		19.712	15.474	0.402	312.04	3.98	37.33	100.67	2.26	16.56	650.09	4.14	173.40	1.92	59.45	1.74	13.64	0.404
			12		23.351	18.330	0.402	364.41	3.95	44.01	116.67	2.24	19.43	780.39	4.22	209.67	2.00	69.35	1.72	16.01	0.400

续表

角钢号数	尺寸/mm				截面面积/cm²	理论重量/(kg/m)	外表面积/(m²/m)	参考数值														
								x—x			y—y			x_1-x_1		y_1-y_1		u—u			
	B	b	d	r				I_x/cm⁴	i_x/cm	W_x/cm³	I_y/cm⁴	i_y/cm	W_y/cm³	I_{x_1}/cm⁴	y_0/cm	I_{y_1}/cm⁴	x_0/cm	I_u/cm⁴	i_u/cm	W_u/cm³	tanα
14/9	140	90	8	12	18.038	14.160	0.453	365.64	4.50	38.48	120.69	2.59	17.34	730.53	4.50	195.79	2.04	70.83	1.98	14.31	0.411
			10		22.261	17.475	0.452	445.50	4.47	47.31	146.03	2.56	21.22	913.20	4.58	245.92	2.21	85.82	1.96	17.48	0.409
			12		26.400	20.724	0.451	521.59	4.44	55.87	169.79	2.54	24.95	1096.09	4.66	296.89	2.19	100.21	1.95	20.54	0.406
			14		30.456	23.908	0.451	594.10	4.42	64.18	192.10	2.51	28.54	1279.26	4.74	348.82	2.27	114.13	1.94	23.52	0.403
16/10	160	100	10	13	25.315	19.872	0.512	668.69	5.14	62.13	205.03	2.85	26.56	1362.89	5.24	336.59	2.28	121.74	2.19	21.92	0.390
			12		30.054	23.592	0.511	784.91	5.11	73.49	239.09	2.82	31.28	1635.56	5.32	405.94	2.36	142.33	2.17	25.79	0.388
			14		34.709	27.247	0.510	896.30	5.08	84.56	271.20	2.80	35.83	1908.50	5.40	476.42	2.43	162.23	2.16	29.56	0.385
			16		39.281	30.835	0.510	1003.04	5.05	95.33	301.60	2.77	40.24	2181.79	5.48	548.22	2.51	182.57	2.16	33.44	0.382
18/11	180	110	10	14	28.373	22.273	0.571	956.25	5.80	78.96	278.11	3.13	32.49	1940.40	5.89	447.22	2.44	166.50	2.42	26.88	0.376
			12		33.712	26.464	0.571	1124.72	5.78	93.53	325.03	3.10	38.32	2328.38	5.98	538.94	2.52	194.87	2.40	31.66	0.374
			14		38.967	30.589	0.570	1286.91	5.75	107.76	369.55	3.08	43.97	2716.60	6.06	631.95	2.59	222.30	2.39	36.32	0.372
			16		44.139	34.649	0.569	1443.06	5.72	121.64	411.85	3.06	49.44	3105.15	6.14	726.46	2.67	248.84	2.38	40.87	0.369
20/12.5	200	125	12		37.912	29.761	0.641	1570.90	6.44	116.73	483.16	3.57	49.99	3193.85	6.54	787.74	2.83	285.79	2.74	41.23	0.392
			14		43.867	34.436	0.640	1800.97	6.41	134.65	550.83	3.54	57.44	3726.17	6.62	922.47	2.91	326.58	2.73	47.34	0.390
			16		49.739	39.045	0.639	2023.35	6.38	152.18	615.44	3.52	64.69	4258.86	6.70	1058.86	2.99	366.21	2.71	53.32	0.388
			18		55.526	41.588	0.639	2238.30	6.35	169.33	677.19	3.49	71.74	4792.00	6.78	1197.13	3.06	404.83	2.70	59.18	0.385

注：1. 括号内型号不推荐使用。

2. 截面图中的 $r_1=1/3d$ 及表中 r 的数据用于孔型设计，不做交货条件。

表 II-3 热轧普通槽钢（GB/T 706—2008）

符号意义：

h—— 高度；　　　　r_1—— 腿端圆弧半径；

b—— 腿宽度；　　　I—— 惯性矩；

d—— 腰厚度；　　　W—— 弯曲截面系数；

t—— 平均腿厚；　　i—— 惯性半径；

r—— 内圆弧半径；　z_0——$y-y$ 轴与 y_1-y_1 轴线间距离。

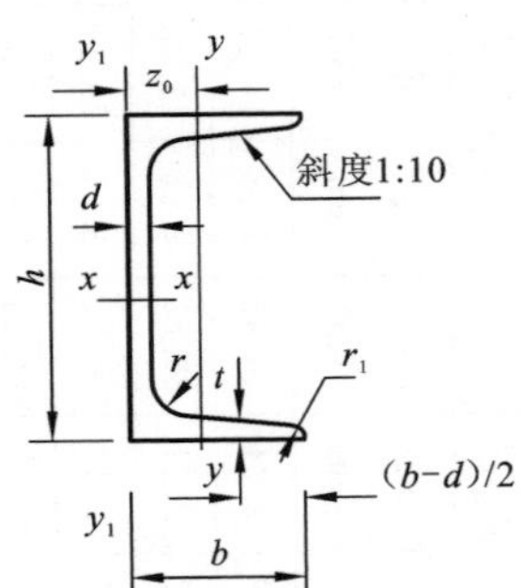

型号	尺寸/mm						截面面积/cm²	理论重量/(kg/m)	参考数值							
									$x-x$			$y-y$			y_1-y_1	z_0/cm
	h	b	d	t	r	r_1			W_x/cm³	I_x/cm⁴	i_x/cm	W_y/cm³	I_y/cm⁴	i_y/cm	I_{y_1}/cm⁴	
5	50	37	4.5	7	7.0	3.5	6.928	5.438	10.4	26.0	1.94	3.55	8.30	1.10	20.9	1.35
6.3	63	40	4.8	7.5	7.5	3.8	8.451	6.634	16.1	50.8	2.45	4.50	11.9	1.19	28.4	1.36
8	80	43	5.0	8	8.0	4.0	10.248	8.045	25.3	101	3.15	5.79	16.6	1.27	37.4	1.43
10	100	48	5.3	8.5	8.5	4.2	12.748	10.007	39.7	198	3.95	7.8	25.6	1.41	54.9	1.52
12.6	126	53	5.5	9	9.0	4.5	15.692	12.318	62.1	391	4.95	10.2	38.0	1.57	77.1	1.59
a	140	58	6.0	9.5	9.5	4.8	18.516	14.535	80.5	564	5.52	13.0	53.2	1.70	107	1.71
14b	140	60	8.0	9.5	9.5	4.8	21.316	16.733	87.1	609	5.35	14.1	61.1	1.69	121	1.67
16a	160	63	6.5	10	10.0	5.0	21.962	17.240	108	866	6.28	16.3	73.3	1.83	144	1.8
16	160	65	8.5	10	10.0	5.0	25.162	19.752	117	935	6.10	17.6	83.4	1.82	161	1.75
18a	180	68	7.0	10.5	10.5	5.2	25.699	20.174	141	1 270	7.04	20.0	98.6	1.96	190	1.88
18	180	70	9.0	10.5	10.5	5.2	29.299	23.000	152	1 370	6.84	21.5	111	1.95	210	1.84
20a	200	73	7.0	11	11.0	5.5	28.837	22.637	178	1 780	7.86	24.2	128	2.11	244	2.01
20	200	75	9.0	11	11.0	5.5	32.837	25.777	191	1 910	7.64	25.9	144	2.09	268	1.95
22a	220	77	7.0	11.5	11.5	5.8	31.846	24.999	218	2 390	8.67	28.2	158	2.23	298	2.10
22	220	79	9.0	11.5	11.5	5.8	36.246	28.453	234	2 570	8.42	30.1	176	2.21	326	2.03
a	250	78	7.0	12	12.0	6.0	34.917	27.410	270	3 370	9.82	10.6	176	2.24	322	2.07
25b	250	80	9.0	12	12.0	6.0	39.917	31.335	282	3 530	9.41	32.7	196	2.22	353	1.98
c	250	82	11.0	12	12.0	6.0	44.917	35.260	295	3 690	9.07	35.9	218	2.21	384	1.92
a	280	82	7.5	12.5	12.5	6.2	40.034	31.427	340	4 760	10.9	35.7	218	2.33	388	2.10
28b	280	04	9.5	12.5	12.5	6.2	45.634	35.823	366	5 130	10.6	37.9	242	2.30	428	2.02
c	280	86	11.5	12.5	12.5	6.2	51.234	40.219	393	5 500	10.4	40.3	268	2.29	463	1.95
a	320	88	8.0	14	14.0	7.0	48.513	38.083	475	7 600	12.5	46.5	305	2.50	552	2.24
32b	320	90	10.0	14	14.0	7.0	54.913	43.107	509	8 140	12.2	59.2	336	2.47	593	2.16
c	320	92	12.0	14	14.0	7.0	61.313	48.131	543	8 690	11.9	52.6	374	2.47	643	2.09
a	360	96	9.0	16	16.0	8.0	60.910	47.814	660	11 900	14.0	63.5	455	2.73	818	2.44
36b	360	98	11.0	16	16.0	8.0	68.110	53.466	703	12 700	13.6	66.9	497	2.70	880	2.37
c	360	100	13.0	16	16.0	8.0	75.310	59.118	746	13 400	13.4	70.0	536	2.67	948	2.34
a	400	100	10.5	18	18.0	9.0	75.068	58.928	879	17 600	15.3	78.8	592	2.81	1070	2.49
40b	400	102	12.5	18	18.0	9.0	83.068	65.208	932	18 600	15.0	82.5	640	2.78	1140	2.44
c	400	104	14.5	18	18.0	9.0	91.068	71.488	986	19 700	14.7	86.2	688	2.75	1220	2.42

注：截面图和表中标注的圆弧半径 r、r_1 的数据用于孔型设计，不做交货条件。

表 II-4 热轧普通工字钢(GB/T 706—2008)

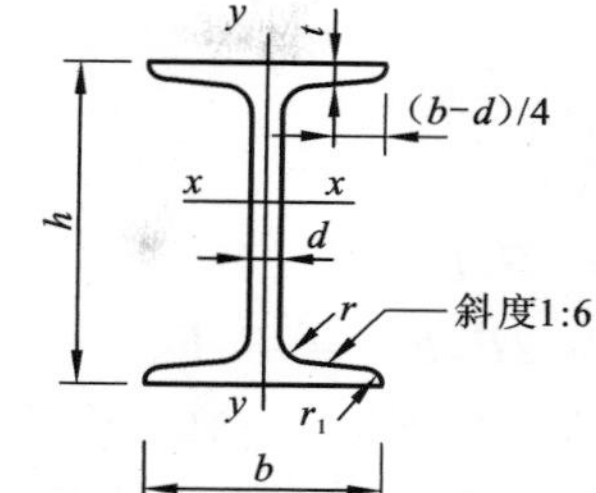

符号意义：

h—— 高度；	r_1—— 腿端圆弧半径；
b—— 腿宽；	I—— 惯性矩；
d—— 腰厚；	W—— 弯曲截面系数；
t—— 平均腿厚；	i—— 惯性半径；
r—— 内圆弧半径；	S—— 半截面的静矩。

型号	尺寸/mm						截面面积/cm²	理论重量/(kg/m)	参考数值						
									$x-x$				$y-y$		
	h	b	d	t	r	r_1			I_x/cm⁴	W_x/cm³	i_x/cm	$I_x:S_x$/cm	I_y/cm⁴	W_y/cm³	i_y/cm
10	100	68	4.5	7.6	6.5	3.3	14.345	11.261	245	49.0	4.14	8.59	33.0	9.72	1.52
12.6	126	74	5.0	8.4	7.0	3.5	18.118	14.223	488	77.5	5.20	10.8	46.9	12.7	1.61
14	140	80	5.5	9.1	7.5	3.8	21.516	16.890	712	102	5.76	12.0	64.4	16.1	1.73
16	160	88	6.0	9.9	8.0	4.0	26.131	20.513	1130	141	6.58	13.8	93.1	21.2	1.89
18	180	94	6.5	10.7	8.5	4.3	30.756	24.143	1660	185	7.36	15.4	122	26.0	2.00
20a	200	100	7.0	11.4	9.0	4.5	35.578	27.929	2 370	237	8.15	17.2	158	31.5	2.12
20b	200	102	9.0	11.4	9.0	4.5	39.578	31.069	2 500	250	7.96	16.9	169	33.1	2.06
22a	220	110	7.5	12.3	9.5	4.8	42.128	33.070	3 400	309	8.99	18.9	225	40.9	2.31
22b	220	112	9.5	12.3	9.5	4.8	46.528	36.524	3 570	325	8.78	18.7	239	42.7	2.27
25a	250	116	8.0	13.0	10.0	5.0	48.541	38.105	5 020	402	10.2	21.6	280	48.3	2.40
25b	250	118	10.0	13.0	10.0	5.0	53.541	42.030	5 280	423	9.94	21.3	309	52.4	2.40
28a	280	122	8.5	13.7	10.5	5.3	55.404	43.492	7 110	508	11.3	24.6	345	56.6	2.50
28b	280	124	10.5	13.7	10.5	5.3	61.004	47.888	7 480	534	11.1	24.2	379	61.2	2.49
39a	320	130	9.5	15.0	11.5	5.8	67.156	52.717	11 100	692	12.8	27.5	460	70.8	2.62
32b	320	132	11.5	15.0	11.5	5.8	73.556	57.741	11 600	726	12.6	27.1	502	76.0	2.61
32c	320	134	13.5	15.0	11.5	5.8	79.956	62.765	12 200	760	12.3	26.3	544	81.2	2.61
36a	360	136	10.0	15.8	12.0	6.0	76.480	60.037	15 800	875	14.4	30.7	552	81.2	2.69
36b	360	138	12.0	15.8	12.0	6.0	83.680	65.689	16 500	919	14.1	30.3	582	84.3	2.64
36c	360	140	14.0	15.8	12.0	6.0	90.880	71.341	17 300	962	13.8	29.9	612	87.4	2.60
40a	400	142	10.5	16.5	12.5	6.3	86.112	67.598	21 700	1 090	15.9	34.1	660	93.2	2.77
40b	400	144	12.5	16.5	12.5	6.3	94.112	73.878	22 780	1 140	15.6	33.6	692	96.2	2.71
40c	400	146	14.5	16.5	12.5	6.3	102.112	80.158	23 900	1 190	15.2	33.2	727	99.6	2.65
45a	450	150	11.5	18.0	13.5	6.8	102.446	80.420	32 200	1 430	17.7	30.6	855	114	2.89
45b	450	152	13.5	18.0	13.5	6.8	111.446	87.485	33 800	1 500	17.4	38.0	894	118	2.84
45c	450	154	15.5	18.0	13.5	6.8	120.446	94.550	35 300	1 570	17.1	37.6	938	122	2.79
50a	500	158	12.0	20.0	14.0	7.0	119.304	93.654	46 500	1 860	19.7	42.8	1120	142	3.07
50b	500	160	14.0	20.0	14.0	7.0	129.304	101.504	48 600	1 940	19.4	42.4	1170	146	3.01
50c	500	162	16.0	20.0	14.0	7.0	139.304	109.354	50 600	2 080	19.0	41.8	1220	151	2.96
56a	560	166	12.5	21.0	14.5	7.3	135.435	106.316	65 600	2 340	22.0	47.7	1310	165	3.18
56b	560	168	14.5	21.0	14.5	7.3	146.635	115.108	68 500	2 450	21.6	47.2	1486	114	3.16
56c	560	170	16.5	21.0	14.5	7.3	157.835	123.900	71 400	2 550	21.3	46.7	1558	183	3.16
63a	630	176	13.0	22.0	15.0	7.5	154.658	121.407	93 900	2 980	24.5	54.2	1700	193	3.31
63b	630	178	15.0	22.0	15.0	7.5	167.258	131.298	98 100	3 160	24.2	53.5	1812	204	3.29
63c	630	180	17.0	22.0	15.0	7.5	179.858	141.189	102 000	3 300	23.8	52.9	1924	214	3.27

注：截面图和表中标注的圆弧半径 r，r_1 的数据用于孔型设计，不做交货条件。

习题答案

习 题 2

2-1 (a) $F_{N1}=F, F_{N2}=-F$ (b) $F_{N1}=2F, F_{N2}=0, F_{N3}=F$

(c) $F_{N1}=2F, F_{N2}=F, F_{N3}=-F$

2-2 $F_{N1}=-20\ \text{kN}, F_{N2}=-10\ \text{kN}, F_{N3}=10\ \text{kN}, \sigma_1=-50\ \text{MPa}, \sigma_2=-25\ \text{MPa}, \sigma_3=25\ \text{MPa}$

2-3 $F_{N1}=-20\ \text{kN}, F_{N2}=-10\ \text{kN}, F_{N3}=10\ \text{kN}, \sigma_1=-100\ \text{MPa}, \sigma_2=-33.3\ \text{MPa}, \sigma_3=25\ \text{MPa}$

2-4 $\sigma=35.1\ \text{MPa}$

2-5 $A_{min}=560\times10^{-6}\ \text{m}^2, \sigma_{max}=67.9\ \text{MPa}$

2-6 $\sigma_{0°}=100\ \text{MPa}, \tau_{0°}=0$； $\sigma_{30°}=75\ \text{MPa}, \tau_{30°}=43.3\ \text{MPa}$；

$\sigma_{45°}=50\ \text{MPa}, \tau_{45°}=50\ \text{MPa}$； $\sigma_{60°}=25\ \text{MPa}, \tau_{60°}=43.3\ \text{MPa}$；

$\sigma_{90°}=0, \tau_{90°}=0$

2-7 $\sigma_{AB}=73.9\ \text{MPa}<[\sigma]$ 安全

2-8 CD 杆安全。(1) $[F]=33.5\ \text{kN}$； (2) $d_{CD}=24.4\ \text{mm}$

2-9 $[Q]=188.4\ \text{N}$；当 $\alpha=56.4°$ 时，$[Q']=314\ \text{N}$

2-10 $\sigma=60\ \text{MPa}<[\sigma]$，安全

2-11 $\sigma=72\ \text{MPa}<[\sigma]$，安全

2-12 $d_1=22.6\ \text{mm}$

2-13 $\sigma=37.1\ \text{MPa}<[\sigma]$ 安全

2-14 $b=116.4\ \text{mm}, h=162.9\ \text{mm}$

2-15 $[p]=6.5\ \text{MPa}$

2-16 $\Delta l=-0.8\ \text{mm}$

2-17 A 点的垂直位移 $\Delta=1.365\ \text{mm}$

2-18 $\varepsilon=5\times10^{-4}, \sigma=100\ \text{MPa}, F=7.85\ \text{kN}$

2-19 $\Delta l=0.075\ \text{mm}$

2-20 $[F]=33.2\ \text{kN}$

2-21 $F_{N1}=-\frac{5}{4}F, F_{N2}=-\frac{1}{4}F, F_{N3}=\frac{7}{4}F$

2-22 安全

2-23 (1) $\sigma_{钢}=131.3\ \text{MPa}$(拉)，$\sigma_{铜}=37.5\ \text{MPa}$(压)

(2) $\sigma_{钢}=156.8\ \text{MPa}$(拉)，$\sigma_{铜}=45\ \text{MPa}$(压)

2-24 $\sigma_1=177\ \text{MPa}, \sigma_2=29.9\ \text{MPa}, \sigma_3=-19.4\ \text{MPa}$

2-25 (1) $\sigma_1=\sigma_3=35\ \text{MPa}$(压)，$\sigma_2=70\ \text{MPa}$(拉)

(2) $\sigma_1=\sigma_2=\sigma_3=50\ \text{MPa}$(拉)

(3) $\sigma_1=\sigma_3=15\ \text{MPa}$(拉)，$\sigma_2=120\ \text{MPa}$(拉)

2-26 $\sigma_{max}=131.25\ \text{MPa}$

2-27 $F_{N1}=F_{N2}=\frac{F}{4}+(\delta-\alpha\Delta Tl)\frac{EA}{2l}$

习 题 3

3-6 $\tau_{AC}=37.5\text{ MPa}$；$\tau_{CB外}=46.8\text{ MPa}$；$\tau_{CB内}=31.2\text{ MPa}$。

3-7 $\tau_1=35\text{ MPa}$，$\tau_{max}=87.6\text{ MPa}$

3-8 (1) $\tau_{max}=71.4\text{ MPa}$，$\varphi=1.02°$ (2) $\tau_A=\tau_B=71.4\text{ MPa}$，$\tau_C=35.7\text{ MPa}$

3-9 安全

3-10 $E=216\text{ GPa}$，$G=81.8\text{ GPa}$，$\nu=0.32$

3-11 安全

3-12 安全

3-13 $\varphi=\frac{32M_el}{3\pi G}\left[\frac{d_1^2+d_1d_2+d_2^2}{d_1^3d_2^3}\right]$

3-14 $d=45\text{ mm}$

3-15 $d=22\text{ mm}$，$W=1\,120\text{ N}$

3-16 $d=33\text{ mm}$

3-17 $d_1=45\text{ mm}$，$D_2=46\text{ mm}$

3-18 $\varphi=\frac{q_Tl^2}{2GI_P}$

3-19 $d=63\text{ mm}$

3-20 (1) $d_1=85\text{ mm}$，$d_2=75\text{ mm}$ (2) $d=85\text{ mm}$

3-21 $[M_e]=4\text{ kN}\cdot\text{m}$

3-22 $F=3\,075\text{ N}$

3-23 (1) $\tau_{max}=33.1\text{ MPa}$ (2) $n=7$ 圈

3-24 $\tau_{max}=380\text{ MPa}$，$\lambda=10.59\text{ mm}$

习 题 4

4-1 (a) $F_{s1}=-F$，$M_1=Fa$；$F_{s2}=0$，$M_2=Fa$；$F_{s3}=0$，$M_3=Fa$

(b) $F_{s1}=F_{s2}=\frac{2}{9}ql$，$M_1=M_2=\frac{2}{27}ql^2$

(c) $F_{s1}=F_{s2}=F_{s3}=-qa$，$M_1=M_2=-\frac{qa^2}{2}$，$M_3=-\frac{3}{2}qa^2$

(d) $F_{s1}=\frac{1}{4}qa$，$M_1=-\frac{qa^2}{2}$； $F_{s2}=-qa$，$M_2=-\frac{qa^2}{2}$； $F_{s3}=0$，$M_3=0$

(e) $F_{s1}=-\frac{2}{3}F$，$M_1=\frac{2}{9}Fl$； $F_{s2}=\frac{F}{3}$，$M_2=\frac{2}{9}Fl$； $F_{s3}=\frac{F}{3}$，$M_3=0$

(f) $F_{s1}=-qa$，$M_1=-\frac{1}{2}qa^2$； $F_{s2}=-\frac{3}{2}qa$，$M_2=-2qa^2$

(g) $F_{s1}=-\frac{M_0}{l}, M_1=-\frac{2}{3}M_0$； $F_{s2}=-\frac{M_0}{l}, M_2=\frac{1}{3}M_0$

(h) $F_{s1}=-\frac{q_0a}{2}, M_1=-\frac{1}{6}q_0a^2$； $F_{s2}=\frac{1}{12}q_0a, M_2=-\frac{1}{6}q_0a^2$

4-2 (a) $|F_s|_{max}=2F, |M|_{max}=Fa$ (b) $|F_s|_{max}=qa, |M|_{max}=\frac{3}{2}qa^2$

(c) $|F_s|_{max}=2qa, |M|_{max}=qa^2$ (d) $|F_s|_{max}=F, |M|_{max}=Fa$

(e) $|F_s|_{max}=\frac{5}{3}F, |M|_{max}=\frac{5}{3}Fa$ (f) $|F_s|_{max}=\frac{3M_e}{2a}, |M|_{max}=\frac{3}{2}M_e$

(g) $|F_s|_{max}=\frac{3}{8}qa, |M|_{max}=\frac{9}{128}qa^2$ (h) $|F_s|_{max}=\frac{7}{2}F, |M|_{max}=\frac{5}{2}Fa$

(i) $|F_s|_{max}=\frac{5}{8}qa, |M|_{max}=\frac{1}{8}qa^2$ (j) $|F_s|_{max}=30\ \text{kN}, |M|_{max}=15\ \text{kN}\cdot\text{m}$

(k) $|F_s|_{max}=\frac{qa}{2}, |M|_{max}=\frac{qa^2}{8}$ (l) $|F_s|_{max}=qa, |M|_{max}=\frac{1}{2}qa^2$

(m) $|F_s|_{max}=25\ \text{kN}, |M|_{max}=31.25\ \text{kNm}$

(n) $|F_s|_{max}=7\ \text{kN}, |M|_{max}=20.5\ \text{kNm}$

4-6 $|F_s|_{max}=d(p_1h_1+p_2h_2), |M|_{max}=\frac{1}{2}dp_1h_1^2+dp_2h_2\left(h_1+\frac{h_2}{2}\right)$

4-7 $|F_s|_{max}=\frac{F}{2}, |M|_{max}=\frac{F}{8}(2a+b)$

4-8 (1) $\frac{l}{a}=2.83$； (2) $\frac{l}{a}=2$

4-9 (1) 当 $x=\left(\frac{l}{2}-\frac{a}{4}\right)$时或 $x=\left(\frac{l}{2}-\frac{3a}{4}\right)$时，$|M|_{max}=\frac{F}{2l}\left(l-\frac{a}{2}\right)^2$

(2) 当 $x=0$ 或 $x=(l-a)$ 时，$|F_s|_{max}=F\left(2-\frac{a}{l}\right)$

4-11 (a) $|M|_{max}=FR$， (b) $|M|_{max}=\frac{3}{2}qa^2$， (c) $|M|_{max}=0.437FR$

习 题 5

5-1 $\sigma_{max}=105\ \text{MPa}$

5-2 $\sigma_{max}=E\cdot\frac{d}{D}$

5-3 除纵向线应变外，其余均相同

5-5 (1) $\sigma_A=111$ MPa(拉)，$\sigma_B=111$ MPa(压)，$\sigma_C=0$，$\sigma_D=74.1$ MPa(压)

(2) $\sigma_{max}=166.7\ \text{MPa}$

5-6 竖放时 $\sigma_{max}=29.3$ MPa；横放时 $\sigma'_{max}=87.9$ MPa. $\sigma'_{max}/\sigma_{max}=3$

5-7 实心轴 $\sigma_{max}=159.2$ MPa，空心轴 $\sigma_{max}=93.6$ MPa；

空心轴比实心轴的最大正应力减小了41%。

5-8 $\sigma_{max}^{+}=36.2$ MPa（在 C 截面上）；$\sigma_{max}^{-}=48.3$ MPa（在 A 截面上）；均安全

5-9 $[F]=56.9$ kN

5-10 $\sigma_{max}=84.9$ MPa

5-11 许可弯矩之比为1∶2

5-12 (1) $\sigma_{max}=20.1$ MPa； (2) $\sigma_{max}=19.7$ MPa

5-13 $d=154$ mm

5-14 $\sigma_{max}=108.5\ \text{MPa}<[\sigma]$

5-15 $[F]=49.2$ kN

5-16 $b=510$ mm

5-17 $[F]=36.8$ kN

5-18 $M=10.7$ kN·m

5-19 竖叠与横叠的应力之比为1∶2。

5-20 (1) $q=15.7$ kN/m； (2) $d=16.8$ mm

5-21 $\sigma_A=60$ MPa（压），$\sigma_B=30$ MPa；$\tau_A=0$，$\tau_B=2.25$ MPa

5-22 $\sigma_{max}=102$ MPa，$\tau_{max}=3.4$ MPa

5-23 $\sigma_{max}=159$ MPa，$\tau_{max}=92.7$ MPa

5-24 $\tau_{max}=4.64$ MPa

5-25 选用12.6号工字钢。

5-26 (1) 选用28a工字钢； (2) $\tau_{max}=13.9\ \text{MPa}<[\tau]$

5-27 $[F]=3.75$ kN

5-28 切应力的总合力 $T=\dfrac{3ql^2}{4h}$

5-29 $\tau_{max}=102.7$ MPa

5-32 (1) $a=0.207l$； (2) $n=\dfrac{\sigma_s}{\sigma_{max}}=3.07>[n]$

5-33 $a\geqslant 1.385$ m

5-34 $h(x)=\sqrt{\dfrac{3q}{b[\sigma]}}\cdot x$

习　题　6

6-2 (a) $w=-\dfrac{ql^4}{8EI}$，$\theta=-\dfrac{ql^3}{6EI}$　　(b) $w=-\dfrac{7Fa^3}{2EI}$，$\theta=\dfrac{5Fa^2}{2EI}$

(c) $w=-\dfrac{41ql^4}{384EI}$，$\theta=-\dfrac{7ql^3}{48EI}$　　(d) $w=-\dfrac{71ql^4}{384EI}$，$\theta=-\dfrac{13ql^3}{48EI}$

6-3 (a) $\theta_A=-\dfrac{M_e l}{6EI}$，$\theta_B=\dfrac{M_e l}{3EI}$，$w_{l/2}=-\dfrac{M_e l^2}{16EI}$，$w_{max}=-\dfrac{M_e l^2}{9\sqrt{3}EI}$

(b) $\theta_A = -\theta_B = -\dfrac{11qa^3}{6EI}, w_{2a} = y_{\max} = -\dfrac{19qa^4}{8EI}$

(c) $\theta_A = -\dfrac{7q_0l^3}{360EI}, \theta_B = \dfrac{q_0l^3}{45EI}, w_{l/2} = -\dfrac{5q_0l^4}{768EI}, w_{\max} = -\dfrac{5.01q_0l^4}{768EI}$

(d) $\theta_A = -\dfrac{3q_0l^3}{128EI}, \theta_B = \dfrac{7q_0l^3}{384EI}, w_{l/2} = -\dfrac{5q_0l^4}{768EI}, w_{\max} = -\dfrac{5.04q_0l^4}{768EI}$

6-4 (a) $\theta_C = -\dfrac{Fa}{6EI}(2l+3a), w_C = -\dfrac{Fa^2}{3EI}(l+a)$,

(b) $w_C = \dfrac{M_ea}{6EI}(2l+3a), \theta_C = \dfrac{M_e}{3EI}(l+3a)$

6-5 (a) $|w|_{\max} = \dfrac{3Fl^3}{16EI}, |\theta|_{\max} = \dfrac{5Fl^2}{16EI}$ (b) $|w|_{\max} = \dfrac{3Fl^3}{256EI}, |\theta|_{\max} = \dfrac{5Fl^2}{128EI}$

(c) $|w|_{\max} = \dfrac{q_0l^4}{30EI}, \theta_A = \dfrac{q_0l^3}{24EI}$ (d) $|w|_{\max} = \dfrac{q_0l^4}{120EI}, |\theta|_{\max} = \dfrac{5q_0l^3}{192EI}$

6-6 $M_{e1} = \dfrac{1}{2}M_{e2}$

6-7 $|w|_{\max} = \dfrac{6ql^4}{Ebh^3}$,若为等截面梁时,$|w|_{\max} = \dfrac{3ql^4}{2Ebh^3}$

6-8 $\theta = \dfrac{4}{3}\beta$

6-9 (a) $w_B = -\dfrac{Fa^2}{6EI}(3l-a), \theta_B = -\dfrac{Fa^2}{2EI}$

(b) $w_B = -\dfrac{M_ea}{2EI}(2l-a), \theta_B = -\dfrac{M_ea}{EI}$

6-10 (a) $w_A = -\dfrac{Fa}{24EI}(8a^2+12al+3l^2), \theta_B = \dfrac{Fa(l+a)}{2EI}$

(b) $w_A = -\dfrac{Fl^3}{6EI}, \theta_B = -\dfrac{9Fl^2}{8EI}$

(c) $w_A = -\dfrac{ql^4}{16EI}, \theta_B = \dfrac{ql^3}{12EI}$

(d) $w_A = \dfrac{Fa^3}{4EI} - \dfrac{11qa^4}{24EI}, \theta_B = \dfrac{Fa^2}{4EI} - \dfrac{qa^3}{3EI}$

(e) $w_A = -\dfrac{41ql^4}{384EI}, \theta_B = \dfrac{7ql^3}{48EI}$

(f) $w_A = -\dfrac{11q_0l^4}{120EI}, \theta_B = -\dfrac{q_0l^3}{8EI}$

(g) $w_A = \dfrac{1}{24EI}[ql^3a - 4M_ela - 8Fa^2(l+a)], \theta_B = \dfrac{1}{24EI}[8Fal - ql^3 + 4M_el)]$

(h) $w_A = \dfrac{M_ea}{2EI}(l+a), \theta_B = \dfrac{M_el}{2EI}$

(i) $w_A = 3.34\ \text{mm}, \theta_B = -3.81\times10^{-3}\ \text{rad}$

(j) $w_A = -\dfrac{M_el^2}{16EI} - \dfrac{5ql^4}{384EI}, \theta_B = -\dfrac{M_el}{3EI} - \dfrac{ql^3}{24EI}$

(k) $w_A = -\dfrac{Fa^3}{6EI}, \theta_B = \dfrac{2Fa^2}{9EI}$

(l) $w_A = -\dfrac{5ql^4}{768EI}, \theta_B = -\dfrac{3ql^3}{128EI}$

6-12 (b) $w_C = -\dfrac{5qa^4}{48EI} - \dfrac{qa}{8K}$, (d) $w_{l/2} = -\dfrac{5ql^4}{384EI} - \dfrac{ql^2}{4EA}$

6-13 $w_y = \dfrac{2Fa^3}{EI}$(向下)，$w_x = \dfrac{7Fa^3}{3EI}$(向左)

6-14 $w_C = 8.22$ mm

6-15 $\Delta F = 78.9$ N

6-16 $d = 112$ mm

6-17 $h = 180$ mm，$b = 90$ mm

6-18 $w_{max} = 11.0\ \text{mm} < [w]$，安全

6-19 $\theta_A = 0.357 \times 10^{-3}\ \text{rad} < [\theta], \theta_D = 0.572 \times 10^{-3}\ \text{rad} < [\theta]$，安全

6-20 选用 2 根 18 号槽钢

6-21 $\dfrac{(\sigma_{max})_{钢}}{(\sigma_{max})_{木}} = 1, \dfrac{(w_{max})_{钢}}{(w_{max})_{木}} = \dfrac{1}{7}$

6-22 (a) $w(x) = \dfrac{F}{3EI}x^3$ (b) $w(x) = \dfrac{Fx^2(l-x)^2}{3EIl}$

6-23 $w_C = -\left[\dfrac{F(l+a)a^2}{3EI} + \dfrac{F(l+a)^2}{Kl^2}\right]$

6-24 $\theta_A = -0.75 \times 10^{-2}$ rad，$\theta_B = 0.797 \times 10^{-2}$ rad

6-25 $w_E = -\dfrac{5Fl^3}{2EI}$

6-26 $l \leqslant 8.6$ m

6-27 在梁自由端加集中力 $F = 6AEI$(向上)，以及集中力偶 $M_e = 6AlEI$(顺时针转向)

6-28 $w_{max} = 0.102$ mm，直径误差 $\Delta d = 2w_{max} = 0.204\ \text{mm} > 0.08$ mm；改进办法：在自由端加顶针。

6-29 (a) $F_B = \dfrac{14}{27}F$(向上) (b) $F_B = \dfrac{17}{16}ql$(向上)

(c) $F_B = \dfrac{3M_e}{4a}$(向下) (d) $F_B = \dfrac{11}{16}F$(向上)

(e) $M_B = \dfrac{ql^2}{12}$(顺) (f) $M_B = \dfrac{1}{8}Fl$(顺)

6-30 $F_{NBC} = \dfrac{F}{1 + \dfrac{3Ia}{Al^3}}$

6-31 $\sigma_{max} = 109$ MPa，$\sigma_{BC} = 31.25$ MPa，$w_C = 8.1$ mm

6-32 $\Delta = \dfrac{7ql^4}{72EI}$

6-33 (1) $F_C = \dfrac{5}{4}F$； (2) w 减少 39%，M_{max} 减少 50%。

6-34 CD 梁受力 $F_1 = \dfrac{135}{167}F$。

6-35 $F_1 = \dfrac{FI_2 l_1^3}{I_1 l_2^3 + I_2 l_1^3}$

6-36 (1) $\Delta d = 0.816$ mm； (2) $\Delta d' = 0.0223$ mm； (3) $\dfrac{\Delta d'}{\Delta d} = 2.73\%$

6-37 (a) $\dfrac{F^2 l^3}{6EI}$； (b) $\dfrac{F^2 a^3}{12EI}$

6-38 (a) $\dfrac{{M_e}^2 l}{2EI}$； (b) $\dfrac{{M_e}^2 l}{6EI}$

6-39 $\dfrac{3F^2 a^3}{4EI}$

习 题 7

7-1 $\sigma = 6.37$ MPa，$\tau = 35.65$ MPa

7-2 $\sigma = 50$ MPa，$\tau = 80$ MPa

7-3 (a) $\sigma_{30^\circ} = 20.2$ MPa，$\tau_{30^\circ} = 31.7$ MPa，$\sigma_1 = 57$ MPa，$\sigma_2 = 0$，$\sigma_3 = -7$ MPa，
$\alpha_0 = -19.33^\circ$，$\tau_{max} = 32$ MPa

(b) $\sigma_{45^\circ} = 10$ MPa，$\tau_{45^\circ} = -10$ MPa，$\sigma_1 = 11.23$ MPa，$\sigma_2 = 0$，$\sigma_3 = -71.2$ MPa
$\alpha_0 = -37.98^\circ$，$\tau_{max} = 41.2$ MPa

(c) $\sigma_{120^\circ} = -42.7$ MPa，$\tau_{120^\circ} = -44.6$ MPa，$\sigma_1 = 4.72$ MPa，$\sigma_2 = 0$，$\sigma_3 = -84.7$ MPa
$\alpha_0 = -13.28^\circ$，$\tau_{max} = 44.7$ MPa

(d) $\sigma_{210^\circ} = 52.32$ MPa，$\tau_{210^\circ} = -18.66$ MPa，$\sigma_1 = 62.36$ MPa，$\sigma_2 = 17.64$ MPa，$\sigma_3 = 0$
$\alpha_0 = -31.72^\circ$，$\tau_{max} = 31.2$ MPa

(e) $\sigma_{-60^\circ} = 34.8$ MPa，$\tau_{-60^\circ} = 11.65$ MPa，$\sigma_1 = 37$ MPa，$\sigma_2 = 0$，$\sigma_3 = -27$ MPa，
$\alpha_0 = 19.33^\circ$，$\tau_{max} = 32$ MPa

(f) $\sigma_{20^\circ} = -17.08$ MPa，$\tau_{20^\circ} = 1.98$ MPa，$\sigma_1 = 0$，$\sigma_2 = -17$ MPa，$\sigma_3 = -53$ MPa，
$\alpha_0 = 16.85^\circ$，$\tau_{max} = 26.5$ MPa

(g) $\sigma_{60^\circ} = 25$ MPa，$\tau_{60^\circ} = 26$ MPa，$\sigma_1 = 20$ MPa，$\sigma_2 = 0$，$\sigma_3 = -40$ MPa，
$\alpha_0 = 0^\circ$，$\tau_{max} = 30$ MPa

(h) $\sigma_{30^\circ} = -25.98$ MPa，$\tau_{30^\circ} = 15$ MPa，$\sigma_1 = 30$ MPa，$\sigma_2 = 0$，$\sigma_3 = -30$ MPa
$\alpha_0 = 45^\circ$，$\tau_{max} = 30$ MPa

(i) $\sigma_{45^\circ} = 40$ MPa，$\tau_{45^\circ} = 10$ MPa，$\sigma_1 = 41$ MPa，$\sigma_2 = 0$，$\sigma_3 = -61$ MPa，
$\alpha_0 = 39.35^\circ$，$\tau_{max} = 51$ MPa

7-5 (a) $\sigma_1 = 50\ \text{MPa}, \sigma_2 = 50\ \text{MPa}, \sigma_3 = -50\ \text{MPa}, \tau_{max} = 50\ \text{MPa}$

(b) $\sigma_1 = 52.2\ \text{MPa}, \sigma_2 = 50\ \text{MPa}, \sigma_3 = -42.2\ \text{MPa}, \tau_{max} = 47.2\ \text{MPa}$

(c) $\sigma_1 = 130\ \text{MPa}, \sigma_2 = 30\ \text{MPa}, \sigma_3 = -30\ \text{MPa}, \tau_{max} = 80\ \text{MPa}$

7-6 (1) 1 点：$\sigma = -40\ \text{MPa}$， 2 点：$\sigma = -20\ \text{MPa}, \tau = -6\ \text{MPa}$，

3 点：$\tau = -8\ \text{MPa}$， 4 点：$\sigma = 20\ \text{MPa}, \tau = -6\ \text{MPa}$

5 点：$\sigma = 40\ \text{MPa}$

(2) 1 点：$\sigma_1 = \sigma_2 = 0, \sigma_3 = -40\ \text{MPa}$，

2 点：$\sigma_1 = 1.66\ \text{MPa}, \sigma_2 = 0, \sigma_3 = -21.66\ \text{MPa}$，

3 点：$\sigma_1 = 8\ \text{MPa}, \sigma_2 = 0, \sigma_3 = -8\ \text{MPa}$，

4 点；$\sigma_1 = 21.66\ \text{MPa}, \sigma_2 = 0, \sigma_3 = -1.66\ \text{MPa}$，

5 点：$\sigma_1 = 40\ \text{MPa}, \sigma_2 = \sigma_3 = 0$

7-7 $\sigma_y = -42.5\ \text{MPa}; \sigma_1 = 40.3\ \text{MPa}, \sigma_2 = 0, \sigma_3 = -42.8\ \text{MPa}, \alpha_0 = -3.42°$

7-8 $\sigma_1 = 100\ \text{MPa}, \sigma_3 = -100\ \text{MPa}, \tau_{max} = 100\ \text{MPa}$；$x$ 轴与 σ_1 方向的夹角 $\alpha_0 = 90°$

7-10 (1) $\sigma_\alpha = -45.9\ \text{MPa}, \tau_\alpha = 8.8\ \text{MPa}$，

(2) $\sigma_1 = 107.6\ \text{MPa}, \sigma_2 = 0, \sigma_3 = -46.4\ \text{MPa}, \alpha_0 = 33.28°$

7-11 $\sigma_1 = 63.7\ \text{MPa}, \sigma_2 = 0$（或 $\sigma_2 = -1.3\ \text{MPa}$），$\sigma_3 = -6.1\ \text{MPa}$

7-12 (a) $\varepsilon_x = -95.2(\mu\varepsilon), \varepsilon_1 = 26.7(\mu\varepsilon), \varepsilon_3 = -95.2(\mu\varepsilon), \gamma_{max} = 122(\mu\varepsilon)$

(b) $\varepsilon_x = -135.2(\mu\varepsilon), \varepsilon_1 = 169.5(\mu\varepsilon), \varepsilon_2 = -13.3(\mu\varepsilon), \varepsilon_3 = -135.2(\mu\varepsilon), \gamma_{max} = 304.8(\mu\varepsilon)$

(c) $\varepsilon_x = -135.2(\mu\varepsilon), \varepsilon_1 = 212.3(\mu\varepsilon), \varepsilon_2 = -13.3(\mu\varepsilon), \varepsilon_3 = -178.03(\mu\varepsilon), \gamma_{max} = 390.3(\mu\varepsilon)$

7-13 $\sigma_x = 80\ \text{MPa}, \sigma_y = 0$

7-14 $P = 64\ \text{kN}$

7-15 $\Delta l = 9.29 \times 10^{-3}\ \text{mm}$

7-16 $m = \dfrac{\pi d^3 \sigma_s}{32}(1 + \sqrt{1 + n^2})^{-1}$

7-17 $\sigma_1 = 0, \sigma_2 = -19.8\ \text{MPa}, \sigma_3 = -60\ \text{MPa}$；

$\Delta l_1 = 3.76 \times 10^{-3}\ \text{mm}, \Delta l_2 = 0, \Delta l_3 = -7.65 \times 10^{-3}\ \text{mm}$

7-18 $\sigma_3 = -\dfrac{4F}{\pi d^2}, \sigma_2 = \sigma_1 = -\dfrac{4\nu F}{\pi d^2(1-\nu)}$

7-19 $\sigma_\alpha = 311.4 \times 10^{-6}$

7-20 $F = 13.17\ \text{kN}$

7-21 (1) $\varepsilon_1 = 4.12 \times 10^{-4}, \varepsilon_3 = -6 \times 10^{-4}$

(2) $\sigma_1 = 53.6\ \text{MPa}, \sigma_3 = -110\ \text{MPa}, \alpha_0 = 35°$

7-22 (1) $\varepsilon_1 = 2.35 \times 10^{-4}, \varepsilon_3 = -2.02 \times 10^{-4}$

(2) $\sigma_1 = 41.4\ \text{MPa}, \sigma_3 = -32\ \text{MPa}, \alpha_0 = 33°47'$

习 题 8

8-1 $\sigma_{r3} = 300\ \text{MPa} = [\sigma], \sigma_{r4} = 264.6\ \text{MPa} < [\sigma]$，安全

8-2 $\sigma_{r3}=900\ \text{MPa}$，$\sigma_{r4}=842.6\ \text{MPa}$

8-3 $[\tau]=[\sigma]^+$，$[\tau]=\dfrac{[\sigma]^+}{1+\nu}$

8-4 (a) $\sigma_{r3}=\sigma$；(b) $\sigma_{r3}=\dfrac{1-2\nu}{1-\nu}\sigma$

8-5 (1) $\sigma_{r3}=40\ \text{MPa}$，$\sigma_{r4}=34.6\ \text{MPa}$ (2) $\sigma_{r3}=220\ \text{MPa}$，$\sigma_{r4}=210.7\ \text{MPa}$

8-6 $\sigma_{r3}=197.4\ \text{MPa}<[\sigma]$

8-7 (1) $[F]=9.81\ \text{kN}$， (2) $[F]=2.07\ \text{kN}$

8-8 $\sigma_{rM}=58\ \text{MPa}<[\sigma]$

8-9 均安全

8-10 $[p]=18.48\ \text{MPa}$

8-11 $\sigma_{\max}=154\ \text{MPa}<[\sigma]$，$\tau_{\max}=36.7\ \text{MPa}<80\ \text{MPa}$，
G 点：$\sigma_{r3}=150\ \text{MPa}<[\sigma]$

8-12 a 点：$\sigma_a=13.54\ \text{MPa}$，$\tau_a=19.11\ \text{MPa}$，$\sigma_{r4}=35.76\ \text{MPa}$
b 点：$\sigma_b=-3.98\ \text{MPa}$，$\tau_b=19.11\ \text{MPa}$，$\sigma_{r4}=33.34\ \text{MPa}$

习 题 9

9-2 $h=180\ \text{mm}$，$b=90\ \text{mm}$

9-3 $\sigma_{\max}=4.74\ \text{MPa}$

9-4 $\sigma_{\max}=159.3\ \text{MPa}<[\sigma]$，安全

9-5 $\sigma_{\max}=153.4\ \text{MPa}<[\sigma]$，安全

9-6 $\sigma_{\max}=94.9\ \text{MPa}$

9-7 (a) 最大压应力 0.72 MPa； (b) $D=4.16\ \text{m}$

9-8 $\sigma_{1-1}:\sigma_{2-2}:\sigma_{3-3}=1:8:1.33$

9-10 $d=122\ \text{mm}$

9-11 $\sigma_{\max}=6\ \text{MPa}$

9-12 $\sigma_{\max}=140\ \text{MPa}$

9-13 $\sigma_{\max}^+=6.75\ \text{MPa}$，$\sigma_{\max}^-=6.99\ \text{MPa}$

9-14 $\sigma_{\max}^+=95.7\ \text{MPa}<[\sigma]^+$，$\sigma_{\max}^-=64.7\ \text{MPa}<[\sigma]^-$，安全

9-15 $d=112\ \text{mm}$

9-16 $\sigma_{r3}=58.3\ \text{MPa}<[\sigma]$，安全

9-17 (1) $d=46\ \text{mm}$

9-18 $\sigma_{r3}=40\ \text{MPa}$，轴安全

9-19 $d=7.24\ \text{cm}$

9-20 $\sigma_{r3}=60.4\ \text{MPa}<[\sigma]$，安全

9-21 $\sigma_{r3}=89.2\ \text{MPa}<[\sigma]$，安全

9-22 $M_{e1} = 214\ \text{N}\cdot\text{m}, M_{e2} = 278\ \text{N}\cdot\text{m}$

9-23 $d = 23\ \text{mm}$

9-24 (1) $\sigma_{r3} = 141.5\ \text{MPa} < [\sigma]$,安全， (2) $\sigma_{r3} = 141.8\ \text{MPa} < [\sigma]$,安全

9-25 $[F] = 158.2\ \text{N}$

9-26 (2) 安全 (3) $n = 2$

9-27 $\tau_{max} = 16.2\ \text{MPa} < [\tau]$,安全

9-28 $d = 14\ \text{mm}$

9-29 $d = 32.5\ \text{mm}$

9-30 安全

9-31 $F = 771\ \text{kN}$

习 题 10

10-2 图(c),$F_{cr} = 3\,292.6\ \text{kN}$

10-3 $F_{cr} = 335.6\ \text{kN}$

10-4 $\theta = \arctan(\cot^2\beta)$

10-5 $F_{cr} = 400\ \text{kN}, \sigma_{cr} = 663.8\ \text{MPa}$

10-6 $F_{cr1} = 2\,616\ \text{kN}, F_{cr2} = 4\,705\ \text{kN}, F_{cr3} = 4\,725\ \text{kN}$

10-7 $F_{cr} = 56.5\ \text{kN}$

10-8 $\sigma_{cr} = 7.4\ \text{MPa}$

10-9 $n_{st} = 3.86$

10-10 $n_{st} = 5.69$

10-11 $n_{st} = 3.27$

10-12 $n_{st} = 11.2$,稳定

10-13 $n_{st} = 3.08$,稳定

10-14 $n_{st} = 8.28$,稳定

10-15 $n_{st} = 2.4$ 安全,$n_{st} = 1.0$ 不安全

10-16 (1) $a = 29\ \text{cm}$， (2) $[F] = 1\,127.6\ \text{kN}$， (3) $b = 1\ \text{m}$

10-17 (1) $F_{cr} = 119\ \text{kN}$， (2) $n_{st} = 1.7$,托架不安全

10-18 $F_{cr} = \dfrac{36EI}{l^2}$

10-19 $[F] = 232.6\ \text{kN}$

习 题 11

11-1 $U = \dfrac{q^2 l^3}{6EA}$

11-2 (a) $U=\frac{3F^2l}{4EA},\Delta_C=\frac{3Fl}{2EA}$（向右）

(b) $U=\frac{M_e^{\ 2}l}{18EI},\theta_B=\frac{M_el}{9EI}$（顺）

(c) $U=\frac{\pi F^2R^3}{8EI},w_B=\frac{\pi FR^3}{4EI}$（向下）

(d) $U=\frac{1}{2}(1+2\sqrt{2})\frac{F^2l}{EA},w_B=(1+2\sqrt{2})\frac{Fl}{EA}$（向下）

11-3 $U=\frac{F^2(a^3+b^3)}{6EI}+\frac{F^2a^2b}{2GI_P},w_A=\frac{F}{3EI}(a^3+b^3)+\frac{Fa^2b}{GI_P}$（向下）

11-4 $w(x)=\frac{-q}{24EI}(3l^4-4l^3x+x^4),\theta(x)=\frac{q}{6EI}(l^3-x^3)$

11-5 (1) $U=\frac{F^2}{6EI}(a^3+3a^2l+3al^2+l^3)$

(2) $\Delta_{Cx}=\frac{Fl^2}{EI}\left(\frac{l}{3}+\frac{a}{2}\right)$（向右），$\Delta_{Cy}=\frac{Fa}{EI}\left(\frac{a^2}{3}+al+\frac{l^2}{2}\right)$（向下）

11-6 (a) $w_C=\frac{Fl^3}{48EI}$（向下），$\theta_A=\frac{Fl^2}{16EI}$（顺）

(b) $w_C=\frac{M_el^2}{16EI}$（向下），$\theta_A=\frac{M_el}{3EI}$（顺）

11-7 (a) $w_B=\frac{5Fa^3}{12EI}$（向下），$\theta_A=\frac{5Fa^2}{4EI}$（逆）

(b) $w_B=\frac{5Fa^3}{6EI}$（向下），$\theta_A=\frac{Fa^2}{EI}$（顺）

11-9 $w_D=\frac{3qa^2}{2EA}+\frac{5qa^4}{24EI}$（向下）

11-10 (1) $\Delta_{Bx}=\frac{\sqrt{3}Fa}{12EA}$（向左），$\Delta_{By}=\frac{9Fa}{4EA}$（向下）

(2) $\Delta_{BD}=2.71\frac{Fl}{EA}$（靠近）

11-11 $\theta_A=\frac{33Fb^2}{2EI}$（逆）

11-12 $\Delta_{AC}=\frac{2Fl^3\sin^2\beta}{3EI}+\frac{2Fl\cos^2\beta}{EA}$（离开）

11-13 $\Delta_{By}=\frac{3\pi FR^3}{2EI}$（向下）

11-14 $\Delta_{AD}=\frac{F}{6EI}(4l^3+6\pi l^2R+24lR^2+3\pi R^3)$（离开）

11-15 $w_E=\frac{7ql^4}{432EI}$（向上），$\theta_C=\frac{5ql^3}{48EI}$（左顺右逆）

11-16 (a) $w_C=\frac{5Fl^3}{384EI}$（向下），$\theta_C=\frac{Fl^2}{12EI}$（顺）

(b) $w_C = 0, \theta_C = \dfrac{Fa^2}{16EI}$(逆)

11-17 (a) $w_C = \dfrac{2qa^4}{3EI}$(向下),$\theta_A = \dfrac{qa^3}{3EI}$(逆)

(b) $w_C = \dfrac{qa^4}{2EI}$(向上),$\theta_A = \dfrac{7qa^3}{8EI}$(顺)

11-18 (a) $w_C = \dfrac{qa^3}{24EI}(4l - a)$(向下),$\theta_C = \dfrac{qa^3}{6EI}$(顺)

(b) $w_C = \dfrac{qa^4}{24EI}$(向上),$\theta_C = \dfrac{qa^3}{24EI}$(逆)

11-19 (1) $\Delta_D = \dfrac{\sqrt{34}Fa^3}{3EI}$(向右下)

(2) $w_B = \dfrac{2Fa^3}{EI}$(向下),$\theta_B = \dfrac{3Fa^2}{2EI}$(逆),$\Delta_{BD} = \dfrac{5Fa^3}{3EI}$(离开)

(3) $w_A = \dfrac{Fabh}{EI}$(向上),$\Delta_{Ax} = \dfrac{Fbh^2}{2EI}$(向右),$\theta_C = \dfrac{Fb(b+2h)}{2EI}$(顺)

11-20 (1) $\theta_A = \dfrac{2qa^3}{3EI}$(逆),$\Delta_{Ax} = \dfrac{17qa^4}{24EI}$(向右)

(2) $w_A = \dfrac{7qa^4}{24EI}$(向下),$\theta_B = \dfrac{qa^3}{12EI}$(顺)

(3) $\Delta_{Bx} = \dfrac{ql^4}{12EI}$(向右),$w_C = \dfrac{5ql^4}{384EI}$(向下)

11-21 $w_C = \dfrac{8ql^4}{\pi d^4}\left(\dfrac{11}{3E} + \dfrac{2}{G}\right)$(向下),

$\theta_C = \dfrac{32ql^3}{\pi d^4}\left(\dfrac{1}{3E} + \dfrac{1}{2G}\right)$(顺)

11-22 (a) $\Delta_{Ax} = \dfrac{Fhl^2}{8EI_2}$(向左),$\theta_A = \dfrac{Fl^2}{16EI_2}$(顺)

(b) $\Delta_{Ax} = \dfrac{Fh^2}{3E}\left(\dfrac{2h}{I_1} + \dfrac{3l}{I_2}\right)$(向右),$\theta_A = \dfrac{Fh}{2E}\left(\dfrac{h}{I_1} + \dfrac{l}{I_2}\right)$(逆)

习 题 12

12-1 (a) $F_A = \dfrac{11}{16}F$(向上),$M_A = \dfrac{3}{16}Fl$(逆);$F_B = \dfrac{5}{16}F$(向上)

(b) $F_A = \dfrac{3M_e}{2l}$(向上),$M_A = \dfrac{M_e}{2}$(逆);$F_B = \dfrac{3M_e}{2l}$(向下)

(c) $F_A = F_C = \dfrac{5}{16}F$(向上),$F_B = \dfrac{11}{8}F$(向上).

12-2 (a) $F_A = F_C = \dfrac{3}{8}ql$(向上),$|M|_{max} = \dfrac{1}{8}ql^2$

(b) $F_A = F_C = \frac{11}{32}ql$(向上)，$M_{max} = \frac{11}{64}ql^2$

(c) $F_B = \frac{9}{8}ql$(向上)，$|M|_{max} = \frac{1}{2}ql^2$

12-3 $F_B = 377\ \text{N}$

12-4 (1) $F_{NCD} = \frac{Fa^2}{3I} \bigg/ \left(\frac{a^2}{2I} + \frac{1}{A}\right)$(拉)；　(2) $\theta_A = \frac{Fa^4}{12EI^2} \bigg/ \left(\frac{a^2}{2I} + \frac{1}{A}\right)$(顺)

12-5 $M_B = \frac{5Fl}{18}$(逆)，$\Delta_B = \frac{Fl^3}{12EI}$(向下)

12-6 $M_B = \frac{5ql^2}{192}$(顺)，$F_B = \frac{3ql}{32}$(向上)

12-7 $F_A = F_B = \frac{2}{5}ql$(向上)，$F_C = F_D = \frac{11}{10}ql$(向上)，$M_C = M_D = -\frac{1}{10}ql^2$

12-8 (a) $F_{Ax} = F$(向左)，$F_{Ay} = \frac{3}{8}F$(向下)，$M_A = \frac{5}{8}Fa$(逆)，$F_C = \frac{3}{8}F$(向上)

(b) $F_{Ax} = F$(向左)，$F_{Ay} = 2F$(向下)，$F_{Bx} = F$(向左)，$F_{By} = 2F$(向上)

12-9 (a) $F_{Bx} = \frac{qa}{16}$(向左)，$F_{By} = \frac{7}{16}qa$(向上)

(b) $F_{Bx} = \frac{11}{40}qa$(向左)，$F_{By} = \frac{qa}{2}$(向上)

(c) $F_{Ay} = \frac{5}{8}qa$(向下)

12-10 (a) $F_{NGC} = \frac{\sqrt{2}}{2}F$(拉)；　(b) $F_{NGC} = \frac{\sqrt{2}}{2}F$(拉)

12-11 (a) $F_A = \frac{qa}{8}$(向上)

(b) $F_{Ax} = \frac{qa}{12}$(向右)，$F_{Ay} = \frac{qa}{2}$(向上)，$M_A = \frac{qa^2}{36}$(顺)

12-12 $F_{Ax} = 0$，$F_{Ay} = \frac{13}{64}F$(向下)，$M_A = \frac{19Fa}{64}$(逆)，$F_{By} = \frac{77}{64}F$(向上)

12-13 $X_1 = \frac{F}{4}$(向右)，$X_2 = \frac{7}{16}F$(向上)，$X_3 = \frac{Fl}{12}$(顺)

12-14 $M_A = M_C = \frac{Fa}{4}$，$M_B = M_D = -\frac{Fa}{4}$

12-15 $M_{max} = \frac{3}{5}Fa$

12-16 $M_{max} = FR\left(\frac{R+a}{\pi R + 2a}\right)$

12-17 $F_{NCD} = \frac{F}{1 + \frac{3(3+4\sqrt{2})}{5} \cdot \frac{I}{Aa^2}}$(拉)

12-18 $F_{NBC}=\dfrac{43qa}{24\left(3+\dfrac{I}{Aa^2}\right)}$

12-19 $F_{Ay}=\dfrac{5}{32}F$(向上)，$M_A=\dfrac{5}{32}Fl$(逆)

12-20 $F_C=\dfrac{4}{23}F$(向上)

12-21 A 截面，$\sigma_{max}=293\ \text{MPa}<[\sigma]$，安全；
D 截面，$\sigma_{r3}=72\ \text{MPa}<[\sigma]$，安全

12-22 $M_C=-\dfrac{FR}{\pi}$，$T_C=0$

习　题　13

13-1 $d=37.4\ \text{mm}$

13-2 $\sigma_d=62.8\ \text{MPa}$

13-3 $d=160\ \text{mm}$

13-4 $\sigma_d=4.63\ \text{MPa}$

13-5 $\sigma_{d\max}=12.73\ \text{MPa}$

13-6 $\tau_{d\max}=10\ \text{MPa}$

13-7 (1) $\sigma=0.071\ \text{MPa}$，　(2) $\sigma_d=10.9\ \text{MPa}$，　(3) $\sigma_d=1.93\ \text{MPa}$

13-8 (a) 杆 $\sigma_d=\sqrt{\dfrac{8EHQ}{\pi l d^2\left[\dfrac{3}{5}\left(\dfrac{d}{D}\right)^2+\dfrac{2}{5}\right]}}$，(b) 杆 $\sigma_d=\sqrt{\dfrac{8EHQ}{\pi l D^2}}$

13-9 $F=10.4\ \text{N}$，$\tau_{d\max}=63\ \text{MPa}$，$\Delta_d=10\ \text{cm}$

13-10 $\sigma_{d\max}=43.1\ \text{MPa}$

13-11 $\sigma_d=\sqrt{\dfrac{3EIv^2Q}{gaW^2}}$

13-12 有弹簧时 $H=389\ \text{mm}$，无弹簧时 $H=9.66\ \text{mm}$

13-13 $H=24.3\ \text{mm}$

13-14 轴 $\tau_{d\max}=80.7\ \text{MPa}$，绳 $\sigma_d=142.8\ \text{MPa}$

13-15 $K_d=4.79$，$F_d=119.8\ \text{kN}$

13-16 固定端 $\sigma_{r3}=114.7\ \text{MPa}<[\sigma]$，拐角处 $\sigma_{d\max}=267.6\ \text{MPa}>[\sigma]$，所以曲拐不安全

13-17 $\sigma_d=\left(1+\sqrt{1+\dfrac{243EI_zh}{2Ql^3}}\right)\times\dfrac{Ql}{6W_z}$，$\Delta_d=\left(1+\sqrt{1+\dfrac{243EI_zh}{2Ql^3}}\right)\times\dfrac{23Ql^3}{1\,296EI_z}$

13-18 $\sigma_{d\max}=731.2\ \text{MPa}$，$\Delta_{d\max}=42.7\ \text{mm}$

习　题　14

14-2 $\sigma_{max}=-\sigma_{min}=75.5\ \text{MPa}$，$r=-1$

14-3　$\sigma_m = 549\ \text{MPa}, \sigma_a = 12\ \text{MPa}, r = 0.957$

14-4　$\sigma_{-1}^{构} = 174\ \text{MPa}, \tau_{-1}^{构} = 136\ \text{MPa}$

14-5　$n_\sigma = 2.25 > n$,轴安全

14-6　$n_\tau = 3.02 > n = 2$,轴安全

14-7　$F_{max} = 85.6\ \text{kN}$

14-8　$n_\tau = 1.15$

14-9　$n_{\sigma\tau} = 2.26 > n = 2.0$,此轴工作安全

14-10　$[M_1] = 410\ \text{N}\cdot\text{m}, [M_2] = 636\ \text{N}\cdot\text{m}, \dfrac{[M_2]}{[M_1]} = 1.55$

习　题　I

I-1　(a) $S_y = \dfrac{bh^2}{6}, z_C = \dfrac{h}{3}$　(b) $S_y = \dfrac{h^2}{6}(2a+b), z_C = \dfrac{h(2a+b)}{3(a+b)}$

(c) $S_y = \dfrac{R^3}{3}, z_C = \dfrac{4R}{3\pi}$　(d) $S_y = \dfrac{4bh^2}{15}, z_C = \dfrac{2h}{5}$

I-2　(a) $I_y = \dfrac{bh^3}{12} - \dfrac{\pi d^4}{64}$,　(b) $I_y = \dfrac{B}{12}(H^3 - h^3)$

(c) $I_y = \dfrac{1}{12}(BH^3 - bh^3)$　(d) $I_y = 7.72 \times 10^7\ \text{mm}^4$

(e) $I_y = 1\,211\ \text{cm}^4$　(f) $I_y = 1.792 \times 10^9\ \text{mm}^4$

(g) $I_y = 1\,172\ \text{cm}^4$　(h) $I_y = 3.075 \times 10^5\ \text{mm}^4$

I-3 *　(a) $y_C = 0.53\ \text{cm}, z_C = 1.12\ \text{cm}, A = 1.939\ \text{cm}^2, I_y = 1.93\ \text{cm}^4, I_z = 0.57\ \text{cm}^4$

(b) $y_C = 5\ \text{cm}, z_C = 10\ \text{cm}, A = 35.578\ \text{cm}^2, I_y = 2\,370\ \text{cm}^4, I_z = 158\ \text{cm}^4$

(c) $y_C = 1.52\ \text{cm}, z_C = 5\ \text{cm}, A = 12.748\ \text{cm}^2, I_y = 198\ \text{cm}^4, I_z = 25.6\ \text{cm}^4$

(d) $y_C = 17.2\ \text{cm}, z_C = 14\ \text{cm}, A = 80.068\ \text{cm}^2, I_y = 9\,520\ \text{cm}^4, I_z = 10\,301.18\ \text{cm}^4$

* 各小题的 y_C, z_C 均为周边到形心的距离数值。

I-4　$a = 17.14\ \text{cm}$

I-5　$I_z \approx 1.5d^4$

I-6　(1) $I_{yz} = \dfrac{R^4}{8}$,　(2) $I_{yz} = 0$,　(3) $I_{yz} = -10\ \text{cm}^4$

I-7　(1) $I_{y_0} = 34.89\ \text{cm}^4, I_{z_0} = 6.61\ \text{cm}^4, \alpha = 22.5°$

(2) $I_{y_0} = 2.15\ \text{cm}^4, I_{z_0} = 0.35\ \text{cm}^4, \alpha = 20.6°$